应用型本科数学基础课程教材

高等数学

（第二版）（上册）

主　编　郭　楠　翁连贵

副主编　吴钦宽　孙福树

高安力　吴　莉

尤兴华　赵国俊

王广胜

中国教育出版传媒集团

高等教育出版社·北京

内容提要

本书依据教育部高等学校大学数学课程教学指导委员会制定的大学数学课程教学基本要求编写而成，全书分上、下两册。上册包括函数与极限、导数与微分、微分中值定理与导数的应用、不定积分、定积分及其应用、无穷级数等内容，书末还附有部分习题参考答案、常用三角函数公式、基本初等函数、极坐标简介、几种常见的曲线、积分表等内容。

本书配有适量习题，每章总习题分为 A、B 两组，B 组题有一定难度，具有综合性、论证性强等特点，以适应考研学生的需求，也便于教师使用。本次修订增加了知识和方法总结微视频，以便于读者自主学习。

本书主要面向应用型本科学生编写，注意强化基本概念、基本理论、基本计算，注重应用数学知识解决实际问题的能力的培养，注重数学思想方法的培养和数学思维的训练，注重自学能力的提高。

本书可供高等学校非数学类专业使用，也可供有关教师和自学者参考。

图书在版编目（CIP）数据

高等数学．上册 / 郭楠，翁连贵主编．--2 版．--北京：高等教育出版社，2022. 9
ISBN 978-7-04-059213-9

Ⅰ．①高… Ⅱ．①郭… ②翁… Ⅲ．①高等数学－高等学校－教材 Ⅳ．① O13

中国版本图书馆 CIP 数据核字（2022）第 139282 号

Gaodeng Shuxue

策划编辑　张彦云　　责任编辑　张彦云　　封面设计　张　志　　版式设计　李彩丽
责任绘图　邓　超　　责任校对　刘娟娟　　责任印制　赵　振

出版发行　高等教育出版社
社　　址　北京市西城区德外大街4号
邮政编码　100120
印　　刷　高教社（天津）印务有限公司
开　　本　787mm × 1092mm　1/16
印　　张　26.25
字　　数　480千字
购书热线　010-58581118
咨询电话　400-810-0598
网　　址　http://www.hep.edu.cn
　　　　　http://www.hep.com.cn
网上订购　http://www.hepmall.com.cn
　　　　　http://www.hepmall.com
　　　　　http://www.hepmall.cn
版　　次　2015 年 8 月第 1 版
　　　　　2022 年 9 月第 2 版
印　　次　2022 年 9 月第 1 次印刷
定　　价　54.00 元

本书如有缺页、倒页、脱页等质量问题，请到所购图书销售部门联系调换
版权所有　侵权必究
物 料 号　59213-00

第二版前言

本书是编者在第一版的基础上,结合多年教学实践经验修订而成的。我们除对个别地方进行勘误外,主要做了如下修订:

1. 对部分内容在结构和文字叙述上进行了适度调整和优化。

2. 对少量例题和习题进行了增补和删减。

3. 增加了数字资源——知识和方法总结微视频,穿插在书中,巩固和拓展了纸质内容。通过将纸质教材与数字资源一体化设计,使其升级为新形态教材,以便于读者自主学习。

4. 本书在呈现形式上与第一版相比做了较大变动。双色印刷使得文字和图形更加生动形象,从而提高读者的关注度和学习效果。

本书分上、下两册,上册由郭楠、翁连贵担任主编,吴钦宽、孙福树、高安力、吴莉、尤兴华、赵国俊、王广胜担任副主编;下册由尤兴华、翁连贵担任主编,吴钦宽、孙福树、高安力、吴莉、郭楠、赵国俊、王广胜担任副主编。全书分为 12 章,其中第 1 章、第 2 章由吴钦宽和赵国俊修订,第 3 章、第 4 章由孙福树和郭楠修订,第 5 章、第 6 章由翁连贵修订,第 7 章、第 9 章由高安力修订,第 8 章、第 12 章由吴莉和王广胜修订,第 10 章、第 11 章由尤兴华修订。南京工程学院和兄弟院校的同行对本书的修订提出了很多宝贵意见;南京师范大学宁连华教授仔细审阅了本书,并提出了不少有益的建议;高等教育出版社对本书出版给予了大力的支持,编者在此一并表示衷心的感谢。

由于编者水平有限,书中疏漏之处在所难免,希望得到广大专家、同行和读者的批评指正。

编者

2022 年 4 月

第一版前言

高等数学是一门基础数学课程，它的基本概念、基本理论和解决问题的思想和方法在工程技术和经济管理中已得到广泛应用。

本书是编者们根据教育部高等学校大学数学课程教学指导委员会制定的“工科类本科数学基础课程教学基本要求”及“经济和管理类本科数学基础课程教学基本要求”，在多年从事应用型本科工科类和经济管理类专业高等数学教学的基础上编写而成的。

本书从应用型本科学生的实际出发，试图在保证理论高度不降低的情况下，适当运用实例和图形，使教学难度降低。以实例引入概念，讲解理论，用理论知识解决实际问题，尽可能再现知识的归纳过程。注意讲清用数学知识解决实际问题的基本思想和方法，着重培养学生的逻辑能力、应用能力和创新思维能力。每节前有导读，每章后有小结。我们适时介绍有关数学家史料，以体现人文精神。总之，编者们将长期的教学实践体会融入教材中，以达到便于施教授课，并尽量展现高等数学之应用魅力的目的。

本书分上、下两册，上册由翁连贵、孙福树担任主编，吴钦宽、高安力、吴莉、尤兴华担任副主编；下册由翁连贵、吴钦宽担任主编，孙福树、高安力、吴莉、尤兴华担任副主编。全书分为十二章，第 1 章、第 2 章由吴钦宽编写；第 3 章、第 4 章由孙福树编写；第 5 章、第 6 章由翁连贵编写；第 7 章、第 9 章由高安力编写；第 8 章、第 12 章由吴莉编写；第 10 章、第 11 章由尤兴华编写。

书中打“*”号的部分可视学生能力及专业要求由教师决定是否讲授。每章总习题分为 A、B 两组，A 组题以基本概念与基本方法为主，是学生必须掌握的；B 组题则有一定难度和综合性，希望能较好地适应日益增多的考研学生的需求。

由于编者水平有限，书中疏漏之处在所难免，希望得到广大专家、同行和读者的批评指正。

编者

2014 年 12 月

目　　录

第 1 章　函数与极限

函数是客观世界中变量之间最基本的一种相互依存关系,它是高等数学(微积分)的主要研究对象.极限是微积分的理论基础,极限概念反映变量的特定变化趋势,极限方法是研究变量的一种基本分析方法.本章将介绍映射、函数、极限和函数的连续性等基本概念以及它们的一些性质.

1.1　函　　数

通过本节的学习,应该理解函数的概念,掌握函数的几种特性,会求函数的定义域和函数值.

1.1.1　集合

1. 集合的概念

集合是数学中的一个基本概念,我们用"朴素"的语言描述这个概念.所谓集合(简称集)是具有某种特定性质的对象的全体.组成集合的各个对象称为该集合的元素(简称元).例如,某院校一年级的学生、某商店的货物、全部实数等都各自构成一个集合.

通常用大写字母 $A,B,C\cdots$ 表示集合,用小写字母 $a,b,c,\cdots$ 表示集合的元素.设 A 是一个集合,a 是一个元素.若 a 是 A 的元素,就记作 $a\in A$(读作 a 属于 A);若 a 不是 A 的元素,就记作 $a\notin A$ 或 $a\in A$(读作 a 不属于 A).

若一集合只有有限个元素,就称为有限集;不是有限集的集合称为无限集.

集合的表示方法通常有以下两种:

- 列举法

把集合的全体元素一一列举出来.

例如,$A=\{a,b,c,d,e,f,g\}$,$B=\{a_1,a_2,\cdots,a_n\}$.

- 描述法

若集合 M 是由具有某种性质 P 的元素 x 的全体所组成的,则 M 可表示为

$$M=\{x \mid x\text{ 具有性质 }P\}.$$

例如，$M=\{(x,y) \mid x,y\text{ 为实数},x^2+y^2=1\}$.

下面列举几个常用的数集：

N 表示所有自然数构成的集合，称为自然数集.

$$\mathbf{N}=\{0,1,2,\cdots,n,\cdots\},\quad \mathbf{N}_+=\{1,2,\cdots,n,\cdots\}.$$

其中下标符号“+”表示排除0的集合.

R 表示所有实数构成的集合，称为实数集.

Z 表示所有整数构成的集合，称为整数集.

$$\mathbf{Z}=\{\cdots,-n,\cdots,-2,-1,0,1,2,\cdots,n,\cdots\}.$$

Q 表示所有有理数构成的集合，称为有理数集.

$$\mathbf{Q}=\left\{\frac{p}{q}\,\middle|\, p\in\mathbf{Z},q\in\mathbf{N}_+,\text{且 }p\text{ 与 }q\text{ 互素}\right\}.$$

设 A,B 是两个集合，若 $x\in A$，则必有 $x\in B$，则称 A 是 B 的子集，记作 $A\subset B$（读作 A 包含于 B），或 $B\supset A$（读作 B 包含 A）.

若集合 A 与集合 B 互为子集，即 $A\subset B$ 且 $B\subset A$，则称集合 A 与集合 B 相等，记作 $A=B$.

若 $A\subset B$ 且 $A\neq B$，则称 A 是 B 的真子集，记作 $A\subsetneqq B$. 例如，$\mathbf{N}\subsetneqq\mathbf{Z}\subsetneqq\mathbf{Q}\subsetneqq\mathbf{R}$.

不含任何元素的集合称为空集，记为 $\varnothing$. 例如 $\{x \mid x^2+1=0,x\in\mathbf{R}\}=\varnothing$. 规定空集是任何集合的子集，即 $\varnothing\subset A$.

2. 集合的运算

集合的基本运算有并、交、差、余四种.

设 A,B 是两个集合，由所有属于 A 或者属于 B 的元素组成的集合称为 A 与 B 的并集（简称并），记作 $A\cup B$，即

$$A\cup B=\{x \mid x\in A\text{ 或 }x\in B\}.$$

由所有既属于 A 又属于 B 的元素组成的集合称为 A 与 B 的交集（简称交），记作 $A\cap B$，即

$$A\cap B=\{x \mid x\in A\text{ 且 }x\in B\}.$$

由所有属于 A 而不属于 B 的元素组成的集合称为 A 与 B 的差集（简称差），记作 $A-B$，即

$$A-B=\{x \mid x\in A\text{ 且 }x\notin B\}.$$

如果我们将研究某个问题限定在一个大的集合 I 中进行，所研究的其他集合 A 都是 I 的子集，此时，我们称集合 I 为全集或基本集，称 $I-A$ 为 A 的余集或补集，记作 A^C. 例如，在实数集 **R** 中，集合 $A=\{x \mid 0<x\leqslant 1\}$ 的余集就是

$$A^C=\{x \mid x \leqslant 0 \text{ 或 } x>1\}.$$

集合运算满足如下运算法则：

设 A,B,C 为任意三个集合，则

(1) 交换律 $A\cup B=B\cup A, A\cap B=B\cap A$；

(2) 结合律 $(A\cup B)\cup C=A\cup(B\cup C),(A\cap B)\cap C=A\cap(B\cap C)$；

(3) 分配律 $(A\cup B)\cap C=(A\cap C)\cup(B\cap C),(A\cap B)\cup C=(A\cup C)\cap(B\cup C)$；

(4) 对偶律 $(A\cup B)^C=A^C\cap B^C,(A\cap B)^C=A^C\cup B^C$.

以上这些法则都可根据集合相等的定义验证. 现就对偶律的第一个等式 $(A\cup B)^C=A^C\cap B^C$ 证明如下：

$$\begin{aligned} x\in(A\cup B)^C &\Leftrightarrow x\notin A\cup B \Leftrightarrow x\notin A \text{ 且 } x\notin B \\ &\Leftrightarrow x\in A^C \text{ 且 } x\in B^C \Leftrightarrow x\in A^C\cap B^C, \end{aligned}$$

所以

$$(A\cup B)^C=A^C\cap B^C.$$

注 以上证明中，符号“$\Leftrightarrow$”表示“等价”.

直积（笛卡儿乘积） 设 A,B 是任意两个集合，在集合 A 中任意取一个元素 x，在集合 B 中任意取一个元素 y，组成一个有序对 (x,y)，把这样的有序对作为新元素，它们的全体组成的集合称为集合 A 与集合 B 的**直积**（或**笛卡儿（Descartes）乘积**），记作 $A\times B$，即

$$A\times B=\{(x,y) \mid x\in A \text{ 且 } y\in B\}.$$

例如，$\mathbf{R}\times\mathbf{R}=\{(x,y) \mid x\in\mathbf{R} \text{ 且 } y\in\mathbf{R}\}$ 即为 xOy 面上全体点的集合，$\mathbf{R}\times\mathbf{R}$ 常记作 $\mathbf{R}^2$.

3. 区间和邻域

区间是高等数学中常用的实数集，包括四种有限区间和五种无限区间.

- **有限区间**

设 a,b 为两个实数，且 $a<b$，称数集 $\{x \mid a<x<b\}$ 为**开区间**，记作 (a,b)，即

$$(a,b)=\{x \mid a<x<b\}.$$

类似地，

$$[a,b]=\{x \mid a\leqslant x\leqslant b\}$$

称为**闭区间**（见图 1.1），

$$[a,b)=\{x \mid a\leqslant x<b\},(a,b]=\{x \mid a<x\leqslant b\}$$

称为**半开区间**（见图 1.2）. 其中 a 和 b 称为区间 $(a,b),[a,b],[a,b),(a,b]$ 的**端点**，$b-a$ 称为区间的**长度**.

● 无限区间

引入记号$+\infty$（读作正无穷大）及$-\infty$（读作负无穷大），

$$[a,+\infty)=\{x \mid x \geqslant a\}\text{（见图 1.3）},$$
$$(-\infty,b)=\{x \mid x<b\}\text{（见图 1.4）},$$
$$(-\infty,+\infty)=\{x \mid |x|<+\infty\}=R.$$

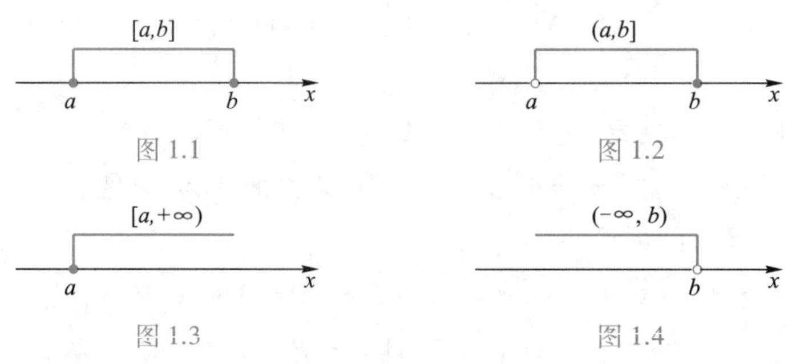

图 1.1　　图 1.2

图 1.3　　图 1.4

邻域　以点 a 为中心的任何开区间称为点 a 的**邻域**，记作 $U(a)$.

设 δ 是一正数，则称开区间$(a-\delta,a+\delta)$为点 a 的 **δ 邻域**，记作 $U(a,\delta)$，即

$$U(a,\delta)=\{x \mid a-\delta<x<a+\delta\}=\{x \mid |x-a|<\delta\},$$

其中点 a 称为邻域的**中心**，δ 称为邻域的**半径**.

去心邻域　满足 $0<|x-a|<\delta$ 的 x 的集合称为以 a 为中心，以 δ 为半径的**去心邻域**（见图 1.5），记作 $\mathring{U}(a,\delta)$，即

$$\mathring{U}(a,\delta)=\{x \mid 0<|x-a|<\delta\}.$$

图 1.5

1.1.2　映射

1. 映射的概念

定义 1.1.1　设 X,Y 是两个非空集合，若存在一个法则 f，使得对 X 中每个元素 x，按法则 f，在 Y 中有唯一确定的元素 y 与之对应，则称 f 为从 X 到 Y 的**映射**，记作

$$f:X\rightarrow Y,$$

其中 y 称为元素 x（在映射 f 下）的**像**，并记作 $f(x)$，即

$$y=f(x),$$

而元素 x 称为元素 y（在映射 f 下）的**原像**. 集合 X 称为映射 f 的**定义域**，记作 D_f，即

$$D_f=X;$$

X 中所有元素的像所组成的集合称为映射 f 的**值域**，记作 R_f 或 $f(X)$，即

$$R_f = f(X) = \{f(x) \mid x \in X\}.$$

从上述映射的定义中,需要注意以下问题:

(1) 构成一个映射必须具备以下三个要素:集合 X,即定义域 $D_f=X$;集合 Y,即限制值域的范围:$R_f \subset Y$;对应法则 f,使对每个 $x \in X$,有唯一确定的 $y=f(x)$ 与之对应.

(2) 对每个 $x \in X$,元素 x 的像 y 是唯一的;而对每个 $y \in R_f$,元素 y 的原像不一定是唯一的;映射 f 的值域 R_f 是 Y 的一个子集,即 $R_f \subset Y$,不一定有 $R_f=Y$.

例 1.1.1 设 $f:\mathbf{R}\to\mathbf{R}$,对每个 $x \in \mathbf{R}$, $f(x)=x^2+1$.

显然,f 是一个映射,f 的定义域 $D_f=\mathbf{R}$,值域 $R_f=\{y \mid y \geqslant 1\}$,它是 $\mathbf{R}$ 的一个真子集.对于 R_f 中的元素 y,除 $y=1$ 外,它的原像不是唯一的.如 $y=5$ 的原像就有 $x=2$ 和 $x=-2$ 两个.

例 1.1.2 设 $X=\{(x,y) \mid x^2+y^2=4\}$, $Y=\{(x,0) \mid |x| \leqslant 2\}$, $f:X\to Y$,对每个 $(x,y) \in X$,有唯一确定的 $(x,0) \in Y$ 与之对应.

易见,f 是一个映射,f 的定义域 $D_f=X$,值域 $R_f=Y$.在几何上,这个映射表示将平面上一个圆心在原点,半径为 2 的圆周上的点投影到 x 轴的区间 $[-2,2]$ 上.

例 1.1.3 设 $f:[0,\pi]\to[-1,1]$,对每个 $x \in [0,\pi]$, $f(x)=\cos x$.

可知,f 是一个映射,定义域 $D_f=[0,\pi]$,值域 $R_f=[-1,1]$.

满射、单射和双射 设 f 是从集合 X 到集合 Y 的映射,若 $R_f=Y$,即 Y 中任一元素 y 都是 X 中某元素的像,则称 f 为 **X 到 Y 上的映射**或**满射**;若对 X 中任意两个不同元素 $x_1 \neq x_2$,它们的像 $f(x_1) \neq f(x_2)$,则称 f 为**单射**;若映射 f 既是单射,又是满射,则称 f 为**一一映射**(或**双射**).

上述三例各是什么映射?

例 1.1.1 中的映射既非单射,又非满射;例 1.1.2 中的映射不是单射,而是满射;例 1.1.3 中的映射既是单射,又是满射,因此是一一映射.

映射又称为算子,根据集合 X,Y 的不同情形,在不同的数学分支中,映射又有不同的惯用名称.例如,从非空集 X 到数集 Y 的映射又称为 X 上的泛函,从非空集 X 到它自身的映射又称为 X 上的变换,从实数集(或其子集)X 到实数集 Y 的映射通常称为定义在 X 上的函数.

2. 逆映射与复合映射

逆映射 设 f 是 X 到 Y 的单射,则由定义,对每个 $y \in R_f$,有唯一的 $x \in X$,使得 $f(x)=y$.于是,我们可定义一个从 R_f 到 X 的新映射 g,即

$$g: R_f \to X,$$

对每个 $y \in R_f$,规定 $g(y)=x$,其中 x 满足 $f(x)=y$.这个映射 g 称为 f 的**逆映射**,记作

f^{-1}，其定义域 $D_{f^{-1}}=R_f$，值域 $R_{f^{-1}}=X$.

按上述定义，只有单射才存在逆映射. 所以，在例 1.1.1—例 1.1.3 中，只有例 1.1.3中的映射 f 才存在逆映射 f^{-1}，这个 f^{-1} 就是反余弦函数的主值

$$f^{-1}(x)=\arccos x,\quad x\in[-1,1],$$

其定义域 $D_{f^{-1}}=[-1,1]$，值域 $R_{f^{-1}}=[0,\pi]$.

复合映射 设有两个映射

$$g:X\to Y_1,\quad f:Y_2\to Z,$$

其中 $Y_1\subset Y_2$，则由映射 g 和 f 可以定出一个从 X 到 Z 的对应法则，它将每个 $x\in X$ 映射成 $f[g(x)]\in Z$. 显然，这个对应法则确定了一个从 X 到 Z 的映射，这个映射称为映射 g 和 f 构成的**复合映射**，记作 $f\circ g$，即

$$f\circ g:X\to Z,\quad (f\circ g)(x)=f[g(x)],\quad x\in X.$$

映射 g 和 f 构成复合映射的条件是：g 的值域 R_g 必须包含在 f 的定义域内，即 $R_g\subset D_f$；否则，不能构成复合映射. 由此可以知道，映射 g 和 f 的复合是有顺序的，$f\circ g$ 有意义并不表示 $g\circ f$ 也有意义. 即使 $f\circ g$ 与 $g\circ f$ 都有意义，复合映射 $f\circ g$ 与 $g\circ f$ 也未必相同.

例 1.1.4 设有映射 $g:\mathbf{R}\to[-1,1]$，对每个 $x\in\mathbf{R}$，$g(x)=\cos x$；映射 $f:[-1,1]\to[0,1]$，对每个 $u\in[-1,1]$，$f(u)=\sqrt{1-u^2}$，则映射 g 和 f 构成复合映射 $f\circ g:\mathbf{R}\to[0,1]$，对每个 $x\in\mathbf{R}$，有

$$(f\circ g)(x)=f[g(x)]=f(\cos x)=\sqrt{1-\cos^2 x}=|\sin x|.$$

1.1.3 函数

1. 函数概念

定义 1.1.2 设非空数集 $D\subset\mathbf{R}$，则称映射 $f:D\to\mathbf{R}$ 为定义在 D 上的**函数**，通常简记为

$$y=f(x),\quad x\in D,$$

其中 x 称为**自变量**，y 称为**因变量**，D 称为**定义域**，记作 D_f，即 $D_f=D$.

在上述定义中，因变量 y 与自变量 x 之间的这种依赖关系通常称为**函数关系**. 函数值 $f(x)$ 的全体所组成的集合称为函数 f 的**值域**，记作 R_f 或 $f(D)$，即

$$R_f=f(D)=\{y\mid y=f(x),x\in D\}.$$

以下是函数相关记号的一些说明：

(1) 记号 f 和 $f(x)$ 的含义是有区别的，前者表示自变量 x 和因变量 y 之间的对应法则，而后者表示与自变量 x 对应的函数值. 但为了叙述方便，习惯上常用记号"$f(x),x\in D$"或"$y=f(x),x\in D$"来表示定义在 D 上的函数，这时应理解为由它所确定的函数 f.

（2）函数 $y=f(x)$ 中表示对应法则的记号 f 也可改用其他字母，如 F,φ 等，此时函数就记作 $y=F(x)$，$y=\varphi(x)$. 有时还可以用因变量的记号来表示函数，把函数记作 $y=y(x)$.

（3）函数是从实数集到实数集的映射，其值域总在 $\mathbf{R}$ 内，因此构成函数的要素是定义域 D_f 及对应法则 f. 如果两个函数的定义域相同，对应法则也相同，那么这两个函数就是相同的，否则就是不同的. 例如 $y=x^2(x\in\mathbf{R})$，$S=a^2(a\in\mathbf{R})$，$x=y^2(y\in\mathbf{R})$，虽然代表自变量和因变量的字母不同，但它们表示的都是同一个函数.

自然定义域 函数的定义域通常按以下两种情形来确定：一种是对有实际背景的函数，其定义域根据变量的实际意义确定；另一种是对抽象的用算式表达的函数，它的定义域是使算式有意义的全体实数组成的集合，称为**自然定义域**，一般所说的定义域大多指自然定义域. 例如，正方形的面积 S 是它的边长 a 的函数，即 $S=a^2$，此时函数的定义域为 $(0,+\infty)$；如果不考虑实际意义，那么函数 $S=a^2$ 的自然定义域为 $\mathbf{R}$.

例 1.1.5 求函数 $y=\dfrac{\sqrt{1+\ln x}}{1-x}$ 的定义域.

解 由于零和负数没有对数，负数的平方根在实数范围内没有意义，且分式的分母不能为零，所以函数的定义域是下列不等式组的解：

$$\begin{cases} x>0, \\ 1+\ln x\geqslant 0, \\ 1-x\neq 0, \end{cases}$$

因此，函数的定义域为 $D=\left\{x\,\middle|\,x\geqslant\dfrac{1}{\mathrm{e}}\text{且 } x\neq 1\right\}$，即 $\left[\dfrac{1}{\mathrm{e}},1\right)\cup(1,+\infty)$.

单值函数与多值函数 在函数的定义中，对每个 $x\in D$，对应的函数值 y 总是唯一的，这样定义的函数称为**单值函数**. 如果给定一个对应法则，按这个法则，对每个 $x\in D$，总有确定的 y 值与之对应，但这个 y 不总是唯一的，为了应用方便，习惯上称这种法则确定了一个**多值函数**. 例如，设变量 x 和 y 之间的对应法则由方程 $x^2+y^2=r^2$ 给出. 显然，对每个 $x\in[-r,r]$，由方程 $x^2+y^2=r^2$ 可确定出对应的 y 值，当 $x=r$ 或 $x=-r$ 时，对应 $y=0$ 一个值；当 x 取 $(-r,r)$ 内任一个值时，对应的 y 有两个值. 所以该方程确定了一个多值函数.

对于多值函数，往往只要附加一些条件，就可以将它化为单值函数，这样得到的单值函数称为多值函数的**单值分支**. 例如，在由方程 $x^2+y^2=r^2$ 给出的对应法则中，附加"$y\geqslant 0$"的条件，即以"$x^2+y^2=r^2$ 且 $y\geqslant 0$"作为对应法则，就可得到一个单值分支 $y=y_1(x)=\sqrt{r^2-x^2}$；附加"$y\leqslant 0$"的条件，即以"$x^2+y^2=r^2$ 且 $y\leqslant 0$"作为对应法则，就可得到另一个单值分支 $y=y_2(x)=-\sqrt{r^2-x^2}$.

表示函数的主要方法有三种：表格法、图形法、解析法(公式法)，这在中学里读者已经熟悉.其中，用图形法表示函数是基于函数图形的概念，即坐标平面上的点集

$$\{P(x,y)\mid y=f(x),x\in D\}$$

称为函数 $y=f(x),x\in D$ 的图形(如图1.6).图中的 R_f 表示函数 $y=f(x)$ 的值域.

例 1.1.6　函数

$$y=|x|=\begin{cases}x, & x\geqslant 0,\\ -x, & x<0\end{cases}$$

称为绝对值函数(见图1.7).其定义域为 $D=(-\infty,+\infty)$，值域为 $R_f=[0,+\infty)$.

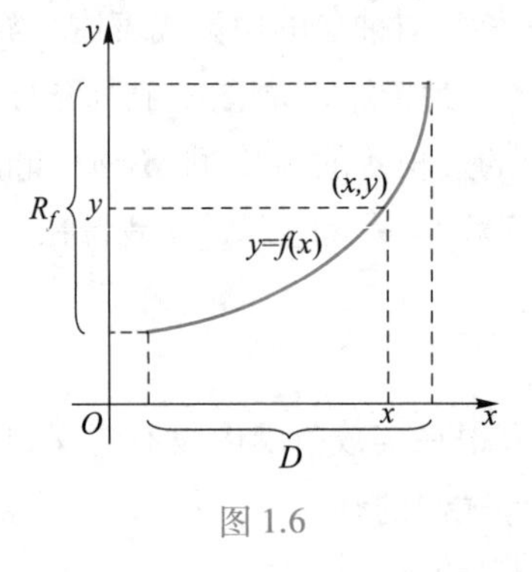

图 1.6

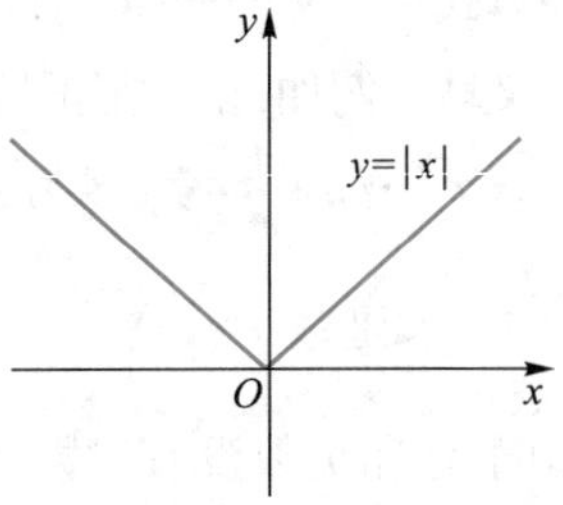

图 1.7

例 1.1.7　函数

$$y=\operatorname{sgn}x=\begin{cases}1, & x>0,\\ 0, & x=0,\\ -1, & x<0\end{cases}$$

称为符号函数(见图1.8).其定义域为 $D=(-\infty,+\infty)$，值域为 $R_f=\{-1,0,1\}$.

例 1.1.8　设 x 为任一实数.不超过 x 的最大整数称为 x 的整数部分，记作 $[x]$.函数

$$y=[x]$$

称为取整函数(见图1.9).其定义域为 $D=(-\infty,+\infty)$，值域为 $R_f=\mathbf{Z}$.

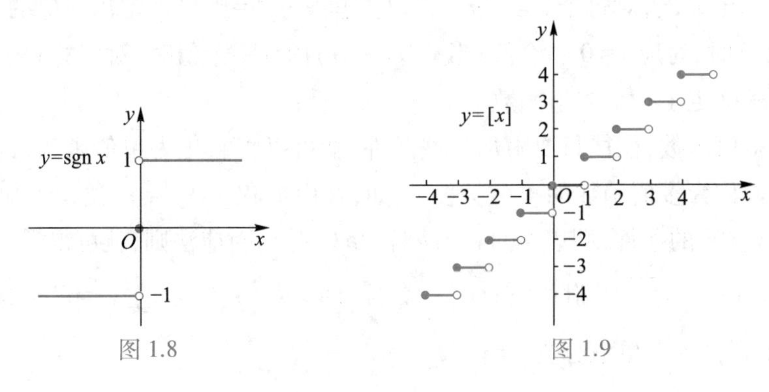

图 1.8　　图 1.9

例如$\left[\frac{1}{2}\right]=0,[\sqrt{3}]=1,[\pi]=3,[-1]=-1,[-5.5]=-6.$

分段函数 在自变量的不同变化范围中,对应法则用不同式子来表示的函数称为**分段函数**.

例 1.1.9 函数

$$y=\begin{cases}2\sqrt{x}, & 0\leqslant x\leqslant 1,\\ 1+x, & x>1\end{cases}$$

是一个分段函数(见图 1.10),其定义域为 $D=[0,1]\cup(1,+\infty)=[0,+\infty)$.当 $0\leqslant x\leqslant 1$ 时,$y=2\sqrt{x}$;当 $x>1$ 时,$y=1+x$.

例如,$f\left(\frac{1}{2}\right)=2\sqrt{\frac{1}{2}}=\sqrt{2}$, $f(1)=2\sqrt{1}=2$, $f(3)=1+3=4$.

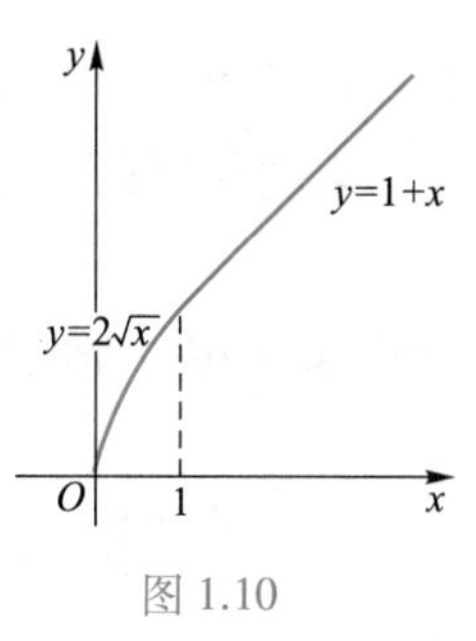

图 1.10

2. 函数的几种特性

(1) 函数的有界性

设函数 $f(x)$ 的定义域为 D,数集 $X\subset D$.若存在数 K_1,使得对任一 $x\in X$,有 $f(x)\leqslant K_1$,则称**函数 $f(x)$ 在 X 上有上界**,而称 K_1 为函数 $f(x)$ 在 X 上的一个**上界**.此时,函数 $y=f(x)$(在 X 上)的图形在直线 $y=K_1$ 的下方.

若存在数 K_2,使得对任一 $x\in X$,有 $f(x)\geqslant K_2$,则称**函数 $f(x)$ 在 X 上有下界**,而称 K_2 为函数 $f(x)$ 在 X 上的一个**下界**.此时,函数 $y=f(x)$(在 X 上)的图形在直线 $y=K_2$ 的上方.

若存在正数 M,使得对任一 $x\in X$,有 $|f(x)|\leqslant M$,则称**函数 $f(x)$ 在 X 上有界**.此时,函数 $y=f(x)$ 的图形在直线 $y=-M$ 和 $y=M$ 之间.若这样的 M 不存在,则称**函数 $f(x)$ 在 X 上无界**.

函数 $f(x)$ 无界,就是说对任何 M,总存在 $x_1\in X$,使得 $|f(x_1)|>M$.

例 1.1.10 $f(x)=\sin x$ 在 $(-\infty,+\infty)$ 内是有界的且 $|\sin x|\leqslant 1$.

例 1.1.11 函数 $f(x)=\frac{1}{x}$ 在开区间 $(0,1)$ 内是无上界的.或者说它在 $(0,1)$ 内有下界(数 1 就是它的一个下界),但无上界.

这是因为对于任一 $M>1$,总有 $x_1:0<x_1<\frac{1}{M}<1$,使得

$$f(x_1)=\frac{1}{x_1}>M,$$

但易见函数 $f(x)=\frac{1}{x}$ 在 $(1,2)$ 内是有界的.

（2）函数的单调性

设函数 $y=f(x)$ 的定义域为 D，区间 $I\subset D$. 若对于区间 I 上任意两点 x_1,x_2，当 $x_1<x_2$ 时，恒有

$$f(x_1)<f(x_2),$$

则称函数 $f(x)$ 在区间 I 上是单调增加的（见图 1.11）.

若对于区间 I 上任意两点 x_1,x_2，当 $x_1<x_2$ 时，恒有

$$f(x_1)>f(x_2),$$

则称函数 $f(x)$ 在区间 I 上是单调减少的（见图 1.12）.

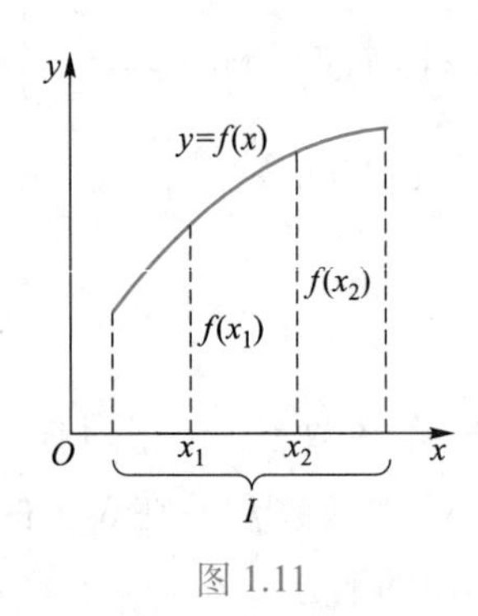

图 1.11

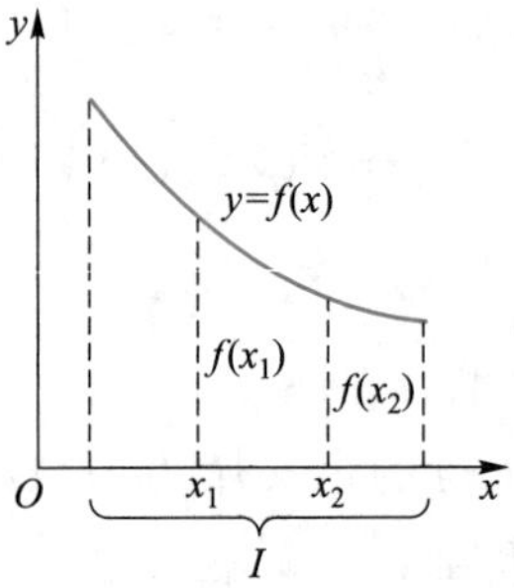

图 1.12

单调增加和单调减少的函数统称为单调函数.

例 1.1.12　函数 $y=x^2$ 在区间 $(-\infty,0]$ 上是单调减少的，在区间 $[0,+\infty)$ 上是单调增加的，在 $(-\infty,+\infty)$ 上不是单调的（见图 1.13）.

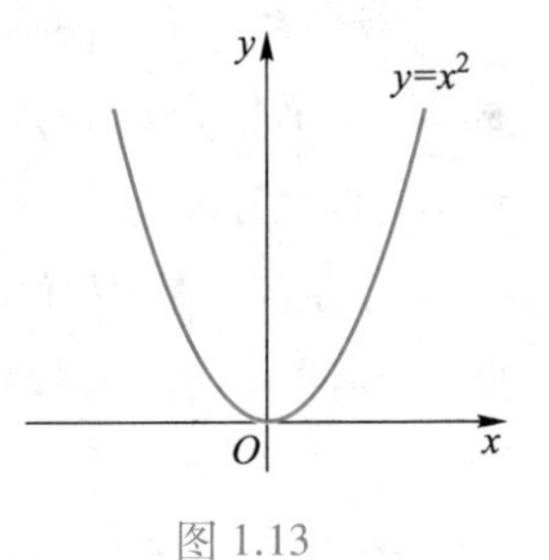

图 1.13

（3）函数的奇偶性

设函数 $f(x)$ 的定义域 D 关于原点对称（即若 $x\in D$，则 $-x\in D$）. 若对于任一 $x\in D$，有

$$f(-x)=f(x),$$

则称 $f(x)$ 为偶函数.

若对于任一 $x\in D$，有

$$f(-x)=-f(x),$$

则称 $f(x)$ 为奇函数.

不是偶函数也不是奇函数的函数称为非奇非偶函数.

偶函数的图形关于 y 轴对称（见图 1.14），奇函数的图形关于原点对称（见图 1.15）.

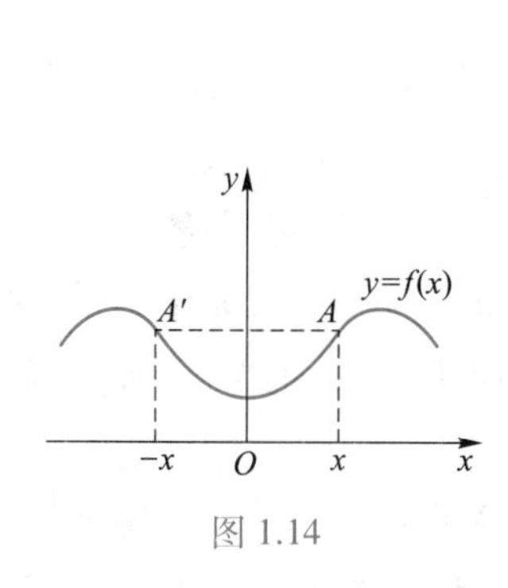

图 1.14

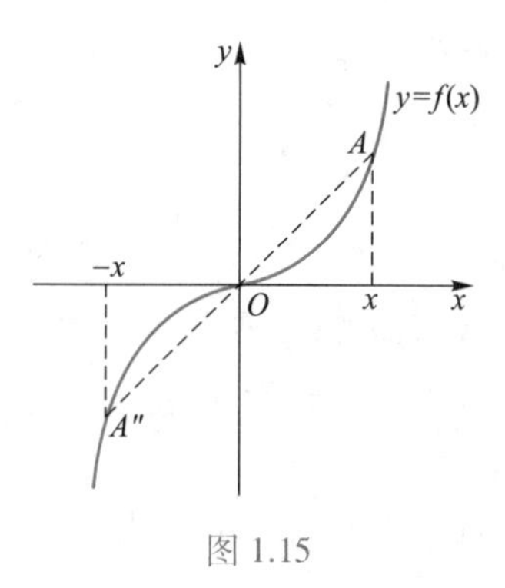

图 1.15

例 1.1.13 $y=x^2$,$y=\cos x$ 都是偶函数.$y=x^3$,$y=\sin x$ 都是奇函数.$y=\sin x+\cos x$ 是非奇非偶函数.

(4) 函数的周期性

设函数 $f(x)$ 的定义域为 D. 如果存在一个正数 l, 使得对于任一 $x\in D$,有 $(x\pm l)\in D$,且

$$f(x+l)=f(x),$$

则称 $f(x)$ 为**周期函数**,l 为 $f(x)$ 的**周期**.

周期函数的图形特点:在函数的定义域内每个长度为 l 的区间上,函数的图形有相同的形状(见图 1.16).

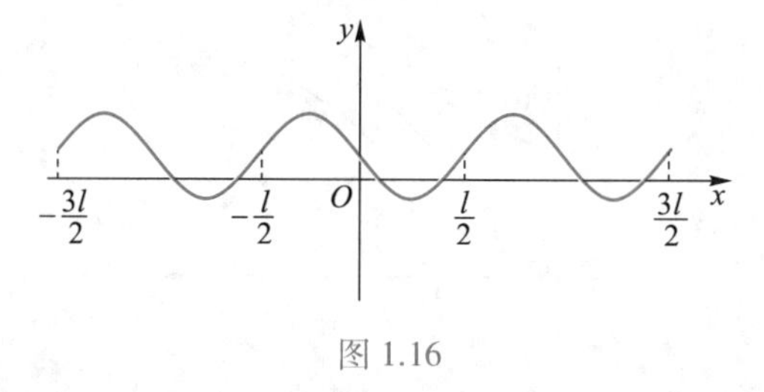

图 1.16

通常周期函数的周期是指最小正周期,但并非每个周期函数都有最小正周期.

例 1.1.14 狄利克雷(Dirichlet)函数

$$D(x)=\begin{cases}1, & x\in \mathbf{Q},\\ 0, & x\in \mathbf{Q}^C.\end{cases}$$

容易验证它是一个周期函数,事实上,任何正有理数都是它的周期,因为不存在最小的正有理数,所以它没有最小正周期.

3. 反函数与复合函数

反函数 作为逆映射的特殊情形,我们有以下反函数的概念.

设函数 $f:D\to f(D)$ 是单射,则它存在逆映射 $f^{-1}:f(D)\to D$,称此映射 f^{-1} 为函

数 f 的**反函数**.

按此定义,对每个 $y\in f(D)$,有唯一的 $x\in D$,使得 $f(x)=y$,于是有

$$f^{-1}(y)=x.$$

这就是说,反函数 f^{-1} 的对应法则是完全由函数 f 的对应法则所确定的.

函数 $y=f(x)$, $x\in D$ 的反函数一般可以记为 $x=f^{-1}(y)$, $y\in f(D)$.但由于习惯上用 x 表示自变量,用 y 表示因变量,因此上述反函数也常记成 $y=f^{-1}(x)$, $x\in f(D)$.

若 f 是定义在 D 上的单调函数,则 $f:D\to f(D)$ 是单射,于是 f 的反函数 f^{-1} 必定存在,而且容易证明 f^{-1} 也是 $f(D)$ 上的单调函数(两者单调性相同).

相对于反函数来说,原来的函数称为**直接函数**.把直接函数 $y=f(x)$ 和它的反函数 $y=f^{-1}(x)$ 的图形画在同一坐标平面上,这两个图形关于直线 $y=x$ 是对称的.这是因为如果 $P(a,b)$ 是 $y=f(x)$ 图形上的点,则有 $b=f(a)$.按反函数的定义,有 $a=f^{-1}(b)$,故 $Q(b,a)$ 是 $y=f^{-1}(x)$ 图形上的点;反之,若 $Q(b,a)$ 是 $y=f^{-1}(x)$ 图形上的点,则 $P(a,b)$ 是 $y=f(x)$ 图形上的点.而 $P(a,b)$ 与 $Q(b,a)$ 是关于直线 $y=x$ 对称的(见图 1.17).需要注意的是,在同一坐标平面上,函数 $y=f(x)$ 和函数 $x=f^{-1}(y)$ 的图形是重合的.

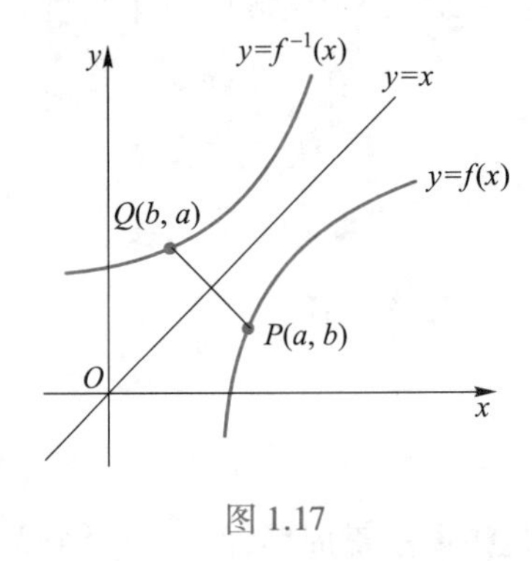

图 1.17

复合函数　复合函数是复合映射的一种特例,按照通常函数的记号,复合函数的概念可如下表述:

设函数 $y=f(u)$ 的定义域为 D_f,函数 $u=g(x)$ 在 D 上有定义且 $g(D)\subset D_f$,则由下式确定的函数

$$y=f[g(x)],\quad x\in D$$

称为由函数 $u=g(x)$ 与函数 $y=f(u)$ 构成的**复合函数**,它的定义域为 D,变量 u 称为**中间变量**.

函数 g 与函数 f 构成的复合函数通常记为 $f\circ g$,即

$$(f\circ g)(x)=f[g(x)].$$

与复合映射一样,g 与 f 构成复合函数 $f\circ g$ 的条件是:函数 g 在 D 上的值域 $g(D)$ 必须包含于 f 的定义域 D_f 内,即 $g(D)\subset D_f$. 否则,不能构成复合函数.

例如,$y=f(u)=\arcsin u$ 的定义域为 $[-1,1]$,$u=g(x)=2\sqrt{1-x^2}$ 在 $D=\left[-1,-\frac{\sqrt{3}}{2}\right]\cup\left[\frac{\sqrt{3}}{2},1\right]$ 上有定义,且 $g(D)\subset[-1,1]$,则 g 与 f 可构成复合函数

$$y=\arcsin(2\sqrt{1-x^2}),\quad x\in D.$$

但函数 $y=\arcsin u$ 和函数 $u=2+x^2$ 不能构成复合函数,这是因为对任意 $x\in\mathbf{R}$,$u=2+x^2$ 均不在 $y=\arcsin u$ 的定义域 $[-1,1]$ 内.

复合函数可以由两个以上的函数复合而成,只要它们依次满足构成复合函数的条件. 例如,函数 $y=\arctan u$,$u=\frac{1}{\sqrt{v}}$,$v=x^2-1$ 可构成复合函数

$$y=\arctan\frac{1}{\sqrt{x^2-1}}.$$

4. 函数的运算

设函数 $f(x)$,$g(x)$ 的定义域依次为 D_f,D_g,$D=D_f\cap D_g\neq\varnothing$,则我们可以定义这两个函数的下列运算:

和(差) $f\pm g$:$(f\pm g)(x)=f(x)\pm g(x)$,$x\in D$;

积 $f\cdot g$:$(f\cdot g)(x)=f(x)\cdot g(x)$,$x\in D$;

商 $\frac{f}{g}$:$\left(\frac{f}{g}\right)(x)=\frac{f(x)}{g(x)}$,$x\in D-\{x\mid g(x)=0,x\in D\}$.

例 1.1.15 设函数 $f(x)$ 的定义域为 $(-l,l)$,证明:必存在 $(-l,l)$ 上的偶函数 $g(x)$ 及奇函数 $h(x)$,使得

$$f(x)=g(x)+h(x).$$

分析 若 $f(x)=g(x)+h(x)$,则 $f(-x)=g(x)-h(x)$,于是

$$g(x)=\frac{1}{2}[f(x)+f(-x)],\quad h(x)=\frac{1}{2}[f(x)-f(-x)].$$

证 作 $g(x)=\frac{1}{2}[f(x)+f(-x)]$,$h(x)=\frac{1}{2}[f(x)-f(-x)]$,则 $f(x)=g(x)+h(x)$,且

$$g(-x)=\frac{1}{2}[f(-x)+f(x)]=g(x),$$

$$h(-x)=\frac{1}{2}[f(-x)-f(x)]=-\frac{1}{2}[f(x)-f(-x)]=-h(x).$$

5. 初等函数

幂函数、指数函数、对数函数、三角函数和反三角函数这五类函数统称为**基本初等函数**.由于在中学数学中,我们已经学习过这些函数,这里只作简单复习.

幂函数:$y=x^{\mu}$($\mu\in\mathbf{R}$ 是常数);

指数函数:$y=a^{x}$($a>0$ 且 $a\neq 1$);

对数函数:$y=\log_{a}x$($a>0$ 且 $a\neq 1$),特别当 $a=\mathrm{e}$ 时,记为 $y=\ln x$;

三角函数:$y=\sin x, y=\cos x, y=\tan x, y=\cot x, y=\sec x, y=\csc x$;

反三角函数:$y=\arcsin x, y=\arccos x, y=\arctan x, y=\operatorname{arccot} x$.

由常数和基本初等函数经过有限次的四则运算和有限次的函数复合步骤所构成并可用一个式子表示的函数,称为**初等函数**.例如

$$y=\sqrt{1-x^{3}},\quad y=\cos^{2}x,\quad y=\sqrt{\cot\frac{x}{2}}$$

等都是初等函数.本课程中所讨论的函数绝大多数都是初等函数.

在初等函数有定义的区间内,其图形是不间断的.如符号函数 $y=\operatorname{sgn} x$、取整函数 $y=[x]$ 等分段函数均不是初等函数.

双曲函数　在工程技术应用上常遇到以 e 为底的指数函数 $y=\mathrm{e}^{x}$ 和 $y=\mathrm{e}^{-x}$ 所产生的双曲函数以及它们的反函数——反双曲函数.它们的定义如下:

双曲正弦　$\operatorname{sh} x=\dfrac{\mathrm{e}^{x}-\mathrm{e}^{-x}}{2}$;

双曲余弦　$\operatorname{ch} x=\dfrac{\mathrm{e}^{x}+\mathrm{e}^{-x}}{2}$;

双曲正切　$\operatorname{th} x=\dfrac{\operatorname{sh} x}{\operatorname{ch} x}=\dfrac{\mathrm{e}^{x}-\mathrm{e}^{-x}}{\mathrm{e}^{x}+\mathrm{e}^{-x}}$.

这三个双曲函数的简单性态如下:

双曲正弦的定义域为$(-\infty,+\infty)$,值域为$(-\infty,+\infty)$;它是单调增加的奇函数,其图形通过原点且关于原点对称.当 x 的绝对值很大时,它的图形在第一象限内接近于曲线 $y=\dfrac{1}{2}\mathrm{e}^{x}$;在第三象限内接近于曲线 $y=-\dfrac{1}{2}\mathrm{e}^{-x}$(见图1.18).

双曲余弦的定义域为$(-\infty,+\infty)$,值域为$[1,+\infty)$;它是偶函数,在$(-\infty,0)$内单调减少,在$(0,+\infty)$内单调增加.当 x 的绝对值很大时,它的图形在第一象限内接近于曲线 $y=\dfrac{1}{2}\mathrm{e}^{x}$;在第二象限内接近于曲线 $y=\dfrac{1}{2}\mathrm{e}^{-x}$(见图1.18).

双曲正切的定义域为$(-\infty,+\infty)$,值域为$(-1,1)$;它是单调增加的奇函数,其图形夹在水平直线 $y=1$ 及 $y=-1$ 之间.当 x 的绝对值很大时,它的图形在第一象限

内接近于直线 $y=1$;在第三象限内接近于直线 $y=-1$(见图 1.19).

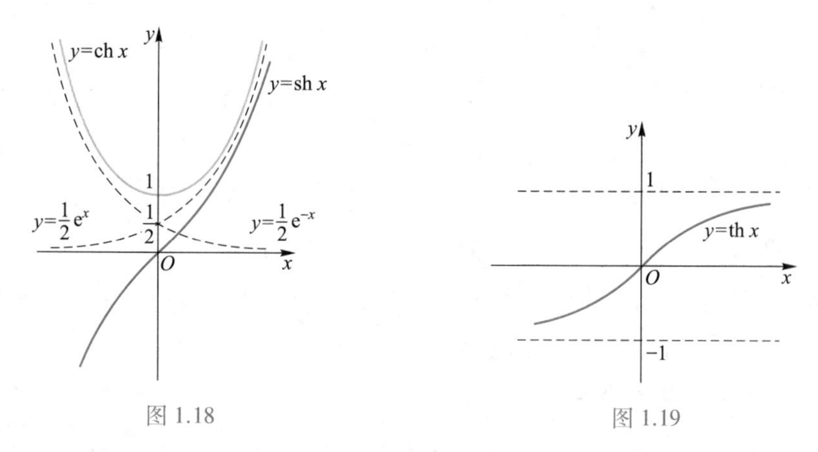

图 1.18　　图 1.19

双曲函数的性质　根据双曲函数的定义可以证明:双曲函数具有与三角函数类似的运算性质.

$\operatorname{sh}(x\pm y)=\operatorname{sh}x\operatorname{ch}y\pm\operatorname{ch}x\operatorname{sh}y$,

$\operatorname{ch}(x\pm y)=\operatorname{ch}x\operatorname{ch}y\pm\operatorname{sh}x\operatorname{sh}y$.

$\operatorname{ch}^2x-\operatorname{sh}^2x=1$,

$\operatorname{sh}2x=2\operatorname{sh}x\operatorname{ch}x$,

$\operatorname{ch}2x=\operatorname{ch}^2x+\operatorname{sh}^2x$.

下面证明 $\operatorname{sh}(x+y)=\operatorname{sh}x\operatorname{ch}y+\operatorname{ch}x\operatorname{sh}y$.

$$\begin{aligned}\operatorname{sh}x\operatorname{ch}y+\operatorname{ch}x\operatorname{sh}y&=\frac{e^x-e^{-x}}{2}\cdot\frac{e^y+e^{-y}}{2}+\frac{e^x+e^{-x}}{2}\cdot\frac{e^y-e^{-y}}{2}\\&=\frac{e^{x+y}-e^{y-x}+e^{x-y}-e^{-(x+y)}}{4}+\frac{e^{x+y}+e^{y-x}-e^{x-y}-e^{-(x+y)}}{4}\\&=\frac{e^{x+y}-e^{-(x+y)}}{2}=\operatorname{sh}(x+y).\end{aligned}$$

反双曲函数　双曲函数 $y=\operatorname{sh}x,y=\operatorname{ch}x(x\geqslant0),y=\operatorname{th}x$ 的反函数依次为

反双曲正弦　$y=\operatorname{arsh}x$;

反双曲余弦　$y=\operatorname{arch}x$;

反双曲正切　$y=\operatorname{arth}x$.

反双曲函数的表达式　$y=\operatorname{arsh}x$ 是 $x=\operatorname{sh}y$ 的反函数,因此,从

$$x=\frac{e^y-e^{-y}}{2}$$

中解出 y 来便是 $\operatorname{arsh}x$.令 $u=e^y$,则由上式有

$$u^2-2xu-1=0.$$

这是关于 u 的一个二次方程,它的根为

$$u = x \pm \sqrt{x^2 + 1}.$$

因为 $u=e^y>0$,故上式根号前应取正号,于是

$$u = x + \sqrt{x^2 + 1}.$$

由于 $y=\ln u$,故得

$$y = \operatorname{arsh} x = \ln\left(x + \sqrt{x^2 + 1}\right).$$

反双曲正弦 $y=\operatorname{arsh} x$ 的定义域为 $(-\infty,+\infty)$,它在定义域内为单调增加的奇函数.根据反函数的作图法,可得其图形,如图 1.20.

类似地,可得反双曲余弦的表达式

$$y = \operatorname{arch} x = \ln\left(x + \sqrt{x^2 - 1}\right).$$

反双曲余弦 $y=\operatorname{arch} x$ 的定义域为 $[1,+\infty)$,值域是 $[0,+\infty)$,在定义域上单调增加.根据反函数的作图法,可得其图形,如图 1.21.

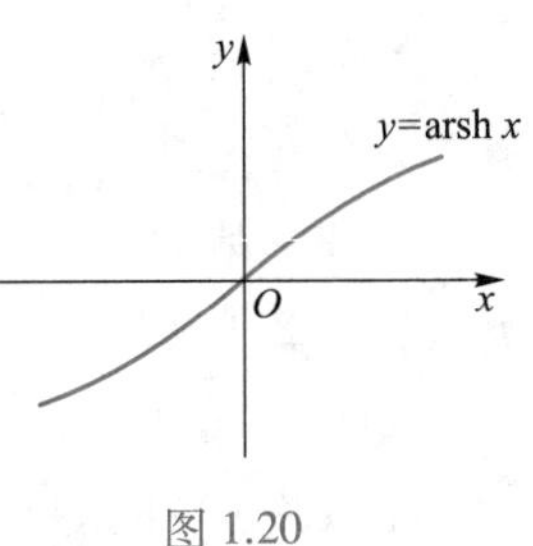

图 1.20

类似地,还可得反双曲正切的表达式

$$y = \operatorname{arth} x = \frac{1}{2}\ln\frac{1+x}{1-x}.$$

反双曲正切 $y=\operatorname{arth} x$ 的定义域为 $(-1,1)$,在定义域内为单调增加的奇函数.根据反函数的作图法,可得其图形,如图 1.22.

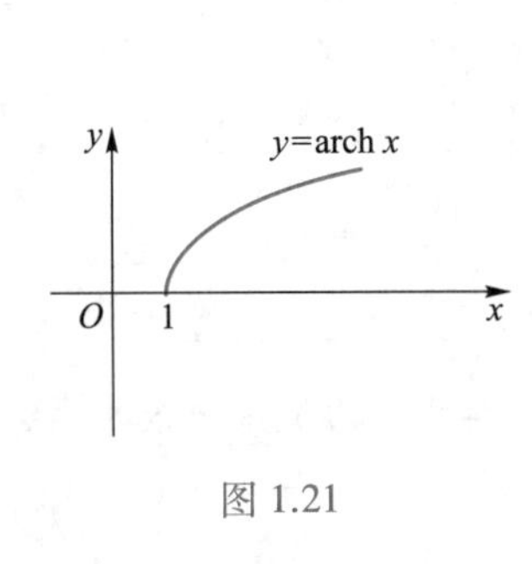

图 1.21

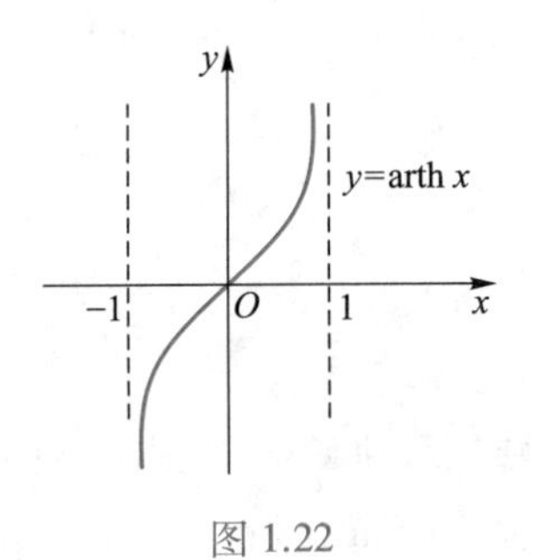

图 1.22

6. 经济学中的常用函数

(1) 需求函数

在经济学中,购买者(消费者)对商品的需求这一概念的含义是购买者既有购买商品的欲望,又有购买商品的能力.也就是说,只有购买者同时具备了购买商品的欲望和支付能力两个条件,才称得上需求.

消费者对某种商品的需求是由多种因素决定的,商品的价格是影响需求的一

个主要因素,但还有许多其他因素,如消费者收入的增减、其他代用品的价格等都会影响需求.我们现在不考虑价格以外的其他因素(把其他因素对需求的影响看作不变),只研究需求与价格的关系.

设 P 表示商品的价格,Q 表示需求量,那么有

$$Q=f(P)\quad (P\text{ 为自变量},Q\text{ 为因变量}),$$

称其为**需求函数**.

一般说来,商品的价格低,需求大;商品的价格高,需求小.因此一般需求函数 $Q=f(P)$ 是单调减少函数.

因为 $Q=f(P)$ 单调减少,所以有反函数 $P=f^{-1}(Q)$(Q 为自变量,P 为因变量),也称为需求函数.

最常用的需求函数为

$$Q=\frac{a-P}{b}\quad (a>0,b>0).$$

(2) 供给函数

供给是与需求相对的概念.需求是就购买者而言的,供给是就生产者而言的.供给是指生产者在某一时刻内,在各种可能的价格水平上,对某种商品愿意并能够出售的数量.这就是说,作为供给必须具备两个条件:一是有出售商品的愿望,二是有供应商品的能力.二者缺其一就不能构成供给.

设 P 表示商品的价格,Q 表示商品的供给量,那么有

$$Q=g(P)\quad (P\text{ 为自变量},Q\text{ 为因变量}),$$

称其为**供给函数**.

一般说来,商品的价格低,生产者不愿生产,供给少;商品的价格高,供给多.因此一般供给函数为单调增加函数.

因为 $Q=g(P)$ 单调增加,所以有反函数 $P=g^{-1}(Q)$,也称为供给函数.

最常用的供给函数是线性供给函数

$$Q=aP-b\quad (a>0,b>0).$$

(3) 总收益函数

总收益是指生产者出售一定量产品所得到的全部收入.

平均收益是指生产者出售一定量产品时,平均每出售单位产品所得到的收入,即单位商品的售价.

设某种产品的价格为 P,相应的销售量为 Q,则销售该产品的总收益 $R=QP$.又若需求函数为 $P=P(Q)$,则总收益函数为

$$R(Q)=QP(Q),$$

故平均收益$\overline{R}$为

$$\overline{R}(Q)=\frac{R}{Q}=P(Q).$$

例 1.1.16　设某产品的价格与销售量的关系为$P=10-\frac{Q}{5}$，求销售量为30时的总收益、平均收益.

解　$R(Q)=QP(Q)=Q\left(10-\frac{Q}{5}\right)=10Q-\frac{Q^2}{5}, R(30)=120.$

$\overline{R}(Q)=P(Q)=10-\frac{Q}{5}, \overline{R}(30)=4.$

（4）总成本函数

某产品的总成本是指生产一定数量的产品所需的全部经济资源投入（劳动力、资源、设备等）的价格或费用总额.它由固定成本与可变成本组成.

平均成本是指生产一定量产品时平均每单位产品的成本.

设C为总成本，C_1为固定成本，C_2为可变成本，$\overline{C}$为平均成本，Q为产量，则有总成本函数

$$C(Q)=C_1+C_2(Q),$$

平均成本函数

$$\overline{C}(Q)=\frac{C(Q)}{Q}=\frac{C_1}{Q}+\frac{C_2(Q)}{Q}.$$

例 1.1.17　已知某商品的成本函数为

$$C(Q)=100+\frac{Q^2}{4},$$

求当$Q=10$时的总成本、平均成本.

解　由$C(Q)=100+\frac{Q^2}{4}$有

$$\overline{C}(Q)=\frac{100}{Q}+\frac{Q}{4}.$$

当$Q=10$时，总成本为$C(10)=125$，平均成本为$\overline{C}(10)=12.5$.

习题 1.1

1. 求下列函数的自然定义域：

（1）$y=\sqrt{9-x^2}$；　　（2）$y=\frac{1}{1-x^2}$；

（3）$y=\frac{1}{x}-\sqrt{1-x^2}$；　　（4）$y=\frac{1}{\sqrt{x^2-4}}+\sqrt{x-2}$；

(5) $y=\tan(x+1)$; (6) $y=\arcsin\dfrac{x-3}{2}$;

(7) $y=\ln(x+1)$; (8) $y=\sqrt{3-x}+\arctan\dfrac{1}{x}$;

(9) $y=\lg\dfrac{1}{1-x}+\sqrt{x+2}$; (10) $y=\dfrac{1}{x}e^{\frac{1}{x}}$.

2. 下列各题中,函数$f(x)$和$g(x)$是否相同?为什么?

(1) $f(x)=\lg x^2, g(x)=2\lg x$;

(2) $f(x)=\dfrac{x^2-1}{x+1}, g(x)=x-1$;

(3) $f(x)=\sqrt[3]{x^4-x^3}, g(x)=x\sqrt[3]{x-1}$;

(4) $f(x)=x, g(x)=\sqrt{x^2}$.

3. 设

$$\varphi(x)=\begin{cases}|\sin x|, & |x|<\dfrac{\pi}{3},\\ 0, & |x|\geqslant\dfrac{\pi}{3},\end{cases}$$

求$\varphi\left(\dfrac{\pi}{6}\right),\varphi\left(\dfrac{\pi}{4}\right),\varphi\left(-\dfrac{\pi}{4}\right),\varphi(-2)$,并作出函数$y=\varphi(x)$的图形.

4. 证明下列函数在指定区间内的单调性:

(1) $y=\dfrac{x}{1-x},(-\infty,1)$; (2) $y=x+\ln x,(0,+\infty)$.

5. 设下面考虑的函数都是定义在区间$(-l,l)$上的,证明:

(1) 两个偶函数的和是偶函数,两个奇函数的和是奇函数;

(2) 两个偶函数的乘积是偶函数,两个奇函数的乘积是偶函数,偶函数与奇函数的乘积是奇函数.

6. 指出下列函数中哪些是奇函数,哪些是偶函数,哪些是非奇非偶函数:

(1) $y=x^4-x^2$; (2) $y=3x^2-x^3$;

(3) $y=\sin x-\cos x$; (4) $y=\dfrac{1}{x}\cos x$;

(5) $y=\dfrac{1-x^2}{1+x^2}$; (6) $y=\dfrac{e^x+e^{-x}}{2}$.

7. 下列函数中哪些是周期函数?对于周期函数,指出其周期:

(1) $y=\cos(x-2)$; (2) $y=\sin^2 x$;

（3）$y=1+\cos\frac{\pi}{2}x$；　　（4）$y=x\cos x$.

8. 求下列函数的反函数：

（1）$y=x^2(x\leqslant 0)$；　　（2）$y=\frac{1-x}{1+x}$；

（3）$y=\sqrt[3]{x+1}$；　　（4）$y=\frac{ax+b}{cx+d}(ad-bc\neq 0)$；

（5）$y=1+\ln(x+2)$；　　（6）$y=\begin{cases}x, & x<1,\\ x^2, & 1\leqslant x\leqslant 4,\\ 2^x, & x>4.\end{cases}$

9. 证明：$f(x)=x\sin x$ 在区间 $(0,+\infty)$ 内无界.

10. 在下列各题中，求由所给函数构成的复合函数，并求该函数分别对应于给定自变量值 x_1 和 x_2 的函数值：

（1）$y=u^2,u=\sin x,x_1=\frac{\pi}{6},x_2=\frac{\pi}{3}$；

（2）$y=\sin u,u=2x,x_1=\frac{\pi}{8},x_2=\frac{\pi}{4}$；

（3）$y=\sqrt{u},u=1+x^2,x_1=1,x_2=2$；

（4）$y=\mathrm{e}^u,u=x^2,x_1=0,x_2=1$；

（5）$y=u^2,u=\mathrm{e}^x,x_1=1,x_2=-1$.

11. 设 $f(x)$ 的定义域 $D=[0,1]$，求下列各函数的定义域：

（1）$f(x^2)$；　　（2）$f(\sin x)$；

（3）$f(x+a)(a>0)$；　　（4）$f(x+a)+f(x-a)(a>0)$.

12. 设

$$f(x)=\begin{cases}1, & |x|<1,\\ 0, & |x|=1,\\ -1, & |x|>1,\end{cases}\qquad g(x)=\mathrm{e}^x,$$

求 $f[g(x)]$ 和 $g[f(x)]$，并作出这两个函数的图形.

13. 某种手机每部售价为 1 290 元，成本为 860 元. 厂方为鼓励销售商大量采购，决定凡是订购量超过 1 000 部以上的，每多订购 1 部，售价就降低 1 角，但最低价为每部 1 075 元.

（1）将每部手机的实际售价 p 表示为订购量 x 的函数；

（2）将厂方所获得的利润 P 表示成订购量 x 的函数；

(3) 某销售商订购了 3 000 部,厂方可获利润多少?

14. 某工厂生产某产品,设总成本为 C 元,其中固定成本为 100 元,每多生产一单位产品,成本增加 10 元.求总成本函数及平均成本函数.

1.2 数列的极限

通过本节的学习,应该理解数列的定义,了解收敛的性质,会计算简单数列的极限.

1.2.1 数列极限的定义

极限是研究变量的变化趋势的基本工具,极限方法是研究变量的一种基本方法.高等数学中许多基本概念,如连续、导数、定积分、无穷级数等都建立在极限的基础上.

极限的思想是由求某些实际问题的精确解而产生的.例如,我国古代数学家刘徽(公元 3 世纪)利用圆内接正多边形逐步逼近圆来推算圆面积的方法——割圆术,就是极限思想在几何学上的应用.又如,春秋战国时期的哲学家庄子(公元前 4 世纪)在《庄子・天下篇》一书中有一段名言:“一尺之棰,日取其半,万世不竭”,其中也隐含了深刻的极限思想.

割圆术 设有一圆,首先作内接正六边形,它的面积记为 A_1;再作内接正十二边形,它的面积记为 A_2;再作内接正二十四边形,它的面积记为 A_3;如此下去,每次边数加倍,一般把内接正 $6\times2^{n-1}$ 边形的面积记为 $A_n(n\in\mathbf{N}_+)$.这样,就得到一系列内接正多边形的面积

$$A_1,A_2,A_3,\cdots,A_n,\cdots,$$

它们构成一列有次序的数.当 n 越大,内接正多边形与圆的差别就越小,从而以 A_n 作为圆面积的近似值也越精确.但是无论 n 取得如何大,只要 n 取定了,A_n 终究只是多边形的面积,而不是圆的面积.因此,设想 n 无限增大(记为 $n\to\infty$,读作 n 趋于无穷大),即内接正多边形的边数无限增加,在这个过程中,内接正多边形无限接近于圆,同时 A_n 也无限接近于某一确定的数值,这个确定的数值就理解为圆的面积,在数学上称为有次序的数(数列)$A_1,A_2,A_3,\cdots,A_n,\cdots$ 当 $n\to\infty$ 时的极限.

数列的概念 按照某一法则,对于每一个 $n\in\mathbf{N}_+$,对应一个确定的实数 x_n,将这些实数按下标 n 从小到大排列得到的序列

$$x_1,x_2,\cdots,x_n,\cdots$$

称为**数列**,简记为数列 $\{x_n\}$,x_n 称为数列的**一般项**.例如:

$$\frac{1}{2},\frac{2}{3},\frac{3}{4},\cdots,\frac{n}{n+1},\cdots;$$

$$2,4,8,\cdots,2^n,\cdots;$$

$$\frac{1}{2},\frac{1}{4},\frac{1}{8},\cdots,\frac{1}{2^n},\cdots;$$

$$1,-1,1,\cdots,(-1)^{n+1},\cdots;$$

$$2,\frac{1}{2},\frac{4}{3},\cdots,\frac{n+(-1)^{n-1}}{n},\cdots$$

均为数列,其一般项分别为$\frac{n}{n+1},2^n,\frac{1}{2^n},(-1)^{n+1},\frac{n+(-1)^{n-1}}{n}$.

数列的几何意义　在几何上,数列$\{x_n\}$可以看作数轴上的一个动点,它依次取数轴上的点$x_1,x_2,x_3,\cdots,x_n,\cdots$(见图1.23).

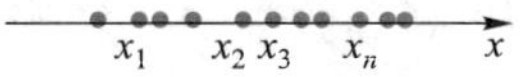

图 1.23

数列与函数　数列$\{x_n\}$可以看作自变量为正整数n的函数

$$x_n=f(n),$$

它的定义域是全体正整数,当自变量依次取1,2,3,…,对应的函数值就排成数列$\{x_n\}$.

观察数列的变化趋势,最重要的情形是:数列在当n无限增大的变化过程中,其一般项x_n无限接近于某一个常数,这就是我们要研究的数列的极限问题.数列极限的描述性定义如下:

定义 1.2.1　设$\{x_n\}$为一数列,若当n无限增大时,x_n无限接近于一个确定的常数a(这里允许数列的一些项或者全部项为a),则称常数a是数列$\{x_n\}$的**极限**,或者称数列$\{x_n\}$**收敛**于a,记作

$$\lim_{n\to\infty}x_n=a \quad 或 \quad x_n\to a(n\to\infty).$$

所谓"当n无限增大时,x_n无限接近于常数a",换句话说就是:当n无限增大时,x_n与a可以任意接近,要多近就有多近.也就是说:只要n充分大时,$|x_n-a|$可以任意小,要多小就有多小(两个数之差的绝对值的大小反映了它们的接近程度).

例如,取$x_n=\frac{n+(-1)^{n-1}}{n}$,我们来说明数列$\{x_n\}$以1为极限.

为使$|x_n-1|=\left|\frac{n+(-1)^{n-1}}{n}-1\right|=\frac{1}{n}<\frac{1}{100}$,只需要$n>100$,即从101项以后的各项都满足$|x_n-1|<\frac{1}{100}$.

为使 $|x_n-1|=\left|\dfrac{n+(-1)^{n-1}}{n}-1\right|=\dfrac{1}{n}<\dfrac{1}{100\ 000}$，只需要 $n>100\ 000$，即从 100 001 项以后的各项都满足 $|x_n-1|<\dfrac{1}{100\ 000}$.

为使 $|x_n-1|=\left|\dfrac{n+(-1)^{n-1}}{n}-1\right|=\dfrac{1}{n}<\varepsilon$（$\varepsilon$ 是任意给定的小正数），只需要 $n>\dfrac{1}{\varepsilon}$，即当 $n>\dfrac{1}{\varepsilon}$ 以后的各项都满足 $|x_n-1|<\varepsilon$.

令 $N=\left[\dfrac{1}{\varepsilon}\right]$，当 $n>N$ 时，$n>\dfrac{1}{\varepsilon}$，因此有 $|x_n-1|<\varepsilon$，即无论给定的正数 ε 多么小，总存在正整数 $N=\left[\dfrac{1}{\varepsilon}\right]$，当 $n>N$ 时的一切 x_n 都满足 $|x_n-1|<\varepsilon$. 这说明数列 x_n 当 $n\to\infty$ 时无限接近于 1. 因此常数 1 就是数列 $x_n=\dfrac{n+(-1)^{n-1}}{n}\ (n=1,2,\cdots)$ 当 $n\to\infty$ 时的极限.

一般地，借助类似的数学语言可以给出数列极限的精确定义.

定义 1.2.2 设 $\{x_n\}$ 为一数列，若存在常数 a，对于任意给定的正数 ε（不论它多么小），总存在正整数 N，使得当 $n>N$ 时，不等式

$$|x_n-a|<\varepsilon$$

都成立，则称常数 a 是数列 $\{x_n\}$ 的**极限**，或者称数列 $\{x_n\}$ **收敛于** a，记为

$$\lim_{n\to\infty} x_n=a \quad \text{或} \quad x_n\to a\ (n\to\infty).$$

若不存在这样的常数 a，则称数列 $\{x_n\}$ 没有极限，或者称数列 $\{x_n\}$ **发散**.

数列 $\{x_n\}$ 以 a 为极限的几何意义 对任意给定的正数 ε，总存在正整数 N，当 $n>N$ 时，有

$$|x_n-a|<\varepsilon,$$

即

$$a-\varepsilon<x_n<a+\varepsilon \quad \text{或} \quad x_n\in(a-\varepsilon,a+\varepsilon),$$

也就是当 $n>N$ 时的一切 x_n 都落在 a 的 ε 邻域 $U(a,\varepsilon)$ 内，在 $U(a,\varepsilon)$ 以外至多有 N 项（见图 1.24）.

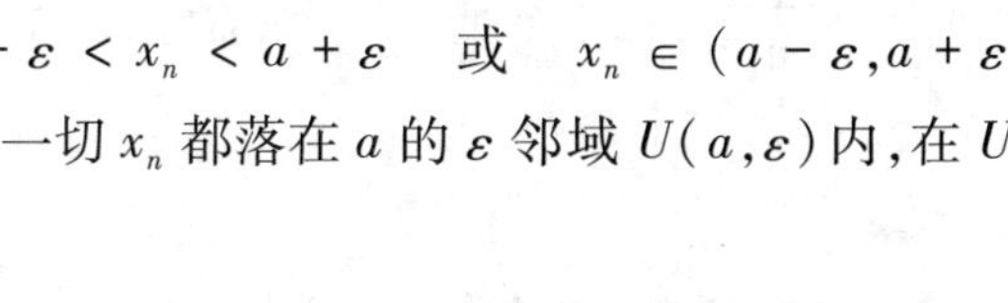

图 1.24

为了表达方便，引入记号“∀”表示“对于任意给定的”或“对于每一个”，记号

“∃”表示“存在”.那么定义1.2.2可简单地表述为

$$\lim_{n\to\infty} x_n = a \Leftrightarrow \forall \varepsilon>0,\ \exists \text{正整数} N, \text{当} n>N \text{时,有} |x_n-a|<\varepsilon.$$

例1.2.1　证明数列

$$\frac{1}{2},\frac{2}{3},\frac{3}{4},\cdots,\frac{n}{n+1},\cdots$$

的极限为1.

分析　为使 $|x_n-a|=\left|\frac{n}{n+1}-1\right|<\varepsilon$(设 $\varepsilon<1$),只需要 $\left|\frac{1}{n+1}\right|<\varepsilon$,或 $n+1>\frac{1}{\varepsilon}$,即$n>\frac{1}{\varepsilon}-1$.

证　$\forall \varepsilon>0$,取 $N=\left[\frac{1}{\varepsilon}-1\right]$,当 $n>N$ 时,一切 x_n 满足

$$|x_n-1|=\left|\frac{n}{n+1}-1\right|=\frac{1}{n+1}<\varepsilon.$$

因此

$$\lim_{n\to\infty}\frac{n}{n+1}=1.$$

例1.2.2　已知 $x_n=\frac{(-1)^n}{(n+1)^2}$,证明数列 $\{x_n\}$ 的极限是0.

分析　为使 $|x_n-a|=\left|\frac{(-1)^n}{(n+1)^2}-0\right|<\varepsilon$(设 $\varepsilon<1$),只需要 $\left|\frac{1}{(n+1)^2}\right|<\varepsilon$,由于

$$\left|\frac{1}{(n+1)^2}\right|=\frac{1}{(n+1)^2}<\frac{1}{n+1},$$

故$\frac{1}{n+1}<\varepsilon$ 时,即 $n+1>\frac{1}{\varepsilon}$,或 $n>\frac{1}{\varepsilon}-1$ 时,$\left|\frac{1}{(n+1)^2}\right|<\varepsilon$.

证　$\forall \varepsilon>0$,取 $N=\left[\frac{1}{\varepsilon}-1\right]$,当 $n>N$ 时的一切 x_n 满足

$$|x_n-0|=\left|\frac{(-1)^n}{(n+1)^2}-0\right|=\frac{1}{(n+1)^2}<\frac{1}{n+1}<\varepsilon.$$

因此

$$\lim_{n\to\infty}\frac{(-1)^n}{(n+1)^2}=0.$$

注1　ε 是衡量 x_n 与 a 的接近程度的,除要求为正以外,无任何限制.然而,尽管 ε 具有任意性,但一经给出,就应视为不变(另外,ε 具有任意性,那么$\frac{\varepsilon}{2}$,2ε,ε^2 等也具有任意性,它们也可代替 ε).

注 2 一般来说,N 是随着 ε 变小而变大的.在解题中,N 等于多少关系不大,重要的是它的存在性,只要存在一个 N,使得当 $n>N$ 时,有 $|x_n-a|<\varepsilon$ 就行了,而不必求出最小的 N.

注 3 有时找 N 比较困难,这时我们可把 $|x_n-a|$ 适当地变形、放大(千万不可缩小),若放大后小于 ε,则必有 $|x_n-a|<\varepsilon$.

注 4 数列极限的精确定义的作用:当观察出数列的极限时,可以通过定义进行验证.对于给定一个数列如何去求其极限,在本章的后续内容中将探讨这一问题.

例 1.2.3 设 $|q|<1$,证明等比数列

$$1,q,q^2,\cdots,q^{n-1},\cdots$$

的极限是 0.

证 $\forall \varepsilon>0$(设 $\varepsilon<1$),由于

$$|x_n-0|=|q^{n-1}-0|=|q|^{n-1},$$

为使 $|x_n-0|<\varepsilon$,只需 $|q^{n-1}-0|=|q|^{n-1}<\varepsilon$,解得 $(n-1)\ln|q|<\ln\varepsilon$,或 $n>1+\dfrac{\ln\varepsilon}{\ln|q|}$.故取 $N=\left[1+\dfrac{\ln\varepsilon}{\ln|q|}\right]$,当 $n>N$ 时,有

$$|x_n-0|=|q^{n-1}-0|=|q|^{n-1}<\varepsilon.$$

因此,$\lim\limits_{n\to\infty}q^{n-1}=0$.

需要注意的是,数列是否收敛与数列的前面有限项无关;当数列收敛时,其极限与数列的变化方式以及能否取到此极限值也无关.例如,数列 $\{x_n\}$ 当 x_n 分别取 $\dfrac{n+(-1)^{n-1}}{n},\dfrac{n}{n+1},1$ 时,其极限都是 1.

1.2.2 收敛数列的性质

定理 1.2.1(极限的唯一性) 若数列 $\{x_n\}$ 收敛,则它的极限是唯一的.

证 (反证法) 假设 $x_n\to a,x_n\to b$,且不妨设 $a<b$.取 $\varepsilon=\dfrac{b-a}{2}$.由于 $x_n\to a$,存在正整数 N_1,当 $n>N_1$ 时,$|x_n-a|<\dfrac{b-a}{2}$;又由于 $x_n\to b$,存在正整数 N_2,当 $n>N_2$ 时,$|x_n-b|<\dfrac{b-a}{2}$.取 $N=\max\{N_1,N_2\}$,则当 $n>N$ 时,$|x_n-a|<\dfrac{b-a}{2}$,$|x_n-b|<\dfrac{b-a}{2}$,由 $|x_n-a|<\dfrac{b-a}{2}$ 得 $x_n<\dfrac{a+b}{2}$,由 $|x_n-b|<\dfrac{b-a}{2}$ 得 $x_n>\dfrac{a+b}{2}$,矛盾,故 $a=b$.

例 1.2.4　证明数列$\{x_n\}$(其中$x_n=(-1)^{n+1},n=1,2,\cdots$)是发散的.

证　(反证法)　假设x_n收敛,由唯一性,设$\lim\limits_{n\to\infty}x_n=a$.按定义,对$\varepsilon=\dfrac{1}{2}$,存在正整数$N$,当$n>N$时,$|x_n-a|<\varepsilon=\dfrac{1}{2}$,考虑到

$$|x_{n+1}-x_n|\leqslant|x_{n+1}-a|+|x_n-a|<\frac{1}{2}+\frac{1}{2}=1,$$

而x_n,x_{n+1}总是一个取1,另一个取-1,于是$|x_{n+1}-x_n|=2$,矛盾.故$x_n=(-1)^{n+1}$发散.

对于数列$\{x_n\}$,如果存在正数M,使得对于一切x_n,有$|x_n|\leqslant M$,则称数列$\{x_n\}$是有界的;否则,称数列$\{x_n\}$是无界的.

定理 1.2.2(收敛数列的有界性)　若数列$\{x_n\}$收敛,则数列$\{x_n\}$一定有界,即对于收敛数列$\{x_n\}$,存在正数M,对一切正整数n,有$|x_n|\leqslant M$.

证　设$\lim\limits_{n\to\infty}x_n=a$.由定义,对于$\varepsilon=1$,存在正整数$N$,当$n>N$时,$|x_n-a|<\varepsilon=1$,所以当$n>N$时,$|x_n|\leqslant|x_n-a|+|a|<1+|a|$.令$M=\max\{|x_1|,|x_2|,\cdots,|x_N|,1+|a|\}$,显然对一切$n$,$|x_n|\leqslant M$.

注　本定理的逆命题不成立,即数列有界未必收敛.例如数列$\{x_n\}$(其中$x_n=(-1)^{n+1},n=1,2,\cdots$)是有界的($|x_n|\leqslant 1$),但不收敛.

定理 1.2.3(收敛数列的保号性)　若$\lim\limits_{n\to\infty}x_n=a$,且$a>0$(或$a<0$),则存在正整数$N$,当$n>N$时,都有$x_n>0$(或$x_n<0$).

证　仅证明$a>0$的情形($a<0$的情形类似).由数列极限的定义,对$\varepsilon=\dfrac{a}{2}>0$,存在正整数$N>0$,当$n>N$时,有

$$|x_n-a|<\frac{a}{2},$$

从而

$$x_n>a-\frac{a}{2}=\frac{a}{2}>0.$$

推论　若数列$\{x_n\}$从某项起有$x_n\geqslant 0$(或$x_n\leqslant 0$),且$\lim\limits_{n\to\infty}x_n=a$,则$a\geqslant 0$(或$a\leqslant 0$).

证　设数列$\{x_n\}$从第N_1项起有$x_n\geqslant 0$.用反证法.若$\lim\limits_{n\to\infty}x_n=a<0$,则根据定理1.2.3,存在正整数$N_2$,当$n>N_2$时,有$x_n<0$.取$N=\max\{N_1,N_2\}$,当$n>N$时,有$x_n<0$,但按假定有$x_n\geqslant 0$,矛盾.故必有$a\geqslant 0$.

同理可证数列$\{x_n\}$从某项起有$x_n\leqslant 0$的情形.

在数列$\{x_n\}$中任意抽取无限多项并保持这些项在原数列$\{x_n\}$中的先后次序,这样得到的一个数列称为原数列$\{x_n\}$的**子数列**(或**子列**).

设在数列$\{x_n\}$中,第一次抽取x_{n_1},第二次抽取x_{n_2},第三次抽取x_{n_3}……如此反复抽取下去,就得到数列$\{x_n\}$的一个子数列$x_{n_1},x_{n_2},\cdots,x_{n_k},\cdots$.

定理 1.2.4(收敛数列与其子数列间的关系) 如果数列$\{x_n\}$收敛于a,那么数列$\{x_n\}$的任何子数列都收敛,且极限为a.

证 设数列$\{x_{n_k}\}$是数列$\{x_n\}$的任一子数列.

由$\lim\limits_{n\to\infty} x_n=a$,故对于任意给定的$\varepsilon>0$,存在正整数$N$,当$n>N$时,恒有

$$|x_n - a| < \varepsilon.$$

取$K=N$,则当$k>K$时,$n_k>n_K=n_N\geqslant N$.于是$|x_{n_k}-a|<\varepsilon$,即

$$\lim_{k\to\infty} x_{n_k} = a.$$

由定理 1.2.4 的逆否命题知,若数列$\{x_n\}$有两个子数列收敛于不同的极限,则数列$\{x_n\}$是发散的.

例如,考察例 1.2.4 中的数列

$$1,\ -1,1,\cdots,(-1)^{n+1},\cdots,$$

因子数列$\{x_{2k-1}\}$收敛于 1,而子数列$\{x_{2k}\}$收敛于-1,故数列$x_n=(-1)^{n+1}(n=1,2,\cdots)$是发散的.此例同时说明,一个发散的数列也可能有收敛的子数列.

习题 1.2

1. 下列各题中,哪些数列收敛?哪些数列发散?对收敛数列,通过观察$\{x_n\}$的变化趋势,写出它们的极限:

(1) $x_n=(-1)^n\dfrac{1}{n}$; (2) $x_n=\dfrac{1}{a^n}(a>1)$;

(3) $x_n=\sin\dfrac{n\pi}{2}$; (4) $x_n=\dfrac{n-1}{n+1}$;

(5) $x_n=n(-1)^n$; (6) $x_n=[(-1)^n+1]\dfrac{n+1}{n}$.

2. 设数列$\{x_n\}$的一般项$x_n=\dfrac{1}{n}\cos\dfrac{n\pi}{2}$,问$\lim\limits_{n\to\infty} x_n=$?求出$N$,使当$n>N$时,$x_n$与其极限之差的绝对值小于正数$\varepsilon$.当$\varepsilon=0.001$时,求出数$N$.

3. 根据数列极限的定义证明:

(1) $\lim\limits_{n\to\infty}\dfrac{1}{n^2}=0$; (2) $\lim\limits_{n\to\infty}\dfrac{3n+1}{2n+1}=\dfrac{3}{2}$;

(3) $\lim\limits_{n\to\infty}\dfrac{\sqrt{n^2+a^2}}{n}=1$; (4) $\lim\limits_{n\to\infty}\dfrac{n!}{n^n}=0$.

4. 证明：若$\lim\limits_{n\to\infty}a_n=a$，则$\lim\limits_{n\to\infty}|a_n|=|a|$.

5. 设数列$\{a_n\}$有界，又数列$\{b_n\}$满足$\lim\limits_{n\to\infty}b_n=0$，证明：$\lim\limits_{n\to\infty}a_nb_n=0$.

6. 设$a_n=\left(1+\dfrac{1}{n}\right)\sin\dfrac{n\pi}{2}$，证明数列$\{a_n\}$没有极限.

1.3　函数的极限

通过本节的学习，应该理解函数极限的概念和性质，会求简单函数的极限.

1.3.1　函数极限的定义

数列可看作自变量为正整数n的函数：$x_n=f(n)$，$n\in\mathbf{N}_+$，故数列$\{x_n\}$的极限为a，即当自变量n取正整数且无限增大（$n\to\infty$）时，对应的函数值$f(n)$无限接近于确定的数a.将数列极限概念中自变量n和函数值$f(n)$的特殊性撇开，可以由此引出函数极限的一般概念：在自变量x的某个变化过程中，如果对应的函数值$f(x)$无限接近于某个确定的数A，那么A就称为x在该变化过程中函数$f(x)$的极限.显然，极限A与自变量x的变化过程是密切相关的，自变量的变化过程不同，函数的极限就有不同的表现形式.本节分下列两种情况来讨论：

（1）自变量x任意地接近有限值x_0或者说趋于有限值x_0（记作$x\to x_0$）时，对应的函数值$f(x)$的变化情形；

（2）自变量x的绝对值$|x|$无限增大即趋于无穷大（记作$x\to\infty$）时，对应的函数值$f(x)$的变化情形.

1. 自变量趋于有限值时函数的极限

现在考虑自变量x的变化过程为$x\to x_0$.如果在$x\to x_0$的过程中，对应的函数值$f(x)$无限接近于确定的数值A，那么就说A是函数$f(x)$当$x\to x_0$时的极限.当然，这里首先假定函数$f(x)$在点x_0的某个去心邻域内是有定义的.

在$x\to x_0$的过程中，$f(x)$无限接近于A就是$|f(x)-A|$能任意小，或者说，在x与x_0接近到一定程度（比如$|x-x_0|<\delta$，δ为某一正数）时，$|f(x)-A|$可以小于任意给定的（小的）正数ε，即$|f(x)-A|<\varepsilon$.反之，对于任意给定的正数ε，若x与x_0接近到一定程度（比如$|x-x_0|<\delta$，δ为某一正数）就有$|f(x)-A|<\varepsilon$，则能保证当$x\to x_0$时，$f(x)$无限接近于A.

定义 1.3.1　设函数$f(x)$在点x_0的某一去心邻域内有定义.如果对于任意给定的正数ε（不论它多么小），总存在正数δ，使得对于满足不等式$0<|x-x_0|<\delta$的一切x，对应的函数值$f(x)$都满足不等式

$$|f(x)-A|<\varepsilon,$$

那么常数 A 就称为**函数 $f(x)$ 当 $x\to x_0$ 时的极限**,记作

$$\lim_{x\to x_0}f(x)=A \quad 或 \quad f(x)\to A(x\to x_0).$$

注 若 $\lim\limits_{x\to x_0}f(x)=A$,即极限存在时,

(1) A 是唯一确定的常数;

(2) $x\to x_0$ 表示从 x_0 的左右两侧趋于 x_0;

(3) 极限 A 的存在与 $f(x)$ 在点 x_0 有无定义或定义的值取什么无关.

定义 1.3.1 可简单表述为

$$\lim_{x\to x_0}f(x)=A\Leftrightarrow\forall\varepsilon>0,\exists\delta>0,当\ 0<|x-x_0|<\delta\ 时,有\ |f(x)-A|<\varepsilon.$$

函数极限的几何意义 $\forall\varepsilon>0$,作两条平行直线 $y=A+\varepsilon$,$y=A-\varepsilon$.由定义,对此 ε,$\exists\delta>0$.当 $x_0-\delta<x<x_0+\delta$,且 $x\neq x_0$ 时,有 $A-\varepsilon<f(x)<A+\varepsilon$,即函数 $y=f(x)$ 的图形夹在直线 $y=A+\varepsilon$,$y=A-\varepsilon$ 之间($f(x_0)$可能除外).换言之:当 $x\in\mathring{U}(x_0,\delta)$时,$f(x)\in U(A,\varepsilon)$.从图 1.25 中也可见 δ 不唯一.

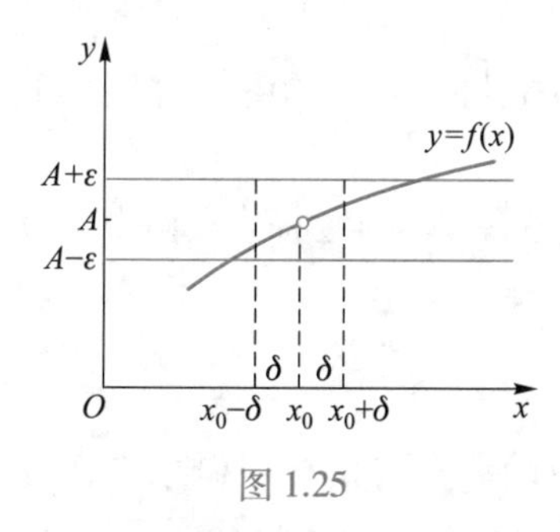

图 1.25

例 1.3.1 证明:$\lim\limits_{x\to x_0}c=c$($c$ 为常数).

证 这里 $|f(x)-A|=|c-c|=0$.因此 $\forall\varepsilon>0$,可任取 $\delta>0$,当 $0<|x-x_0|<\delta$ 时,有

$$|f(x)-A|=|c-c|=0<\varepsilon,$$

所以 $\lim\limits_{x\to x_0}c=c$.

例 1.3.2 证明:$\lim\limits_{x\to x_0}x=x_0$.

分析 $|f(x)-A|=|x-x_0|$,因此 $\forall\varepsilon>0$,要使 $|f(x)-A|<\varepsilon$,只要 $|x-x_0|<\varepsilon$.

证 因为 $\forall\varepsilon>0$,$\exists\delta=\varepsilon$,当 $0<|x-x_0|<\delta$ 时,有

$$|f(x)-A|=|x-x_0|<\varepsilon,$$

所以 $\lim\limits_{x\to x_0}x=x_0$

例 1.3.3 证明:$\lim\limits_{x\to 2}(3x+1)=7$.

分析　$|f(x)-A|=|(3x+1)-7|=3|x-2|$,因此 $\forall\varepsilon>0$,要使 $|f(x)-A|<\varepsilon$,只要 $|x-2|<\dfrac{\varepsilon}{3}$.

证　因为 $\forall\varepsilon>0$, $\exists\delta=\dfrac{\varepsilon}{3}$,当 $0<|x-2|<\delta$ 时,有

$$|f(x)-A|=|(3x+1)-7|=3|x-2|<\varepsilon,$$

所以 $\lim\limits_{x\to2}(3x+1)=7$.

例 1.3.4　证明:$\lim\limits_{x\to1}\dfrac{x^3-1}{x-1}=3$.

分析　注意函数在 $x=1$ 是没有定义的,但这与函数在该点是否有极限并无关系.当 $x\neq1$ 时,

$$|f(x)-A|=\left|\frac{x^3-1}{x-1}-3\right|=|(x+2)(x-1)|.$$

当 $|x-1|<1$ 时,有 $|x+2|=|x-1+3|\leqslant|x-1|+3<4$,这时 $|(x+2)(x-1)|<4|x-1|$.因此 $\forall\varepsilon>0$,要使 $|f(x)-A|<\varepsilon$,只要 $|x-1|<\dfrac{\varepsilon}{4}$ 且 $|x-1|<1$.所以,我们取 $\delta=\min\left\{1,\dfrac{\varepsilon}{4}\right\}$.

证　因为 $\forall\varepsilon>0$, $\exists\delta=\min\left\{1,\dfrac{\varepsilon}{4}\right\}$,当 $0<|x-1|<\delta$ 时,有

$$|f(x)-A|=\left|\frac{x^3-1}{x-1}-3\right|=|(x+2)(x-1)|<4|x-1|<4\cdot\frac{\varepsilon}{4}=\varepsilon,$$

所以 $\lim\limits_{x\to1}\dfrac{x^3-1}{x-1}=3$.

单侧极限　在 $x\to x_0$ 时函数 $f(x)$ 的极限概念中,x 是既从 x_0 的左侧也从 x_0 的右侧趋于 x_0 的.但有时只能或只需考虑 x 仅从 x_0 的左侧趋于 x_0(记作 $x\to x_0^-$)的情形,或 x 仅从 x_0 的右侧趋于 x_0(记作 $x\to x_0^+$)的情形.在 $x\to x_0^-$ 的情形下,x 在 x_0 的左侧,$x<x_0$.在 $\lim\limits_{x\to x_0}f(x)=A$ 的定义中,把 $0<|x-x_0|<\delta$ 改为 $x_0-\delta<x<x_0$,那么 A 就称为函数 $f(x)$ 当 $x\to x_0$ 时的**左极限**,记作

$$\lim_{x\to x_0^-}f(x)=A\quad\text{或}\quad f(x_0^-)=A.$$

类似地,在 $\lim\limits_{x\to x_0}f(x)=A$ 的定义中,把 $0<|x-x_0|<\delta$ 改为 $x_0<x<x_0+\delta$,那么 A 就称为函数 $f(x)$ 当 $x\to x_0$ 时的**右极限**,记作

$$\lim_{x\to x_0^+}f(x)=A\quad\text{或}\quad f(x_0^+)=A.$$

根据 $x\to x_0$ 时函数 $f(x)$ 的极限的定义以及左极限和右极限的定义,容易证明:函数 $f(x)$ 当 $x\to x_0$ 时极限存在的充分必要条件是左极限及右极限各自存在并且相

等,即

$$f(x_0^-)=f(x_0^+).$$

因此,即使$f(x_0^-)$和$f(x_0^+)$都存在,但若不相等,则$\lim\limits_{x\to x_0}f(x)$也不存在.

例 1.3.5 证明:当 $x\to0$ 时,函数

$$f(x)=\begin{cases}x-1, & x<0,\\ 0, & x=0,\\ x+1, & x>0\end{cases}$$

的极限不存在.

证 当 $x\to0$ 时,$f(x)$的左极限$\lim\limits_{x\to0^-}f(x)=\lim\limits_{x\to0^-}(x-1)=-1$,而右极限$\lim\limits_{x\to0^+}f(x)=\lim\limits_{x\to0^+}(x+1)=1$.因为左极限和右极限存在但不相等,所以$\lim\limits_{x\to0}f(x)$不存在(见图 1.26).

2. 自变量趋于无穷大时函数的极限

数列是特殊的函数,如$x_n=f(n)=\dfrac{n+1}{n}(n=1,2,\cdots)$,且当 $n\to\infty$ 时,$x_n\to1$.考虑函数 $y=f(x)=\dfrac{x+1}{x}$,当 $x\to\infty$ 时,是否有$f(x)\to1$?

由函数$f(x)=\dfrac{x+1}{x}$的图形(见图 1.27)可以看出,当 x 无限增大时,函数值$f(x)$无限接近于 1,即当 $x\to\infty$ 时,$f(x)$以 1 为极限.

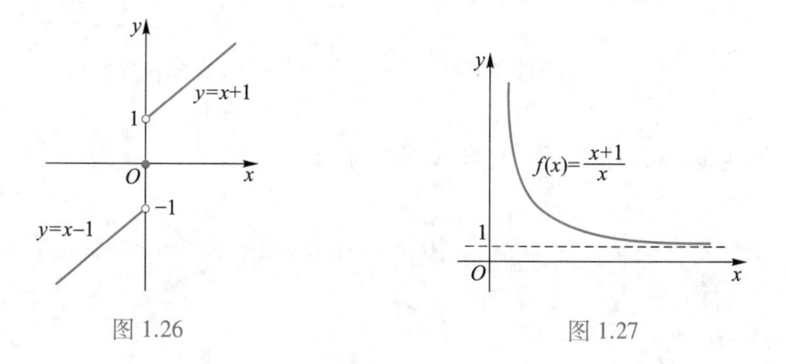

图 1.26 图 1.27

定义 1.3.2 设$f(x)$当$|x|$大于某一正数时有定义.如果存在常数 A,对于任意给定的正数 ε,总存在正数 X,使得当 x 满足不等式$|x|>X$ 时,对应的函数值$f(x)$都满足不等式

$$|f(x)-A|<\varepsilon,$$

则常数 A 称为函数 $f(x)$ 当 $x\to\infty$ 时的极限,记作

$$\lim_{x\to\infty}f(x)=A \quad 或 \quad f(x)\to A(x\to\infty).$$

定义 1.3.2 可简单表述为

$$\lim_{x\to\infty} f(x)=A \Leftrightarrow \forall \varepsilon>0, \exists X>0, \text{当} |x|>X \text{时,有} |f(x)-A|<\varepsilon.$$

类似地可定义:

若$\forall \varepsilon>0$, $\exists X>0$, 当 $x>X$ 时, $|f(x)-A|<\varepsilon$,则称 $x\to+\infty$ 时, $f(x)\to A$,记作 $\lim\limits_{x\to+\infty} f(x)=A$;

若$\forall \varepsilon>0$, $\exists X>0$, 当 $x<-X$ 时, $|f(x)-A|<\varepsilon$,则称 $x\to-\infty$ 时, $f(x)\to A$,记作 $\lim\limits_{x\to-\infty} f(x)=A$.

显然,$\lim\limits_{x\to\infty} f(x)=A \Leftrightarrow \lim\limits_{x\to+\infty} f(x)=A$ 且 $\lim\limits_{x\to-\infty} f(x)=A$.

$\lim\limits_{x\to\infty} f(x)=A$ 的几何解释　作直线 $y=A-\varepsilon$ 和 $y=A+\varepsilon$,则总有一个正数 X 存在,使得当 $x<-X$ 或 $x>X$ 时,函数 $y=f(x)$ 的图形位于这两直线之间(见图 1.28).

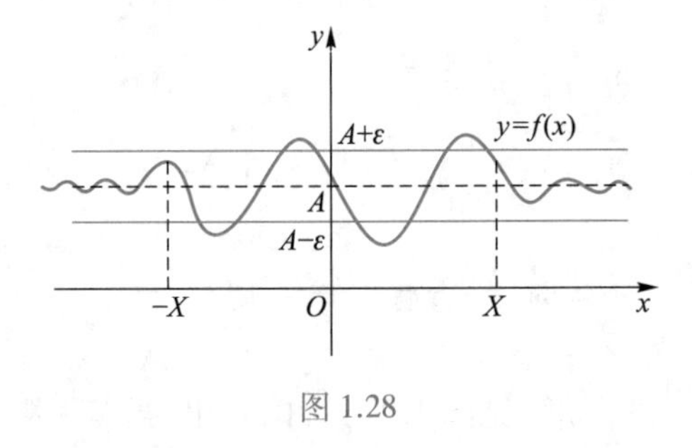

图 1.28

例 1.3.6　证明:$\lim\limits_{x\to\infty} \dfrac{1}{x}=0$.

分析　$\left|\dfrac{1}{x}-0\right|=\dfrac{1}{|x|}$,因此$\forall \varepsilon>0$,要使$\left|\dfrac{1}{x}-0\right|<\varepsilon$,只要$|x|>\dfrac{1}{\varepsilon}$.

证　因为$\forall \varepsilon>0$, $\exists X=\dfrac{1}{\varepsilon}>0$,当$|x|>X$时,有

$$\left|\frac{1}{x}-0\right|=\frac{1}{|x|}<\varepsilon,$$

所以$\lim\limits_{x\to\infty} \dfrac{1}{x}=0$.

直线 $y=0$ 是函数 $y=\dfrac{1}{x}$的图形的水平渐近线.

一般地,如果$\lim\limits_{x\to\infty} f(x)=c$,则直线 $y=c$ 称为函数 $y=f(x)$ 的图形的**水平渐近线**

例 1.3.7　证明:$\lim\limits_{x\to\infty} \dfrac{\cos x}{x}=0$.

证　$\forall \varepsilon>0$,因为

$$\left|\frac{\cos x}{x}-0\right|=\left|\frac{\cos x}{x}\right|\leqslant\frac{1}{|x|},$$

所以要使得$\left|\frac{\cos x}{x}-0\right|<\varepsilon$,只需$\frac{1}{|x|}<\varepsilon$,即$|x|>\frac{1}{\varepsilon}$,故取$X=\frac{1}{\varepsilon}$,则当$|x|>X$时,有$\left|\frac{\cos x}{x}-0\right|<\varepsilon$,所以$\lim\limits_{x\to\infty}\frac{\cos x}{x}=0$.

例 1.3.8 证明:$\lim\limits_{x\to x_0}(ax+b)=ax_0+b(a\neq 0)$.

证 $\forall\varepsilon>0$,要使得$|(ax+b)-(ax_0+b)|=|a(x-x_0)|=|a||x-x_0|<\varepsilon$,只需$|x-x_0|<\frac{\varepsilon}{|a|}$,所以取$\delta=\frac{\varepsilon}{|a|}>0$,显然当$0<|x-x_0|<\delta$时,有$|(ax+b)-(ax_0+b)|<\varepsilon$.

例 1.3.9 设$f(x)=\begin{cases}2, & x\geqslant 0,\\ 3x+2, & x<0,\end{cases}$ 求$\lim\limits_{x\to 0}f(x)$.

解 显然

$$\lim_{x\to 0^+}f(x)=\lim_{x\to 0^+}2=2,\quad \lim_{x\to 0^-}f(x)=\lim_{x\to 0^-}(3x+2)=2.$$

因为$\lim\limits_{x\to 0^+}f(x)=\lim\limits_{x\to 0^-}f(x)=2$,所以$\lim\limits_{x\to 0}f(x)=2$.

1.3.2 函数极限的性质

利用函数极限的定义,采用与数列极限的性质的证明中类似的方法,可得函数极限的一些相应性质,下面仅以“$\lim\limits_{x\to x_0}f(x)$”这种形式为代表给出关于函数极限性质的一些定理,并就其中的几个给出证明.至于其他形式的极限的性质及其证明,只要相应地做一些修改即可得出.

定理 1.3.1(函数极限的唯一性) 如果$\lim\limits_{x\to x_0}f(x)$存在,那么极限是唯一的.

定理 1.3.2(函数极限的局部有界性) 如果$\lim\limits_{x\to x_0}f(x)=A$,那么存在常数$M>0$和$\delta>0$,使得当$0<|x-x_0|<\delta$时,有$|f(x)|\leqslant M$.

证 因为$f(x)\to A$(当$x\to x_0$),所以对于$\varepsilon=1$,$\exists\delta>0$,当$0<|x-x_0|<\delta$时,有

$$|f(x)-A|<\varepsilon=1,$$

于是

$$|f(x)|=|f(x)-A+A|\leqslant|f(x)-A|+|A|<1+|A|.$$

这就证明了在x_0的去心邻域$\mathring{U}(x_0,\delta)$内,$f(x)$是有界的.

定理 1.3.3(函数极限的局部保号性) 如果$\lim\limits_{x\to x_0}f(x)=A$,且$A>0$(或$A<0$),那么存在常数$\delta>0$,使得当$0<|x-x_0|<\delta$时,有$f(x)>0$(或$f(x)<0$).

证 先证$A>0$的情形.取$\varepsilon=\frac{A}{2}$,由定义,对此ε,$\exists\delta>0$,当$0<|x-x_0|<\delta$时,

$|f(x)-A|<\varepsilon=\frac{A}{2}$,可得 $0<\frac{A}{2}=A-\frac{A}{2}<f(x)$,故 $f(x)>0$.

当 $A<0$ 时,取 $\varepsilon=-\frac{A}{2}$,同理得证.

定理 1.3.3′ 如果 $\lim\limits_{x\to x_0}f(x)=A$ 且 $A\neq0$,那么存在点 x_0 的某一去心邻域,在该邻域内,有 $|f(x)|>\frac{1}{2}|A|$.

推论 如果在 x_0 的某去心邻域 $\mathring{U}(x_0,\delta)$ 内,$f(x)\geqslant0$(或 $f(x)\leqslant0$),且 $\lim\limits_{x\to x_0}f(x)=A$,那么 $A\geqslant0$(或 $A\leqslant0$).

证 设 $f(x)\geqslant0$.假设上述论断不成立,即设 $A<0$,那么由定理 1.3.3 就有 x_0 的某一去心邻域,在该邻域内 $f(x)<0$,这与 $f(x)\geqslant0$ 的假定矛盾,所以 $A\geqslant0$.

定理 1.3.4(函数极限与数列极限的关系) 如果极限 $\lim\limits_{x\to x_0}f(x)=A$,$\{x_n\}$ 为函数 $f(x)$ 定义域内一收敛于 x_0 的数列,且 $x_n\neq x_0(n\in\mathbf{N}_+)$,那么对应的函数值数列 $\{f(x_n)\}$ 也收敛,且 $\lim\limits_{n\to\infty}f(x_n)=\lim\limits_{x\to x_0}f(x)=A$.

证 由于 $\lim\limits_{x\to x_0}f(x)=A$,则 $\forall\varepsilon>0$,$\exists\delta>0$,当 $0<|x-x_0|<\delta$ 时,有 $|f(x)-A|<\varepsilon$.

又由于 $\lim\limits_{n\to\infty}x_n=x_0$,故对于上面的 $\delta>0$,$\exists$ 正整数 N,当 $n>N$ 时,有 $|x_n-x_0|<\delta$ 且 $x_n\neq x_0$,当然有 $0<|x_n-x_0|$.

因此,$\forall\varepsilon>0$,$\exists N$,当 $n>N$ 时,有 $0<|x_n-x_0|<\delta$,故 $|f(x_n)-A|<\varepsilon$,即 $\lim\limits_{n\to\infty}f(x_n)=A$.

习题 1.3

1. 研究下列函数在 $x=0$ 处的左、右极限:

(1) $f(x)=\frac{|x|}{x}$;

(2) $f(x)=\begin{cases}2^x, & x>0,\\ 0, & x=0,\\ 1+x^2, & x<0.\end{cases}$

2. 根据函数极限的定义证明:

(1) $\lim\limits_{x\to2}(2x-1)=3$;

(2) $\lim\limits_{x\to-2}\frac{x^2-4}{x+2}=-4$;

(3) $\lim\limits_{x\to\infty}\frac{1+x^3}{2x^3}=\frac{1}{2}$;

(4) $\lim\limits_{x\to+\infty}\frac{\sin x}{\sqrt{x}}=0$.

3. 设 $f(x)=\begin{cases}3x-1, & x>1,\\ 2x, & x<1,\end{cases}$ 求:

(1) $\lim\limits_{x\to1}f(x)$；　(2) $\lim\limits_{x\to2}f(x)$；　(3) $\lim\limits_{x\to0}f(x)$.

4. 研究当 $x\to0$ 及 $x\to3$ 时函数

$$f(x)=\begin{cases}\dfrac{\sqrt{1+x^2}-1}{x^2}, & x<0,\\ \dfrac{1+x}{2}, & 0\leqslant x\leqslant 3,\\ \dfrac{1}{x-2}, & x>3\end{cases}$$

的极限.

5. 当 $x\to\infty$ 时，$y=\dfrac{x^2-1}{x^2+3}\to1$.问 X 等于多少，使得当 $|x|>X$ 时，$|y-1|<0.01$？

6. 根据函数极限的定义证明：函数 $f(x)$ 当 $x\to x_0$ 时极限存在的充分必要条件是左极限、右极限各自存在并且相等.

1.4 极限运算法则

通过本节的学习，应该理解无穷小与无穷大的概念，掌握极限与无穷小的关系.掌握极限四则运算法则和复合函数的极限运算法则，会用这些运算法则计算一些函数的极限.

1.4.1 无穷大与无穷小

1. 无穷小

对无穷小的认识问题，可以远溯到古希腊，那时，阿基米德(Archimedes)就曾用无限小量方法得到许多重要的数学结果，但他认为无限小量方法存在着不合理的地方.直到 1821 年，柯西(Cauchy)在他的《分析教程》中才对无限小(即这里所说的无穷小)这一概念给出了明确的回答.而有关无穷小的理论就是在柯西的理论基础上发展起来的.

定义 1.4.1　如果函数 $f(x)$ 当 $x\to x_0$(或 $x\to\infty$)时的极限为零，那么称 $f(x)$ 为当 $x\to x_0$(或 $x\to\infty$)时的无穷小.

特别地，以零为极限的数列 $\{x_n\}$ 称为当 $n\to\infty$ 时的无穷小.

例如，因为 $\lim\limits_{x\to\infty}\dfrac{1}{x}=0$，所以函数 $\dfrac{1}{x}$ 为当 $x\to\infty$ 时的无穷小.

因为 $\lim\limits_{x\to1}(x-1)=0$，所以函数 $x-1$ 为当 $x\to1$ 时的无穷小.

因为 $\lim\limits_{n\to\infty}\dfrac{1}{n+1}=0$，所以数列 $\left\{\dfrac{1}{n+1}\right\}$ 为当 $n\to\infty$ 时的无穷小.

注 自变量的变化过程除以上两种外,还有 $x\to-\infty$, $x\to+\infty$, $x\to x_0^-$, $x\to x_0^+$ 的情形.

特别注意,无穷小不是一个数,而是一个特殊的函数(极限为0),不要将其与非常小的数混淆.因为任一常数不可能任意地小,除非是0,由此得:0是唯一可作为无穷小的常数.

下面的定理说明无穷小与函数极限的关系(以 $x\to x_0$ 和 $x\to\infty$ 为例).

定理 1.4.1 在自变量的同一变化过程 $x\to x_0$(或 $x\to\infty$)中,函数 $f(x)$ 具有极限 A 的充分必要条件是 $f(x)=A+\alpha$,其中 α 是无穷小.

证 必要性 设 $\lim\limits_{x\to x_0} f(x)=A$,则 $\forall\varepsilon>0$, $\exists\delta>0$,使当 $0<|x-x_0|<\delta$ 时,有

$$|f(x)-A|<\varepsilon.$$

令 $\alpha=f(x)-A$,则 α 是 $x\to x_0$ 时的无穷小,且

$$f(x)=A+\alpha.$$

这就证明了 $f(x)$ 等于它的极限 A 与一个无穷小 α 之和.

充分性 设 $f(x)=A+\alpha$,其中 A 是常数,α 是当 $x\to x_0$ 时的无穷小,于是

$$|f(x)-A|=|\alpha|.$$

因为 α 是 $x\to x_0$ 时的无穷小,所以 $\forall\varepsilon>0$, $\exists\delta>0$,使当 $0<|x-x_0|<\delta$ 时,有

$$|\alpha|<\varepsilon,\quad 即\quad |f(x)-A|<\varepsilon.$$

这就证明了 A 是 $f(x)$ 当 $x\to x_0$ 时的极限.

类似地可证明当 $x\to\infty$ 时的情形.

注 利用定理可将极限问题转化为无穷小的问题.

2. 无穷大

如果当 $x\to x_0$(或 $x\to\infty$)时,对应的函数值的绝对值 $|f(x)|$ 无限增大,那么称函数 $f(x)$ 为当 $x\to x_0$(或 $x\to\infty$)时的无穷大.所谓"无限增大",就是"要多大就有多大",即可以大于任意给定的很大的正数.

定义 1.4.2 设函数 $f(x)$ 在 x_0 的某一去心邻域内有定义(或 $|x|$ 大于某一正数时有定义).若对于任意给定的正数 M(不论它多么大),总存在正数 δ(或正数 X),当 x 满足 $0<|x-x_0|<\delta$(或 $|x|>X$)时,对应的函数值 $f(x)$ 满足

$$|f(x)|>M,$$

则称函数 $f(x)$ 为当 $x\to x_0$(或 $x\to\infty$)时的**无穷大**.

例如,$\dfrac{1}{x-1}$ 为当 $x\to1$ 时的无穷大,$2x+1$ 为当 $x\to\infty$ 时的无穷大.

注 当 $x\to x_0$（或 $x\to\infty$）时，如果函数 $f(x)$ 为无穷大，那么按极限定义来说，此时函数的极限是不存在的. 但为了便于叙述函数的这一性态，我们也说"函数的极限是无穷大"，并记作

$$\lim_{x\to x_0} f(x)=\infty \quad (\text{或} \lim_{x\to\infty} f(x)=\infty).$$

如果在无穷大的定义中，把 $|f(x)|>M$ 换成 $f(x)>M$（或 $f(x)<-M$），就记作

$$\lim_{\substack{x\to x_0\\(x\to\infty)}} f(x)=+\infty \quad (\text{或} \lim_{\substack{x\to x_0\\(x\to\infty)}} f(x)=-\infty).$$

即

$\lim\limits_{x\to x_0} f(x)=+\infty \Leftrightarrow \forall M>0, \exists \delta>0$，当 $0<|x-x_0|<\delta$ 时，$f(x)>M$；

$\lim\limits_{x\to\infty} f(x)=-\infty \Leftrightarrow \forall M>0, \exists X>0$，当 $|x|>X$ 时，$f(x)<-M$.

注意，无穷大（∞）是变量，不是一个常数，不要将其与非常大的数混淆.

定理 1.4.2 在自变量的同一变化过程中，如果 $f(x)$ 为无穷大，那么 $\dfrac{1}{f(x)}$ 为无穷小；反之，如果 $f(x)$ 为无穷小，且 $f(x)\neq 0$，那么 $\dfrac{1}{f(x)}$ 为无穷大.

证 如果 $\lim\limits_{x\to x_0} f(x)=\infty$，那么对于任意正数 $M=\dfrac{1}{\varepsilon}$，$\exists\delta>0$，当 $0<|x-x_0|<\delta$ 时，有 $|f(x)|>M=\dfrac{1}{\varepsilon}$，即 $\left|\dfrac{1}{f(x)}\right|<\varepsilon$，所以 $\dfrac{1}{f(x)}$ 为当 $x\to x_0$ 时的无穷小.

如果 $\lim\limits_{x\to x_0} f(x)=0$，且 $f(x)\neq 0$，那么对于任意正数 $\varepsilon=\dfrac{1}{M}$，$\exists\delta>0$，当 $0<|x-x_0|<\delta$ 时，有 $|f(x)|<\varepsilon=\dfrac{1}{M}$，由于当 $0<|x-x_0|<\delta$ 时，$f(x)\neq 0$，从而 $\left|\dfrac{1}{f(x)}\right|>M$，所以 $\dfrac{1}{f(x)}$ 为当 $x\to x_0$ 时的无穷大.

类似可证当 $x\to\infty$ 时的情形.

例 1.4.1 证明：$\lim\limits_{x\to 1}\dfrac{1}{x-1}=\infty$.

证 因为 $\forall M>0, \exists\delta=\dfrac{1}{M}$，当 $0<|x-1|<\delta$ 时，有

$$\left|\frac{1}{x-1}\right|>M,$$

所以 $\lim\limits_{x\to 1}\dfrac{1}{x-1}=\infty$.

一般地,若$\lim\limits_{x\to x_0}f(x)=\infty$,则称直线 $x=x_0$ 是函数 $y=f(x)$ 的图形的铅直渐近线.

例如,直线 $x=1$ 是函数 $y=\dfrac{1}{x-1}$的图形的铅直渐近线.

1.4.2　极限运算法则

我们将建立极限的四则运算法则和复合函数的极限运算法则,利用这些法则,可以求某些函数的极限.以后我们还将介绍求极限的其他方法.

在下面的讨论中,记号“lim”下面没有标明自变量的变化过程,实际上,下面的定理对 $x\to x_0$ 及 $x\to\infty$ 都是成立的.在论证时,我们只证明了 $x\to x_0$ 的情形,只要把 δ 改成 X,把 $0<|x-x_0|<\delta$ 改成 $|x|>X$,就可得 $x\to\infty$ 情形的证明.

定理 1.4.3　有限个无穷小的和也是无穷小.

证　考虑两个无穷小的和.设 α 及 β 是当 $x\to x_0$ 时的两个无穷小,而 $\gamma=\alpha+\beta$.对任意给定的 $\varepsilon>0$.因为 α 是当 $x\to x_0$ 时的无穷小,对于$\dfrac{\varepsilon}{2}>0$, $\exists\delta_1>0$,当 $0<|x-x_0|<\delta_1$ 时,不等式

$$|\alpha|<\frac{\varepsilon}{2}$$

成立.因为 β 是当 $x\to x_0$ 时的无穷小,对于$\dfrac{\varepsilon}{2}>0$, $\exists\delta_2>0$,当 $0<|x-x_0|<\delta_2$ 时,不等式

$$|\beta|<\frac{\varepsilon}{2}$$

成立.取 $\delta=\min\{\delta_1,\delta_2\}$,则当 $0<|x-x_0|<\delta$ 时,

$$|\alpha|<\frac{\varepsilon}{2}\quad 及\quad |\beta|<\frac{\varepsilon}{2}$$

同时成立,从而 $|\gamma|=|\alpha+\beta|\leqslant|\alpha|+|\beta|<\dfrac{\varepsilon}{2}+\dfrac{\varepsilon}{2}=\varepsilon$.这就证明了 γ 也是当$x\to x_0$时的无穷小.

有限个无穷小之和的情形可以类似证明.

定理 1.4.4　有界函数与无穷小的乘积仍为无穷小,即

$$若\ u\ 有界,则\ \lim\alpha=0\Rightarrow\lim u\alpha=0.$$

证　设函数 u 在 x_0 的某去心邻域 $\mathring{U}(x_0,\delta_1)$ 内有界,即 $\exists M>0$,当 $x\in\mathring{U}(x_0,\delta_1)$ 时,有 $|u|\leqslant M$.又设 α 为当 $x\to x_0$ 时的无穷小,即 $\lim\limits_{x\to x_0}\alpha=0$,故 $\forall\varepsilon>0$, $\exists\delta>0(\delta<\delta_1)$,当 $x\in\mathring{U}(x_0,\delta)$ 时,有 $|\alpha|<\dfrac{\varepsilon}{M}$,从而 $|u\alpha|=|u||\alpha|<M\cdot\dfrac{\varepsilon}{M}=\varepsilon$,所以 $\lim\limits_{x\to x_0}u\alpha=0$,即 $u\alpha$ 为无穷小.

例如,当 $x\to\infty$ 时,$\dfrac{1}{x}$是无穷小,$\arctan x$ 是有界函数,所以$\dfrac{1}{x}\arctan x$ 也是无穷小.

推论 1 常数与无穷小的乘积仍为无穷小,即

$$\lim \alpha=0\Rightarrow\lim k\alpha=0\ (k\text{ 为常数}).$$

推论 2 有限个无穷小的乘积仍为无穷小,即

$$\lim \alpha_1=\lim \alpha_2=\cdots=\lim \alpha_n=0\Rightarrow\lim(\alpha_1\alpha_2\cdots\alpha_n)=0.$$

定理 1.4.5 如果 $\lim f(x)=A,\lim g(x)=B$,那么

(1) $\lim[f(x)\pm g(x)]=\lim f(x)\pm\lim g(x)=A\pm B$;

(2) $\lim[f(x)\cdot g(x)]=\lim f(x)\cdot\lim g(x)=A\cdot B$;

(3) $\lim\dfrac{f(x)}{g(x)}=\dfrac{\lim f(x)}{\lim g(x)}=\dfrac{A}{B}(B\neq 0)$.

证 (1) 因为 $\lim f(x)=A,\lim g(x)=B$,根据极限与无穷小的关系,有

$$f(x)=A+\alpha,\quad g(x)=B+\beta,$$

其中 α 及 β 为无穷小.于是

$$f(x)\pm g(x)=(A+\alpha)\pm(B+\beta)=(A\pm B)+(\alpha\pm\beta),$$

即 $f(x)\pm g(x)$ 可表示为常数 $A\pm B$ 与无穷小 $\alpha\pm\beta$ 之和.因此

$$\lim[f(x)\pm g(x)]=A\pm B=\lim f(x)\pm\lim g(x).$$

(2) 因为

$$\lim f(x)=A,\lim g(x)=B$$

$$\Rightarrow f(x)=A+\alpha,g(x)=B+\beta(\alpha,\beta\text{ 均为无穷小})$$

$$\Rightarrow f(x)g(x)=(A+\alpha)(B+\beta)=AB+(A\beta+B\alpha+\alpha\beta),$$

记 $\gamma=A\beta+B\alpha+\alpha\beta$,由定理 1.4.4 的推论 1、推论 2 及定理 1.4.3 知 γ 为无穷小,从而 $\lim f(x)g(x)=AB$.

(3) 设 $f(x)=A+\alpha,g(x)=B+\beta(\alpha,\beta$ 为无穷小),考虑差

$$\frac{f(x)}{g(x)}-\frac{A}{B}=\frac{A+\alpha}{B+\beta}-\frac{A}{B}=\frac{B\alpha-A\beta}{B(B+\beta)},$$

其分子 $B\alpha-A\beta$ 为无穷小,分母 $B(B+\beta)\to B^2\neq 0$,下面我们证明$\dfrac{1}{B(B+\beta)}$在点 x_0 的某一邻域内有界.

根据定理 1.3.3′,由于 $\lim g(x)=B\neq 0$,存在点 x_0 的某一去心邻域$\mathring{U}(x_0)$,当 $x\in\mathring{U}(x_0)$时,$|g(x)|>\dfrac{|B|}{2}$,从而$\left|\dfrac{1}{g(x)}\right|<\dfrac{2}{|B|}$.于是

$$\left|\frac{1}{B(B+\beta)}\right|=\frac{1}{|B|}\cdot\left|\frac{1}{g(x)}\right|<\frac{1}{|B|}\cdot\frac{2}{|B|}=\frac{2}{|B|^2}.$$

综上所述，$\dfrac{B\alpha-A\beta}{B(B+\beta)}$为无穷小，记为$\gamma$，所以$\dfrac{f(x)}{g(x)}=\dfrac{A}{B}+\gamma$，即$\lim\dfrac{f(x)}{g(x)}=\dfrac{A}{B}$.

推论 1　若$\lim f(x)$存在，而c为常数，则

$$\lim[cf(x)]=c\lim f(x).$$

推论 2　若$\lim f(x)$存在，而n是正整数，则

$$\lim[f(x)]^n=[\lim f(x)]^n.$$

关于数列，也有类似的极限四则运算法则，这就是下面的定理：

定理 1.4.6　设有数列$\{x_n\}$和$\{y_n\}$.如果$\lim\limits_{n\to\infty}x_n=A$，$\lim\limits_{n\to\infty}y_n=B$，那么

(1) $\lim\limits_{n\to\infty}(x_n\pm y_n)=A\pm B$；

(2) $\lim\limits_{n\to\infty}(x_n\cdot y_n)=A\cdot B$；

(3) 当$y_n\neq0(n=1,2,\cdots)$且$B\neq0$时，$\lim\limits_{n\to\infty}\dfrac{x_n}{y_n}=\dfrac{A}{B}$.

定理 1.4.7　如果$\varphi(x)\geqslant\psi(x)$，而$\lim\varphi(x)=a$，$\lim\psi(x)=b$，那么$a\geqslant b$.

证　令$f(x)=\varphi(x)-\psi(x)$，则$f(x)\geqslant0$.由定理1.4.5有

$$\begin{aligned}\lim f(x)&=\lim[\varphi(x)-\psi(x)]\\&=\lim\varphi(x)-\lim\psi(x)=a-b.\end{aligned}$$

由定理1.3.3的推论，有$\lim f(x)\geqslant0$，即$a-b\geqslant0$，故$a\geqslant b$.

例 1.4.2　求$\lim\limits_{x\to1}(4x-2)$.

解　$\lim\limits_{x\to1}(4x-2)=\lim\limits_{x\to1}4x-\lim\limits_{x\to1}2=4\lim\limits_{x\to1}x-2=4\times1-2=2.$

例 1.4.3　求$\lim\limits_{x\to2}\dfrac{x^3-1}{x^2-5x-1}$.

解
$$\begin{aligned}\lim_{x\to2}\frac{x^3-1}{x^2-5x-1}&=\frac{\lim\limits_{x\to2}(x^3-1)}{\lim\limits_{x\to2}(x^2-5x-1)}\\&=\frac{\lim\limits_{x\to2}x^3-\lim\limits_{x\to2}1}{\lim\limits_{x\to2}x^2-5\lim\limits_{x\to2}x-\lim\limits_{x\to2}1}=\frac{(\lim\limits_{x\to2}x)^3-1}{(\lim\limits_{x\to2}x)^2-5\times2-1}\\&=\frac{2^3-1}{2^2-10-1}=-\frac{7}{7}=-1.\end{aligned}$$

从上述两个例子可以看出，求有理整函数（多项式）或有理分式函数当$x\to x_0$的极限时，只要把x_0代替函数中的x就行了（代入必须有意义，即代入之后，若有分母则分母不等于零）.

事实上，设$f(x)=a_0x^n+a_1x^{n-1}+\cdots+a_{n-1}x+a_n$为一多项式，则

$$\lim_{x\to x_0}f(x)=\lim_{x\to x_0}(a_0x^n+a_1x^{n-1}+\cdots+a_{n-1}x+a_n)$$

$$= a_0(\lim_{x \to x_0} x)^n + a_1(\lim_{x \to x_0} x)^{n-1} + \cdots + a_{n-1} \lim_{x \to x_0} x + a_n$$

$$= a_0 x_0^n + a_1 x_0^{n-1} + \cdots + a_{n-1} x_0 + a_n$$

$$= f(x_0).$$

对于有理分式函数

$$F(x) = \frac{P(x)}{Q(x)},$$

其中 $P(x)$, $Q(x)$ 都是多项式,有

$$\lim_{x \to x_0} P(x) = P(x_0), \quad \lim_{x \to x_0} Q(x) = Q(x_0).$$

因此,当 $Q(x_0) \neq 0$ 时,

$$\lim_{x \to x_0} F(x) = \lim_{x \to x_0} \frac{P(x)}{Q(x)} = \frac{\lim\limits_{x \to x_0} P(x)}{\lim\limits_{x \to x_0} Q(x)} = \frac{P(x_0)}{Q(x_0)} = F(x_0).$$

对于有理分式函数,如果将 x_0 代入后分母等于零(此时代入没有意义),就不能使用商的极限的运算法则.下面的两个例子就属于这类情形.

例 1.4.4 求$\lim\limits_{x \to 3} \dfrac{x-3}{x^2-9}$.

解 当 $x \to 3$ 时,分子及分母的极限都是零,于是分子、分母不能分别取极限.因分子及分母有公因子 $x-3$,而当 $x \to 3$ 时,$x \neq 3$,即 $x-3 \neq 0$,可约去这个不为零的公因子.所以

$$\lim_{x \to 3} \frac{x-3}{x^2-9} = \lim_{x \to 3} \frac{x-3}{(x-3)(x+3)} = \lim_{x \to 3} \frac{1}{x+3} = \frac{\lim\limits_{x \to 3} 1}{\lim\limits_{x \to 3} (x+3)} = \frac{1}{6}.$$

例 1.4.5 求$\lim\limits_{x \to 1} \dfrac{x-3}{x^2-5x+4}$.

解 由于$\lim\limits_{x \to 1} \dfrac{x^2-5x+4}{x-3} = \dfrac{1^2-5 \times 1+4}{1-3} = 0$,根据无穷大与无穷小的关系得

$$\lim_{x \to 1} \frac{x-3}{x^2-5x+4} = \infty.$$

下面是 $x \to \infty$ 的情形的例子.

例 1.4.6 求$\lim\limits_{x \to \infty} \dfrac{7x^3+4x^2+2}{9x^3+5x^2-3}$.

解 先用 x^3 去除分子及分母,然后取极限,得

$$\lim_{x \to \infty} \frac{7x^3+4x^2+2}{9x^3+5x^2-3} = \lim_{x \to \infty} \frac{7+\dfrac{4}{x}+\dfrac{2}{x^3}}{9+\dfrac{5}{x}-\dfrac{3}{x^3}} = \frac{7}{9}.$$

例 1.4.7 求$\lim\limits_{x\to\infty}\dfrac{5x^2-2x-1}{2x^3-x^2+5}$.

解 先用x^3去除分子及分母,然后取极限,得

$$\lim_{x\to\infty}\frac{5x^2-2x-1}{2x^3-x^2+5}=\lim_{x\to\infty}\frac{\dfrac{5}{x}-\dfrac{2}{x^2}-\dfrac{1}{x^3}}{2-\dfrac{1}{x}+\dfrac{5}{x^3}}=\frac{0}{2}=0.$$

例 1.4.8 求$\lim\limits_{x\to\infty}\dfrac{2x^3-x^2+5}{5x^2-2x-1}$.

解 因为$\lim\limits_{x\to\infty}\dfrac{5x^2-2x-1}{2x^3-x^2+5}=0$,所以

$$\lim_{x\to\infty}\frac{2x^3-x^2+5}{5x^2-2x-1}=\infty.$$

例 1.4.9 设$a_0\neq 0,b_0\neq 0,m,n$为自然数,则

$$\lim_{x\to\infty}\frac{a_0x^n+a_1x^{n-1}+\cdots+a_n}{b_0x^m+b_1x^{m-1}+\cdots+b_m}=\begin{cases}\dfrac{a_0}{b_0}, & n=m,\\ 0, & n<m,\\ \infty, & n>m.\end{cases}$$

证 当$x\to\infty$时,分子、分母极限均不存在,故不能用定理1.4.5.先用x^m,x^n分别去除分母及分子,然后取极限,得

$$\lim_{x\to\infty}\frac{a_0x^n+a_1x^{n-1}+\cdots+a_n}{b_0x^m+b_1x^{m-1}+\cdots+b_m}=\lim_{x\to\infty}x^{n-m}\cdot\frac{a_0+\dfrac{a_1}{x}+\cdots+\dfrac{a_n}{x^n}}{b_0+\dfrac{b_1}{x}+\cdots+\dfrac{b_m}{x^m}}$$

$$=\begin{cases}\dfrac{a_0}{b_0}, & n=m,\\ 0, & n<m,\\ \infty, & n>m.\end{cases}$$

例 1.4.10 求$\lim\limits_{x\to\infty}\dfrac{\sin x}{x}$.

解 当$x\to\infty$时,分子及分母的极限都不存在,故关于商的极限的运算法则不能应用.因为$\dfrac{\sin x}{x}=\dfrac{1}{x}\cdot\sin x$,这是当$x\to\infty$时的无穷小与有界函数的乘积,所以

$$\lim_{x\to\infty}\frac{\sin x}{x}=0.$$

例 1.4.11 求$\lim\limits_{x\to -1}\left(\dfrac{1}{x+1}-\dfrac{3}{x^3+1}\right)$.

解 当$x\to -1$时,$\dfrac{1}{x+1}$,$\dfrac{3}{x^3+1}$都没有极限,故不能直接用定理 1.4.5.但当$x\neq -1$时,

$$\frac{1}{x+1}-\frac{3}{x^3+1}=\frac{(x+1)(x-2)}{(x+1)(x^2-x+1)}=\frac{x-2}{x^2-x+1},$$

所以

$$\lim_{x\to -1}\left(\frac{1}{x+1}-\frac{3}{x^3+1}\right)=\lim_{x\to -1}\frac{x-2}{x^2-x+1}=\frac{-1-2}{(-1)^2-(-1)+1}=-1.$$

例 1.4.12 求$\lim\limits_{n\to\infty}\left(\dfrac{1}{n^2}+\dfrac{2}{n^2}+\cdots+\dfrac{n}{n^2}\right)$.

解 当$n\to\infty$时,这是无穷多项相加,故不能直接应用定理 1.4.5.

$$\begin{aligned}\lim_{n\to\infty}\left(\frac{1}{n^2}+\frac{2}{n^2}+\cdots+\frac{n}{n^2}\right)&=\lim_{n\to\infty}\frac{1}{n^2}(1+2+\cdots+n)\\&=\lim_{n\to\infty}\frac{1}{n^2}\cdot\frac{n(n+1)}{2}=\lim_{n\to\infty}\frac{n+1}{2n}=\frac{1}{2}.\end{aligned}$$

例 1.4.13 证明$\lim\limits_{x\to\infty}\dfrac{[x]}{x}=1$,$[x]$为$x$的整数部分.

证 先考虑$1-\dfrac{[x]}{x}=\dfrac{x-[x]}{x}$,因为$x-[x]$是有界函数,且当$x\to\infty$时,$\dfrac{1}{x}\to 0$,所以由定理 1.4.4 知

$$\lim_{x\to\infty}\frac{x-[x]}{x}=0\Rightarrow\lim_{x\to\infty}\left(1-\frac{[x]}{x}\right)=0\Rightarrow\lim_{x\to\infty}\frac{[x]}{x}=1.$$

定理 1.4.8（复合函数的极限运算法则） 设函数$y=f[g(x)]$由函数$u=g(x)$与函数$y=f(u)$复合而成,$f[g(x)]$在点x_0的某去心邻域内有定义.若$\lim\limits_{x\to x_0}g(x)=u_0$,$\lim\limits_{u\to u_0}f(u)=A$,且存在$\delta_0>0$,当$x\in\mathring{U}(x_0,\delta_0)$时,有$g(x)\neq u_0$,则

$$\lim_{x\to x_0}f[g(x)]=\lim_{u\to u_0}f(u)=A.$$

证 按照极限定义,需要证明$\forall\varepsilon>0$,$\exists\delta>0$,使得当$0<|x-x_0|<\delta$时,有

$$|f[g(x)]-A|<\varepsilon.$$

由于$\lim\limits_{u\to u_0}f(u)=A$,故$\forall\varepsilon>0$,$\exists\eta>0$,使得当$0<|u-u_0|<\eta$时,有

$$|f(u)-A|<\varepsilon.$$

又由于$\lim\limits_{x \to x_0} g(x)=u_0$，故对于上面的$\eta>0$，$\exists\delta_1>0$，使得当$0<|x-x_0|<\delta_1$时，有

$$|g(x)-u_0|<\eta.$$

取$\delta=\min\{\delta_0,\delta_1\}$，当$0<|x-x_0|<\delta$时，$0<|g(x)-u_0|<\eta$，故

$$|f[g(x)]-A|<\varepsilon,$$

即$\lim\limits_{x \to x_0} f[g(x)]=A$.

由定理1.4.8可得，当$\lim\limits_{x \to x_0} g(x)=\infty$，$\lim\limits_{u \to \infty} f(u)=A$时，有

$$\lim_{x \to x_0} f[g(x)]=\lim_{u \to \infty} f(u)=A.$$

或当$\lim\limits_{x \to \infty} g(x)=\infty$，$\lim\limits_{u \to \infty} f(u)=A$时，有

$$\lim_{x \to \infty} f[g(x)]=\lim_{u \to \infty} f(u)=A.$$

例 1.4.14　求$\lim\limits_{x \to 2}\sqrt{\dfrac{x^2-4}{x-2}}$.

解　$y=\sqrt{\dfrac{x^2-4}{x-2}}$是由$u=\dfrac{x^2-4}{x-2}$与$y=\sqrt{u}$复合而成的. 因为$\lim\limits_{x \to 2}\dfrac{x^2-4}{x-2}=4$，所以

$$\lim_{x \to 2}\sqrt{\frac{x^2-4}{x-2}}=\lim_{u \to 4}\sqrt{u}=\sqrt{4}=2.$$

习题 1.4

1. 下列函数在指定的变化趋势下是无穷小还是无穷大？

（1）$\ln x$，$x \to 1$及$x \to 0^+$；　（2）$x\left(\sin\dfrac{1}{x}+2\right)$，$x \to 0$；

（3）e^x，$x \to +\infty$及$x \to -\infty$；　（4）$e^{\frac{1}{x}}$，$x \to 0^+$及$x \to 0^-$.

2. 求下列极限并说明理由：

（1）$\lim\limits_{x \to \infty}\dfrac{2x+1}{x}$；　（2）$\lim\limits_{x \to 0}\dfrac{1-x^2}{1-x}$.

3. 证明函数$y=x\cos x$在$(0,+\infty)$内无界，但当$x \to +\infty$时，该函数不是无穷大.

4. 计算下列极限：

（1）$\lim\limits_{x \to 2}\dfrac{x^2+5}{x-3}$；　（2）$\lim\limits_{x \to 1}\dfrac{x^2-2x+1}{x^2-1}$；

（3）$\lim\limits_{h \to 0}\dfrac{(x+h)^2-x^2}{h}$；　（4）$\lim\limits_{x \to \infty}\dfrac{x^2-1}{2x^2-x-1}$；

（5）$\lim\limits_{x \to \infty}\dfrac{x^2+x}{x^4-3x^2+1}$；　（6）$\lim\limits_{x \to 4}\dfrac{x^2-6x+8}{x^2-5x+4}$；

（7）$\lim\limits_{n \to \infty}\left(1+\dfrac{1}{2}+\dfrac{1}{4}+\cdots+\dfrac{1}{2^n}\right)$；　（8）$\lim\limits_{n \to \infty}\dfrac{1+2+3+\cdots+(n-1)}{n^2}$；

(9) $\lim\limits_{x\to 1}\left(\dfrac{1}{1-x}-\dfrac{3}{1-x^3}\right)$; (10) $\lim\limits_{n\to\infty}\dfrac{(n+1)(n+2)(n+3)}{5n^3}$;

(11) $\lim\limits_{x\to-\infty}\mathrm{e}^x\arctan x$; (12) $\lim\limits_{x\to 0}\left(\sin x\cdot\sqrt{1+\sin\dfrac{1}{x}}\right)$;

(13) $\lim\limits_{x\to\infty}(\sqrt{x^2+1}-\sqrt{x^2-1})$.

5. 已知$\lim\limits_{x\to 2}\dfrac{x^2+ax+b}{x^2-x-2}=2$,求常数 a 和 b.

6. 已知$\lim\limits_{x\to\infty}\left(\dfrac{x^3+1}{x^2+1}-ax-b\right)=1$,求常数 a 和 b.

7. 下列陈述中,哪些是对的,哪些是错的?如果是对的,说明理由;如果是错的,试给出一个反例.

(1) 如果$\lim\limits_{x\to x_0}f(x)$存在,但$\lim\limits_{x\to x_0}g(x)$不存在,那么$\lim\limits_{x\to x_0}[f(x)+g(x)]$不存在;

(2) 如果$\lim\limits_{x\to x_0}f(x)$和$\lim\limits_{x\to x_0}g(x)$都不存在,那么$\lim\limits_{x\to x_0}[f(x)+g(x)]$不存在;

(3) 如果$\lim\limits_{x\to x_0}f(x)$存在,但$\lim\limits_{x\to x_0}g(x)$不存在,那么$\lim\limits_{x\to x_0}[f(x)g(x)]$不存在.

1.5 极限存在准则 两个重要极限

通过本节的学习,应该掌握夹逼准则和单调有界数列必有极限这两个极限存在准则,能熟练应用$\lim\limits_{x\to 0}\dfrac{\sin x}{x}=1$和$\lim\limits_{x\to\infty}\left(1+\dfrac{1}{x}\right)^x=\mathrm{e}$这两个重要极限计算一些函数的极限.

下面我们来介绍极限存在的两个准则以及作为应用准则的例子,讨论两个重要极限:$\lim\limits_{x\to 0}\dfrac{\sin x}{x}=1$及$\lim\limits_{x\to\infty}\left(1+\dfrac{1}{x}\right)^x=\mathrm{e}$.

准则 I 如果数列$\{x_n\}$,$\{y_n\}$及$\{z_n\}$满足下列条件:

(1) $y_n\leqslant x_n\leqslant z_n(n=1,2,3,\cdots)$;

(2) $\lim\limits_{n\to\infty}y_n=a$,$\lim\limits_{n\to\infty}z_n=a$,

那么数列$\{x_n\}$的极限存在,且$\lim\limits_{n\to\infty}x_n=a$.

证 因为$\lim\limits_{n\to\infty}y_n=a$,$\lim\limits_{n\to\infty}z_n=a$,根据数列极限的定义,$\forall\varepsilon>0$,$\exists N_1>0$,当$n>N_1$时,有$|y_n-a|<\varepsilon$;又$\exists N_2>0$,当$n>N_2$时,有$|z_n-a|<\varepsilon$.现取$N=\max\{N_1,N_2\}$,则当$n>N$时,

$$|y_n-a|<\varepsilon,\quad |z_n-a|<\varepsilon$$

同时成立,即

$$a-\varepsilon<y_n<a+\varepsilon,\quad a-\varepsilon<z_n<a+\varepsilon$$

同时成立.又因 $y_n\leqslant x_n\leqslant z_n$,所以当 $n>N$ 时,有

$$a-\varepsilon<y_n\leqslant x_n\leqslant z_n<a+\varepsilon,$$

即

$$|x_n-a|<\varepsilon.$$

这就证明了 $\lim\limits_{n\to\infty}x_n=a$.

上述数列极限存在准则可以推广到函数的极限:

准则 I′ 如果函数 $f(x)$,$g(x)$ 及 $h(x)$ 满足下列条件:

(1) $g(x)\leqslant f(x)\leqslant h(x)$;

(2) $\lim g(x)=A$,$\lim h(x)=A$,

那么 $\lim f(x)$ 存在,且 $\lim f(x)=A$.

注 如果极限过程是 $x\to x_0$,则上述函数在 x_0 的某一去心邻域内满足条件;如果极限过程是 $x\to\infty$,则上述函数当 $|x|>M$ 时满足条件.

准则 I 及准则 I′ 称为夹逼准则.

下面根据准则 I′ 证明第一个重要极限 $\lim\limits_{x\to 0}\dfrac{\sin x}{x}=1$.

首先注意到,函数 $\dfrac{\sin x}{x}$ 对于一切 $x\neq 0$ 都有定义.在如图 1.29 所示的单位圆中,$BC\perp OA$,$DA\perp OA$.圆心角 $\angle AOB=x\left(0<x<\dfrac{\pi}{2}\right)$.显然 $\sin x=CB$,$x=\overset{\frown}{AB}$,$\tan x=AD$.因为

$$S_{\triangle AOB}<S_{扇形AOB}<S_{\triangle AOD},$$

所以

$$\frac{1}{2}\sin x<\frac{1}{2}x<\frac{1}{2}\tan x,$$

即

$$\sin x<x<\tan x.$$

不等号各边都除以 $\sin x$,就有

$$1<\frac{x}{\sin x}<\frac{1}{\cos x},$$

故

$$\cos x<\frac{\sin x}{x}<1,$$

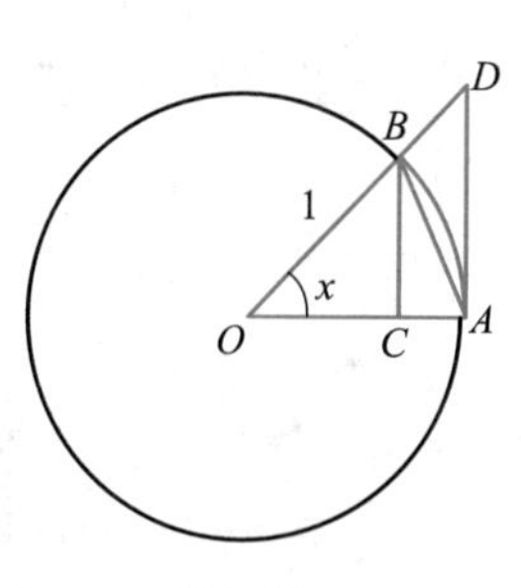

图 1.29

注意此不等式当 $-\frac{\pi}{2}<x<0$ 时也成立. 注意到, $\lim\limits_{x\to0}\cos x=1$, 事实上, 当 $0<|x|<\frac{\pi}{2}$ 时, $0<1-\cos x=2\sin^2\frac{x}{2}<2\left(\frac{x}{2}\right)^2=\frac{x^2}{2}$, 而当 $x\to0$ 时, $\frac{x^2}{2}\to0$, 根据准则 I′, 有 $\lim\limits_{x\to0}(1-\cos x)=0$, 即 $\lim\limits_{x\to0}\cos x=1$. 又根据准则 I′, 有 $\lim\limits_{x\to0}\frac{\sin x}{x}=1$.

在极限 $\lim\frac{\sin\alpha(x)}{\alpha(x)}$ 中, 只要 $\alpha(x)$ 是无穷小 $(\alpha(x)\neq0)$, 就有 $\lim\frac{\sin\alpha(x)}{\alpha(x)}=1$. 这是因为, 令 $u=\alpha(x)$, 则 $u\to0$, 于是 $\lim\frac{\sin\alpha(x)}{\alpha(x)}=\lim\limits_{u\to0}\frac{\sin u}{u}=1$.

综上所述,

$$\lim_{x\to0}\frac{\sin x}{x}=1,\quad \lim\frac{\sin\alpha(x)}{\alpha(x)}=1(\alpha(x)\to0).$$

例 1.5.1 求 $\lim\limits_{x\to0}\frac{\tan x}{x}$.

解 $\lim\limits_{x\to0}\frac{\tan x}{x}=\lim\limits_{x\to0}\left(\frac{\sin x}{x}\cdot\frac{1}{\cos x}\right)=\lim\limits_{x\to0}\frac{\sin x}{x}\cdot\lim\limits_{x\to0}\frac{1}{\cos x}=1.$

例 1.5.2 求 $\lim\limits_{x\to0}\frac{1-\cos x}{x^2}$.

解

$$\lim_{x\to0}\frac{1-\cos x}{x^2}=\lim_{x\to0}\frac{2\sin^2\frac{x}{2}}{x^2}=\frac{1}{2}\lim_{x\to0}\frac{\sin^2\frac{x}{2}}{\left(\frac{x}{2}\right)^2}$$

$$=\frac{1}{2}\lim_{x\to0}\left(\frac{\sin\frac{x}{2}}{\frac{x}{2}}\right)^2=\frac{1}{2}\cdot1^2=\frac{1}{2}.$$

例 1.5.3 求 $\lim\limits_{x\to0}\frac{\arcsin x}{x}$.

解 令 $t=\arcsin x$, 则 $x=\sin t$, 当 $x\to0$ 时, 有 $t\to0$. 于是由复合函数的极限运算法则得

$$\lim_{x\to0}\frac{\arcsin x}{x}=\lim_{t\to0}\frac{t}{\sin t}=1.$$

准则 II 单调有界数列必有极限.

如果数列$\{x_n\}$满足条件

$$x_1 \leqslant x_2 \leqslant x_3 \leqslant \cdots \leqslant x_n \leqslant x_{n+1} \leqslant \cdots,$$

就称数列$\{x_n\}$是**单调增加**的；如果数列$\{x_n\}$满足条件

$$x_1 \geqslant x_2 \geqslant x_3 \geqslant \cdots \geqslant x_n \geqslant x_{n+1} \geqslant \cdots,$$

就称数列$\{x_n\}$是**单调减少**的.单调增加和单调减少数列统称为**单调数列**.

对于单调增加且有上界的数列和单调减少且有下界的数列分别有下列准则：

准则Ⅱ′　单调增加且有上界的数列必有极限.

准则Ⅱ″　单调减少且有下界的数列必有极限.

在1.2节中曾证明：收敛的数列一定有界.但那时也曾指出：有界的数列不一定收敛.现在准则Ⅱ表明：如果数列不仅有界，并且是单调的，那么该数列的极限必定存在，也就是该数列一定收敛.

准则Ⅱ的几何解释（见图1.30）　从数轴上看，对应于单调增加（减少）数列的点只可能向一个方向移动，或者无限向右（左）移动，或者无限趋近于某一定点A，而有界数列的情况只可能是后者.

图1.30

根据准则Ⅱ，可以证明极限$\lim\limits_{x\to\infty}\left(1+\dfrac{1}{x}\right)^x$存在.

下面考虑x取正整数n而趋于$+\infty$的情形.

设$x_n=\left(1+\dfrac{1}{n}\right)^n$，现证明数列$\{x_n\}$单调增加且有界.按牛顿（Newton）二项公式，有

$$\begin{aligned}
x_n &= \left(1+\frac{1}{n}\right)^n \\
&= 1+\frac{n}{1!}\cdot\frac{1}{n}+\frac{n(n-1)}{2!}\cdot\frac{1}{n^2}+\frac{n(n-1)(n-2)}{3!}\cdot\frac{1}{n^3}+\cdots+ \\
&\quad \frac{n(n-1)\cdots(n-n+1)}{n!}\cdot\frac{1}{n^n} \\
&= 1+1+\frac{1}{2!}\left(1-\frac{1}{n}\right)+\frac{1}{3!}\left(1-\frac{1}{n}\right)\left(1-\frac{2}{n}\right)+\cdots+ \\
&\quad \frac{1}{n!}\left(1-\frac{1}{n}\right)\left(1-\frac{2}{n}\right)\cdots\left(1-\frac{n-1}{n}\right),
\end{aligned}$$

$$x_{n+1}=1+1+\frac{1}{2!}\left(1-\frac{1}{n+1}\right)+\frac{1}{3!}\left(1-\frac{1}{n+1}\right)\left(1-\frac{2}{n+1}\right)+\cdots+$$
$$\frac{1}{n!}\left(1-\frac{1}{n+1}\right)\left(1-\frac{2}{n+1}\right)\cdots\left(1-\frac{n-1}{n+1}\right)+$$
$$\frac{1}{(n+1)!}\left(1-\frac{1}{n+1}\right)\left(1-\frac{2}{n+1}\right)\cdots\left(1-\frac{n}{n+1}\right).$$

比较 x_n, x_{n+1} 的展开式,可以看出除前两项外,x_n 的每一项都小于 x_{n+1} 的对应项,并且 x_{n+1} 还多了最后一项,其值大于 0,因此 $x_n<x_{n+1}$,这就是说数列 $\{x_n\}$ 是单调增加的.

这个数列同时还是有界的.因为将 x_n 的展开式中各项括号内的数用较大的数 1 代替,得

$$x_n\leqslant 1+1+\frac{1}{2!}+\frac{1}{3!}+\cdots+\frac{1}{n!}\leqslant 1+1+\frac{1}{2}+\frac{1}{2^2}+\cdots+\frac{1}{2^{n-1}}$$
$$=1+\frac{1-\frac{1}{2^n}}{1-\frac{1}{2}}=3-\frac{1}{2^{n-1}}<3.$$

根据准则Ⅱ,数列 $\{x_n\}$ 必有极限.我们用 e 来表示这个极限,即

$$\lim_{n\to\infty}\left(1+\frac{1}{n}\right)^n=\mathrm{e}.$$

可以进一步证明,当 x 取实数而趋于 $+\infty$ 或 $-\infty$ 时,极限 $\lim\limits_{x\to\infty}\left(1+\frac{1}{x}\right)^x=\mathrm{e}$.

对于任何 $x>1$,存在正整数 n 使得 $n\leqslant x<n+1$,因此有

$$\left(1+\frac{1}{n+1}\right)^n<\left(1+\frac{1}{x}\right)^x<\left(1+\frac{1}{n}\right)^{n+1},$$

由于

$$\lim_{n\to\infty}\left(1+\frac{1}{n+1}\right)^n=\lim_{n\to\infty}\left(1+\frac{1}{n}\right)^{n+1}=\mathrm{e},$$

应用夹逼准则,即得

$$\lim_{x\to+\infty}\left(1+\frac{1}{x}\right)^x=\mathrm{e}.$$

令 $x=-(t+1)$,可证明 $\lim\limits_{x\to-\infty}\left(1+\frac{1}{x}\right)^x=\mathrm{e}$,因此

$$\lim_{x\to\infty}\left(1+\frac{1}{x}\right)^x=\mathrm{e}.$$

e 是个无理数,它的值是 $\mathrm{e}=2.718\ 281\ 828\ 459\ 045\cdots$.指数函数 $y=\mathrm{e}^x$ 以及对数

函数 $y=\ln x$ 中的底 e 就是这个常数.

在极限 $\lim[1+\alpha(x)]^{\frac{1}{\alpha(x)}}$ 中,只要 $\alpha(x)$ 是无穷小 ($\alpha(x)\neq 0$),就有

$$\lim[1+\alpha(x)]^{\frac{1}{\alpha(x)}}=\mathrm{e}.$$

这是因为,令 $u=\dfrac{1}{\alpha(x)}$,则 $u\to\infty$,于是 $\lim[1+\alpha(x)]^{\frac{1}{\alpha(x)}}=\lim\limits_{u\to\infty}\left(1+\dfrac{1}{u}\right)^{u}=\mathrm{e}$.

综上所述,

$$\lim_{x\to\infty}\left(1+\frac{1}{x}\right)^{x}=\mathrm{e},\lim\left[1+\frac{1}{u(x)}\right]^{u(x)}=\mathrm{e}(u(x)\to\infty),\lim[1+\alpha(x)]^{\frac{1}{\alpha(x)}}=\mathrm{e}(\alpha(x)\to 0).$$

例 1.5.4　求 $\lim\limits_{x\to\infty}\left(1-\dfrac{1}{x}\right)^{x}$.

解　令 $t=-x$,则当 $x\to\infty$ 时,$t\to-\infty$,于是

$$\lim_{x\to\infty}\left(1-\frac{1}{x}\right)^{x}=\lim_{t\to-\infty}\left(1+\frac{1}{t}\right)^{-t}=\lim_{t\to-\infty}\frac{1}{\left(1+\frac{1}{t}\right)^{t}}=\frac{1}{\mathrm{e}},$$

或

$$\lim_{x\to\infty}\left(1-\frac{1}{x}\right)^{x}=\lim_{x\to\infty}\left(1+\frac{1}{-x}\right)^{(-x)(-1)}=\left[\lim_{x\to\infty}\left(1+\frac{1}{-x}\right)^{-x}\right]^{-1}=\mathrm{e}^{-1}.$$

例 1.5.5　求 $\lim\limits_{x\to\infty}\left(1-\dfrac{1}{x}\right)^{x+1}$.

解

$$\begin{aligned}\lim_{x\to\infty}\left(1-\frac{1}{x}\right)^{x+1}&=\lim_{x\to\infty}\left\{\left[\left(1+\frac{1}{-x}\right)^{-x}\right]^{-1}\left(1-\frac{1}{x}\right)\right\}\\&=\left[\lim_{x\to\infty}\left(1+\frac{1}{-x}\right)^{-x}\right]^{-1}\cdot\lim_{x\to\infty}\left(1-\frac{1}{x}\right)\\&=\mathrm{e}^{-1}\cdot 1=\frac{1}{\mathrm{e}}.\end{aligned}$$

例 1.5.6　求 $\lim\limits_{n\to\infty}\left(\dfrac{2n-1}{2n+1}\right)^{n}$.

解

$$\begin{aligned}\lim_{n\to\infty}\left(\frac{2n-1}{2n+1}\right)^{n}&=\lim_{n\to\infty}\left(1-\frac{2}{2n+1}\right)^{n}\\&=\lim_{n\to\infty}\left[\left(1-\frac{1}{n+\frac{1}{2}}\right)^{n+\frac{1}{2}}\cdot\left(1-\frac{1}{n+\frac{1}{2}}\right)^{-\frac{1}{2}}\right]\\&=\frac{1}{\mathrm{e}}\cdot 1^{-\frac{1}{2}}=\frac{1}{\mathrm{e}}.\end{aligned}$$

相应于单调有界数列必有极限的准则Ⅱ,函数极限也有类似的准则.对于自变

量的不同变化过程($x\to x_0^-$,$x\to x_0^+$,$x\to-\infty$,$x\to+\infty$),准则有不同的形式.现以 $x\to x_0^-$ 为例,将相应的准则叙述如下:

设函数 $f(x)$ 在点 x_0 的某个左邻域内单调并且有界,则 $f(x)$ 在 x_0 的左极限 $f(x_0^-)$ 必定存在.

我们知道收敛数列不一定是单调的.因此,准则Ⅱ所给出的单调有界条件是数列收敛的充分条件,而不是必要的.当然,其中有界这一条件对数列的收敛来说是必要的.下面叙述的柯西极限存在准则给出了数列收敛的充分必要条件.

***柯西极限存在准则** 数列 $\{x_n\}$ 收敛的充分必要条件是:$\forall\varepsilon>0$,$\exists$ 正整数 N,当 $n>N$,$m>N$ 时,恒有

$$|x_n-x_m|<\varepsilon.$$

证 必要性 设 $\lim\limits_{n\to\infty}x_n=a$,则 $\forall\varepsilon>0$,$\exists$ 正整数 N,当 $n>N$ 时,有

$$|x_n-a|<\frac{\varepsilon}{2};$$

同样,当 $m>N$ 时,也有

$$|x_m-a|<\frac{\varepsilon}{2}.$$

因此,当 $m>N$,且 $n>N$ 时,有

$$\begin{aligned}|x_n-x_m|&=|(x_n-a)-(x_m-a)|\\&\leqslant|x_n-a|+|x_m-a|<\frac{\varepsilon}{2}+\frac{\varepsilon}{2}=\varepsilon.\end{aligned}$$

充分性的证明略.

柯西极限存在准则又称为**柯西审敛原理**,其几何意义是:对于任意给定的正数 ε,在数轴上一切具有足够大的下标的点 x_n 中,任意两点间的距离小于 ε.

习题 1.5

1. 计算下列极限:

(1) $\lim\limits_{x\to0}\dfrac{\arcsin 2x}{x}$; (2) $\lim\limits_{x\to0}\dfrac{\tan 3x}{x}$;

(3) $\lim\limits_{x\to0}\dfrac{\sin 2x}{\sin 5x}$; (4) $\lim\limits_{x\to0}\dfrac{1-\cos 2x}{x\sin x}$;

(5) $\lim\limits_{x\to0}(1-x)^{\frac{1}{x}}$; (6) $\lim\limits_{x\to0}\sqrt[x]{1+2x}$;

(7) $\lim\limits_{x\to\infty}\left(\dfrac{1+x}{x}\right)^{2x}$; (8) $\lim\limits_{x\to\infty}\left(1-\dfrac{1}{x}\right)^{kx}$($k$ 为正整数);

(9) $\lim\limits_{x\to\infty}\left(1-\dfrac{1}{x^2}\right)^{3x}$; (10) $\lim\limits_{x\to0}\dfrac{\sqrt{1+x}-\sqrt{1-x}}{\sin 3x}$.

2. 利用夹逼准则证明：$\lim\limits_{n\to\infty} n\left(\frac{1}{n^2+1}+\frac{1}{n^2+2}+\cdots+\frac{1}{n^2+n}\right)=1$.

3. 利用极限存在准则证明：

（1）$\lim\limits_{n\to\infty}\sqrt{1+\frac{1}{n}}=1$；

（2）数列 $\sqrt{2}$，$\sqrt{2+\sqrt{2}}$，$\sqrt{2+\sqrt{2+\sqrt{2}}}$，…的极限存在；

（3）$\lim\limits_{x\to 0}\sqrt[n]{1+x}=1$；

（4）$\lim\limits_{x\to 0^+} x\left[\frac{1}{x}\right]=1$.

4. 设 $x_1=a>0$，$x_{n+1}=\frac{1}{2}\left(x_n+\frac{2}{x_n}\right)$（$n=1,2,3,\cdots$），利用单调有界准则证明数列 $\{x_n\}$ 收敛，并求其极限.

1.6 无穷小的比较

通过本节的学习，掌握无穷小的比较，会用等价无穷小计算一些函数的极限.

在1.4节中我们讨论了无穷小的和、差、积的情况，但其商会出现不同的情况.例如，

$$\lim_{x\to 0}\frac{a_0x^n}{b_0x^m}=\lim_{x\to 0}x^{n-m}\cdot\frac{a_0}{b_0}$$

$$=\begin{cases}\frac{a_0}{b_0}, & m=n,\\ 0, & m<n,\\ \infty, & m>n\end{cases}\quad (a_0,b_0\text{ 为非零常数}, m,n\text{ 为自然数}).$$

我们也观察到：在同一变化过程中，虽然无穷小都是趋于零的，但不同的无穷小趋于零的快慢程度却不尽相同.例如，当 $x\to 0$ 时，如下表所示，x^2，$3x$，$\sin x$ 及 x 都是无穷小.

$x\to 0$	x	1	0.1	0.01	0.001	…	$\to 0$
	$\sin x$	0.8415	0.0998	0.0100	0.0010	…	$\to 0$
	$3x$	3	0.3	0.03	0.003	…	$\to 0$
	x^2	1	0.01	0.0001	0.000001	…	$\to 0$

而$\lim\limits_{x\to0}\dfrac{x^2}{3x}=0$，$\lim\limits_{x\to0}\dfrac{3x}{x^2}=\infty$，$\lim\limits_{x\to0}\dfrac{\sin x}{x}=1$.

因此，利用无穷小之比的极限可以对无穷小进行比较或分类.

定义 1.6.1　设 α 与 β 为在同一变化过程中的两个无穷小.

若 $\lim\dfrac{\beta}{\alpha}=0$，则称 β 是比 α 高阶的无穷小，记作 $\beta=o(\alpha)$；

若 $\lim\dfrac{\beta}{\alpha}=\infty$，则称 β 是比 α 低阶的无穷小；

若 $\lim\dfrac{\beta}{\alpha}=c\neq0$，则称 β 与 α 是同阶无穷小；

若 $\lim\dfrac{\beta}{\alpha}=1$，则称 β 与 α 是等价无穷小，记作 $\beta\sim\alpha$；

若 $\lim\dfrac{\beta}{\alpha^k}=c\neq0,k>0$，则称 β 是关于 α 的 k 阶无穷小.

因此，当 $x\to0$ 时，x^2 是比 $3x$ 高阶的无穷小，即 $x^2=o(3x)$；$3x$ 是比 x^2 低阶的无穷小；$\sin x$ 与 x 是等价无穷小，$\sin x\sim x$. 以下再举一些例子：

由于$\lim\limits_{x\to3}\dfrac{x^2-9}{x-3}=6$，故当 $x\to3$ 时，x^2-9 与 $x-3$ 是同阶无穷小.

由于$\lim\limits_{x\to0}\dfrac{1-\cos x}{x^2}=\dfrac{1}{2}$，故当 $x\to0$ 时，$1-\cos x$ 是关于 x 的二阶无穷小.

由于$\lim\limits_{n\to\infty}\dfrac{\frac{1}{n}}{\frac{1}{n^2}}=\infty$，故当 $n\to\infty$ 时，$\dfrac{1}{n}$是比$\dfrac{1}{n^2}$低阶的无穷小.

注 1　高阶无穷小的记号 $o(\cdot)$ 不是一个量，而应理解为一种类型. 同时记号 $\beta=o(\alpha)$ 中的等号也应理解为属于的意思. 因此高阶无穷小不具有等号代换性，例如 $x^2=o(x)$，$x^4=o(x)$，但 $x^2\neq x^4$.

注 2　等价无穷小具有传递性，即由 $\alpha\sim\beta$，$\beta\sim\gamma$，可得 $\alpha\sim\gamma$. 但需注意，等价无穷小中的“等价”并不是“相等”.

注 3　任意两个无穷小未必都可进行比较，例如，当 $x\to0$ 时，$x\sin\dfrac{1}{x}$与 x^2 既非同阶，又无高低阶可比较，因为$\lim\limits_{x\to0}\dfrac{x\sin\frac{1}{x}}{x^2}$不存在.

注4　对于无穷大量也可作类似的比较、分类.

注5　当 $x\to 0$ 时,常用的等价无穷小有

$$\sin x\sim x,\quad \tan x\sim x,\quad \arcsin x\sim x,\quad \arctan x\sim x,$$

$$1-\cos x\sim \frac{1}{2}x^2,\quad \sqrt[n]{1+x}-1\sim \frac{1}{n}x.$$

关于等价无穷小,有下面两个定理.

定理1.6.1　β 与 α 是等价无穷小的充分必要条件为

$$\beta=\alpha+o(\alpha).$$

证　必要性　设 $\alpha\sim\beta$,则

$$\lim\frac{\beta-\alpha}{\alpha}=\lim\left(\frac{\beta}{\alpha}-1\right)=\lim\frac{\beta}{\alpha}-1=0,$$

因此 $\beta-\alpha=o(\alpha)$,即 $\beta=\alpha+o(\alpha)$.

充分性　设 $\beta=\alpha+o(\alpha)$,则

$$\lim\frac{\beta}{\alpha}=\lim\frac{\alpha+o(\alpha)}{\alpha}=\lim\left[1+\frac{o(\alpha)}{\alpha}\right]=1,$$

因此 $\alpha\sim\beta$.

例1.6.1　因为当 $x\to 0$ 时,$\sin x\sim x$,$\tan x\sim x$,$\arcsin x\sim x$,$1-\cos x\sim\frac{1}{2}x^2$,所以当 $x\to 0$ 时有

$$\sin x=x+o(x),\quad \tan x=x+o(x),$$

$$\arcsin x=x+o(x),\quad 1-\cos x=\frac{1}{2}x^2+o(x^2).$$

定理1.6.2　设 $\alpha\sim\alpha'$,$\beta\sim\beta'$,且 $\lim\frac{\beta'}{\alpha'}$存在,则

$$\lim\frac{\beta}{\alpha}=\lim\frac{\beta'}{\alpha'}.$$

证　$\lim\frac{\beta}{\alpha}=\lim\left(\frac{\beta}{\beta'}\cdot\frac{\beta'}{\alpha'}\cdot\frac{\alpha'}{\alpha}\right)=\lim\frac{\beta'}{\alpha'}.$

例1.6.2　求 $\lim\limits_{x\to 0}\frac{1-\cos x}{\sin^2 x}$.

解　因为当 $x\to 0$ 时,$\sin x\sim x$,所以

$$\lim_{x\to 0}\frac{1-\cos x}{\sin^2 x}=\lim_{x\to 0}\frac{1-\cos x}{x^2}=\frac{1}{2}.$$

例 1.6.3 求$\lim\limits_{x\to0}\dfrac{\arcsin 2x}{x^2+2x}$.

解 因为当 $x\to0$ 时,$\arcsin 2x\sim2x$,所以

$$\lim_{x\to0}\frac{\arcsin 2x}{x^2+2x}=\lim_{x\to0}\frac{2x}{x^2+2x}=\lim_{x\to0}\frac{2}{x+2}=\frac{2}{2}=1.$$

例 1.6.4 求$\lim\limits_{x\to0}\dfrac{(1+x^2)^{\frac{1}{3}}-1}{\cos x-1}$.

解 当 $x\to0$ 时,$(1+x^2)^{\frac{1}{3}}-1\sim\dfrac{1}{3}x^2$,$\cos x-1\sim-\dfrac{1}{2}x^2$,所以

$$\lim_{x\to0}\frac{(1+x^2)^{\frac{1}{3}}-1}{\cos x-1}=\lim_{x\to0}\frac{\frac{1}{3}x^2}{-\frac{1}{2}x^2}=-\frac{2}{3}.$$

利用等价无穷小代换计算极限适用于乘、除运算(即就表达式整体而言,对以因子形式出现的无穷小考虑代换),对于加、减运算须谨慎!

习题 1.6

1. 证明:当 $x\to0$ 时,$\dfrac{2}{3}(\cos x-\cos 2x)\sim x^2$.

2. 利用等价无穷小的性质,求下列极限:

(1) $\lim\limits_{x\to0}\dfrac{\tan 3x}{2x}$; (2) $\lim\limits_{x\to0}\dfrac{\sin x^n}{\sin^m x}$($n,m$ 为正整数);

(3) $\lim\limits_{x\to0}\dfrac{\tan x-\sin x}{\sin^3 x}$; (4) $\lim\limits_{x\to0}\dfrac{\sin x-\tan x}{(\sqrt[3]{1+x^2}-1)(\sqrt{1+\sin x}-1)}$.

3. 当 $x\to0$ 时,分析$\sqrt[3]{5x^2-5x^3}$是 x 的几阶无穷小?

1.7 函数的连续性

通过本节学习,应该掌握函数连续性的概念和间断点的类型,了解初等函数的连续性,会判断函数的连续性.应该了解连续函数的运算,会运用函数的连续性求极限.应该了解闭区间上连续函数的 4 个性质,会应用零点定理证明一些具体问题.

1.7.1 函数的连续性与间断点

1. 函数的连续性

自然界中有许多连续变化的现象,如时间的进程、生物的成长、气温、水流等都是连续变化的.数学上就用连续函数描述这类现象.高等数学中讨论的函数大多数

是连续函数.

设变量 u 从初值 u_1 变化到终值 u_2,则 $\Delta u=u_2-u_1$ 称为变量 u 的增量.

设函数 $y=f(x)$ 在点 x_0 的某一邻域内有定义,当自变量 x 从 x_0 变化到 $x_0+\Delta x$ 时,函数 y 从 $f(x_0)$ 变化到 $f(x_0+\Delta x)$,函数 y 的增量为(见图 1.31)

$$\Delta y=f(x_0+\Delta x)-f(x_0),$$

如果当 $\Delta x\to 0$ 时,$\Delta y\to 0$,即

$$\lim_{\Delta x\to 0}\Delta y=0 \quad 或 \quad \lim_{\Delta x\to 0}[f(x_0+\Delta x)-f(x_0)]=0,$$

那么称函数 $y=f(x)$ 在点 x_0 处是连续的.

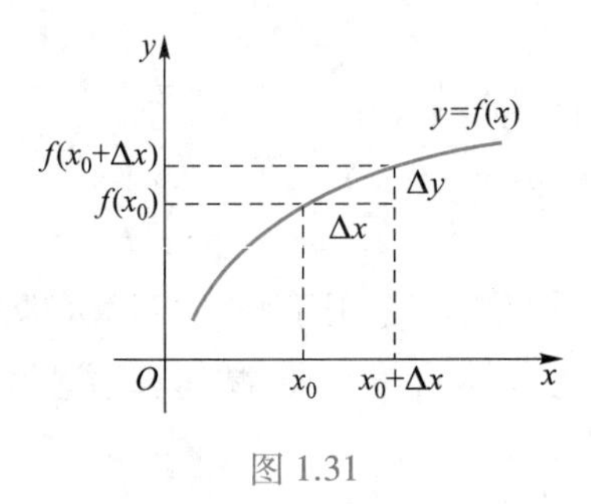

图 1.31

定义 1.7.1　设函数 $y=f(x)$ 在点 x_0 的某一邻域内有定义,如果

$$\lim_{\Delta x\to 0}\Delta y=\lim_{\Delta x\to 0}[f(x_0+\Delta x)-f(x_0)]=0,$$

那么就称**函数 $y=f(x)$ 在点 x_0 连续**.

记 $x=x_0+\Delta x$,则 $\Delta x\to 0$ 就是 $x\to x_0$;又由于

$$\Delta y=f(x_0+\Delta x)-f(x_0)=f(x)-f(x_0),$$

或

$$f(x)=f(x_0)+\Delta y,$$

因此 $\Delta y\to 0$ 等价于 $f(x)\to f(x_0)$,即 $\lim\limits_{x\to x_0}f(x)=f(x_0)$.由此可得连续的另一等价定义.

定义 1.7.1′　设函数 $y=f(x)$ 在点 x_0 的某一邻域内有定义,如果

$$\lim_{x\to x_0}f(x)=f(x_0),$$

那么就称函数 $y=f(x)$ 在点 x_0 连续.

用极限定义描述为:

$y=f(x)$ 在点 x_0 连续$\Leftrightarrow\forall\varepsilon>0,\exists\delta>0$,当 $|x-x_0|<\delta$ 时,$|f(x)-f(x_0)|<\varepsilon$.

简单地说,即若 $f(x)$ 在点 x_0 处有定义,当 $x\to x_0$ 时,$f(x)$ 有极限,且 $\lim\limits_{x\to x_0}f(x)=f(x_0)$,则 $f(x)$ 在点 x_0 连续.

下面给出左连续及右连续的概念.

如果$\lim\limits_{x\to x_0^-}f(x)=f(x_0^-)$存在且等于$f(x_0)$,即$f(x_0^-)=f(x_0)$,那么称函数$f(x)$在点$x_0$ **左连续**.如果$\lim\limits_{x\to x_0^+}f(x)=f(x_0^+)$存在且等于$f(x_0)$,即$f(x_0^+)=f(x_0)$,那么称函数$f(x)$在点$x_0$ **右连续**.

左右连续与连续的关系:

函数$y=f(x)$在点x_0连续$\Leftrightarrow$函数$y=f(x)$在点x_0左连续且右连续.

函数在区间上的连续性 在区间上每一点都连续的函数称为在该区间上的连续函数,或者说函数在该区间上连续.如果区间包括端点,那么函数在右端点连续是指左连续,在左端点连续是指右连续.

连续函数的图形是一条连续而不间断的曲线.

例如,多项式函数$P(x)$对任何的$x_0\in\mathbf{R}$都有

$$\lim_{x\to x_0}P(x)=P(x_0),$$

因此,多项式函数$P(x)$在任何点都连续.

对于有理分式函数$R(x)=\dfrac{P(x)}{Q(x)}$,如果$Q(x_0)\neq 0$,就有

$$\lim_{x\to x_0}R(x)=\lim_{x\to x_0}\frac{P(x)}{Q(x)}=\frac{P(x_0)}{Q(x_0)}=R(x_0),$$

因此,有理分式函数$R(x)=\dfrac{P(x)}{Q(x)}$在定义域内的每一点都连续.

例 1.7.1 证明:函数$y=\sin x$在区间$(-\infty,+\infty)$内是连续的.

证 设x为区间$(-\infty,+\infty)$内任意一点,则有

$$\Delta y=\sin(x+\Delta x)-\sin x=2\sin\frac{\Delta x}{2}\cos\left(x+\frac{\Delta x}{2}\right).$$

因为当$\Delta x\to 0$时,Δy是无穷小与有界函数的乘积,所以$\lim\limits_{\Delta x\to 0}\Delta y=0$.这就证明了函数$y=\sin x$在区间$(-\infty,+\infty)$内任意一点$x$都是连续的.

例 1.7.2 证明:$f(x)=|x|$在点$x=0$连续.

证 $\lim\limits_{x\to 0^-}|x|=\lim\limits_{x\to 0^-}(-x)=0$,$\lim\limits_{x\to 0^+}|x|=\lim\limits_{x\to 0^+}x=0$,又$f(0)=0$,所以由左右连续与连续的关系得,$f(x)=|x|$在点$x=0$连续.

例 1.7.3 讨论函数$y=\begin{cases}x+3, & x\geqslant 0,\\ x-3, & x<0\end{cases}$在点$x=0$的连续性.

解 $\lim\limits_{x\to 0^-}y=\lim\limits_{x\to 0^-}(x-3)=0-3=-3$,$\lim\limits_{x\to 0^+}y=\lim\limits_{x\to 0^+}(x+3)=0+3=3$,因为$-3\neq 3$,所以该函数在点$x=0$不连续.又因为$f(0)=3$,所以该函数在点$x=0$右连续.

2. 函数的间断点

设函数$f(x)$在点x_0的某去心邻域内有定义.在此前提下,如果函数$f(x)$有下

列三种情形之一：

(1) 在 x_0 没有定义；

(2) 虽然在 x_0 有定义，但 $\lim\limits_{x\to x_0}f(x)$ 不存在；

(3) 虽然在 x_0 有定义且 $\lim\limits_{x\to x_0}f(x)$ 存在，但 $\lim\limits_{x\to x_0}f(x)\neq f(x_0)$，

那么函数 $f(x)$ 在点 x_0 不连续，而点 x_0 称为函数 $f(x)$ 的**不连续点**或**间断点**.

函数 $f(x)$ 在点 x_0 不连续，即 $\lim\limits_{x\to x_0}f(x)=f(x_0)$ 不成立.

例 1.7.4　正切函数 $y=\tan x$ 在 $x=\dfrac{\pi}{2}$ 处没有定义，所以点 $x=\dfrac{\pi}{2}$ 是函数 $\tan x$ 的间断点.

因为 $\lim\limits_{x\to\frac{\pi}{2}}\tan x=\infty$，故称 $x=\dfrac{\pi}{2}$ 为函数 $\tan x$ 的无穷间断点(见图 1.32).

例 1.7.5　函数 $y=\sin\dfrac{1}{x}$ 在点 $x=0$ 没有定义，所以点 $x=0$ 是函数 $\sin\dfrac{1}{x}$ 的间断点.

当 $x\to 0$ 时，函数值在 -1 与 1 之间变动无限多次，所以点 $x=0$ 为函数 $\sin\dfrac{1}{x}$ 的振荡间断点(见图 1.33).

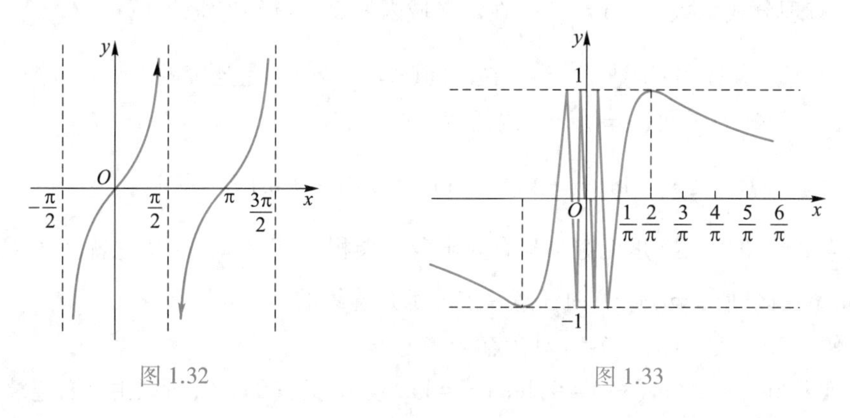

图 1.32　　　　图 1.33

例 1.7.6　函数 $y=\dfrac{x^2-1}{x-1}$ 在点 $x=1$ 没有定义，所以点 $x=1$ 是函数的间断点.

因为 $\lim\limits_{x\to 1}\dfrac{x^2-1}{x-1}=\lim\limits_{x\to 1}(x+1)=2$，如果补充定义：令 $x=1$ 时 $y=2$，则所给函数在点 $x=1$ 连续，所以 $x=1$ 为该函数的可去间断点(见图 1.34).

例 1.7.7 设函数

$$y=f(x)=\begin{cases}x, & x\neq 1,\\ \dfrac{1}{2}, & x=1.\end{cases}$$

因为$\lim\limits_{x\to 1}f(x)=\lim\limits_{x\to 1}x=1$, $f(1)=\dfrac{1}{2}$, $\lim\limits_{x\to 1}f(x)\neq f(1)$,所以 $x=1$ 是函数$f(x)$的间断点.

如果改变函数 $f(x)$ 在 $x=1$ 处的定义:令 $f(1)=1$,则函数 $f(x)$ 在 $x=1$ 连续,所以 $x=1$ 为该函数的可去间断点(见图 1.35).

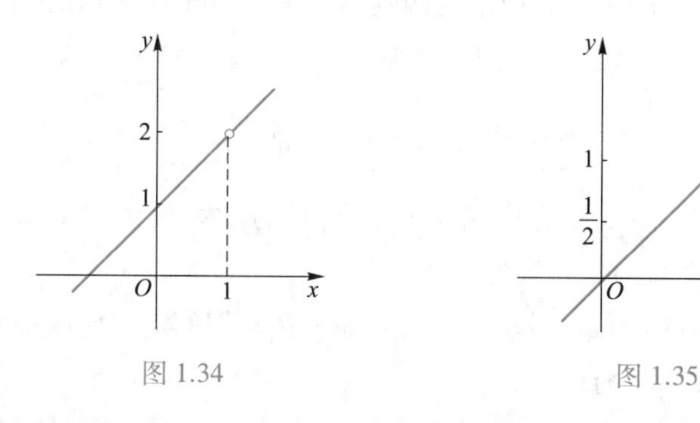

图 1.34　　图 1.35

例 1.7.8 设函数

$$f(x)=\begin{cases}x-1, & x<0,\\ 0, & x=0,\\ x+1, & x>0.\end{cases}$$

因为

$$\lim_{x\to 0^-}f(x)=\lim_{x\to 0^-}(x-1)=-1,$$

$$\lim_{x\to 0^+}f(x)=\lim_{x\to 0^+}(x+1)=1,$$

$$\lim_{x\to 0^-}f(x)\neq\lim_{x\to 0^+}f(x),$$

所以极限$\lim\limits_{x\to 0}f(x)$不存在,$x=0$ 是函数$f(x)$的间断点.函数$f(x)$的图形在 $x=0$ 处产生跳跃现象,称 $x=0$ 为函数 $f(x)$ 的跳跃间断点(见图 1.36).

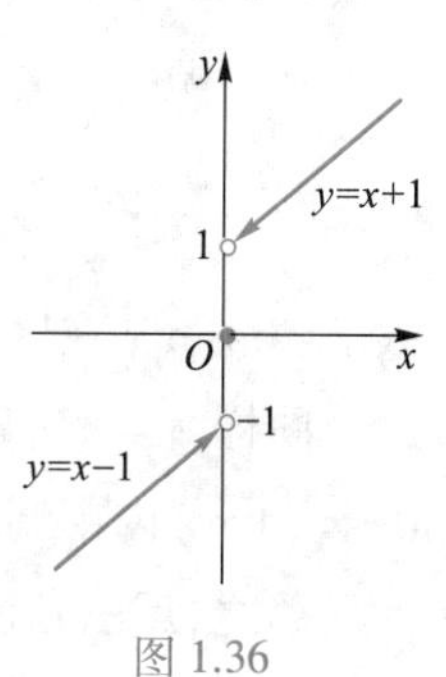

图 1.36

一般地,函数的间断点分为两类:

第一类间断点 如果 x_0 是函数 $f(x)$ 的间断点,但左极限 $f(x_0^-)$ 及右极限 $f(x_0^+)$ 都存在,那么 x_0 称为函数 $f(x)$ 的第一类间断点.在第一类间断点中:

若 $f(x_0^-)=f(x_0^+)$,即左、右极限相等,则称点 x_0 为 $f(x)$ 的**可去间断点**.此时 $\lim\limits_{x\to x_0}f(x)$ 必存在(例 1.7.6 和例 1.7.7).

若$f(x_0^-)\neq f(x_0^+)$,即左、右极限不相等,则称点x_0为$f(x)$的**跳跃间断点**(例1.7.8).

第二类间断点　不是第一类间断点的任何间断点称为第二类间断点.此时左极限与右极限至少有一个不存在.

常见的第二类间断点有**无穷间断点**(例1.7.4)和**振荡间断点**(例1.7.5).

1.7.2　连续函数的运算

1. 连续函数的和、差、积、商的连续性

由函数在某点连续的定义和极限的四则运算法则,立即可得出下面的定理.

定理1.7.1(连续函数的四则运算法则)　若$f(x),g(x)$均在点x_0连续,则$f(x)\pm g(x)$,$f(x)\cdot g(x)$及$\dfrac{f(x)}{g(x)}$(假定$g(x_0)\neq 0$)都在点x_0连续.

例1.7.9　$\sin x$和$\cos x$都在区间$(-\infty,+\infty)$内连续,故由定理1.7.1知$\tan x$和$\cot x$在它们的定义域内是连续的.

三角函数$\sin x,\cos x,\tan x,\cot x,\sec x,\csc x$在它们的定义域内都是连续的.

2. 反函数与复合函数的连续性

反函数和复合函数的概念已在前面讲过,这里进一步讨论它们的连续性.

定理1.7.2　如果函数$f(x)$在区间I_x上单调增加(或单调减少)且连续,那么它的反函数$x=f^{-1}(y)$也在对应的区间$I_y=\{y\mid y=f(x),x\in I_x\}$上单调增加(或单调减少)且连续.

证明略.

例1.7.10　因为$y=\sin x$在区间$\left[-\dfrac{\pi}{2},\dfrac{\pi}{2}\right]$上单调增加且连续,所以它的反函数$y=\arcsin x$在区间$[-1,1]$上也是单调增加且连续的.

同样,$y=\arccos x$在区间$[-1,1]$上单调减少且连续,$y=\arctan x$在区间$(-\infty,+\infty)$内单调增加且连续,$y=\operatorname{arccot} x$在区间$(-\infty,+\infty)$内单调减少且连续.

总之,反三角函数$\arcsin x,\arccos x,\arctan x,\operatorname{arccot} x$在它们的定义域内都是连续的.

定理1.7.3　设函数$y=f[g(x)]$由函数$u=g(x)$与函数$y=f(u)$复合而成,$\mathring{U}(x_0)\subset D_{f\circ g}$.若$\lim\limits_{x\to x_0}g(x)=u_0$,而函数$y=f(u)$在点$u_0$连续,则

$$\lim_{x\to x_0}f[g(x)]=\lim_{u\to u_0}f(u)=f(u_0).\tag{1.7.1}$$

证　要证$\forall\varepsilon>0,\exists\delta>0$,当$0<|x-x_0|<\delta$时,有$|f[g(x)]-f(u_0)|<\varepsilon$.

因为$f(u)$在点u_0连续,所以$\forall\varepsilon>0,\exists\eta>0$,当$|u-u_0|<\eta$时,有$|f(u)-f(u_0)|<\varepsilon$.

又 $g(x)\to u_0(x\to x_0)$，所以对上述 $\eta>0$，$\exists\delta>0$，当 $0<|x-x_0|<\delta$ 时，有 $|g(x)-u_0|<\eta$.从而 $|f[g(x)]-f(u_0)|<\varepsilon$.

注 1 (1.7.1)式表明，在定理 1.7.3 的条件下，如果作代换 $u=g(x)$，那么求 $\lim\limits_{x\to x_0}f[g(x)]$ 就转化为求 $\lim\limits_{u\to u_0}f(u)$，这里 $u_0=\lim\limits_{x\to x_0}g(x)$.

注 2 (1.7.1)式可写成 $\lim\limits_{x\to x_0}f[g(x)]=f[\lim\limits_{x\to x_0}g(x)]$.这表明，在定理 1.7.3 的条件下，求复合函数 $f[g(x)]$ 的极限时，函数符号 f 与极限号 $\lim\limits_{x\to x_0}$ 可以交换次序.

把定理 1.7.3 中的 $x\to x_0$ 换成 $x\to\infty$，可得类似的定理.

例 1.7.11 求 $\lim\limits_{x\to 3}\sqrt{\dfrac{x-3}{x^2-9}}$.

解 $y=\sqrt{\dfrac{x-3}{x^2-9}}$ 可看作由 $u=\dfrac{x-3}{x^2-9}$ 与 $y=\sqrt{u}$ 复合而成.由于 $\lim\limits_{x\to 3}\dfrac{x-3}{x^2-9}=\dfrac{1}{6}$，而 $y=\sqrt{u}$ 在点 $u=\dfrac{1}{6}$ 连续，由定理 1.7.3，得

$$\lim_{x\to 3}\sqrt{\frac{x-3}{x^2-9}}=\sqrt{\lim_{x\to 3}\frac{x-3}{x^2-9}}=\sqrt{\frac{1}{6}}=\frac{\sqrt{6}}{6}.$$

定理 1.7.4 设函数 $y=f[g(x)]$ 由函数 $u=g(x)$ 与函数 $y=f(u)$ 复合而成，$\mathring{U}(x_0)\subset D_{f\circ g}$.若函数 $u=g(x)$ 在点 x_0 连续，函数 $y=f(u)$ 在点 $u_0=g(x_0)$ 连续，则复合函数 $y=f[g(x)]$ 在点 x_0 也连续.

证 因为 $g(x)$ 在点 x_0 连续，所以 $\lim\limits_{x\to x_0}g(x)=g(x_0)=u_0$.又 $y=f(u)$ 在点 $u=u_0$ 连续，所以

$$\lim_{x\to x_0}f[g(x)]=f(u_0)=f[g(x_0)].$$

这就证明了复合函数 $f[g(x)]$ 在点 x_0 连续.

例 1.7.12 讨论函数 $y=\cos\dfrac{1}{x}$ 的连续性.

解 函数 $y=\cos\dfrac{1}{x}$ 是由 $u=\dfrac{1}{x}$ 及 $y=\cos u$ 复合而成的.$\cos u$ 当 $-\infty<u<+\infty$ 时是连续的，$\dfrac{1}{x}$ 当 $-\infty<x<0$ 和 $0<x<+\infty$ 时是连续的.根据定理 1.7.4，函数 $\cos\dfrac{1}{x}$ 在无限区间 $(-\infty,0)$ 和 $(0,+\infty)$ 内是连续的.

1.7.3 初等函数的连续性

在基本初等函数中，我们已经证明了三角函数及反三角函数在它们的定义域

内是连续的.

我们指出,指数函数 $a^x(a>0,a\neq 1)$ 对于一切实数 x 都有定义,且在区间 $(-\infty,+\infty)$ 内是单调的和连续的,它的值域为 $(0,+\infty)$.

由定理1.7.2,对数函数 $\log_a x(a>0,a\neq 1)$ 作为指数函数 a^x 的反函数在区间 $(0,+\infty)$ 内单调且连续.

幂函数 $y=x^\mu$ 的定义域随 μ 的值而异,但无论 μ 为何值,在区间 $(0,+\infty)$ 内幂函数总是有定义的.可以证明,在区间 $(0,+\infty)$ 内幂函数是连续的.事实上,设 $x>0$,则 $y=x^\mu=a^{\mu\log_a x}$.因此,幂函数 x^μ 可看作是由 $u=\mu\log_a x, y=a^u$ 复合而成的,由此,根据定理1.7.4,它在 $(0,+\infty)$ 内是连续的.如果对于 μ 取各种不同值分别讨论,可以证明幂函数在它的定义域内是连续的.

综上可得:基本初等函数在它们的定义域内都是连续的.

最后,根据初等函数的定义,由基本初等函数的连续性以及本节有关定理可得下列重要结论:一切初等函数在其定义区间内都是连续的.所谓定义区间就是包含在定义域内的区间.

初等函数的连续性在求函数极限中的应用　若 $f(x)$ 是初等函数,且点 x_0 是 $f(x)$ 的定义区间内的点,则 $\lim\limits_{x\to x_0} f(x)=f(x_0)$.

例 1.7.13　求 $\lim\limits_{x\to 0}\sqrt{4-x^2}$.

解　初等函数 $f(x)=\sqrt{4-x^2}$ 的定义区间为 $[-2,2]$,且点 $x_0=0$ 是该区间上的点,所以

$$\lim_{x\to 0}\sqrt{4-x^2}=\sqrt{4}=2.$$

例 1.7.14　求 $\lim\limits_{x\to\frac{\pi}{2}}\ln\sin x$.

解　初等函数 $f(x)=\ln\sin x$ 的一个定义区间是 $(0,\pi)$,且点 $x_0=\dfrac{\pi}{2}$ 是该区间内的点,所以

$$\lim_{x\to\frac{\pi}{2}}\ln\sin x=\ln\sin\frac{\pi}{2}=0.$$

例 1.7.15　求 $\lim\limits_{x\to 0}\dfrac{\sqrt{1+x^2}-1}{x}$.

解　$$\lim_{x\to 0}\frac{\sqrt{1+x^2}-1}{x}=\lim_{x\to 0}\frac{(\sqrt{1+x^2}-1)(\sqrt{1+x^2}+1)}{x(\sqrt{1+x^2}+1)}=\lim_{x\to 0}\frac{x}{\sqrt{1+x^2}+1}=\frac{0}{2}=0.$$

例 1.7.16　求 $\lim\limits_{x\to 0}\dfrac{\log_a(1+x)}{x}$.

解　$\lim\limits_{x\to0}\dfrac{\log_a(1+x)}{x}=\lim\limits_{x\to0}\log_a(1+x)^{\frac{1}{x}}=\log_a \mathrm{e}=\dfrac{1}{\ln a}$.

例 1.7.17　求$\lim\limits_{x\to0}\dfrac{a^x-1}{x}$.

解　令 $a^x-1=t$，则 $x=\log_a(1+t)$，当 $x\to0$ 时，$t\to0$，于是

$$\lim_{x\to0}\frac{a^x-1}{x}=\lim_{t\to0}\frac{t}{\log_a(1+t)}=\ln a.$$

例 1.7.18　求$\lim\limits_{x\to0}(1+x)^{\frac{2}{\sin x}}$.

解　$(1+x)^{\frac{2}{\sin x}}=\mathrm{e}^{\ln\left[(1+x)^{\frac{2}{\sin x}}\right]}=\mathrm{e}^{\frac{2}{\sin x}\ln(1+x)}$,

$$\lim_{x\to0}(1+x)^{\frac{2}{\sin x}}=\lim_{x\to0}\mathrm{e}^{\frac{2}{\sin x}\ln(1+x)}=\mathrm{e}^{\lim\limits_{x\to0}\frac{2}{\sin x}\ln(1+x)}=\mathrm{e}^{\lim\limits_{x\to0}\frac{2}{x}\cdot x}=\mathrm{e}^2.$$

注　函数$f(x)=u(x)^{v(x)}(u(x)>0$ 且 $u(x)\neq1)$通常称为**幂指函数**.幂指函数即不是幂函数，也不是指数函数.由于

$$u(x)^{v(x)}=\mathrm{e}^{\ln u(x)^{v(x)}}=\mathrm{e}^{v(x)\ln u(x)},$$

故幂指函数可化为复合函数.在计算幂指函数的极限时，如果

$$\lim u(x)=a>0,\quad \lim v(x)=b,$$

那么

$$\lim u(x)^{v(x)}=[\lim u(x)]^{\lim v(x)}=a^b.$$

这里三个 lim 都表示在同一自变量变化过程中的极限.

1.7.4　闭区间上连续函数的性质

若函数$f(x)$在开区间(a,b)内连续，在右端点 $x=b$ 左连续，在左端点$x=a$右连续，则称**函数 $f(x)$ 在闭区间$[a,b]$上连续**，或者称$f(x)$为闭区间$[a,b]$上的连续函数.在闭区间上连续的函数有几个重要的性质，今以定理的形式叙述它们.由于它们的证明涉及严密的实数理论，故略去其严格证明，但我们可以借助几何直观理解.

1. 有界性与最大值最小值定理

先说明最大值和最小值的概念.对于在区间 I 上有定义的函数$f(x)$，如果有$x_0\in I$，使得对于任一 $x\in I$ 都有

$$f(x)\leqslant f(x_0)\quad (f(x)\geqslant f(x_0)),$$

则称$f(x_0)$是函数$f(x)$在区间 I 上的**最大值(最小值)**.

例如，函数$f(x)=1+\sin x$ 在区间$[0,2\pi]$上有最大值 2 和最小值 0.又如，函数$f(x)=\operatorname{sgn} x$在区间$(-\infty,+\infty)$内有最大值 1 和最小值$-1$.在开区间$(0,+\infty)$内，$\operatorname{sgn} x$的最大值和最小值都是 1.但函数$f(x)=x$ 在开区间(a,b)内既无最大值又无

最小值.

定理 1.7.5（最大值和最小值定理）　在闭区间上连续的函数在该区间上一定能取得它的最大值和最小值.

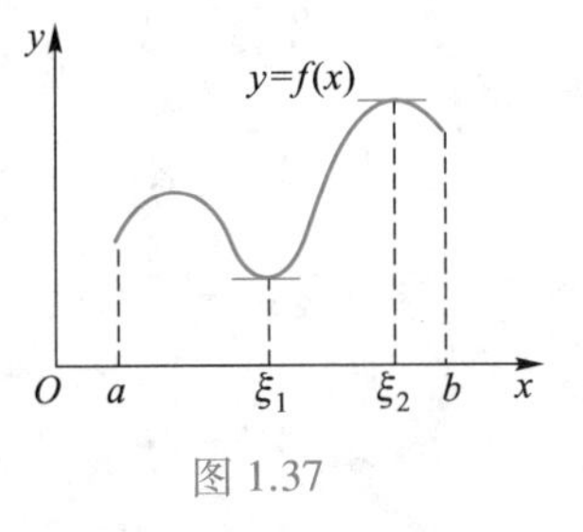

图 1.37

定理 1.7.5 说明，如果函数 $f(x)$ 在闭区间 $[a,b]$ 上连续，那么至少有一点 $\xi_1\in[a,b]$，使得 $f(\xi_1)$ 是 $f(x)$ 在 $[a,b]$ 上的最小值，又至少有一点 $\xi_2\in[a,b]$，使得 $f(\xi_2)$ 是 $f(x)$ 在 $[a,b]$ 上的最大值（见图 1.37）.

注　如果函数在开区间内连续，或函数在闭区间上有间断点，那么函数在该区间上就不一定有最大值或最小值.

例如，函数 $y=\tan x$ 在开区间 $\left(-\dfrac{\pi}{2},\dfrac{\pi}{2}\right)$ 内无最大值和最小值. 又如，函数

$$y=f(x)=\begin{cases}-x+1, & 0\leqslant x<1,\\ 1, & x=1,\\ -x+3, & 1<x\leqslant 2\end{cases}$$

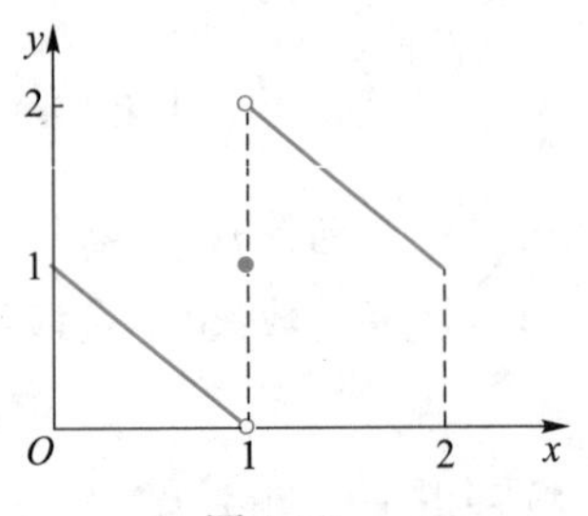

图 1.38

在闭区间 $[0,2]$ 上有间断点 $x=1$. 该函数在闭区间 $[0,2]$ 上既无最大值又无最小值（见图 1.38）.

由定理 1.7.5 易得到下面的结论：

定理 1.7.6（有界性定理）　在闭区间上连续的函数一定在该区间上有界.

2. 零点定理与介值定理

若 x_0 使 $f(x_0)=0$，则称 x_0 为函数 $f(x)$ 的零点.

定理 1.7.7（零点定理）　设函数 $f(x)$ 在闭区间 $[a,b]$ 上连续，且 $f(a)$ 与 $f(b)$ 异号，那么在开区间 (a,b) 内至少有一点 ξ，使得 $f(\xi)=0$.

从几何上看，定理 1.7.7 表示：如果连续曲线弧 $y=f(x)$ 的两个端点位于 x 轴的不同侧，那么这段曲线弧与 x 轴至少有一个交点（见图 1.39）.

定理 1.7.8（介值定理）　设函数 $f(x)$ 在闭区间 $[a,b]$ 上连续，且在这区间的端点取不同的函数值

$$f(a)=A\quad 及\quad f(b)=B,$$

那么，对于 A 与 B 之间的任意一个数 C，在开区间 (a,b) 内至少有一点 ξ，使得

$$f(\xi)=C.$$

定理 1.7.8 的几何意义：连续曲线弧 $y=f(x)$ 与水平直线 $y=C$ 至少交于一点（见图 1.40）.

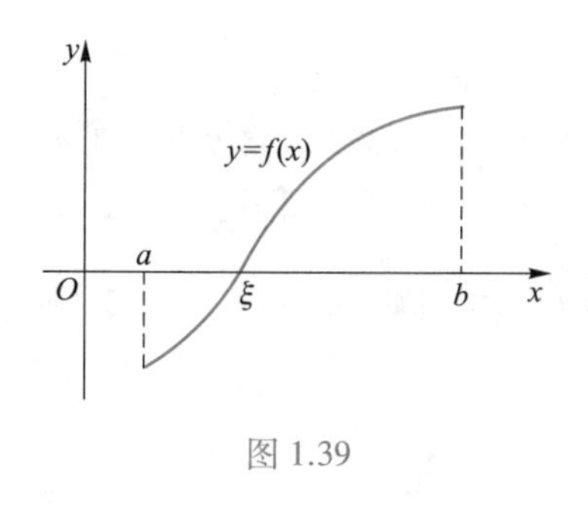

图 1.39

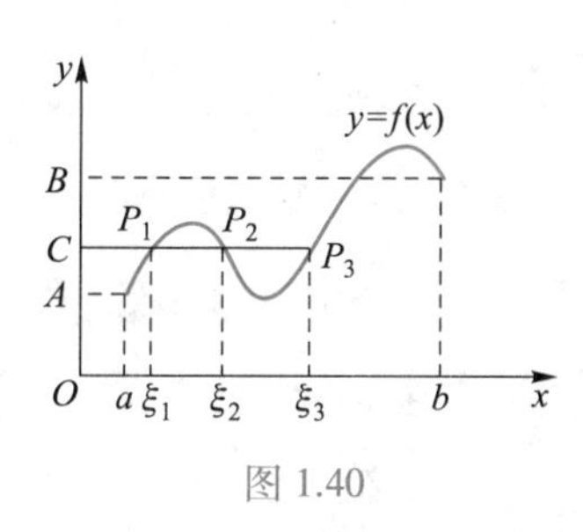

图 1.40

推论 在闭区间上连续的函数必取得介于最大值 M 与最小值 m 之间的任何值.

例 1.7.19 证明方程 $x^5-4x^4+1=0$ 在区间 $(0,1)$ 内至少有一个根.

证 函数 $f(x)=x^5-4x^4+1$ 在闭区间 $[0,1]$ 上连续,又

$$f(0)=1>0,\quad f(1)=-2<0.$$

根据零点定理,在 $(0,1)$ 内至少有一点 ξ,使得 $f(\xi)=0$,即

$$\xi^5-4\xi^4+1=0\quad(0<\xi<1).$$

这等式说明方程 $x^5-4x^4+1=0$ 在区间 $(0,1)$ 内至少有一个根是 ξ.

例 1.7.20 证明方程 $x=a\sin x+b\,(a>0,b>0)$ 至少存在一个正根,并且它不超过 $a+b$.

证 令 $f(x)=x-a\sin x-b$.显然,$f(0)=-b<0$,又

$$f(a+b)=a+b-a\sin(a+b)-b=a[1-\sin(a+b)]\geqslant 0.$$

(1) 若 $f(a+b)=0$,即 $a+b$ 是 $f(x)$ 的零点,亦即它是方程 $x=a\sin x+b$ 的根,此时得证.

(2) 若 $f(a+b)\neq 0$,必有 $f(a+b)>0$.因为 $f(x)$ 在 $[0,a+b]$ 上是连续的,所以由零点定理,至少存在一点 $\xi\in(0,a+b)$,使得 $f(\xi)=0$,即 ξ 为 $x=a\sin x+b$ 的根,此时也得证.

*3. 一致连续性

我们已知道,如果函数在区间 I 上连续,即对每一个 $x_0\in I$,对任意给定的 $\varepsilon>0$,都存在 $\delta>0$(δ 不仅与 ε 有关,还与 x_0 有关),当 $|x-x_0|<\delta$ 时,恒有 $|f(x)-f(x_0)|<\varepsilon$.当 ε 给定以后,对不同的 x_0,一般来说,δ 是不同的,而在实际问题的研究中,有时需要对 $\delta(x_0,\varepsilon)$ 有较严格的限制,希望在 ε 给定以后,要找的 δ 只与 ε 有关而与 x_0 无关.这就是下面要引入的一致连续性(有时也称为均匀连续性).

定义 1.7.2 设函数 $f(x)$ 在区间 I 上有定义,若对任意给定的 $\varepsilon>0$,存在 $\delta>0$,使得对于区间 I 上的任意两点 x_1,x_2,当 $|x_1-x_2|<\delta$ 时,有

$$|f(x_1)-f(x_2)|<\varepsilon,$$

则称函数$f(x)$在区间I上是一致连续的.

注　一致连续性表明:对于区间I上的任何部分,只要自变量的两个数值接近到一定的程度,就可使对应的两个函数值达到所指定的接近程度.

定理 1.7.9(一致连续性定理)　若函数$f(x)$在闭区间$[a,b]$上连续,则它在该区间上一致连续.

这里不予证明.

习题 1.7

1. 研究下列函数的连续性,并画出图像:

(1) $f(x)=\begin{cases}x^2, & 0\leqslant x\leqslant 1,\\ 2-x, & 1<x\leqslant 2;\end{cases}$　　(2) $f(x)=\begin{cases}x, & -1\leqslant x\leqslant 1,\\ 1, & x<-1 \text{ 或 } x>1.\end{cases}$

2. 判断下列函数在指定点处的间断点的类型,若是可去间断点,则补充或改变函数的定义使其连续:

(1) $y=\dfrac{x^2-1}{x^2-3x+2},x=1,x=2$;

(2) $y=\dfrac{x}{\tan x},x=k\pi,x=k\pi+\dfrac{\pi}{2}(k=0,\pm1,\pm2,\cdots)$;

(3) $y=\begin{cases}x-1, & x\leqslant 1,\\ 3-x, & x>1,\end{cases}\quad x=1.$

3. 讨论函数$f(x)=\lim\limits_{n\to\infty}\dfrac{1-x^{2n}}{1+x^{2n}}x$的连续性,若有间断点,判断其类型.

4. 求函数$f(x)=\dfrac{x^3+3x^2-x-3}{x^2+x-6}$的连续区间.

5. 求函数$f(x)=\begin{cases}2x-1, & 0\leqslant x\leqslant 1,\\ 3x, & 1<x\leqslant 3\end{cases}$的连续区间.

6. 设函数$f(x)=\begin{cases}e^x, & x<0,\\ a+x, & x\geqslant 0.\end{cases}$应当怎样选择数$a$,使得$f(x)$成为$(-\infty,+\infty)$内的连续函数.

7. 求下列极限:

(1) $\lim\limits_{x\to a}\dfrac{\cos^2x-\cos^2a}{x-a}$;　　(2) $\lim\limits_{x\to 0}\dfrac{\ln(1+2x)}{\sin 5x}$;

(3) $\lim\limits_{x\to 0^+}\dfrac{1-\sqrt{\cos x}}{x(1-\cos\sqrt{x})}$;　　(4) $\lim\limits_{x\to 0}\dfrac{\sqrt{1+\tan x}-\sqrt{1+\sin x}}{e^{x^3}-1}$;

(5) $\lim\limits_{x\to0^+}\dfrac{3^{\frac{1}{x}}-1}{3^{\frac{1}{x}}+1}$;　　(6) $\lim\limits_{x\to+\infty}\mathrm{e}^{\arctan x}$;

(7) $\lim\limits_{x\to1}\dfrac{\ln x}{\sqrt[3]{3x-2}-1}$;　　(8) $\lim\limits_{x\to+\infty}(\sqrt{x^2+x+1}-\sqrt{x^2+1})$;

(9) $\lim\limits_{x\to\infty}\left(\dfrac{x-1}{x+1}\right)^x$;　　(10) $\lim\limits_{x\to0}(\cos x)^{\frac{1}{x^2}}$.

8. 设函数

$$f(x)=\begin{cases}\dfrac{\sin ax}{\sqrt{1-\cos x}}, & -\dfrac{\pi}{2}<x<0,\\ b, & x=0,\\ -\dfrac{1}{x}[\ln(x^2+x)-\ln x], & x>0.\end{cases}$$

问 a,b 为何值时，$f(x)$在点 $x=0$ 连续？

9. 证明方程 $x^5-3x=1$ 至少有一个根介于 1 和 2 之间.

10. 若函数$f(x)$在闭区间$[a,b]$上连续，$f(a)<a$，$f(b)>b$.证明：至少有一点$\xi\in(a,b)$，使得$f(\xi)=\xi$.

11. 设函数$f(x)$在闭区间$[a,b]$上连续，$c,d\in(a,b)$，$t_1>0,t_2>0$，证明：在$[a,b]$上必有点ξ，使得$t_1f(c)+t_2f(d)=(t_1+t_2)f(\xi)$.

12. 若$f(x)$在$[a,b]$上连续，$a<x_1<x_2<\cdots<x_n<b$.证明：在$[a,b]$上至少存在一点ξ，使得

$$f(\xi)=\frac{f(x_1)+f(x_2)+\cdots+f(x_n)}{n}.$$

本 章 小 结

本章依次介绍了函数、极限以及连续三个方面的内容.函数是微积分的主要研究对象，极限是重要的基础.

第1章知识和方法总结

1. 函数

函数是微积分中最基本的概念.应理解并熟练掌握函数的相关概念、记号以及表示法.分段函数是经常涉及的比较重要的一类函数.要结合范例、几何直观等理解函数的基本性质：有界性、单调性、奇偶性以及周期性.反函数的概念与记号是要理解掌握的难点，如$f^{-1}[f(x)]=x,x\in D_f$，$f[f^{-1}(y)]=y,y\in R_f$ 等.复合函数的常见

技巧包括复合函数的运算以及复合函数的顺次分解(利用中间变量).此外,也应熟悉区间、邻域等集合相关的概念与记号.

熟练掌握基本初等函数(幂函数、指数函数、对数函数、三角函数、反三角函数)的概念、性质和图像,了解初等函数的概念.

2. 极限的概念与性质

极限是描述数列和函数在无限变化过程中变化趋势的重要概念.极限方法是人们从有限认识无限,从近似认识精确,从量变认识质变的一种数学方法,它是微积分的基本思想方法.

(1) 定义

数列和函数的极限一共有 7 种:$\lim\limits_{n\to\infty} x_n$,$\lim\limits_{x\to x_0} f(x)$,$\lim\limits_{x\to\infty} f(x)$,$\lim\limits_{x\to x_0^+} f(x)$,$\lim\limits_{x\to x_0^-} f(x)$,$\lim\limits_{x\to+\infty} f(x)$,$\lim\limits_{x\to-\infty} f(x)$.理解极限的描述性定义,了解极限的精确定义.

7 种极限的定义可统一为变量的极限:

在变量 Y 的变化过程中,如果 Y 无限接近于某一个确定的常数 A,即对于任意给定的正数 ε(不论它多么小),总存在一个时刻,在该时刻之后,$|Y-A|<\varepsilon$,则称常数 A 是变量 Y 的极限,记作 $\lim Y=A$.

对于数列极限 $\lim\limits_{n\to\infty} x_n=a$,变化过程中的"一个时刻",是指 n 增大到"正整数 N",而"该时刻之后"是指"$n>N$".对于函数极限 $\lim\limits_{x\to x_0} f(x)=A$,变化过程中的"一个时刻"是指 x 靠近(但不等于)x_0 到(距离为)"正数 δ",而"该时刻之后"是指"$0<|x-x_0|<\delta$".

(2) 性质

理解极限的唯一性、(局部)有界性、(局部)保号性以及各极限之间的联系(例如数列极限与函数极限的关系,函数极限存在与左、右极限之间的关系等).

(3) 无穷小与无穷大

理解无穷小与无穷大的概念与性质,掌握极限与无穷小的关系,无穷小与无穷大的关系以及无穷小的比较方法.

常见的等价无穷小关系如下(需记忆):

① $(1+x)^{\frac{1}{n}}-1\sim\frac{1}{n}x(x\to0)$; ② $\sin x\sim x(x\to0)$;

③ $\tan x\sim x(x\to0)$; ④ $\ln(1+x)\sim x(x\to0)$;

⑤ $e^x-1\sim x(x\to0)$; ⑥ $\arcsin x\sim x(x\to0)$;

⑦ $\arctan x\sim x(x\to0)$; ⑧ $1-\cos x\sim\frac{1}{2}x^2(x\to0)$.

3. 极限的计算与技巧

极限的计算是极限部分的重要内容.

运用极限的四则运算法则时需注意法则成立的条件.复合函数的极限运算法则需变量代换的技巧.准则Ⅰ与准则Ⅱ在求解极限问题时具有一定的技巧性,例如使用准则Ⅰ时,通常需要放缩技巧;准则Ⅱ一般与数列的极限有关,应用时需证明数列的单调性和有界性,注意由准则Ⅱ只能得出极限的存在性,极限值需通过其他方法来求.利用等价无穷小代换可以简化某些极限的计算,但应注意正确使用.

当计算有理分式的极限时要灵活运用常见的技巧,如约去非零因子、变量代换、有理化等.第一类重要极限$\lim\limits_{x\to 0}\dfrac{\sin x}{x}=1$相关的极限问题可借助等价无穷小$\sin x\sim x(x\to 0)$.第二类重要极限$\lim\limits_{x\to\infty}\left(1+\dfrac{1}{x}\right)^x=\mathrm{e}$相关的极限问题应注意典型技巧的使用.

注意某些与极限相关的问题,如无穷小阶的比较问题也可以转化为无穷小的商的极限问题.

4. 连续

理解函数连续的概念(两个等价定义).

连续和极限是两个不同的概念.极限所讨论的是函数在该点附近的变化趋势,与函数在该点是否有定义无关.而连续要求在该点的极限存在且极限与该点的函数值相等.

连续(在一点)的相关问题一般可利用定义直接转化为极限问题:函数$f(x)$在点x_0连续,即$\lim\limits_{x\to x_0}f(x)=f(x_0)$.

掌握函数的间断点(不连续的点)的求法以及间断点的类型的判别方法.间断点分类如下:

间断点
- 第一类间断点——$f(x_0^-)$,$f(x_0^+)$都存在
  - 可去间断点　$f(x_0^-)=f(x_0^+)$
  - 跳跃间断点　$f(x_0^-)\neq f(x_0^+)$
- 第二类间断点——$f(x_0^-)$,$f(x_0^+)$中至少有一个不存在
  - 无穷间断点、振荡间断点等是常见的第二类间断点

了解连续函数的运算(连续函数的四则运算法则和复合运算法则)和初等函数的连续性(一切基本初等函数在其定义域内都是连续的.一切初等函数在其定义区

间内都是连续的).

理解在闭区间上的连续函数的性质:最值定理与有界性定理、零点定理、介值定理.零点定理常用于证明方程的根的存在性,构造辅助函数(见介值定理的证明)是常见的技巧.

总习题1

A组

1. 选择题:

(1) 设 $f(x)$ 是定义在 $(-\infty,+\infty)$ 内的函数,则(　　)不一定是偶函数.

(A) $f(x)+f(-x)$　　(B) $x[f(x)-f(-x)]$

(C) $f(x^2)$　　(D) $f^2(x)$

(2) 设 $\{a_n\}$, $\{b_n\}$, $\{c_n\}$ 均为非负数列,且 $\lim\limits_{n\to\infty}a_n=0$, $\lim\limits_{n\to\infty}b_n=1$, $\lim\limits_{n\to\infty}c_n=\infty$,则必有(　　).

(A) $a_n<b_n$ 对任意 n 成立　　(B) $b_n<c_n$ 对任意 n 成立

(C) 极限 $\lim\limits_{n\to\infty}a_nc_n$ 不存在　　(D) 极限 $\lim\limits_{n\to\infty}b_nc_n$ 不存在

(3) $\alpha(x)=\dfrac{1-x}{1+x}$, $\beta(x)=1-\sqrt[3]{x}$,则当 $x\to1$ 时,有(　　).

(A) α 是比 β 高阶的无穷小　　(B) α 是比 β 低阶的无穷小

(C) α 与 β 是同阶无穷小,但不等价　　(D) $\alpha\sim\beta$

(4) 函数 $f(x)=\dfrac{\sqrt{1+x}-1}{\sqrt[3]{1+x}-1}(x\geqslant-1$ 且 $x\neq0)$,补充定义 $f(0)$ 使其在点 $x=0$ 连续,则 $f(0)=$(　　).

(A) $\dfrac{3}{2}$　　(B) $\dfrac{2}{3}$　　(C) 1　　(D) 0

(5) 函数 $f(x)=\dfrac{x-x^3}{\sin\pi x}$ 的可去间断点的个数为(　　).

(A) 1　　(B) 2　　(C) 3　　(D) 无穷多个

2. 填空题:

(1) 已知 $f\left(\sin\dfrac{x}{2}\right)=1+\cos x$,则 $f\left(\cos\dfrac{x}{2}\right)=$ ________.

(2) $\lim\limits_{x\to\infty}\dfrac{3x^2+5}{5x+3}\sin\dfrac{2}{x}=$ ________.

(3) 当 $x\to 0$ 时，$a(1-\cos x)$ 与 $1-\sqrt{1+x\arctan x}$ 是等价无穷小，则 $a=$________.

(4) 使 $\lim\limits_{x\to 0}x^k\sin\dfrac{1}{x}=0$ 成立的 k________.

(5) $f(x)=\begin{cases}x+a, & x\leqslant 0,\\ \dfrac{\ln(1+x)}{bx}, & x>0\end{cases}$ 在点 $x=0$ 连续，则 $ab=$____________.

(6) 若 $\lim\limits_{x\to 0}\left[\dfrac{1}{x}-\left(\dfrac{1}{x}-c\right)\mathrm{e}^x\right]=1$，则 $c=$____________.

3. 计算下列极限：

(1) $\lim\limits_{n\to\infty}2^n\sin\dfrac{x}{2^{n-1}}$（$x$ 为不等于0的常数）；(2) $\lim\limits_{x\to 0}\dfrac{\tan x-\sin x}{x^3}$；

(3) $\lim\limits_{x\to -2}\left(\dfrac{1}{x+2}-\dfrac{12}{x^3+8}\right)$；

(4) $\lim\limits_{x\to\infty}\left(\dfrac{2x+1}{2x-1}\right)^{3x}$；

(5) $\lim\limits_{n\to\infty}\dfrac{a^{n+1}-b^{n+1}}{a^n+b^n}(a>1,b>1)$；

(6) $\lim\limits_{x\to+\infty}x(\sqrt{x^2+100}-x)$；

(7) $\lim\limits_{x\to 1}\dfrac{1-\sin\dfrac{\pi x}{2}}{(1-x)\ln x}$；

(8) $\lim\limits_{x\to 0}\dfrac{3\sin x+x^2\cos\dfrac{1}{x}}{(1+\cos x)\ln(1+x)}$；

(9) $\lim\limits_{x\to+\infty}\left[(x+2)\mathrm{e}^{\frac{1}{x}}-x\right]$；

(10) $\lim\limits_{x\to 0}\left(\dfrac{a^x+b^x}{2}\right)^{\frac{1}{x}}(a>0,b>0)$.

4. 已知 $\lim\limits_{x\to+\infty}(\sqrt{x^2+x+1}+ax+b)=1$，求 a,b.

5. 利用极限存在准则求极限：

(1) $\lim\limits_{n\to\infty}\left(\dfrac{1+\dfrac{1}{1}}{n^2+1}+\dfrac{2+\dfrac{1}{2}}{n^2+2}+\cdots+\dfrac{n+\dfrac{1}{n}}{n^2+n}\right)$；

(2) 设数列 $\{x_n\}$ 满足：$0<x_1<1,x_{n+1}=\sqrt{-x_n^2+2x_n}\,(n=1,2,\cdots)$. 证明 $\lim\limits_{n\to\infty}x_n$ 存在，并求此极限.

6. 试分别确定(1)和(2)中 a,b,c 应满足的条件：

(1) 当 $x\to\infty$ 时，$\dfrac{1}{ax^2+bx+c}\sim\dfrac{1}{x+1}$；

(2) 当 $x\to\infty$ 时，$\dfrac{1}{ax^2+bx+c}=o\left(\dfrac{1}{x+1}\right)$.

7. 讨论函数$f(x)=\dfrac{1}{1-e^{\frac{x}{1-x}}}$的连续性,若有间断点,指出其类型.

8. 证明方程 $\sin x-x\cos x=0$ 在区间$\left(\pi,\dfrac{3}{2}\pi\right)$内有根.

9. 设某企业对某产品制订了如下的销售策略:购买 20 kg 以下(包括 20 kg)部分,售价为 10 元/kg;当购买量小于等于 200 kg 时,其中超过 20 kg 的部分,售价为 7 元/kg;购买超过 200 kg 的部分,售价为 5 元/kg,试写出购买量为 x kg 的费用函数 $C(x)$.

10. 已知函数$f(x)$的图形(以$f(x)=\sin x$为例),作出下列函数的图形.

(1) $f(x+a)+b$;　(2) $3f\left(\dfrac{x}{2}\right)$;　(3) $-f(x)$;　(4) $f(-x)$;

(5) $f(|x|)$;　(6) $|f(x)|$;　(7) $\dfrac{1}{2}[\,|f(x)|+f(x)\,]$.

B 组

1. 选择题:

(1) 若$\lim\limits_{n\to\infty}a_n=a$,且 $a\neq0$,则当 n 充分大时有(　　).

(A) $|a_n|>\dfrac{|a|}{2}$　(B) $|a_n|<\dfrac{|a|}{2}$　(C) $a_n>a-\dfrac{1}{n}$　(D) $a_n<a+\dfrac{1}{n}$

(2) 设对任意 x,有 $\varphi(x)\leqslant f(x)\leqslant g(x)$ 且 $\lim\limits_{x\to\infty}[g(x)-\varphi(x)]=0$,则 $\lim\limits_{x\to\infty}f(x)$(　　).

(A) 存在且为 0　(B) 存在但不一定为 0

(C) 一定不存在　(D) 不一定存在

(3) 设 $a_n>0(n=1,2,\cdots)$,$s_n=a_1+a_2+\cdots+a_n$,则数列$\{s_n\}$有界是数列$\{s_n\}$收敛的(　　).

(A) 充分必要条件　(B) 充分非必要条件

(C) 必要非充分条件　(D) 既非充分又非必要条件

(4) 设函数$f(x)=\begin{cases}-1, & x<0,\\ 1, & x\geqslant0,\end{cases}$　$g(x)=\begin{cases}2-ax, & x\leqslant-1,\\ x, & -1<x<0,\\ x-b, & x\geqslant0,\end{cases}$若 $f(x)+g(x)$ 在 **R** 上连续,则(　　).

(A) $a=3,b=1$　(B) $a=3,b=2$

(C) $a=-3,b=1$　(D) $a=-3,b=2$

(5) 函数$f(x)=\dfrac{|x|\sin(x-2)}{x(x-1)(x-2)^2}$在区间(　　)内有界.

(A) $(-1, 0)$　　(B) $(0, 1)$　　(C) $(1, 2)$　　(D) $(2, 3)$

2. 填空题:

(1) $\lim\limits_{x\to\infty}\left[\dfrac{x^2}{(x-a)(x+b)}\right]^x=$____________.

(2) 当 $x\to0$ 时,$\alpha(x)=kx^2$ 与 $\beta(x)=\sqrt{1+x\arcsin x}-\sqrt{\cos x}$ 是等价无穷小,则 $k=$______.

(3) 设 $f(x)=\lim\limits_{t\to\infty}x\left(\dfrac{t+x}{t-x}\right)^t$,则 $f(x)=$________.

(4) 若 $f(x)=\begin{cases}\dfrac{-\sin x}{2x+e^{ax}-1}, & x>0,\\ a, & x\leqslant 0\end{cases}$ 在 $(-\infty,+\infty)$ 内连续,则 $a=$__________.

(5) 设 $x=1$ 为 $f(x)=\dfrac{e^x-b}{(x-a)(x-b)}$ 的可去间断点,则函数 $f(x)$ 的另一个间断点为________.

3. 设 $f(x)=\begin{cases}x+2, & x<0,\\ x^2-1, & x\geqslant 0,\end{cases}$ $g(x)=\begin{cases}e^x, & x<1,\\ x^2-1, & x\geqslant 1,\end{cases}$ 求 $f[g(x)]$, $g[f(x)]$.

4. 利用极限定义证明:

(1) 设 $\{a_n\}$ 是数列,若 $\lim\limits_{n\to\infty}a_{2n}=\lim\limits_{n\to\infty}a_{2n-1}=a$,则 $\lim\limits_{n\to\infty}a_n=a$;

(2) $\lim\limits_{x\to a^+}\sqrt{x}=\sqrt{a}\ (a>0)$.

5. 证明:$\lim\limits_{n\to\infty}\sqrt[n]{a_1^n+a_2^n+\cdots+a_k^n}=\max\{a_1,a_2,\cdots,a_k\}$,其中 $a_1,a_2,\cdots,a_k>0$,并利用结论求下列极限:

(1) $\lim\limits_{n\to\infty}\sqrt[n]{2^n+4^n+6^n+\cdots+20^n}$;

(2) $\lim\limits_{n\to\infty}(a^{-n}+b^{-n})^{\frac{1}{n}}\ (0<a<b)$;

(3) $\lim\limits_{n\to\infty}\sqrt[n]{1+x^n+\left(\dfrac{x^2}{2}\right)^n}\ (x\geqslant 0)$.

6. (1) 设数列 $\{x_n\}$ 满足:$0<x_1<3$,$\ln x_{n+1}=\dfrac{1}{2}\ln x_n+\dfrac{1}{2}\ln(3-x_n)\ (n=1,2,\cdots)$.证明 $\lim\limits_{n\to\infty}x_n$ 存在,并求此极限.

(2) 设 $x_1=2$, $x_{n+1}=2+\dfrac{1}{x_n}$,证明数列 $\{x_n\}$ 的极限存在,并求此极限.

7. 计算下列极限:

(1) $\lim\limits_{x\to0}\dfrac{1-\cos x\sqrt{\cos 2x}}{x^2}$;　　(2) $\lim\limits_{x\to+\infty}\dfrac{\sqrt{x+\sqrt{x+\sqrt{x}}}+\sqrt{x+1}}{\sqrt{4x+\sin x}-1}$;

(3) $\lim\limits_{x\to0}\dfrac{e^{\tan x}-e^{\sin x}}{x^2\ln(1+x)}$;　　(4) $\lim\limits_{x\to0}\dfrac{(1+x)^{\sin x}-1}{x^2}$;

(5) $\lim\limits_{x\to0}\left(\dfrac{2+e^{\frac{1}{x}}}{1+e^{\frac{4}{x}}}+\dfrac{\sin x}{|x|}\right)$;　　(6) $\lim\limits_{x\to0}(\cos 2x+x\sin x)^{\frac{1}{x^2}}$;

(7) $\lim\limits_{n\to\infty}(1+x)(1+x^2)\cdots(1+x^{2n})$;

(8) $\lim\limits_{x\to0}\left(\dfrac{e^x+e^{2x}+\cdots+e^{nx}}{n}\right)^{\frac{1}{x}}$,其中 n 是给定的正整数.

8. $\lim\limits_{n\to\infty}\dfrac{n^{99}}{n^a-(n-1)^a}=b\neq0$,求 a,b.

9. 设 n, m, k 为正数,证明:当 $x\to0$ 时,

(1) $x^k\cdot o(x^n)=o(x^{n+k})$;　　(2) $o(x^n)o(x^m)=o(x^{n+m})$;

(3) $o(x^n)+o(x^m)=o(x^n)\ (n\leqslant m)$.

并利用结论说明:当 $x\to0$ 时,$x+\sqrt{x}+\sqrt[4]{x}\sim\sqrt[4]{x}$.

10. 设 $f(x)$ 和 $\varphi(x)$ 在 $(-\infty,+\infty)$ 内有定义,$f(x)$ 为连续函数且 $\varphi(x)$ 有间断点.下列哪些函数必有间断点?试说明理由.哪些函数未必有间断点?试举例.

(1) $[\varphi(x)]^2$;　　(2) $f(x)+\varphi(x)$;　　(3) $f(x)\varphi(x)$;

(4) $\dfrac{\varphi(x)}{f(x)}(f(x)\neq0)$;　　(5) $f[\varphi(x)]$;　　(6) $\varphi[f(x)]$.

11. 试分别举出具有下列性质的函数的例子:

(1) 所有点都是函数的间断点;

(2) 函数仅在一个点连续;

(3) $x=0,\pm1,\pm\dfrac{1}{2},\cdots,\pm\dfrac{1}{n},\cdots$ 是函数的全部间断点.

12. 设函数 $f(x)$ 在 $(-\infty,+\infty)$ 内连续,且 $\lim\limits_{x\to+\infty}f(x)$ 与 $\lim\limits_{x\to-\infty}f(x)$ 都存在,证明:$f(x)$ 在 $(-\infty,+\infty)$ 内有界.

13. 设 $f(x)$ 在 $(-\infty,+\infty)$ 内连续,且 $f[f(x)]=x$,证明:必存在点 ξ,使得 $f(\xi)=\xi$.

14. 设 $f(x)$ 在 $(-\infty,+\infty)$ 内连续,且 $\lim\limits_{x\to\infty}\dfrac{f(x)}{x}=0$,证明:存在 $\xi\in(-\infty,+\infty)$,使得 $f(\xi)+\xi=0$.

第 2 章　导数与微分

微分学是高等数学的重要组成部分，它研究的是函数的局部性态. 导数与微分是微分学的两个基本概念. 导数反映函数相对于自变量的变化速度；而微分则是自变量有微小变化时函数值大体上的变化大小.

在本章中，我们主要讨论导数与微分的概念以及它们的计算方法. 第 3 章将讨论导数的应用.

2.1　导数概念

通过本节的学习，应该理解导数的概念及几何意义，掌握可导性与连续性的关系，会利用导数定义求简单函数的导数，并记住一些求导公式.

2.1.1　引例

从文艺复兴时期起，欧洲的工业、农业、航海事业与商贾贸易得到大规模的发展，形成了一个新的经济时代. 而 16 世纪的欧洲正处在资本主义萌芽时期，生产力得到了很大的发展. 生产实践的发展对自然科学提出了新的课题，迫切要求力学、天文学等基础科学的发展，而这些学科都是深刻依赖于数学的，因而也推动了数学的发展. 在各类学科对数学提出的种种要求中，下列三类问题导致了微分学的产生：

(1) 求变速运动的瞬时速度；

(2) 求曲线上一点处的切线；

(3) 求最大值和最小值.

这三类实际问题的现实原型在数学上都可归结为函数相对于自变量变化而变化的快慢程度，即所谓函数的变化率问题. 牛顿(Newton)从第一个问题出发，莱布尼茨(Leibniz)从第二个问题出发，分别给出了导数的概念.

1. 直线运动的速度

设一质点在坐标轴上做非匀速运动，在时刻 t 质点的坐标为 s，s 是 t 的函数，即

$$s=s(t),$$

求质点在时刻 t_0 的速度.

考虑比值

$$\frac{s-s_0}{t-t_0}=\frac{s(t)-s(t_0)}{t-t_0},$$

这个比值可认为是质点在时间间隔 $t-t_0$ 内的平均速度.如果时间间隔选得较短,这个比值在实践中也可用来说明质点在时刻 t_0 的速度.但这样做是不精确的,更确切的做法应当是这样:令 $t-t_0\to 0$,取比值 $\frac{s(t)-s(t_0)}{t-t_0}$ 的极限,如果这个极限存在,设为 v,即

$$v=\lim_{t\to t_0}\frac{s(t)-s(t_0)}{t-t_0},$$

此时就把这个极限值 v 称为质点在时刻 t_0 的瞬时速度.

2. 切线问题

设有曲线 C 及 C 上的一点 M(见图 2.1),在点 M 外另取 C 上一点 N,作割线 MN.当点 N 沿曲线 C 趋于点 M 时,如果割线 MN 绕点 M 旋转而趋于极限位置 MT,直线 MT 就称为曲线 C 在点 M 处的**切线**.

设曲线 C 就是函数 $y=f(x)$ 的图形.现在要确定曲线在点 $M(x_0,y_0)$(此时 $y_0=f(x_0)$)处的切线(见图 2.2),只要定出切线的斜率就行了.为此,在 C 上另取一点 $N(x,y)$,于是割线 MN 的斜率为

$$\tan\varphi=\frac{y-y_0}{x-x_0}=\frac{f(x)-f(x_0)}{x-x_0},$$

其中 φ 为割线 MN 的倾角.当点 N 沿曲线 C 趋于点 M 时,$x\to x_0$.如果当 $x\to x_0$ 时,上式的极限存在,设为 k,即

$$k=\lim_{x\to x_0}\frac{f(x)-f(x_0)}{x-x_0}$$

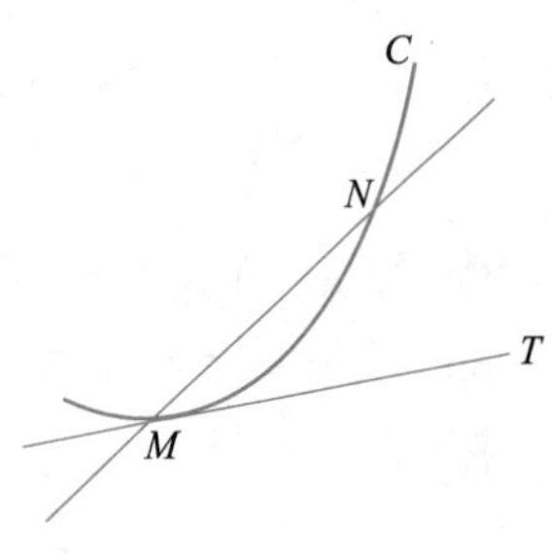

图 2.1

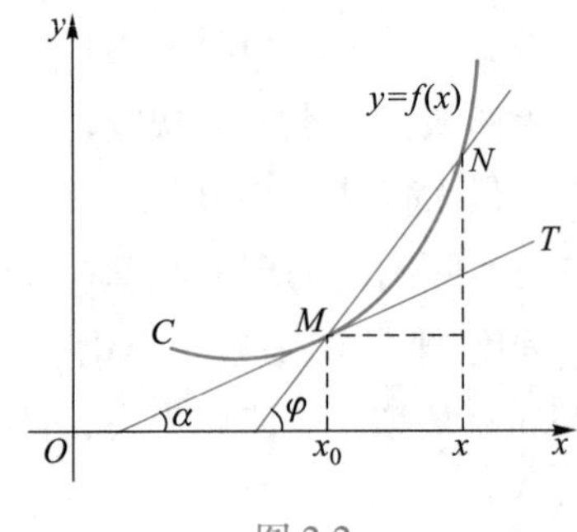

图 2.2

存在，则此极限 k 是割线斜率的极限，也就是**切线的斜率**.这里 $k=\tan\alpha$，其中 α 是切线 MT 的倾角.于是，通过点 $M(x_0, f(x_0))$ 且以 k 为斜率的直线 MT 便是曲线 C 在点 M 处的切线.

2.1.2 导数的定义

1. 函数在一点处的导数与导函数

上面所讨论的两个问题的实际意义完全不同，但从抽象的数量关系来看，其实质都是函数的改变量与自变量的改变量之比在自变量改变量趋于零时的极限，即

$$\lim_{x\to x_0}\frac{f(x)-f(x_0)}{x-x_0}. \tag{2.1.1}$$

令 $\Delta x=x-x_0$，则 $\Delta y=f(x_0+\Delta x)-f(x_0)=f(x)-f(x_0)$.因 $x\to x_0$ 相当于 $\Delta x\to 0$，故式(2.1.1)也可写成

$$\lim_{\Delta x\to 0}\frac{\Delta y}{\Delta x}\quad \text{或}\quad \lim_{\Delta x\to 0}\frac{f(x_0+\Delta x)-f(x_0)}{\Delta x}.$$

在自然科学和工程技术领域以及经济应用中，还有许多概念，例如电流、角速度、线速度、边际成本、边际收益等都可归结为形如式(2.1.1)的数学形式.我们撇开这些量的具体意义，抓住它们在数量关系上的共性，就得到函数的导数概念.

定义 2.1.1 设函数 $y=f(x)$ 在点 x_0 的某个邻域内有定义，当自变量 x 在 x_0 处取得增量 Δx（点 $x_0+\Delta x$ 仍在该邻域内）时，相应地函数 y 取得增量 $\Delta y=f(x_0+\Delta x)-f(x_0)$.若 Δy 与 Δx 之比当 $\Delta x\to 0$ 时的极限存在，则称**函数 $y=f(x)$ 在点 x_0 处可导**，并称这个极限为函数 $y=f(x)$ 在点 x_0 处的**导数**，记为 $f'(x_0)$，即

$$f'(x_0)=\lim_{\Delta x\to 0}\frac{\Delta y}{\Delta x}=\lim_{\Delta x\to 0}\frac{f(x_0+\Delta x)-f(x_0)}{\Delta x},$$

也可记为 $y'\big|_{x=x_0}$，$\left.\dfrac{\mathrm{d}y}{\mathrm{d}x}\right|_{x=x_0}$ 或 $\left.\dfrac{\mathrm{d}f(x)}{\mathrm{d}x}\right|_{x=x_0}$.

函数 $f(x)$ 在点 x_0 处可导有时也说成 $f(x)$ 在点 x_0 具有导数或导数存在.

导数的定义也可取不同的形式，常见的有

$$f'(x_0)=\lim_{h\to 0}\frac{f(x_0+h)-f(x_0)}{h},$$

$$f'(x_0)=\lim_{x\to x_0}\frac{f(x)-f(x_0)}{x-x_0}.$$

回到前面的引例，根据导数定义，可以这样表述：瞬时速度是路程对时间的导数，即 $v=\left.\dfrac{\mathrm{d}s}{\mathrm{d}t}\right|_{t=t_0}=s'(t_0)$；曲线 $y=f(x)$ 在点 M 处的切线的斜率 $k=\left.\dfrac{\mathrm{d}y}{\mathrm{d}x}\right|_{x=x_0}=f'(x_0)$.

注　在实际中，需要讨论各种具有不同意义的变量的变化“快慢”问题，在数学上就是所谓函数的变化率问题.导数概念就是函数变化率这一概念的精确描述.它撇开了自变量和因变量所代表的几何或物理等方面的特殊意义，纯粹从数量方面来刻画函数变化率的本质：函数增量与自变量增量的比值$\frac{\Delta y}{\Delta x}$是函数 y 在以 x_0 和$x_0+\Delta x$为端点的区间上的平均变化率，而导数 $y'\big|_{x=x_0}$则是函数 y 在点 x_0 处的变化率，它反映了函数随自变量变化而变化的快慢程度.

若极限$\lim\limits_{\Delta x\to 0}\frac{\Delta y}{\Delta x}\left(即\lim\limits_{\Delta x\to 0}\frac{f(x_0+\Delta x)-f(x_0)}{\Delta x}\right)$不存在，就称 $y=f(x)$在点 $x=x_0$ 不可导.特别地，若$\lim\limits_{\Delta x\to 0}\frac{\Delta y}{\Delta x}=\infty$，为方便起见，也往往说函数 $y=f(x)$在点 x_0 处的导数为无穷大.因为此时 $y=f(x)$在点 x_0 处的切线存在，它是垂直于 x 轴的直线 $x=x_0$.

导函数　如果函数 $y=f(x)$在开区间 I 内的每点处都可导，就称**函数$f(x)$在开区间 I 内可导**.这时，对于任一 $x\in I$，都对应着$f(x)$的一个确定的导数值.这样就构成了一个新的函数，这个函数称为原来函数 $y=f(x)$的导函数，记作 y'，$f'(x)$，$\frac{\mathrm{d}y}{\mathrm{d}x}$或$\frac{\mathrm{d}f(x)}{\mathrm{d}x}$.

导函数的定义式

$$y'=\lim_{\Delta x\to 0}\frac{f(x+\Delta x)-f(x)}{\Delta x}=\lim_{h\to 0}\frac{f(x+h)-f(x)}{h}.$$

函数$f(x)$在点 x_0 处的导数$f'(x_0)$就是导函数$f'(x)$在点 $x=x_0$ 处的函数值，即

$$f'(x_0)=f'(x)\big|_{x=x_0}.$$

导函数$f'(x)$简称导数，而$f'(x_0)$是$f(x)$在点 x_0 处的导数或导数$f'(x)$在点 x_0 处的值.

2. 求导数举例

根据导数的定义求导，可以按以下三个步骤计算：

（1）求函数的增量 $\Delta y=f(x+\Delta x)-f(x)$；

（2）求两增量的比值$\frac{\Delta y}{\Delta x}=\frac{f(x+\Delta x)-f(x)}{\Delta x}$；

（3）求极限 $y'=\lim\limits_{\Delta x\to 0}\frac{\Delta y}{\Delta x}$.

例 2.1.1　求函数$f(x)=C$（C 为常数）的导数.

解　$f'(x)=\lim\limits_{h\to 0}\frac{f(x+h)-f(x)}{h}=\lim\limits_{h\to 0}\frac{C-C}{h}=0.$

即$(C)'=0$.

例 2.1.2 求函数$f(x)=x^n$(n为正整数)在$x=a$处的导数.

解 $f'(a)=\lim\limits_{x\to a}\dfrac{f(x)-f(a)}{x-a}=\lim\limits_{x\to a}\dfrac{x^n-a^n}{x-a}=\lim\limits_{x\to a}(x^{n-1}+ax^{n-2}+\cdots+a^{n-1})=na^{n-1}$.

把以上结果中的a换成x得$f'(x)=nx^{n-1}$,即$(x^n)'=nx^{n-1}$.

更一般地,有$(x^\mu)'=\mu x^{\mu-1}$,其中μ为实数.这就是幂函数的求导公式.这个公式的证明将在以后讨论.利用这个公式,可以很方便地求出幂函数的导数,例如,

$$\left(\frac{1}{x}\right)'=-\frac{1}{x^2}(x\neq 0),\quad (\sqrt{x})'=\frac{1}{2\sqrt{x}}(x>0).$$

例 2.1.3 求函数$f(x)=\sin x$的导数.

解
$$\begin{aligned}f'(x)&=\lim_{h\to 0}\frac{f(x+h)-f(x)}{h}=\lim_{h\to 0}\frac{\sin(x+h)-\sin x}{h}\\&=\lim_{h\to 0}\frac{1}{h}\cdot 2\cos\left(x+\frac{h}{2}\right)\sin\frac{h}{2}\\&=\lim_{h\to 0}\cos\left(x+\frac{h}{2}\right)\cdot\frac{\sin\frac{h}{2}}{\frac{h}{2}}=\cos x.\end{aligned}$$

即$(\sin x)'=\cos x$.

用类似的方法,可求得$(\cos x)'=-\sin x$.

例 2.1.4 求函数$f(x)=a^x(a>0,a\neq 1)$的导数.

解
$$\begin{aligned}f'(x)&=\lim_{h\to 0}\frac{f(x+h)-f(x)}{h}=\lim_{h\to 0}\frac{a^{x+h}-a^x}{h}\\&=a^x\lim_{h\to 0}\frac{a^h-1}{h}\xlongequal{\text{令}\,a^h-1=t}a^x\lim_{t\to 0}\frac{t}{\log_a(1+t)}\\&=a^x\frac{1}{\log_a \mathrm{e}}=a^x\ln a.\end{aligned}$$

特别地,有$(\mathrm{e}^x)'=\mathrm{e}^x$.

例 2.1.5 求函数$f(x)=\log_a x(a>0,a\neq 1)$的导数.

解
$$\begin{aligned}f'(x)&=\lim_{h\to 0}\frac{f(x+h)-f(x)}{h}=\lim_{h\to 0}\frac{\log_a(x+h)-\log_a x}{h}\\&=\lim_{h\to 0}\frac{1}{h}\log_a\frac{x+h}{x}=\frac{1}{x}\lim_{h\to 0}\frac{x}{h}\log_a\left(1+\frac{h}{x}\right)=\frac{1}{x}\lim_{h\to 0}\log_a\left(1+\frac{h}{x}\right)^{\frac{x}{h}}\\&=\frac{1}{x}\log_a \mathrm{e}=\frac{1}{x\ln a}.\end{aligned}$$

即$(\log_a x)'=\dfrac{1}{x\ln a}$.

特殊地，$(\ln x)'=\dfrac{1}{x}$.

3. 单侧导数

若极限$\lim\limits_{h\to0^-}\dfrac{f(x_0+h)-f(x_0)}{h}$存在，则称此极限值为函数$f(x)$在点$x_0$的左导数，记作$f'_-(x_0)$，即

$$f'_-(x_0)=\lim_{h\to0^-}\frac{f(x_0+h)-f(x_0)}{h}.$$

若极限$\lim\limits_{h\to0^+}\dfrac{f(x_0+h)-f(x_0)}{h}$存在，则称此极限值为函数$f(x)$在点$x_0$的右导数，记作$f'_+(x_0)$，即

$$f'_+(x_0)=\lim_{h\to0^+}\frac{f(x_0+h)-f(x_0)}{h}.$$

左导数和右导数统称为单侧导数.

导数与左、右导数的关系 函数$f(x)$在点x_0处可导的充分必要条件是左导数$f'_-(x_0)$和右导数$f'_+(x_0)$都存在且相等.

如果函数$f(x)$在开区间(a,b)内可导，且右导数$f'_+(a)$和左导数$f'_-(b)$都存在，就称$f(x)$在闭区间$[a,b]$上可导.

例 2.1.6 求函数$f(x)=|x|$在$x=0$处的导数.

解 $$f'_-(0)=\lim_{h\to0^-}\frac{f(0+h)-f(0)}{h}=\lim_{h\to0^-}\frac{|h|}{h}=-1,$$

$$f'_+(0)=\lim_{h\to0^+}\frac{f(0+h)-f(0)}{h}=\lim_{h\to0^+}\frac{|h|}{h}=1,$$

因为$f'_-(0)\neq f'_+(0)$，所以函数$f(x)=|x|$在$x=0$处不可导.

例 2.1.7 若$f(x)$在点x_0可导，问：当$h\to0$时，$\dfrac{f(x_0+h)-f(x_0-h)}{h}\to$?

解 当$h\to0$时，

$$\frac{f(x_0+h)-f(x_0-h)}{h}=\frac{f(x_0+h)-f(x_0)}{h}+\frac{f(x_0)-f(x_0-h)}{h}$$
$$\to f'(x_0)+f'(x_0)=2f'(x_0).$$

同时亦证明了当$h\to0$时，$\dfrac{f(x_0+h)-f(x_0-h)}{2h}\to f'(x_0)$.

2.1.3 导数的几何意义

由前面的讨论知:函数 $y=f(x)$ 在 $x=x_0$ 的导数 $f'(x_0)$ 在几何上表示曲线 $y=f(x)$ 在点 $M(x_0, y_0)$(此时 $y_0=f(x_0)$)处的切线的斜率,即 $k=f'(x_0)$,或 $f'(x_0)=\tan\alpha$,α 为切线的倾角(见图 2.3).从而,得切线方程为

$$y-y_0=f'(x_0)(x-x_0).$$

若 $f'(x_0)=\infty$,则 $\alpha=\dfrac{\pi}{2}$,于是切线垂直于 x 轴,切线方程为 $x=x_0$.

过切点 $M(x_0,y_0)$,且与该点切线垂直的直线称为 $y=f(x)$ 在点 M 的法线.如果 $f'(x_0)\neq 0$,法线的斜率为 $-\dfrac{1}{f'(x_0)}$,此时法线的方程为

$$y-y_0=-\frac{1}{f'(x_0)}(x-x_0).$$

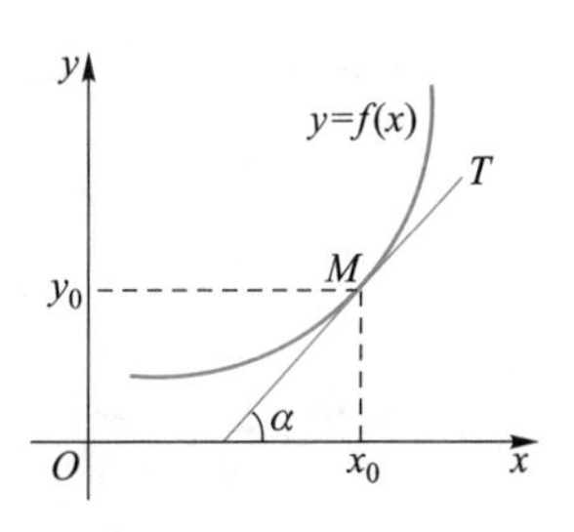

图 2.3

如果 $f'(x_0)=0$,切线平行于 x 轴,那么法线垂直于 x 轴,法线方程为 $x=x_0$.

例 2.1.8 求曲线 $y=\sqrt{x}$ 在点(4,2)处的切线的斜率,并写出在该点处的切线方程和法线方程.

解 因为 $y'=\dfrac{1}{2\sqrt{x}}$,于是在点(4,2)处的切线及法线的斜率分别为

$$k_1=\left.\frac{1}{2\sqrt{x}}\right|_{x=4}=\frac{1}{4},\quad k_2=-\frac{1}{k_1}=-4.$$

所求切线方程为 $y-2=\dfrac{1}{4}(x-4)$,化简得 $x-4y+4=0$.

所求法线方程为 $y-2=-4(x-4)$,化简得 $4x+y-18=0$.

例 2.1.9 求曲线 $y=x\sqrt{x}$ 的通过点(0,-4)的切线方程.

解 设切点的横坐标为 x_0,则纵坐标为 $x_0\sqrt{x_0}$.又切线的斜率为

$$f'(x_0)=\left.(x^{\frac{3}{2}})'\right|_{x=x_0}=\left.\frac{3}{2}x^{\frac{1}{2}}\right|_{x=x_0}=\frac{3}{2}\sqrt{x_0}.$$

于是所求切线的方程可设为

$$y-x_0\sqrt{x_0}=\frac{3}{2}\sqrt{x_0}(x-x_0).$$

由已知,点(0,-4)在切线上,因此

$$-4-x_0\sqrt{x_0}=\frac{3}{2}\sqrt{x_0}(0-x_0),$$

解之得 $x_0=4$. 于是所求切线的方程为

$$y-4\sqrt{4}=\frac{3}{2}\sqrt{4}(x-4),$$

即 $3x-y-4=0$.

2.1.4　函数的可导性与连续性的关系

从导数的定义可以看出,它与函数的连续性概念一样,都描述的是函数在某点的局部性质.那么这两个概念之间有什么联系呢?

设函数 $y=f(x)$ 在点 x 处可导,即 $\lim\limits_{\Delta x\to 0}\dfrac{\Delta y}{\Delta x}=f'(x)$ 存在,由极限与无穷小的关系知

$$\frac{\Delta y}{\Delta x}=f'(x)+\alpha,$$

其中 α 是 $\Delta x\to 0$ 时的无穷小.上式两端同乘 Δx,得

$$\Delta y=f'(x)\Delta x+\alpha\Delta x.$$

由此可见,当 $\Delta x\to 0$ 时,$\Delta y\to 0$,即函数 $y=f(x)$ 在点 x 连续.所以,如果函数 $y=f(x)$ 在点 x 处可导,则函数在该点必连续.但反过来,一个函数在某点连续,却不一定在该点处可导.

例如,函数 $y=|x|$ 在点 $x=0$ 连续(见图 2.4),但由例 2.1.6 知,$y=|x|$ 在点 $x=0$ 处不可导.

同样,函数 $y=\sqrt[3]{x}$ 在点 $x=0$ 连续(见图 2.5),但 $y=\sqrt[3]{x}$ 在点 $x=0$ 处不可导.这是因为在点 $x=0$ 处有

$$\frac{f(0+h)-f(0)}{h}=\frac{\sqrt[3]{h}-0}{h}=\frac{1}{h^{\frac{2}{3}}},$$

因而,

$$\lim_{h\to 0}\frac{f(0+h)-f(0)}{h}=\lim_{h\to 0}\frac{1}{h^{\frac{2}{3}}}=+\infty,$$

即导数为无穷大(注意,此时导数不存在).这在图形中表现为曲线 $y=\sqrt[3]{x}$ 在原点 O 具有垂直于 x 轴的切线 $x=0$(见图 2.5).

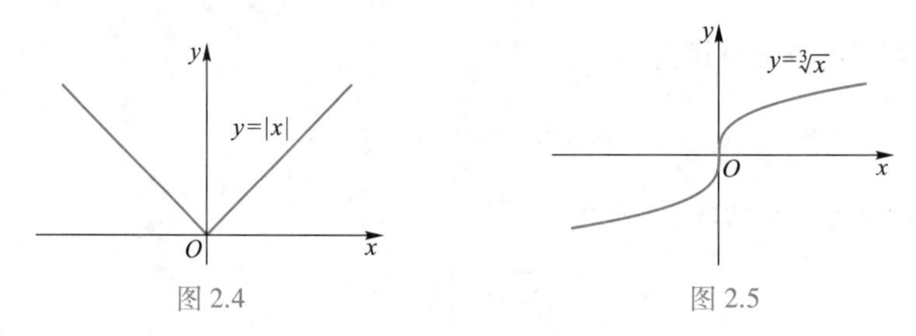

图 2.4　　　图 2.5

由上面的讨论可知,函数在某点连续是函数在该点可导的必要条件,但不是充分条件,即"可导必连续,但连续未必可导".当然一个函数在某点如果不连续,那么函数在该点必定不可导.

例 2.1.10 求常数 a,b,使得 $f(x)=\begin{cases}x^2, & x\leqslant 1,\\ ax+b, & x>1\end{cases}$ 在点 $x=1$ 处可导.

解 函数 $f(x)$ 在点 $x=1$ 处可导,则它在该点必连续,故

$$\lim_{x\to 1^+}f(x)=\lim_{x\to 1^-}f(x)=f(1),$$

可得 $a+b=1$,即 $b=1-a$.

又由 $f(x)$ 在点 $x=1$ 处可导,知它在该点左、右导数存在且相等,即 $f'_-(1)=f'_+(1)$,而

$$f'_-(1)=\lim_{x\to 1^-}\frac{f(x)-f(1)}{x-1}=\lim_{x\to 1^-}\frac{x^2-1}{x-1}=2,$$

$$f'_+(1)=\lim_{x\to 1^+}\frac{f(x)-f(1)}{x-1}=\lim_{x\to 1^+}\frac{(ax+b)-1}{x-1},$$

$$=\lim_{x\to 1^+}\frac{(ax+1-a)-1}{x-1}=\lim_{x\to 1^+}\frac{a(x-1)}{x-1}=a,$$

故 $a=2$.又 $b=1-a$,得 $b=-1$.

习题 2.1

1. 下列各题中均假定 $f'(x_0)$ 存在,按照导数定义观察下列极限,指出 A 表示什么:

(1) $\lim\limits_{\Delta x\to 0}\dfrac{f(x_0-\Delta x)-f(x_0)}{\Delta x}=A$;

(2) $\lim\limits_{x\to 0}\dfrac{f(x)}{x}=A$,其中 $f(0)=0$,且 $f'(0)$ 存在;

(3) $\lim\limits_{h\to 0}\dfrac{f(x_0+h)-f(x_0-2h)}{h}=A$.

2. 设函数 $f(x)=\begin{cases}x^2+m, & x<1,\\ kx+2, & x\geqslant 1\end{cases}$ 在点 $x=1$ 处可导,求常数 k 与 m.

3. 设曲线 $y=x^3$ 上点 M 处的切线平行于直线 $3x-y-1=0$,求点 M 的坐标,并写出曲线在该点的切线与法线方程.

4. 证明:双曲线 $xy=a^2$ 上任一点处的切线与两坐标轴构成的三角形的面积都等于 $2a^2$.

5. 求下列函数的导数:

(1) $y=x^4$; (2) $y=\sqrt[3]{x^2}$;

(3) $y=\dfrac{1}{\sqrt{x}}$; (4) $y=\dfrac{1}{x^2}$;

(5) $y=x^3\sqrt[5]{x}$; (6) $y=\dfrac{x^2\sqrt[3]{x^2}}{\sqrt{x^5}}$.

6. 讨论下列函数在 $x=0$ 处的连续性与可导性.

(1) $y=|\sin x|$; (2) $y=\begin{cases}x^2\sin\dfrac{1}{x}, & x\neq 0,\\ 0, & x=0.\end{cases}$

7. 设 $f(x)=\begin{cases}\sin x, & x>0,\\ x, & x\leqslant 0,\end{cases}$ 求 $f'(x)$.

2.2 函数的求导法则

通过本节的学习,应该掌握函数和、差、积、商的求导法则,了解反函数的求导法则,熟练掌握基本初等函数的求导公式.

求函数的变化率——导数,是理论研究和实践应用中经常遇到的一个普遍问题.但根据定义求导往往非常烦琐,有时甚至是不可行的.能否找到求导的一般法则或常用函数的求导公式,使求导运算更为简单易行呢?从微积分诞生之日起,数学家们就在探求这一途径.牛顿和莱布尼茨都做了大量的工作,特别是博学多才的数学符号大师莱布尼茨对此做出了不朽的贡献.今天我们所学的微积分学中的法则、公式,特别是所采用的符号,大体上是由莱布尼茨完成的.

在本节中,将介绍求导数的几个基本法则以及前一节中未讨论过的几个基本初等函数的导数公式.借助于这些法则和基本初等函数的导数公式,就能比较方便地求出常见的初等函数的导数.

2.2.1 函数的和、差、积、商的求导法则

定理 2.2.1 如果函数 $u=u(x)$ 及 $v=v(x)$ 都在点 x 具有导数,那么它们的和、差、积、商(除分母为零的点外)都在点 x 具有导数,并且

(1) $[u(x)\pm v(x)]'=u'(x)\pm v'(x)$;

(2) $[u(x)v(x)]'=u'(x)v(x)+u(x)v'(x)$;

(3) $\left[\dfrac{u(x)}{v(x)}\right]'=\dfrac{u'(x)v(x)-u(x)v'(x)}{v^2(x)}\quad(v(x)\neq 0)$.

证 (1) $[u(x)\pm v(x)]'=\lim\limits_{h\to 0}\dfrac{[u(x+h)\pm v(x+h)]-[u(x)\pm v(x)]}{h}$

$$=\lim_{h\to 0}\left[\frac{u(x+h)-u(x)}{h}\pm\frac{v(x+h)-v(x)}{h}\right]$$

$$=u'(x)\pm v'(x).$$

法则(1)可简单地表示为

$$(u\pm v)'=u'\pm v'.$$

(2) $[u(x)v(x)]'=\lim\limits_{h\to 0}\dfrac{u(x+h)v(x+h)-u(x)v(x)}{h}$

$$=\lim_{h\to 0}\frac{1}{h}[u(x+h)v(x+h)-u(x)v(x+h)+$$

$$u(x)v(x+h)-u(x)v(x)]$$

$$=\lim_{h\to 0}\left[\frac{u(x+h)-u(x)}{h}v(x+h)+u(x)\frac{v(x+h)-v(x)}{h}\right]$$

$$=\lim_{h\to 0}\frac{u(x+h)-u(x)}{h}\cdot\lim_{h\to 0}v(x+h)+$$

$$u(x)\cdot\lim_{h\to 0}\frac{v(x+h)-v(x)}{h}$$

$$=u'(x)v(x)+u(x)v'(x),$$

其中$\lim\limits_{h\to 0}v(x+h)=v(x)$是由于$v'(x)$存在,故$v(x)$在点$x$连续.

法则(2)可简单地表示为

$$(uv)'=u'v+uv'$$

(3) $\left[\dfrac{u(x)}{v(x)}\right]'=\lim\limits_{h\to 0}\dfrac{\dfrac{u(x+h)}{v(x+h)}-\dfrac{u(x)}{v(x)}}{h}=\lim\limits_{h\to 0}\dfrac{u(x+h)v(x)-u(x)v(x+h)}{v(x+h)v(x)h}$

$$=\lim_{h\to 0}\frac{[u(x+h)-u(x)]v(x)-u(x)[v(x+h)-v(x)]}{v(x+h)v(x)h}$$

$$=\lim_{h\to 0}\frac{\dfrac{u(x+h)-u(x)}{h}v(x)-u(x)\dfrac{v(x+h)-v(x)}{h}}{v(x+h)v(x)}$$

$$=\frac{u'(x)v(x)-u(x)v'(x)}{v^2(x)}.$$

法则(3)可简单地表示为

$$\left(\frac{u}{v}\right)'=\frac{u'v-uv'}{v^2}.$$

定理2.2.1中的法则(1)、(2)可推广到任意有限个可导函数的情形.例如,设$u=u(x)$,$v=v(x)$,$w=w(x)$均可导,则有

$$(u+v-w)'=u'+v'-w',$$

$$(uvw)'=[(uv)w]'=(uv)'w+(uv)w'$$
$$=(u'v+uv')w+uvw'=u'vw+uv'w+uvw',$$

即

$$(uvw)'=u'vw+uv'w+uvw'.$$

在法则(2)中,若$v=C$(C为常数),则有

$$(Cu)'=Cu'.$$

例 2.2.1　$y=4x^5-5x^3+2x-7$,求y'.

解　$y'=(4x^5-5x^3+2x-7)'=(4x^5)'-(5x^3)'+(2x)'-(7)'$
$=4(x^5)'-5(x^3)'+2(x)'$
$=4\cdot 5x^4-5\cdot 3x^2+2=20x^4-15x^2+2.$

例 2.2.2　$f(x)=x^3+5\cos x-\sin\dfrac{\pi}{2}$,求$f'(x)$及$f'\left(\dfrac{\pi}{2}\right)$.

解　$f'(x)=(x^3)'+(5\cos x)'-\left(\sin\dfrac{\pi}{2}\right)'=3x^2-5\sin x$,

$f'\left(\dfrac{\pi}{2}\right)=\dfrac{3}{4}\pi^2-5.$

例 2.2.3　$y=e^x(\sin x+\cos x)$,求y'.

解　$y'=(e^x)'(\sin x+\cos x)+e^x(\sin x+\cos x)'$
$=e^x(\sin x+\cos x)+e^x(\cos x-\sin x)$
$=2e^x\cos x.$

例 2.2.4　$y=\tan x$,求y'.

解　$y'=(\tan x)'=\left(\dfrac{\sin x}{\cos x}\right)'=\dfrac{(\sin x)'\cos x-\sin x(\cos x)'}{\cos^2 x}$

$=\dfrac{\cos^2 x+\sin^2 x}{\cos^2 x}=\dfrac{1}{\cos^2 x}=\sec^2 x.$

即$(\tan x)'=\sec^2 x$.

例 2.2.5　$y=\sec x$,求y'.

解　$y'=(\sec x)'=\left(\dfrac{1}{\cos x}\right)'=\dfrac{(1)'\cos x-1\cdot(\cos x)'}{\cos^2 x}=\dfrac{\sin x}{\cos^2 x}=\sec x\tan x.$

即$(\sec x)'=\sec x\tan x$.

用类似方法,还可求得余切函数及余割函数的导数公式

$$(\cot x)' = -\csc^2 x, \quad (\csc x)' = -\csc x\cot x.$$

2.2.2 反函数的求导法则

已知某一函数的导数,能否由此求出其反函数的导数呢?下面,先来研究互为反函数的导数之间的关系.

定理 2.2.2 如果函数 $x=f(y)$ 在区间 I_y 内单调、可导且 $f'(y)\neq 0$,那么它的反函数 $y=f^{-1}(x)$ 在对应区间 $I_x=\{x \mid x=f(y), y\in I_y\}$ 内也可导,并且

$$[f^{-1}(x)]' = \frac{1}{f'(y)} \quad 或 \quad \frac{\mathrm{d}y}{\mathrm{d}x} = \frac{1}{\frac{\mathrm{d}x}{\mathrm{d}y}}.$$

证 由于 $x=f(y)$ 在 I_y 内单调、可导(从而连续),故 $x=f(y)$ 的反函数 $y=f^{-1}(x)$ 存在,且 $f^{-1}(x)$ 在 I_x 内也单调、连续.

任取 $x\in I_x$,给 x 以增量 $\Delta x(\Delta x\neq 0, x+\Delta x\in I_x)$,由 $y=f^{-1}(x)$ 的单调性可知

$$\Delta y = f^{-1}(x+\Delta x) - f^{-1}(x) \neq 0,$$

于是

$$\frac{\Delta y}{\Delta x} = \frac{1}{\frac{\Delta x}{\Delta y}}.$$

因 $y=f^{-1}(x)$ 连续,故

$$\lim_{\Delta x\to 0}\Delta y = 0,$$

从而

$$[f^{-1}(x)]' = \lim_{\Delta x\to 0}\frac{\Delta y}{\Delta x} = \lim_{\Delta y\to 0}\frac{1}{\frac{\Delta x}{\Delta y}} = \frac{1}{f'(y)}.$$

上述结论可简单地说成:**反函数的导数等于直接函数导数的倒数.**

例 2.2.6 设 $x=\sin y, y\in\left[-\frac{\pi}{2},\frac{\pi}{2}\right]$ 为直接函数,则 $y=\arcsin x$ 是它的反函数. 函数 $x=\sin y$ 在开区间 $\left(-\frac{\pi}{2},\frac{\pi}{2}\right)$ 内单调、可导,且

$$(\sin y)' = \cos y > 0..$$

因此,由反函数的求导法则,在对应区间 $I_x=(-1,1)$ 内有

$$(\arcsin x)' = \frac{1}{(\sin y)'} = \frac{1}{\cos y} = \frac{1}{\sqrt{1-\sin^2 y}} = \frac{1}{\sqrt{1-x^2}}.$$

类似地有

$$(\arccos x)' = -\frac{1}{\sqrt{1-x^2}}.$$

例 2.2.7 设 $x=\tan y, y\in\left(-\frac{\pi}{2},\frac{\pi}{2}\right)$为直接函数,则 $y=\arctan x$ 是它的反函数.函数 $x=\tan y$ 在区间$\left(-\frac{\pi}{2},\frac{\pi}{2}\right)$内单调、可导,且

$$(\tan y)' = \sec^2 y \neq 0.$$

因此,由反函数的求导法则,在对应区间 $I_x=(-\infty,+\infty)$内有

$$(\arctan x)' = \frac{1}{(\tan y)'} = \frac{1}{\sec^2 y} = \frac{1}{1+\tan^2 y} = \frac{1}{1+x^2}.$$

类似地有

$$(\operatorname{arccot} x)' = -\frac{1}{1+x^2}.$$

例 2.2.8 设 $x=a^y(a>0,a\neq 1)$为直接函数,则 $y=\log_a x$ 是它的反函数.函数 $x=a^y$在区间 $I_y=(-\infty,+\infty)$内单调、可导,且

$$(a^y)' = a^y \ln a \neq 0.$$

因此,由反函数的求导法则,在对应区间 $I_x=(0,+\infty)$内有

$$(\log_a x)' = \frac{1}{(a^y)'} = \frac{1}{a^y \ln a} = \frac{1}{x\ln a}.$$

2.2.3 复合函数的求导法则

到目前为止,所有基本初等函数的导数都已求出来了,那么由基本初等函数构成的较复杂的初等函数,如函数 $\ln\tan x$, e^{x^2},它们的导数怎样求?这就是复合函数的求导问题.对于复合函数往往有如下两个问题:(1)是否可导?(2)如果可导,导数如何求?复合函数的求导公式解决了上述问题.

定理 2.2.3(复合函数求导法则) 如果 $u=g(x)$在点 x 处可导,函数 $y=f(u)$在点 $u=g(x)$处可导,那么复合函数 $y=f[g(x)]$在点 x 处可导,且其导数为

$$\frac{dy}{dx}=f'(u)\cdot g'(x) \quad 或 \quad \frac{dy}{dx}=\frac{dy}{du}\cdot\frac{du}{dx}.$$

证 设 x 的增量为 Δx,而 u 相应的增量为 Δu,进而 y 相应的增量为 Δy.

当 $\Delta u\neq 0$ 时,有

$$\frac{\Delta y}{\Delta x}=\frac{\Delta y}{\Delta u}\cdot\frac{\Delta u}{\Delta x}.$$

或者更具体地,

$$\frac{\Delta y}{\Delta x}=\frac{f[g(x+\Delta x)]-f[g(x)]}{\Delta x}=\frac{f[g(x)+\Delta x]-f[g(x)]}{g(x+\Delta x)-g(x)}\cdot\frac{g(x+\Delta x)-g(x)}{\Delta x}$$
$$=\frac{f(u+\Delta u)-f(u)}{\Delta u}\cdot\frac{g(x+\Delta x)-g(x)}{\Delta x},$$

因为 $u=g(x)$ 可导,从而必连续.故当 $\Delta x\to 0$ 时,有 $\Delta u\to 0$.于是

$$\frac{\mathrm{d}y}{\mathrm{d}x}=\lim_{\Delta x\to 0}\frac{\Delta y}{\Delta x}=\lim_{\Delta x\to 0}\frac{\Delta y}{\Delta u}\cdot\frac{\Delta u}{\Delta x}=\lim_{\Delta x\to 0}\frac{\Delta y}{\Delta u}\cdot\lim_{\Delta x\to 0}\frac{\Delta u}{\Delta x}=\lim_{\Delta u\to 0}\frac{\Delta y}{\Delta u}\cdot\lim_{\Delta x\to 0}\frac{\Delta u}{\Delta x},$$

亦即

$$\frac{\mathrm{d}y}{\mathrm{d}x}=\lim_{\Delta u\to 0}\frac{f(u+\Delta u)-f(u)}{\Delta u}\cdot\lim_{\Delta x\to 0}\frac{g(x+\Delta x)-g(x)}{\Delta x}=f'(u)\cdot g'(x).$$

当 $\Delta u=0$ 时,可以证明结论同样成立.

注 (1) 复合函数的求导法则可简单地说成:复合函数的导数等于复合函数对中间变量的导数乘以中间变量对自变量的导数.一般称其为复合函数的**链式法则**,也称为**锁链法则**,因其求导过程宛如“顺藤摸瓜”.对于 $y=f(u)$,$u=g(x)$ 构成的复合函数 $y=f[g(x)]$,变量关系记为 $y-u-x$,欲求 y 对 x 的导数,先求 y 对 u 的导数,再求 u 对 x 的导数,最后将它们相乘,即 $\frac{\mathrm{d}y}{\mathrm{d}x}=\frac{\mathrm{d}y}{\mathrm{d}u}\cdot\frac{\mathrm{d}u}{\mathrm{d}x}$ 或 $y'_x=y'_u\cdot u'_x$.链式法则在导数的计算中十分重要,不仅需要清晰理解,更需要熟练掌握.

(2) 复合函数的求导法则可推广到多层函数复合的情形.

例如,已知复合函数 $y=f\{\varphi[\psi(x)]\}$,求其导数 $\frac{\mathrm{d}y}{\mathrm{d}x}$.先引入中间变量,设 $v=\psi(x)$,$u=\varphi(v)$,于是复合函数中各变量的关系是 $y-u-v-x$,由链式法则有

$$\frac{\mathrm{d}y}{\mathrm{d}x}=\frac{\mathrm{d}y}{\mathrm{d}u}\cdot\frac{\mathrm{d}u}{\mathrm{d}v}\cdot\frac{\mathrm{d}v}{\mathrm{d}x}.$$

(3) 使用复合函数的求导法则的关键是复合函数的分解.

通过引入中间变量,将复合函数分解成基本初等函数,再利用链式法则即可完成求导.还需注意,求导完成后,应将引入的中间变量代换成原自变量.

(4) 在公式 $\{f[g(x)]\}'=f'[g(x)]\cdot g'(x)$ 中,注意记号 $\{f[g(x)]\}'$ 与 $f'[g(x)]$ 的不同.

例 2.2.9 $y=\mathrm{e}^{x^3}$,求 $\frac{\mathrm{d}y}{\mathrm{d}x}$.

解 函数 $y=\mathrm{e}^{x^3}$ 可看作是由 $y=\mathrm{e}^u$,$u=x^3$ 复合而成的,因此

$$\frac{\mathrm{d}y}{\mathrm{d}x}=\frac{\mathrm{d}y}{\mathrm{d}u}\cdot\frac{\mathrm{d}u}{\mathrm{d}x}=\mathrm{e}^u\cdot 3x^2=3x^2\mathrm{e}^{x^3}.$$

例 2.2.10　$y=\sin\dfrac{x}{1+x^2}$,求$\dfrac{\mathrm{d}y}{\mathrm{d}x}$.

解　函数 $y=\sin\dfrac{x}{1+x^2}$是由 $y=\sin u,u=\dfrac{x}{1+x^2}$复合而成的,因此

$$\frac{\mathrm{d}y}{\mathrm{d}x}=\frac{\mathrm{d}y}{\mathrm{d}u}\cdot\frac{\mathrm{d}u}{\mathrm{d}x}=\cos u\cdot\frac{1+x^2-2x^2}{(1+x^2)^2}=\frac{1-x^2}{(1+x^2)^2}\cdot\cos\frac{x}{1+x^2}.$$

注　复合函数求导既是重点又是难点.在求复合函数的导数时,首先要分清函数的复合层次,然后从外向里,逐层推进求导,不要遗漏,也不要重复.在求导的过程中,始终要明确所求的导数是哪个函数对哪个变量(不管是自变量还是中间变量)的导数.在开始时可以先设中间变量,一步一步去做.熟练之后,中间变量可以省略不写,只把中间变量看在眼里,记在心上,直接把表示中间变量的部分写出来,整个过程一气呵成.

例 2.2.11　$y=\ln\sin x$,求$\dfrac{\mathrm{d}y}{\mathrm{d}x}$.

解　$\dfrac{\mathrm{d}y}{\mathrm{d}x}=(\ln\sin x)'=\dfrac{1}{\sin x}\cdot(\sin x)'=\dfrac{1}{\sin x}\cdot\cos x=\cot x.$

例 2.2.12　$y=\sqrt[5]{1-2x^2}$,求$\dfrac{\mathrm{d}y}{\mathrm{d}x}$.

解　$\dfrac{\mathrm{d}y}{\mathrm{d}x}=[(1-2x^2)^{\frac{1}{5}}]'=\dfrac{1}{5}(1-2x^2)^{-\frac{4}{5}}\cdot(1-2x^2)'=\dfrac{-4x}{5\sqrt[5]{(1-2x^2)^4}}.$

例 2.2.13　$y=\ln\cos(\mathrm{e}^x)$,求$\dfrac{\mathrm{d}y}{\mathrm{d}x}$.

解　
$$\begin{aligned}\frac{\mathrm{d}y}{\mathrm{d}x}&=[\ln\cos(\mathrm{e}^x)]'=\frac{1}{\cos(\mathrm{e}^x)}\cdot[\cos(\mathrm{e}^x)]'\\&=\frac{1}{\cos(\mathrm{e}^x)}\cdot[-\sin(\mathrm{e}^x)]\cdot(\mathrm{e}^x)'=-\mathrm{e}^x\tan(\mathrm{e}^x).\end{aligned}$$

例 2.2.14　$y=\mathrm{e}^{\sin\frac{1}{x}}$,求$\dfrac{\mathrm{d}y}{\mathrm{d}x}$.

解　
$$\begin{aligned}\frac{\mathrm{d}y}{\mathrm{d}x}&=(\mathrm{e}^{\sin\frac{1}{x}})'=\mathrm{e}^{\sin\frac{1}{x}}\cdot\left(\sin\frac{1}{x}\right)'=\mathrm{e}^{\sin\frac{1}{x}}\cdot\cos\frac{1}{x}\cdot\left(\frac{1}{x}\right)'\\&=-\frac{1}{x^2}\mathrm{e}^{\sin\frac{1}{x}}\cos\frac{1}{x}.\end{aligned}$$

例 2.2.15　设 $x>0,\mu\in\mathbf{R}$,证明幂函数的导数公式

$$(x^{\mu})'=\mu x^{\mu-1}.$$

解 因为 $x^{\mu}=(e^{\ln x})^{\mu}=e^{\mu\ln x}$,所以

$$(x^{\mu})'=(e^{\mu\ln x})'=e^{\mu\ln x}(\mu\ln x)'=e^{\mu\ln x}\cdot\mu x^{-1}=\mu x^{\mu-1}.$$

2.2.4 基本求导法则与导数公式

为方便查阅,我们把导数基本公式和导数运算法则汇集如下:

1. 常数和基本初等函数的导数公式

(1) $(C)'=0$(C 是常数);

(2) $(x^{\mu})'=\mu x^{\mu-1}$;

(3) $(\sin x)'=\cos x$;

(4) $(\cos x)'=-\sin x$;

(5) $(\tan x)'=\sec^2x$;

(6) $(\cot x)'=-\csc^2x$;

(7) $(\sec x)'=\sec x\tan x$;

(8) $(\csc x)'=-\csc x\cot x$;

(9) $(a^x)'=a^x\ln a\,(a>0,a\neq1)$;

(10) $(e^x)'=e^x$;

(11) $(\log_a x)'=\dfrac{1}{x\ln a}\,(a>0,a\neq1)$;

(12) $(\ln x)'=\dfrac{1}{x}$;

(13) $(\arcsin x)'=\dfrac{1}{\sqrt{1-x^2}}$;

(14) $(\arccos x)'=-\dfrac{1}{\sqrt{1-x^2}}$;

(15) $(\arctan x)'=\dfrac{1}{1+x^2}$;

(16) $(\operatorname{arccot} x)'=-\dfrac{1}{1+x^2}$.

2. 函数的和、差、积、商的求导法则

设 $u=u(x)$,$v=v(x)$都可导,则

(1) $(u\pm v)'=u'\pm v'$;

(2) $(Cu)'=Cu'$(C 是常数);

(3) $(uv)'=u'v+uv'$;

(4) $\left(\dfrac{u}{v}\right)'=\dfrac{u'v-uv'}{v^2}\,(v\neq0)$.

3. 反函数的求导法则

设 $x=f(y)$在区间 I_y 内单调、可导且 $f'(y)\neq0$,则它的反函数 $y=f^{-1}(x)$在 $I_x=f(I_y)$内也可导,并且

$$[f^{-1}(x)]'=\frac{1}{f'(y)}\quad 或 \quad \frac{dy}{dx}=\frac{1}{\dfrac{dx}{dy}}.$$

4. 复合函数的求导法则

设 $y=f(u)$,而 $u=g(x)$,且 $f(u)$及 $g(x)$都可导,则复合函数 $y=f[g(x)]$的导数为

$$\frac{dy}{dx}=\frac{dy}{du}\cdot\frac{du}{dx}\quad 或 \quad y'(x)=f'(u)\cdot g'(x).$$

例 2.2.16 求双曲正弦 sh x 的导数.

解 因为 $\text{sh}\,x=\frac{1}{2}(e^x-e^{-x})$,所以

$$(\text{sh}\,x)'=\frac{1}{2}(e^x-e^{-x})'=\frac{1}{2}(e^x+e^{-x})=\text{ch}\,x,$$

即 $(\text{sh}\,x)'=\text{ch}\,x$.

类似地,有 $(\text{ch}\,x)'=\text{sh}\,x$.

例 2.2.17 求双曲正切 $\text{th}\,x$ 的导数.

解 因为 $\text{th}\,x=\frac{\text{sh}\,x}{\text{ch}\,x}$,所以

$$(\text{th}\,x)'=\frac{\text{ch}^2x-\text{sh}^2x}{\text{ch}^2x}=\frac{1}{\text{ch}^2x}.$$

例 2.2.18 求反双曲正弦 $\text{arsh}\,x$ 的导数.

解 因为 $\text{arsh}\,x=\ln(x+\sqrt{1+x^2})$,所以

$$(\text{arsh}\,x)'=\frac{1}{x+\sqrt{1+x^2}}\left(1+\frac{x}{\sqrt{1+x^2}}\right)=\frac{1}{\sqrt{1+x^2}}.$$

类似地,由 $\text{arch}\,x=\ln(x+\sqrt{x^2-1})$,可得 $(\text{arch}\,x)'=\frac{1}{\sqrt{x^2-1}},x\in(1,+\infty)$.

由 $\text{arth}\,x=\frac{1}{2}\ln\frac{1+x}{1-x}$,可得 $(\text{arth}\,x)'=\frac{1}{1-x^2},x\in(-1,1)$.

例 2.2.19 $y=\sin nx\sin^n x$(n 为常数),求 y'.

解 $y'=(\sin nx)'\sin^n x+\sin nx\cdot(\sin^n x)'$

$=n\cos nx\cdot\sin^n x+\sin nx\cdot n\sin^{n-1}x\cdot(\sin x)'$

$=n\cos nx\cdot\sin^n x+n\sin nx\sin^{n-1}x\cdot\cos x=n\sin^{n-1}x\cdot\sin(n+1)x$.

习题 2.2

1. 求下列函数在给定点处的导数:

(1) $y=\sin x-\cos x$,求 $y'\big|_{x=\frac{\pi}{6}}$;

(2) $f(x)=\frac{3}{5-x}+\frac{x^2}{5}$,求 $[f(0)]'$,$f'(0)$ 和 $f'(2)$.

2. 求下列函数的导数:

(1) $y=5x^3-2^x+3e^x+2$; (2) $y=\frac{\ln x}{x}$;

(3) $s=\frac{1+\sin t}{1+\cos t}$; (4) $y=e^{x+2}\cdot 2^{x-3}$;

(5) $y=\cos(1-3x)$;　　(6) $y=\tan x^2$;

(7) $y=\arcsin\frac{1}{x}$;　　(8) $y=\arctan e^x$;

(9) $y=\sqrt{x^2+1}$;　　(10) $y=\ln \sec x$.

3. 求下列函数的导数:

(1) $y=\cos^3\frac{x}{2}$;　　(2) $y=\arctan\frac{x-1}{x+1}$;

(3) $y=e^{-\frac{x}{2}}\sec 3x$;　　(4) $y=\frac{\sin 2x}{x^2}$;

(5) $y=\ln(x+\sqrt{a^2+x^2})$;　　(6) $y=\ln\ln\ln(x^2+1)$;

(7) $y=\arcsin\sqrt{\frac{1-x}{1+x}}$;　　(8) $y=\sqrt{x+\sqrt{x+\sqrt{x}}}$;

(9) $y=x\arcsin\frac{x}{2}+\sqrt{4-x^2}$;　　(10) $y=\frac{\sqrt{1+x}+\sqrt{1-x}}{\sqrt{1+x}-\sqrt{1-x}}$;

(11) $y=x^{\sin x}$;　　(12) $y=x^{a^x}$($a>0$ 且为常数).

4. 设下列 $f(x)$ 均可导,求$\frac{dy}{dx}$:

(1) $y=f(e^x)\cdot e^{f(x)}$;　　(2) $y=f(\sin^2x)+f(\cos^2x)$.

2.3 函数的微分

通过本节的学习,应该理解微分的概念和几何意义,掌握微分与导数的关系和微分的运算法则,会利用微分进行近似计算.

在理论研究和实际应用中,常常会遇到这样的问题:当自变量 x 有微小变化时,求函数 $y=f(x)$ 的微小改变量

$$\Delta y=f(x+\Delta x)-f(x).$$

这个问题初看起来似乎只要做减法运算就可以了,然而,对于较复杂的函数 $f(x)$,差值 $f(x+\Delta x)-f(x)$ 却是一个更复杂的表达式,不易求出其值.一个想法是:我们设法将 Δy 表示成 Δx 的线性函数,即线性化,从而把复杂问题化为简单问题.微分就是实现这种线性化的一种数学模型.

2.3.1 微分的定义

先分析一个具体问题,一块正方形金属薄片受温度变化的影响,其边长由 x_0 变到 $x_0+\Delta x$(见图 2.6),问此薄片的面积改变了多少?

设此正方形的边长为 x，面积为 A，则 A 是 x 的函数 $A=x^2$. 金属薄片的面积改变量为

$$\Delta A=(x_0+\Delta x)^2-(x_0)^2=2x_0\Delta x+(\Delta x)^2.$$

它由两部分组成，第一部分 $2x_0\Delta x$ 是 Δx 的线性函数，第二部分 $(\Delta x)^2$ 是 Δx 的高阶无穷小. 由此可见，当 $|\Delta x|$ 很小时，$2x_0\Delta x$ 是面积改变量 ΔA 的主要影响因素，而 $(\Delta x)^2$ 可忽略不计，因而用第一部分 $2x_0\Delta x$ 近似代替 ΔA，其误差即第二部分 $(\Delta x)^2$ 是 Δx 的高阶无穷小 $o(\Delta x)$.

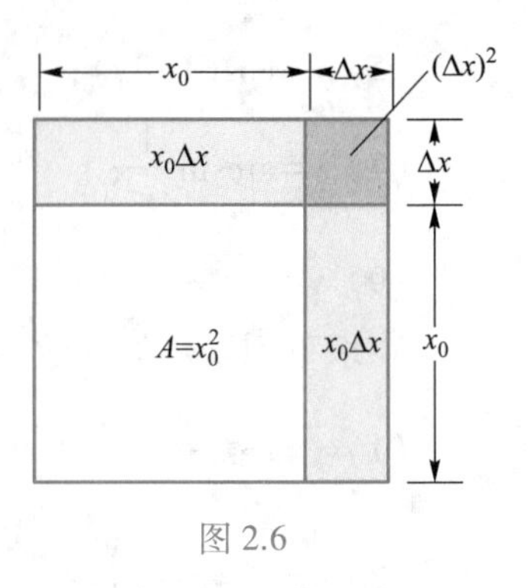

图 2.6

借助几何直观容易理解上述事实：第一部分 $2x_0\Delta x$ 表示两个长为 x_0、宽为 Δx 的长方形面积；第二部分 $(\Delta x)^2$ 表示边长为 Δx 的正方形的面积. 当 $\Delta x\to0$ 时，$(\Delta x)^2$ 是比 Δx 高阶的无穷小，即 $(\Delta x)^2=o(\Delta x)$；$2x_0\Delta x$ 是 Δx 的线性函数，是 ΔA 的主要部分，可以近似地代替 ΔA.

是否所有函数的改变量（增量）都能在一定的条件下表示为一个线性函数（改变量的主要部分）与一个高阶无穷小的和呢？这个线性部分是什么？如何求？本节我们将具体来讨论这些问题.

定义 2.3.1　设函数 $y=f(x)$ 在某区间内有定义，x_0 及 $x_0+\Delta x$ 在这区间内，如果函数的增量

$$\Delta y=f(x_0+\Delta x)-f(x_0)$$

可表示为

$$\Delta y=A\Delta x+o(\Delta x),$$

其中 A 是不依赖于 Δx 的常数，那么称函数 $y=f(x)$ 在点 x_0 是**可微**的，而 $A\Delta x$ 称为函数 $y=f(x)$ 在点 x_0 相应于自变量增量 Δx 的**微分**，记作 $\mathrm{d}y$，即

$$\mathrm{d}y=A\Delta x.$$

定理 2.3.1（函数可微的条件）　函数 $f(x)$ 在点 x_0 可微的充分必要条件是函数 $f(x)$ 在点 x_0 可导，且当函数 $f(x)$ 在点 x_0 可微时，其微分一定是

$$\mathrm{d}y=f'(x_0)\Delta x.$$

证　设函数 $f(x)$ 在点 x_0 可微，则按定义有

$$\Delta y=A\Delta x+o(\Delta x),$$

上式两边同时除以 Δx，得

$$\frac{\Delta y}{\Delta x}=A+\frac{o(\Delta x)}{\Delta x}.$$

于是，当 $\Delta x\to0$ 时，由上式就得到

$$A = \lim_{\Delta x \to 0} \frac{\Delta y}{\Delta x} = f'(x_0).$$

因此,如果函数$f(x)$在点x_0可微,那么$f(x)$在点x_0也一定可导,且$A=f'(x_0)$.

反之,如果$f(x)$在点x_0可导,即

$$\lim_{\Delta x \to 0} \frac{\Delta y}{\Delta x} = f'(x_0)$$

存在,根据极限与无穷小的关系,上式可写成

$$\frac{\Delta y}{\Delta x} = f'(x_0) + \alpha,$$

其中$\alpha \to 0$(当$\Delta x \to 0$),由此又有

$$\Delta y = f'(x_0)\Delta x + \alpha \Delta x.$$

因$\alpha \Delta x = o(\Delta x)$且$f'(x_0)$不依赖于$\Delta x$,故上式相当于

$$\Delta y = A\Delta x + o(\Delta x),$$

所以$f(x)$在点x_0也是可微的.

当$f'(x_0) \neq 0$时,有

$$\lim_{\Delta x \to 0} \frac{\Delta y}{\mathrm{d}y} = \lim_{\Delta x \to 0} \frac{\Delta y}{f'(x_0)\Delta x} = \frac{1}{f'(x_0)} \lim_{\Delta x \to 0} \frac{\Delta y}{\Delta x} = 1.$$

于是有

$$\Delta y = \mathrm{d}y + o(\mathrm{d}y),$$

即$\mathrm{d}y$是Δy的主要部分.又由于$\mathrm{d}y = f'(x_0)\Delta x$是$\Delta x$的线性函数,所以在$f'(x_0) \neq 0$的条件下,我们说$\mathrm{d}y$是$\Delta y$的**线性主部**(当$\Delta x \to 0$).于是我们得到结论:

在$f'(x_0) \neq 0$的条件下,以微分$\mathrm{d}y = f'(x_0)\Delta x$近似代替增量$\Delta y = f(x_0+\Delta x) - f(x_0)$时,其误差为$o(\mathrm{d}y)$.因此,在$|\Delta x|$很小时,有近似等式

$$\Delta y \approx \mathrm{d}y.$$

函数$y=f(x)$在任意点x的微分称为**函数的微分**,记作$\mathrm{d}y$或$\mathrm{d}f(x)$,即

$$\mathrm{d}y = f'(x)\Delta x.$$

例如,$\mathrm{d}\cos x = (\cos x)'\Delta x = -\sin x\Delta x$,$\mathrm{d}\mathrm{e}^x = (\mathrm{e}^x)'\Delta x = \mathrm{e}^x \Delta x$.

例 2.3.1　求函数$y=x^3$在$x=1$和$x=2$的微分.

解　函数$y=x^3$在$x=1$的微分为

$$\mathrm{d}y = (x^3)'\big|_{x=1}\Delta x = 3\Delta x,$$

函数$y=x^3$在$x=2$的微分为

$$\mathrm{d}y = (x^3)'\big|_{x=2}\Delta x = 12\Delta x.$$

例 2.3.2　求函数$y=x^4$当$x=2$,$\Delta x=0.02$时的微分.

解　先求函数在任意点x的微分

$$dy=(x^4)'\Delta x=4x^3\Delta x.$$

再求函数当 $x=2,\Delta x=0.02$ 时的微分

$$dy\bigg|_{\substack{x=2\\ \Delta x=0.02}}=4x^3\Delta x\bigg|_{\substack{x=2\\ \Delta x=0.02}}=4\times 2^3\times 0.02=0.64.$$

对于特殊的函数 $y=x$ 而言，$dy=dx$ 且 $dy=(x)'\Delta x=\Delta x$，故 $dx=\Delta x$. 因此通常把自变量 x 的增量 Δx 称为**自变量的微分**，记作 dx，即 $dx=\Delta x$. 于是函数 $y=f(x)$ 的微分又可记作

$$dy=f'(x)dx.$$

从而有

$$\frac{dy}{dx}=f'(x).$$

这就是说，函数的微分 dy 与自变量的微分 dx 之商等于该函数的导数. 因此，导数也称为"**微商**".

2.3.2　微分的几何意义

微分的概念可以从几何的角度去理解. 在直角坐标系中，函数 $y=f(x)$ 的图形是一条曲线(见图 2.7). 当曲线上的一点 $M(x_0,y_0)$ 变到另一点 $N(x_0+\Delta x,y_0+\Delta y)$ 时，自变量 x 由 x_0 变到 $x_0+\Delta x$，函数 $y=f(x)$ 相应的增量 $\Delta y=f(x_0+\Delta x)-f(x_0)=NQ$，又曲线在点 M 的切线 MT 的斜率为 $f'(x_0)=\tan\alpha$，从而得

$$PQ=\tan\alpha\cdot MQ=f'(x_0)\Delta x=dy.$$

于是 Δy 是曲线 $y=f(x)$ 上的点的纵坐标的增量，dy 是曲线在点 M 的切线上的点的纵坐标的增量. 当 $\Delta x\to 0$ 时，$\Delta y-dy\to 0$，故在近似计算中常用 dy 代替 Δy：

$$\Delta y\approx dy=f'(x_0)\Delta x.$$

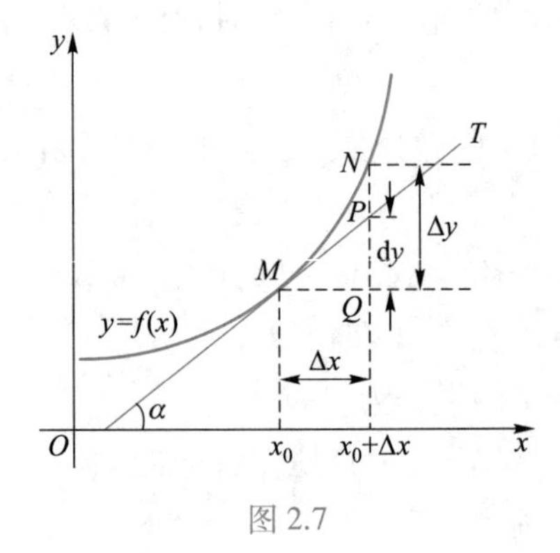

图 2.7

注 $\Delta y-\mathrm{d}y=o(\Delta x)$,当 $\Delta x\to 0$ 时,若 $f'(x_0)\neq 0$,则 $\left|\dfrac{\Delta y-\mathrm{d}y}{\mathrm{d}y}\right|\to 0$,可见,当 Δx 越小,则用 $\mathrm{d}y$ 代替 Δy 的效果越好.因此在点 M 的邻近,我们可以用切线段来近似代替曲线段,即"以直代曲".在局部范围内用线性函数近似代替非线性函数,在几何上就是局部用切线段近似代替曲线段,这在数学上称为非线性函数的局部线性化,这是微分学的基本思想方法之一.这种思想方法在自然科学和工程问题的研究中是经常采用的.

例 2.3.3 导出 $\sin x,\tan x,\ln(1+x),\mathrm{e}^x$ 在 $x_0=0$ 处附近的近似计算公式.

解 $\mathrm{d}y\big|_{x=0}=\cos x\cdot\Delta x\big|_{x=0}=\Delta x\Rightarrow\sin(0+\Delta x)-\sin 0\approx\Delta x$,

所以 $\sin\Delta x\approx\Delta x$.同理得 $\tan\Delta x\approx\Delta x,\ln(1+\Delta x)\approx\Delta x,\mathrm{e}^{\Delta x}\approx 1+\Delta x$.

2.3.3 基本初等函数的微分公式与微分运算法则

从函数的微分的表达式

$$\mathrm{d}y=f'(x)\mathrm{d}x$$

可以看出,要计算函数的微分,只要计算函数的导数,再乘自变量的微分.因此,可得如下的微分公式和微分运算法则.

1. 基本初等函数的微分公式

由基本初等函数的导数公式,可以直接写出基本初等函数的微分公式.

导数公式:	微分公式:
$(x^\mu)'=\mu x^{\mu-1}$;	$\mathrm{d}(x^\mu)=\mu x^{\mu-1}\mathrm{d}x$;
$(\sin x)'=\cos x$;	$\mathrm{d}(\sin x)=\cos x\mathrm{d}x$;
$(\cos x)'=-\sin x$;	$\mathrm{d}(\cos x)=-\sin x\mathrm{d}x$;
$(\tan x)'=\sec^2 x$;	$\mathrm{d}(\tan x)=\sec^2 x\mathrm{d}x$;
$(\cot x)'=-\csc^2 x$;	$\mathrm{d}(\cot x)=-\csc^2 x\mathrm{d}x$;
$(\sec x)'=\sec x\tan x$;	$\mathrm{d}(\sec x)=\sec x\tan x\mathrm{d}x$;
$(\csc x)'=-\csc x\cot x$;	$\mathrm{d}(\csc x)=-\csc x\cot x\mathrm{d}x$;
$(a^x)'=a^x\ln a(a>0$,且 $a\neq 1)$;	$\mathrm{d}(a^x)=a^x\ln a\mathrm{d}x(a>0$,且 $a\neq 1)$;
$(\mathrm{e}^x)'=\mathrm{e}^x$;	$\mathrm{d}(\mathrm{e}^x)=\mathrm{e}^x\mathrm{d}x$;
$(\log_a x)'=\dfrac{1}{x\ln a}(a>0$,且 $a\neq 1)$;	$\mathrm{d}(\log_a x)=\dfrac{1}{x\ln a}\mathrm{d}x(a>0$,且 $a\neq 1)$;
$(\ln x)'=\dfrac{1}{x}$;	$\mathrm{d}(\ln x)=\dfrac{1}{x}\mathrm{d}x$;
$(\arcsin x)'=\dfrac{1}{\sqrt{1-x^2}}$;	$\mathrm{d}(\arcsin x)=\dfrac{1}{\sqrt{1-x^2}}\mathrm{d}x$;

$(\arccos x)'=-\dfrac{1}{\sqrt{1-x^2}}$； $d(\arccos x)=-\dfrac{1}{\sqrt{1-x^2}}dx$；

$(\arctan x)'=\dfrac{1}{1+x^2}$； $d(\arctan x)=\dfrac{1}{1+x^2}dx$；

$(\text{arccot } x)'=-\dfrac{1}{1+x^2}$. $d(\text{arccot } x)=-\dfrac{1}{1+x^2}dx$.

2. 函数和、差、积、商的微分法则

由函数的和、差、积、商的求导法则，可推得相应的微分法则.

求导法则： 微分法则：

$(u\pm v)'=u'\pm v'$； $d(u\pm v)=du\pm dv$；

$(Cu)'=Cu'$； $d(Cu)=Cdu$；

$(uv)'=u'v+uv'$； $d(uv)=vdu+udv$；

$\left(\dfrac{u}{v}\right)'=\dfrac{u'v-uv'}{v^2}(v\neq 0)$. $d\left(\dfrac{u}{v}\right)=\dfrac{vdu-udv}{v^2}(v\neq 0)$.

下面以乘积的微分法则为例加以证明：

根据函数微分的表达式，有

$$d(uv)=(uv)'dx.$$

再根据乘积的求导法则，有

$$(uv)'=u'v+uv',$$

于是

$$d(uv)'=(u'v+uv')dx=u'vdx+uv'dx.$$

由于

$$u'dx=du,\quad v'dx=dv,$$

所以

$$d(uv)=vdu+udv.$$

3. 复合函数的微分法则

与复合函数的求导法则相应的复合函数的微分法则可推导如下：

设 $y=f(u)$ 及 $u=\varphi(x)$ 都可导，则复合函数 $y=f[\varphi(x)]$ 的微分为

$$dy=y'_x dx=f'(u)\varphi'(x)dx.$$

由于 $\varphi'(x)dx=du$，所以，复合函数 $y=f[\varphi(x)]$ 的微分公式也可以写成

$$dy=f'(u)du \quad 或 \quad dy=y'_u du.$$

由此可见，无论 u 是自变量还是另一个变量的可微函数，微分形式 $dy=f'(u)du$ 保持不变.这一性质称为**微分形式不变性**.这性质表示，当变换自变量时，微分形式

$\mathrm{d}y=f'(u)\mathrm{d}u$ 并不改变.

例 2.3.4 $y=\cos(2x+1)$,求 $\mathrm{d}y$.

解 把 $2x+1$ 看成中间变量 u,则

$$\begin{aligned}\mathrm{d}y&=\mathrm{d}(\cos u)=-\sin u\mathrm{d}u=-\sin(2x+1)\mathrm{d}(2x+1)\\&=-\sin(2x+1)\cdot 2\mathrm{d}x=-2\sin(2x+1)\mathrm{d}x.\end{aligned}$$

在求复合函数的导数或微分时,可以不写出中间变量.

例 2.3.5 $y=\ln(1+\mathrm{e}^{x^3})$,求 $\mathrm{d}y$.

解 $\mathrm{d}y=\mathrm{d}\ln(1+\mathrm{e}^{x^3})=\dfrac{1}{1+\mathrm{e}^{x^3}}\mathrm{d}(1+\mathrm{e}^{x^3})$

$$=\frac{1}{1+\mathrm{e}^{x^3}}\cdot\mathrm{e}^{x^3}\mathrm{d}(x^3)=\frac{1}{1+\mathrm{e}^{x^3}}\cdot\mathrm{e}^{x^3}\cdot 3x^2\mathrm{d}x=\frac{3x^2\mathrm{e}^{x^3}}{1+\mathrm{e}^{x^3}}\mathrm{d}x.$$

例 2.3.6 $y=\mathrm{e}^{1-2x}\sin x$,求 $\mathrm{d}y$.

解 应用乘积的微分法则,得

$$\begin{aligned}\mathrm{d}y&=\mathrm{d}(\mathrm{e}^{1-2x}\sin x)=\sin x\mathrm{d}(\mathrm{e}^{1-2x})+\mathrm{e}^{1-2x}\mathrm{d}(\sin x)\\&=\sin x\mathrm{e}^{1-2x}(-2\mathrm{d}x)+\mathrm{e}^{1-2x}(\cos x\mathrm{d}x)\\&=\mathrm{e}^{1-2x}(\cos x-2\sin x)\mathrm{d}x.\end{aligned}$$

例 2.3.7 在括号中填入适当的函数,使等式成立.

(1) $\mathrm{d}(\quad)=x\mathrm{d}x$; (2) $\mathrm{d}(\quad)=\cos\omega t\mathrm{d}t(\omega\neq 0)$.

解 (1) 因为 $\mathrm{d}(x^2)=2x\mathrm{d}x$,所以

$$x\mathrm{d}x=\frac{1}{2}\mathrm{d}(x^2)=\mathrm{d}\left(\frac{1}{2}x^2\right),$$

即

$$\mathrm{d}\left(\frac{1}{2}x^2\right)=x\mathrm{d}x.$$

一般地,有

$$\mathrm{d}\left(\frac{1}{2}x^2+C\right)=x\mathrm{d}x(C\text{ 为任意常数}).$$

(2) 因为 $\mathrm{d}(\sin\omega t)=\omega\cos\omega t\mathrm{d}t$,所以

$$\cos\omega t\mathrm{d}t=\frac{1}{\omega}\mathrm{d}(\sin\omega t)=\mathrm{d}\left(\frac{1}{\omega}\sin\omega t\right),$$

因此

$$\mathrm{d}\left(\frac{1}{\omega}\sin\omega t+C\right)=\cos\omega t\mathrm{d}t(C\text{ 为任意常数}).$$

2.3.4　微分在近似计算中的应用

1. 函数的近似计算

我们知道,当 $f'(x_0)\neq 0$ 时,函数 $y=f(x)$ 在点 x_0 的微分 $dy=f'(x_0)dx$ 是增量 $\Delta y=f(x_0+\Delta x)-f(x_0)$ 的线性主部.当 $|\Delta x|$ 很小时,可用 dy 作为 Δy 的近似值,即

$$\Delta y\approx dy=f'(x_0)\Delta x.$$

这个式子也可以写成

$$\Delta y=f(x_0+\Delta x)-f(x_0)\approx dy=f'(x_0)\Delta x,$$

或

$$f(x_0+\Delta x)\approx f(x_0)+f'(x_0)\Delta x.$$

如果令 $x=x_0+\Delta x$,即 $\Delta x=x-x_0$,那么又有

$$f(x)\approx f(x_0)+f'(x_0)(x-x_0).$$

特别当 $x_0=0$ 时,有

$$f(x)\approx f(0)+f'(0)x.$$

这些都是近似计算公式.

例 2.3.8　有一批半径为 1 cm 的球,为了提高球面的光洁度,要镀上一层铜,厚度定为 0.01 cm.估计一下每个球需用铜多少克(铜的密度是 8.9 g/cm³)?

解　已知球体体积为 $V=\frac{4}{3}\pi R^3$,$R_0=1$ cm,$\Delta R=0.01$ cm.镀层的体积为

$$\begin{aligned}\Delta V&=V(R_0+\Delta R)-V(R_0)\approx V'(R_0)\Delta R\\&=4\pi R_0^2\Delta R\approx 4\times 3.14\times 1^2\times 0.01\approx 0.13(\text{cm}^3).\end{aligned}$$

于是镀每个球需用的铜约为

$$0.13\times 8.9\approx 1.16(\text{g}).$$

例 2.3.9　利用微分计算 sin 46°的近似值.

解　已知 $46^\circ=\frac{\pi}{4}+\frac{\pi}{180}$,$x_0=\frac{\pi}{4}$,$\Delta x=\frac{\pi}{180}$.

$$\begin{aligned}\sin 46^\circ&=\sin(x_0+\Delta x)\approx\sin x_0+\cos x_0\Delta x\\&=\sin\frac{\pi}{4}+\cos\frac{\pi}{4}\cdot\frac{\pi}{180}\\&=\frac{\sqrt{2}}{2}+\frac{\sqrt{2}}{2}\cdot\frac{\pi}{180}\approx 0.719\ 4.\end{aligned}$$

即 $\sin 46^\circ\approx 0.719\ 4$.

常用的近似公式(假定 $|x|$ 是较小的数值):

(1) $\sqrt[n]{1+x}\approx 1+\frac{1}{n}x$;

(2) $\sin x \approx x$(x 用弧度作单位来表达);

(3) $\tan x \approx x$(x 用弧度作单位来表达);

(4) $e^x \approx 1+x$;

(5) $\ln(1+x) \approx x$.

证　(1) 取 $f(x)=\sqrt[n]{1+x}$,那么 $f(0)=1$, $f'(0)=\frac{1}{n}(1+x)^{\frac{1}{n}-1}\Big|_{x=0}=\frac{1}{n}$,代入 $f(x)\approx f(0)+f'(0)x$,便得

$$\sqrt[n]{1+x} \approx 1+\frac{1}{n}x.$$

(2) 取 $f(x)=\sin x$,那么 $f(0)=0$, $f'(0)=\cos x\big|_{x=0}=1$,代入 $f(x)\approx f(0)+f'(0)x$,便得

$$\sin x \approx x.$$

类似可证其余的近似公式.

例 2.3.10　计算 $\sqrt[3]{998.5}$ 的近似值.

解　已知 $\sqrt[n]{1+x}\approx 1+\frac{1}{n}x$,故

$$\begin{aligned}\sqrt[3]{998.5} &= \sqrt[3]{1\,000-1.5} = \sqrt[3]{1\,000\left(1-\frac{1.5}{1\,000}\right)} \\ &= 10\sqrt[3]{1-0.001\,5} \approx 10\left(1-\frac{1}{3}\times 0.001\,5\right) = 9.995.\end{aligned}$$

直接开立方的结果是 $\sqrt[3]{998.5}=9.994\,997$.

2. 误差估计

先介绍关于误差的两个术语:绝对误差与相对误差.

如果某个量的精确值为 A,它的近似值为 a,那么 $|A-a|$ 称为 a 的**绝对误差**,而绝对误差 $|A-a|$ 与 $|a|$ 的比值 $\frac{|A-a|}{|a|}$ 称为 a 的**相对误差**.

在生产实践中,经常要测量各种数据.但是有的数据不易直接测量,这时我们就通过测量其他有关数据后,根据某种公式算出所要的数据.由于测量仪器的精度、测量的条件和测量的方法等各种因素的影响,测得的数据往往带有误差,而根据带有误差的数据计算所得的结果也会有误差,我们把它称为**间接测量误差**.

下面就讨论怎样用微分来估计间接测量误差.

在实际工作中,某个量的精确值往往是无法知道的,于是绝对误差和相对误差也就无法求得.但是根据测量仪器的精度等因素,有时能够确定误差在某一个范围

内.如果某个量的精确值是 A,测得它的近似值是 a,又知道它的误差不超过 δ_A,即 $|A-a|\leqslant\delta_A$,则 δ_A 称为测量 A 的**绝对误差限**,$\dfrac{\delta_A}{|a|}$ 称为测量 A 的**相对误差限**.

例 2.3.11　设测得圆钢截面的直径 $D=30.01$ mm,测量 D 的绝对误差限 $\delta_D=0.04$ mm.利用公式 $A=\dfrac{\pi}{4}D^2$ 计算圆钢的截面积时,试估计面积的误差.

解　$\Delta A\approx \mathrm{d}A=A'\cdot\Delta D=\dfrac{\pi}{2}D\cdot\Delta D$,

$$|\Delta A|\approx|\mathrm{d}A|=\frac{\pi}{2}D\cdot|\Delta D|\leqslant\frac{\pi}{2}D\cdot\delta_D.$$

已知 $D=30.01$ mm,$\delta_D=0.04$ mm,所以

$$\delta_A=\frac{\pi}{2}D\cdot\delta_D=\frac{\pi}{2}\times30.01\times0.04\approx1.885(\mathrm{mm}^2),$$

$$\frac{\delta_A}{A}=\frac{\frac{\pi}{2}D\cdot\delta_D}{\frac{\pi}{4}D^2}=2\cdot\frac{\delta_D}{D}=2\times\frac{0.04}{30.01}\approx0.27\%.$$

一般地,根据直接测量的 x 值按公式 $y=f(x)$ 计算 y 的值时,如果已知测量 x 的绝对误差限为 δ_x,即

$$|\Delta x|\leqslant\delta_x,$$

那么,当 $f'(x)\neq0$ 时,y 的绝对误差

$$|\Delta y|\approx|\mathrm{d}y|=|f'(x)\Delta x|=|f'(x)||\Delta x|\leqslant|f'(x)|\delta_x,$$

即 y 的绝对误差限约为

$$\delta_y=|f'(x)|\delta_x;$$

y 的相对误差限约为

$$\frac{\delta_y}{|y|}=\left|\frac{f'(x)}{f(x)}\right|\delta_x.$$

以后常把绝对误差限简称为绝对误差,相对误差限也简称为相对误差.

习题 2.3

1. 将适当的函数填入下列括号内,使等式成立:

(1) d(　　　)$=2\mathrm{d}x$;　　　　(2) d(　　　)$=\dfrac{1}{1+x}\mathrm{d}x$;

(3) d(　　　)$=\dfrac{1}{\sqrt{x}}\mathrm{d}x$;　　　　(4) d(　　　)$=\mathrm{e}^{-2x}\mathrm{d}x$;

(5) d(　　　) $= \sin \omega x \mathrm{d}x$；　　(6) d(　　　) $= \sec^2 3x \mathrm{d}x$.

2. 求下列函数的微分：

(1) $y=\frac{1}{x}+2\sqrt{x}$；　　(2) $y=\ln^2(1-x)$；

(3) $y=\mathrm{e}^{-x}\cos(3-x)$；　　(4) $y=\arcsin\sqrt{1-x^2}$；

(5) $y=(\arccos x)^2-1$；　　(6) $y=\frac{\ln x}{\sqrt{x}}$；

(7) $y=a^2\sin^2 ax+b^2\cos^2 bx$；　　(8) $y=x^2\mathrm{e}^{2x}$.

3. 计算下列函数值的近似值：

(1) $\arctan 0.95$；　　(2) $\cos 29°$.

2.4 高阶导数

通过本节的学习，应该了解高阶导数的概念，知道莱布尼茨公式，会求简单函数的高阶导数.

前面讲过，若质点的运动方程为 $s=s(t)$，则物体的运动速度为 $v(t)=s'(t)$ 或 $v(t)=\frac{\mathrm{d}s}{\mathrm{d}t}$，而加速度 $a(t)$ 是速度 $v(t)$ 对时间 t 的变化率，即 $a(t)$ 是速度 $v(t)$ 对时间 t 的导数：

$$a=a(t)=\frac{\mathrm{d}v}{\mathrm{d}t}=\frac{\mathrm{d}}{\mathrm{d}t}\left(\frac{\mathrm{d}s}{\mathrm{d}t}\right) \quad 或 \quad a=v'(t)=[s'(t)]'.$$

由上可见，加速度 a 是 $s(t)$ 的导函数的导数，这样就产生了高阶导数.

一般地，函数 $y=f(x)$ 的导数 $y'=f'(x)$ 仍然是 x 的函数.我们把 $y'=f'(x)$ 的导数称为函数 $y=f(x)$ 的二阶导数，记作 y''，$f''(x)$ 或 $\frac{\mathrm{d}^2y}{\mathrm{d}x^2}$，即

$$y''=(y')',\quad f''(x)=[f'(x)]',\quad \frac{\mathrm{d}^2y}{\mathrm{d}x^2}=\frac{\mathrm{d}}{\mathrm{d}x}\left(\frac{\mathrm{d}y}{\mathrm{d}x}\right).$$

相应地，把 $y=f(x)$ 的导数 $f'(x)$ 称为函数 $y=f(x)$ 的一阶导数.

类似地，二阶导数的导数，称为三阶导数，三阶导数的导数称为四阶导数……一般地，$(n-1)$ 阶导数的导数称为 n 阶导数，分别记作

$$y''',y^{(4)},\cdots,y^{(n)} \quad 或 \quad \frac{\mathrm{d}^3y}{\mathrm{d}x^3},\frac{\mathrm{d}^4y}{\mathrm{d}x^4},\cdots,\frac{\mathrm{d}^ny}{\mathrm{d}x^n}.$$

函数 $f(x)$ 具有 n 阶导数，也常说成函数 $f(x)$ n 阶可导.如果函数 $f(x)$ 在点 x 处

具有 n 阶导数,那么函数 $f(x)$ 在点 x 的某一邻域内必定具有一切低于 n 阶的导数.二阶及二阶以上的导数统称高阶导数.

例 2.4.1　$y=ax+b$,求 y''.

解　$y'=a, y''=0$.

例 2.4.2　$s=\sin \omega t$,求 s''.

解　$s'=\omega\cos \omega t, s''=-\omega^2\sin \omega t$.

例 2.4.3　证明:函数 $y=\sqrt{2x-x^2}$ 满足关系式 $y^3y''+1=0$.

证　因为

$$y'=\frac{2-2x}{2\sqrt{2x-x^2}}=\frac{1-x}{\sqrt{2x-x^2}},$$

$$y''=\frac{-\sqrt{2x-x^2}-(1-x)\dfrac{2-2x}{2\sqrt{2x-x^2}}}{2x-x^2}$$

$$=\frac{-2x+x^2-(1-x)^2}{(2x-x^2)\sqrt{2x-x^2}}=-\frac{1}{(2x-x^2)^{\frac{3}{2}}}=-\frac{1}{y^3}.$$

所以 $y^3y''+1=0$.

下面介绍几个初等函数的 n 阶导数.

例 2.4.4　求函数 $y=\mathrm{e}^x$ 的 n 阶导数.

解　$y'=\mathrm{e}^x, y''=\mathrm{e}^x, y'''=\mathrm{e}^x, y^{(4)}=\mathrm{e}^x$.

一般地,可得

$$y^{(n)}=\mathrm{e}^x,$$

即

$$(\mathrm{e}^x)^{(n)}=\mathrm{e}^x.$$

例 2.4.5　求正弦函数与余弦函数的 n 阶导数.

解　$y=\sin x$,

$$y'=\cos x=\sin\left(x+\frac{\pi}{2}\right),$$

$$y''=\cos\left(x+\frac{\pi}{2}\right)=\sin\left(x+\frac{\pi}{2}+\frac{\pi}{2}\right)=\sin\left(x+2\cdot\frac{\pi}{2}\right),$$

$$y'''=\cos\left(x+2\cdot\frac{\pi}{2}\right)=\sin\left(x+2\cdot\frac{\pi}{2}+\frac{\pi}{2}\right)=\sin\left(x+3\cdot\frac{\pi}{2}\right),$$

$$y^{(4)}=\cos\left(x+3\cdot\frac{\pi}{2}\right)=\sin\left(x+4\cdot\frac{\pi}{2}\right).$$

一般地,可得

$$y^{(n)}=\sin\left(x+n\cdot\frac{\pi}{2}\right),$$

即

$$(\sin x)^{(n)}=\sin\left(x+n\cdot\frac{\pi}{2}\right).$$

用类似方法,可得

$$(\cos x)^{(n)}=\cos\left(x+n\cdot\frac{\pi}{2}\right).$$

例 2.4.6 求对数函数 $\ln(1+x)$ 的 n 阶导数.

解 $y=\ln(1+x)$, $y'=(1+x)^{-1}$, $y''=-(1+x)^{-2}$,

$y'''=(-1)(-2)(1+x)^{-3}$, $y^{(4)}=(-1)(-2)(-3)(1+x)^{-4}$.

一般地,可得

$$y^{(n)}=(-1)(-2)\cdots(-n+1)(1+x)^{-n}=(-1)^{n-1}\frac{(n-1)!}{(1+x)^{n}},$$

即

$$[\ln(1+x)]^{(n)}=(-1)^{n-1}\frac{(n-1)!}{(1+x)^{n}}.$$

例 2.4.7 求幂函数 $y=x^{\mu}$(μ 是任意常数)的 n 阶导数公式.

解 $y'=\mu x^{\mu-1}$,

$y''=\mu(\mu-1)x^{\mu-2}$,

$y'''=\mu(\mu-1)(\mu-2)x^{\mu-3}$,

$y^{(4)}=\mu(\mu-1)(\mu-2)(\mu-3)x^{\mu-4}$.

一般地,可得

$$y^{(n)}=\mu(\mu-1)(\mu-2)\cdots(\mu-n+1)x^{\mu-n},$$

即

$$(x^{\mu})^{(n)}=\mu(\mu-1)(\mu-2)\cdots(\mu-n+1)x^{\mu-n}.$$

当 $\mu=n$ 时,得到

$$(x^{n})^{(n)}=n(n-1)(n-2)\cdots3\cdot2\cdot1=n!,$$

而

$$(x^{n})^{(n+1)}=0.$$

如果函数 $u=u(x)$ 及 $v=v(x)$ 都在点 x 处具有 n 阶导数,那么显然 $u(x)+v(x)$ 及 $u(x)-v(x)$ 也在点 x 处具有 n 阶导数,且

$$(u\pm v)^{(n)}=u^{(n)}\pm v^{(n)}.$$

但乘积 $u(x)v(x)$ 的 n 阶导数并不简单.由

$$(uv)' = u'v + uv',$$

首先得出

$$(uv)'' = u''v + 2u'v' + uv'',$$
$$(uv)''' = u'''v + 3u''v' + 3u'v'' + uv'''.$$

用数学归纳法可以证明

$$(uv)^{(n)} = u^{(n)}v + nu^{(n-1)}v' + \frac{n(n-1)}{2!}u^{(n-2)}v'' + \cdots + \frac{n(n-1)\cdots(n-k+1)}{k!}u^{(n-k)}v^{(k)} + \cdots + uv^{(n)}.$$

上式称为莱布尼茨公式.这公式可以这样记忆:把 $(u+v)^n$ 按二项式定理展开写成

$$(u+v)^n = u^n v^0 + nu^{n-1}v^1 + \frac{n(n-1)}{2!}u^{n-2}v^2 + \cdots + u^0 v^n,$$

即

$$(u+v)^n = \sum_{k=0}^{n} \mathrm{C}_n^k u^{n-k}v^k,$$

然后把 k 次幂换成 k 阶导数(零阶导数理解为函数本身),再把左端的 $u+v$ 换成 uv,这样就得到莱布尼茨公式

$$(uv)^{(n)} = \sum_{k=0}^{n} \mathrm{C}_n^k u^{(n-k)}v^{(k)}.$$

例 2.4.8　$y=x^2\mathrm{e}^{3x}$,求 $y^{(20)}$.

解　设 $u=\mathrm{e}^{3x}$,$v=x^2$,则

$$u^{(k)} = 3^k\mathrm{e}^{3x}(k=1,2,\cdots,20),$$
$$v' = 2x,\quad v''=2,\quad v^{(k)}=0(k=3,4,\cdots,20),$$

代入莱布尼茨公式,得

$$\begin{aligned} y^{(20)} &= (uv)^{(20)} = u^{(20)}\cdot v + \mathrm{C}_{20}^1 u^{(19)}\cdot v' + \mathrm{C}_{20}^2 u^{(18)}\cdot v'' \\ &= 3^{20}\mathrm{e}^{3x}\cdot x^2 + 20\cdot 3^{19}\mathrm{e}^{3x}\cdot 2x + \frac{20\cdot 19}{2!}3^{18}\mathrm{e}^{3x}\cdot 2 \\ &= 3^{18}\mathrm{e}^{3x}(9x^2+120x+380). \end{aligned}$$

习题 2.4

1. 求下列函数的二阶导数:

(1) $y=5x^3+\ln x$;　　(2) $y=\mathrm{e}^{2x-1}$;

(3) $y=x\sin x$;　　(4) $y=\mathrm{e}^{-t}\cos t$;

(5) $y=\sqrt{a^2-x^2}$;　　(6) $y=\ln(1-x^2)$;

(7) $y=\tan x$;　　　　(8) $y=\dfrac{1}{x^3+1}$;

(9) $y=(1+x^2)\arctan x$;　　　　(10) $y=\dfrac{e^x}{x}$.

2. 设 $f(x)=(x+10)^6$,求 $f'''(2)$.

3. 设 $y=\ln[f(x)]$,其中 $f''(x)$ 存在,求 $\dfrac{d^2y}{dx^2}$.

4. 求下列函数的 n 阶导数的一般表达式:

(1) $y=x^n+a_1x^{n-1}+a_2x^{n-2}+\cdots+a_{n-1}x+a_n$ ($a_1,a_2,\cdots,a_n$ 都是常数);

(2) $y=\sin^2 x$;　　(3) $y=x\ln x$;　　(4) $y=xe^x$.

5. 求下列函数所指定的阶的导数:

(1) $y=e^x\cos x$,求 $y^{(4)}$;　　　　(2) $y=x\operatorname{sh} x$,求 $y^{(100)}$;

(3) $y=x^2\sin 2x$,求 $y^{(50)}$.

6. 设 $f(x)=\begin{cases} e^x, & x<0, \\ ax^2+bx+c, & x\geqslant 0, \end{cases}$ 又 $f''(0)$ 存在,求常数 a,b,c.

2.5　隐函数及由参数方程所确定的函数的导数　相关变化率

通过本节的学习,应该理解隐函数的概念,掌握隐函数和参数方程的求导法则,了解相关变化率的问题.

2.5.1　隐函数的导数

函数 $y=f(x)$ 表示两个变量 y 与 x 之间的对应关系,这种对应关系可以用各种不同方式表达.

显函数　形如 $y=f(x)$ 的函数称为显函数.例如 $y=\sin x$,$y=\ln x+e^x$.

隐函数　由方程 $F(x,y)=0$ 所确定的函数称为隐函数.例如,方程 $x+y^3-1=0$ 确定的隐函数为 $y=\sqrt[3]{1-x}$.

如果在方程 $F(x,y)=0$ 中,当 x 取某区间内的任一值时,相应地总有满足该方程的唯一的 y 值存在,那么就称方程 $F(x,y)=0$ 在该区间内确定了一个隐函数 $y=y(x)$.

把一个隐函数化成显函数称为**隐函数的显化**.隐函数的显化有时是困难的,甚至是不可能的.但在实际问题中,有时需要计算隐函数的导数,因此,我们希望有一种方法,不管隐函数能否显化,都能直接由方程算出它所确定的隐函数的导数.下面通过具体例子来说明这种方法.

例 2.5.1　求由方程 $e^y+xy-e=0$ 所确定的隐函数 $y=y(x)$ 的导数.

解　把方程两边的每一项对 x 求导得

$$(e^y)'+(xy)'-(e)'=(0)',$$

即

$$e^y\cdot y'+y+xy'=0,$$

从而

$$y'=-\frac{y}{x+e^y}\quad(x+e^y\neq 0).$$

例 2.5.2　求由方程 $y^5+2y-x-3x^6=0$ 所确定的隐函数 $y=y(x)$ 在 $x=0$ 处的导数 $y'|_{x=0}$.

解　把方程两边分别对 x 求导得

$$5y^4\cdot y'+2y'-1-18x^5=0,$$

由此得 $y'=\dfrac{1+18x^5}{5y^4+2}$.

因为当 $x=0$ 时,从原方程得 $y=0$,所以

$$y'|_{x=0}=\frac{1+18x^5}{5y^4+2}\bigg|_{x=0}=\frac{1}{2}.$$

例 2.5.3　求椭圆 $\dfrac{x^2}{16}+\dfrac{y^2}{9}=1$ 在点 $\left(2,\dfrac{3}{2}\sqrt{3}\right)$ 处的切线方程(见图 2.8).

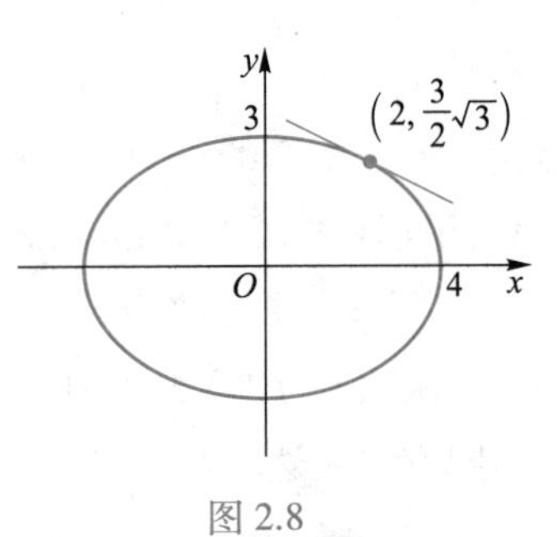

图 2.8

解　把椭圆方程的两边分别对 x 求导,得

$$\frac{x}{8}+\frac{2}{9}y\cdot y'=0.$$

从而

$$y'=-\frac{9x}{16y}.$$

当 $x=2$ 时,$y=\dfrac{3}{2}\sqrt{3}$,代入上式得所求切线的斜率

$$k=y'|_{x=2}=-\frac{\sqrt{3}}{4}.$$

于是所求的切线方程为

$$y-\frac{3}{2}\sqrt{3}=-\frac{\sqrt{3}}{4}(x-2),\text{即}\sqrt{3}x+4y-8\sqrt{3}=0.$$

例 2.5.4 求由方程 $x-y+\frac{1}{2}\sin y=0$ 所确定的隐函数 $y=y(x)$ 的二阶导数.

解 方程两边对 x 求导,得

$$1-\frac{\mathrm{d}y}{\mathrm{d}x}+\frac{1}{2}\cos y\cdot\frac{\mathrm{d}y}{\mathrm{d}x}=0,$$

于是$\frac{\mathrm{d}y}{\mathrm{d}x}=\frac{2}{2-\cos y}$.

上式两边再对 x 求导,得

$$\frac{\mathrm{d}^2y}{\mathrm{d}x^2}=\frac{-2\sin y\cdot\frac{\mathrm{d}y}{\mathrm{d}x}}{(2-\cos y)^2}=\frac{-4\sin y}{(2-\cos y)^3}.$$

下面介绍**对数求导法**.这种方法是先在 $y=f(x)$ 的两边取对数,然后再求出 y 的导数.

设 $y=f(x)$,两边取对数,得

$$\ln y=\ln f(x),$$

上式两边对 x 求导,得

$$\frac{1}{y}y'=[\ln f(x)]',$$

$$y'=f(x)\cdot[\ln f(x)]'.$$

对数求导法适用于求幂指函数 $y=[u(x)]^{v(x)}$ 的导数及多因子之积和商的导数.

幂指函数的一般形式为

$$y=u^v(u>0),$$

其中 u,v 是 x 的函数.如果 u,v 都可导,那么可利用对数求导法求出幂指函数的导数,具体如下:两边取对数,得

$$\ln y=v\ln u,$$

上式两边对 x 求导,注意到 y,u,v 都是 x 的函数,得

$$\frac{1}{y}y'=v'\ln u+v\frac{1}{u}u',$$

于是

$$y'=y\left(v'\ln u+\frac{vu'}{u}\right)=u^v\left(v'\ln u+\frac{vu'}{u}\right).$$

幂指函数也可表示为 $y=\mathrm{e}^{v\ln u}$,这样,便可直接求得

$$y'=\mathrm{e}^{v\ln u}\left(v'\ln u+v\frac{u'}{u}\right)=u^v\left(v'\ln u+\frac{vu'}{u}\right).$$

例 2.5.5　求 $y=x^{\sin x}(x>0)$ 的导数.

解法一　两边取对数,得

$$\ln y=\sin x\cdot\ln x,$$

上式两边对 x 求导,得

$$\frac{1}{y}y'=\cos x\cdot\ln x+\sin x\cdot\frac{1}{x},$$

于是

$$y'=y\left(\cos x\cdot\ln x+\sin x\cdot\frac{1}{x}\right)=x^{\sin x}\left(\cos x\cdot\ln x+\frac{\sin x}{x}\right).$$

解法二　这种幂指函数的导数也可按下面的方法求:

$$y=x^{\sin x}=\mathrm{e}^{\sin x\cdot\ln x},$$

$$y'=\mathrm{e}^{\sin x\cdot\ln x}(\sin x\cdot\ln x)'=x^{\sin x}\left(\cos x\cdot\ln x+\frac{\sin x}{x}\right).$$

例 2.5.6　求函数 $y=\sqrt{\dfrac{(x-1)(x-2)}{(x-3)(x-4)}}$ 的导数.

解　先在两边取对数(假定 $x>4$),得

$$\ln y=\frac{1}{2}[\ln(x-1)+\ln(x-2)-\ln(x-3)-\ln(x-4)],$$

上式两边对 x 求导,得

$$\frac{1}{y}y'=\frac{1}{2}\left(\frac{1}{x-1}+\frac{1}{x-2}-\frac{1}{x-3}-\frac{1}{x-4}\right),$$

于是

$$\begin{aligned}y'&=\frac{y}{2}\left(\frac{1}{x-1}+\frac{1}{x-2}-\frac{1}{x-3}-\frac{1}{x-4}\right)\\&=\frac{1}{2}\sqrt{\frac{(x-1)(x-2)}{(x-3)(x-4)}}\left(\frac{1}{x-1}+\frac{1}{x-2}-\frac{1}{x-3}-\frac{1}{x-4}\right).\end{aligned}$$

当 $x<1$ 时,$y=\sqrt{\dfrac{(1-x)(2-x)}{(3-x)(4-x)}}$,当 $2<x<3$ 时,$y=\sqrt{\dfrac{(x-1)(x-2)}{(3-x)(4-x)}}$,用同样方法可得与上面相同的结果.

> **注**　本题虽严格分 $x>4$,$x<1$,$2<x<3$ 三种情况讨论,但事实上结果必然一样.

2.5.2　由参数方程所确定的函数的导数

设 y 与 x 的函数关系是由参数方程 $\begin{cases}x=\varphi(t),\\y=\psi(t)\end{cases}$ 确定的,则称此函数关系所表达

的函数为由参数方程所确定的函数.

在实际问题中,需要计算由参数方程所确定的函数的导数,但从参数方程中消去参数 t 有时会有困难.因此,我们希望有一种方法能直接由参数方程算出它所确定的函数的导数.

设 $x=\varphi(t)$ 具有单调连续反函数 $t=\varphi^{-1}(x)$,且此反函数能与函数 $y=\psi(t)$ 构成复合函数 $y=\psi[\varphi^{-1}(x)]$,若 $x=\varphi(t)$ 和 $y=\psi(t)$ 都可导,则

$$\frac{\mathrm{d}y}{\mathrm{d}x}=\frac{\mathrm{d}y}{\mathrm{d}t}\cdot\frac{\mathrm{d}t}{\mathrm{d}x}=\frac{\mathrm{d}y}{\mathrm{d}t}\cdot\frac{1}{\frac{\mathrm{d}x}{\mathrm{d}t}}=\frac{\psi'(t)}{\varphi'(t)},$$

即

$$\frac{\mathrm{d}y}{\mathrm{d}x}=\frac{\psi'(t)}{\varphi'(t)}\quad\text{或}\quad\frac{\mathrm{d}y}{\mathrm{d}x}=\frac{\frac{\mathrm{d}y}{\mathrm{d}t}}{\frac{\mathrm{d}x}{\mathrm{d}t}}.$$

这就是由参数方程所确定的函数 $y=y(x)$ 对自变量 x 的导数$\frac{\mathrm{d}y}{\mathrm{d}x}$的公式.如果 $x=\varphi(t)$ 和 $y=\psi(t)$ 是二阶可导的,那么由此还可求函数对自变量 x 的二阶导数$\frac{\mathrm{d}^2y}{\mathrm{d}x^2}$.将所得一阶导数$\frac{\mathrm{d}y}{\mathrm{d}x}=\frac{\psi'(t)}{\varphi'(t)}$再对自变量 x 求导,可得

$$\begin{aligned}\frac{\mathrm{d}^2y}{\mathrm{d}x^2}&=\frac{\mathrm{d}}{\mathrm{d}x}\left(\frac{\mathrm{d}y}{\mathrm{d}x}\right)=\frac{\mathrm{d}}{\mathrm{d}x}\left[\frac{\psi'(t)}{\varphi'(t)}\right]=\frac{\mathrm{d}}{\mathrm{d}t}\left[\frac{\psi'(t)}{\varphi'(t)}\right]\cdot\frac{1}{\frac{\mathrm{d}x}{\mathrm{d}t}}\\&=\frac{\varphi'(t)\psi''(t)-\varphi''(t)\psi'(t)}{[\varphi'(t)]^2}\frac{1}{\varphi'(t)}=\frac{\varphi'(t)\psi''(t)-\varphi''(t)\psi'(t)}{[\varphi'(t)]^3}.\end{aligned}$$

例 2.5.7　求椭圆 $\begin{cases}x=a\cos t,\\y=b\sin t\end{cases}$ 在相应于 $t=\frac{\pi}{4}$ 的点处的切线方程(见图 2.9).

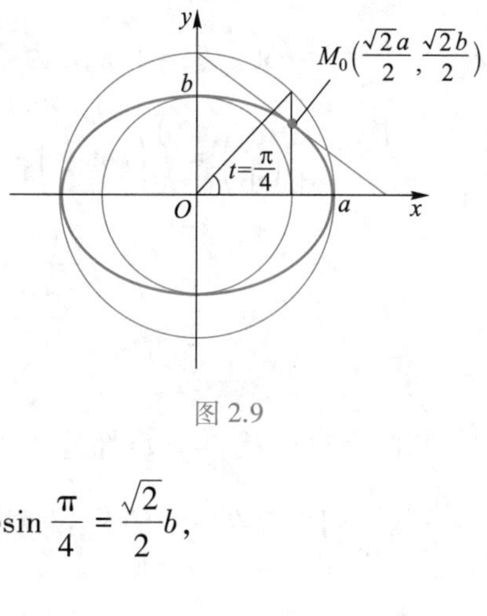

图 2.9

解　$\frac{\mathrm{d}y}{\mathrm{d}x}=\frac{(b\sin t)'}{(a\cos t)'}=\frac{b\cos t}{-a\sin t}=-\frac{b}{a}\cot t.$

所求切线的斜率为$\left.\frac{\mathrm{d}y}{\mathrm{d}x}\right|_{t=\frac{\pi}{4}}=-\frac{b}{a}$.又切点的坐标为

$$x_0=a\cos\frac{\pi}{4}=\frac{\sqrt{2}}{2}a,\quad y_0=b\sin\frac{\pi}{4}=\frac{\sqrt{2}}{2}b,$$

因此切线方程为

$$y-\frac{\sqrt{2}}{2}b=-\frac{b}{a}\left(x-\frac{\sqrt{2}}{2}a\right),$$

即 $bx+ay-\sqrt{2}ab=0$.

例 2.5.8　抛射体运动轨迹的参数方程为$\begin{cases}x=v_1t,\\ y=v_2t-\dfrac{1}{2}gt^2,\end{cases}$求抛射体在时刻 t 的运动速度的大小和方向.

解　先求速度的大小.速度的水平分量与铅直分量分别为

$$x'(t)=v_1,\quad y'(t)=v_2-gt,$$

所以抛射体在时刻 t 的运动速度的大小为

$$v=\sqrt{[x'(t)]^2+[y'(t)]^2}=\sqrt{v_1^2+(v_2-gt)^2}.$$

再求速度的方向.设 α 是切线的倾角,则轨道的切线方向为

$$\tan\alpha=\frac{\mathrm{d}y}{\mathrm{d}x}=\frac{y'(t)}{x'(t)}=\frac{v_2-gt}{v_1}.$$

例 2.5.9　计算由摆线(见图 2.10)的参数方程$\begin{cases}x=a(t-\sin t),\\ y=a(1-\cos t)\end{cases}$所确定的函数 $y=f(x)$ 的二阶导数.

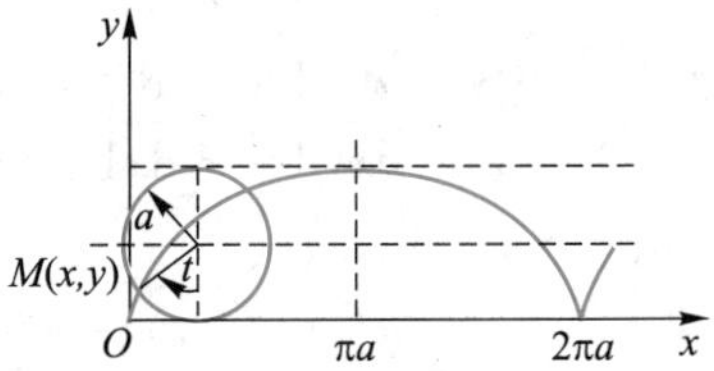

解

$$\begin{aligned}\frac{\mathrm{d}y}{\mathrm{d}x}&=\frac{y'(t)}{x'(t)}=\frac{[a(1-\cos t)]'}{[a(t-\sin t)]'}\\&=\frac{a\sin t}{a(1-\cos t)}\\&=\frac{\sin t}{1-\cos t}\\&=\cot\frac{t}{2}\ (t\neq 2n\pi,n\text{ 为整数}),\end{aligned}$$

图 2.10

$$\frac{\mathrm{d}^2y}{\mathrm{d}x^2}=\frac{\mathrm{d}}{\mathrm{d}x}\left(\frac{\mathrm{d}y}{\mathrm{d}x}\right)=\frac{\mathrm{d}}{\mathrm{d}t}\left(\cot\frac{t}{2}\right)\cdot\frac{\mathrm{d}t}{\mathrm{d}x}$$

$$=-\frac{1}{2\sin^2\dfrac{t}{2}}\cdot\frac{1}{a(1-\cos t)}=-\frac{1}{a(1-\cos t)^2}\ (t\neq 2n\pi,n\text{ 为整数}).$$

2.5.3　相关变化率

设 $x=x(t)$ 及 $y=y(t)$ 都是可导函数,而变量 x 与 y 间存在某种关系,从而变化率$\dfrac{\mathrm{d}x}{\mathrm{d}t}$与$\dfrac{\mathrm{d}y}{\mathrm{d}t}$间也存在一定的关系.这两个相互依赖的变化率称为**相关变化率**.相关变

化率问题就是研究这两个变化率之间的关系,以便从其中一个变化率求出另一个变化率.

例 2.5.10　一气球从离开观察员 400 m 处离地面铅直上升,当气球高度为 400 m时,其速率为 120 m/min.求此时观察员视线的仰角增加的速率是多少?

解　设气球上升时间 t 后,其高度为 h,观察员视线的仰角为 α,则

$$\tan\alpha=\frac{h}{400},$$

其中 α 及 h 都是时间 t 的函数.上式两边对 t 求导,得

$$\sec^2\alpha\cdot\frac{\mathrm{d}\alpha}{\mathrm{d}t}=\frac{1}{400}\cdot\frac{\mathrm{d}h}{\mathrm{d}t}.$$

设 $t=t_0$ 时刻后,气球上升至 $h\big|_{t=t_0}=400$ m 高处,$\left.\dfrac{\mathrm{d}h}{\mathrm{d}t}\right|_{t=t_0}=120$ m/min.又当 $h=400$ m 时,$\tan\alpha=1$,$\sec^2\alpha=2$.代入上式得

$$2\left.\frac{\mathrm{d}\alpha}{\mathrm{d}t}\right|_{t=t_0}=\frac{1}{400}\cdot120,$$

所以

$$\left.\frac{\mathrm{d}\alpha}{\mathrm{d}t}\right|_{t=t_0}=\frac{60}{400}=0.15(\mathrm{rad/min}).$$

即观察员视线的仰角增加的速率是 0.15 rad/min.

习题 2.5

1. 求由下列方程所确定的隐函数的导数$\dfrac{\mathrm{d}y}{\mathrm{d}x}$:

(1) $y^2-2xy+9=0$;　　(2) $x^3+y^3-3axy=0$;

(3) $xy=\mathrm{e}^{x+y}$;　　(4) $\sin(x+y)=\cos x\ln y$.

2. 求由下列方程所确定的隐函数的二阶导数$\dfrac{\mathrm{d}^2y}{\mathrm{d}x^2}$:

(1) $y=1-x\mathrm{e}^y$;　　(2) $y=\tan(x+y)$.

3. 设方程 $xy+\ln y=1$ 确定了隐函数 $y=y(x)$,求 $y'\big|_{x=0}$ 及 $y''\big|_{x=0}$.

4. 求过椭圆外一点$(4,-1)$与椭圆$\dfrac{x^2}{6}+\dfrac{y^2}{3}=1$ 相切的直线方程.

5. 用对数求导法求下列函数的导数:

(1) $y=\left(\dfrac{x}{1+x}\right)^x$;　　(2) $y=\dfrac{\sqrt{x+2}(3-x)^4}{(x+1)^5}$;

(3) $y=(\sin x)^{\tan x}$；　　　　(4) $y=(\sin x)^{x}+x^{\tan x}$.

6. 求下列参数方程所确定的函数的导数$\frac{\mathrm{d}y}{\mathrm{d}x}$：

(1) $\begin{cases}x=at^2,\\y=bt^3;\end{cases}$　　　　(2) $\begin{cases}x=a\cos^3 t,\\y=a\sin^3 t.\end{cases}$

7. 求下列参数方程所确定的函数的二阶导数$\frac{\mathrm{d}^2y}{\mathrm{d}x^2}$：

(1) $\begin{cases}x=\ln(1+t^2),\\y=t-\arctan t;\end{cases}$

(2) $\begin{cases}x=f'(t),\\y=tf'(t)-f(t),\end{cases}$ 设$f''(t)$存在且不为零.

8. 求下列曲线在所给参数值相应的点处的切线方程和法线方程：

(1) $\begin{cases}x=\sin t,\\y=\cos t,\end{cases}$ $t=\frac{\pi}{4}$；　　　　(2) $\begin{cases}x=\frac{3at}{1+t^2},\\y=\frac{3at^2}{1+t^2},\end{cases}$ $t=2$.

9. 注水入深为8 m且上顶直径为8 m的圆锥形容器中，其速率为4 m^3/min.当水深为5 m时，其表面上升的速率为多少？

本章小结

第2章知识和方法总结

本章主要介绍了导数与微分的概念、计算方法以及一些实际应用.

1. 导数与微分的概念

(1) 导数的定义

导数是微积分学的基本概念之一，描述的是函数随自变量变化而变化的快慢程度.本章通过变速直线运动的瞬时速度问题以及曲线切线的斜率问题引出导数的概念.

导数本质上是一类特殊形式的极限.函数$f(x)$在点x_0处的导数(定义)的几种等价形式如下：$f'(x_0)=\lim\limits_{\Delta x\to 0}\frac{\Delta y}{\Delta x}=\lim\limits_{\Delta x\to 0}\frac{f(x_0+\Delta x)-f(x_0)}{\Delta x}=\lim\limits_{h\to 0}\frac{f(x_0+h)-f(x_0)}{h}=\lim\limits_{x\to x_0}\frac{f(x)-f(x_0)}{x-x_0}$.需注意导函数的定义式$f'(x)=\lim\limits_{\Delta x\to 0}\frac{f(x+\Delta x)-f(x)}{\Delta x}=\lim\limits_{h\to 0}\frac{f(x+h)-f(x)}{h}$，在极限过程中，$\Delta x$或$h$是变量而$x$是常数.导数定义与某些特殊

类型的极限问题相关联.

熟悉导数相关的概念与记号:如左导数 $f'_-(x_0)$ 与右导数 $f'_+(x_0)$ 的定义以及单侧导数与导数的关系(函数在一点处可导的充分必要条件是在该点左导数与右导数都存在且相等).

理解导数的几何意义:函数 $y=f(x)$ 在点 x_0 处的导数 $f'(x_0)$ 表示曲线 $y=f(x)$ 在点 $(x_0,f(x_0))$ 处的切线的斜率.

"导数为无穷大"是不可导的一类特殊情形.若函数 $y=f(x)$ 在点 x_0 处的导数为无穷大,则此时曲线 $y=f(x)$ 在相应点处存在切线,即垂直于 x 轴的直线 $x=x_0$.

(2) 微分的定义

微分是在近似描述某一点处函数的改变量的问题中自然引出的概念.

函数 $y=f(x)$ 在点 x 处可微即函数的增量 $\Delta y=A\Delta x+o(\Delta x)$,其中 A 是不依赖于 Δx 的常数(分析证明得 $A=f'(x)$).而函数 $y=f(x)$ 在点 x 处的微分 $\mathrm{d}y=f'(x)\mathrm{d}x$(此公式据微分定义 $\mathrm{d}y=A\Delta x=f'(x)\Delta x$ 以及 $\mathrm{d}x=\Delta x$ 可得).

结合图形理解微分的几何意义,掌握并会应用微分形式不变性.

根据微分的定义可得近似计算公式:

$$\Delta y \approx f'(x_0)\Delta x \quad (|\Delta x| 很小),$$

$$f(x) \approx f(x_0)+f'(x_0)(x-x_0) \quad (|x-x_0| 很小).$$

(3) 可导、可微及连续之间的关系

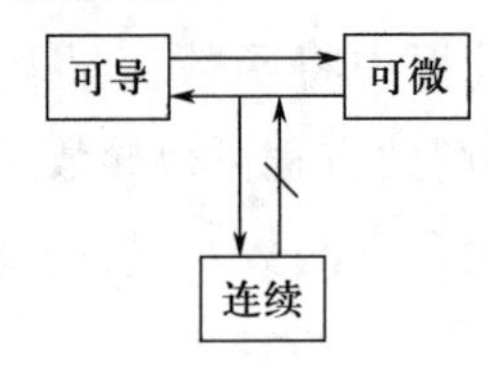

2. 导数与微分的计算

(1) 导数与微分计算的基本公式与法则

基本初等函数的导数公式以及函数的和、差、积、商的求导法则需牢记.复合函数的求导法则需熟练掌握.了解反函数的求导法则.

(2) 导数与微分的计算方法

- **利用定义求导数**

利用定义求导数(通常计算在一点的导数)的本质是计算极限.适用情形通常包含:使用求导法则计算较复杂或者求导法则不适用;求某些抽象函数的导数;求分段函数分段点处的导数(通常与左、右导数相结合).

- **利用公式与法则求导数**

利用基本初等函数的导数公式以及函数的和、差、积、商的求导法则与复合函数的求导法则，能比较方便地求出常见的初等函数的导数.

- **高阶导数的计算**

某些具有规律的高阶导数也可利用常用函数的 n 阶导数公式和莱布尼茨公式计算.

- **对数求导法**

对数求导法是求导的一种技巧，利用对数运算的特性，使求导变得简单，通常适用于幂指函数以及由多个简单函数乘、除或开方、乘方后所得的函数.

- **微分的计算**

根据微分的公式 $\mathrm{d}y=f'(x)\mathrm{d}x$，先计算出函数 $y=f(x)$ 的导数 $f'(x)$，再乘以自变量的微分 $\mathrm{d}x$，就得到函数的微分 $\mathrm{d}y$.

- **微分求导法**

利用微分形式不变性和微分法则，也可直接计算出函数 $y=f(x)$ 的微分 $\mathrm{d}y$，此时函数的微分 $\mathrm{d}y$ 与自变量的微分 $\mathrm{d}x$ 的商（即微商）就是函数的导数 $\dfrac{\mathrm{d}y}{\mathrm{d}x}=f'(x)$.

3. 特殊类型函数的微分法（导数与微分）

（1）隐函数的导数

隐函数（一定条件下由方程所确定的函数）的求导方法是先将方程两边的每一项同时对自变量 x 求导（求导过程中将函数变量 y 看成 $y(x)$，即自变量 x 的函数），得到所求导数 y' 的方程，再解此方程可得导数 y'.

隐函数导数的表达式中一般含有函数变量，因此求解隐函数的二阶导数和一点的导数值时应加以注意.

此外，也可以利用微分求导法计算隐函数的导数或微分.

（2）由参数方程所确定的函数的导数

由参数方程 $\begin{cases}x=\varphi(t),\\ y=\psi(t)\end{cases}$ 所确定的函数 $y=y(x)$ 的导数公式为 $\dfrac{\mathrm{d}y}{\mathrm{d}x}=\dfrac{\psi'(t)}{\varphi'(t)}$. 注意函数变量 y 对自变量 x 的导数是参数变量 t 的表达式. 可利用微分的观点理解一阶导数的公式，并延伸出二阶导数 $\dfrac{\mathrm{d}^2y}{\mathrm{d}x^2}=\dfrac{(y'_x)'_t}{x'_t}$ 结构上类似的规律.

4. 微分的观点

用微分的观点（导数即微商）可以更好地理解本章以及后续章节所学的公式与法则，例如复合函数的求导法则、反函数的求导法则以及由参数方程所确定的函数的导数，等等.

总 习 题 2

A 组

1. 选择题:

(1) 下列函数中,在$(-\infty,+\infty)$内可导的是(　　).

(A) $f(x)=x|\sin x|$　　(B) $f(x)=\sqrt[3]{x}$

(C) $f(x)=\begin{cases}x\sin\dfrac{1}{x}, & x\neq 0,\\ 0, & x=0\end{cases}$　　(D) $f(x)=\begin{cases}x^2, & x<1,\\ 2x, & x\geqslant 1\end{cases}$

(2) 已知函数$f(x)$可导,且$\lim\limits_{x\to 0}\dfrac{f(1)-f(1-x)}{2x}=-1$,则曲线$y=f(x)$(　　).

(A) 在$(1,f(1))$处的切线的斜率为-2

(B) 在$(1,f(1))$处的切线的斜率为2

(C) 在$(0,f(0))$处的切线的斜率为2

(D) 在$(0,f(0))$处的切线的斜率为$-\dfrac{1}{2}$

(3) 若函数$y=f(x)$有$f'(x_0)=\dfrac{1}{2}$,则当$\Delta x\to 0$时,该函数在$x=x_0$处的微分$\mathrm{d}y$是(　　).

(A) 与Δx等价的无穷小　　(B) 与Δx同阶的无穷小

(C) 比Δx低阶的无穷小　　(D) 比Δx高阶的无穷小

(4) $y=\cos^2 2x$,则$\mathrm{d}y=$(　　).

(A) $(\cos^2 2x)'(2x)'\mathrm{d}x$　　(B) $(\cos^2 2x)'\mathrm{d}\cos 2x$

(C) $-2\cos 2x\sin 2x\mathrm{d}x$　　(D) $2\cos 2x\mathrm{d}\cos 2x$

(5) 函数$f(x)$有任意阶导数,且$f'(x)=[f(x)]^2$,则$f^{(n)}(x)=$(　　).

(A) $n[f(x)]^{n+1}$　　(B) $n![f(x)]^{n+1}$

(C) $(n+n!)[f(x)]^{n+1}$　　(D) $(n+1)![f(x)]^2$

2. 填空题:

(1) ①已知$f(x)=\ln(2x-5)$,则$\lim\limits_{h\to 0}\dfrac{f(3-h)-f(3)}{2h}=$________;

②若函数$f(x)$在点$x=0$处连续,且$\lim\limits_{x\to 0}\dfrac{f(x)}{x}=3$,则$f(0)=$________,$f'(0)=$

________.

(2) ①已知 $F'(x)=f(x)$,则 $[F(ax+b)]'=$________,$F'(ax+b)=$________;

②已知 $y=f\left(\dfrac{3x-2}{3x+2}\right)$,$f'(x)=\arctan x^2$,则 $\left.\dfrac{dy}{dx}\right|_{x=0}=$________;

③若函数 $f(x)$ 二阶可导,$y=f(1+x^2)$,则 $y''=$________.

(3) ①设 $y=\cos(x^2)\sin^2\dfrac{1}{x}$,则 $y'=$________;

②设 $y=\arctan e^x-\ln\sqrt{\dfrac{e^{2x}}{e^{2x}+1}}$,则 $\left.\dfrac{dy}{dx}\right|_{x=1}=$________;

③若 $f(x)=\lim\limits_{t\to\infty}x\left(1+\dfrac{1}{t}\right)^{tx}$,则 $f'(x)=$________.

(4) ①设 $y=\ln(1+3^{-x})$,则 $dy=$________;

②设 $y=(1+\sin x)^x$,则 $dy\big|_{x=\pi}=$________.

(5) ①曲线 $y=e^x$ 在点________处的切线与连接曲线上两点 $(0,1)$,$(1,e)$ 的弦平行;

②曲线 $y=x^2$ 与曲线 $y=a\ln x(a\neq 0)$ 相切,则 $a=$________.

3. (1) $f(x)=x(x+1)(x+2)\cdots(x+2010)$,求 $f'(0)$;

(2) $f(x)=\begin{cases}\ln(1+x), & x\geqslant 0,\\ x, & x<0,\end{cases}$ 求 $f'(0)$;

(3) $f(x)=(x-a)\varphi(x)$,$\varphi(x)$ 在点 $x=a$ 处有连续的一阶导数,求 $f'(a)$ 与 $f''(a)$.

4. 设函数 $f(x)=\begin{cases}x^k\sin\dfrac{1}{x}, & x>0,\\ a, & x\leqslant 0,\end{cases}$ 试分别确定满足下列条件的 a 与 k:

(1) 函数 $f(x)$ 在点 $x=0$ 连续;

(2) 函数 $f(x)$ 在点 $x=0$ 可导;

(3) 导函数 $f'(x)$ 在点 $x=0$ 连续.

5. 求下列函数的导数(f,g 可导):

(1) $y=\ln\tan\dfrac{x}{2}-\cos x\cdot\ln\tan x$;　　(2) $y=\ln(e^x+\sqrt{e^{2x}+1})$;

(3) $\dfrac{\sqrt{1+x^2}+\sqrt{1-x^2}}{\sqrt{1+x^2}-\sqrt{1-x^2}}$;　　(4) $y=\arctan\dfrac{x}{\sqrt{a^2-x^2}}$;

(5) $y=f(\ln x)e^{g(x)}$;　　(6) $y=\sqrt{f^2(x)+g^2(x)}$;

(7) $y=\left(\frac{b}{a}\right)^{x}\cdot\left(\frac{b}{x}\right)^{a}\cdot\left(\frac{x}{a}\right)^{b}(a,b>0)$；　　(8) $y=(1+x)^{\frac{1}{x}}$.

6. 证明：可导的偶函数的导数是奇函数；可导的奇函数的导数是偶函数；可导的周期函数的导数还是周期函数.上述结论反过来是否正确？试举例说明.

7. 求下列函数的各阶导数：

(1) $y=\sqrt{ax+b}$(a,b 为常数)；　　(2) $y=\frac{x^2}{1+x}$.

8. 计算下列各题：

(1) $\sqrt{x^2+y^2}=\mathrm{e}^{\arctan\frac{y}{x}}$，求 $\mathrm{d}y$ 及 $\frac{\mathrm{d}^2y}{\mathrm{d}x^2}$；

(2) $\begin{cases}x=\frac{t}{2}-\ln\sqrt{1+\mathrm{e}^t},\\ y=t^2,\end{cases}$ 求 $\frac{\mathrm{d}y}{\mathrm{d}x}$ 及 $\frac{\mathrm{d}^2y}{\mathrm{d}x^2}$.

9. 证明曲线 $x^2-y^2=a$ 与 $xy=b$(a,b 为非零常数)在交点处的切线相互垂直.

10. 甲船以 6 km/h 的速率向东行驶，乙船以 8 km/h 的速率向南行驶.在中午 12:00，乙船位于甲船以北 16 km 处.问下午 1:00 两船相离的速率为多少？

11. 若函数 $f(x)$ 对任意实数 x_1,x_2，有 $f(x_1+x_2)=f(x_1)\cdot f(x_2)$，且 $f'(0)=1$，证明：$f'(x)=f(x)$.

B 组

1. 选择题：

(1) 设 $f(x)$ 在 $x=a$ 的某个邻域内有定义，则 $f(x)$ 在点 $x=a$ 处可导的一个充分条件是(　　).

(A) $\lim\limits_{h\to\infty}h\left[f\left(a+\frac{1}{h}\right)-f(a)\right]$ 存在　　(B) $\lim\limits_{h\to0}\frac{f(a+2h)-f(a-h)}{h}$ 存在

(C) $\lim\limits_{h\to0}\frac{f(a+h)-f(a-h)}{2h}$ 存在　　(D) $\lim\limits_{h\to0}\frac{f(a)-f(a-h)}{h}$ 存在

(2) 设 $f(x)=\begin{cases}x^2, & x\geqslant0,\\ x^4, & x<0,\end{cases}$ $g(x)=\begin{cases}-\sqrt{x}, & x>0,\\ x^2, & x\leqslant0,\end{cases}$ 若 $y=f[g(x)]$，则(　　).

(A) $\left.\frac{\mathrm{d}y}{\mathrm{d}x}\right|_{x=1}=1$　　(B) $\left.\frac{\mathrm{d}y}{\mathrm{d}x}\right|_{x=0}=0$

(C) $\left.\frac{\mathrm{d}y}{\mathrm{d}x}\right|_{x=1}$ 不存在　　(D) $\left.\frac{\mathrm{d}y}{\mathrm{d}x}\right|_{x=0}$ 不存在

(3) 设函数 $f(x)$ 与 $g(x)$ 在 (a,b) 内可导，有下列叙述：①若 $f(x)>g(x)$，则 $f'(x)>g'(x)$；②若 $f'(x)>g'(x)$，则 $f(x)>g(x)$，其中正确的是(　　).

(A) ①　　(B) ②

(C) ①和②　　(D) 以上都不对

(4) 已知函数 $f(x)=\begin{cases} x, & x\leqslant 0, \\ \dfrac{1}{n}, & \dfrac{1}{n+1}<x\leqslant\dfrac{1}{n}, n=1,2,\cdots, \end{cases}$ 则(　　).

(A) $x=0$ 是 $f(x)$ 的第一类间断点　　(B) $x=0$ 是 $f(x)$ 的第二类间断点

(C) $f(x)$ 在 $x=0$ 处连续但不可导　　(D) $f(x)$ 在 $x=0$ 处可导

(5) 设函数 $f(x)$ 在点 $x=a$ 处可导,则函数 $|f(x)|$ 在点 $x=a$ 处不可导的充分条件是(　　).

(A) $f(a)=0$ 且 $f'(a)=0$　　(B) $f(a)=0$ 且 $f'(a)\neq 0$

(C) $f(a)>0$ 且 $f'(a)>0$　　(D) $f(a)<0$ 且 $f'(a)<0$

2. 填空题:

(1) ①函数 $f(x)=(x^2-x-2)|x^3-x|$ 的不可导点是________;

② $f(x)=3x^3+x^2|x|$,则使 $f^{(n)}(0)$ 存在的最高阶数 $n=$________;

③ $f(x)=\ln|x-1|\ (x\neq 1)$,则 $f'(x)=$________.

(2) ① 已知函数 $f(x)$ 为可导的偶函数,且 $f'(1)=a$,则 $f'(0)=$________, $f'(-1)=$________;

② $f(x)=\ln(x+\sqrt{x^2+1})$,则 $f''(0)=$________.

(3) ① 设函数 $y=y(x)$ 是由方程 $x=y+\arctan y$ 所确定的,则 $\mathrm{d}y=$________;

② 设函数 $x=x(y)$ 是由方程 $y=x+\mathrm{e}^x$ 所确定的,则 $\dfrac{\mathrm{d}^2x}{\mathrm{d}y^2}=$________.

(4) ① $f(x)=\dfrac{(x-1)^2(x-2)^2(x-3)^2\cdots(x-100)^2}{(x+1)(x+2)(x+3)\cdots(x+100)}$,则 $f''(1)=$________;

② $f(x)=(x^2-1)^n$,则 $f^{(n+1)}(1)=$________.

(5) ①已知曲线 $y=x^3-3a^2x+b$ 与 x 轴相切,则 b^2 可以通过 a 表示为 $b^2=$________;

② 若曲线 $y=x^2+ax+b$ 和 $2y=-1+xy^3$ 在点 $(1,-1)$ 处相切,则 $a=$________, $b=$________.

3. 设函数 $f(x)=|x^3-1|\varphi(x)$,其中 $\varphi(x)$ 在点 $x=1$ 处连续,证明 $f(x)$ 在点 $x=1$ 处可导的充分必要条件为 $\varphi(1)=0$.

4. 设函数 $f(x)=\begin{cases} (1+2x^2)^{\frac{1}{\sin x}}, & x>0, \\ ax+b, & x\leqslant 0 \end{cases}$ 在点 $x=0$ 处可导,试确定 a 与 b 的值.

5. 判断满足下列各条件的函数 $f(x)$ 在点 $x=0$ 处是否可导.若可导,试求 $f'(0)$.

（1）函数 $f(x)$ 在点 $x=0$ 连续且 $\lim\limits_{x\to 0}[f(x)+e^x]^{\frac{1}{x}}=e^3$；

（2）函数 $f(x)$ 是区间 $(-\delta,\delta)$ 内连续的偶函数，且 $\lim\limits_{x\to 0^+}\dfrac{f(h)}{h}=2$；

（3）函数 $f(x)$ 在 $x=0$ 的某个邻域内有定义，且 $\lim\limits_{x\to 0}\dfrac{f(x)-3}{e^x-1}=2$；

（4）函数 $f(x)$ 在 $x=0$ 的某个邻域内有定义，且当 $\Delta x\to 0$ 时，$\Delta y-2\Delta x$ 是比 Δx 高阶的无穷小，这里 $\Delta y=f(0+\Delta x)-f(0)$；

（5）函数 $f(x)$ 在 $x=0$ 的某个邻域 $(-\delta,\delta)$ 内有定义，且当 $x\in(-\delta,\delta)$ 时，恒有 $|f(x)|\leqslant x^2$.

6. 设 $\varphi(x)=\begin{cases}x^3\sin\dfrac{1}{x}, & x\neq 0,\\ 0, & x=0,\end{cases}$ 又函数 $f(x)$ 为可导函数，求 $F(x)=f[\varphi(x)]$ 的导数.

7. 求下列函数的导数：

（1）$y=\arctan\dfrac{x}{a+\sqrt{a^2-x^2}}(a>0)$；　（2）$y=x^x+x^a+a^x+a^a(a>0$ 且 $a\neq 1)$；

（3）$y=y(x)$ 由 $x^y=y^x$ 所确定；　（4）$y=y(x)$ 由 $\begin{cases}x=\arctan t,\\ 2y-ty^2+e^t=5\end{cases}$ 所确定.

8. 已知 $y=f(x)$ 是由方程 $\sin(xy)+\ln(y-x)=x$ 所确定的，求：

（1）曲线 $y=f(x)$ 在 $x=0$ 对应点处的切线方程与法线方程；

（2）$\lim\limits_{n\to\infty} n\left[f\left(\dfrac{2}{n}\right)-1\right]$.

9. 已知 $f(x)$ 是周期为 5 的连续函数，它在点 $x=0$ 的某个邻域内满足关系式

$$f(1+\sin x)-3f(1-\sin x)=8x+\alpha(x),$$

其中 $\alpha(x)$ 是当 $x\to 0$ 时比 x 高阶的无穷小，且 $f(x)$ 在点 $x=1$ 处可导，求曲线 $y=f(x)$ 在点 $(6,f(6))$ 处的切线方程.

10. 设函数 $f(x)$ 与 $\varphi(x)$ 在点 x_0 处可导，证明曲线 $y=f(x)$ 与曲线 $y=\varphi(x)$ 在点 $x=x_0$ 处相切的充分必要条件为 $\lim\limits_{x\to x_0}\dfrac{f(x)-\varphi(x)}{x-x_0}=0$.

11.（1）设 $f(x)$ 在点 x_0 处可导，而 $g(x)$ 在点 x_0 连续但不可导，试讨论 $f(x)+g(x)$ 以及 $f(x)g(x)$ 在点 x_0 处的可导性；

（2）设 $f(x)$ 与 $g(x)$ 在点 x_0 都连续但不可导，试讨论 $f(x)+g(x)$ 以及 $f(x)g(x)$ 在点 x_0 处的可导性.

12. 设 $S(x)=1+x+x^2+\cdots+x^n$, $T(x)=1+2x+3x^2+4x^3+\cdots+nx^{n-1}$($n$ 为给定的正整数).

(1) 验证 $S'(x)=T(x)$;

(2) 试利用 $S(x)$ 的求和公式,通过求导的方法导出 $T(x)$ 的求和公式.

13. 设 $f(x)=\arcsin x$.

(1) 验证 $(1-x^2)f''(x)=xf'(x)$;

(2) 证明 $(1-x^2)f^{(n+2)}(x)-(2n+1)xf^{(n+1)}(x)-n^2f^{(n)}(x)=0$,并利用它求 $f^{(n)}(0)$. 利用类似方法计算 $g(x)=\dfrac{\arcsin x}{\sqrt{1-x^2}}$ 的 n 阶导数 $g^{(n)}(0)$.

14. 证明:$\dfrac{\mathrm{d}^n}{\mathrm{d}x^n}(x^{n-1}\mathrm{e}^{\frac{1}{x}})=(-1)^n\dfrac{\mathrm{e}^{\frac{1}{x}}}{x^{x+1}}$.

15. 试从 $\dfrac{\mathrm{d}x}{\mathrm{d}y}=\dfrac{1}{y'}$ 导出:

(1) $\dfrac{\mathrm{d}^2x}{\mathrm{d}y^2}=-\dfrac{y''}{(y')^3}$;

(2) $\dfrac{\mathrm{d}^3x}{\mathrm{d}y^3}=\dfrac{3(y'')^2-y'y'''}{(y')^5}$.

第 3 章　微分中值定理与导数的应用

在前一章中,我们引进了导数的概念,详细地讨论了计算导数的方法.本章以微分中值定理为基础,讨论导数在研究函数性态方面的应用,并解决一些实际问题.

3.1　微分中值定理

通过本节的学习,熟练掌握中值定理的条件和结论,并能应用中值定理解决一些简单问题,领会其实质,为微分学的应用打好坚实的理论基础.

3.1.1　罗尔定理

如图 3.1,设光滑的曲线弧 $\overset{\frown}{AB}$ 是函数 $y=f(x)(x\in[a,b])$ 的图形.弧 $\overset{\frown}{AB}$ 上有最高点 C 和最低点 D,可以看到过点 C 和点 D 的切线为水平直线.若记点 C,D 对应的横坐标为 ξ_1,ξ_2,则

$$f'(\xi_1)=f'(\xi_2)=0.$$

即可导函数在最高(低)点处的导数为 0,这就是费马(Fermat)引理.

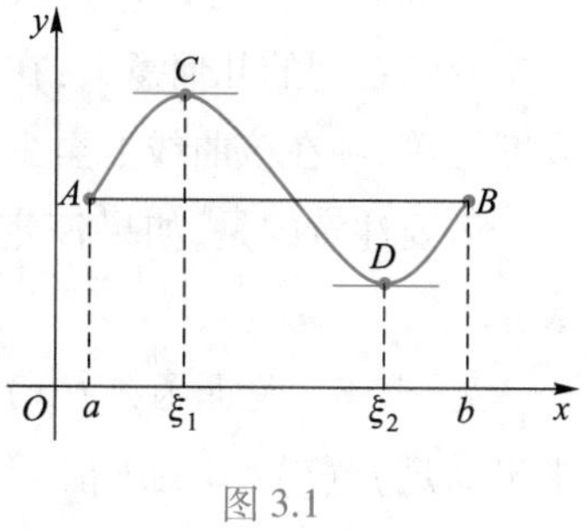

费马引理　设函数 $f(x)$ 在点 x_0 的某邻域 $U(x_0)$ 内有定义,并且在 x_0 处可导,若对任意 $x\in U(x_0)$,有

$$f(x)\leqslant f(x_0)\ (\text{或} f(x)\geqslant f(x_0)),$$

则 $f'(x_0)=0$.

图 3.1

证　不妨设 $x\in U(x_0)$ 时,$f(x)\leqslant f(x_0)$(若 $f(x)\geqslant f(x_0)$,可以类似地证明).于是,对于 $x_0+\Delta x\in U(x_0)$,有

$$f(x_0+\Delta x)\leqslant f(x_0),$$

从而当 $\Delta x>0$ 时,

$$\frac{f(x_0+\Delta x)-f(x_0)}{\Delta x}\leqslant 0;$$

而当 $\Delta x<0$ 时,

$$\frac{f(x_0+\Delta x)-f(x_0)}{\Delta x}\geqslant 0.$$

根据函数 $f(x)$ 在 x_0 处可导及极限的保号性,得

$$f'(x_0)=f'_+(x_0)=\lim_{\Delta x\to 0^+}\frac{f(x_0+\Delta x)-f(x_0)}{\Delta x}\leqslant 0,$$

$$f'(x_0)=f'_-(x_0)=\lim_{\Delta x\to 0^-}\frac{f(x_0+\Delta x)-f(x_0)}{\Delta x}\geqslant 0,$$

所以 $f'(x_0)=0$.

定义 3.1.1　导数等于零的点称为函数的**驻点**(或**稳定点**、**临界点**).

罗尔(Rolle)定理　如果函数 $f(x)$ 满足

(1) 在闭区间 $[a,b]$ 上连续;

(2) 在开区间 (a,b) 内可导;

(3) $f(a)=f(b)$,

那么在 (a,b) 内至少存在一点 $\xi(a<\xi<b)$,使得 $f'(\xi)=0$.

证　因为 $f(x)$ 在 $[a,b]$ 上连续,由最大值和最小值定理,函数 $f(x)$ 在 $[a,b]$ 上必有最大值 M 和最小值 m,现分两种情况来讨论:

(1) 若 $m=M$,则 $f(x)$ 在 $[a,b]$ 上必为常数,从而结论显然成立.

(2) 若 $m<M$,则因 $f(a)=f(b)$,这时最大值 M 与最小值 m 中至少有一个值不等于 $f(a)$ 和 $f(b)$.不妨设 $M\neq f(a)$,于是存在 $\xi\in(a,b)$,使 $f(\xi)=M$.又因 $f(x)$ 在 (a,b) 内可导,从而 $f(x)$ 在点 ξ 处可导,故由费马引理得 $f'(\xi)=0$.

罗尔定理的几何意义:在每一点都可导的一段连续曲线上,如果曲线的两端点高度相等,则在该曲线上至少存在一条水平切线(见图 3.1).

需要注意的是,如果该定理要求的三个条件有一个不满足,定理就有可能不成立.

例 3.1.1　验证函数 $f(x)=x^2-2x-3$ 在区间 $[-1,3]$ 上满足罗尔定理的条件,并求出满足 $f'(\xi)=0$ 的 ξ 值.

解　首先 $f(x)=x^2-2x-3=(x-3)(x+1)$ 在 $[-1,3]$ 上连续,在 $(-1,3)$ 内可导,其次由于 $f(-1)=f(3)=0$,因此 $f(x)$ 在区间 $[-1,3]$ 上满足罗尔定理的条件.又 $f'(x)=2(x-1)$,取 $\xi=1(1\in(-1,3))$,有 $f'(\xi)=0$.

例 3.1.2　证明方程 $x^5-5x+1=0$ 有且仅有一个小于 1 的正实根.

证 设$f(x)=x^5-5x+1$,则$f(x)$在$[0,1]$上连续,且$f(0)=1$, $f(1)=-3$.由介值定理,存在$x_0\in(0,1)$,使$f(x_0)=0$,即x_0为方程的小于1的正实根.若另有$x_1\in(0,1)$,$x_1\neq x_0$,使$f(x_1)=0$,则$f(x)$在x_0,x_1之间满足罗尔定理的条件,故至少存在一点ξ(在x_0,x_1之间)使得$f'(\xi)=0$.但在$(0,1)$内$f'(x)=5(x^4-1)<0$,矛盾,所以x_0为方程的唯一一个小于1的正实根.

例 3.1.3 设$f(x)$在$[0,1]$上连续,在$(0,1)$内可导,且$f(1)=0$,证明:存在$\xi\in(0,1)$,使得$\xi f'(\xi)+f(\xi)=0$成立.

证 构造辅助函数$F(x)=xf(x)$,易见$F(x)$在$[0,1]$上连续,在$(0,1)$内可导,且$F(0)=F(1)=0$.从而由罗尔定理可知,在$(0,1)$内至少存在一点ξ,使得$F'(\xi)=0$,即$\xi f'(\xi)+f(\xi)=0$.

3.1.2 拉格朗日中值定理

罗尔定理的第三个条件$f(a)=f(b)$限制了该定理的应用,如果保留前两个条件,把条件$f(a)=f(b)$取消,那么结论将相应地改变,这就是下面的拉格朗日(Lagrange)中值定理.

拉格朗日中值定理 如果函数$f(x)$满足

(1) 在闭区间$[a,b]$上连续;

(2) 在开区间(a,b)内可导,

那么在(a,b)内至少存在一点$\xi(a<\xi<b)$,使得等式

$$f'(\xi)=\frac{f(b)-f(a)}{b-a} \tag{3.1.1}$$

成立.

拉格朗日中值定理的几何意义:在满足定理条件的曲线$y=f(x)$上至少存在一点$C(\xi,f(\xi))$,曲线在该点处的切线平行于曲线两端点的连线(见图3.2).

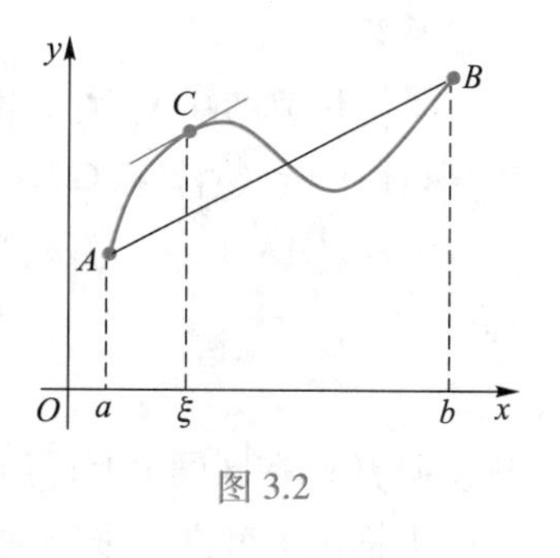

图 3.2

直线AB的方程为$y=f(a)+\dfrac{f(b)-f(a)}{b-a}(x-a)$,而曲线$y=f(x)$与直线$AB$在区间端点$a,b$处相交,如果用曲线$y=f(x)$与直线$AB$的方程作差构造新的函数,那么这个新函数在端点$a,b$处的函数值相等,从而可利用罗尔定理去证明拉格朗日中值定理.

证 如果加上条件$f(a)=f(b)$,拉格朗日中值定理就成了罗尔定理,为此作辅助函数

$$F(x)=f(x)-f(a)-\frac{f(b)-f(a)}{b-a}(x-a).$$

显然，$F(a)=F(b)(=0)$，且 $F(x)$ 在 $[a,b]$ 上满足罗尔定理的另两个条件.故存在 $\xi\in(a,b)$，使

$$F'(\xi)=f'(\xi)-\frac{f(b)-f(a)}{b-a}=0,$$

移项后即得所要证明的式(3.1.1).

式(3.1.1)称为**拉格朗日中值公式**.拉格朗日中值公式还有下面几种等价表示形式：

$$f(b)-f(a)=f'(\xi)(b-a)\quad(a<\xi<b),\tag{3.1.2}$$

$$f(b)-f(a)=f'(a+\theta(b-a))(b-a)\quad(0<\theta<1).\tag{3.1.3}$$

值得注意的是，拉格朗日中值公式无论对于 $a<b$ 还是 $a>b$ 都成立，而 ξ 则是介于 a 与 b 之间的某一定数.式(3.1.3)的特点在于把中值点 ξ 表示成 $a+\theta(b-a)$，使得不论 a,b 为何值，θ 总可为小于1的某一正数.

设 $x,x+\Delta x$ 为 $[a,b]$ 上任意两个不同的点，则式(3.1.3)可写成

$$f(x+\Delta x)-f(x)=f'(x+\theta\Delta x)\Delta x\ (0<\theta<1),\tag{3.1.4}$$

即

$$\Delta y=f'(x+\theta\Delta x)\Delta x\ (0<\theta<1).$$

式(3.1.4)也称为**有限增量公式**.

拉格朗日中值定理在微分学中占有重要地位，我们通常将其称为**微分中值定理**.由拉格朗日中值定理还可以推出两个以后在积分学中很有用的结论.

推论1　若函数 $f(x)$ 在区间 I 上可导，且 $f'(x)\equiv 0, x\in I$，则 $f(x)$ 在区间 I 上是一个常数.

证　任取两点 $x_1,x_2\in I$（不妨设 $x_1<x_2$），在区间 $[x_1,x_2]$ 上应用拉格朗日中值定理，存在 $\xi\in(x_1,x_2)\subset I$，使得

$$f(x_2)-f(x_1)=f'(\xi)(x_2-x_1)=0,$$

即

$$f(x_2)=f(x_1).$$

这说明 $f(x)$ 在区间 I 上任何两点之值相等，从而 $f(x)$ 在区间 I 上是一个常数.

由推论1可进一步得到如下结论：

推论2　若函数 $f(x)$ 和 $g(x)$ 均在区间 I 上可导，且 $f'(x)\equiv g'(x), x\in I$，则在区间 I 上 $f(x)$ 与 $g(x)$ 只相差某一常数，即

$$f(x)=g(x)+C\quad(C\text{ 为某一常数}).$$

例 3.1.4　证明 $\arcsin x+\arccos x=\frac{\pi}{2}(-1\leqslant x\leqslant 1)$.

证 设$f(x)=\arcsin x+\arccos x, x\in[-1,1]$.由于$f(x)$在区间$(-1,1)$内可导,且

$$f'(x)=\frac{1}{\sqrt{1-x^2}}+\left(-\frac{1}{\sqrt{1-x^2}}\right)=0,$$

所以$f(x)\equiv C, x\in(-1,1)$.又$f(0)=\arcsin 0+\arccos 0=\frac{\pi}{2}$,即$C=\frac{\pi}{2}$.

事实上,当$x=\pm1$时,有$f(x)=\frac{\pi}{2}$,所以

$$\arcsin x+\arccos x=\frac{\pi}{2}(-1\leqslant x\leqslant 1).$$

例 3.1.5 证明当$x>0$时,$\frac{x}{1+x}<\ln(1+x)<x$.

证 设$f(x)=\ln(1+x)$,则$f(x)$在$[0,x]$上满足拉格朗日中值定理的条件,于是存在一点$\xi\in(0,x)$,使

$$f(x)-f(0)=f'(\xi)(x-0)\quad(0<\xi<x).$$

又$f(0)=0$, $f'(x)=\frac{1}{1+x}$,于是

$$\ln(1+x)=\frac{x}{1+\xi}.$$

而$0<\xi<x$,所以$1<1+\xi<1+x$,故$\frac{1}{1+x}<\frac{1}{1+\xi}<1$,从而

$$\frac{x}{1+x}<\frac{x}{1+\xi}<x,$$

即

$$\frac{x}{1+x}<\ln(1+x)<x\quad(x>0).$$

3.1.3 柯西中值定理

柯西(Cauchy)中值定理 如果函数$f(x)$及$g(x)$满足

(1) 在闭区间$[a,b]$上连续;

(2) 在开区间(a,b)内可导;

(3) 对于(a,b)内任一点x,$g'(x)\neq0$,

那么在(a,b)内至少存在一点$\xi(a<\xi<b)$,使得

$$\frac{f(b)-f(a)}{g(b)-g(a)}=\frac{f'(\xi)}{g'(\xi)}$$

成立.

柯西中值定理的几何意义：设连续光滑的曲线弧 $\overset{\frown}{AB}$ 由参数方程 $\begin{cases}X=g(x),\\Y=f(x)\end{cases}$ $(a\leqslant x\leqslant b)$ 表示（见图3.3），其中 x 为参数. 由拉格朗日中值定理的几何意义可知，曲线弧 $\overset{\frown}{AB}$ 上一定有一点 $C(x=\xi)$，这点处的切线平行于弦 AB. 而点 C 处切线的斜率为

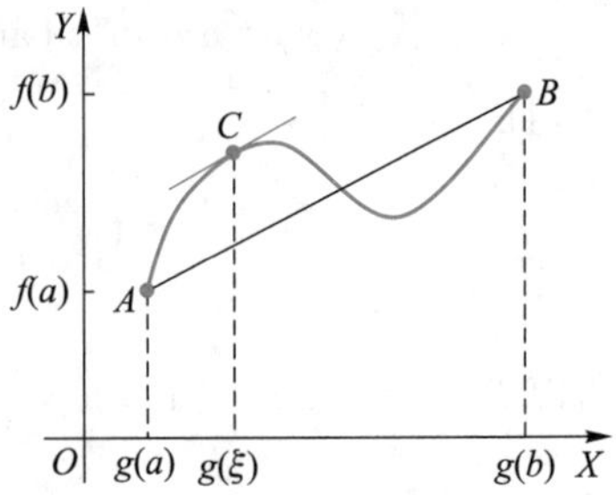

$$\frac{\mathrm{d}Y}{\mathrm{d}X}=\frac{f'(\xi)}{g'(\xi)},$$

图3.3

弦 AB 的斜率为 $\frac{f(b)-f(a)}{g(b)-g(a)}$. 于是

$$\frac{f(b)-f(a)}{g(b)-g(a)}=\frac{f'(\xi)}{g'(\xi)}.$$

证　作辅助函数

$$\varphi(x)=f(x)-f(a)-\frac{f(b)-f(a)}{g(b)-g(a)}[g(x)-g(a)].$$

由定理的条件知，$\varphi(x)$ 在 $[a,b]$ 上连续，在 (a,b) 内可导，且 $\varphi(a)=\varphi(b)=0$. 由罗尔定理，在 (a,b) 内至少存在一点 ξ，使得 $\varphi'(\xi)=0$，即

$$f'(\xi)-\frac{f(b)-f(a)}{g(b)-g(a)}g'(\xi)=0,$$

于是 $\frac{f(b)-f(a)}{g(b)-g(a)}=\frac{f'(\xi)}{g'(\xi)}$. 证毕.

特别地，当 $g(x)=x$ 时，$g(b)-g(a)=b-a$，$g'(x)=1$，由 $\frac{f(b)-f(a)}{g(b)-g(a)}=\frac{f'(\xi)}{g'(\xi)}$，有 $\frac{f(b)-f(a)}{b-a}=f'(\xi)$，即 $f(b)-f(a)=f'(\xi)(b-a)$，故拉格朗日中值定理是柯西中值定理的特例，而柯西中值定理是拉格朗日中值定理的推广.

例 3.1.6　设函数 $f(x)$ 在 $[0,1]$ 上连续，在 $(0,1)$ 内可导，证明：至少存在一点 $\xi\in(0,1)$，使 $f'(\xi)=2\xi[f(1)-f(0)]$.

证　结论可变形为 $\frac{f(1)-f(0)}{1-0}=\frac{f'(\xi)}{2\xi}=\left.\frac{f'(x)}{(x^2)'}\right|_{x=\xi}$. 设 $g(x)=x^2$，则 $f(x)$，$g(x)$ 在 $[0,1]$ 上满足柯西中值定理的条件. 于是至少存在一点 $\xi\in(0,1)$，使得

$$\frac{f(1)-f(0)}{1-0}=\frac{f'(\xi)}{2\xi}.$$

即 $f'(\xi)=2\xi[f(1)-f(0)]$.

习题 3.1

1. 验证函数$f(x)=\ln \sin x$在$\left[\frac{\pi}{6},\frac{5\pi}{6}\right]$上满足罗尔定理，并在$\left(\frac{\pi}{6},\frac{5\pi}{6}\right)$内求点$\xi$，使得$f'(\xi)=0$.

2. 验证函数$f(x)=1-x^2$在$[-1,3]$上满足拉格朗日中值定理，并在$(-1,3)$内求点ξ使其满足定理.

3. 验证函数$f(x)=x^3$与$g(x)=x^2+1$在$[1,2]$上满足柯西中值定理，并在$(1,2)$内求点ξ使其满足定理.

4. 一位司机收到一张罚款单，说他在限速 80 km/h 的收费道路上于 2 h 内走了 169 km，罚款单列出的违章理由为该司机超速行驶，为什么？

5. 证明：方程$x^3-3x+c=0$在$(0,1)$内没有两个不同的实根.

6. 设函数$f(x)$在$[a,b]$上连续，在(a,b)内有二阶导数，且$f(a)=f(b)=f'(a)=0$，证明$f''(x)=0$在(a,b)内至少有一个根.

7. 证明：对于任意$x\in\mathbf{R}$，有$\arctan x+\operatorname{arccot} x=\frac{\pi}{2}$.

8. 证明下列不等式：

（1）当$x>0$时，$\frac{x}{1+x^2}<\arctan x<x$；

（2）当$a>b>0,n>1$时，$nb^{n-1}(a-b)<a^n-b^n<na^{n-1}(a-b)$；

（3）当$a>b>0$时，$\frac{a-b}{a}<\ln\frac{a}{b}<\frac{a-b}{b}$；

（4）当$x>1$时，$e^x>ex$；

（5）对于任意$x,y\in\mathbf{R}$，有$|\sin x-\sin y|\leqslant|x-y|$.

9. 设函数$f(x)$在$[a,b]$上连续，在(a,b)内可导，且有$f(a)=f(b)=0$.证明：存在$\xi\in(a,b)$，使$f(\xi)-f'(\xi)=0$.

10. 设函数$f(x)$在$[a,b]$$(a>0)$上连续，在$(a,b)$内可导，证明：至少存在一点$\xi\in(a,b)$，使得$f(b)-f(a)=\xi\ln\frac{b}{a}\cdot f'(\xi)$.

11. 设函数$f(x)$在$[a,b]$上连续，在(a,b)内有二阶导数，且有$f(a)=f(b)=0$，$f(c)>0(a<c<b)$，证明在(a,b)内至少存在一点ξ，使$f''(\xi)<0$.

12. 设函数$f(x)$和$g(x)$可导且$f(x)\neq 0$，又$\begin{vmatrix} f(x) & g(x) \\ f'(x) & g'(x) \end{vmatrix}=0$，证明：$g(x)=cf(x)$.

3.2　洛必达法则

通过本节的学习，理解洛必达(L'Hospital)法则的使用条件，掌握用洛必达法则求不定式极限的方法.

如果当 $x\to a$(或 $x\to\infty$)时，函数 $f(x)$ 和 $F(x)$ 都趋于零或都趋于无穷大，那么极限 $\lim\limits_{\substack{x\to a\\(x\to\infty)}}\dfrac{f(x)}{F(x)}$ 可能存在，也可能不存在. 通常称这种极限为不定式，简记为 $\dfrac{0}{0}$ 或 $\dfrac{\infty}{\infty}$. 对于不定式，即使其极限存在，也不能用商的求导法则来计算. 洛必达法则是求这类极限的一种简便而重要的方法.

定理 3.2.1　设函数 $f(x)$ 和 $F(x)$ 满足

(1) $\lim\limits_{x\to a}f(x)=\lim\limits_{x\to a}F(x)=0$；

(2) 在点 a 的某去心邻域内，$f'(x)$ 和 $F'(x)$ 都存在且 $F'(x)\neq0$；

(3) $\lim\limits_{x\to a}\dfrac{f'(x)}{F'(x)}=A$(或 ∞)，

则

$$\lim_{x\to a}\frac{f(x)}{F(x)}=\lim_{x\to a}\frac{f'(x)}{F'(x)}=A(\text{或 }\infty).$$

上述定理给出的这种在一定条件下通过分子分母分别求导再求极限来确定不定式的值的方法称为洛必达法则.

证　因为 $\lim\limits_{x\to a}f(x)=0$，$\lim\limits_{x\to a}F(x)=0$，所以可以补充定义 $f(a)=F(a)=0$. 于是 $f(x)$，$F(x)$ 在上述邻域内连续，在该邻域内任取一点 x，在以 a 和 x 为端点的区间上函数 $f(x)$ 和 $F(x)$ 满足柯西中值定理的条件，于是有

$$\frac{f(x)}{F(x)}=\frac{f(x)-f(a)}{F(x)-F(a)}=\frac{f'(\xi)}{F'(\xi)}(\xi\text{ 在 }a\text{ 与 }x\text{ 之间}).$$

注意到 $x\to a$ 时 $\xi\to a$，对上式两边取极限，结合条件(3)得

$$\lim_{x\to a}\frac{f(x)}{F(x)}=\lim_{x\to a}\frac{f'(\xi)}{F'(\xi)}=\lim_{\xi\to a}\frac{f'(\xi)}{F'(\xi)}.$$

证毕.

如果 $\dfrac{f'(x)}{F'(x)}$ 当 $x\to a$ 时仍属于 $\dfrac{0}{0}$ 型，且 $f'(x)$ 和 $F'(x)$ 满足洛必达法则的条件，则可继续使用洛必达法则. 依次类推，即得

$$\lim_{x\to a}\frac{f(x)}{F(x)}=\lim_{x\to a}\frac{f'(x)}{F'(x)}=\lim_{x\to a}\frac{f''(x)}{F''(x)}=\cdots=A(\text{或}\infty).$$

需要注意的是,若定理 3.2.1 中的极限过程 $x\to a$ 换成 $x\to a^{+}$,$x\to a^{-}$,$x\to-\infty$,$x\to+\infty$,$x\to\infty$,只要相应地修改定理的条件,也有类似的结论.

例 3.2.1 求$\lim\limits_{x\to 0}\dfrac{\tan x}{x}$.

解 这是$\dfrac{0}{0}$型不定式,应用洛必达法则,有

$$\lim_{x\to 0}\frac{\tan x}{x}=\lim_{x\to 0}\frac{(\tan x)'}{(x)'}=\lim_{x\to 0}\frac{\sec^2 x}{1}=1.$$

例 3.2.2 求$\lim\limits_{x\to 1}\dfrac{x^3-3x+2}{x^3-x^2-x+1}$.

解 这是$\dfrac{0}{0}$型不定式,应用洛必达法则,有

$$\lim_{x\to 1}\frac{x^3-3x+2}{x^3-x^2-x+1}=\lim_{x\to 1}\frac{3x^2-3}{3x^2-2x-1}=\lim_{x\to 1}\frac{6x}{6x-2}=\frac{3}{2}.$$

例 3.2.3 求$\lim\limits_{x\to+\infty}\dfrac{\dfrac{\pi}{2}-\arctan x}{\dfrac{1}{x}}$.

解 这是$\dfrac{0}{0}$型不定式,应用洛必达法则,有

$$\lim_{x\to+\infty}\frac{\dfrac{\pi}{2}-\arctan x}{\dfrac{1}{x}}=\lim_{x\to+\infty}\frac{-\dfrac{1}{1+x^2}}{-\dfrac{1}{x^2}}=\lim_{x\to+\infty}\frac{x^2}{1+x^2}=1.$$

例 3.2.4 求$\lim\limits_{x\to 0}\dfrac{x^3}{x-\sin x}$.

解 这是$\dfrac{0}{0}$型不定式,应用洛必达法则,有

$$\lim_{x\to 0}\frac{x^3}{x-\sin x}=\lim_{x\to 0}\frac{3x^2}{1-\cos x}=\lim_{x\to 0}\frac{6x}{\sin x}=6.$$

对于$\dfrac{\infty}{\infty}$型不定式,也有相应的洛必达法则.

定理 3.2.2 设函数 $f(x)$ 和 $F(x)$ 满足

(1) $\lim\limits_{x\to a}f(x)=\lim\limits_{x\to a}F(x)=\infty$;

(2) 在点 a 的某去心邻域内，$f'(x)$ 和 $F'(x)$ 都存在且 $F'(x)\neq 0$；

(3) $\lim\limits_{x\to a}\dfrac{f'(x)}{F'(x)}=A$（或$\infty$），

则

$$\lim_{x\to a}\frac{f(x)}{F(x)}=\lim_{x\to a}\frac{f'(x)}{F'(x)}=A(\text{或 }\infty).$$

例 3.2.5　求$\lim\limits_{x\to\frac{\pi}{2}}\dfrac{\tan x}{\tan 3x}$.

解　这是$\dfrac{\infty}{\infty}$型不定式，应用洛必达法则，有

$$\lim_{x\to\frac{\pi}{2}}\frac{\tan x}{\tan 3x}=\lim_{x\to\frac{\pi}{2}}\frac{\sec^2 x}{3\sec^2 3x}=\frac{1}{3}\lim_{x\to\frac{\pi}{2}}\frac{\cos^2 3x}{\cos^2 x}=\frac{1}{3}\lim_{x\to\frac{\pi}{2}}\frac{-6\cos 3x\sin 3x}{-2\cos x\sin x}$$

$$=\lim_{x\to\frac{\pi}{2}}\frac{\sin 6x}{\sin 2x}=\lim_{x\to\frac{\pi}{2}}\frac{6\cos 6x}{2\cos 2x}=3.$$

例 3.2.6　求$\lim\limits_{x\to+\infty}\dfrac{x^n}{e^x}(n\in\mathbf{N})$.

解　这是$\dfrac{\infty}{\infty}$型不定式，应用洛必达法则，有

$$\lim_{x\to+\infty}\frac{x^n}{e^x}=\lim_{x\to+\infty}\frac{nx^{n-1}}{e^x}=\cdots=\lim_{x\to+\infty}\frac{n!}{e^x}=0.$$

例 3.2.7　求$\lim\limits_{x\to+\infty}\dfrac{\ln x}{x^n}$ $(n>0)$.

解　这是$\dfrac{\infty}{\infty}$型不定式，应用洛必达法则，有

$$\lim_{x\to+\infty}\frac{\ln x}{x^n}=\lim_{x\to+\infty}\frac{\frac{1}{x}}{nx^{n-1}}=\lim_{x\to+\infty}\frac{1}{nx^n}=0.$$

指数函数 e^x，幂函数 x^n，对数函数 $\ln x$ 均为 $x\to+\infty$ 时的无穷大，但它们增大的速度却不同.指数函数远远快于幂函数，幂函数远远快于对数函数.

例 3.2.8　求$\lim\limits_{x\to 0}\dfrac{\tan x-x}{x^2\tan x}$.

解　这是$\dfrac{0}{0}$型不定式，如果直接使用洛必达法则，分母求导后会比较烦琐.若结合利用等价无穷小代换，即当 $x\to 0$ 时，$\tan x\sim x$，则有

$$\lim_{x\to 0}\frac{\tan x-x}{x^2\tan x}=\lim_{x\to 0}\frac{\tan x-x}{x^3}=\lim_{x\to 0}\frac{\sec^2 x-1}{3x^2}=\frac{1}{3}\lim_{x\to 0}\frac{\tan^2 x}{x^2}=\frac{1}{3}.$$

这说明将洛必达法则结合其他求极限方法使用,可使运算过程简单.

例 3.2.9 求$\lim\limits_{x\to\infty}\dfrac{x+\cos x}{x}$.

解 这是$\dfrac{\infty}{\infty}$型不定式,但若不考虑定理的条件是否满足而盲目使用洛必达法则,则得到

$$\lim_{x\to\infty}\frac{x+\cos x}{x}=\lim_{x\to\infty}\frac{1-\sin x}{1}=\lim_{x\to\infty}(1-\sin x),$$

极限不存在.事实上

$$\lim_{x\to\infty}\frac{x+\cos x}{x}=\lim_{x\to\infty}\left(1+\frac{1}{x}\cos x\right)=1.$$

这里不能使用洛必达法则的原因是定理中的条件(3)未满足.

例 3.2.10 求$\lim\limits_{x\to+\infty}\dfrac{e^x-e^{-x}}{e^x+e^{-x}}$.

解 这是$\dfrac{\infty}{\infty}$型不定式,洛必达法则的条件都满足,但

$$\lim_{x\to+\infty}\frac{e^x-e^{-x}}{e^x+e^{-x}}=\lim_{x\to+\infty}\frac{e^x+e^{-x}}{e^x-e^{-x}}=\lim_{x\to+\infty}\frac{e^x-e^{-x}}{e^x+e^{-x}},$$

分子分母分别求导出现了循环现象,洛必达法则失效.我们可以这样来解:

$$\lim_{x\to+\infty}\frac{e^x-e^{-x}}{e^x+e^{-x}}=\lim_{x\to+\infty}\frac{1-e^{-2x}}{1+e^{-2x}}=1.$$

其他类型的不定式($0\cdot\infty,\infty-\infty,0^0,1^\infty,\infty^0$)可通过适当的变形转化为$\dfrac{0}{0}$型或$\dfrac{\infty}{\infty}$型,一般地,

(1) 对于$0\cdot\infty$型,可将乘积化为商的形式,将其化为$\dfrac{0}{0}$型或$\dfrac{\infty}{\infty}$型不定式来计算.

(2) 对于$\infty-\infty$型,可利用通分、有理化等变形转化为$\dfrac{0}{0}$型不定式来计算.

(3) 对于$0^0,1^\infty,\infty^0$型,先将幂指函数$u(x)^{v(x)}$化为$e^{v(x)\ln u(x)}$,指数$v(x)\ln u(x)$为$0\cdot\infty$的形式,可再化为$\dfrac{0}{0}$型或$\dfrac{\infty}{\infty}$型不定式来计算.

例 3.2.11　计算$\lim\limits_{x\to0^+}x\ln x$.

解　$\lim\limits_{x\to0^+}x\ln x=\lim\limits_{x\to0^+}\dfrac{\ln x}{1/x}=\lim\limits_{x\to0^+}\dfrac{1/x}{-1/x^2}=-\lim\limits_{x\to0^+}x=0.$

例 3.2.12　求$\lim\limits_{x\to0}\left(\dfrac{1}{\sin x}-\dfrac{1}{x}\right)$.

解　$\lim\limits_{x\to0}\left(\dfrac{1}{\sin x}-\dfrac{1}{x}\right)=\lim\limits_{x\to0}\dfrac{x-\sin x}{x\cdot\sin x}=\lim\limits_{x\to0}\dfrac{x-\sin x}{x^2}=\lim\limits_{x\to0}\dfrac{1-\cos x}{2x}=\lim\limits_{x\to0}\dfrac{\sin x}{2}=0.$

例 3.2.13　求$\lim\limits_{x\to0^+}x^x$.

解　$\lim\limits_{x\to0^+}x^x=\lim\limits_{x\to0^+}e^{x\ln x}=e^{\lim\limits_{x\to0^+}x\ln x}=e^{\lim\limits_{x\to0^+}\frac{\ln x}{\frac{1}{x}}}=e^{\lim\limits_{x\to0^+}\frac{\frac{1}{x}}{-\frac{1}{x^2}}}=e^0=1.$

例 3.2.14　求$\lim\limits_{x\to1}x^{\frac{1}{1-x}}$.

解　$\lim\limits_{x\to1}x^{\frac{1}{1-x}}=\lim\limits_{x\to1}e^{\frac{1}{1-x}\ln x}=e^{\lim\limits_{x\to1}\frac{\ln x}{1-x}}=e^{\lim\limits_{x\to1}\frac{\frac{1}{x}}{-1}}=e^{-1}.$

例 3.2.15　求$\lim\limits_{x\to0^+}(\cot x)^{\frac{1}{\ln x}}$.

解　由于$(\cot x)^{\frac{1}{\ln x}}=e^{\frac{1}{\ln x}\cdot\ln(\cot x)}$,而

$$\lim_{x\to0^+}\frac{1}{\ln x}\cdot\ln(\cot x)=\lim_{x\to0^+}\frac{-\dfrac{1}{\cot x}\cdot\dfrac{1}{\sin^2 x}}{\dfrac{1}{x}}=\lim_{x\to0^+}\frac{-x}{\cos x\cdot\sin x}=-1,$$

所以$\lim\limits_{x\to0^+}(\cot x)^{\frac{1}{\ln x}}=e^{-1}$.

例 3.2.16　求$\lim\limits_{n\to\infty}(1+n)^{\frac{1}{\sqrt{n}}}$.

解　数列$(1+n)^{\frac{1}{\sqrt{n}}}$不可导,不能用洛必达法则.可以先将其转化为相应的函数极限问题,再利用数列极限与函数极限的关系得出结果.

由于$(1+x)^{\frac{1}{\sqrt{x}}}=e^{\frac{1}{\sqrt{x}}\ln(1+x)}$,而

$$\lim_{x\to+\infty}\frac{\ln(1+x)}{\sqrt{x}}=\lim_{x\to+\infty}\frac{\dfrac{1}{1+x}}{\dfrac{1}{2\sqrt{x}}}=\lim_{x\to+\infty}\frac{2\sqrt{x}}{1+x}=0,$$

即$\lim\limits_{x\to+\infty}(1+x)^{\frac{1}{\sqrt{x}}}=e^0=1$,从而$\lim\limits_{n\to\infty}(1+n)^{\frac{1}{\sqrt{n}}}=1$.

习题 3.2

1. 用洛必达法则求下列极限:

(1) $\lim\limits_{x\to 0}\dfrac{e^x-\cos x}{x}$； (2) $\lim\limits_{x\to 0}\dfrac{\tan x-x}{x-\sin x}$；

(3) $\lim\limits_{x\to \pi}\dfrac{\sin 3x}{\tan 5x}$； (4) $\lim\limits_{x\to a}\dfrac{x^m-a^m}{x^n-a^n}(a\neq 0)$；

(5) $\lim\limits_{x\to +\infty}\dfrac{\operatorname{arccot} x}{\ln\left(1+\dfrac{1}{x}\right)}$； (6) $\lim\limits_{x\to 0}\dfrac{3x-\sin 3x}{(1-\cos x)\ln(1+2x)}$；

(7) $\lim\limits_{x\to 0^+}\dfrac{\ln \arctan x}{\ln x}$； (8) $\lim\limits_{x\to \frac{\pi}{2}}\dfrac{\tan x-2}{\sec x+3}$；

(9) $\lim\limits_{x\to \infty}x(e^{\frac{1}{x}}-1)$； (10) $\lim\limits_{x\to 1}(1-x)\tan\dfrac{\pi x}{2}$；

(11) $\lim\limits_{x\to \frac{\pi}{2}}(\sec x-\tan x)$； (12) $\lim\limits_{x\to 1}\left[\dfrac{2}{x^2-1}-\dfrac{1}{x-1}\right]$；

(13) $\lim\limits_{x\to 0^+}(\cos\sqrt{x})^{\frac{1}{x}}$； (14) $\lim\limits_{n\to \infty}\left(1+\dfrac{1}{n}+\dfrac{1}{n^2}\right)^n$；

(15) $\lim\limits_{x\to 0^+}x^{\tan x}$； (16) $\lim\limits_{x\to +\infty}(x+\sqrt{1+x^2})^{\frac{1}{\ln x}}$.

2. 求极限，说明为什么不能用洛必达法则求下列极限？

(1) $\lim\limits_{x\to 0}\dfrac{x^2\sin\dfrac{1}{x}}{\sin 2x}$ (2) $\lim\limits_{x\to \infty}\dfrac{x-\sin x}{x+\sin x}$.

3. 设$f(x)$有一阶连续导数，$f(0)=f'(0)=1$，求$\lim\limits_{x\to 0}\dfrac{f(\sin x)-1}{\ln f(x)}$.

4. 已知$\lim\limits_{x\to 0}\left(\dfrac{\sin 3x}{x^3}+\dfrac{a}{x^2}+b\right)=0$，求$a,b$的值.

5. 设$f'(x)$连续，证明$\lim\limits_{h\to 0}\dfrac{f(x+h)-f(x-h)}{2h}=f'(x)$.

3.3 泰勒公式

通过本节的学习，理解泰勒(Taylor)中值定理，会用泰勒公式和麦克劳林(Maclaurin)公式求函数的展开式.

对于一些较复杂的函数，为了便于研究，往往希望用一些简单的函数来近似表达.用多项式表示的函数是最为简单的一类函数，它只要对自变量进行有限次加、减、乘三种运算，便能求出其函数值，因此我们经常用多项式来近似表达函数.

在微分的应用中已经知道,当$|x|$很小时,有如下的近似等式:

$$e^x \approx 1 + x, \quad \sin x \approx x.$$

这些都是用一次多项式来近似表达函数的例子.但是这种近似表达式还存在着不足之处:首先是精确度不高,所产生的误差仅是关于x的高阶无穷小;其次是用它来进行近似计算时,不能具体估算出误差大小.因此,对于精确度要求较高且需要估计误差时,就必须用高次多项式来近似表达函数,同时给出误差公式.

设函数$f(x)$在含有x_0的开区间内具有直到$n+1$阶导数,现在我们希望找出一个关于$(x-x_0)$的n次多项式

$$p_n(x) = a_0 + a_1(x - x_0) + a_2(x - x_0)^2 + \cdots + a_n(x - x_0)^n$$

来近似表达$f(x)$,要求$p_n(x)$与$f(x)$之差是比$(x-x_0)^n$高阶的无穷小,并给出误差$|R_n(x)| = |f(x)-p_n(x)|$的具体表达式.

我们自然希望$p_n(x)$与$f(x)$在x_0处的函数值及直到n阶导数的值相等.由于

$$\begin{aligned}
&p_n(x) = a_0 + a_1(x - x_0) + a_2(x - x_0)^2 + \cdots + a_n(x - x_0)^n,\\
&p_n'(x) = a_1 + 2a_2(x - x_0) + \cdots + na_n(x - x_0)^{n-1},\\
&p_n''(x) = 2a_2 + 3 \cdot 2 \cdot a_3(x - x_0) + \cdots + n(n-1)a_n(x - x_0)^{n-2},\\
&p_n'''(x) = 3!\ a_3 + 4 \cdot 3 \cdot 2a_4(x - x_0) + \cdots + n(n-1)(n-2)a_n(x - x_0)^{n-3},\\
&\qquad \cdots\\
&p_n^{(n)}(x) = n!a_n,
\end{aligned}$$

于是

$$p_n(x_0) = a_0, \quad p_n'(x_0) = a_1, \quad p_n''(x_0) = 2!a_2,$$
$$p_n'''(x_0) = 3!a_3, \quad \cdots, \quad p_n^{(n)}(x_0) = n!a_n.$$

按要求有

$$f(x_0) = p_n(x_0) = a_0, \quad f'(x_0) = p_n'(x_0) = a_1,$$
$$f''(x_0) = p''_n(x_0) = 2!a_2, \quad f'''(x_0) = p'''_n(x_0) = 3!a_3, \cdots,$$
$$f^{(n)}(x_0) = p_n^{(n)}(x_0) = n!a_n.$$

从而有

$$a_0 = f(x_0), \quad a_1 = f'(x_0), \quad a_2 = \frac{1}{2!}f''(x_0),$$
$$a_3 = \frac{1}{3!}f'''(x_0), \cdots, a_n = \frac{1}{n!}f^{(n)}(x_0),$$

即

$$a_k = \frac{1}{k!}f^{(k)}(x_0)\,(k = 0, 1, 2, \cdots, n).$$

于是就有

$$p_n(x)=f(x_0)+f'(x_0)(x-x_0)+\frac{1}{2!}f''(x_0)(x-x_0)^2+\cdots+$$

$$\frac{1}{n!}f^{(n)}(x_0)(x-x_0)^n. \tag{3.3.1}$$

下面的定理表明,可以用多项式 $p_n(x)$ 来近似表达函数 $f(x)$.

3.3.1 泰勒中值定理

泰勒中值定理 若函数 $f(x)$ 在含有 x_0 的某个开区间 (a,b) 内具有直到 $(n+1)$ 阶导数,则对任一 $x\in(a,b)$,$f(x)$ 可以表示为 $(x-x_0)$ 的一个 n 次多项式与余项 $R_n(x)$ 之和,即

$$f(x)=f(x_0)+f'(x_0)(x-x_0)+\frac{1}{2!}f''(x_0)(x-x_0)^2+\cdots+$$

$$\frac{1}{n!}f^{(n)}(x_0)(x-x_0)^n+R_n(x), \tag{3.3.2}$$

其中

$$R_n(x)=\frac{f^{(n+1)}(\xi)}{(n+1)!}(x-x_0)^{n+1}, \tag{3.3.3}$$

ξ 为介于 x_0 与 x 之间的某个值.

证 由定理的条件,$f(x)$ 在含有 x_0 的某个开区间 (a,b) 内具有直到 $(n+1)$ 阶导数,所以 $R_n(x)=f(x)-p_n(x)$ 在 (a,b) 内也具有直到 $(n+1)$ 阶导数,且

$$R_n(x_0)=R'_n(x_0)=R''_n(x_0)=\cdots=R_n^{(n)}(x_0)=0.$$

两函数 $R_n(x)$ 及 $(x-x_0)^{n+1}$ 在以 x_0 及 x 为端点的区间上满足柯西中值定理的条件,因此

$$\frac{R_n(x)}{(x-x_0)^{n+1}}=\frac{R_n(x)-R_n(x_0)}{(x-x_0)^{n+1}-0}=\frac{R'_n(\xi_1)}{(n+1)(\xi_1-x_0)^n}(\xi_1\text{ 介于 }x_0\text{ 与 }x\text{ 之间}).$$

由于函数 $R'_n(x)$ 及 $(n+1)(x-x_0)^n$ 在以 x_0 及 ξ_1 为端点的区间上也满足柯西中值定理的条件,得

$$\frac{R'_n(\xi_1)}{(n+1)(\xi_1-x_0)^n}=\frac{R'_n(\xi_1)-R'_n(x_0)}{(n+1)(\xi_1-x_0)^n-0}$$

$$=\frac{R''_n(\xi_2)}{n(n+1)(\xi_2-x_0)^{n-1}}(\xi_2\text{ 介于 }x_0\text{ 与 }\xi_1\text{ 之间}).$$

如此下去,连续应用柯西中值定理 $n+1$ 次,得

$$\frac{R_n(x)}{(x-x_0)^{n+1}}=\frac{R_n^{(n+1)}(\xi)}{(n+1)!}(\xi\text{ 介于 }x_0\text{ 与 }x\text{ 之间}).$$

因为 $p_n^{(n+1)}(x)=0$，所以 $R_n^{(n+1)}(x)=f^{(n+1)}(x)$，则由上式得

$$R_n(x)=\frac{f^{(n+1)}(\xi)}{(n+1)!}(x-x_0)^{n+1}(\xi \text{ 介于 } x_0 \text{ 与 } x \text{ 之间}).$$

证毕.

几点说明：

（1）多项式(3.3.1)称为函数 $f(x)$ 按 $(x-x_0)$ 的幂展开的 n 次泰勒多项式，公式(3.3.2)称为 $f(x)$ 按 $(x-x_0)$ 的幂展开的带有拉格朗日型余项的 n 阶泰勒公式，而 $R_n(x)$ 的表达式(3.3.3)称为拉格朗日型余项.

（2）当 $n=0$ 时，泰勒公式变成

$$f(x)=f(x_0)+f'(\xi)(x-x_0)(\xi \text{ 介于 } x_0 \text{ 与 } x \text{ 之间}).$$

因此泰勒中值定理是拉格朗日中值定理的推广.

（3）如果对任一 $x\in(a,b)$，有 $|f^{(n+1)}(x)|\leqslant M$，则

$$|R_n(x)|=\left|\frac{f^{(n+1)}(\xi)}{(n+1)!}(x-x_0)^{n+1}\right|\leqslant\frac{M}{(n+1)!}|x-x_0|^{n+1}, \qquad (3.3.4)$$

及

$$\lim_{x\to x_0}\frac{R_n(x)}{(x-x_0)^n}=0.$$

可见，当 $x\to x_0$ 时，误差 $|R_n(x)|$ 是比 $(x-x_0)^n$ 高阶的无穷小，即

$$R_n(x)=o[(x-x_0)^n]. \qquad (3.3.5)$$

该余项称为佩亚诺(Peano)型余项.在不需要余项的精确表达式时，n 阶泰勒公式也可写成

$$f(x)=f(x_0)+f'(x_0)(x-x_0)+\frac{1}{2!}f''(x_0)(x-x_0)^2+\cdots+$$

$$\frac{1}{n!}f^{(n)}(x_0)(x-x_0)^n+o[(x-x_0)^n]. \qquad (3.3.6)$$

称上式为带佩亚诺型余项的 n 阶泰勒公式.

（4）在式(3.3.2)中，取 $x_0=0$，则 ξ 在 0 与 x 之间，因此可令 $\xi=\theta x(0<\theta<1)$，于是得

$$f(x)=f(0)+f'(0)x+\frac{f''(0)}{2!}x^2+\cdots+\frac{f^{(n)}(0)}{n!}x^n+\frac{f^{(n+1)}(\theta x)}{(n+1)!}x^{n+1}(0<\theta<1). \qquad (3.3.7)$$

称式(3.3.7)为带拉格朗日型余项的 n 阶麦克劳林公式.

在式(3.3.6)中，令 $x_0=0$ 得

$$f(x)=f(0)+f'(0)x+\frac{f''(0)}{2!}x^2+\cdots+\frac{f^{(n)}(0)}{n!}x^n+o(x^n).\quad(3.3.8)$$

称(3.3.8)式为**带佩亚诺型余项的 n 阶麦克劳林公式**.

由此得近似计算公式

$$f(x)\approx f(0)+f'(0)x+\frac{f''(0)}{2!}x^2+\cdots+\frac{f^{(n)}(0)}{n!}x^n,$$

误差估计式(3.3.4)变为

$$|R_n(x)|\leqslant\frac{M}{(n+1)!}|x|^{n+1}.$$

3.3.2 几个常用函数的麦克劳林公式

例 3.3.1 求 $f(x)=\mathrm{e}^x$ 的 n 阶麦克劳林公式.

解 因为

$$f'(x)=f''(x)=\cdots=f^{(n)}(x)=\mathrm{e}^x,$$

所以

$$f(0)=f'(0)=f''(0)=\cdots=f^{(n)}(0)=1.$$

而 $f^{(n+1)}(\theta x)=\mathrm{e}^{\theta x}$,代入公式(3.3.7),得

$$\mathrm{e}^x=1+x+\frac{x^2}{2!}+\cdots+\frac{x^n}{n!}+\frac{\mathrm{e}^{\theta x}}{(n+1)!}x^{n+1}\quad(0<\theta<1).$$

由上式,若把 e^x 用它的 n 次多项式近似表示为

$$\mathrm{e}^x\approx 1+x+\frac{x^2}{2!}+\cdots+\frac{x^n}{n!},$$

则所产生的误差

$$|R_n(x)|=\left|\frac{\mathrm{e}^{\theta x}}{(n+1)!}x^{n+1}\right|<\frac{\mathrm{e}^{|x|}}{(n+1)!}|x^{n+1}|(0<\theta<1).$$

取 $x=1$,得到

$$\mathrm{e}\approx 1+1+\frac{1}{2!}+\cdots+\frac{1}{n!},$$

其误差

$$|R_n|<\frac{\mathrm{e}}{(n+1)!}<\frac{3}{(n+1)!}.$$

显然,多项式的次数越高,近似计算的误差越小,精度就越高.这就是为什么在近似计算中要用多项式近似逼近函数值的原因.

例 3.3.2 求 $f(x)=\sin x$ 的 n 阶麦克劳林公式.

解 因为

$$f^{(n)}(x)=\sin\left(x+n\cdot\frac{\pi}{2}\right),\quad n=1,2,\cdots.$$

所以

$$f(0)=0,f'(0)=1,f''(0)=0,f'''(0)=-1,f^{(4)}(0)=0,\cdots.$$

于是

$$\sin x=x-\frac{1}{3!}x^3+\frac{1}{5!}x^5+\cdots+\frac{(-1)^{m-1}}{(2m-1)!}x^{2m-1}+R_{2m}(x),$$

其中

$$R_{2m}(x)=\frac{\sin\left[\theta x+\frac{(2m+1)\pi}{2}\right]}{(2m+1)!}x^{2m+1}\quad(0<\theta<1).$$

当$m=1,2,3$时,有近似公式

$$\sin x\approx x,$$

$$\sin x\approx x-\frac{1}{3!}x^3,$$

$$\sin x\approx x-\frac{1}{3!}x^3+\frac{1}{5!}x^5.$$

下面是几个常用初等函数的麦克劳林公式:

$$e^x=1+x+\frac{x^2}{2!}+\cdots+\frac{x^n}{n!}+o(x^n),$$

$$\sin x=x-\frac{x^3}{3!}+\frac{x^5}{5!}-\cdots+(-1)^n\frac{x^{2n+1}}{(2n+1)!}+o(x^{2n+1}),$$

$$\cos x=1-\frac{x^2}{2!}+\frac{x^4}{4!}-\frac{x^6}{6!}+\cdots+(-1)^n\frac{x^{2n}}{(2n)!}+o(x^{2n}),$$

$$\ln(1+x)=x-\frac{x^2}{2}+\frac{x^3}{3}-\cdots+(-1)^n\frac{x^{n+1}}{n+1}+o(x^{n+1}),$$

$$(1+x)^m=1+mx+\frac{m(m-1)}{2!}x^2+\cdots+\frac{m(m-1)\cdots(m-n+1)}{n!}x^n+o(x^n).$$

在实际应用中,上述公式常用于间接地展开一些比较复杂的函数的麦克劳林公式、泰勒公式,以及用于求某些函数的极限等.

例 3.3.3　求$f(x)=\cos^2 x$带有佩亚诺型余项的$2n$阶麦克劳林公式.

解　由$\cos x$的麦克劳林公式

$$\cos x = 1 - \frac{x^2}{2!} + \frac{x^4}{4!} - \frac{x^6}{6!} + \cdots + (-1)^n \frac{x^{2n}}{(2n)!} + o(x^{2n}),$$

得

$$\begin{aligned}\cos^2 x &= \frac{1+\cos 2x}{2}\\ &= \frac{1}{2} + \frac{1}{2}\left[1 - \frac{(2x)^2}{2!} + \frac{(2x)^4}{4!} - \cdots + (-1)^n \frac{(2x)^{2n}}{(2n)!} + o((2x)^{2n})\right]\\ &= 1 - x^2 + \frac{x^4}{3} - \cdots + (-1)^n \frac{2^{2n-1}}{(2n)!}x^{2n} + o(x^{2n}).\end{aligned}$$

例 3.3.4 计算$\lim\limits_{x\to 0}\dfrac{e^{x^2}+2\cos x-3}{x^4}$.

解 由于

$$e^{x^2} = 1 + x^2 + \frac{1}{2!}x^4 + o(x^4), \quad \cos x = 1 - \frac{x^2}{2!} + \frac{x^4}{4!} + o(x^4),$$

因此

$$e^{x^2} + 2\cos x - 3 = \left(\frac{1}{2!} + 2\cdot\frac{1}{4!}\right)x^4 + o(x^4),$$

故

$$\lim_{x\to 0}\frac{e^{x^2} + 2\cos x - 3}{x^4} = \lim_{x\to 0}\frac{\frac{7}{12}x^4 + o(x^4)}{x^4} = \frac{7}{12}.$$

例 3.3.5 设函数$f(x)$在(a,b)内有二阶导数,且$f''(x)<0$,如果$x_0\in(a,b)$,证明:对于一切$x\in(a,b)$,都有

$$f(x) \leqslant f(x_0) + f'(x_0)(x-x_0),$$

当且仅当$x=x_0$时等号成立.

证 将$f(x)$在$x=x_0$处展开成一阶泰勒公式,有

$$f(x) = f(x_0) + f'(x_0)(x-x_0) + \frac{1}{2!}f''(\xi)(x-x_0)^2 (\xi \text{ 介于 } x_0 \text{ 与 } x \text{ 之间}).$$

因为$f''(x)<0$,所以$\dfrac{f''(\xi)}{2!}(x-x_0)^2\leqslant 0$,当且仅当$x=x_0$时等号成立,于是

$$f(x)\leqslant f(x_0)+f'(x_0)(x-x_0),$$

当且仅当$x=x_0$时等号成立.

习题 3.3

1. 按$(x+1)$的幂展开多项式$f(x)=1+3x+5x^2-2x^3$.

2. 求$f(x)=\sqrt{x}$按$(x-1)$的幂展开的带有拉格朗日型余项的三阶泰勒公式.

3. 求$f(x)=\dfrac{1}{x}$在$x=-3$处的带有佩亚诺型余项的n阶泰勒公式.

4. 求$f(x)=\sin 2x$带有佩亚诺型余项的三阶麦克劳林公式.

5. 求$f(x)=\ln(1-x)$带有佩亚诺型余项的n阶麦克劳林公式.

6. 求$f(x)=xe^x$带有佩亚诺型余项的n阶麦克劳林公式.

7. 应用麦克劳林公式计算下列各数的近似值,使其误差小于10^{-4}:

(1) $\sqrt[5]{250}$;　　　　(2) $\ln 1.2$.

8. 利用泰勒公式求下列极限:

(1) $\lim\limits_{x\to 0}\dfrac{\sqrt{x+1}+\sqrt{1-x}-2}{x^2}$;　　　　(2) $\lim\limits_{x\to 0}\dfrac{x-\sin x}{x^2\ln(1+x)}$;

(3) $\lim\limits_{x\to 0}\dfrac{x(e^x+1)-2(e^x-1)}{2(1-\cos x)\sin x}$;　　　　(4) $\lim\limits_{x\to\infty}\left[x-x^2\ln\left(1+\dfrac{1}{x}\right)\right]$.

9. 求一个二次三项式$P(x)$,使得$e^x=P(x)+o(x^2)$.

10. 设$\lim\limits_{x\to 0}\dfrac{f(x)}{x}=1$,且$f''(x)>0$.证明:$f(x)\geqslant x$.

3.4　函数的单调性与曲线的凹凸性

通过本节的学习,理解函数的单调性和曲线的凹凸性的判定定理,会求函数的单调区间和曲线的凹凸区间,会用函数的单调性证明不等式.

3.4.1　函数单调性的判定法

观察图3.4,如果函数$y=f(x)$在$[a,b]$上单调增加(单调减少),那么它的图形是一条沿x轴正向上升(下降)的曲线.这时曲线的各点处的切线斜率是非负的(是非正的),即$y'=f'(x)\geqslant 0$($y'=f'(x)\leqslant 0$).由此可见,函数的单调性与导数的符号有着密切的关系.

那么能否用导数的符号来判定函数的单调性呢?我们有下面的定理.

定理3.4.1(函数单调性的判定法)　设函数$y=f(x)$在$[a,b]$上连续,在(a,b)内可导.

(1) 如果在(a,b)内$y'=f'(x)>0$,那么函数$y=f(x)$在$[a,b]$上单调增加;

(2) 如果在(a,b)内$y'=f'(x)<0$,那么函数$y=f(x)$在$[a,b]$上单调减少.

证　在$[a,b]$上任取两点$x_1,x_2(x_1<x_2)$,应用拉格朗日中值定理,得

$$f(x_2)-f(x_1)=f'(\xi)(x_2-x_1)\quad(x_1<\xi<x_2).$$

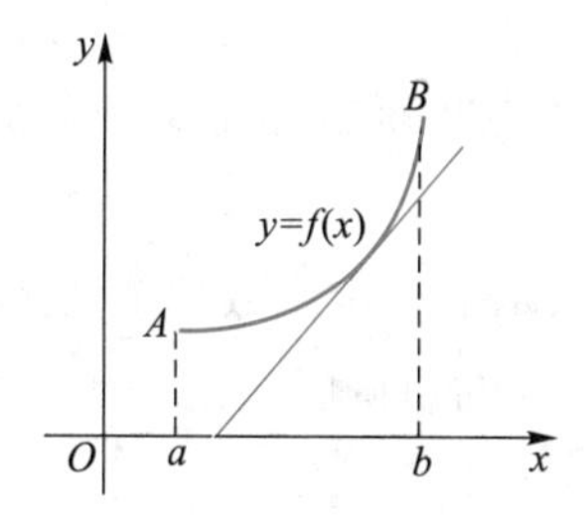

(a)函数图形上升时切线斜率非负

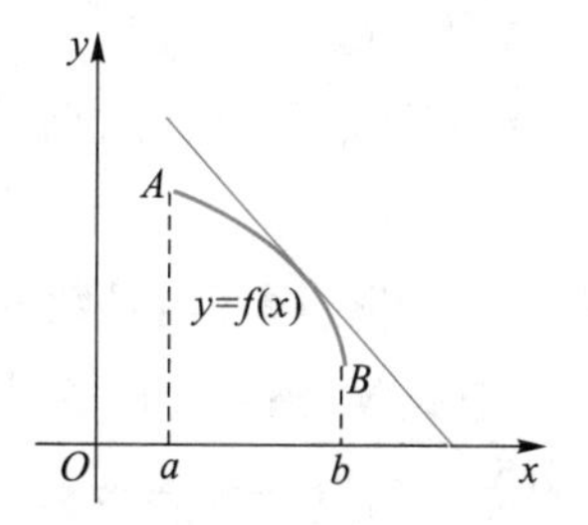

(b)函数图形下降时切线斜率非正

图 3.4

(1) 若$f'(x)>0$,则$f'(\xi)>0$,故$f(x_2)-f(x_1)>0$,即$f(x_2)>f(x_1)$,所以$y=f(x)$在$[a,b]$上是单调增加的.

(2) 若$f'(x)<0$,则$f'(\xi)<0$,故$f(x_2)-f(x_1)<0$,即$f(x_2)<f(x_1)$,所以$y=f(x)$在$[a,b]$上是单调减少的.

从上述证明过程可以看出,将此定理中的闭区间换成其他各种区间(包括无穷区间),结论仍成立.

例 3.4.1 讨论$f(x)=x^3-x$的单调性.

解 函数的定义域为$(-\infty,+\infty)$.

$$f'(x)=3x^2-1=(\sqrt{3}x+1)(\sqrt{3}x-1),$$

令$f'(x)=0$,得$x=\pm\frac{\sqrt{3}}{3}$.

当$x<-\frac{\sqrt{3}}{3}$或$x>\frac{\sqrt{3}}{3}$时,$f'(x)>0$,因此$f(x)=x^3-x$在$\left(-\infty,-\frac{\sqrt{3}}{3}\right]$和$\left[\frac{\sqrt{3}}{3},+\infty\right)$内单调增加.

当$-\frac{\sqrt{3}}{3}<x<\frac{\sqrt{3}}{3}$时,$f'(x)<0$,因此$f(x)=x^3-x$在$\left[-\frac{\sqrt{3}}{3},\frac{\sqrt{3}}{3}\right]$上单调减少.

例 3.4.2 讨论函数$y=\sqrt[3]{x^2}$的单调性.

解 函数的定义域为$(-\infty,+\infty)$.函数的导数为

$$y'=\frac{2}{3\sqrt[3]{x}}\quad(x\neq 0),$$

函数在$x=0$处不可导.当$x<0$时,$y'<0$,所以函数在$(-\infty,0]$内单调减少;当$x>0$时,$y'>0$,所以函数在$[0,+\infty)$内单调增加.

从例 3.4.1 和例 3.4.2 可见,使导函数$f'(x)$等于零的点或导数不存在的点常常是单调性发生改变的分界点.因此,确定函数$f(x)$的单调区间的一般步骤为:

(1) 确定函数$y=f(x)$的定义域;

(2) 求出导数 $f'(x)$;

(3) 找出驻点和导数不存在的点,用这些点将函数的定义域分成若干个部分区间;

(4) 判断在各个部分区间内导数的符号,从而确定函数的单调区间.

例 3.4.3　确定函数 $f(x)=2x^3-9x^2+12x-3$ 的单调区间.

解　函数的定义域为 $(-\infty,+\infty)$.

$$f'(x)=6x^2-18x+12=6(x-1)(x-2),$$

令 $f'(x)=0$ 得 $x_1=1, x_2=2$. 列表如下(表 3.1):

表 3.1

x	$(-\infty,1)$	$(1,2)$	$(2,+\infty)$
$f'(x)$	+	−	+
$f(x)$	↗	↘	↗

从而函数 $f(x)$ 在区间 $(-\infty,1]$ 和 $[2,+\infty)$ 上单调增加,在区间 $[1,2]$ 上单调减少.

例 3.4.4　讨论函数 $y=x^3$ 的单调性.

解　函数的定义域为 $(-\infty,+\infty)$, $y'=3x^2$. 除 $x=0$ 时, $y'=0$ 外,在其余各点处均有 $y'>0$,因此函数 $y=x^3$ 在区间 $(-\infty,0]$ 及 $[0,+\infty)$ 上都是单调增加的. 从而在整个定义域 $(-\infty,+\infty)$ 内 $y=x^3$ 是单调增加的. 其在 $x=0$ 处曲线有一水平切线.

一般地,如果 $f'(x)$ 在某区间内的有限个点处为零,在其余各点处均为正(或负),那么 $f(x)$ 在该区间上仍旧是单调增加(或单调减少)的. 这也说明定理 3.4.1 中的条件是充分条件.

例 3.4.5　判定函数 $y=x-\cos x$ 在 $[0,2\pi]$ 上的单调性.

解　因为在 $(0,2\pi)$ 内 $y'=1+\sin x\geqslant 0$,且等号仅在 $x=\dfrac{3\pi}{2}$ 处成立,所以函数 $y=x-\cos x$ 在 $[0,2\pi]$ 上单调增加.

例 3.4.6　证明:当 $x>0$ 时, $e^x>1+x$.

证　令 $f(x)=e^x-1-x$,则 $f(x)$ 在 $[0,+\infty)$ 上连续,且

$$f'(x)=e^x-1.$$

当 $x>0$ 时, $f'(x)>0$,从而 $f(x)$ 在 $x\geqslant 0$ 时单调增加,故 $f(x)>f(0)=0$,即 $e^x>1+x$.

例 3.4.7　证明:当 $x>0$ 时, $\sin x>x-\dfrac{x^3}{6}$.

证　令 $f(x)=\sin x-x+\dfrac{x^3}{6}$, $f(x)$ 在 $[0,+\infty)$ 上连续,且

$$f'(x) = \cos x - 1 + \frac{x^2}{2}.$$

$f'(x)$在$[0,+\infty)$上连续、可导,且

$$f''(x) = -\sin x + x.$$

当$x>0$时,$f''(x)>0$,从而$f'(x)$当$x\geqslant 0$时单调增加,故$x>0$时,$f'(x)>f'(0)=0$.这样$f(x)$当$x\geqslant 0$时单调增加,于是当$x>0$时,$f(x)>f(0)=0$,即$\sin x>x-\frac{x^3}{6}$.

例 3.4.8 证明:方程$x-\frac{1}{2}\sin x=0$只有一个根$x=0$.

证 设$y=x-\frac{1}{2}\sin x$,则

$$y' = 1 - \frac{1}{2}\cos x > 0 \quad (-\infty < x < +\infty),$$

因此$y=x-\frac{1}{2}\sin x$在$(-\infty,+\infty)$内单调增加.又$x=0$显然是$x-\frac{1}{2}\sin x=0$的根,故方程$x-\frac{1}{2}\sin x=0$只有一个根$x=0$.

3.4.2 曲线的凹凸性与拐点

我们知道,单调增加函数的图形是一条上升的曲线.但上升的过程中,还存在一个弯曲方向的问题.例如,在图 3.5 中,$y=x^2$和$y=\sqrt{x}$都在$(0,1)$内单调增加,但两者的图形有明显的差别.其特点为:曲线$y=x^2$上任意两点间的弧段总在这两点连线的下方,称具有这种特性的曲线为凹的;而曲线$y=\sqrt{x}$上任意两点间的弧段总在这两点连线的上方,称具有这种特性的曲线为凸的.

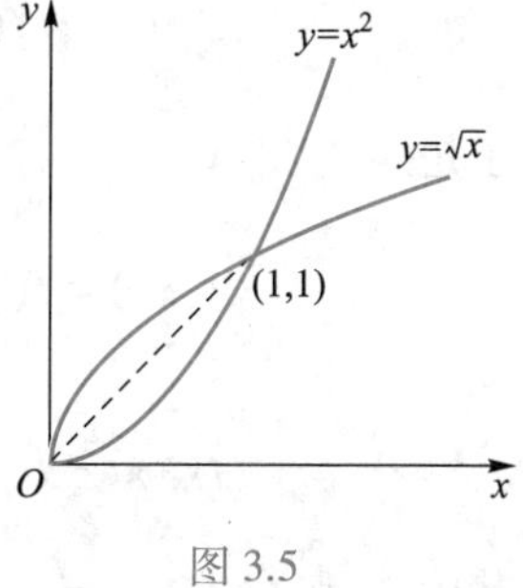

图 3.5

定义 3.4.1 设$f(x)$在区间I上连续,对I上任意两点x_1,x_2(见图 3.6),如果恒有

$$f\left(\frac{x_1+x_2}{2}\right) < \frac{f(x_1)+f(x_2)}{2},$$

那么称$f(x)$在I上的图形是(向上)凹的(或凹弧);如果恒有

$$f\left(\frac{x_1+x_2}{2}\right) > \frac{f(x_1)+f(x_2)}{2}.$$

那么称$f(x)$在I上的图形是(向上)凸的(或凸弧).

如果曲线处处有切线,那么凹弧上各点处的切线均在曲线下方,而且切线的斜

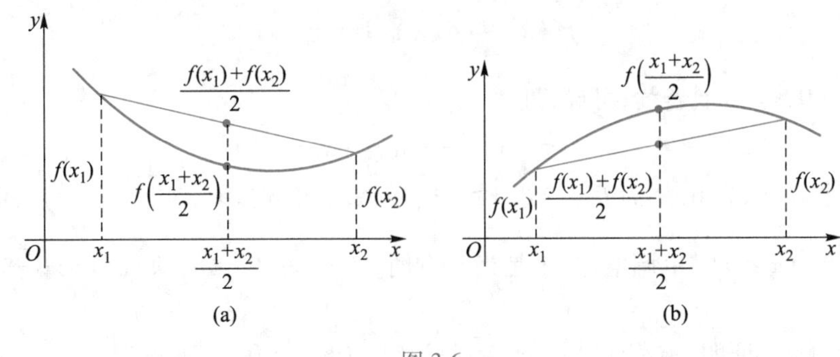

图 3.6

率是逐渐增大的,即导函数 $f'(x)$ 是单调增加函数,因此,若 $f(x)$ 二阶可导,则有 $f''(x)\geqslant 0$.对于凸弧则正好相反.于是我们就可以利用二阶导数的符号来判定曲线的凹凸性.

定理 3.4.2　设函数 $y=f(x)$ 在 $[a,b]$ 上连续,在 (a,b) 内具有一阶和二阶导数.

(1) 若在 (a,b) 内 $f''(x)>0$,则 $f(x)$ 在 $[a,b]$ 上的图形是凹的;

(2) 若在 (a,b) 内 $f''(x)<0$,则 $f(x)$ 在 $[a,b]$ 上的图形是凸的.

证　任取 $x_1,x_2\in(a,b)$,设 $x_1<x_2$,记 $x_0=\frac{x_1+x_2}{2}$,函数 $f(x)$ 在点 x_0 处具有拉格朗日型余项的泰勒展开式为

$$f(x)=f(x_0)+f'(x_0)(x-x_0)+\frac{f''(\xi)}{2!}(x-x_0)^2.$$

于是

$$f(x_1)=f(x_0)+f'(x_0)(x_1-x_0)+\frac{f''(\xi_1)}{2}(x_1-x_0)^2,$$

$$f(x_2)=f(x_0)+f'(x_0)(x_2-x_0)+\frac{f''(\xi_2)}{2}(x_2-x_0)^2,$$

其中 ξ_1 和 ξ_2 在 x_1 与 x_2 之间.注意到 $x_1-x_0=-(x_2-x_0)$,将上两式相加,有

$$f(x_1)+f(x_2)=2f(x_0)+\frac{1}{2}[f''(\xi_1)(x_1-x_0)^2+f''(\xi_2)(x_2-x_0)^2]. \tag{3.4.1}$$

若 $f''(x)>0,x\in(a,b)$,式(3.4.1)右端最后一项大于0,故 $f(x_1)+f(x_2)>2f(x_0)$,即

$$\frac{f(x_1)+f(x_2)}{2}>f(x_0)=f\left(\frac{x_1+x_2}{2}\right).$$

所以 $f(x)$ 在 $[a,b]$ 上的图形是凹的.

若$f''(x)<0, x\in(a,b)$，式(3.4.1)右端最后一项小于0，故$f(x_1)+f(x_2)<2f(x_0)$，即

$$\frac{f(x_1)+f(x_2)}{2}<f(x_0)=f\left(\frac{x_1+x_2}{2}\right).$$

所以$f(x)$在$[a,b]$上的图形是凸的.

从上述证明可以看出，将此定理中的闭区间换成其他各种区间（包括无穷区间），结论仍成立.

例 3.4.9　判断曲线$y=x-\ln(1+x)$的凹凸性.

解　函数$y=x-\ln(1+x)$的定义域为$(-1,+\infty)$.由于

$$y'=1-\frac{1}{1+x}, y''=\frac{1}{(1+x)^2}>0.$$

由定理3.4.2可知曲线$y=x-\ln(1+x)$在$(-1,+\infty)$内是凹的.

例 3.4.10　求曲线$y=x^{\frac{1}{3}}$的凹凸区间.

解　函数$y=x^{\frac{1}{3}}$的定义域为$(-\infty,+\infty)$，且

$$y'=\frac{1}{3}x^{-\frac{2}{3}}, y''=-\frac{2}{9}x^{-\frac{5}{3}}.$$

当$x\in(-\infty,0)$时，$y''>0$，所以曲线$y=x^{\frac{1}{3}}$的凹区间为$(-\infty,0]$；

当$x\in(0,+\infty)$时，$y''<0$，所以曲线$y=x^{\frac{1}{3}}$的凸区间为$[0,-\infty)$.

点$(0,0)$是曲线$y=x^{\frac{1}{3}}$凹凸性发生改变的分界点，此类分界点称为拐点.

定义 3.4.2　连续曲线$y=f(x)$上凹凸性改变的分界点$(x_0, f(x_0))$称为该曲线的**拐点**.

如何求曲线$y=f(x)$的凹凸区间及拐点？定理3.4.2表明，二阶导数$f''(x)$的符号决定曲线的凹凸性，而二阶导数$f''(x)$的符号发生变化的分界点就是该曲线的拐点，因此二阶导数$f''(x)=0$的点以及二阶导数不存在的点是可能的拐点.

综上所述，确定曲线$y=f(x)$的凹凸区间和拐点的一般步骤为：

(1) 确定函数$y=f(x)$的定义域；

(2) 求函数的二阶导数$f''(x)$；

(3) 令$f''(x)=0$，解出全部实根，并求出二阶导数不存在的点；

(4) 对步骤(3)中求出的每一个点，检查其左、右两侧$f''(x)$的符号，确定曲线$y=f(x)$的凹凸区间和拐点.

例 3.4.11　求曲线$f(x)=x^4-2x^3+1$的凹凸区间及拐点.

解　函数$f(x)$的定义域为$(-\infty,+\infty)$.

$$f'(x)=4x^3-6x^2,\quad f''(x)=12x^2-12x=12x(x-1).$$

令 $f''(x)=0$,解得 $x=0,x=1$,它们把定义域分成三个部分区间 $(-\infty,0]$,$[0,1]$,$[1,+\infty)$,列表讨论如下(表 3.2):

表 3.2

x	$(-\infty,0)$	0	$(0,1)$	1	$(1,+\infty)$
$f''(x)$	+	0	−	0	+
$y=f(x)$	凹	拐点(0,1)	凸	拐点(1,0)	凹

由上面的讨论可知,曲线 $f(x)$ 在区间 $(-\infty,0]$ 及 $[1,+\infty)$ 上是凹的,在区间 $[0,1]$ 上是凸的,它有两个拐点 $(0,1)$ 和 $(1,0)$.

例 3.4.12　求曲线 $f(x)=(x-2)^{\frac{5}{3}}$ 的凹凸区间及拐点.

解　函数 $f(x)$ 的定义域为 $(-\infty,+\infty)$.

$$f'(x)=\frac{5}{3}(x-2)^{\frac{2}{3}},\quad f''(x)=\frac{10}{9}(x-2)^{-\frac{1}{3}}.$$

显然,当 $x=2$ 时,$f'(2)=0$,$f''(2)$ 不存在.

当 $x<2$ 时,$f''(x)<0$,因此在区间 $(-\infty,2]$ 内曲线是凸的;当 $x>2$ 时,$f''(x)>0$,因此在区间 $[2,+\infty)$ 内曲线是凹的.点 $(2,0)$ 是曲线的拐点.

例 3.4.13　问曲线 $f(x)=x^4$ 是否有拐点?

解　$f'(x)=4x^3$,$f''(x)=12x^2$.

显然,只有 $x=0$ 是方程 $f''(x)=0$ 的根,但是当 $x\neq0$ 时,无论 $x>0$ 或 $x<0$,都有 $f''(x)>0$,因此点 $(0,0)$ 不是该曲线的拐点.曲线 $f(x)=x^4$ 没有拐点,它在 $(-\infty,+\infty)$ 内是凹的.

由例 3.4.13 可见,对于二阶可导的函数 $f(x)$,$f''(x_0)=0$ 仅是点 $(x_0,f(x_0))$ 为拐点的必要条件.

利用曲线的凹凸性也可证明一些不等式.

例 3.4.14　讨论曲线 $y=\ln x$ 的凹凸性,并由此证明

$$\sqrt{ab}\leqslant\frac{a+b}{2}\quad(a>0,b>0).$$

解　函数 $y=\ln x$ 的定义域为 $(0,+\infty)$,由于

$$y'=\frac{1}{x},\quad y''=-\frac{1}{x^2}<0,$$

故曲线 $y=\ln x$ 是凸的.

在 $(0,+\infty)$ 内任取两点 a,b,根据凸弧的定义知

$$\frac{\ln a+\ln b}{2}<\ln\frac{a+b}{2},$$

即
$$\sqrt{ab}<\frac{a+b}{2},$$

当 $a=b$ 时等式成立.从而有 $\sqrt{ab}\leqslant\frac{a+b}{2}(a>0,b>0)$.

这是读者熟悉的关于几何平均值与算术平均值的不等式.

习题 3.4

1. 讨论下列函数的单调性:

(1) $y=x-\ln(1+x^2)$;　(2) $y=\sin x-x$.

2. 求下列函数的单调区间:

(1) $y=\frac{1}{3}x^3+\frac{1}{2}x^2-2x$;　(2) $y=x-\mathrm{e}^x$;

(3) $y=\frac{2}{3}x-\sqrt[3]{x^2}$;　(4) $y=x+\frac{7}{2x}\ (x>0)$;

(5) $y=\frac{\ln x}{x}$;　(6) $y=|x|(x-1)$;

(7) $y=\ln(x+\sqrt{1+x^2})$;　(8) $y=x^n\mathrm{e}^{-x}(n>0,x\geqslant0)$.

3. 证明下列不等式:

(1) 当 $x>0$ 时,$x>\arctan x$;

(2) 当 $x>0$ 时,$\mathrm{e}^x>1+x+\frac{x^2}{2}$;

(3) 当 $x>1$ 时,$2\sqrt{x}>3-\frac{1}{x}$;

(4) 当 $x>0$ 时,$\ln(1+x)>\frac{\arctan x}{1+x}$;

(5) 当 $x>0$ 时,$3^{3+x}>(3+x)^3$.

4. 证明方程 $x^5+2x-100=0$ 有且仅有一个根.

5. 讨论方程 $\ln x=ax$(其中 $a>0$)有几个实根.

6. 判定下列曲线的凹凸性:

(1) $y=3x-2x^2$;　(2) $y=\sqrt{1+x^2}$;

(3) $\begin{cases}x=1+t^2,\\ y=4t-t^2\end{cases}(t\geqslant0)$;　(4) $y=x\arctan x$.

7. 求下列函数图形的凹凸区间与拐点:

(1) $y=x^3-6x^2+12x+3$; (2) $y=\ln(1+x^2)$;

(3) $y=x+\dfrac{x}{x^2-1}$; (4) $y=(2x-5)\sqrt[3]{x^2}$.

8. 问 a 与 b 为何值时,点$(1,3)$是曲线 $y=ax^3+bx^2$ 的拐点?

9. 试决定曲线 $y=ax^3+bx^2+cx+d$ 中的 a,b,c,d,使得 $x=-2$ 处曲线有水平切线,$(1,-10)$为拐点,且点$(-2,44)$在曲线上.

10. 试决定 $y=k(x^2-3)^2$ 中 k 的值,使曲线的拐点处的法线通过原点.

11. 利用函数图形的凹凸性,证明下列不等式:

(1) $\dfrac{e^x+e^y}{2}>e^{\frac{x+y}{2}}\ (x\neq y)$;

(2) $\dfrac{x^n+y^n}{2}>\left(\dfrac{x+y}{2}\right)^n\ (x>0,y>0,x\neq y,n>1)$;

(3) $\sin\dfrac{x}{2}>\dfrac{x}{\pi}\ (0<x<\pi)$.

3.5 函数的极值与最大值最小值

通过本节的学习,理解函数极值的概念,掌握求函数极值和最大值、最小值的方法,并能解决一些简单的实际应用问题.

3.5.1 函数的极值及其求法

在上节函数单调性的讨论中,我们已经看到,函数单调区间的分界点处的函数值往往比临近点处的函数值要大(或小).如函数 $f(x)=x^2$ 在其单调区间的分界点 $x=0$ 处就具有这样的性质,对 $x=0$ 的某个去心邻域内的任一点 x,恒有$f(x)>f(0)$.具有这种性质的点在实际应用中有着重要的意义,由此我们引入函数极值的概念.

定义 3.5.1 设函数$f(x)$在 x_0 的某一邻域 $U(x_0)$ 内有定义,若对于去心邻域 $\mathring{U}(x_0)$内的任一 x,恒有

$$f(x)<f(x_0)\ (\text{或} f(x)>f(x_0)),$$

则称$f(x_0)$是函数$f(x)$的一个**极大值**(或**极小值**).

函数的极大值与极小值统称为函数的**极值**,使函数取得极值的点称为**极值点**.

从定义中我们可以看出,函数极值只是函数在一个邻域内的最大值或最小值,因此函数的极大值和极小值概念是局部性的.而函数的最大值和最小值则是指函数在整个区间上的整体性态,二者是完全不同的.

在图 3.7 中,函数 $f(x)$ 有两个极大值 $f(x_2)$, $f(x_5)$,三个极小值 $f(x_1)$,

$f(x_4)$，$f(x_6)$. 就整个区间$[a,b]$而言，只有一个极小值$f(x_1)$同时也是最小值，而没有一个极大值是最大值，虽然$f(b)$是$f(x)$在$[a,b]$上的最大值，但$x=b$是区间的端点，不是极值点.

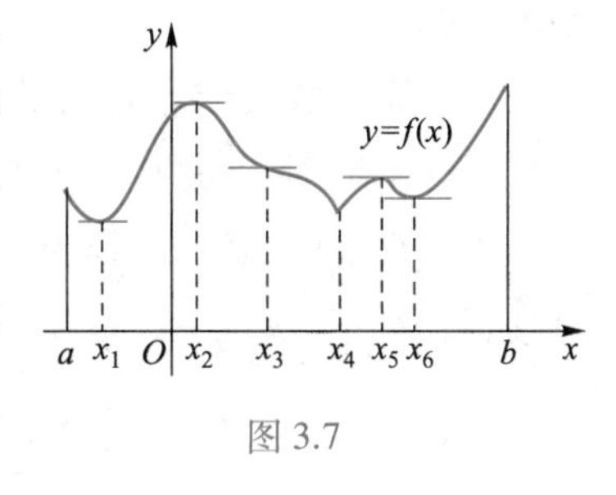

图 3.7

在图 3.7 中还可以看到，在函数取得极值处，要么有水平切线，要么导数不存在（在x_4处）. 在点x_3处虽有水平切线，但x_3显然不是$f(x)$的极值点.

若函数$f(x)$在点x_0可导，且x_0为$f(x)$的极值点，费马引理告诉我们，$f'(x_0)=0$. 这实际上就是可导函数取得极值的必要条件.

定理 3.5.1（必要条件） 设函数$f(x)$在点x_0处可导，且在x_0处取得极值，那么函数在x_0处的导数为零，即$f'(x_0)=0$.

定理 3.5.1 可叙述为：可导函数$f(x)$的极值点必定是函数的驻点. 但是反过来，函数$f(x)$的驻点却不一定是极值点. 考察函数$f(x)=x^3$在$x=0$处的情况. 显然$x=0$是函数$f(x)=x^3$的驻点，但$x=0$却不是函数$f(x)=x^3$的极值点. 不过我们可以从驻点中去找极值点. 此外，函数在它的导数不存在的点处也可能取得极值. 例如，函数$f(x)=|x|$在点$x=0$处不可导，但函数在该点处取得极小值. 那么，如何对这些可疑的点进行判定呢？下面给出判定极值的充分条件.

定理 3.5.2（第一充分条件） 设函数$f(x)$在点x_0处连续，在x_0的某去心邻域$\mathring{U}(x_0,\delta)$内可导.

（1）若当$x\in(x_0-\delta,x_0)$时，$f'(x)>0$，而当$x\in(x_0,x_0+\delta)$时，$f'(x)<0$，则函数$f(x)$在x_0处取得极大值；

（2）若当$x\in(x_0-\delta,x_0)$时，$f'(x)<0$，而当$x\in(x_0,x_0+\delta)$时，$f'(x)>0$，则函数$f(x)$在x_0处取得极小值；

（3）若当$x\in\mathring{U}(x_0,\delta)$时，$f'(x)$不改变符号，则函数$f(x)$在$x_0$处没有极值.

证 （1）由条件及函数单调性的判定法知：$f(x)$在$(x_0-\delta,x_0]$上单调增加，在$[x_0,x_0+\delta)$上单调减少，故对任意$x\in\mathring{U}(x_0,\delta)$，有$f(x)<f(x_0)$，所以$f(x_0)$为函数$f(x)$的极大值.

（2），（3）的证明可类似进行.

根据定理 3.5.1 和定理 3.5.2，我们将函数$f(x)$的极值点和极值求法归纳成下列步骤：

（1）确定函数$f(x)$的定义域，求出导数$f'(x)$；

（2）令$f'(x)=0$，求得$f(x)$的全部驻点与不可导点；

（3）考察$f'(x)$在每个驻点与不可导点的左、右两侧符号变化的情况，确定函数的极值点；

(4) 求出各极值点处的函数值，就得到函数$f(x)$的全部极值.

例 3.5.1 求函数$f(x)=x^3-3x^2-9x+5$的极值.

解 $f'(x)=3x^2-6x-9=3(x+1)(x-3)$，令$f'(x)=0$，得驻点$x_1=-1, x_2=3$. 列表讨论如下(表 3.3).

表 3.3

x	$(-\infty,-1)$	-1	$(-1,3)$	3	$(3,+\infty)$
$f'(x)$	+	0	−	0	+
$f(x)$	↗	10	↘	−22	↗

所以函数$f(x)$在$x=-1$处有极大值$f(-1)=10$，在$x=3$处有极小值$f(3)=-22$.

例 3.5.2 求$f(x)=(2x-5)\sqrt[3]{x^2}$的极值点与极值.

解 $f(x)=(2x-5)\sqrt[3]{x^2}=2x^{\frac{5}{3}}-5x^{\frac{2}{3}}$在$(-\infty,+\infty)$内连续，且当$x\neq 0$时，有

$$f'(x)=\frac{10}{3}x^{\frac{2}{3}}-\frac{10}{3}x^{-\frac{1}{3}}=\frac{10(x-1)}{3\sqrt[3]{x}}.$$

$x=1$为$f(x)$的驻点，$x=0$为$f(x)$的不可导点，列表讨论如下(表 3.4)：

表 3.4

x	$(-\infty,0)$	0	$(0,1)$	1	$(1,+\infty)$
$f'(x)$	+	不存在	−	0	+
$f(x)$	↗	0	↘	−3	↗

由上表可见：点$x=0$为$f(x)$的极大值点，极大值$f(0)=0$；$x=1$为$f(x)$的极小值点，极小值$f(1)=-3$.

当函数$f(x)$在驻点处的二阶导数存在且不为零时，也可用下面的定理来判定$f(x)$在驻点处取得极大值还是极小值.

定理 3.5.3（第二充分条件） 设函数$f(x)$在点x_0处具有二阶导数且$f'(x_0)=0$, $f''(x_0)\neq 0$，那么

(1) 当$f''(x_0)<0$时，函数$f(x)$在x_0处取得极大值；

(2) 当$f''(x_0)>0$时，函数$f(x)$在x_0处取得极小值.

证 (1) 由于$f''(x_0)<0$，由二阶导数的定义有

$$f''(x_0)=\lim_{x\to x_0}\frac{f'(x)-f'(x_0)}{x-x_0}<0.$$

根据函数极限的局部保号性,当 x 在 x_0 的足够小的去心邻域内时,

$$\frac{f'(x)-f'(x_0)}{x-x_0}<0,$$

但 $f'(x_0)=0$,所以上式即

$$\frac{f'(x)}{x-x_0}<0.$$

于是对于去心邻域内的 x 来说,$f'(x)$ 与 $x-x_0$ 符号相反.因此,当 $x-x_0<0$ 即 $x<x_0$ 时,$f'(x)>0$;当 $x-x_0>0$ 即 $x>x_0$ 时,$f'(x)<0$.根据定理 3.5.2,$f(x)$ 在 x_0 处取得极大值.

类似地可以证明情形(2).

如果函数 $f(x)$ 在驻点 x_0 处的二阶导数 $f''(x_0)=0$,定理 3.5.3 就不能应用.另外,若在 x_0 处 $f'(x)$ 不存在,或在驻点 x_0 处 $f''(x_0)$ 不存在,则都不能用定理 3.5.3,只能用定理 3.5.2 来判定 x_0 是否为极值点.因此用定理 3.5.3 求极值的方法虽然简单,但可以适用的范围较窄.

例 3.5.3 求函数 $f(x)=x^3+3x^2-24x-20$ 的极值.

解 $$f'(x)=3x^2+6x-24=3(x+4)(x-2),$$

令 $f'(x)=0$,得驻点 $x_1=-4,x_2=2$.

$$f''(x)=6x+6.$$

由于 $f''(-4)=-18<0$,故 $f(x)$ 在 $x=-4$ 处取得极大值,极大值为 $f(-4)=60$.而 $f''(2)=18>0$,故 $f(x)$ 在 $x=2$ 处取得极小值,极小值 $f(2)=-48$.

例 3.5.4 求函数 $f(x)=(x^2-1)^3+1$ 的极值.

解 $$f'(x)=6x(x^2-1)^2,$$

令 $f'(x)=0$,求得驻点 $x_1=-1,x_2=0,x_3=1$.

$$f''(x)=6(x^2-1)(5x^2-1).$$

由于 $f''(0)=6>0$,故 $f(x)$ 在 $x=0$ 处取得极小值,极小值为 $f(0)=0$.

因为 $f''(-1)=f''(1)=0$,所以用定理 3.5.3 无法判别.而 $f(x)$ 在 $x=-1$ 处的左右邻域内 $f'(x)<0$,所以 $f(x)$ 在 $x=-1$ 处没有极值;同理,$f(x)$ 在 $x=1$ 处也没有极值.

3.5.2 最大值最小值问题

上一节我们介绍了函数极值的概念及其求法,但实际问题中需要求的常常不是函数的极值,而是最大值、最小值.例如,在一定条件下,怎样求"用料最省""利润最大""成本最低"等问题.

设函数 $f(x)$ 在闭区间 $[a,b]$ 上连续,则函数的最大值和最小值一定存在.函数

的最大值和最小值有可能在区间的端点取得,如果最大值不在区间的端点取得,那么必在开区间(a,b)内取得,在这种情况下,最大值一定是函数的某个极大值.因此,函数在闭区间$[a,b]$上的最大值一定是函数的所有极大值和函数在区间端点的函数值中最大者.同理,函数在闭区间$[a,b]$上的最小值一定是函数的所有极小值和函数在区间端点的函数值中最小者.具体求法步骤如下:

(1) 求出$f(x)$的所有驻点和不可导点;

(2) 求区间端点及驻点和不可导点的函数值,比较大小,其中最大的就是$f(x)$在$[a,b]$上的最大值,最小的就是函数$f(x)$在$[a,b]$上的最小值.

特殊地,如果函数$f(x)$在闭区间$[a,b]$上单调,那么最大值与最小值分别在区间$[a,b]$的两个端点处取得.

例 3.5.5　求函数$y=2x^3+3x^2-12x+14$在$[-3,4]$上的最大值和最小值.

解　$f'(x)=6x^2+6x-12$.令$f'(x)=0$解得$x_1=-2,x_2=1$.

由于$f(-3)=23$,$f(-2)=34$,$f(1)=7$,$f(4)=142$,故函数$y=2x^3+3x^2-12x+14$在$[-3,4]$上的最大值为$f(4)=142$,最小值为$f(1)=7$.

若函数$f(x)$在区间I(有限或无限,开或闭)内可导,且只有一个驻点x_0,并且x_0又是$f(x)$的极值点,则x_0必是$f(x)$的最值点.这在应用问题中常常遇到.

例 3.5.6　由直线$y=0,x=8$及抛物线$y=x^2$围成一个曲边三角形,在曲边$y=x^2$上求一点P,使曲线在该点处的切线与直线$y=0,x=8$所围成的三角形面积最大.

解　如图3.8,设所求切点为$P(x_0,y_0)$,切线PT为$y-y_0=2x_0(x-x_0)$.由于$y_0=x_0^2$,故可求得图中A,B,C三点坐标为$A\left(\frac{1}{2}x_0,0\right)$,$B(8,16x_0-x_0^2)$,$C(8,0)$,从而三角形面积

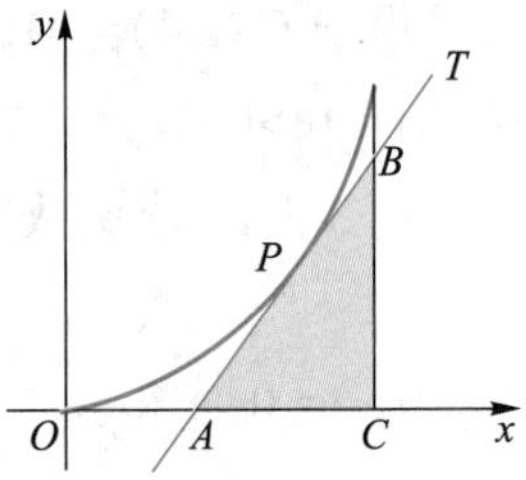

$$S_{\triangle ABC}=\frac{1}{2}\left(8-\frac{1}{2}x_0\right)(16x_0-x_0^2)(0\leqslant x_0\leqslant 8).$$

图 3.8

令$S'=\frac{1}{4}(3x_0^2-64x_0+16\times 16)=0$,解得$x_0=\frac{16}{3}$,$x_0=16$(舍去).

又因为$S''\left(\frac{16}{3}\right)=-8<0$,所以$S\left(\frac{16}{3}\right)=\frac{4\,096}{27}$为极大值,故$S\left(\frac{16}{3}\right)=\frac{4\,096}{27}$为符合要求的所有三角形中的最大面积.

例 3.5.7　一艘轮船在航行中的燃料费和它的速度的立方成正比.已知当速度为10 km/h时,燃料费为每小时6元,而其他与速度无关的费用为每小时96元.问轮船的速度为多少时,每航行1 km所消耗的费用最小?

解 设船速为 x km/h,据题意每航行 1 km 的耗费为 $y=\frac{1}{x}(kx^3+96)$.

由已知,当 $x=10$ 时,$k\cdot10^3=6$,故得比例系数 $k=0.006$.所以有

$$y=\frac{1}{x}(0.006x^3+96),x\in(0,+\infty),$$

$$y'=\frac{0.012}{x^2}(x^3-8\ 000)=0.$$

求得驻点 $x=20$.由极值第一充分条件检验得 $x=20$ 是极小值点.由于在$(0,+\infty)$内该函数处处可导,且只有唯一的极值点,故当它为极小值点时必为最小值点.所以当船速为 20 km/h 时,每航行 1 km 的耗费最少,其值为 $y_{\min}=0.006\times20^2+\frac{96}{20}=7.2$(元).

例 3.5.8 剪去正方形四角同样大小的正方形后制成一个无盖盒子.问剪去小正方形的边长为何值时,可使盒子的容积最大?

解 设原正方形边长为 a,每个小正方形边长为 x,则盒子的容积为

$$V(x)=x(a-2x)^2,\quad x\in\left(0,\frac{a}{2}\right).$$

求导得

$$V'(x)=12\left(x-\frac{a}{6}\right)\left(x-\frac{a}{2}\right).$$

在$\left(0,\frac{a}{2}\right)$内解得驻点 $x=\frac{a}{6}$,并由 $V''\left(\frac{a}{6}\right)=-4a<0$ 知道 $V\left(\frac{a}{6}\right)=\frac{2a^3}{27}$为极大值.由于 $V(x)$在$\left(0,\frac{a}{2}\right)$内只有唯一一个极值点,且为极大值点,因此该极大值就是所求的最大值,即正方形四个角各剪去一块边长为$\frac{a}{6}$的小正方形后,能做成容积最大的盒子.

例 3.5.9 图 3.9 为一稳压电源回路,电动势为 E,内阻为 r.设负载电阻为 R,问 R 为多大时输出功率最大?最大功率为多少?

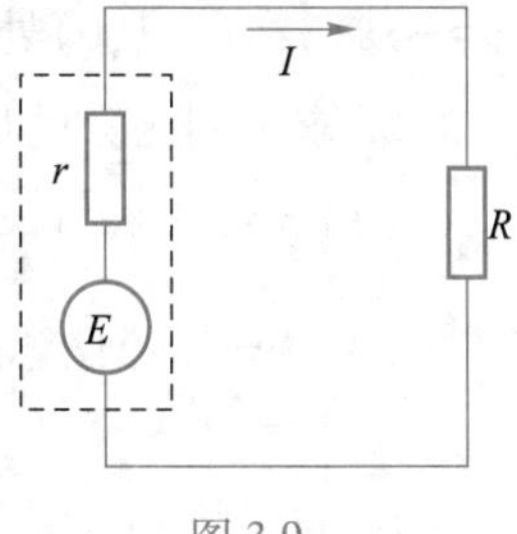

图 3.9

解 由物理学知道,输出功率为

$$P=I^2R,$$

又由欧姆(Ohm)定律,

$$I=\frac{E}{r+R},$$

所以

$$P=\frac{E^2R}{(r+R)^2},$$

求导得

$$P'=E^2\frac{(r+R)^2-2R(r+R)}{(r+R)^4}=\frac{E^2(r-R)}{(r+R)^3}.$$

令 $P'=0$,得唯一驻点 $R=r$.结合实际含义知,当负载电阻 R 等于内阻 r 时,输出功率最大,其值为 $P_{\max}=\frac{E^2r}{(2r)^2}=\frac{E^2}{4r}$.

习题 3.5

1. 求下列函数的极值:

(1) $y=x^3-3x^2-9x+1$;　(2) $y=\frac{\ln^2 x}{x}$;

(3) $y=x-\ln(1+x)$;　(4) $y=x+\sqrt{1-x}$;

(5) $y=x^{\frac{2}{3}}e^{-x}$;　(6) $y=\frac{3x^2+4x+4}{x^2+x+1}$;

(7) $y=\begin{cases} e^{-\frac{1}{x^2}}, & x\neq 0, \\ 0, & x=0; \end{cases}$　(8) $y=x^{\frac{1}{x}}$;

(9) $y=(x-4)\sqrt[3]{(x+1)^2}$;　(10) $y=x+\tan x$.

2. 设 $f(x)$ 在 $x=a$ 的某邻域内有定义,且有 $\lim\limits_{x\to a}\frac{f(x)-f(a)}{(x-a)^2}=-1$,那么 $f(x)$ 在 $x=a$ 处是否有极值?若有极值,是极大值还是极小值?

3. 试问 a,b 取何值时,函数 $y=a\ln x+bx^2+3x$ 在 $x_1=1,x_2=2$ 处取得极值.

4. 已知函数 $y=x^3+lx^2+mx+n$ 在 $x=-2$ 处取得极值,并且它的图形与直线 $y=-3x+3$ 在点 $(1,0)$ 处相切,试求 l,m,n 的值.

5. 求下列函数的最大值、最小值:

(1) $y=x^4-8x^2+2,-1\leqslant x\leqslant 3$;　(2) $y=\sin x+\cos x,0\leqslant x\leqslant 2\pi$;

(3) $y=|x-2|e^x,0\leqslant x\leqslant 3$;　(4) $y=\ln 2x+\frac{1}{x},x>0$.

6. 问函数 $y=x^2-\frac{54}{x}(x<0)$ 在何处取得最小值?

7. 求数列 $\left\{\frac{n^5}{2^n}\right\}$ 的最大项.

8. 某车间靠墙壁要盖一间长方形小屋,现有存砖只够砌 20 m 长的墙壁,问应围成怎样的长方形才能使这间小屋的面积最大?

9. 要造一圆柱形油罐,体积为 V,问底半径 r 和高 h 等于多少时,才能使表面积最小? 这时底直径 d 与高的比是多少?

10. 甲船以每小时 20 海里的速度向东行驶,同一时间乙船在甲船正北 82 海里处以每小时 16 海里的速度向南行驶,问经过多长时间两船距离最近?

11. 在对污染测定时,要求与污染源的距离至少 1 km.当污染相对集中时,空气受污染的程度与释放的污染量成正比,与污染的距离成反比(设比例系数为 1).现有两相距 10 km 的工厂区 A 与 B,它们释放的污染量分别为 60 μg/mL 与240 μg/mL.现计划在 A,B 间建造一居民小区,问居民小区建在何处所受的污染最小?

12. 从一块半径为 R 的圆铁片上挖去一个扇形做成一漏斗(见图 3.10),问留下扇形的中心角 φ 取多大时,做成的漏斗容积最大?

13. 有一杠杆,支点在它的一端,在距支点0.1 m处挂一质量为 49 kg 的物体.加力于杠杆的另一端使杠杆保持水平(见图 3.11).如果杠杆的线密度为 5 kg/m,求最省力的杆长.

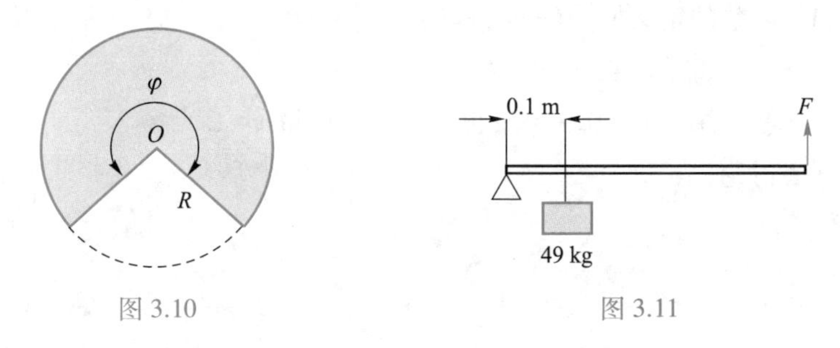

图 3.10　　图 3.11

14. 一房地产公司有 50 套公寓要出租.当月租金定为 1 000 元时,公寓会全部租出去.当月租金每增加 50 元时,就会多一套公寓租不出去,而租出去的公寓每月需花费 100 元的维修费.试问房租定为多少可获最大收入?

15. 将长为 a 的一段铁丝截成两段,用一段围成正方形,另一段围成圆形,为使正方形与圆形的面积之和最小,问两段铁丝的长各为多少?

3.6　函数图形的描绘

通过本节的学习,会利用函数的单调性、极值、凹凸性与拐点等有关知识准确描绘函数的图形.

利用图像研究函数性质是数学研究上常用的方法.中学常用描点法绘制函数

图形,不仅工作量大,而且得到的图形比较粗糙,曲线的某些弯曲情况得不到确切的反映.现在我们可以利用导数确定函数的主要特征(如根据一阶导数的符号,可以确定函数图形在相应区间上的单调性、极值;根据二阶导数的符号,可以确定函数图形在相应区间上的凹凸性、拐点等),根据这些特征描几个关键点,就能比较准确地画出函数的图形.一般按如下步骤进行:

(1) 确定函数的定义域以及研究函数特性:奇偶性、周期性等,并求出函数的一阶和二阶导数;

(2) 求出一阶、二阶导数在定义域内为零的点和一阶、二阶导数不存在的点;

(3) 列表分析,确定曲线的单调区间、极值、凹凸区间及拐点;

(4) 考察曲线的渐近线;

(5) 确定并描出曲线上极值对应的点、拐点,有时还需要补充一些点,如曲线与坐标轴的交点等;

(6) 用平滑曲线连接这些点,画出函数的图形.

例 3.6.1　作函数 $y=\dfrac{x^3}{3}-x^2+2$ 的图形.

解　(1) 函数的定义域为$(-\infty,+\infty)$.

(2) $y'=x^2-2x, y''(x)=2x-2$.

令 $y'=0$,求得驻点 $x_1=0, x_2=2$;再令 $y''=0$,求得 $x=1$.

(3) 列表讨论(表 3.5).

表 3.5

x	$(-\infty,0)$	0	$(0,1)$	1	$(1,2)$	2	$(2,+\infty)$
y'	+	0	−	−	−	0	+
y''	−	−	−	0	+	+	+
y	↗	极大值 2	↘	拐点$\left(1,\dfrac{4}{3}\right)$	↘	极小值$\dfrac{2}{3}$	↗

(4) 从表中可看到曲线的凹凸区间和函数的增减区间及拐点 $A\left(1,\dfrac{4}{3}\right)$,极大值点对应曲线上的点 $B(0,2)$,极小值点对应曲线上的点 $C\left(2,\dfrac{2}{3}\right)$.

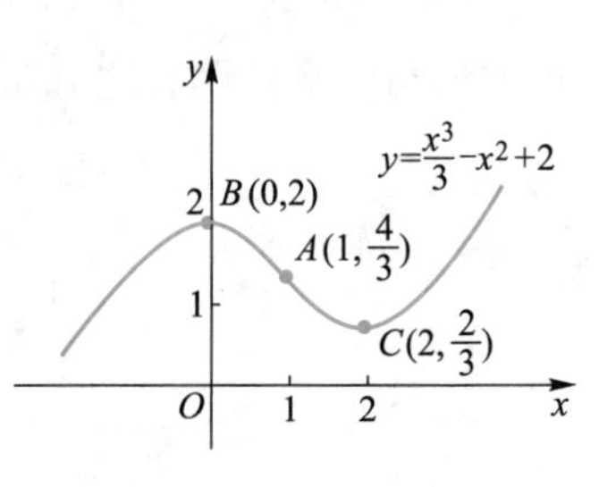

图 3.12

(5) 无水平和铅直渐近线.

(6) 根据以上分析作出图形(见图 3.12).

例 3.6.2 作函数$f(x)=\dfrac{1}{\sqrt{2\pi}}e^{-\frac{1}{2}x^2}$的图形.

解 (1) 定义域为$(-\infty,+\infty)$,函数为偶函数,图形关于y轴对称.

(2) $f'(x)=-\dfrac{x}{\sqrt{2\pi}}e^{-\frac{1}{2}x^2}$, $f''(x)=\dfrac{(x+1)(x-1)}{\sqrt{2\pi}}e^{-\frac{1}{2}x^2}$.

令$f'(x)=0$,得驻点$x=0$;再令$f''(x)=0$,得$x=-1$和$x=1$.

(3) 列表讨论(表 3.6).

表 3.6

x	$(-\infty,-1)$	-1	$(-1,0)$	0	$(0,1)$	1	$(1,+\infty)$
$f'(x)$	+	+	+	0	−	−	−
$f''(x)$	+	0	−	−	−	0	+
$f(x)$	↗	拐点 $\left(-1,\dfrac{1}{\sqrt{2\pi e}}\right)$	↗	极大值 $\dfrac{1}{\sqrt{2\pi}}$	↘	拐点 $\left(1,\dfrac{1}{\sqrt{2\pi e}}\right)$	↘

(4) 由

$$\lim_{x\to\infty}f(x)=\lim_{x\to\infty}\frac{1}{\sqrt{2\pi}}e^{-\frac{x^2}{2}}=0,$$

曲线有水平渐近线$y=0$.

(5) 再补充取点$\left(2,\dfrac{1}{\sqrt{2\pi}\,e^2}\right)$,先作出在区间$[0,+\infty)$内的图形,然后利用图形的对称性,便可作出函数在区间$(-\infty,0]$内的图形(见图 3.13).

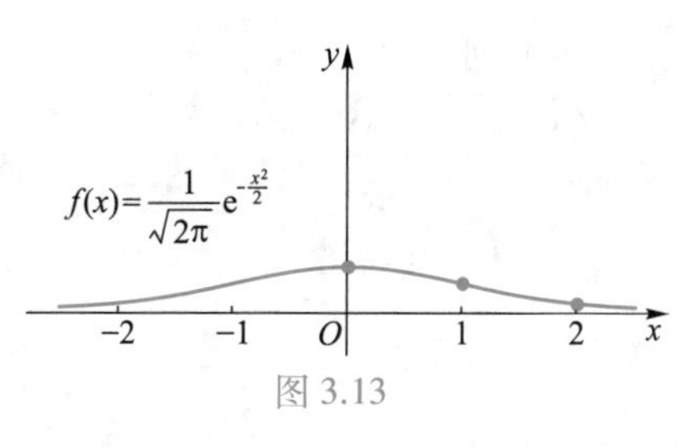

图 3.13

例 3.6.3 作函数$f(x)=\dfrac{4(x+1)}{x^2}-2$的图形.

解 (1) 函数的定义域为$(-\infty,0)$,$(0,+\infty)$.

(2) $f'(x)=-\dfrac{4(x+2)}{x^3}$, $f''(x)=\dfrac{8(x+3)}{x^4}$.

令$f'(x)=0$,得驻点$x=-2$;再令$f''(x)=0$,得$x=-3$.

(3) 由$\lim\limits_{x\to\infty}f(x)=\lim\limits_{x\to\infty}\left[\dfrac{4(x+1)}{x^2}-2\right]=-2$, $\lim\limits_{x\to0}f(x)=\lim\limits_{x\to0}\left[\dfrac{4(x+1)}{x^2}-2\right]=+\infty$,得水平渐近线$y=-2$,铅直渐近线$x=0$.

(4) 列表讨论(表 3.7).

表 3.7

x	$(-\infty,-3)$	-3	$(-3,-2)$	-2	$(-2,0)$	0	$(0,+\infty)$
$f'(x)$	−	−	−	0	+	不存在	−
$f''(x)$	−	0	+	+	+		+
$y=f(x)$	↘	拐点 $\left(-3,-\frac{26}{9}\right)$	↘	极小值-3	↗	间断点	↘

(5) 补充点：$(1-\sqrt{3},0)$，$(1+\sqrt{3},0)$，$A(-1,-2)$，$B(1,6)$，$C(2,1)$，作出函数的图形(见图3.14).

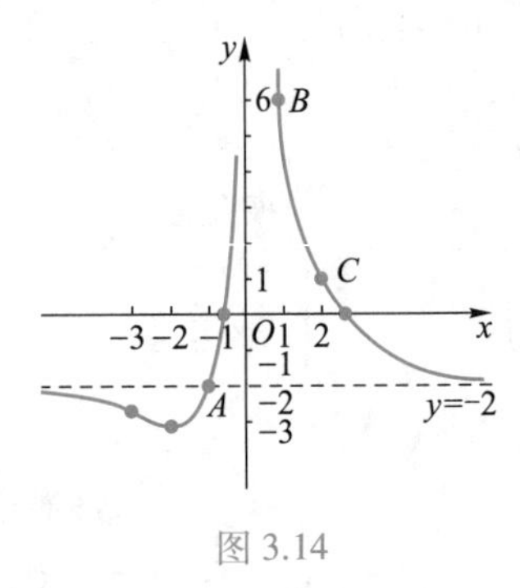

图 3.14

习题 3.6

作下列函数的图形：

(1) $y=x^4-4x^3+10$；　　(2) $y=xe^{-x}$；

(3) $y=\dfrac{x}{(1-x^2)^2}$；　　(4) $y=x^2+\dfrac{1}{x}$；

(5) $y=\dfrac{\ln x}{x}$.

3.7　曲　　率

通过本节的学习，掌握弧微分公式.了解曲率和曲率半径的概念，会计算曲率和曲率半径.

3.7.1　弧微分

曲率以及后面的很多问题都与弧微分有关系.为此，本节首先介绍弧微分的概念.

设函数 $f(x)$ 在区间 (a,b) 内具有连续导数.在曲线 $y=f(x)$ 上取固定点 $M_0(x_0,y_0)$ 作为度量弧长的基准点(见图3.15)，并规定依 x 增大的方向作为曲线的正向.对曲线上任一点 $M(x,y)$,规定有向弧段 $\widehat{M_0M}$ 的值 s(简称为弧 s)如下:s 的绝对值等于这弧段的长度,当有向弧段 $\widehat{M_0M}$ 的方向与曲线的正向一致时 $s>0$,相反时 $s<0$. 显然,弧 $s=\widehat{M_0M}$ 是 x 的函数:$s=s(x)$,而且$s(x)$是 x 的单调增加函数.下面来求 $s(x)$ 的导数及微分.

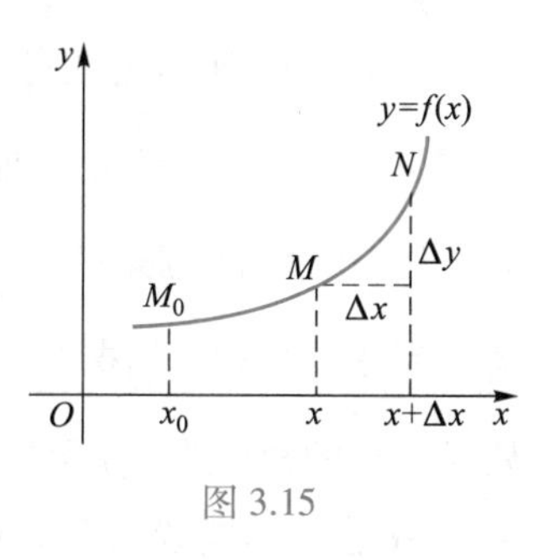

图 3.15

设 $x,x+\Delta x$ 为(a,b)内两个邻近的点,它们分别对应曲线 $y=f(x)$ 上两点 M,N,并设对应于 x 的增量为 Δx,弧 s 的增量为 Δs,于是

$$\Delta s = s(x+\Delta x) - s(x) = \widehat{MN}.$$

当 $\Delta x\to 0$ 时,$N\to M$,因此可用弦 MN 的长度作为弧 $\widehat{MN}$ 的长度的近似值,即

$$\lim_{\Delta x\to 0}\frac{\left|\widehat{MN}\right|}{\left|MN\right|}=1.$$

又由于 $|MN|^2=\Delta x^2+\Delta y^2$,所以

$$\begin{aligned}\lim_{\Delta x\to 0}\left(\frac{\Delta s}{\Delta x}\right)^2 &= \lim_{\Delta x\to 0}\left[\left(\frac{\Delta s}{|MN|}\right)^2\cdot\left(\frac{|MN|}{\Delta x}\right)^2\right]\\ &= \lim_{\Delta x\to 0}\left[\left(\frac{|\widehat{MN}|}{|MN|}\right)^2\cdot\frac{(\Delta x)^2+(\Delta y)^2}{(\Delta x)^2}\right]\\ &= \lim_{\Delta x\to 0}\left[1+\left(\frac{\Delta y}{\Delta x}\right)^2\right]=1+\left(\frac{\mathrm{d}y}{\mathrm{d}x}\right)^2=1+y'^2,\end{aligned}$$

即

$$\left(\frac{\mathrm{d}s}{\mathrm{d}x}\right)^2=1+y'^2,$$

从而

$$\frac{\mathrm{d}s}{\mathrm{d}x}=\pm\sqrt{1+y'^2}.$$

由于 $s=s(x)$ 是单调增加函数,从而$\dfrac{\mathrm{d}s}{\mathrm{d}x}>0$,故$\dfrac{\mathrm{d}s}{\mathrm{d}x}=\sqrt{1+y'^2}$,于是得弧微分公式:

$$\mathrm{d}s=\sqrt{1+y'^2}\,\mathrm{d}x. \tag{3.7.1}$$

3.7.2 曲率及其计算公式

我们直觉地认识到:直线不弯曲,圆上每一部分的弯曲程度都相同,而其他曲线的不同部分有不同的弯曲程度,例如抛物线 $y=x^2$ 在顶点附近弯曲得比远离顶点

的部分厉害些.如何用数量来刻画曲线的弯曲程度呢?

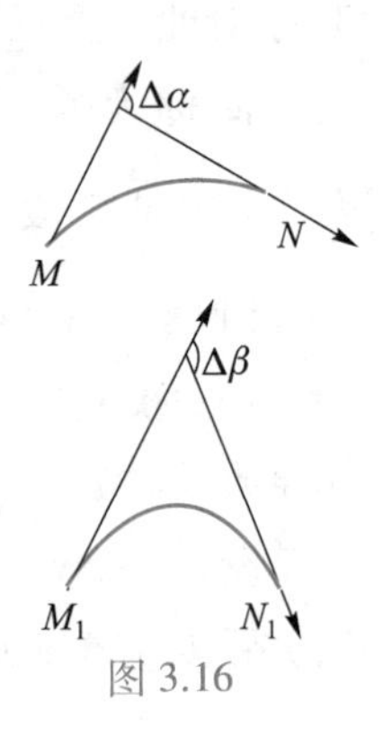

图 3.16

在图 3.16 中有两段曲线弧 $\overset{\frown}{MN}$ 与 $\overset{\frown}{M_1N_1}$. 它们的弧长相同,当动点沿曲线弧 $\overset{\frown}{MN}$ 由端点 M 移到 N 时,曲线上切线转过的角度为 $\Delta\alpha$;当动点沿曲线弧 $\overset{\frown}{M_1N_1}$ 由端点 M_1 移到 N_1 时,曲线上切线转过的角度为 $\Delta\beta$.可以看出:弧 $\overset{\frown}{M_1N_1}$ 比弧 $\overset{\frown}{MN}$ 更弯曲,这时 $\Delta\beta>\Delta\alpha$.这说明曲线的弯曲程度与切线转过的角度成正比.

但是切线转过的角度大小还不能完全反映曲线的弯曲程度.在图 3.17 中,曲线弧 $\overset{\frown}{MN}$ 与 $\overset{\frown}{M_1N_1}$ 上切线转过的角度相同,都是 $\Delta\alpha$,但显然短弧 $\overset{\frown}{M_1N_1}$ 较长弧 $\overset{\frown}{MN}$ 更弯曲.这表明曲线的弯曲程度与弧长成反比.

根据上面的分析,我们引入描述曲线弯曲程度的概念——曲率.

设 $y=f(x)$ 是光滑曲线(即 $f(x)$ 在定义区间上有一阶连续导数),在曲线上选定一点 M_0 作为度量弧 s 的基点(图 3.18).记弧 $\overset{\frown}{M_0M}=s$, $\overset{\frown}{MN}=\Delta s$,从点 M 到点 N 切线转过的角度为 $\Delta\alpha$,定义弧段 $\overset{\frown}{MN}$ 的平均曲率为

$$\overline{K}=\left|\frac{\Delta\alpha}{\Delta s}\right|.$$

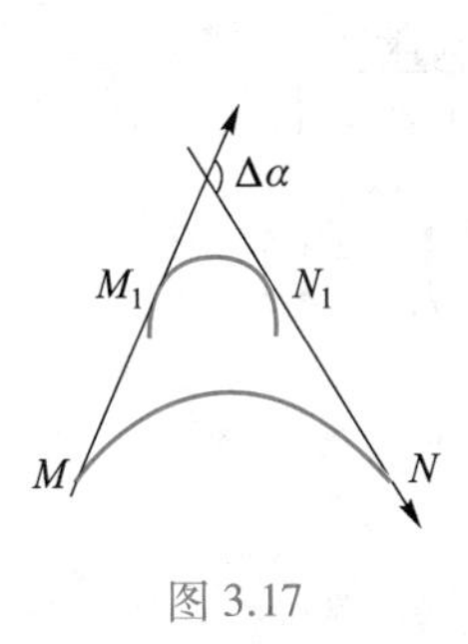

图 3.17

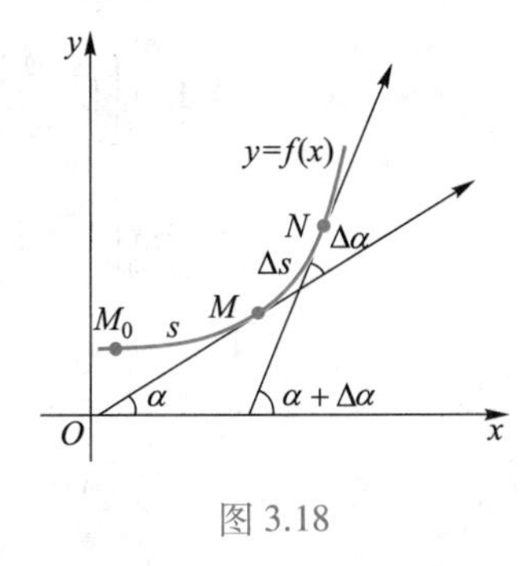

图 3.18

平均曲率仅反映曲线 $\overset{\frown}{MN}$ 的平均弯曲程度.一般来说,曲线在不同点处的弯曲程度是不同的,为了精确刻画曲线在一点处的弯曲程度,类似于用平均速度的极限表示瞬时速度,我们用平均曲率的极限来表示曲线在点 M 处的曲率.

令 $\Delta s\to0$,即 $N\to M$,若 $\lim\limits_{\Delta s\to0}\left|\frac{\Delta\alpha}{\Delta s}\right|$ 存在,则称该极限值为曲线在点 M 处的曲率,记为

$$K=\lim_{\Delta s\to0}\left|\frac{\Delta\alpha}{\Delta s}\right|. \tag{3.7.2}$$

在$\lim\limits_{\Delta s\to 0}\dfrac{\Delta\alpha}{\Delta s}=\dfrac{\mathrm{d}\alpha}{\mathrm{d}s}$存在的条件下，$K$也可表示为$K=\left|\dfrac{\mathrm{d}\alpha}{\mathrm{d}s}\right|$.

设曲线的直角坐标方程是$y=f(x)$，且$f(x)$具有二阶导数.因为$\tan\alpha=y'$，所以

$$\alpha=\arctan y',$$

它是x的复合函数，故

$$\mathrm{d}\alpha=\frac{1}{1+y'^2}(y')'\mathrm{d}x=\frac{y''}{1+y'^2}\mathrm{d}x.$$

从而由(3.7.1)，(3.7.2)两式得到曲率的计算公式

$$K=\left|\frac{\mathrm{d}\alpha}{\mathrm{d}s}\right|=\frac{|y''|}{(1+y'^2)^{3/2}}. \tag{3.7.3}$$

若曲线的参数方程为$\begin{cases}x=\varphi(t),\\y=\psi(t),\end{cases}$由于

$$\frac{\mathrm{d}y}{\mathrm{d}x}=\frac{\psi'(t)}{\varphi'(t)},\quad \frac{\mathrm{d}^2y}{\mathrm{d}x^2}=\frac{\psi''(t)\varphi'(t)-\psi'(t)\varphi''(t)}{\varphi'^3(t)},$$

代入(3.7.3)式，得

$$K=\frac{|\varphi'(t)\psi''(t)-\varphi''(t)\psi'(t)|}{[\varphi'^2(t)+\psi'^2(t)]^{3/2}}. \tag{3.7.4}$$

例 3.7.1 计算直线$y=ax+b$上任一点的曲率.

解 由$y'=a$，$y''=0$，故直线$y=ax+b$上任一点的曲率

$$K=\frac{|y''|}{(1+y'^2)^{3/2}}=0.$$

即直线上任一点处的曲率为零.

对于直线来说，切线与直线本身重合，当点沿直线移动时，切线的倾角α不变（见图 3.19），所以$\Delta\alpha=0$.从而$K=\left|\dfrac{\mathrm{d}\alpha}{\mathrm{d}s}\right|=0$.这与我们直觉认识到的“直线不弯曲”一致.

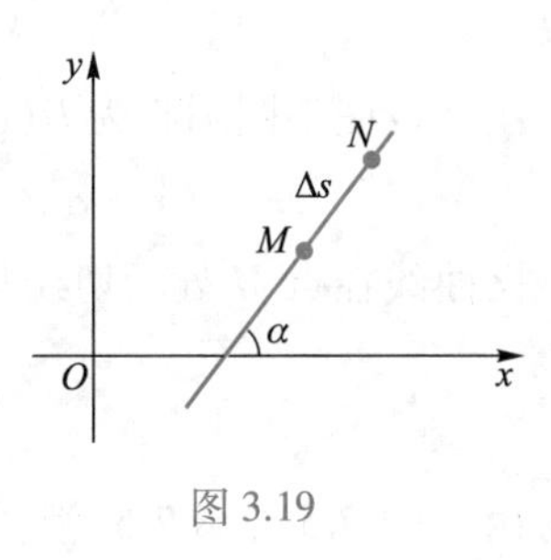

图 3.19

例 3.7.2 求椭圆$\begin{cases}x=a\cos t,\\y=b\sin t\end{cases}(a,b>0)$在点$A(a,0)$处的曲率.

解

$$\varphi'(t)=-a\sin t,\quad \varphi''(t)=-a\cos t;$$
$$\psi'(t)=b\cos t,\quad \psi''(t)=-b\sin t.$$

由式(3.7.4)得

$$K=\frac{|-a\sin t\cdot(-b\sin t)+a\cos t\cdot b\cos t|}{(a^2\sin^2 t+b^2\cos^2 t)^{3/2}}=\frac{ab}{(a^2\sin^2 t+b^2\cos^2 t)^{3/2}}.$$

在$(a,0)$处，$t=0$，所以 $K=\frac{a}{b^2}$.

在上式中，令 $a=b=R$，得到半径为 R 的圆的曲率为

$$K=\frac{1}{R},$$

即圆上各点处的曲率等于半径的倒数，且圆的半径越小，曲率越大.

例 3.7.3　抛物线 $y=ax^2+bx+c$ 上哪一点处的曲率最大?

解　$y'=2ax+b$，$y''=2a$，由曲率公式，得

$$K=\frac{|2a|}{[1+(2ax+b)^2]^{3/2}}.$$

显然，当 $2ax+b=0$ 即 $x=-\frac{b}{2a}$时，曲率最大，它对应抛物线的顶点.因此，抛物线在顶点处的曲率最大，最大曲率为 $K=|2a|$.

3.7.3　曲率圆与曲率半径

设曲线 $y=f(x)$ 在点 $M(x,y)$ 处的曲率为 $K(K\neq0)$. 在点 M 处曲线的法线上(曲线上凹的一侧)取一点 D，使 $|DM|=\frac{1}{K}=\rho$. 以 D 为圆心，ρ 为半径作圆，称这个圆为曲线在点 M 处的**曲率圆**(见图 3.20)，曲率圆的圆心 D 称为曲线在点 M 处的**曲率中心**，曲率圆的半径 ρ 称为曲线在点 M 处的**曲率半径**.

曲线在点 M 处的曲率 $K(K\neq0)$ 与曲线在点 M 处的曲率半径 ρ 有如下关系:

$$\rho=\frac{1}{K}\quad(K\neq0).$$

设曲率圆圆心为 $D(\alpha,\beta)$，因点 M 在曲率圆上，故

$$(x-\alpha)^2+(y-\beta)^2=\rho^2. \tag{3.7.5}$$

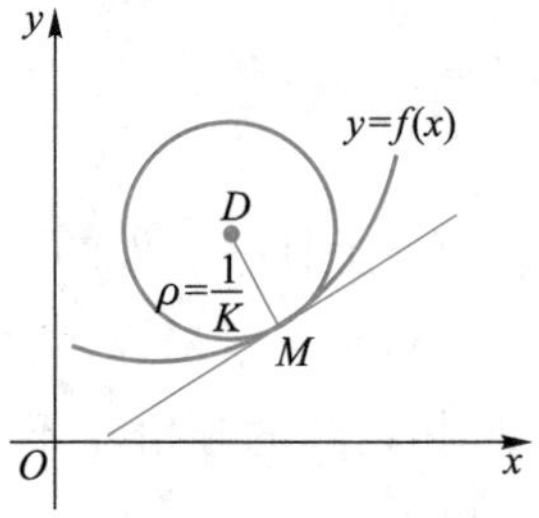

图 3.20

又曲线在点 M 处的切线与曲率圆半径 DM 垂直，有

$$y'=-\frac{x-\alpha}{y-\beta}. \tag{3.7.6}$$

由式(3.7.5)，(3.7.6)消去 $x-\alpha$ 得

$$(y-\beta)^2=\frac{\rho^2}{1+y'^2}=\frac{(1+y'^2)^2}{y''^2}. \tag{3.7.7}$$

由于当 $y''>0$ 时曲线为凹弧，$y-\beta<0$；当 $y''<0$ 时曲线为凸弧，$y-\beta>0$. 总之 y'' 与 $y-\beta$ 异号，故有

$$y-\beta=-\frac{1+y'^2}{y''}.$$

由此得到曲率圆圆心的计算公式为

$$\begin{cases}\alpha = x - \dfrac{y'(1+y'^2)}{y''},\\ \beta = y + \dfrac{1+y'^2}{y''}.\end{cases}$$

例 3.7.4 如图 3.21，飞机沿抛物线 $y=\dfrac{1}{10\ 000}x^2$（单位：m）作俯冲飞行. 在坐标原点 O 处飞机的速度为 $v=200$ m/s，飞行员体重 $G=70$ kg，求飞机冲至最低点时座椅对飞行员的反作用力.

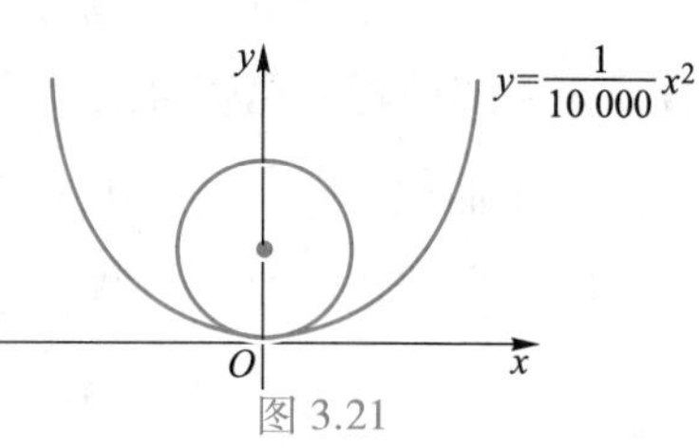

图 3.21

解 座椅对飞行员的反作用力

$$Q = F + P.$$

其中离心力 $F=\dfrac{mv^2}{\rho}$，飞行员的重量对座椅的压力 $P=70\times 9.8=686(\mathrm{N})$.

由 $y=\dfrac{1}{10\ 000}x^2$ 得

$$y'=\frac{1}{5\ 000}x,\quad y''=\frac{1}{5\ 000},\quad y'(0)=0,\quad y''(0)=\frac{1}{5\ 000},$$

故抛物线在原点的曲率为

$$K=\frac{|y''|}{(1+y'^2)^{3/2}}=\frac{1}{5\ 000},$$

在原点的曲率半径

$$\rho=\frac{1}{K}=5\ 000.$$

离心力

$$F=\frac{mv^2}{\rho}=\frac{70\times 200^2}{5\ 000}=560(\mathrm{N}).$$

从而座椅对飞行员的反作用力为

$$560+686=1\ 246(\mathrm{N}).$$

习题 3.7

1. 求下列曲线在指定点的曲率及曲率半径：

(1) $x^2+y^2=2$ 在点 $(1,1)$；　　(2) $xy=4$ 在点 $(2,2)$；

(3) $\begin{cases}x=a(t-\sin t),\\ y=a(1-\cos t)\end{cases}$ $(a>0)$ 在 $t=\dfrac{\pi}{3}$ 处；(4) $y=\tan x$ 在点 $\left(\dfrac{\pi}{4},1\right)$.

2. 曲线 $y=\ln x$ 上哪一点的曲率半径最小？求出该点的曲率半径.

3. 一辆 5 t 重的汽车以 40 km/h 的速度行驶在形状为曲线 $y=\frac{x^3}{10\ 000}$（单位：m）的弯道上，求 $x=0.1$ km 时汽车的向心力.

4. 设工件内表面的截线为抛物线 $y=0.4x^2$. 现在要用砂轮磨削其内表面. 问用直径多大的砂轮才比较合适？

5. 求曲线 $y=\sqrt{x}$ 在点(1,1)处的曲率中心及曲率圆方程.

6. 当曲线由极坐标方程 $\rho=\rho(\theta)$ 给出时，试推导弧微分公式

$$\mathrm{d}s=\sqrt{\rho^2(\theta)+[\rho'(\theta)]^2}\,\mathrm{d}\theta.$$

3.8　导数在经济学中的简单应用

通过本节的学习，了解边际分析和弹性分析的概念，并能解决经济学中的一些简单应用问题.

在 19 世纪末和 20 世纪初，有关函数变化率的思想被一些经济学家用于经济分析中. 本节讨论导数概念在经济学中的两个应用——边际分析和弹性分析.

3.8.1　边际分析

1. 边际函数

定义 3.8.1　设函数 $y=f(x)$ 可导，则导函数 $f'(x)$ 也称为**边际函数**.

$f(x)$ 在点 $x=x_0$ 处的导数 $f'(x_0)$ 称为 $f(x)$ 在点 $x=x_0$ 处的**边际函数值**，它表示 $f(x)$ 在点 $x=x_0$ 处的变化速度.

在点 $x=x_0$ 处，x 从 x_0 改变一个单位，函数的增量为 $\Delta y=f(x_0+1)-f(x_0)$. 但当 x 改变的"单位"很小时，或 x 的"一个单位"与 x_0 的值相对来说很小时，则有

$$\Delta y\Big|_{\substack{x=x_0\\ \Delta x=1}}\approx \mathrm{d}y\Big|_{\substack{x=x_0\\ \mathrm{d}x=1}}=f'(x)\mathrm{d}x\Big|_{\substack{x=x_0\\ \mathrm{d}x=1}}=f'(x_0).$$

这说明在点 $x=x_0$ 处，当 x 产生一个单位的改变时，y 近似改变 $f'(x_0)$ 个单位. 在经济学的应用问题中解释边际函数值的具体意义时，通常略去"近似"二字.

例 3.8.1　设函数 $y=3x^2$，试求 y 在 $x=6$ 时的边际函数值.

解　$y'=6x$，$y'(6)=36$. 它表示当 $x=6$ 时，x 改变一个单位，y 近似改变 36 个单位.

2. 成本

设成本函数为 $C=C(x)$，x 为产量，则生产 x 个单位产品时的**边际成本函数**为

$C'(x)$.它可理解为产量为 x 时,再生产一个单位产品所需成本.$\overline{C}(x)=\dfrac{C(x)}{x}$称为**平均成本函数**,表示生产 x 个单位产品的情况下每单位产品的成本.

$\dfrac{C(x)}{x}$表示曲线 $y=C(x)$ 上纵坐标与横坐标之比(见图 3.22),也是曲线上的点与原点连线的斜率,由此可作出$\overline{C}(x)$的图像(图 3.23).易知$\overline{C}(x)$在 $x=0$ 无定义,说明生产量为零时,不能讨论平均成本,见图 3.23 知曲线 $y=\overline{C}(x)$是凹的,有唯一的极小值,又由

$$\overline{C}'(x)=\frac{xC'(x)-C(x)}{x^2}=0$$

得 $C'(x)=\dfrac{C(x)}{x}$.说明当边际成本等于平均成本时,平均成本最小.

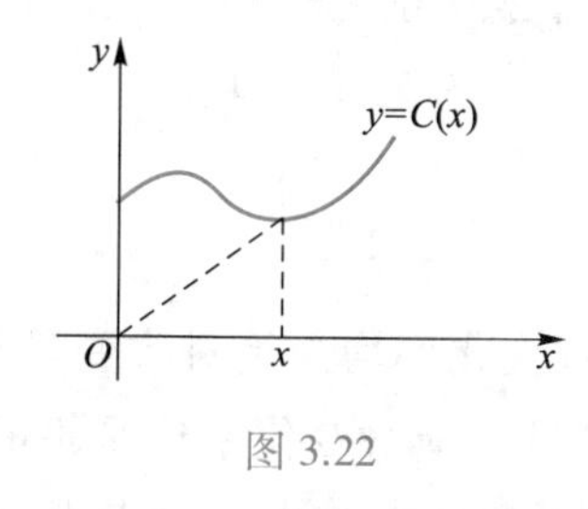

图 3.22

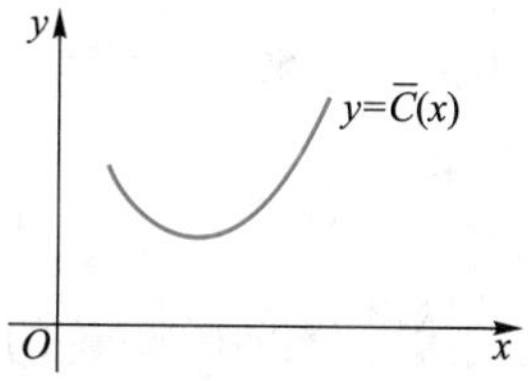

y
$y=\overline{C}(x)$
O
x

图 3.23

例 3.8.2 设某商品的成本函数为

$$C=50+\frac{x^2}{4},$$

求当 $x=10$ 时的平均成本与边际成本.

解 $\overline{C}=\dfrac{50}{x}+\dfrac{x}{4}$, $C'=\dfrac{x}{2}$.

当 $x=10$ 时,平均成本为$\overline{C}(10)=7.5$,边际成本为 $C'(10)=5$.

3. 收益

在估计产品销售量 x 时,给产品所定的价格 $P(x)$称为**价格函数**,通常 $P(x)$应是 x 的递减函数,于是

收入函数 $R(x)=xP(x)$;

利润函数 $L(x)=R(x)-C(x)$;

边际收入函数 $R'=R'(x)$;

边际利润函数 $L'=L'(x)$.

例 3.8.3 设某产品的价格 $P(x)$与销售量 x 的关系为 $P(x)=100-0.1x$,成本函数为

$$C(x)=6\ 000+10x.$$

(1) 求边际利润函数 $L'(x)$,并分别求 $x=100$ 和 $x=500$ 时的边际利润;

(2) 求销售量 x 为多少时,其利润最大?

解　(1) $L(x)=xP(x)-C(x)=x(100-0.1x)-(6\ 000+10x)$

$=-0.1x^2+90x-6\ 000$,

边际利润函数为

$$L'(x)=(-0.1x^2+90x-6\ 000)'=-0.2x+90.$$

当 $x=100$ 时,边际利润为 $L'(100)=-0.2\times100+90=70$.

当 $x=500$ 时,边际利润为 $L'(500)=-0.2\times500+90=-10$.

可见,销售第 101 个单位产品利润增加 70,而销售第 501 个单位产品利润将会减少 10.

(2) 令 $L'(x)=0$,得 $x=450$,因为 $L''(450)=-0.2<0$,故 $x=450$ 时,$L(x)$ 取得最大值 $L(450)=14\ 250$.

3.8.2　函数的弹性

1. 函数弹性的概念

我们在边际分析中,讨论的函数改变量与函数变化率均为绝对改变量与绝对变化率.在经济问题中,仅仅研究函数的绝对改变量与绝对变化率还是不够的.例如,甲商品每单位价格 10 元,涨价 1 元;乙商品每单位价格 100 元,也涨价 1 元.两种商品价格的绝对改变量都是 1 元,但各与其原价相比,两者涨价的百分比却有很大的不同,甲商品涨了 10%,而乙商品涨了 1%.为此,我们有必要研究函数的相对改变量与相对变化率.

例如,$y=x^2$,当 x 由 8 改变到 10 时,y 由 64 改变到 100,此时 $\Delta x=2$,$\Delta y=36$,而

$$\frac{\Delta x}{x}=25\%,\quad \frac{\Delta y}{y}=56.25\%.$$

这表示当 x 由 8 改变到 10 时,x 产生了 25%的改变,y 产生了 56.25%的改变.分别称$\frac{\Delta x}{x}$与$\frac{\Delta y}{y}$为自变量与函数的相对改变量.此时

$$\frac{\frac{\Delta y}{y}}{\frac{\Delta x}{x}}=\frac{56.25\%}{25\%}=2.25.$$

上式表示在(8,10)内,从 $x=8$ 时起,x 改变 1%,y 平均改变 2.25%,我们称它为 x 由 8 改变到 10 时,函数 y 的平均相对变化率.

定义 3.8.2　设函数 $y=f(x)$ 在 x 处可导,函数的相对改变量

$$\frac{\Delta y}{y}=\frac{f(x+\Delta x)-f(x)}{f(x)}$$

与自变量的相对改变量$\frac{\Delta x}{x}$之比$\frac{\Delta y/y}{\Delta x/x}$,称为函数$f(x)$从$x$到$x+\Delta x$两点间的弹性(或相对变化率).而极限$\lim\limits_{\Delta x\to 0}\frac{\Delta y/y}{\Delta x/x}$称为函数$f(x)$在点$x$处的弹性(或相对变化率),记为

$$\frac{E}{Ex}f(x)=\frac{Ey}{Ex}=\lim_{\Delta x\to 0}\frac{\frac{\Delta y}{y}}{\frac{\Delta x}{x}}=y'\frac{x}{y}.$$

函数$f(x)$在点x的弹性$\frac{E}{Ex}f(x)$反映了随着x的变化,$f(x)$变化幅度的大小,也就是$f(x)$对x的反应的强烈程度或灵敏度.

数值上,$\frac{E}{Ex}f(x)$表示在点x处,当x产生1%的改变时,$f(x)$近似地改变$\frac{E}{Ex}f(x)\%$.在应用问题中解释弹性的具体意义时,通常略去"近似"二字.

例 3.8.4 求函数$y=50\mathrm{e}^{2x}$的弹性函数$\frac{Ey}{Ex}$及在点$x=3$处的弹性.

解

$$y'=100\mathrm{e}^{2x},$$

$$\frac{Ey}{Ex}=100\mathrm{e}^{2x}\frac{x}{50\mathrm{e}^{2x}}=2x,\quad \left.\frac{Ey}{Ex}\right|_{x=3}=6.$$

2. 需求弹性

设P表示商品价格,Q表示需求量,$Q=f(P)$称为需求函数.定义该产品在价格为P时的需求弹性为

$$\eta=\eta(P)=\lim_{\Delta P\to 0}\frac{\Delta Q/Q}{\Delta P/P}=P\frac{f'(P)}{f(P)}.$$

当ΔP很小时,有

$$\eta=P\frac{f'(P)}{f(P)}\approx\frac{P}{f(P)}\cdot\frac{\Delta Q}{\Delta P}.$$

故需求弹性η近似地表示价格为P时,价格变动1%,需求量将变动$\eta\%$.

在正常的经济活动中,商品价格低,需求量就大;商品价格高,需求量就小.所以一般地,需求函数是单调减少函数,需求量随价格的提高而减少,故需求弹性一般是负值,它反映产品需求量对价格变动反应的强烈程度或灵敏度.

例 3.8.5　设某商品需求函数为

$$Q=f(P)=200\mathrm{e}^{-3P}.$$

(1) 求需求弹性函数；

(2) 当商品的价格 $P=5$ 时，再提高 1%，求该商品需求量的变化情况.

解　(1) $\eta(P)=P\dfrac{f'(P)}{f(P)}=P\dfrac{(200\mathrm{e}^{-3P})'}{200\mathrm{e}^{-3P}}=-3P.$

(2) $\eta(5)=-15.$

这说明商品价格 $P=5$ 时，价格提高 1%，商品需求量将减少 15%. 而价格降低 1%，商品需求量将增加 15%.

习题 3.8

1. 求下列函数的边际函数与弹性函数：

(1) $\dfrac{\mathrm{e}^x}{x}$；　　(2) x^{μ}（μ 为常数）；　　(3) $x^a\mathrm{e}^{-b(x+c)}$.

2. 设生产 x 单位的某产品的总成本为 $C(x)=x^2+16x+81$.

(1) 求边际成本；

(2) 求平均成本函数；

(3) 求取得最小平均成本的产量 x.

3. 设生产 x 单位某产品，总收入 R 为 x 的函数：

$$R=R(x)=200x-0.01x^2.$$

求生产 50 单位产品时的总收入、平均收入和边际收入.

4. 设某产品的生产及销售成本为 $C(x)=\dfrac{x^2}{4}+100$，销售收入为 $R(x)=120x-\dfrac{x^2}{20}$，当产量为多少时，利润最大？

5. 某商品的价格 P 与需求量 Q 的关系为

$$P=10-\frac{Q}{5}.$$

(1) 求需求量为 20 及 30 时的总收入 R、平均收入 $\overline{R}$ 和边际收入 R'；

(2) Q 为多少时总收入最大？

6. 某工厂生产某种产品，日总成本为 C 元，其中固定成本为 200 元，每多生产一单位产品，增加 10 元. 该商品的需求函数为 $Q=50-2P$，求 Q 为多少时，工厂日利润 L 最大？

7. 设某商品需求量 Q 与价格 P 的函数关系为

$$Q=f(P)=1\ 600\left(\frac{1}{4}\right)^{P},$$

求需求 Q 对于价格 P 的弹性函数.

8. 设某商品需求函数为 $Q=\mathrm{e}^{-\frac{P}{4}}$,求需求弹性函数及 $P=3,P=4,P=5$ 时的需求弹性.

9. 某商品需求函数为 $Q=Q(P)=75-P^2$.

（1）求 $P=4$ 时的边际需求,并说明其经济意义;

（2）求 $P=4$ 时的弹性需求,并说明其经济意义;

（3）当 $P=4$ 时,若价格 P 上涨 1%,总收入将变化百分之几?

（4）当 $P=6$ 时,若价格 P 上涨 1%,总收入将变化百分之几?

（5）P 为多少时,总收入最大?

本 章 小 结

本章以微分中值定理为理论基础介绍了导数的应用.

第3章知识和方法总结

1. 微分中值定理

罗尔中值定理、拉格朗日中值定理、柯西中值定理统称为微分中值定理.它们揭示了函数与其导数之间的内在联系,建立了导数通向应用的桥梁.首先要掌握中值定理的条件和结论,这是本章内容的理论基础,其中以拉格朗日中值定理为核心,罗尔定理是它的特殊情形,而柯西中值定理是它的不同形式的推广.其次要掌握中值定理的构造性证明方法、此方法是一个常用的数学思想方法,它不仅在中值定理的证明中,而且在不等式的证明、方程根的存在性及导数的应用中都具有广泛的应用.

泰勒中值定理是拉格朗日中值定理的推广,拉格朗日中值定理是泰勒中值定理当 $n=0$ 时的特例(它建立了函数与高阶导数之间的关系.)泰勒公式给出了一种用一个多项式函数来近似替代函数的理论方法.要记住几个常用初等函数 e^x, $\sin x,\cos x,\ln(1+x)$ 等的带有佩亚诺型余项的麦克劳林公式,会用定理证明一些相关的命题.

罗尔中值定理 $\underset{f(a)=f(b)}{\overset{\text{推广}}{\rightleftarrows}}$ 拉格朗日中值定理 $\underset{g(x)=x}{\overset{\text{推广}}{\rightleftarrows}}$ 柯西中值定理

拉格朗日中值定理 —推广↓ / ↑$n=0$— 泰勒中值定理

2. 导数的应用

洛必达法则提供了求不定式极限的一种重要方法，适用类型为$\frac{0}{0}$或$\frac{\infty}{\infty}$型不定式.使用时应将洛必达法则和其他求极限的方法结合起来，融会贯通，真正掌握和灵活使用洛必达法则.对于不是$\frac{0}{0}$或$\frac{\infty}{\infty}$型的不定式，如$0\cdot\infty$，$\infty-\infty$，0^0，∞^0，1^∞等类型，可以先把它化为$\frac{0}{0}$或$\frac{\infty}{\infty}$型不定式，再用洛必达法则计算.

利用导数可以研究函数的单调性和极值、最值，曲线的凹凸性和拐点等.对它们的研究，最基本的方法是用它们的定义和判定定理，用一阶导数可以研究函数的单调性和极值，用二阶导数可以研究函数图形的凹凸性和拐点.研究方法的共性是寻找一阶导数和二阶导数的同号区间，即在$f(x)$的定义域中分别求出$f'(x)=0$和$f''(x)=0$的点及使$f'(x)$和$f''(x)$不存在的点，用这些点将$f(x)$的定义域分成若干个部分区间，再用$f'(x)$和$f''(x)$在各个部分区间上的符号确定函数的单调区间和凹凸区间，且函数单调增减区间的分界点x_0是极值点，而凹凸区间的分界点x_0是拐点的横坐标.通常将上述研究过程列表进行.

某点为极值点的必要条件是该点为驻点或不可导点，它们是否为极值点要用极值的充分条件来判断.函数的最值与极值是两个不同的概念，最值是区间上的整体性概念，极值是区间内的局部性概念，因此极值仅在函数的定义区间内取得，而最值可在极值点和区间端点处取得.求实际问题的最值，首先应建立一个与所求最值有关的目标函数，通常是将要求最值设为目标函数，并由实际问题确定函数的定义区间，然后求该函数在相应区间上的最值.如果由实际问题可以确定所求最值必在区间内部取得且在区间内仅有一个可能的极值点，则可直接判定该点必为所求最值点.

用导数研究函数的性态集中反映在函数作图问题上，抓住函数的特点，就能比较准确地描绘函数的图形.

平面曲线曲率的计算公式不仅适用于直角坐标系下曲线的曲率计算，也适用于参数方程及极坐标系下曲线的曲率计算，但应注意将公式中的一阶导数和二阶导数用相应的变量进行转换.

导数在经济学中的简单应用介绍了一些简单的经济学概念，按照对应公式去计算相关的经济量即可.

总 习 题 3

A 组

1. 选择题:

(1) 设常数 $k>0$,函数 $f(x)=\ln x-\dfrac{x}{\mathrm{e}}+k$ 在 $(0,+\infty)$ 内零点的个数为(　　).

(A) 1　　(B) 2

(C) 3　　(D) 4

(2) 设 $\lim\limits_{x\to\infty}f'(x)=k$,则 $\lim\limits_{x\to\infty}[f(x+b)-f(x)]=$(　　).

(A) bk　　(B) b/k

(C) $b+k$　　(D) 不存在

(3) $\lim\limits_{x\to 0}\dfrac{x-\arctan x}{x-\arcsin x}=$(　　).

(A) 1　　(B) 2

(C) -2　　(D) $-\dfrac{1}{2}$

(4) $f(x)=x^3-x^2-x+1$ 满足(　　).

(A) 在 $\left(-\infty,-\dfrac{1}{3}\right]$ 内单调递增　　(B) 在 $\left[\dfrac{1}{3},+\infty\right)$ 内单调递减

(C) $x=1$ 处取得极大值　　(D) 在 $\left[\dfrac{1}{3},+\infty\right)$ 内为凸函数

(5) 以下各式中,极限存在,但不能用洛必达法则计算的是(　　).

(A) $\lim\limits_{x\to 0}\dfrac{x^2}{\sin x}$　　(B) $\lim\limits_{x\to 0^+}\left(\dfrac{1}{x}\right)^{\tan x}$

(C) $\lim\limits_{x\to\infty}\dfrac{x+\sin x}{x}$　　(D) $\lim\limits_{x\to+\infty}\dfrac{x^n}{\mathrm{e}^x}$

2. 填空题:

(1) 当 $x>0$ 时,$1+x\ln(x+\sqrt{1+x^2})$ ________ $\sqrt{1+x^2}$(填 >,< 或 =).

(2) $f(x)=2x^3-6x^2-18x-7$ 在 $1\leqslant x\leqslant 4$ 上的最大值为________.

(3) 曲线 $y=2x^3+3x^2-12x+14$ 的拐点为________.

(4) 函数 $y=x^2$ 在 $x=0$ 处的曲率圆半径为________.

(5) 若 $\lim\limits_{x\to 0}\left[\dfrac{1}{x}-\left(\dfrac{1}{x}-a\right)\mathrm{e}^x\right]=1$,则 $a=$________.

3. 若方程 $a_0x^4+3a_1x^2-2a_2x=0$ 有一个正根 x_0，证明方程 $4a_0x^3+6a_1x-2a_2=0$ 必有一个小于 x_0 的正根.

4. 设 $k>0$，试问 k 为何值时，方程 $\arctan x-kx=0$ 存在正根？

5. 设 $f(x)$ 可导，证明对任意实数 λ，在 $f(x)$ 的两个零点之间必存在 $\lambda f(x)+f'(x)$ 的零点.

6. 设 $f(x)$ 在 $[a,b]$ 上连续，在 (a,b) 内可导，证明在 (a,b) 内至少存在一点 ξ，使

$$b^2f(b)-a^2f(a)-(b-a)[2\xi f(\xi)+\xi^2f'(\xi)]=0.$$

7. 求下列极限：

(1) $\lim\limits_{x\to1}\dfrac{\ln x}{x-1}$；　　(2) $\lim\limits_{x\to0}\dfrac{\sqrt{1+\tan x}-\sqrt{1+\sin x}}{x\ln(1+x)-x^2}$；

(3) $\lim\limits_{x\to0}\dfrac{(1+x)^{\frac{1}{x}}-\mathrm{e}}{x}$；　　(4) $\lim\limits_{x\to\infty}\left(\sin\dfrac{2}{x}+\cos\dfrac{1}{x}\right)^x$；

(5) $\lim\limits_{x\to0}\left(\dfrac{a_1^x+a_2^x+\cdots+a_n^x}{n}\right)^{\frac{n}{x}}$，其中 $a_1,a_2,\cdots,a_n$ 均大于零；

(6) $\lim\limits_{n\to\infty}\left(n\tan\dfrac{1}{n}\right)^{n^2}$.

8. 利用泰勒公式求极限 $\lim\limits_{x\to0}\dfrac{1+\frac{1}{2}x^2-\sqrt{1+x^2}}{(\cos x-\mathrm{e}^{x^2})\sin x^2}$.

9. 讨论函数 $f(x)=\begin{cases}\dfrac{1}{x}-\dfrac{1}{\mathrm{e}^x-1}, & x\neq0,\\ \dfrac{1}{2}, & x=0\end{cases}$ 在 $x=0$ 处的可微性.

10. 求曲线 $y=x^3-3x^2+24x-19$ 在拐点处的切线方程.

11. 确定函数 $y=\dfrac{(x-1)^3}{(x+1)^2}$ 的单调区间、凹凸区间，并求极值和拐点.

12. 设 $f(x)=\begin{cases}x^{2x}, & x>0,\\ x+1, & x\leqslant0,\end{cases}$ 求其极值.

13. 证明下列不等式：

(1) 当 $x\in\left[\dfrac{1}{2},1\right]$ 时，$\arctan x-\ln(1+x^2)\geqslant\dfrac{\pi}{4}-\ln 2$；

(2) 当 $x>0$ 时，$(1+x)^{1+\frac{1}{x}}<\mathrm{e}^{1+\frac{x}{2}}$.

14. 求数列 $\left\{\dfrac{\sqrt{n}}{n+10\ 000}\right\}$ 的最大项.

15. 曲线 $y=\sin x(0<x<\pi)$ 上哪一点处曲率半径最小？求出该点处的曲率半径.

B 组

1. 选择题：

(1) 设 $f(x),g(x)$ 是恒大于零的可导函数，且 $f'(x)g(x)-f(x)g'(x)<0$，则当 $a<x<b$ 时，有(　　).

(A) $f(x)g(b)>f(b)g(x)$　　(B) $f(x)g(a)>f(a)g(x)$

(C) $f(x)g(x)>f(b)g(b)$　　(D) $f(x)g(x)>f(a)g(a)$

(2) 设 $f(x)$ 在 $[0,+\infty)$ 上连续，在 $(0,+\infty)$ 内可导，且 $f(0)<0, f'(x)\geqslant k>0$，则在 $(0,+\infty)$ 内 $f(x)$(　　).

(A) 没有零点　　(B) 至少有一个零点

(C) 只有一个零点　　(D) 不确定

(3) 曲线 $y=4\ln x+5$ 与 $y=4x+\ln^4 x$ 有(　　)个交点.

(A) 0　　(B) 1

(C) 2　　(D) 3

(4) 设函数 $f(x)$ 在 $(-\infty,+\infty)$ 内连续，其导函数的图形见图 3.24，则 $f(x)$ 有(　　).

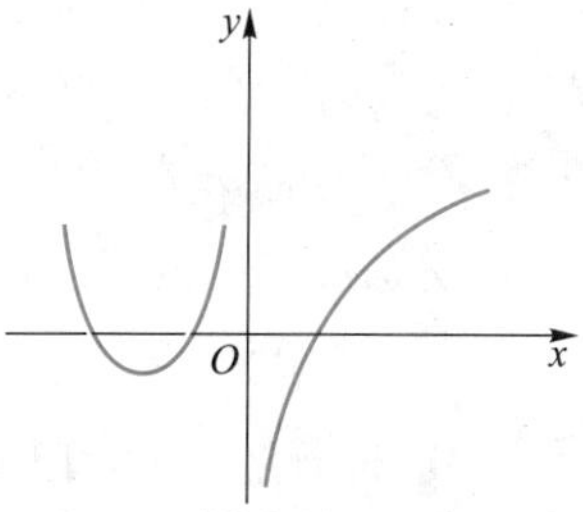

(A) 一个极小值点和两个极大值点

(B) 两个极小值点和一个极大值点

(C) 两个极小值点和两个极大值点

(D) 三个极小值点和一个极大值点

图 3.24

(5) 若 $f''(x)$ 不变号，且曲线 $y=f(x)$ 在点 $(1,1)$ 处的曲率圆为 $x^2+y^2=2$，则函数 $f(x)$ 在 $(1,2)$ 内(　　).

(A) 有极值点，无零点　　(B) 无极值点，有零点

(C) 有极值点，有零点　　(D) 无极值点，无零点

2. 填空题：

(1) 若曲线 $y=x^3+ax^2+bx+1$ 有拐点 $(-1,0)$，则 $b=$__________.

(2) 当 $x\to 0$ 时，$\frac{2}{3}(\cos x-\cos 2x)$ 是 x 的__________阶无穷小量.

(3) 由拉格朗日中值定理知：$e^x-1=xe^{\theta x}(0<\theta<1)$，则 $\lim\limits_{x\to 0}\theta=$__________.

(4) 函数 $y=\frac{x^2}{2^x}$ 在区间__________单调增加.

(5) 函数 $y=x^{2x}$ 在 $(0,1]$ 上的最小值为__________.

3. 设 $a_0+\frac{a_1}{2}+\frac{a_2}{3}+\cdots+\frac{a_n}{n+1}=0$,证明方程 $a_0+a_1x+a_2x^2+\cdots+a_nx^n=0$ 在 $(0,1)$ 内必有一根.

4. 设 $f(x)$ 在 $x=0$ 的某邻域内连续,$\lim\limits_{x\to 0}\frac{f(x)}{1-\cos x}=2$,证明 $x=0$ 为极小值点.

5. 设 $f(x)$ 在 $[0,1]$ 上具有二阶导数,$f(1)=0$,又 $F(x)=x^2f(x)$.证明在 $(0,1)$ 内至少存在一点 ξ,使 $F''(\xi)=0$.

6. 设 $f(x)$ 在 $x=0$ 的某邻域内有二阶导数,且 $\lim\limits_{x\to 0}\left[1+x+\frac{f(x)}{x}\right]^{\frac{1}{x}}=\mathrm{e}^3$,求 $f(0)$,$f'(0)$,$f''(0)$ 及 $\lim\limits_{x\to 0}\left[1+\frac{f(x)}{x}\right]^{\frac{1}{x}}$.

7. 设 $f(x)$ 在 $[0,b]$ 上可导,$f(0)=0$,$f'(x)$ 单调减少.证明:对于 $0<x_1<x_2<x_1+x_2<b$,恒有 $f(x_1+x_2)<f(x_1)+f(x_2)$.

8. 设 $f(x)$ 在 $[a,b]$ 上连续,在 (a,b) 内可导,且 $f(a)=f(b)=1$,证明:存在 $\xi,\eta\in(a,b)$,使 $\mathrm{e}^{\eta-\xi}[f'(\eta)+f(\eta)]=1$.

9. 设 $f(x)$ 在 (a,b) 内二阶可导,且 $f''(x)\geqslant 0$,证明:对于 (a,b) 内任意两点 x_1,x_2 及 $0\leqslant t\leqslant 1$ 有

$$f[(1-t)x_1+tx_2]\leqslant(1-t)f(x_1)+tf(x_2).$$

10. 设 $f(x)$ 在 $[0,1]$ 上有二阶导数,$|f(x)|\leqslant a$,$|f''(x)|\leqslant b$,其中 a,b 是非负数.$c\in(0,1)$,证明:$|f'(c)|\leqslant 2a+\frac{1}{2}b$.

11. 某工厂生产某种产品,固定成本为5万元,每生产1件产品成本增加20万元,其总收入(单位:万元)为 $R=-\frac{1}{2}q^2+50q-3$,其中 q 为产量(单位:件),求取得最大利润时的产量.

第 4 章 不定积分

前面学习了一元函数的微分学,从这一章开始学习一元函数的积分学,它包括不定积分和定积分.第 2 章介绍了求已知函数的导函数问题,本章讨论它的反问题,即求一个可导函数,使其导数恰好是某一已知函数,这种导数或微分的逆运算就是不定积分.

4.1 不定积分的概念与性质

通过本节的学习,理解原函数与不定积分的概念,掌握不定积分的基本性质,会利用基本积分公式求解不定积分.

4.1.1 原函数的概念

定义 4.1.1 若在区间 I 上,可导函数 $F(x)$ 的导数为 $f(x)$,即对任一 $x \in I$,都有

$$F'(x)=f(x),$$

则称 $F(x)$ 为 $f(x)$ 在区间 I 上的一个原函数.

例如,因为 $\left(\frac{1}{3}x^3\right)'=x^2$,所以 $\frac{1}{3}x^3$ 是 x^2 的一个原函数;又因为 $(\sin x)'=\cos x$,所以 $\sin x$ 是 $\cos x$ 的一个原函数.

如果一个函数存在原函数,其原函数是否唯一呢? 如 x^2 的原函数除 $\frac{1}{3}x^3$ 外,$\frac{1}{3}x^3+1$,$\frac{1}{3}x^3+2$,$\frac{1}{3}x^3+C$(C 是任意常数)都是 x^2 的原函数.一般地,我们有下面的定理.

定理 4.1.1(原函数族定理) 设 $F(x)$ 是 $f(x)$ 在区间 I 上的一个原函数,则

(1) $F(x)+C$ 都是 $f(x)$ 在区间 I 上的原函数,其中 C 为任意常数;

(2) $f(x)$ 在 I 上的任何两个原函数之间只相差一个常数.

证　(1) 因为 $F(x)$ 是 $f(x)$ 在区间 I 上的一个原函数,所以 $F'(x)=f(x)$,故

$$[F(x)+C]'=F'(x)=f(x).$$

因此 $F(x)+C$ 也是 $f(x)$ 的原函数.

(2) 设 $G(x)$ 是 $f(x)$ 在区间 I 上的另一原函数,则有

$$G'(x)=f(x),$$

于是

$$[G(x)-F(x)]'=G'(x)-F'(x)=f(x)-f(x)=0.$$

故

$$G(x)-F(x)=C(C\text{ 为任意常数}).$$

这个定理告诉我们,如果 $F(x)$ 是 $f(x)$ 的一个原函数,那么 $F(x)+C$ 就是它的全体原函数,称为**原函数族**.一个函数具备什么条件时它的原函数一定存在呢?

定理 4.1.2(原函数存在定理)　若函数 $f(x)$ 在区间 I 上连续,则在该区间上其原函数一定存在.

此定理的证明将在下一章中给出.因为初等函数在其定义区间内连续,由此定理知道,初等函数在其定义区间内一定存在原函数.

4.1.2　不定积分

定义 4.1.2　函数 $f(x)$ 在区间 I 上的原函数的全体称为 $f(x)$ 在 I 上的**不定积分**,记作

$$\int f(x)\,\mathrm{d}x.$$

其中记号 $\int$ 称为**积分号**,$f(x)$ 称为**被积函数**,$f(x)\,\mathrm{d}x$ 称为**被积表达式**,x 称为**积分变量**.

根据上面的讨论知道,如果 $F(x)$ 是 $f(x)$ 的一个原函数,那么 $f(x)$ 的不定积分可以表示为

$$\int f(x)\,\mathrm{d}x=F(x)+C,$$

其中 C 称为积分常数,它可取任意实数.

例 4.1.1　求 $\int x^3\,\mathrm{d}x$.

解　由于 $\left(\dfrac{x^4}{4}\right)'=x^3$,因此 $\dfrac{x^4}{4}$ 是 x^3 的一个原函数.所以

$$\int x^3\,\mathrm{d}x=\frac{x^4}{4}+C.$$

例 4.1.2 求$\int \frac{1}{x}\mathrm{d}x$.

解 当$x>0$时,由于$(\ln x)'=\frac{1}{x}$,故在$(0,+\infty)$内$\ln x$是$\frac{1}{x}$的一个原函数.所以

$$\int \frac{1}{x}\mathrm{d}x=\ln x+C \quad (x>0).$$

当$x<0$时,由于$[\ln(-x)]'=\frac{1}{x}$,故在$(-\infty,0)$内$\ln(-x)$是$\frac{1}{x}$的一个原函数.所以

$$\int \frac{1}{x}\mathrm{d}x=\ln(-x)+C \quad (x<0).$$

把$x>0$和$x<0$的结果合起来,可写为

$$\int \frac{1}{x}\mathrm{d}x=\ln|x|+C.$$

例 4.1.3 求通过点(1,2),且切线斜率为$3x^2$的曲线方程.

解 设所求曲线方程为$y=f(x)$,则有$\frac{\mathrm{d}y}{\mathrm{d}x}=3x^2$,即$f(x)$是$3x^2$的一个原函数.所以

$$f(x)=\int 3x^2\mathrm{d}x=x^3+C.$$

因为曲线通过点(1,2),所以

$$2=1+C,\quad C=1.$$

于是所求曲线方程为

$$y=x^3+1.$$

由定义可知,不定积分表示无穷多个函数,它们的图形表示一族曲线,称为函数$f(x)$的**积分曲线族**,其中任何一条积分曲线都可以由某一条积分曲线沿纵轴方向平移得到.

不定积分的运算称为积分运算或积分法.由不定积分的定义可知,不定积分与导数或微分之间有如下关系:

$$\left[\int f(x)\mathrm{d}x\right]'=f(x),\quad 或\quad \mathrm{d}\left[\int f(x)\mathrm{d}x\right]=f(x)\mathrm{d}x;$$

及

$$\int f'(x)\mathrm{d}x=f(x)+C,\quad 或\quad \int \mathrm{d}f(x)=f(x)+C.$$

由此可见,积分运算与微分运算是互逆的.若对一个函数先积分再微分,则两者的作用相互抵消;若先微分再积分,则结果只差一个常数.

4.1.3　基本积分表

由于积分运算是微分运算的逆运算,因此可以从一些基本的导数公式得到相应的积分公式(称为**基本积分表**).

1. $\int k\mathrm{d}x = kx+C$　(k 为常数);

2. $\int x^{\mu}\mathrm{d}x=\dfrac{x^{\mu+1}}{\mu+1}+C$　$(\mu\neq-1)$;

3. $\int \dfrac{1}{x}\mathrm{d}x=\ln|x|+C$　$(x\neq0)$;

4. $\int \dfrac{\mathrm{d}x}{1+x^2}=\arctan x+C$;

5. $\int \dfrac{\mathrm{d}x}{\sqrt{1-x^2}}=\arcsin x+C$;

6. $\int \cos x\mathrm{d}x=\sin x+C$;

7. $\int \sin x\mathrm{d}x=-\cos x+C$;

8. $\int \dfrac{1}{\cos^2x}\mathrm{d}x=\int \sec^2x\mathrm{d}x=\tan x+C$;

9. $\int \dfrac{1}{\sin^2x}\mathrm{d}x=\int \csc^2x\mathrm{d}x=-\cot x+C$;

10. $\int \sec x\cdot\tan x\mathrm{d}x=\sec x+C$;

11. $\int \csc x\cdot\cot x\mathrm{d}x=-\csc x+C$;

12. $\int \mathrm{e}^x\mathrm{d}x=\mathrm{e}^x+C$;

13. $\int a^x\mathrm{d}x=\dfrac{a^x}{\ln a}+C$;

14. $\int \mathrm{sh}\, x\mathrm{d}x=\mathrm{ch}\, x+C$;

15. $\int \mathrm{ch}\, x\mathrm{d}x=\mathrm{sh}\, x+C$.

上述基本积分公式可通过对等式右端的函数求导后等于左端的被积函数来直接验证.它们是求不定积分的基础,一定要熟记.

例 4.1.4　求 $\int \dfrac{1}{x^2}\mathrm{d}x$.

解　$\int \frac{1}{x^2} dx = \int x^{-2} dx = \frac{x^{-2+1}}{-2+1} + C = -\frac{1}{x} + C.$

例 4.1.5　求 $\int x\sqrt[4]{x} dx$.

解　$\int x\sqrt[4]{x} dx = \int x^{\frac{5}{4}} dx = \frac{1}{\frac{5}{4}+1} x^{\frac{5}{4}+1} + C = \frac{4}{9} x^{\frac{9}{4}} + C.$

例 4.1.6　求 $\int 3^x e^x dx$.

解　$\int 3^x e^x dx = \int (3e)^x dx = \frac{(3e)^x}{\ln(3e)} + C = \frac{(3e)^x}{1+\ln 3} + C.$

4.1.4　不定积分的性质

性质 4.1.1　设函数 $f(x)$ 与 $g(x)$ 的原函数存在，则

$$\int [f(x) + g(x)] dx = \int f(x) dx + \int g(x) dx.$$

证　将等式右端求导，得

$$\left[\int f(x) dx + \int g(x) dx\right]' = \left[\int f(x) dx\right]' + \left[\int g(x) dx\right]' = f(x) + g(x).$$

由此可知，右端是 $f(x)+g(x)$ 的原函数，而且右端有不定积分号，表示右端含有任意常数，因此右端是 $f(x)+g(x)$ 的不定积分.

性质 4.1.1 可推广到有限多个函数之和的情形.

性质 4.1.2　设函数 $f(x)$ 的原函数存在，k 为非零常数，则

$$\int kf(x) dx = k\int f(x) dx.$$

性质 4.1.2 的证明与性质 4.1.1 类似.

利用基本积分公式和不定积分的性质，通过简单的等价变形求出不定积分的方法称为直接积分法.

例 4.1.7　求 $\int \left(\frac{1}{x^2} - 3\cos x + \frac{2}{x}\right) dx$.

解　$$\int \left(\frac{1}{x^2} - 3\cos x + \frac{2}{x}\right) dx = \int x^{-2} dx - 3\int \cos x dx + 2\int \frac{1}{x} dx$$

$$= -\frac{1}{x} - 3\sin x + 2\ln|x| + C.$$

例 4.1.8　求 $\int \frac{x^4+1}{x^2+1} dx$.

解　$\int \frac{x^4+1}{x^2+1} dx = \int \frac{x^4-1+2}{x^2+1} dx = \int \left(x^2 - 1 + \frac{2}{x^2+1}\right) dx$

$$=\frac{x^3}{3}-x+2\arctan x+C.$$

例 4.1.9　求 $\int(10^x-10^{-x})^2\mathrm{d}x$.

解　$\int(10^x-10^{-x})^2\mathrm{d}x=\int(10^{2x}+10^{-2x}-2)\mathrm{d}x$

$$=\int[(10^2)^x+(10^{-2})^x-2]\mathrm{d}x$$

$$=\frac{1}{2\ln 10}(10^{2x}-10^{-2x})-2x+C.$$

例 4.1.10　求 $\int\tan^2x\mathrm{d}x$.

解　$\int\tan^2x\mathrm{d}x=\int(\sec^2x-1)\mathrm{d}x=\int\sec^2x\mathrm{d}x-\int\mathrm{d}x$

$$=\tan x-x+C.$$

例 4.1.11　求 $\int\cos^2\frac{x}{2}\mathrm{d}x$.

解　$\int\cos^2\frac{x}{2}\mathrm{d}x=\int\frac{1}{2}(1+\cos x)\mathrm{d}x=\frac{1}{2}\int\mathrm{d}x+\frac{1}{2}\int\cos x\mathrm{d}x$

$$=\frac{1}{2}x+\frac{1}{2}\sin x+C.$$

例 4.1.12　求 $\int\frac{\cos 2x}{\cos x-\sin x}\mathrm{d}x$.

解　$\int\frac{\cos 2x}{\cos x-\sin x}\mathrm{d}x=\int\frac{\cos^2x-\sin^2x}{\cos x-\sin x}\mathrm{d}x=\int(\cos x+\sin x)\mathrm{d}x$

$$=\sin x-\cos x+C.$$

例 4.1.13　已知 $f(x)=\begin{cases}-\sin x, & x\geqslant 0,\\ x, & x<0,\end{cases}$ 求 $\int f(x)\mathrm{d}x$.

解　由于在 $x=0$ 处，

$$\lim_{x\to 0^+}f(x)=\lim_{x\to 0^-}f(x)=0,$$

故 $f(x)$ 在 $(-\infty,+\infty)$ 内连续. 因此 $f(x)$ 在 $(-\infty,+\infty)$ 上的原函数 $F(x)$ 一定存在.

由 $f(x)=\begin{cases}-\sin x, & x\geqslant 0,\\ x, & x<0,\end{cases}$ 有

$$F(x)=\begin{cases}\cos x+C_1, & x\geqslant 0,\\ \dfrac{x^2}{2}+C_2, & x<0.\end{cases}$$

因为 $F(x)$ 在 $x=0$ 连续,得 $1+C_1=C_2$,取 $C=C_1$,从而

$$\int f(x)\,dx=\begin{cases}\cos x+C, & x\geqslant 0,\\ \dfrac{x^2}{2}+1+C, & x<0.\end{cases}$$

需要指出的是,连续函数在定义区间内一定有原函数,但连续函数的原函数不一定都是初等函数.

习题 4.1

1. 验证下列等式是否成立:

(1) $\int \dfrac{x}{\sqrt{1+x^2}}\,dx=\sqrt{1+x^2}+C$;　　(2) $\int \dfrac{1}{4+x^2}\,dx=\arctan\dfrac{x}{2}+C$.

2. 求下列不定积分:

(1) $\int\left(2-x^5+\dfrac{1}{x^2\sqrt{x}}\right)dx$;　　(2) $\int (2x^2+1)^3\,dx$;

(3) $\int (4^x+x^4)\,dx$;　　(4) $\int \sqrt{x\sqrt{x\sqrt{x}}}\,dx$;

(5) $\int \dfrac{dh}{\sqrt{2gh}}$ (g 是常数);　　(6) $\int a^x e^x\,dx$;

(7) $\int \dfrac{(x+1)(x^2-3)}{3x^2}\,dx$;　　(8) $\int e^x\left(3^{2x}+\dfrac{e^{-x}}{1+x^2}\right)dx$;

(9) $\int \dfrac{\sqrt{x}-2\sqrt[3]{x^2}+1}{\sqrt[4]{x}}\,dx$;　　(10) $\int \left(\dfrac{x+2}{x}\right)^2 dx$;

(11) $\int \dfrac{x^2+7x+12}{x+4}\,dx$;　　(12) $\int \dfrac{x^2}{x^2+1}\,dx$;

(13) $\int \dfrac{(x+1)^2}{x(x^2+1)}\,dx$;　　(14) $\int 10^x 3^{2x}\,dx$;

(15) $\int \dfrac{e^{3x}+1}{e^x+1}\,dx$;　　(16) $\int \dfrac{2\cdot 3^x-5\cdot 2^x}{3^x}\,dx$;

(17) $\int \sec x(\sec x-\tan x)\,dx$;　　(18) $\int \sin^2\dfrac{x}{2}\,dx$;

(19) $\int \dfrac{dx}{1+\cos 2x}$;　　(20) $\int \dfrac{\cos 2x}{\sin^2 x\cos^2 x}\,dx$.

3. 已知 $f(x)$ 的导函数是 $\sin x$,求 $f(x)$ 的全体原函数.

4. 一条曲线过(0,1)点,且在任一点处切线的斜率等于横坐标的两倍,求该曲线方程.

5. 一物体由静止开始运动,在 t s 末的速度(单位: m/s)为 $v(t)=2t-1$,问:

(1) 在 3 s 后物体离开出发点的距离是多少?

(2) 物体走完 420 m 需要多少时间?

6. 已知 $\int xf(x)\mathrm{d}x=2x^3+C$,求 $f(x)$.

7. 设 $f'(\sin^2x)=\cos^2x$,求 $f(x)$.

4.2　换元积分法

通过本节的学习,掌握不定积分的两类换元积分法,并会利用换元积分法求不定积分.

利用基本积分公式和不定积分的性质所能计算的不定积分是非常有限的,即使像 $\sin 3x$, $\sqrt{x-1}$, xe^x 等这样一些简单函数的不定积分都不能求出.因此,有必要进一步来研究不定积分的求法.本节介绍的换元积分法(简称换元法)是将复合函数的求导法则反过来用于不定积分,利用中间变量的代换,得到复合函数的积分法.它分成两类,下面先介绍第一类换元法.

4.2.1　第一类换元法

定理 4.2.1　设 $F(u)$ 是 $f(u)$ 的原函数,$u=\varphi(x)$ 可导,则有

$$\int f[\varphi(x)]\varphi'(x)\mathrm{d}x=\int f(u)\mathrm{d}u=F(u)+C=F[\varphi(x)]+C.$$

证　根据不定积分的定义,只需证明 $F[\varphi(x)]$ 的导数等于 $f[\varphi(x)]\cdot\varphi'(x)$.事实上,因为 $F(u)$ 是 $f(u)$ 的原函数,所以 $F'(u)=f(u)$.又 $u=\varphi(x)$ 可导,由复合函数的求导法则,得

$$\frac{\mathrm{d}F[\varphi(x)]}{\mathrm{d}x}=\frac{\mathrm{d}F(u)}{\mathrm{d}u}\cdot\frac{\mathrm{d}u}{\mathrm{d}x}=f(u)\varphi'(x)=f[\varphi(x)]\varphi'(x).$$

因此 $F[\varphi(x)]$ 是 $f[\varphi(x)]\varphi'(x)$ 的一个原函数,所以

$$\int f[\varphi(x)]\varphi'(x)\mathrm{d}x=\int f[\varphi(x)]\mathrm{d}\varphi(x)=F[\varphi(x)]+C.$$

第一类换元积分法又称凑微分法.它的作用是:当不定积分 $\int g(x)\mathrm{d}x$ 不易求时,如能将函数 $g(x)$ 写成 $g(x)=f[\varphi(x)]\varphi'(x)$,则作代换 $u=\varphi(x)$,并记 $\varphi'(x)\mathrm{d}x=\mathrm{d}u$,那么不定积分 $\int g(x)\mathrm{d}x$ 化为 $\int f(u)\mathrm{d}u$.而 $f(u)$ 的原函数 $F(u)$ 容易求得,求出 $F(u)$ 后再将 $u=\varphi(x)$ 代入,就得到所求的不定积分.积分过程可写为

$$\int g(x)\mathrm{d}x=\int f[\varphi(x)]\varphi'(x)\mathrm{d}x=\int f[\varphi(x)]\mathrm{d}\varphi(x)=\int f(u)\mathrm{d}u$$
$$=F(u)+C=F[\varphi(x)]+C.$$

例 4.2.1 求 $\int \mathrm{e}^{3x}\mathrm{d}x$.

解 $\int \mathrm{e}^{3x}\mathrm{d}x=\frac{1}{3}\int \mathrm{e}^{3x}(3x)'\mathrm{d}x$,令 $3x=u$,于是有

$$\int \mathrm{e}^{3x}\mathrm{d}x=\frac{1}{3}\int \mathrm{e}^{u}\mathrm{d}u=\frac{1}{3}\mathrm{e}^{u}+C=\frac{1}{3}\mathrm{e}^{3x}+C.$$

例 4.2.2 求 $\int \cos 2x\mathrm{d}x$.

解 令 $u=2x$,显然 $\mathrm{d}u=2\mathrm{d}x$ 或 $\mathrm{d}x=\frac{1}{2}\mathrm{d}u$,则

$$\int \cos 2x\mathrm{d}x=\int \cos u\cdot\frac{1}{2}\mathrm{d}u=\frac{1}{2}\sin u+C=\frac{1}{2}\sin 2x+C.$$

当我们对第一类换元法的运用比较熟练后,可以直接将 $\varphi(x)$ 作为中间变量,从而使运算更加简洁.

例 4.2.3 求 $\int (4x-1)^{99}\mathrm{d}x$.

解 $\int (4x-1)^{99}\mathrm{d}x=\frac{1}{4}\int (4x-1)^{99}\mathrm{d}(4x-1)=\frac{1}{400}(4x-1)^{100}+C$.

以下是几种典型的“凑微分”方法:

$\mathrm{d}x=\frac{1}{a}\mathrm{d}(ax+b)\ (a\neq 0)$; $x^{n-1}\mathrm{d}x=\frac{1}{n}\mathrm{d}(x^{n}+b)$; $\mathrm{e}^{x}\mathrm{d}x=\mathrm{d}(\mathrm{e}^{x})$;

$\frac{1}{x}\mathrm{d}x=\mathrm{d}(\ln|x|)$; $a^{x}\mathrm{d}x=\frac{1}{\ln a}\mathrm{d}(a^{x})$; $\cos x\mathrm{d}x=\mathrm{d}(\sin x)$;

$\sin x\mathrm{d}x=-\mathrm{d}(\cos x)$; $\sec^{2}x\mathrm{d}x=\mathrm{d}(\tan x)$; $\csc^{2}x\mathrm{d}x=-\mathrm{d}(\cot x)$;

$\sec x\tan x\mathrm{d}x=\mathrm{d}(\sec x)$; $\frac{\mathrm{d}x}{\sqrt{1-x^{2}}}=\mathrm{d}(\arcsin x)$; $\frac{\mathrm{d}x}{1+x^{2}}=\mathrm{d}(\arctan x)$.

例 4.2.4 求 $\int x\sin(x^{2})\mathrm{d}x$.

解 $\int x\sin(x^{2})\mathrm{d}x=\frac{1}{2}\int \sin(x^{2})\mathrm{d}(x^{2})=-\frac{1}{2}\cos(x^{2})+C$.

例 4.2.5 求 $\int \frac{\sin\frac{1}{x}}{x^{2}}\mathrm{d}x$.

解　因为 $\mathrm{d}\left(\frac{1}{x}\right)=-\frac{1}{x^2}\mathrm{d}x$,所以

$$\int\frac{\sin\frac{1}{x}}{x^2}\mathrm{d}x=-\int\sin\frac{1}{x}\,\mathrm{d}\left(\frac{1}{x}\right)=\cos\frac{1}{x}+C.$$

例 4.2.6　求 $\int\frac{\mathrm{d}x}{\sqrt{a^2-x^2}}(a>0)$.

解　$\int\frac{\mathrm{d}x}{\sqrt{a^2-x^2}}=\int\frac{1}{\sqrt{1-\left(\frac{x}{a}\right)^2}}\mathrm{d}\left(\frac{x}{a}\right)=\arcsin\frac{x}{a}+C.$

例 4.2.7　求 $\int\frac{\mathrm{d}x}{a^2+x^2}(a\neq0)$.

解　$\int\frac{\mathrm{d}x}{a^2+x^2}=\frac{1}{a}\int\frac{1}{1+\left(\frac{x}{a}\right)^2}\mathrm{d}\left(\frac{x}{a}\right)=\frac{1}{a}\arctan\frac{x}{a}+C.$

例 4.2.8　求 $\int\frac{1}{x^2-a^2}\mathrm{d}x(a\neq0)$.

解　因为 $\frac{1}{x^2-a^2}=\frac{1}{2a}\left(\frac{1}{x-a}-\frac{1}{x+a}\right)$,所以

$$\begin{aligned}\int\frac{1}{x^2-a^2}\mathrm{d}x&=\frac{1}{2a}\int\left(\frac{1}{x-a}-\frac{1}{x+a}\right)\mathrm{d}x=\frac{1}{2a}\left(\int\frac{\mathrm{d}x}{x-a}-\int\frac{\mathrm{d}x}{x+a}\right)\\&=\frac{1}{2a}\left[\int\frac{\mathrm{d}(x-a)}{x-a}-\int\frac{\mathrm{d}(x+a)}{x+a}\right]\\&=\frac{1}{2a}[\ln|x-a|-\ln|x+a|]+C\\&=\frac{1}{2a}\ln\left|\frac{x-a}{x+a}\right|+C.\end{aligned}$$

例 4.2.9　求 $\int\mathrm{e}^x\cos\mathrm{e}^x\mathrm{d}x$.

解　$\int\mathrm{e}^x\cos\mathrm{e}^x\mathrm{d}x=\int\cos\mathrm{e}^x\mathrm{d}(\mathrm{e}^x)=\sin\mathrm{e}^x+C.$

例 4.2.10　求 $\int\frac{\mathrm{d}x}{\mathrm{e}^x+1}$.

解　因为 $\frac{1}{\mathrm{e}^x+1}=\frac{1+\mathrm{e}^x-\mathrm{e}^x}{\mathrm{e}^x+1}=1-\frac{\mathrm{e}^x}{\mathrm{e}^x+1}$,所以

$$\int \frac{dx}{e^x + 1} = \int dx - \int \frac{e^x}{e^x + 1} dx = x - \int \frac{d(e^x + 1)}{e^x + 1} = x - \ln(e^x + 1) + C.$$

例 4.2.11 求 $\int \frac{6^x}{4^x+9^x} dx$.

解 $$\int \frac{6^x}{4^x+9^x} dx = \int \frac{\left(\frac{3}{2}\right)^x}{1+\left(\frac{3}{2}\right)^{2x}} dx = \frac{1}{\ln \frac{3}{2}} \int \frac{d\left[\left(\frac{3}{2}\right)^x\right]}{1+\left(\frac{3}{2}\right)^{2x}}$$

$$= \frac{1}{\ln 3 - \ln 2} \arctan\left(\frac{3}{2}\right)^x + C.$$

例 4.2.12 求 $\int \frac{dx}{x(2+3\ln x)}$.

解 $$\int \frac{dx}{x(2+3\ln x)} = \frac{1}{3} \int \frac{1}{2+3\ln x} d(2+3\ln x)$$

$$= \frac{1}{3} \ln |2+3\ln x| + C.$$

例 4.2.13 求 $\int \tan x dx$.

解 $$\int \tan x dx = \int \frac{\sin x}{\cos x} dx = -\int \frac{d(\cos x)}{\cos x} = -\ln |\cos x| + C.$$

类似地可得 $\int \cot x dx = \ln |\sin x| + C$.

例 4.2.14 求 $\int \cos^3 x dx$.

解 $$\int \cos^3 x dx = \int \cos^2 x \cos x dx = \int \cos^2 x d(\sin x)$$

$$= \int (1 - \sin^2 x) d(\sin x)$$

$$= \sin x - \frac{1}{3} \sin^3 x + C.$$

例 4.2.15 求 $\int \sin^4 x \cos^5 x dx$.

解 $$\int \sin^4 x \cos^5 x dx = \int \sin^4 x \cos^4 x d(\sin x) = \int \sin^4 x (1 - \sin^2 x)^2 d(\sin x)$$

$$= \int (\sin^4 x - 2\sin^6 x + \sin^8 x) d(\sin x)$$

$$= \frac{1}{5} \sin^5 x - \frac{2}{7} \sin^7 x + \frac{1}{9} \sin^9 x + C.$$

例 4.2.16　求 $\int \sec^4 x\tan^3 x\mathrm{d}x$.

解法一　$$\begin{aligned}\int \sec^4 x\tan^3 x\mathrm{d}x &= \int \sec^3 x\tan^2 x\mathrm{d}(\sec x)\\ &= \int \sec^3 x(\sec^2 x-1)\mathrm{d}(\sec x)\\ &= \int (\sec^5 x-\sec^3 x)\mathrm{d}(\sec x)\\ &= \frac{1}{6}\sec^6 x-\frac{1}{4}\sec^4 x+C.\end{aligned}$$

解法二　$$\begin{aligned}\int \sec^4 x\tan^3 x\mathrm{d}x &= \int \sec^2 x\tan^3 x\mathrm{d}(\tan x)\\ &= \int (1+\tan^2 x)\tan^3 x\mathrm{d}(\tan x)\\ &= \frac{1}{4}\tan^4 x+\frac{1}{6}\tan^6 x+C.\end{aligned}$$

虽然这两个结果的形式不一样,但它们的导数是相同的.

例 4.2.17　求 $\int \sin^2 x\mathrm{d}x$.

解　$$\begin{aligned}\int \sin^2 x\mathrm{d}x &= \int \frac{1}{2}(1-\cos 2x)\mathrm{d}x=\frac{1}{2}\int \mathrm{d}x-\frac{1}{4}\int \cos 2x\mathrm{d}(2x)\\ &= \frac{x}{2}-\frac{1}{4}\sin 2x+C.\end{aligned}$$

例 4.2.18　求 $\int \csc x\mathrm{d}x$.

解　$$\begin{aligned}\int \csc x\mathrm{d}x &= \int \frac{1}{\sin x}\mathrm{d}x=\int \frac{1}{2\sin\frac{x}{2}\cos\frac{x}{2}}\mathrm{d}x\\ &= \int \frac{1}{\tan\frac{x}{2}\cos^2\frac{x}{2}}\mathrm{d}\left(\frac{x}{2}\right)=\int \frac{1}{\tan\frac{x}{2}}\mathrm{d}\left(\tan\frac{x}{2}\right)\\ &= \ln\left|\tan\frac{x}{2}\right|+C.\end{aligned}$$

因为

$$\tan\frac{x}{2}=\frac{\sin\frac{x}{2}}{\cos\frac{x}{2}}=\frac{2\sin^2\frac{x}{2}}{\sin x}=\frac{1-\cos x}{\sin x}=\csc x-\cot x,$$

所以

$$\int \csc x\mathrm{d}x = \ln|\csc x - \cot x| + C.$$

例 4.2.19 求 $\int \sec x\mathrm{d}x$.

解法一 $\int \sec x\mathrm{d}x = \int \frac{1}{\cos x}\mathrm{d}x = \int \frac{1}{\sin\left(x+\frac{\pi}{2}\right)}\mathrm{d}\left(x+\frac{\pi}{2}\right)$

$$= \ln\left|\csc\left(x+\frac{\pi}{2}\right) - \cot\left(x+\frac{\pi}{2}\right)\right| + C$$

$$= \ln|\sec x + \tan x| + C.$$

解法二 $\int \sec x\mathrm{d}x = \int \frac{\sec x(\sec x+\tan x)}{\sec x+\tan x}\mathrm{d}x = \int \frac{\mathrm{d}(\sec x+\tan x)}{\sec x+\tan x}$

$$= \ln|\sec x + \tan x| + C.$$

例 4.2.20 求 $\int \sin 3x\cos 2x\mathrm{d}x$.

解 由 $\sin\alpha\cos\beta = \frac{1}{2}[\sin(\alpha+\beta) + \sin(\alpha-\beta)]$,得

$$\sin 3x\cos 2x = \frac{1}{2}(\sin 5x + \sin x).$$

于是

$$\int \sin 3x\cos 2x\mathrm{d}x = \frac{1}{2}\int(\sin 5x + \sin x)\mathrm{d}x$$

$$= \frac{1}{10}\int \sin 5x\mathrm{d}(5x) + \frac{1}{2}\int \sin x\mathrm{d}x$$

$$= -\frac{1}{10}\cos 5x - \frac{1}{2}\cos x + C.$$

例 4.2.21 求 $\int \frac{\mathrm{d}x}{x^2+2x+3}$.

解 $\int \frac{\mathrm{d}x}{x^2+2x+3} = \int \frac{\mathrm{d}(x+1)}{(x+1)^2+(\sqrt{2})^2} = \frac{1}{\sqrt{2}}\arctan\frac{x+1}{\sqrt{2}} + C.$

例 4.2.22 求 $\int \frac{x+5}{x^2+2x+8}\mathrm{d}x$.

解 利用例 4.2.7 的结果,有

$$\int \frac{x+5}{x^2+2x+8}\mathrm{d}x = \int \frac{x+1+4}{x^2+2x+8}\mathrm{d}x$$

$$
\begin{aligned}
&=\int \frac{x+1}{x^2+2x+8}\mathrm{d}x+4\int \frac{1}{x^2+2x+8}\mathrm{d}x\\
&=\frac{1}{2}\int \frac{\mathrm{d}(x^2+2x+8)}{x^2+2x+8}+4\int \frac{\mathrm{d}(x+1)}{(x+1)^2+7}\\
&=\frac{1}{2}\ln(x^2+2x+8)+\frac{4}{\sqrt{7}}\arctan\frac{x+1}{\sqrt{7}}+C.
\end{aligned}
$$

从上面的例子可以看出，利用凑微分法可以求出更多较复杂函数的不定积分，但是如何适当地选择变量代换 $u=\varphi(x)$ 没有一般规律可循，且方法灵活，需要一定的技巧，因此要掌握换元法，一方面要熟悉一些经典的例子，另一方面要通过多做练习来积累经验.

4.2.2　第二类换元法

第一类换元法是通过变量代换 $u=\varphi(x)$，将一个较复杂的积分 $\int f[\varphi(x)]\varphi'(x)\mathrm{d}x$ 转变为 $\int f(u)\mathrm{d}u$ 来计算.有的积分不易凑微分，但可适当地选择代换 $x=\psi(t)$，将积分 $\int f(x)\mathrm{d}x$ 化为 $\int f[\psi(t)]\psi'(t)\mathrm{d}t$ 的形式去积分，这就是第二类换元积分法.

定理 4.2.2　设 $x=\psi(t)$ 单调可微，且 $\psi'(t)\neq 0$.又设 $F(t)$ 是 $f[\psi(t)]\psi'(t)$ 的一个原函数，则

$$
\int f(x)\mathrm{d}x=\int f[\psi(t)]\psi'(t)\mathrm{d}t=F(t)+C=F[\psi^{-1}(x)]+C,
$$

其中 $t=\psi^{-1}(x)$ 是 $x=\psi(t)$ 的反函数.

证　只需验证 $F[\psi^{-1}(x)]$ 是 $f(x)$ 的原函数.事实上，由复合函数求导法则及反函数求导法则，得

$$
\frac{\mathrm{d}F[\psi^{-1}(x)]}{\mathrm{d}x}=\frac{\mathrm{d}F(t)}{\mathrm{d}t}\cdot\frac{\mathrm{d}t}{\mathrm{d}x}=f[\psi(t)]\psi'(t)\cdot\frac{1}{\psi'(t)}=f[\psi(t)]=f(x).
$$

因此 $F[\psi^{-1}(x)]$ 是 $f(x)$ 的原函数，故

$$
\int f(x)\mathrm{d}x=F[\psi^{-1}(x)]+C.
$$

第二类换元法的关键在于选择合适的变量代换 $x=\psi(t)$，但是这种换元法往往不明显，因此通常由 $x=\psi(t)$ 的反函数 $t=\psi^{-1}(x)$ 来求得.

例 4.2.23　求 $\int\sqrt{a^2-x^2}\mathrm{d}x\,(a>0)$.

解　令 $x=a\sin t,t\in\left(-\frac{\pi}{2},\frac{\pi}{2}\right)$，则 $\sqrt{a^2-x^2}=a\cos t,\mathrm{d}x=a\cos t\mathrm{d}t$，于是

$$
\int\sqrt{a^2-x^2}\mathrm{d}x=\int a\cos t\cdot a\cos t\mathrm{d}t=a^2\int\left(\frac{1}{2}+\frac{1}{2}\cos 2t\right)\mathrm{d}t
$$

$$= \frac{a^2}{2}t + \frac{a^2}{2}\sin t\cos t + C.$$

由于 $x=a\sin t, t\in\left(-\frac{\pi}{2},\frac{\pi}{2}\right)$，故 $t=\arcsin\frac{x}{a}$,

$$\cos t = \sqrt{1-\sin^2 t} = \sqrt{1-\left(\frac{x}{a}\right)^2} = \frac{\sqrt{a^2-x^2}}{a},$$

所以

$$\int\sqrt{a^2-x^2}\,dx = \frac{a^2}{2}\arcsin\frac{x}{a} + \frac{x}{2}\sqrt{a^2-x^2} + C.$$

例 4.2.24 求 $\int\frac{dx}{\sqrt{x^2+a^2}}(a>0)$.

解 令 $x=a\tan t, t\in\left(-\frac{\pi}{2},\frac{\pi}{2}\right)$，则 $\sqrt{x^2+a^2}=a\sec t, dx=a\sec^2 t dt$，于是

$$\int\frac{dx}{\sqrt{x^2+a^2}} = \int\sec t dt = \ln|\sec t+\tan t| + C.$$

根据 $\tan t=\frac{x}{a}$ 作辅助三角形（见图 4.1），有

$$\sec t = \frac{\sqrt{x^2+a^2}}{a},$$

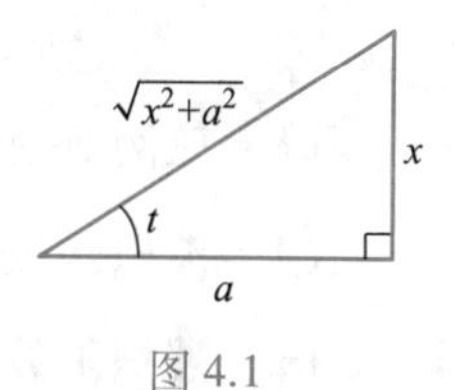

图 4.1

且 $\sec t+\tan t>0$，因此

$$\int\frac{dx}{\sqrt{x^2+a^2}} = \ln\left(\frac{x}{a}+\frac{\sqrt{x^2+a^2}}{a}\right) + C$$
$$= \ln(x+\sqrt{x^2+a^2}) + C_1,$$

其中 $C_1=C-\ln a$.

例 4.2.25 求 $\int\frac{dx}{\sqrt{x^2-a^2}}(a>0)$.

解 被积函数的定义域为 $(-\infty,-a)\cup(a,+\infty)$. 当 $x>a$ 时，令 $x=a\sec t, t\in\left(0,\frac{\pi}{2}\right)$，则 $\sqrt{x^2-a^2}=a\tan t, dx=a\sec t\tan t dt$，于是

$$\int\frac{dx}{\sqrt{x^2-a^2}} = \int\frac{a\sec t\tan t}{a\tan t}dt = \int\sec t dt = \ln(\sec t+\tan t) + C.$$

根据 $\sec t=\frac{x}{a}$ 作辅助三角形（见图 4.2），有 $\tan t=\frac{\sqrt{x^2-a^2}}{a}$，因此

$$\int \frac{\mathrm{d}x}{\sqrt{x^2-a^2}} = \ln\left(\frac{x}{a}+\frac{\sqrt{x^2-a^2}}{a}\right)+C$$

$$=\ln(x+\sqrt{x^2-a^2})+C_1,$$

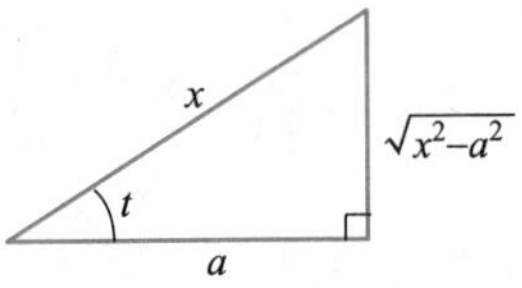

图 4.2

其中 $C_1=C-\ln a$.

当 $x<-a$ 时,令 $x=-u$,那么 $u>a$,由上面的结果,有

$$\int \frac{\mathrm{d}x}{\sqrt{x^2-a^2}} = -\int \frac{\mathrm{d}u}{\sqrt{u^2-a^2}} = -\ln(u+\sqrt{u^2-a^2})+C$$

$$=-\ln(-x+\sqrt{x^2-a^2})+C=\ln\frac{1}{-x+\sqrt{x^2-a^2}}+C$$

$$=\ln\frac{-x-\sqrt{x^2-a^2}}{a^2}+C=\ln(-x-\sqrt{x^2-a^2})+C_1,$$

其中 $C_1=C-2\ln a$.

将以上两种结果合并,可写成

$$\int \frac{\mathrm{d}x}{\sqrt{x^2-a^2}} = \ln\left|x+\sqrt{x^2-a^2}\right|+C.$$

以上三例所使用的均为三角代换,其目的是化去根式,一般地,

(1) 被积函数含有 $\sqrt{a^2-x^2}$,可令 $x=a\sin t$ 或 $x=a\cos t$;

(2) 被积函数含有 $\sqrt{a^2+x^2}$,可令 $x=a\tan t$ 或 $x=a\cot t$;

(3) 被积函数含有 $\sqrt{x^2-a^2}$,可令 $x=a\sec t$ 或 $x=a\csc t$.

在运用时应对被积函数具体分析,尽量选用简便的方法,如 $\int \frac{\mathrm{d}x}{\sqrt{a^2-x^2}}$ 用第一类换元法更简便.另外,三角代换不但可以消去根式,也适用于一些有理式的积分,如下例.

例 4.2.26　求 $\int \frac{\mathrm{d}x}{(x^2+a^2)^2}(a>0)$.

解　令 $x=a\tan t, t\in\left(-\frac{\pi}{2},\frac{\pi}{2}\right)$,则 $(x^2+a^2)^2=a^4\sec^4 t$, $\mathrm{d}x=a\sec^2 t\mathrm{d}t$,于是

$$\int \frac{\mathrm{d}x}{(x^2+a^2)^2} = \int \frac{a\sec^2 t}{a^4\sec^4 t}\mathrm{d}t = \frac{1}{a^3}\int \cos^2 t\mathrm{d}t = \frac{1}{2a^3}\int(1+\cos 2t)\mathrm{d}t$$

$$=\frac{1}{2a^3}t+\frac{1}{4a^3}\sin 2t+C=\frac{1}{2a^3}t+\frac{1}{2a^3}\sin t\cos t+C$$

$$=\frac{1}{2a^3}t+\frac{1}{2a^3}\cdot\frac{\tan t}{\sec^2 t}+C.$$

将 $t=\arctan\dfrac{x}{a}$回代,得

$$\int\frac{\mathrm{d}x}{(x^2+a^2)^2}=\frac{1}{2a^3}\arctan\frac{x}{a}+\frac{1}{2a^3}\cdot\frac{\dfrac{x}{a}}{1+\dfrac{x^2}{a^2}}+C$$

$$=\frac{1}{2a^3}\arctan\frac{x}{a}+\frac{x}{2a^2(a^2+x^2)}+C.$$

当被积函数分母中 x 的次数比分子高时,常采用倒代换 $x=\dfrac{1}{t}$.

例 **4.2.27** 求 $\displaystyle\int\frac{\mathrm{d}x}{x\sqrt{3x^2-2x-1}}(x>1)$.

解 令 $x=\dfrac{1}{t}$,则 $\mathrm{d}x=-\dfrac{1}{t^2}\mathrm{d}t$,于是

$$\int\frac{\mathrm{d}x}{x\sqrt{3x^2-2x-1}}=\int\frac{-\dfrac{1}{t^2}\mathrm{d}t}{\dfrac{1}{t}\sqrt{\dfrac{3}{t^2}-\dfrac{2}{t}-1}}=-\int\frac{\mathrm{d}t}{\sqrt{3-2t-t^2}}$$

$$=-\int\frac{\mathrm{d}t}{\sqrt{4-(t+1)^2}}=-\arcsin\frac{t+1}{2}+C$$

$$=-\arcsin\frac{x+1}{2x}+C.$$

本节中有些例题的结果以后会经常遇到,它们通常也被当作公式使用.这样,除基本积分表中的公式外,再补充下面几个常用的积分公式(其中常数$a>0$):

16. $\displaystyle\int\tan x\mathrm{d}x=-\ln|\cos x|+C$;

17. $\displaystyle\int\cot x\mathrm{d}x=\ln|\sin x|+C$;

18. $\displaystyle\int\sec x\mathrm{d}x=\ln|\sec x+\tan x|+C$;

19. $\displaystyle\int\csc x\mathrm{d}x=\ln|\csc x-\cot x|+C$;

20. $\displaystyle\int\frac{1}{a^2+x^2}\mathrm{d}x=\frac{1}{a}\arctan\frac{x}{a}+C$;

21. $\displaystyle\int\frac{1}{\sqrt{a^2-x^2}}\mathrm{d}x=\arcsin\frac{x}{a}+C$;

22. $\int \frac{1}{x^2-a^2}\mathrm{d}x=\frac{1}{2a}\ln\left|\frac{x-a}{x+a}\right|+C$;

23. $\int \frac{1}{\sqrt{x^2-a^2}}\mathrm{d}x=\ln\left|x+\sqrt{x^2-a^2}\right|+C$;

24. $\int \frac{1}{\sqrt{a^2+x^2}}\mathrm{d}x=\ln\left|x+\sqrt{x^2+a^2}\right|+C$.

例 4.2.28　求 $\int \frac{\mathrm{d}x}{\sqrt{x^2-4x-5}}$.

解　$$\int \frac{\mathrm{d}x}{\sqrt{x^2-4x-5}}=\int \frac{\mathrm{d}(x-2)}{\sqrt{(x-2)^2-3^2}}=\ln\left|x-2+\sqrt{(x-2)^2-3^2}\right|+C$$
$$=\ln\left|x-2+\sqrt{x^2-4x-5}\right|+C.$$

习题 4.2

1. 求下列不定积分：

(1) $\int \frac{1}{3x-5}\mathrm{d}x$；　(2) $\int (1-2x)^{10}\mathrm{d}x$；

(3) $\int 5^{-3x+2}\mathrm{d}x$；　(4) $\int \frac{1}{\sin^2 8x}\mathrm{d}x$；

(5) $\int \frac{x}{\sqrt{x^2-2}}\mathrm{d}x$；　(6) $\int \frac{\sin x}{\cos^2 x}\mathrm{d}x$；

(7) $\int \sqrt{2+\mathrm{e}^x}\,\mathrm{e}^x\mathrm{d}x$；　(8) $\int \frac{1}{x\ln^3 x}\mathrm{d}x$；

(9) $\int \frac{\cos\sqrt{x}}{\sqrt{x}}\mathrm{d}x$；　(10) $\int \frac{\mathrm{e}^{2x}-1}{\mathrm{e}^x}\mathrm{d}x$；

(11) $\int \frac{x}{1+x^4}\mathrm{d}x$；　(12) $\int x^2\sin(3x^3)\mathrm{d}x$；

(13) $\int \frac{1}{\cos^2 x\sqrt{1+\tan x}}\mathrm{d}x$；　(14) $\int \frac{\sin x}{\sqrt{1+\sin^2 x}}\mathrm{d}x$；

(15) $\int \frac{1}{1+(2x-3)^2}\mathrm{d}x$；　(16) $\int \frac{\ln(\ln x)}{x\ln x}\mathrm{d}x$；

(17) $\int \frac{\mathrm{d}x}{(\arcsin x)^2\sqrt{1-x^2}}$；　(18) $\int \cos^2 3x\mathrm{d}x$；

(19) $\int \cos^5 x\mathrm{d}x$；　(20) $\int \sin^2 x\cos^2 x\mathrm{d}x$；

(21) $\int \sin 5x \cos 3x \mathrm{d}x$;　　(22) $\int \cos^3 x \sin^2 x \mathrm{d}x$;

(23) $\int \frac{1}{x^2}\cos^2 \frac{1}{x} \mathrm{d}x$;　　(24) $\int \frac{1-\tan x}{1+\tan x} \mathrm{d}x$;

(25) $\int \left(1-\frac{1}{x^2}\right)\sin\left(x+\frac{1}{x}\right)\mathrm{d}x$;　　(26) $\int \frac{x^2}{1+x^2}\mathrm{d}x$;

(27) $\int \frac{\mathrm{d}x}{\mathrm{e}^x+\mathrm{e}^{-x}}$;　　(28) $\int \frac{\ln(\tan x)\mathrm{d}x}{\sin x\cos x}$;

(29) $\int (\tan^2 x+\tan^4 x)\mathrm{d}x$;　　(30) $\int \frac{1}{x^2+4x+29}\mathrm{d}x$;

(31) $\int \frac{1}{\sqrt{3+2x-x^2}}\mathrm{d}x$;　　(32) $\int \frac{\mathrm{d}x}{3x^2-1}$;

(33) $\int \frac{\mathrm{d}x}{(x-1)(x+2)}$;　　(34) $\int \frac{4x+2}{x^2+x+1}\mathrm{d}x$;

(35) $\int \frac{x^2}{(x-1)^{100}}\mathrm{d}x$;　　(36) $\int \frac{1}{\sqrt{2x+3}+\sqrt{2x-1}}\mathrm{d}x$.

2. 求下列不定积分：

(1) $\int \sqrt{5-4x-x^2}\mathrm{d}x$;　　(2) $\int \frac{1}{\sqrt{x^2-x}}\mathrm{d}x$;

(3) $\int \frac{1}{x\sqrt{4-x^2}}\mathrm{d}x$;　　(4) $\int \frac{1}{\sqrt{(x^2+1)^3}}\mathrm{d}x$;

(5) $\int \frac{x^2}{\sqrt{9-x^2}}\mathrm{d}x$;　　(6) $\int \frac{x+2}{x^2\sqrt{1-x^2}}\mathrm{d}x$;

(7) $\int \frac{1}{x^8(1-x^2)}\mathrm{d}x$;　　(8) $\int \frac{1}{x\sqrt{x^4-1}}\mathrm{d}x$.

3. 已知$f(x)$的一个原函数为x^2，求$\int xf(1-x^2)\mathrm{d}x$.

4. 设$I_n=\int \tan^n x\mathrm{d}x$，证明$I_n=\frac{1}{n-1}\tan^{n-1}x-I_{n-2}(n\geqslant 3)$，并进一步计算$\int \tan^5 x\mathrm{d}x$.

4.3 分部积分法

通过本节的学习，掌握不定积分的分部积分法，并会利用分部积分法求不定积分.

前面我们在复合函数求导法则的基础上,得到了换元积分法,但有时对某些类型的积分,换元积分法往往不能奏效,如 $\int x\cos x\mathrm{d}x$, $\int \ln x\mathrm{d}x$ 等.为此,本节将在两个函数乘积的求导法则基础上推导出另一种基本积分法——分部积分法.

设函数 $u=u(x)$, $v=v(x)$ 具有连续的导数,由

$$(uv)'=u'v+uv',$$

得

$$uv'=(uv)'-u'v.$$

对上式两边求不定积分,有

$$\int uv'\mathrm{d}x=\int (uv)'\mathrm{d}x-\int u'v\mathrm{d}x. \tag{4.3.1}$$

公式(4.3.1)称为**分部积分公式**.它的意义在于把对积分 $\int uv'\mathrm{d}x$ 的计算转变为对积分 $\int u'v\mathrm{d}x$ 的计算.如果后者较易计算,转换的目的就达到了.

为了简便起见,也可把公式(4.3.1)写成下面的形式:

$$\int u\mathrm{d}v=uv-\int v\mathrm{d}u. \tag{4.3.2}$$

例 4.3.1　求 $\int x\sin x\mathrm{d}x$.

解　积分的难点在于被积函数 $x\sin x$ 中的因子 x,若把 $\sin x$“缩进”微分号中,利用分部积分公式(4.3.2),转换后的新积分将对 x 求一次微分,从而消除因子 x.利用分部积分公式得

$$\begin{aligned}\int x\sin x\mathrm{d}x&=-\int x\mathrm{d}(\cos x)=-\left(x\cos x-\int\cos x\mathrm{d}x\right)\\&=-x\cos x+\int\cos x\mathrm{d}x=-x\cos x+\sin x+C.\end{aligned}$$

例 4.3.2　求 $\int x^2\cos x\mathrm{d}x$.

解　此积分的难点在于被积函数 $x^2\cos x$ 中的因子 x^2,为此把 $\cos x$“缩进”微分号中,利用公式(4.3.2),新的积分将对 x 求一次微分,从而简化问题.利用分部积分公式得

$$\int x^2\cos x\mathrm{d}x=\int x^2\mathrm{d}(\sin x)=x^2\sin x-2\int x\sin x\mathrm{d}x.$$

将例 4.3.1 的结果代入上式右端得

$$\int x^2\cos x\mathrm{d}x=x^2\sin x+2x\cos x-2\sin x+C.$$

例 4.3.3 求 $\int xe^x dx$.

解 $\int xe^x dx = \int xd(e^x) = xe^x - \int e^x dx = xe^x - e^x + C = (x-1)e^x + C$.

例 4.3.4 求 $\int x^2 e^{-x} dx$.

解
$$\int x^2 e^{-x} dx = -\int x^2 d(e^{-x}) = -x^2 e^{-x} + \int e^{-x} \cdot 2x dx$$
$$= -x^2 e^{-x} + 2\int xe^{-x} dx.$$

对 $\int xe^{-x}dx$ 再次使用分部积分法,有

$$\int xe^{-x}dx = -\int xd(e^{-x}) = -xe^{-x} + \int e^{-x}dx = -xe^{-x} - e^{-x} + C.$$

所以

$$\int x^2 e^{-x} dx = -x^2 e^{-x} - 2xe^{-x} - 2e^{-x} + C.$$

对于形如 $\int P_n(x)\sin ax dx$, $\int P_n(x)\cos ax dx$, $\int P_n(x)e^{ax}dx$(其中 $P_n(x)$ 为 n 次多项式)的积分,可考虑用分部积分法,选择 $P_n(x)$ 为 u,每使用一次分部积分法,多项式的幂次降低一次.有时需反复使用分部积分法.

例 4.3.5 求 $\int x^2 \ln x dx$.

解
$$\int x^2 \ln x dx = \frac{1}{3}\int \ln x dx^3 = \frac{1}{3}x^3 \ln x - \frac{1}{3}\int x^3 d(\ln x)$$
$$= \frac{1}{3}x^3 \ln x - \frac{1}{3}\int x^2 dx = \frac{1}{3}x^3 \ln x - \frac{1}{9}x^3 + C.$$

例 4.3.6 求 $\int x\arctan x dx$.

解
$$\int x\arctan x dx = \frac{1}{2}\int \arctan x d(x^2) = \frac{1}{2}x^2 \arctan x - \frac{1}{2}\int x^2 d(\arctan x)$$
$$= \frac{1}{2}x^2 \arctan x - \frac{1}{2}\int x^2 \cdot \frac{1}{1+x^2} dx$$
$$= \frac{1}{2}x^2 \arctan x - \frac{1}{2}\int \left(1 - \frac{1}{1+x^2}\right) dx$$
$$= \frac{1}{2}x^2 \arctan x - \frac{1}{2}(x - \arctan x) + C$$
$$= \frac{1}{2}(x^2+1)\arctan x - \frac{1}{2}x + C.$$

例 4.3.7　求 $\int \arcsin x\mathrm{d}x$.

解　$\int \arcsin x\mathrm{d}x = x\arcsin x - \int x\mathrm{d}(\arcsin x) = x\arcsin x - \int \frac{x\mathrm{d}x}{\sqrt{1-x^2}}$

$$= x\arcsin x + \frac{1}{2}\int \frac{\mathrm{d}(1-x^2)}{\sqrt{1-x^2}} = x\arcsin x + \sqrt{1-x^2} + C.$$

对于形如 $\int P_n(x)\ln x\mathrm{d}x$, $\int P_n(x)\arcsin x\mathrm{d}x$, $\int P_n(x)\arctan x\mathrm{d}x$ 等类型的积分,可考虑用分部积分法,并选择对数函数或反三角函数为 u.

有些情况下,虽反复使用分部积分公式,仍不能求出结果,但若能得到所求积分的一个方程,这时解此方程也可获得结果.

例 4.3.8　求 $\int \mathrm{e}^x\sin x\mathrm{d}x$.

解　$\int \mathrm{e}^x\sin x\mathrm{d}x = \int \mathrm{e}^x\mathrm{d}(-\cos x) = -\mathrm{e}^x\cos x + \int \mathrm{e}^x\cos x\mathrm{d}x$

$$= -\mathrm{e}^x\cos x + \int \mathrm{e}^x\mathrm{d}(\sin x)$$

$$= -\mathrm{e}^x\cos x + \mathrm{e}^x\sin x - \int \mathrm{e}^x\sin x\mathrm{d}x.$$

由于上式右边第三项就是所求的积分 $\int \mathrm{e}^x\sin x\mathrm{d}x$,把它移到等式左边,两边再同除以 2,便得

$$\int \mathrm{e}^x\sin x\mathrm{d}x = \frac{1}{2}\mathrm{e}^x(\sin x - \cos x) + C.$$

对于形如 $\int \mathrm{e}^{ax}\sin bx\mathrm{d}x$, $\int \mathrm{e}^{ax}\cos bx\mathrm{d}x$ 的积分,设哪一个为 u 均可. 但在运用两次分部积分过程中,必须选用同类型的 u.

例 4.3.9　求 $\int \sec^3 x\mathrm{d}x$.

解　$\int \sec^3 x\mathrm{d}x = \int \sec x\mathrm{d}(\tan x) = \sec x\tan x - \int \sec x\tan^2 x\mathrm{d}x$

$$= \sec x\tan x - \int \sec x(\sec^2 x - 1)\mathrm{d}x$$

$$= \sec x\tan x - \int \sec^3 x\mathrm{d}x + \int \sec x\mathrm{d}x$$

$$= \sec x\tan x + \ln|\sec x + \tan x| - \int \sec^3 x\mathrm{d}x,$$

移项便得

$$\int \sec^3 x\mathrm{d}x = \frac{1}{2}\sec x\tan x + \frac{1}{2}\ln|\sec x + \tan x| + C.$$

例 4.3.10 求 $I_n = \int \sec^n x\mathrm{d}x(n > 2)$ 的递推公式.

解 $I_n = \int \sec^n x\mathrm{d}x = \int \sec^{n-2}x\mathrm{d}(\tan x)$

$$= \sec^{n-2}x\tan x - \int \tan x\mathrm{d}\sec^{n-2}x$$

$$= \sec^{n-2}x\tan x - (n-2)\int \sec^{n-2}x\tan^2 x\mathrm{d}x$$

$$= \sec^{n-2}x\tan x - (n-2)\int \sec^{n-2}x(\sec^2 x - 1)\mathrm{d}x$$

$$= \sec^{n-2}x\tan x - (n-2)\int \sec^n x\mathrm{d}x + (n-2)\int \sec^{n-2}x\mathrm{d}x$$

$$= \sec^{n-2}x\tan x - (n-2)I_n + (n-2)I_{n-2}.$$

移项整理,得递推公式

$$I_n = \frac{1}{n-1}\sec^{n-2}x\tan x + \frac{n-2}{n-1}I_{n-2}.$$

有时,在积分过程中需要同时用到换元积分法和分部积分法.

例 4.3.11 求 $\int \cos\sqrt{x}\,\mathrm{d}x$.

解 令$\sqrt{x}=t$,则 $x=t^2$,$\mathrm{d}x=2t\mathrm{d}t$,于是

$$\int \cos\sqrt{x}\,\mathrm{d}x = 2\int t\cos t\mathrm{d}t = 2\int t\mathrm{d}(\sin t) = 2t\sin t - 2\int \sin t\mathrm{d}t$$

$$= 2t\sin t + 2\cos t + C.$$

将 $t=\sqrt{x}$ 回代,得

$$\int \cos\sqrt{x}\,\mathrm{d}x = 2\sqrt{x}\sin\sqrt{x} + 2\cos\sqrt{x} + C.$$

例 4.3.12 已知$f(x)$的一个原函数是 e^{-x^2},求 $\int xf'(x)\mathrm{d}x$.

解 由分部积分公式,得

$$\int xf'(x)\mathrm{d}x = \int x\mathrm{d}f(x) = xf(x) - \int f(x)\mathrm{d}x,$$

根据题意

$$\int f(x)\mathrm{d}x = \mathrm{e}^{-x^2} + C,$$

上式两边同时对 x 求导,得

$$f(x) = -2x\mathrm{e}^{-x^2}.$$

所以

$$\int x f'(x)\,\mathrm{d}x = x f(x) - \int f(x)\,\mathrm{d}x = -2x^2\mathrm{e}^{-x^2} - \mathrm{e}^{-x^2} + C.$$

习题 4.3

1. 求下列不定积分：

(1) $\int x\cos x\,\mathrm{d}x$；　(2) $\int x\mathrm{e}^{-2x}\,\mathrm{d}x$；

(3) $\int \ln x\,\mathrm{d}x$；　(4) $\int \arccos x\,\mathrm{d}x$；

(5) $\int x\arcsin x\,\mathrm{d}x$；　(6) $\int x\ln(x-1)\,\mathrm{d}x$；

(7) $\int x\tan^2 x\,\mathrm{d}x$；　(8) $\int \ln(x+\sqrt{1+x^2})\,\mathrm{d}x$；

(9) $\int \frac{\ln\ln x}{x}\mathrm{d}x$；　(10) $\int \mathrm{e}^{2x}\sin x\,\mathrm{d}x$；

(11) $\int \mathrm{e}^{x}\sin^2 x\,\mathrm{d}x$；　(12) $\int x^2\arctan x\,\mathrm{d}x$；

(13) $\int x^2\sin x\,\mathrm{d}x$；　(14) $\int \ln^2 x\,\mathrm{d}x$；

(15) $\int \sin(\ln x)\,\mathrm{d}x$；　(16) $\int \left(\frac{1}{x}+\frac{1}{x^2}\right)\ln x\,\mathrm{d}x$；

(17) $\int \mathrm{e}^{\sqrt{x}}\,\mathrm{d}x$；　(18) $\int \frac{\arcsin\sqrt{x}}{\sqrt{x}}\mathrm{d}x$；

(19) $\int \cos\sqrt{3x-1}\,\mathrm{d}x$；　(20) $\int \mathrm{e}^{x}\left(\frac{1}{x}+\ln x\right)\mathrm{d}x$；

(21) $\int (\arcsin x)^2\,\mathrm{d}x$；　(22) $\int \frac{\ln^3 x}{x^2}\mathrm{d}x$.

2. 已知$\frac{\sin x}{x}$是$f(x)$的一个原函数，求$\int x f'(x)\,\mathrm{d}x$.

3. 已知$f(x)=\frac{\mathrm{e}^{-x}}{x}$，求$\int xf''(x)\,\mathrm{d}x$.

4. 设$f(\ln x)=\frac{\ln(1+x)}{x}$，计算$\int f(x)\,\mathrm{d}x$.

5. 求下列不定积分的递推公式：

(1) $I_n=\int(\ln x)^n\,\mathrm{d}x$，$n\geqslant 2$；　(2) $I_n=\int\frac{\mathrm{d}x}{(x^2+a^2)^n}$，$n\geqslant 2$.

4.4 有理函数的积分

通过本节的学习,会求简单有理函数的积分、三角函数有理式的积分以及简单无理函数的积分.

前面介绍了最常用的一些积分方法和技巧,下面讨论几种比较简单的特殊类型函数的积分.

4.4.1 有理函数的积分

由两个多项式的商所构成的函数

$$R(x)=\frac{P(x)}{Q(x)}=\frac{a_0x^n+a_1x^{n-1}+\cdots+a_n}{b_0x^m+b_1x^{m-1}+\cdots+b_m}$$

称为有理函数,其中 m,n 为非负整数,$a_0,a_1,\cdots,a_n,b_0,b_1,\cdots,b_m$ 都是常数,且 $a_0\neq0,b_0\neq0$.若 $m>n$,则称 $R(x)$ 为真分式;若 $m\leqslant n$,则称 $R(x)$ 为假分式.此外,我们总假定分子 $P(x)$ 与分母 $Q(x)$ 没有公因式.

利用多项式的除法,我们总可以将一个假分式化为一个多项式和一个真分式之和,而多项式的不定积分是容易求得的,因此我们只需研究真分式的不定积分.

对于真分式$\dfrac{P(x)}{Q(x)}$,如果分母可分解成两个多项式的乘积

$$Q(x)=Q_1(x)Q_2(x),$$

且 $Q_1(x)$ 与 $Q_2(x)$ 没有公因式,那么它可分拆成两个真分式之和

$$\frac{P(x)}{Q(x)}=\frac{P_1(x)}{Q_1(x)}+\frac{P_2(x)}{Q_2(x)}.$$

如果 $Q_1(x)$ 或 $Q_2(x)$ 还能再分解成两个没有公因式的多项式的乘积,那么它们就可再分拆成更简单的真分式之和(这个过程称为把真分式化成部分分式之和).最后,真分式的分解式中只出现$\dfrac{P_1(x)}{(x-a)^k}$和$\dfrac{P_2(x)}{(x^2+px+q)^l}$等两类函数(这里 $p^2-4q<0$,$P_1(x)$ 为小于 k 次的多项式,$P_2(x)$ 为小于 $2l$ 次的多项式).

下列四类分式称为最简分式,其中 n 为大于等于 2 的正整数,A,M,N,a,p,q 均为常数,且 $p^2-4q<0$.

(1) $\dfrac{A}{x-a}$; (2) $\dfrac{A}{(x-a)^n}$; (3) $\dfrac{Mx+N}{x^2+px+q}$; (4) $\dfrac{Mx+N}{(x^2+px+q)^n}$.

在实数范围内,真分式总可以化为几个最简分式之和.通过举例来看如何计算最简分式的积分.

例 4.4.1　求 $\int \frac{1}{(x-2)^3}\mathrm{d}x$.

解　$\int \frac{1}{(x-2)^3}\mathrm{d}x = \int \frac{1}{(x-2)^3}\mathrm{d}(x-2) = -\frac{1}{2(x-2)^2} + C.$

例 4.4.2　$\int \frac{1}{x^2+2x+10}\mathrm{d}x$.

解　$\int \frac{1}{x^2+2x+10}\mathrm{d}x = \int \frac{1}{(x+1)^2+9}\mathrm{d}x = \frac{1}{3}\arctan\frac{x+1}{3} + C.$

例 4.4.3　$\int \frac{x+4}{x^2+2x+10}\mathrm{d}x$.

解

$$\begin{aligned}\int \frac{x+4}{x^2+2x+10}\mathrm{d}x &= \int \frac{\frac{1}{2}(x^2+2x+10)'+3}{x^2+2x+10}\mathrm{d}x \\ &= \frac{1}{2}\int \frac{1}{x^2+2x+10}\mathrm{d}(x^2+2x+10) + 3\int \frac{1}{x^2+2x+10}\mathrm{d}x \\ &= \frac{1}{2}\ln(x^2+2x+10) + \arctan\frac{x+1}{3} + C.\end{aligned}$$

例 4.4.4　求 $\int \frac{1}{(x^2+2x+3)^2}\mathrm{d}x$

解　$\int \frac{1}{(x^2+2x+3)^2}\mathrm{d}x = \int \frac{1}{[(x+1)^2+2]^2}\mathrm{d}x.$

设 $x+1=\sqrt{2}\tan t\left(-\frac{\pi}{2}<t<\frac{\pi}{2}\right)$，代入上式得

$$\begin{aligned}\int \frac{1}{(x^2+2x+3)^2}\mathrm{d}x &= \frac{\sqrt{2}}{4}\int \cos^2 t\mathrm{d}t = \frac{\sqrt{2}}{8}\left(t+\frac{\sin 2t}{2}\right) + C \\ &= \frac{\sqrt{2}}{8}\left[\arctan\frac{x+1}{\sqrt{2}} + \frac{\sqrt{2}(x+1)}{x^2+2x+3}\right] + C.\end{aligned}$$

对于一般的真分式，只需通过将其分解为最简分式之和，使得真分式的积分转化为最简分式的积分.

例 4.4.5　求 $\int \frac{x+3}{x^2-5x+6}\mathrm{d}x$.

解　因为 $x^2-5x+6=(x-2)(x-3)$，所以可设

$$\frac{x+3}{x^2-5x+6} = \frac{x+3}{(x-2)(x-3)} = \frac{A}{x-2} + \frac{B}{x-3},$$

其中 A,B 为待定系数.上式两端去分母得

$$x+3=A(x-3)+B(x-2),$$

即

$$x+3=(A+B)x-(3A+2B).$$

从而有

$$A+B=1,\quad -(3A+2B)=3,$$

解得 $A=-5,B=6$,故

$$\frac{x+3}{x^2-5x+6}=\frac{-5}{x-2}+\frac{6}{x-3},$$

所以

$$\begin{aligned}\int\frac{x+3}{x^2-5x+6}\mathrm{d}x&=\int\left(\frac{-5}{x-2}+\frac{6}{x-3}\right)\mathrm{d}x\\&=-5\ln|x-2|+6\ln|x-3|+C.\end{aligned}$$

例 4.4.6 求 $\int\frac{2x+1}{x^3-2x^2+x}\mathrm{d}x$.

解 先将被积函数分解成部分分式之和.设

$$\frac{2x+1}{x^3-2x^2+x}=\frac{2x+1}{x(x-1)^2}=\frac{A}{x}+\frac{Bx+C}{(x-1)^2},$$

两端去分母得

$$2x+1=A(x-1)^2+x(Bx+C),$$

即

$$2x+1=(A+B)x^2+(-2A+C)x+A,$$

因此有 $\begin{cases}A+B=0,\\-2A+C=2,\\A=1,\end{cases}$ 解得 $\begin{cases}A=1,\\B=-1,\\C=4.\end{cases}$ 于是

$$\begin{aligned}\int\frac{2x+1}{x^3-2x^2+x}\mathrm{d}x&=\int\left[\frac{1}{x}+\frac{-x+4}{(x-1)^2}\right]\mathrm{d}x=\int\left[\frac{1}{x}+\frac{-x+1+3}{(x-1)^2}\right]\mathrm{d}x\\&=\ln|x|-\ln|x-1|-\frac{3}{x-1}+C.\end{aligned}$$

例 4.4.7 求 $\int\frac{2}{x^3+2x}\mathrm{d}x$.

解 设 $\frac{2}{x^3+2x}=\frac{2}{x(x^2+2)}=\frac{A}{x}+\frac{Bx+C}{x^2+2}$,则

$$2=A(x^2+2)+x(Bx+C),$$

即

$$2=(A+B)x^2+Cx+2A,$$

故$\begin{cases}A+B=0,\\C=0,\\2A=2,\end{cases}$ 解得$\begin{cases}A=1,\\B=-1,\\C=0.\end{cases}$于是

$$\begin{aligned}\int\frac{2}{x^3+2x}\mathrm{d}x&=\int\left(\frac{1}{x}-\frac{x}{x^2+2}\right)\mathrm{d}x\\&=\ln|x|-\frac{1}{2}\ln(x^2+2)+C.\end{aligned}$$

4.4.2　三角函数有理式的积分

形如 $\int R(\cos x,\sin x)\mathrm{d}x$ 的积分称为三角函数有理式的积分，其中 $R(u,v)$ 表示变量为 u,v 的有理函数. $R(\cos x,\sin x)$ 称为三角有理函数. 处理这类积分的基本方法是通过万能代换公式，将其转变为有理函数的积分. 因为

$$\sin x=2\sin\frac{x}{2}\cos\frac{x}{2}=\frac{2\tan\frac{x}{2}}{\sec^2\frac{x}{2}}=\frac{2\tan\frac{x}{2}}{1+\tan^2\frac{x}{2}},$$

$$\cos x=\cos^2\frac{x}{2}-\sin^2\frac{x}{2}=\frac{1-\tan^2\frac{x}{2}}{\sec^2\frac{x}{2}}=\frac{1-\tan^2\frac{x}{2}}{1+\tan^2\frac{x}{2}},$$

所以，作变量代换 $t=\tan\frac{x}{2}(-\pi<x<\pi)$，就有

$$\sin x=\frac{2t}{1+t^2},\quad \cos x=\frac{1-t^2}{1+t^2}.$$

注意到 $x=2\arctan t$，$\mathrm{d}x=\frac{2}{1+t^2}\mathrm{d}t$，于是积分化为

$$\int R(\cos x,\sin x)\mathrm{d}x=\int R\left(\frac{1-t^2}{1+t^2},\frac{2t}{1+t^2}\right)\frac{2\mathrm{d}t}{1+t^2}.$$

例 4.4.8　求 $\int\frac{1+\sin x}{1+\cos x}\mathrm{d}x$.

解法一　令 $t=\tan\frac{x}{2}$，则

$$\int \frac{1+\sin x}{1+\cos x} dx = \int \frac{1+\frac{2t}{1+t^2}}{1+\frac{1-t^2}{1+t^2}} \frac{2}{1+t^2} dt = \int \left(1+\frac{2t}{1+t^2}\right) dt$$

$$= t + \ln(1+t^2) + C$$

$$= \tan \frac{x}{2} + \ln\left(\sec^2 \frac{x}{2}\right) + C = \tan \frac{x}{2} - 2\ln\left|\cos \frac{x}{2}\right| + C.$$

通过万能代换公式总能将积分 $\int R(\cos x, \sin x) dx$ 计算出来,但这种做法往往计算量很大,所以需要灵活运用其他积分方法.如上例,我们可以这样来解:

解法二 $$\int \frac{1+\sin x}{1+\cos x} dx = \int \frac{1+2\sin \frac{x}{2} \cos \frac{x}{2}}{2\cos^2 \frac{x}{2}} dx = \int \left(\frac{1}{2}\sec^2 \frac{x}{2} + \tan \frac{x}{2}\right) dx$$

$$= \tan \frac{x}{2} - 2\ln\left|\cos \frac{x}{2}\right| + C.$$

例 4.4.9 求 $\int \frac{\sin x}{1+\sin x} dx$.

解 $$\int \frac{\sin x}{1+\sin x} dx = \int \frac{\sin x(1-\sin x)}{\cos^2 x} dx$$

$$= \int \frac{\sin x - (1-\cos^2 x)}{\cos^2 x} dx$$

$$= \int \frac{\sin x}{\cos^2 x} dx - \int \sec^2 x dx + \int dx$$

$$= \sec x - \tan x + x + C.$$

4.4.3 简单无理函数的积分

求简单无理函数的积分,其基本思想是通过适当的变量代换将无理函数转化为有理函数,然后积分.下面通过例子来说明.

例 4.4.10 求 $\int \frac{x}{\sqrt[3]{3x+1}} dx$.

解 为了去掉根号,令 $u = \sqrt[3]{3x+1}$,于是 $x = \frac{1}{3}(u^3-1)$, $dx = u^2 du$,从而

$$\int \frac{x}{\sqrt[3]{3x+1}} dx = \int \frac{u^3-1}{3u} \cdot u^2 du = \frac{1}{3}\int (u^4 - u) du$$

$$= \frac{1}{3}\left(\frac{u^5}{5} - \frac{u^2}{2}\right) + C$$

$$=\frac{1}{15}(3x+1)^{\frac{5}{3}}-\frac{1}{6}(3x+1)^{\frac{2}{3}}+C.$$

例 4.4.11　求 $\int\frac{\sqrt{x}}{1+\sqrt[3]{x}}\mathrm{d}x$.

解　为了同时消去根式 $\sqrt{x}$ 和 $\sqrt[3]{x}$,可令 $x=t^6$,于是 $\mathrm{d}x=6t^5\mathrm{d}t$,从而

$$\int\frac{\sqrt{x}}{1+\sqrt[3]{x}}\mathrm{d}x=\int\frac{t^3}{1+t^2}6t^5\mathrm{d}t=6\int\left(t^6-t^4+t^2-1+\frac{1}{1+t^2}\right)\mathrm{d}t$$

$$=6\left(\frac{1}{7}t^7-\frac{1}{5}t^5+\frac{1}{3}t^3-t+\arctan t\right)+C$$

$$=\frac{6}{7}x^{\frac{7}{6}}-\frac{6}{5}x^{\frac{5}{6}}+2x^{\frac{1}{2}}-6x^{\frac{1}{6}}+6\arctan(x^{\frac{1}{6}})+C.$$

例 4.4.12　求 $\int\frac{1}{x}\sqrt{\frac{1+x}{x}}\mathrm{d}x$.

解　令 $\sqrt{\frac{1+x}{x}}=t$,则 $\frac{1+x}{x}=t^2$,$x=\frac{1}{t^2-1}$,$\mathrm{d}x=-\frac{2t}{(t^2-1)^2}\mathrm{d}t$,从而

$$\int\frac{1}{x}\sqrt{\frac{1+x}{x}}\mathrm{d}x=\int(t^2-1)\cdot t\cdot\frac{-2t}{(t^2-1)^2}\mathrm{d}t=-2\int\frac{t^2}{t^2-1}\mathrm{d}t$$

$$=-2\int\left(1+\frac{1}{t^2-1}\right)\mathrm{d}t=-2t-\ln\left|\frac{t-1}{t+1}\right|+C$$

$$=-2t+2\ln(t+1)-\ln|t^2-1|+C$$

$$=-2\sqrt{\frac{1+x}{x}}+2\ln\left(\sqrt{\frac{1+x}{x}}+1\right)+\ln|x|+C.$$

例 4.4.13　求 $\int\frac{1}{\sqrt{1+\mathrm{e}^x}}\mathrm{d}x$.

解　令 $\sqrt{1+\mathrm{e}^x}=t$,则 $1+\mathrm{e}^x=t^2$,$x=\ln(t^2-1)$,$\mathrm{d}x=\frac{2t}{t^2-1}\mathrm{d}t$,从而

$$\int\frac{1}{\sqrt{1+\mathrm{e}^x}}\mathrm{d}x=\int\frac{2}{t^2-1}\mathrm{d}t=\ln\left|\frac{t-1}{t+1}\right|+C=2\ln(t-1)-\ln(t^2-1)+C$$

$$=2\ln(\sqrt{1+\mathrm{e}^x}-1)-x+C.$$

4.4.4　积分表的使用

在实际应用中常常利用积分表来计算不定积分,求积分时可按被积函数的类型从表中查到相应的公式,或经过简单的变形将被积函数化成表中已有公式的类型.

下面举两个利用积分表查得积分结果的例子.

例 4.4.14 求 $\int \frac{\mathrm{d}x}{x^2(4x+3)}$.

解 被积函数含有 $ax+b$,在附录 5 积分表(一)中查得公式 6:

$$\int \frac{\mathrm{d}x}{x^2(ax+b)} = -\frac{1}{bx} + \frac{a}{b^2}\ln\left|\frac{ax+b}{x}\right| + C.$$

将 $a=4,b=3$ 代入得

$$\int \frac{\mathrm{d}x}{x^2(4x+3)} = -\frac{1}{3x} + \frac{4}{9}\ln\left|\frac{4x+3}{x}\right| + C.$$

例 4.4.15 求 $\int \sin(3\sqrt{x})\,\mathrm{d}x$.

解 这个积分不能在积分表中直接查到,需要先进行变量代换.令$\sqrt{x}=t$,则 $x=t^2$,$\mathrm{d}x=2t\mathrm{d}t$,于是

$$\int \sin(3\sqrt{x})\,\mathrm{d}x = 2\int t\sin 3t\mathrm{d}t.$$

被积函数 $t\sin 3t$ 中含有三角函数 $\sin 3t$,在附录 5 积分表(十一)中查得公式 109:

$$\int t\sin at\mathrm{d}t = \frac{1}{a^2}\sin at - \frac{1}{a}t\cos at + C.$$

将 $a=3$ 代入得

$$\int t\sin 3t\mathrm{d}t = \frac{1}{9}\sin 3t - \frac{1}{3}t\cos 3t + C,$$

再把 $t=\sqrt{x}$代入,得

$$\int \sin(3\sqrt{x})\,\mathrm{d}x = \frac{2}{9}\sin 3(\sqrt{x}) - \frac{2}{3}\sqrt{x}\cos(3\sqrt{x}) + C.$$

一般来说,查积分表可以节省计算积分的时间,但是只有掌握了前面的基本积分方法,才能灵活地使用积分表,对于一些简单的积分,直接使用积分法往往比查表更快.虽然求不定积分是求导数的逆运算,但是求函数的不定积分没有统一的规律可循,它比求导数困难得多,需要具体问题具体分析,灵活应用各种积分方法和技巧.

最后,我们要特别指出,根据原函数存在定理,初等函数在其定义区间内一定有原函数.然而某些初等函数的原函数却不是初等函数,我们习惯上将这种情形称为不定积分"积不出来".例如

$$\int \frac{\sin x}{x}\,\mathrm{d}x, \int \mathrm{e}^{x^2}\mathrm{d}x, \int \sin x^2\mathrm{d}x, \int \frac{1}{\ln x}\,\mathrm{d}x$$

等，它们都属于“积不出来”的范围.

习题 4.4

1. 求下列不定积分：

(1) $\int \frac{x^3}{x+2}\mathrm{d}x$;　(2) $\int \frac{1}{x^2+x}\mathrm{d}x$;

(3) $\int \frac{2x+3}{(x-2)(x+5)}\mathrm{d}x$;　(4) $\int \frac{x+3}{x^2+5x-6}\mathrm{d}x$;

(5) $\int \frac{x}{x^2-2x-3}\mathrm{d}x$;　(6) $\int \frac{\mathrm{d}x}{(x+1)(x^2+1)}$;

(7) $\int \frac{\mathrm{d}x}{x^3+1}$;　(8) $\int \frac{\mathrm{d}x}{(x+1)(x+2)(x+3)}$;

(9) $\int \frac{\mathrm{d}x}{(x^2+2)(x^2+4)}$;　(10) $\int \frac{9x^3-3x+1}{x^3-x^2}\mathrm{d}x$.

2. 求下列不定积分：

(1) $\int \frac{\mathrm{d}x}{3+\cos x}$;　(2) $\int \frac{\mathrm{d}x}{1+\sin x+\cos x}$;

(3) $\int \frac{1+\sin x}{1-\sin x}\mathrm{d}x$;　(4) $\int \frac{\mathrm{d}x}{\sin x+\tan x}$;

(5) $\int \frac{\sin^3 x}{\sqrt[3]{\cos^4 x}}\mathrm{d}x$;　(6) $\int \frac{1+\tan x}{\sin 2x}\mathrm{d}x$.

3. 求下列不定积分：

(1) $\int \frac{\mathrm{d}x}{1+\sqrt[3]{x}}$;　(2) $\int \frac{\mathrm{d}x}{x\sqrt{x+1}}$;

(3) $\int \frac{\sqrt{x}-1}{\sqrt[3]{x}+1}\mathrm{d}x$;　(4) $\int \frac{\mathrm{d}x}{\sqrt{x}+\sqrt[4]{x}}$;

(5) $\int \frac{\mathrm{d}x}{(x-3)\sqrt{x+1}}$;　(6) $\int \frac{\mathrm{d}x}{1+\sqrt[3]{x+1}}$;

(7) $\int \sqrt{\frac{a+x}{a-x}}\mathrm{d}x\,(a>0)$;　(8) $\int \frac{\mathrm{d}x}{\sqrt[3]{(x+1)^2(x-1)^4}}$.

本 章 小 结

本章主要学习了不定积分的概念和性质以及不定积分的几种计算方法.

1. 原函数与不定积分的概念

原函数与不定积分是两个不同的概念，但它们又是紧密相连的. 不定积分是原函数的全体所构成的集合，即若 $F'(x)=f(x)$，则 $\int f(x)\mathrm{d}x=F(x)+C$，要注意其中的任意常数 C 不能漏写，遗漏了任意常数 C 就违背了不定积分的定义. 区间 I 上的连续函数一定存在原函数.

函数 $f(x)$ 的不定积分是一族积分曲线，这些曲线的共同特征是：在相同横坐标处的切线互相平行.

2. 不定积分的性质

(1) $\dfrac{\mathrm{d}}{\mathrm{d}x}\left[\int f(x)\mathrm{d}x\right]=f(x)$，　　$\mathrm{d}\left[\int f(x)\mathrm{d}x\right]=f(x)\mathrm{d}x$，

$\int F'(x)\mathrm{d}x=F(x)+C$，　　$\int \mathrm{d}F(x)=F(x)+C.$

(2) 设函数 $f(x)$ 及 $g(x)$ 的原函数存在，k,l 是不全为零的常数，则

$$\int[kf(x)+lg(x)]\mathrm{d}x=k\int f(x)\mathrm{d}x+l\int g(x)\mathrm{d}x.$$

3. 换元积分法

换元积分法是通过变量代换来求不定积分的方法. 如果被积函数可以凑成 $f[\varphi(x)]\varphi'(x)$ 的形式，那么可以使用第一类换元法（凑微分法）. 设 $\int f(u)\mathrm{d}u=F(u)+C$，则有

$$\int f[\varphi(x)]\varphi'(x)\mathrm{d}x \xlongequal{\text{①凑微分}} \int f[\varphi(x)]\mathrm{d}\varphi(x) \xlongequal{\text{②换元}\ u=\varphi(x)} \int f(u)\mathrm{d}u$$

$$\xlongequal{\text{③积分}} F(u)+C \xlongequal{\text{④回代}\ u=\varphi(x)} F[\varphi(x)]+C.$$

它是把被积表达式凑成基本积分表中已有的形式，即 $\int f(u)\mathrm{d}u$，然后利用基本积分公式来积分，但怎样去寻找这样的换元函数并无规律可循，只能根据被积函数的特性进行具体分析.

第二类换元法是直接作积分变量代换，使其转化为能用不定积分的性质及基本积分公式积出，需要注意的是积分最后一定要完成回代过程. 设 $x=\psi(t)$ 单调可微，且 $\psi'(t)\neq 0$. 又设 $F(t)$ 是 $f[\psi(t)]\psi'(t)$ 的一个原函数，则有

$$\int f(x)\mathrm{d}x=\int f[\psi(t)]\psi'(t)\mathrm{d}t=F(t)+C=F[\psi^{-1}(x)]+C.$$

常见的第二类换元法代换有以下几种：

(1) 三角代换. 利用三角代换，变根式积分为三角有理式积分. 例如：

$\sqrt{a^2+x^2}$，令 $x=a\tan t$ 或 $x=a\cot t$，可化去根号；

$\sqrt{a^2-x^2}$，令 $x=a\sin t$ 或 $x=a\cos t$，可化去根号；

$\sqrt{x^2-a^2}$，令 $x=a\sec t$ 或 $x=a\csc t$，可化去根号.

（2）倒代换.倒代换也是一种很重要的代换方式，它往往适用于分子分母的最高项指数差别较大的时候.例如积分 $\int \frac{1}{x^4(1+x^2)}\mathrm{d}x$ 用倒代换就比较简单.

（3）万能代换.代换 $t=\tan\frac{x}{2}$，即 $x=2\arctan t$ 称为万能代换，用它可将三角函数有理式的积分转化为有理函数的积分.

4. 分部积分法

分部积分法是通过将 $\int u\mathrm{d}v$ 转化为 $\int v\mathrm{d}u$ 来计算积分的方法，分部积分公式为

$$\int u\mathrm{d}v = uv - \int v\mathrm{d}u.$$

这个公式的难点在于将积分 $\int f(x)\mathrm{d}x$ 恰当地配成 $\int u\mathrm{d}v$ 的形式，且使积分更容易计算.分部积分法主要用于解决被积函数中含有乘积、或对数函数、或反三角函数的积分.在运用分部积分法时要注意：

（1）正确选取 u 和 $\mathrm{d}v$，对初等函数通常按：反三角函数—对数函数—幂函数—指数函数—三角函数的次序选 u，余下部分作为 $\mathrm{d}v$.

（2）有时需要连续多次使用分部积分法.

（3）有些情况下，积分不是直接求出的，在连续使用两次分部积分法后，若可以形成一个关于所求不定积分的方程，则通过解方程同样可以将积分求出（这种情形下不要忘记任意常数 C）.

5. 有理函数积分

对于真分式$\frac{P(x)}{Q(x)}$，如果分母可分解成两个多项式的乘积

$$Q(x)=Q_1(x)Q_2(x),$$

且 $Q_1(x)$ 与 $Q_2(x)$ 没有公因式，那么它可分拆成两个真分式之和

$$\frac{P(x)}{Q(x)}=\frac{P_1(x)}{Q_1(x)}+\frac{P_2(x)}{Q_2(x)}.$$

如果 $Q_1(x)$ 或 $Q_2(x)$ 还能再分解成两个没有公因式的多项式的乘积，那么它们就可再分拆成更简单的真分式之和.最后，真分式总可以化为形如 $\frac{A}{x-a}$，$\frac{A}{(x-a)^n}$，$\frac{Mx+N}{x^2+px+q}$，$\frac{Mx+N}{(x^2+px+q)^n}$的最简分式之和，对最简分式积分即可.

最后我们指出,求积分比求导数困难得多,尽管也有法则可循,但在具体运用时又需要灵活处理,只有掌握了所学的各种方法并进行大量的训练之后才能顺利地解决积分的计算问题.另外不同的计算方法得到的结果在形式上可能不一样.检验的方法是,将所得的结果求导后看它们是否相同.

总习题 4

A 组

1. 选择题:

(1) 在下列等式中,正确的是(　　).

(A) $\int f'(x)\mathrm{d}x=f(x)$　　(B) $\int \mathrm{d}f(x)=f(x)$

(C) $\frac{\mathrm{d}}{\mathrm{d}x}\int f(x)\mathrm{d}x=f(x)$　　(D) $\mathrm{d}\int f(x)\mathrm{d}x=f(x)$

(2) 已知 $\sin x$ 是 $f(x)$ 的一个原函数,则 $\lim\limits_{\Delta x\to 0}\frac{f(x+\Delta x)-f(x)}{\Delta x}=$(　　).

(A) $\sin x$　　(B) $\cos x$　　(C) $-\sin x$　　(D) $-\cos x$

(3) 若 $\int f(x)\mathrm{d}x=x^2\sin x+C$,则 $f(x)=$(　　).

(A) $2x\sin x$　　(B) $x^2\cos x$

(C) $2x\sin x+x^2\cos x+C$　　(D) $2x\sin x+x^2\cos x$

(4) 若 $\int f(x)\mathrm{d}x=F(x)+C$,则 $\int \mathrm{e}^{-x}f(\mathrm{e}^{-x})\mathrm{d}x=$(　　).

(A) $F(\mathrm{e}^{x})+C$　　(B) $-F(\mathrm{e}^{-x})+C$

(C) $F(\mathrm{e}^{-x})+C$　　(D) $\frac{F(\mathrm{e}^{-x})}{x}+C$

2. 填空题:

(1) 设 $\int xf(x)\mathrm{d}x=\arcsin x+C$,则 $\int\frac{\mathrm{d}x}{f(x)}=$________.

(2) 设 $\int\frac{f(x)}{x}\mathrm{d}x=F(x)+C$,则 $\int f(x^{2022})\frac{\mathrm{d}x}{x}=$________.

(3) 设 $f(x)=\mathrm{e}^{-x}$,则 $\int\frac{f'(\ln x)}{x}\mathrm{d}x=$________.

(4) 不定积分 $\int\frac{2x^2+1}{x^2(x^2+1)}\mathrm{d}x=$________.

(5) 不定积分 $\int xf(x^2)f'(x^2)\mathrm{d}x=$________.

3. 求下列不定积分:

(1) $\int x\cos(x^2+2)\mathrm{d}x$;

(2) $\int x\sqrt{2-3x}\,\mathrm{d}x$;

(3) $\int \frac{1}{\sqrt{x(1+x)}}\mathrm{d}x$;

(4) $\int \frac{1+\cos x}{x+\sin x}\mathrm{d}x$;

(5) $\int \frac{x}{\sqrt{a^2-x^2}}\mathrm{d}x(a>0)$;

(6) $\int \frac{1}{\sqrt{x(4-x)}}\mathrm{d}x$;

(7) $\int \frac{\mathrm{e}^x(1+\mathrm{e}^x)}{\sqrt{1-\mathrm{e}^{2x}}}\mathrm{d}x$;

(8) $\int \frac{\sin x-\cos x}{1+\sin 2x}\mathrm{d}x$;

(9) $\int \frac{\sin x\cos x}{1+\cos^2 x}\mathrm{d}x$;

(10) $\int \cos\ln x\mathrm{d}x$;

(11) $\int \frac{x}{x^4+2x^2+5}\mathrm{d}x$;

(12) $\int \arctan\sqrt{x}\,\mathrm{d}x$;

(13) $\int \frac{\ln(x+1)}{\sqrt{x}}\mathrm{d}x$;

(14) $\int \frac{\sin^2 x}{\cos^3 x}\mathrm{d}x$;

(15) $\int \frac{\mathrm{e}^x(1+\sin x)}{1+\cos x}\mathrm{d}x$;

(16) $\int \frac{\sqrt{x+1}-1}{\sqrt{x+1}+1}\mathrm{d}x$;

(17) $\int \frac{\sqrt[3]{x}}{x(\sqrt{x}+\sqrt[3]{x})}\mathrm{d}x$;

(18) $\int \frac{\mathrm{d}x}{(1+\mathrm{e}^x)^2}$;

(19) $\int \frac{x^{11}}{x^8+3x^4+2}\mathrm{d}x$;

(20) $\int \frac{1}{16-x^4}\mathrm{d}x$;

(21) $\int \frac{1}{(x^2+1)(x^2+x+1)}\mathrm{d}x$;

(22) $\int \frac{x^3}{(1+x^8)^2}\mathrm{d}x$.

B组

1. 选择题:

(1) 已知 $F(x)$ 是 $\sin x^2$ 的一个原函数,则 $\mathrm{d}F(x^2)=($　　$)$.

(A) $2x\sin x^4\mathrm{d}x$　　(B) $\sin x^4\mathrm{d}x$　　(C) $2x\sin x^2\mathrm{d}x$　　(D) $\sin x^2\mathrm{d}x^2$

(2) 不定积分 $\int \sin x\cos x\mathrm{d}x$ 不等于(　　).

(A) $\frac{1}{2}\sin^2 x+C$　　(B) $\frac{1}{2}\sin^2 2x+C$

(C) $-\frac{1}{4}\cos 2x+C$　　　　(D) $-\frac{1}{2}\cos^2 x+C$

(3) $f(x)$ 是连续的奇函数, $\int f(x)\mathrm{d}x$ 是(　　).

(A) 奇函数　　(B) 偶函数　　(C) 非奇非偶函数　　(D) 无法确定

(4) 已知函数 $f(x)=\begin{cases}2(x-1), & x<1,\\ \ln x, & x\geqslant 1.\end{cases}$ 则 $f(x)$ 的一个原函数是(　　).

(A) $\begin{cases}(x-1)^2, & x<1\\ x(\ln x-1), & x\geqslant 1\end{cases}$　　(B) $\begin{cases}(x-1)^2, & x<1\\ x(\ln x+1)-1, & x\geqslant 1\end{cases}$

(C) $\begin{cases}(x-1)^2, & x<1\\ x(\ln x+1)+1, & x\geqslant 1\end{cases}$　　(D) $\begin{cases}(x-1)^2, & x<1\\ x(\ln x-1)+1, & x\geqslant 1\end{cases}$

2. 填空题:

(1) 已知 $f'(\mathrm{e}^x)=x\mathrm{e}^{-x}$, 且 $f(1)=0$, 则 $f(x)=$ ________.

(2) 设 $f(x^2-1)=\ln\frac{x^2}{x^2-2}$, 且 $f[\varphi(x)]=\ln x$, 则 $\int\varphi(x)\mathrm{d}x=$ ________.

(3) 不定积分 $\int\frac{f'(\ln x)}{x\sqrt{f(\ln x)}}\mathrm{d}x=$ ________.

(4) 不定积分 $\int\frac{1}{(2-x)\sqrt{1-x}}\mathrm{d}x=$ ________.

(5) 设 $f(x)$ 可导, 且 $\int f(x)\mathrm{d}x=xf(x)-\ln\sqrt{a^2+x^2}+C$, 则 $f(x)=$ ________.

3. 求下列不定积分:

(1) $\int\frac{\mathrm{d}x}{\sqrt{\sin x\cos^7 x}}$;　　(2) $\int\frac{7\cos x-3\sin x}{5\cos x+2\sin x}\mathrm{d}x$;

(3) $\int\frac{\sin x\cos x}{\sqrt{a^2\sin^2 x+b^2\cos^2 x}}\mathrm{d}x$;　　(4) $\int\mathrm{e}^{\sin x}\frac{x\cos^3 x-\sin x}{\cos^2 x}\mathrm{d}x$;

(5) $\int\frac{1-\ln x}{(x-\ln x)^2}\mathrm{d}x$;　　(6) $\int x^x(1+\ln x)\mathrm{d}x$;

(7) $\int\frac{\arcsin \mathrm{e}^x}{\mathrm{e}^x}\mathrm{d}x$;　　(8) $\int\max\{|x|,x^2\}\mathrm{d}x$;

(9) $\int\frac{1-x^7}{x(1+x^7)}\mathrm{d}x$;　　(10) $\int\frac{\mathrm{e}^{3x}+\mathrm{e}^x}{\mathrm{e}^{4x}-\mathrm{e}^{2x}+1}\mathrm{d}x$;

(11) $\int\frac{x\mathrm{e}^x}{(\mathrm{e}^x+1)^2}\mathrm{d}x$;　　(12) $\int\mathrm{e}^{2x}(\tan x+1)^2\mathrm{d}x$;

(13) $\int \frac{\ln x}{(1+x^2)^{3/2}}\mathrm{d}x$；　　(14) $\int \frac{\mathrm{d}x}{(2x^2+1)\sqrt{x^2+1}}$；

(15) $\int \arcsin\sqrt{\frac{x}{x+1}}\,\mathrm{d}x$；　　(16) $\int \frac{x\mathrm{e}^{\arctan x}}{(1+x^2)^{3/2}}\mathrm{d}x$；

(17) $\int \frac{\cot x}{1+\sin x}\mathrm{d}x$；　　(18) $\int \frac{\mathrm{d}x}{\sin^3 x\cos x}$；

(19) $\int \frac{\mathrm{d}x}{(2+\cos x)\sin x}$；　　(20) $\int \frac{\sin x\cos x}{\sin x+\cos x}\mathrm{d}x$.

4. 设$f'(x)=\frac{1}{x}$，且$f(1)=0$，证明：对一切正数x,y，$f(xy)=f(x)+f(y)$恒成立.

5. 求不定积分$I=\int\left[\frac{f(x)}{f'(x)}-\frac{f^2(x)f''(x)}{f'^3(x)}\right]\mathrm{d}x$.

6. 已知曲线$y=f(x)$在任意点处的切线斜率为ax^2-3x-6，且$x=-1$时$y=\frac{11}{2}$是极大值，试确定$f(x)$，并求$f(x)$的极小值.

7. 设$f(x)$连续可导，导数不为零，并且$f(x)$存在反函数$f^{-1}(x)$，设$F(x)$是$f(x)$的一个原函数，证明：$\int f^{-1}(x)\mathrm{d}x=xf^{-1}(x)-F[f^{-1}(x)]+C$.

8. 设$f(\sin^2 x)=\frac{x}{\sin x}$，求$\int\frac{\sqrt{x}}{\sqrt{1-x}}f(x)\mathrm{d}x$.

9. 设$f(x)$的原函数$F(x)>0$，且$F(0)=1$，当$x\geqslant 0$时有$f(x)F(x)=\sin^2 2x$，试求$f(x)$.

10. 设$f'(-x)=x[f'(x)-1]$，求函数$f(x)$.

第5章 定 积 分

在上一章,作为导数的反问题,我们引进了不定积分,讨论了它的概念、性质,并介绍了积分法,这是积分学的第一个基本概念.本章将要讲的定积分是积分学中的第二个基本概念,它在自然科学和许多技术问题中有着广泛的应用.如平面图形的面积、空间图形的体积、物体做直线运动的位移、变力所做的功等.我们将从实际问题出发,引出定积分的概念,然后讨论定积分的基本性质和计算方法.

5.1 定积分的概念与性质

通过本节的学习,应理解定积分的概念与几何意义,了解函数可积的条件,掌握定积分的性质,会用定积分的几何意义求解一些特殊函数的定积分.

5.1.1 定积分问题举例

1. 曲边梯形的面积

所谓曲边梯形是指在直角坐标系中,由连续曲线 $y=f(x)$ $(f(x)\geqslant 0)$ 与直线 $x=a$, $x=b$, $y=0$ 所围成的图形(见图 5.1),其中曲线弧称为曲边.

计算平面图形的面积是常见的问题.在初等数学中以矩形面积为基础,解决了计算由直线段所围成的平面图形的面积问题.当需要计算平面上由曲线所围成的图形的面积时,即使像圆这样一个最简单图形的面积,也要应用极限方法才得到读者都熟悉的面积公式.而曲边梯形是最基本的平面图形,它的面积该怎么计算呢?

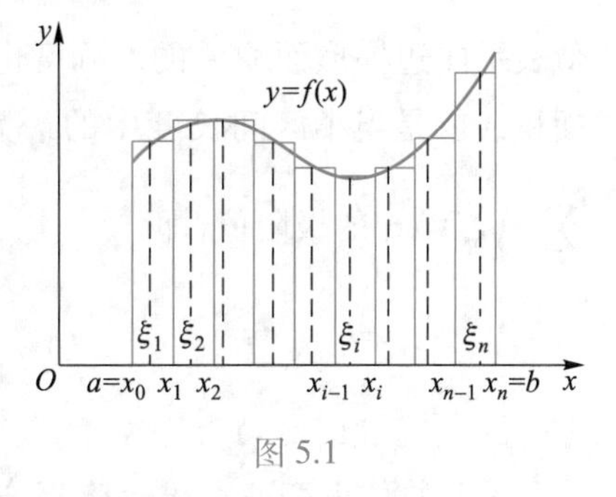

图 5.1

由于曲边梯形在底边上各点 x 处的高 $f(x)$ 是变动的,故它的面积不能用底×高来定义和计算.但是,可以设想通过分割底边,将整个曲边梯形分成若干个小曲边梯形,而对每个小曲边梯形来说,由于底边很小,高度变化不大(因为 $f(x)$ 连续),就可用某一点的高度为高,作一个小矩形来近似代替小曲边梯形.我们就以所有这些小矩形面积之和作为曲边梯形面积的近似值,并把区间$[a,b]$无限细分下去,即使每个小区间的长度都趋于零,这时所有小矩形面积之和的极限就可定义为曲边梯形的面积.这个定义同时也给出了计算曲边梯形面积的方法,即:

在区间$[a,b]$中任意插入$n-1$个分点

$$a=x_0<x_1<x_2<\cdots<x_{n-1}<x_n=b,$$

把$[a,b]$分成n个小区间

$$[x_0,x_1],[x_1,x_2],\cdots,[x_{i-1},x_i],\cdots,[x_{n-1},x_n],$$

它们的长度依次为

$$\Delta x_1=x_1-x_0,\Delta x_2=x_2-x_1,\cdots,\Delta x_i=x_i-x_{i-1},\cdots,\Delta x_n=x_n-x_{n-1}.$$

过每个分点作平行于y轴的直线,把曲边梯形分成n个小曲边梯形,其面积依次记为

$$\Delta A_1,\Delta A_2,\cdots,\Delta A_i,\cdots,\Delta A_n.$$

在每个小区间$[x_{i-1},x_i]$上任取一点ξ_i,用以$[x_{i-1},x_i]$为底,$f(\xi_i)$为高的小矩形的面积$f(\xi_i)\Delta x_i$作为第i个小曲边梯形面积ΔA_i的近似值,即

$$\Delta A_i\approx f(\xi_i)\Delta x_i\quad(i=1,2,\cdots,n),$$

而n个小矩形面积之和作为曲边梯形面积的近似值,即

$$A=\sum_{i=1}^{n}\Delta A_i\approx\sum_{i=1}^{n}f(\xi_i)\Delta x_i.$$

显然,上述和式$\sum\limits_{i=1}^{n}f(\xi_i)\Delta x_i$与区间$[a,b]$的分法及每个$\xi_i$的取法有关,当区间$[a,b]$分得越细,使每个小区间的长度越短时,用矩形面积之和$\sum\limits_{i=1}^{n}f(\xi_i)\Delta x_i$来近似表示曲边梯形面积$A$的准确度也越高,于是,根据极限的概念,所求曲边梯形的面积A就是当小区间长度中的最大值$\lambda=\max\{\Delta x_1,\Delta x_2,\cdots,\Delta x_n\}$趋于零时和式$\sum\limits_{i=1}^{n}f(\xi_i)\Delta x_i$的极限值,即

$$A=\lim_{\lambda\to 0}\sum_{i=1}^{n}f(\xi_i)\Delta x_i.$$

2. 变速直线运动的路程

设某物体做变速直线运动,已知速度$v=v(t)$是时间间隔$[T_1,T_2]$上t的连续函数,且$v(t)\geqslant 0$,计算在该段时间内物体所经过的路程.

变速直线运动不能像匀速直线运动那样用速度×时间来求其路程,因为速度不是常量而是随时间变化的量.但我们可以设想,由于速度是连续变化的,如果时间

变化很小,速度的变化也应该很小,所以在较短的时间间隔内,可以用匀速运动来代替变速运动.因此,完全可用类似于曲边梯形求面积的方法来计算变速直线运动的路程.

在时间间隔$[T_1,T_2]$内任意插入$n-1$个分点

$$T_1=t_0<t_1<t_2<\cdots<t_{n-1}<t_n=T_2,$$

把$[T_1,T_2]$分成n个小区间

$$[t_0,t_1],[t_1,t_2],\cdots,[t_{i-1},t_i],\cdots,[t_{n-1},t_n],$$

它们的长度依次为

$$\Delta t_1=t_1-t_0,\Delta t_2=t_2-t_1,\cdots,\Delta t_i=t_i-t_{i-1},\cdots,\Delta t_n=t_n-t_{n-1},$$

相应地,在各段时间内物体所经过的路程依次为

$$\Delta s_1,\Delta s_2,\cdots,\Delta s_i,\cdots,\Delta s_n.$$

在时间间隔$[t_{i-1},t_i]$上任取一个时刻τ_i,以τ_i时的速度$v(\tau_i)$来代替$[t_{i-1},t_i]$上各时刻的速度,得到部分路程Δs_i的近似值,即

$$\Delta s_i\approx v(\tau_i)\Delta t_i\quad(i=1,2,\cdots,n),$$

从而,所求变速直线运动的路程的近似值为

$$s=\sum_{i=1}^{n}\Delta s_i\approx\sum_{i=1}^{n}v(\tau_i)\Delta t_i.$$

记$\lambda=\max\{\Delta t_1,\Delta t_2,\cdots,\Delta t_n\}$,则所求变速直线运动的路程$s$就是上述和式$\sum\limits_{i=1}^{n}v(\tau_i)\Delta t_i$当$\lambda\to 0$时的极限值,即

$$s=\lim_{\lambda\to 0}\sum_{i=1}^{n}v(\tau_i)\Delta t_i.$$

5.1.2 定积分定义

以上两个例子虽然从实际意义上看是各不相同的,但是解决问题的数学方法却完全一样,所求的量都与某区间有关,且依赖于该区间上的一个函数.如果将区间分为若干部分,总量应等于各部分区间上对应量之和,我们在求具有这种性质的量时所采用的方法和步骤都是相同的,并且它们都归结为具有相同结构的一种特定和的极限.因此,从数学上对这种类型的极限加以一般研究就具有重要的现实意义.抛开这些问题的具体意义,保留其数学结构,我们就可以抽象出下述定积分的定义.

定义 5.1.1 设函数$f(x)$在$[a,b]$上有界,在$[a,b]$中任意插入$n-1$个分点

$$a=x_0<x_1<x_2<\cdots<x_{n-1}<x_n=b,$$

把$[a,b]$分成n个小区间

$$[x_0,x_1],[x_1,x_2],\cdots,[x_{i-1},x_i],\cdots,[x_{n-1},x_n],$$

各个小区间的长度依次为

$$\Delta x_1 = x_1 - x_0, \Delta x_2 = x_2 - x_1, \cdots, \Delta x_i = x_i - x_{i-1}, \cdots, \Delta x_n = x_n - x_{n-1}.$$

在每个小区间$[x_{i-1},x_i]$上任取一点$\xi_i(x_{i-1}\leqslant\xi_i\leqslant x_i)$，作函数值$f(\xi_i)$与小区间长度$\Delta x_i$的乘积$f(\xi_i)\Delta x_i(i=1,2,\cdots,n)$，并作和式

$$\sigma = \sum_{i=1}^{n} f(\xi_i)\Delta x_i. \tag{5.1.1}$$

记$\lambda=\max\{\Delta x_1,\Delta x_2,\cdots,\Delta x_n\}$，如果不论怎样划分$[a,b]$，也不论在小区间$[x_{i-1},x_i]$上怎样选取$\xi_i$，只要当$\lambda\to 0$时，和$\sigma$总趋于确定的极限$I$，那么称这个极限$I$为函数$f(x)$在区间$[a,b]$上的定积分（简称为积分），记作$\int_a^b f(x)\mathrm{d}x$，即

$$\int_a^b f(x)\mathrm{d}x = \lim_{\lambda\to 0}\sum_{i=1}^{n} f(\xi_i)\Delta x_i, \tag{5.1.2}$$

其中$f(x)$称为被积函数，$f(x)\mathrm{d}x$称为被积表达式，x称为积分变量，a称为积分下限，b称为积分上限，$[a,b]$称为积分区间.

和式$\sum\limits_{i=1}^{n} f(\xi_i)\Delta x_i$通常称为$f(x)$的积分和.如果$f(x)$在区间$[a,b]$上的定积分存在，我们就说$f(x)$在区间$[a,b]$上可积.

关于定积分的定义，我们做如下几点说明：

（1）区间$[a,b]$划分的细密程度不能仅由分点个数的多少或n的大小来确定，因为尽管n很大，每一小区间的长度却不一定很小，所以在求和式$\sum\limits_{i=1}^{n} f(\xi_i)\Delta x_i$的极限时，必须要求小区间长度的最大值$\lambda=\max\{\Delta x_1,\Delta x_2,\cdots,\Delta x_n\}\to 0$，这时当然有$n\to\infty$.

（2）区间$[a,b]$的划分是任意的，对于不同的划分，将有不同的和σ，即使对同一个划分，由于ξ_i可在$[x_{i-1},x_i]$上任意选取，也将产生无穷多个和σ.定义要求，无论怎样划分区间，怎样选取ξ_i，当$\lambda\to 0$时，所有的和σ都趋于同一个极限，这时我们才说定积分存在.

（3）当和式$\sum\limits_{i=1}^{n} f(\xi_i)\Delta x_i$的极限存在时，其极限$I$仅与被积函数$f(x)$及积分区间$[a,b]$有关.如果既不改变被积函数$f(x)$，也不改变积分区间$[a,b]$，而只把积分变量$x$改写成其他字母，例如$t$和$u$，则此时和式的极限$I$不变，也就是定积分的值不变，即

$$\int_a^b f(x)\mathrm{d}x = \int_a^b f(t)\mathrm{d}t = \int_a^b f(u)\mathrm{d}u.$$

所以我们也说，定积分的值只与被积函数及积分区间有关，而与积分变量的记法

无关.

（4）上述定积分的定义是在积分下限 a 小于积分上限 b 的情况下给出的,为了以后计算及应用方便起见,我们规定:

当 $a=b$ 时, $\int_a^b f(x)\mathrm{d}x=0$;

当 $a>b$ 时, $\int_a^b f(x)\mathrm{d}x=-\int_b^a f(x)\mathrm{d}x$.

由上式可知,交换定积分的上下限,定积分变号.

关于函数的可积性,我们不做深入研究,而只给出以下两个充分条件.

定理 5.1.1　设函数 $f(x)$ 在区间 $[a,b]$ 上连续,则 $f(x)$ 在 $[a,b]$ 上可积.

定理 5.1.2　设函数 $f(x)$ 在区间 $[a,b]$ 上有界,且只有有限个间断点,则 $f(x)$ 在 $[a,b]$ 上可积,且若 $x=c$ 是 $f(x)$ 的间断点,则

$$\int_a^b f(x)\mathrm{d}x=\int_a^c f(x)\mathrm{d}x+\int_c^b f(x)\mathrm{d}x.$$

利用定积分的定义,前面所讨论的两个实际问题可以分别表示如下:

曲线 $y=f(x)\,(f(x)\geqslant 0)$, x 轴及两条直线 $x=a$, $x=b$ 所围成的曲边梯形的面积 A 等于函数 $f(x)$ 在区间 $[a,b]$ 上的定积分,即

$$A=\int_a^b f(x)\mathrm{d}x.$$

物体以变速 $v=v(t)\,(v(t)\geqslant 0)$ 做直线运动,在时间间隔 $[T_1,T_2]$ 内物体所经过的路程等于函数 $v(t)$ 在区间 $[T_1,T_2]$ 上的定积分,即

$$s=\int_{T_1}^{T_2} v(t)\mathrm{d}t.$$

下面讨论定积分的几何意义.

在曲边梯形的面积问题中我们看到,如果 $f(x)\geqslant 0$,那么在区间 $[a,b]$ 上的定积分 $\int_a^b f(x)\mathrm{d}x$ 表示由曲线 $y=f(x)$,直线 $x=a$, $x=b$ 以及 x 轴所围成的曲边梯形的面积;如果 $f(x)\leqslant 0$,那么由曲线 $y=f(x)$,直线 $x=a$, $x=b$ 以及 x 轴所围成的曲边梯形位于 x 轴的下方,定积分 $\int_a^b f(x)\mathrm{d}x$ 在几何上表示上述曲边梯形面积的负值;如果 $f(x)$ 在区间 $[a,b]$ 上有正有负,那么此时定积分 $\int_a^b f(x)\mathrm{d}x$ 在几何上表示介于曲线 $y=f(x)$,直线 $x=a$, $x=b$ 以及 x 轴之间的各部分面积的代数和,在 x 轴上方部分面积取正号,在 x 轴下方部分面积取负号,如图 5.2 所示.

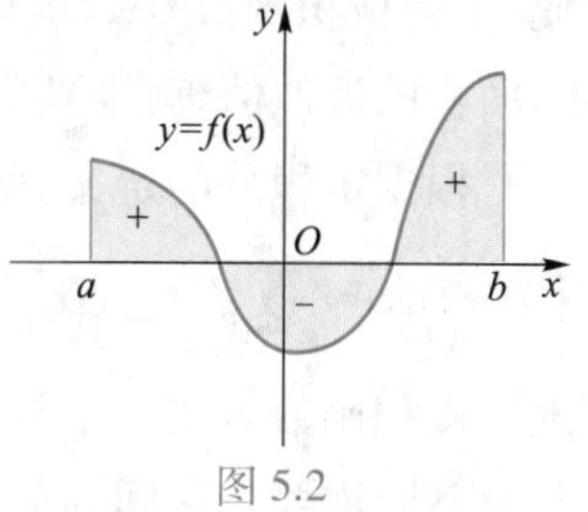

图 5.2

最后,我们举一个用定义计算定积分的例子.

例 5.1.1 利用定义计算定积分 $\int_0^1 e^x dx$.

解 因为被积函数 $f(x)=e^x$ 在区间[0,1]上连续,所以 $f(x)=e^x$ 在[0,1]上可积.从而积分与区间[0,1]的分法及点 ξ_i 的取法无关.因此,为了计算方便,把区间[0,1]分成 n 等份,分点为 $x_i=\frac{i}{n}(i=1,2,\cdots,n-1)$,这样,每个小区间的长度都是 $\Delta x_i=\frac{1}{n}(i=1,2,\cdots,n)$,在每个小区间 $\left[\frac{i-1}{n},\frac{i}{n}\right](i=1,2,\cdots,n)$ 上都取左端点为 ξ_i,即 $\xi_i=\frac{i-1}{n}$,于是得和式

$$\sum_{i=1}^{n} f(\xi_i)\Delta x_i=\sum_{i=1}^{n} e^{\frac{i-1}{n}}\frac{1}{n}=\frac{1}{n}(1+e^{\frac{1}{n}}+e^{\frac{2}{n}}+\cdots+e^{\frac{n-1}{n}}).$$

上式括号内是一个公比为 $e^{\frac{1}{n}}$ 的等比数列的前 n 项和,从而

$$\sum_{i=1}^{n} f(\xi_i)\Delta x_i=\frac{1}{n}\cdot\frac{1-(e^{\frac{1}{n}})^n}{1-e^{\frac{1}{n}}}=(e-1)\cdot\frac{\frac{1}{n}}{e^{\frac{1}{n}}-1}.$$

当 $\lambda\to 0$,即 $n\to\infty$ 时,有 $\lim\limits_{n\to\infty}\frac{\frac{1}{n}}{e^{\frac{1}{n}}-1}=1$,于是有

$$\int_0^1 e^x dx=\lim_{\lambda\to 0}\sum_{i=1}^{n} f(\xi_i)\Delta x_i=\lim_{n\to\infty}(e-1)\cdot\frac{\frac{1}{n}}{e^{\frac{1}{n}}-1}=e-1.$$

从此例可看出,用定义计算定积分是非常困难的.

5.1.3 定积分的近似计算

下面我们来讨论定积分的近似计算问题.从几何上看,定积分 $\int_a^b f(x)dx$ 的值等于曲线 $y=f(x)$ $(f(x)\geqslant 0)$、直线 $x=a,x=b$ 与 x 轴所围成的曲边梯形的面积.因此,不管被积函数 $f(x)$ 是什么形式以及代表什么具体意义,只要算出相应的曲边梯形面积的近似值,就得到定积分的近似值.

根据定积分的定义,每一个积分和式都可以看成是定积分的一个近似值,即 $\int_a^b f(x)dx\approx\sum_{i=1}^{n} f(\xi_i)\Delta x_i$.这个和式是将区间[$a,b$]细分后,在每一个小区间上近似地把被积函数看成一个常量,用一系列小矩形面积之和来近似代替曲边梯形的面积,当然,需要将区间划分得足够细,才能达到很好的精确度.这种方法称为定积分

近似计算的**矩形法**.

如果在每个小区间上采用线性函数来代替被积函数,而用连接曲线上两个端点的直线为顶边所构成的小梯形面积相加来近似代替曲边梯形的面积,就得到定积分近似计算的**梯形法**.

在建立矩形法和梯形法的近似计算公式时,为了简化计算,将区间$[a,b]$分成n等份,从而得到定积分的近似计算公式(见图 5.3 及图 5.4):

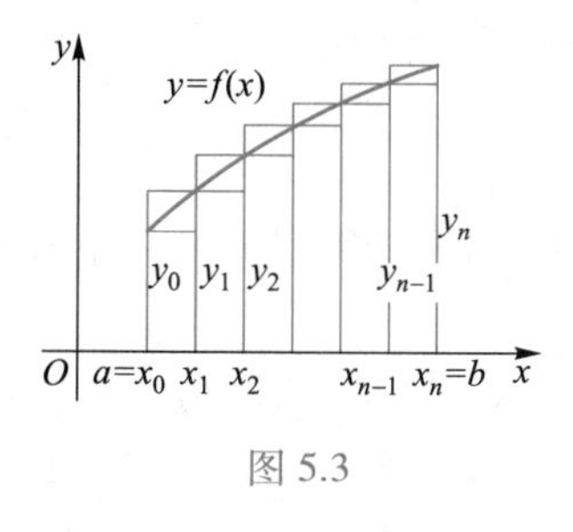

图 5.3

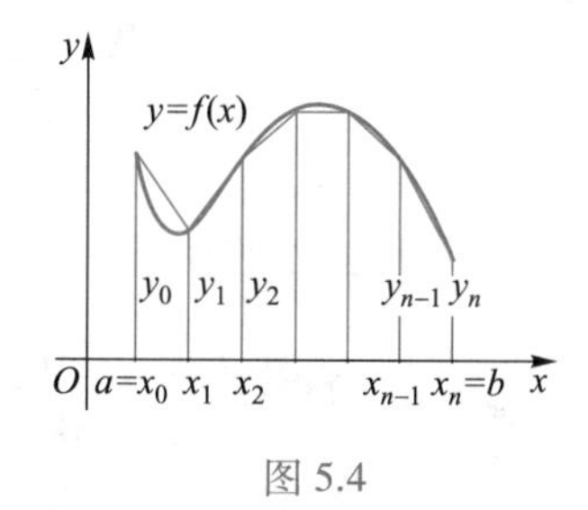

图 5.4

矩形法公式为

$$\int_a^b f(x)\,\mathrm{d}x \approx \frac{b-a}{n}(y_0+y_1+\cdots+y_{n-1}), \tag{5.1.3}$$

或

$$\int_a^b f(x)\,\mathrm{d}x \approx \frac{b-a}{n}(y_1+y_2+\cdots+y_n). \tag{5.1.4}$$

梯形法公式为

$$\int_a^b f(x)\,\mathrm{d}x \approx \frac{b-a}{n}\left[\frac{1}{2}(y_0+y_n)+y_1+y_2+\cdots+y_{n-1}\right], \tag{5.1.5}$$

其中$y_0,y_1,\cdots,y_n$表示将区间$[a,b]$ n等分后相应于各分点的函数值,而$\frac{b-a}{n}$称为**步长**.

不论矩形法或梯形法,都是逐段用直线段代替曲线段,为了提高精确度,可考虑逐段用二次曲线$y=px^2+qx+r$来代替,因其图形是抛物线,故这种方法称为定积分近似计算的**抛物线法**,又称**辛普森(Simpson)法**.

下面讨论用来代替弧段的二次抛物线的作法.因过三点才能确定一条抛物线,所以要将区间$[a,b]$等分成偶数段,每相邻两段上的曲边用一段抛物线来近似它.例如,将区间$[a,b]$分成$2n$等份,过M_{i-1},M_i,M_{i+1}三点的曲线弧,用一段抛物线$y=px^2+qx+r$来近似代替,如图 5.5 所示.经推导可得,以此抛物线弧段为曲边、以$[x_{i-1},x_{i+1}]$

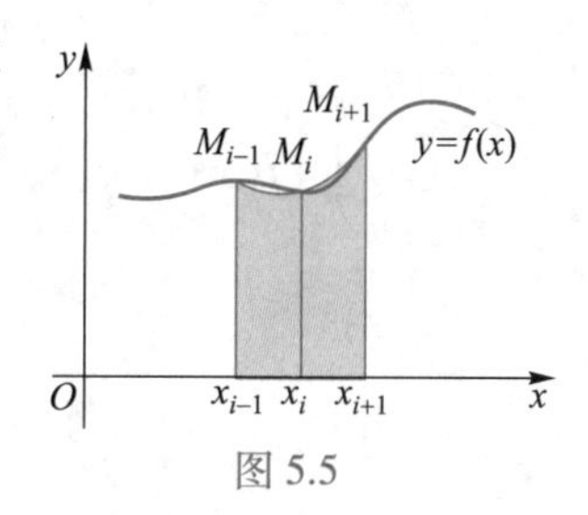

图 5.5

为底的曲边梯形面积为

$$\frac{1}{6}(y_{i-1}+4y_i+y_{i+1})\cdot 2\Delta x=\frac{b-a}{6n}(y_{i-1}+4y_i+y_{i+1}),$$

在每相邻两段上均求出近似值,再相加,得定积分的近似值为

$$\begin{aligned}\int_a^b f(x)\mathrm{d}x &\approx \frac{b-a}{6n}[(y_0+4y_1+y_2)+(y_2+4y_3+y_4)+\cdots+(y_{2n-2}+4y_{2n-1}+y_{2n})]\\ &=\frac{b-a}{6n}[y_0+y_{2n}+2(y_2+y_4+\cdots+y_{2n-2})+4(y_1+y_3+\cdots+y_{2n-1})].\end{aligned} \tag{5.1.6}$$

例 5.1.2　利用抛物线法计算 $\int_0^1 \mathrm{e}^{-x^2}\mathrm{d}x$（取 $2n=10$,计算时取 5 位小数).

解　因 $2n=10$,故步长 $\frac{b-a}{2n}=\frac{1-0}{10}=0.1$,计算各分点上的函数值,得表 5.1.

表 5.1

i	0	1	2	3	4	5	6	7	8	9	10
x_i	0	0.1	0.2	0.3	0.4	0.5	0.6	0.7	0.8	0.9	1.0
y_i	1	0.990 05	0.960 79	0.913 93	0.852 14	0.778 80	0.697 68	0.612 63	0.527 29	0.444 86	0.367 88

由抛物线法近似公式(5.1.6),得

$$\begin{aligned}\int_0^1 \mathrm{e}^{-x^2}\mathrm{d}x &\approx \frac{1}{30}[y_0+y_{10}+2(y_2+y_4+y_6+y_8)+4(y_1+y_3+y_5+y_7+y_9)]\\ &=\frac{1}{30}(1.367\ 88+2\times 3.037\ 90+4\times 3.740\ 27)=0.746\ 83.\end{aligned}$$

计算定积分近似值的方法很多,这里不再介绍.随着计算机应用的普及,定积分的近似计算已变得更为方便,现在已有很多数学软件可用于定积分的近似计算.

5.1.4　定积分的性质

在下列各性质中,假定所列出的定积分都是存在的.

性质 5.1.1　两个函数之和(差)的定积分等于它们的定积分之和(差),即

$$\int_a^b [f(x)\pm g(x)]\mathrm{d}x=\int_a^b f(x)\mathrm{d}x\pm\int_a^b g(x)\mathrm{d}x.$$

证

$$\begin{aligned}\int_a^b [f(x)\pm g(x)]\mathrm{d}x &=\lim_{\lambda\to 0}\sum_{i=1}^n [f(\xi_i)\pm g(\xi_i)]\Delta x_i\\ &=\lim_{\lambda\to 0}\sum_{i=1}^n f(\xi_i)\Delta x_i\pm\lim_{\lambda\to 0}\sum_{i=1}^n g(\xi_i)\Delta x_i\\ &=\int_a^b f(x)\mathrm{d}x\pm\int_a^b g(x)\mathrm{d}x.\end{aligned}$$

此性质可推广到有限个可积函数的代数和的情形.类似地,可以证明:

性质 5.1.2 被积函数中的常数因子可以提到积分号的外面,即

$$\int_a^b kf(x)\mathrm{d}x = k\int_a^b f(x)\mathrm{d}x(k\text{ 是常数}).$$

性质 5.1.3 若积分区间$[a,b]$被点 $c(a<c<b)$分成两个区间$[a,c]$和$[c,b]$,则

$$\int_a^b f(x)\mathrm{d}x = \int_a^c f(x)\mathrm{d}x + \int_c^b f(x)\mathrm{d}x.$$

证 因为函数$f(x)$在区间$[a,b]$上可积,所以,定积分 $\int_a^b f(x)\mathrm{d}x$ 与区间$[a,b]$的划分无关.因此,我们在划分区间时,可以使 c 永远是一个分点,不妨设 $x_k=c$,则有

$$\sum_{i=1}^{n} f(\xi_i)\Delta x_i = \sum_{i=1}^{k} f(\xi_i)\Delta x_i + \sum_{i=k+1}^{n} f(\xi_i)\Delta x_i,$$

令 $\lambda\to 0$,上式两端同时取极限,即得

$$\int_a^b f(x)\mathrm{d}x = \int_a^c f(x)\mathrm{d}x + \int_c^b f(x)\mathrm{d}x.$$

这个性质表明定积分对于积分区间具有可加性.

值得注意的是,当该性质中点 c 不介于 a 与 b 之间,即 $c<a<b$ 或 $a<b<c$ 时,结论也是正确的.例如,当 $c<a<b$ 时,由于

$$\int_c^b f(x)\mathrm{d}x = \int_c^a f(x)\mathrm{d}x + \int_a^b f(x)\mathrm{d}x = \int_a^b f(x)\mathrm{d}x - \int_a^c f(x)\mathrm{d}x,$$

移项,得

$$\int_a^b f(x)\mathrm{d}x = \int_a^c f(x)\mathrm{d}x + \int_c^b f(x)\mathrm{d}x.$$

性质 5.1.4 若在区间$[a,b]$上 $f(x)\equiv 1$,则

$$\int_a^b 1\mathrm{d}x = \int_a^b \mathrm{d}x = b-a.$$

性质 5.1.5 若在区间$[a,b]$上,有$f(x)\leqslant g(x)$,则

$$\int_a^b f(x)\mathrm{d}x \leqslant \int_a^b g(x)\mathrm{d}x \quad (a<b).$$

证 因为$f(x)\leqslant g(x)$,所以$f(\xi_i)\leqslant g(\xi_i)$, $f(\xi_i)-g(\xi_i)\leqslant 0(i=1,2,\cdots,n)$,又由于 $\Delta x_i\geqslant 0(i=1,2,\cdots,n)$,故 $\sum\limits_{i=1}^{n}[f(\xi_i)-g(\xi_i)]\Delta x_i\leqslant 0$,从而,

$$\begin{aligned}\int_a^b f(x)\mathrm{d}x - \int_a^b g(x)\mathrm{d}x &= \lim_{\lambda\to 0}\sum_{i=1}^{n} f(\xi_i)\Delta x_i - \lim_{\lambda\to 0}\sum_{i=1}^{n} g(\xi_i)\Delta x_i \\ &= \lim_{\lambda\to 0}\sum_{i=1}^{n}[f(\xi_i)-g(\xi_i)]\Delta x_i \leqslant 0,\end{aligned}$$

所以 $\int_a^b f(x)\mathrm{d}x \leqslant \int_a^b g(x)\mathrm{d}x$.

推论 1　若在区间 $[a,b]$ 上 $f(x) \geqslant 0$,则 $\int_a^b f(x)\mathrm{d}x \geqslant 0 (a < b)$.

推论 2　$\left|\int_a^b f(x)\mathrm{d}x\right| \leqslant \int_a^b |f(x)|\mathrm{d}x (a < b)$.

证　因为 $-|f(x)| \leqslant f(x) \leqslant |f(x)|$,所以由性质 5.1.5 及性质 5.1.2 可得

$$-\int_a^b |f(x)|\mathrm{d}x \leqslant \int_a^b f(x)\mathrm{d}x \leqslant \int_a^b |f(x)|\mathrm{d}x,$$

即

$$\left|\int_a^b f(x)\mathrm{d}x\right| \leqslant \int_a^b |f(x)|\mathrm{d}x.$$

性质 5.1.6　设 M 和 m 分别是函数 $f(x)$ 在区间 $[a,b]$ 上的最大值和最小值,则

$$m(b-a) \leqslant \int_a^b f(x)\mathrm{d}x \leqslant M(b-a) (a < b).$$

证　因为 $m \leqslant f(x) \leqslant M$,所以由性质 5.1.5,得

$$\int_a^b m\mathrm{d}x \leqslant \int_a^b f(x)\mathrm{d}x \leqslant \int_a^b M\mathrm{d}x,$$

再由性质 5.1.2 及性质 5.1.4,即得所要的不等式.

这个性质说明,由被积函数在积分区间上的最大值和最小值,可以估计积分值的大致范围.所以,该性质也称为**定积分的估值定理**.

性质 5.1.7（定积分中值定理）　若函数 $f(x)$ 在闭区间 $[a,b]$ 上连续,则在 $[a,b]$ 上至少存在一点 ξ,使下式成立:

$$\int_a^b f(x)\mathrm{d}x = f(\xi)(b-a) \quad (a \leqslant \xi \leqslant b).$$

这个公式称为**积分中值公式**.

证　因为函数 $f(x)$ 在闭区间 $[a,b]$ 上连续,所以 $f(x)$ 在闭区间 $[a,b]$ 上必有最大值 M 和最小值 m,因此把性质 5.1.6 中的不等式各除以 $b-a$,得

$$m \leqslant \frac{1}{b-a}\int_a^b f(x)\mathrm{d}x \leqslant M \quad (a < b).$$

这表明,确定的数值 $\frac{1}{b-a}\int_a^b f(x)\mathrm{d}x$ 介于最小值 m 和最大值 M 之间,根据闭区间上连续函数的介值定理(定理 1.7.8 推论),在 $[a,b]$ 上至少存在一点 ξ,使得

$$\frac{1}{b-a}\int_a^b f(x)\mathrm{d}x = f(\xi) \quad (a \leqslant \xi \leqslant b).$$

两端各乘 $b-a$,即得所要证的等式.

公式是在 $a<b$ 时导出的,显然,积分中值公式当 $a>b$ 时也是成立的.

积分中值公式有如下的几何解释：在区间$[a,b]$上至少存在一点ξ，使得以区间$[a,b]$为底边、曲线$y=f(x)$为曲边的曲边梯形的面积等于同一底边而高为$f(\xi)$的一个矩形的面积（见图 5.6）.

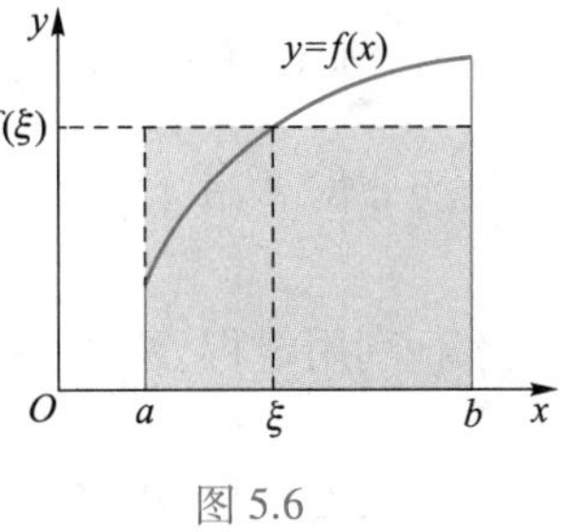

图 5.6

数值 $f(\xi)=\dfrac{1}{b-a}\int_a^b f(x)\mathrm{d}x$ 称为函数$f(x)$在区间$[a,b]$上的**平均值**，这是有限个数的平均值概念的拓广. 如图 5.6，$f(\xi)$可看作图中曲边梯形的平均高度. 函数平均值的概念在工程技术中有广泛的应用，有许多量（如变电流、电动势、气温、气压、速度等）往往需要用平均值来表示.

例 5.1.3 估计定积分 $\int_{\frac{\pi}{4}}^{\frac{5}{4}\pi}(1+\sin^2 x)\mathrm{d}x$.

解 因为在区间$\left[\dfrac{\pi}{4},\dfrac{5}{4}\pi\right]$上，函数$f(x)=1+\sin^2 x$的最大值为$f\left(\dfrac{\pi}{2}\right)=2$，最小值为$f(\pi)=1$，故由估值定理知

$$1\cdot\left(\frac{5}{4}\pi-\frac{\pi}{4}\right)\leqslant\int_{\frac{\pi}{4}}^{\frac{5}{4}\pi}(1+\sin^2 x)\mathrm{d}x\leqslant 2\cdot\left(\frac{5}{4}\pi-\frac{\pi}{4}\right),$$

即

$$\pi\leqslant\int_{\frac{\pi}{4}}^{\frac{5}{4}\pi}(1+\sin^2 x)\mathrm{d}x\leqslant 2\pi.$$

习题 5.1

1. 利用定积分定义计算由抛物线$y=x^2$，两直线$x=1$和$x=2$及x轴所围成图形的面积.

2. 利用定积分定义计算下列积分：

（1）$\int_0^2 x^3\mathrm{d}x$；（2）$\int_0^{\frac{\pi}{2}}\sin x\mathrm{d}x$.

3. 设有一质量分布不均匀的细棒，长度为l. 假定细棒在点x处的线密度为$\rho(x)$（取细棒的一端为原点，x轴与细棒相合）. 试用定积分表示细棒的质量m.

4. 一物体以速度$v=\dfrac{1}{2}t+1$做直线运动，试把该物体在时间间隔$[0,3]$内所经过的路程s表示为定积分，并说明该定积分的几何意义，计算出该定积分的值.

5. 由定积分的几何意义，说明下列等式成立：

（1）$\int_0^2 x\mathrm{d}x=2$；（2）$\int_0^2\sqrt{4-x^2}\mathrm{d}x=\pi$；

（3）$\int_{-1}^1\sin x\mathrm{d}x=0$；（4）$\int_{-\frac{\pi}{2}}^{\frac{\pi}{2}}\cos x\mathrm{d}x=2\int_0^{\frac{\pi}{2}}\cos x\mathrm{d}x$.

6. 利用定积分的几何意义,计算下列定积分:

(1) $\int_a^b x\mathrm{d}x\,(b>a>0)$;　　(2) $\int_{-1}^2 (2x+1)\mathrm{d}x$;

(3) $\int_{-2}^3 |x|\mathrm{d}x$;　　(4) $\int_{-1}^1 \sqrt{1-x^2}\,\mathrm{d}x$.

7. 利用定积分的定义,证明定积分的性质:$\int_a^b k\mathrm{d}x = k(b-a)$ (k 是常数).

8. 根据抛物线法公式将积分区间分为 10 等份,对积分 $\int_0^1 \frac{1}{1+x^2}\mathrm{d}x$ 做近似计算,并由 $\int_0^1 \frac{1}{1+x^2}\mathrm{d}x = \frac{\pi}{4}$ 求 π 的近似值,精确到小数点后 5 位数字.

9. 根据抛物线法公式将积分区间分为 10 等份,对积分 $\int_0^1 \sqrt{1+x^4}\,\mathrm{d}x$ 做近似计算,精确到小数点后 3 位数字.

10. 设 $f(x)$ 是区间 $[a,b]$ 上的单调增加的有界函数,证明:

$$f(a)(b-a) \leqslant \int_a^b f(x)\mathrm{d}x \leqslant f(b)(b-a).$$

11. 比较下列积分的大小,并说明理由:

(1) $\int_0^1 \sqrt[3]{x}\,\mathrm{d}x$ 与 $\int_0^1 x^3\mathrm{d}x$;　　(2) $\int_0^1 x\mathrm{d}x$ 与 $\int_0^1 \ln(1+x)\mathrm{d}x$;

(3) $\int_1^2 \ln x\mathrm{d}x$ 与 $\int_1^2 \ln^2 x\mathrm{d}x$;　　(4) $\int_0^1 \mathrm{e}^x\mathrm{d}x$ 与 $\int_0^1 (1+x)\mathrm{d}x$.

12. 估计下列积分的值:

(1) $\int_1^3 (x^2-3x+2)\mathrm{d}x$;　　(2) $\int_{\frac{\pi}{4}}^{\frac{\pi}{2}} \frac{\sin x}{x}\mathrm{d}x$;

(3) $\int_{\frac{\sqrt{3}}{3}}^{\sqrt{3}} x\arctan x\mathrm{d}x$;　　(4) $\int_2^0 \mathrm{e}^{x^2-x}\mathrm{d}x$.

5.2　微积分基本公式

通过本节的学习,应理解积分上限函数的概念,会求积分上限函数的导数,掌握牛顿-莱布尼茨公式,会用牛顿-莱布尼茨公式计算定积分.

我们知道,定积分是和式的极限,由 5.1 节的例 5.1.1 可以看出,若用定义去求函数的定积分,即使对于非常简单的函数,求它的定积分也是十分烦琐的,有时甚至无法计算.下面我们利用定积分的性质来阐述导数与积分的关系,在此基础上将为定积分的计算开辟一条新的途径,推出一个简捷的计算公式.

为了便于理解,我们再来剖析一下变速直线运动的路程问题.

由 5.1 节我们知道,变速直线运动的物体在时间间隔$[T_1,T_2]$内所经过的路程可用速度$v(t)$在$[T_1,T_2]$上的定积分$\int_{T_1}^{T_2}v(t)\mathrm{d}t$来表示.如果不用和的极限来计算这个定积分,而设想:若能找到路程 s 与时间 t 的函数关系 $s=s(t)$,则这段路程又可用函数$s(t)$在区间$[T_1,T_2]$上的增量$s(T_2)-s(T_1)$来表示.因此有

$$\int_{T_1}^{T_2}v(t)\mathrm{d}t=s(T_2)-s(T_1). \tag{5.2.1}$$

因为$s'(t)=v(t)$,即路程$s(t)$是速度$v(t)$的原函数,所以式(5.2.1)表示速度$v(t)$在$[T_1,T_2]$上的定积分等于$v(t)$的原函数$s(t)$在区间$[T_1,T_2]$上的增量$s(T_2)-s(T_1)$.

上述从变速直线运动的路程这个特殊问题中得出来的结论是否具有普遍性?也就是说,函数$f(x)$在区间$[a,b]$上的定积分$\int_a^b f(x)\mathrm{d}x$是否等于$f(x)$的原函数$F(x)$在区间$[a,b]$上的增量$F(b)-F(a)$?在解决这个问题之前,我们先来论述以下定积分与原函数的关系.

5.2.1 积分上限函数及其导数

设函数$f(x)$在区间$[a,b]$上连续,且设 x 是$[a,b]$上任一点.因为$f(x)$在$[a,b]$上连续,所以$f(x)$在$[a,x]$上也连续,从而积分$\int_a^x f(x)\mathrm{d}x$存在,这里 x 既表示定积分上限,又表示积分变量.因为定积分与积分变量的记法无关,所以,为了明确起见,可以把积分变量改用其他符号,如用 t 表示,则上面的积分可以写成$\int_a^x f(t)\mathrm{d}t$.若上限 x 在区间$[a,b]$上任意变动,则对于每一个取定的 x 值,定积分有一个对应的值,因此,$\int_a^x f(t)\mathrm{d}t$在区间$[a,b]$上就定义了一个函数,称它为**变上限的积分所确定的函数**,或称为**积分上限函数**,记为$\Phi(x)$,即

$$\Phi(x)=\int_a^x f(t)\mathrm{d}t \quad (a\leqslant x\leqslant b).$$

这个函数具有以下重要性质.

定理 5.2.1 若函数$f(x)$在区间$[a,b]$上连续,则积分上限函数$\Phi(x)=\int_a^x f(t)\mathrm{d}t$在$[a,b]$上可导,并且它的导数为

$$\Phi'(x)=\frac{\mathrm{d}}{\mathrm{d}x}\int_a^x f(t)\mathrm{d}t=f(x)\,(a\leqslant x\leqslant b). \tag{5.2.2}$$

证 设$x\in(a,b)$,若 x 有一增量 Δx,使得 $x+\Delta x\in(a,b)$,则函数$\Phi(x)$(见

图 5.7,图中 $\Delta x>0$)的增量为

$$\Delta\Phi=\Phi(x+\Delta x)-\Phi(x)=\int_a^{x+\Delta x}f(t)\,\mathrm{d}t-\int_a^x f(t)\,\mathrm{d}t=\int_x^{x+\Delta x}f(t)\,\mathrm{d}t.$$

由积分中值定理,我们有 $\Delta\Phi=f(\xi)\Delta x$,其中 ξ 在 x 与 $x+\Delta x$ 之间.将上式两端同除以 Δx,得

$$\frac{\Delta\Phi}{\Delta x}=f(\xi).$$

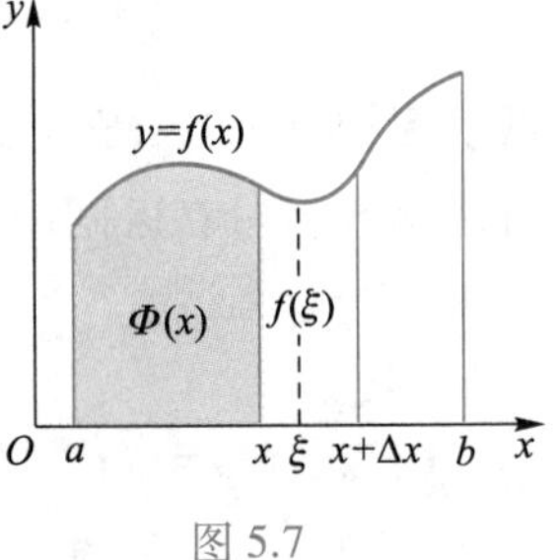

图 5.7

由于假设 $f(x)$ 在区间 $[a,b]$ 上连续,从而当 $\Delta x\to 0$ 时,$\xi\to x$,因此 $\lim\limits_{\Delta x\to 0}f(\xi)=f(x)$. 于是,令 $\Delta x\to 0$,对上式两端取极限,有

$$\Phi'(x)=\lim_{\Delta x\to 0}\frac{\Delta\Phi}{\Delta x}=\lim_{\Delta x\to 0}f(\xi)=f(x).$$

即 $\Phi(x)$ 可导,且其导数等于 $f(x)$.

若 $x=a$,取 $\Delta x>0$,则同理可证 $\Phi'_+(a)=f(a)$;若 $x=b$,取 $\Delta x<0$,则同理可证 $\Phi'_-(b)=f(b)$.

这个定理说明,连续函数 $f(x)$ 取变上限 x 的定积分然后求导,其结果还原为 $f(x)$ 本身.从而 $\Phi(x)$ 是连续函数 $f(x)$ 的一个原函数,因此我们就证明了 4.1 节中的原函数存在定理(定理 4.1.2),即

定理 5.2.2　如果函数 $f(x)$ 在区间 $[a,b]$ 上连续,则函数 $\Phi(x)=\int_a^x f(t)\,\mathrm{d}t$ 就是 $f(x)$ 在 $[a,b]$ 上的一个原函数.

这个定理的重要意义是:一方面肯定了连续函数的原函数是存在的,另一方面初步揭示了积分学中定积分与原函数的联系.因此,我们就有可能利用原函数来计算定积分.

例 5.2.1　设 $\Phi(x)=\int_1^x \mathrm{e}^{t^2+t}\,\mathrm{d}t$,求 $\Phi'(x)$.

解　由定理 5.2.1,有 $\Phi'(x)=\mathrm{e}^{x^2+x}$.

例 5.2.2　设 $\Phi(x)=\int_{\cos x}^2\frac{1}{1+t^4}\mathrm{d}t$,求 $\Phi'\left(\frac{\pi}{3}\right)$.

解
$$\Phi(x)=\int_{\cos x}^2\frac{1}{1+t^4}\mathrm{d}t=-\int_2^{\cos x}\frac{1}{1+t^4}\mathrm{d}t=-\int_2^u\frac{1}{1+t^4}\mathrm{d}t,$$

这里 $u=\cos x$. 由复合函数求导法则,有

$$\Phi'(x)=\frac{\mathrm{d}}{\mathrm{d}x}\left(-\int_2^u\frac{1}{1+t^4}\mathrm{d}t\right)=\frac{\mathrm{d}}{\mathrm{d}u}\left(-\int_2^u\frac{1}{1+t^4}\mathrm{d}t\right)\cdot\frac{\mathrm{d}u}{\mathrm{d}x}=\frac{\sin x}{1+u^4}=\frac{\sin x}{1+\cos^4 x},$$

所以，$\Phi'\left(\frac{\pi}{3}\right)=\frac{8\sqrt{3}}{17}$.

一般地，我们有

$$\frac{\mathrm{d}}{\mathrm{d}x}\left[\int_a^{\varphi(x)} f(t)\,\mathrm{d}t\right]=f[\varphi(x)]\varphi'(x). \tag{5.2.3}$$

例 5.2.3 求极限 $\lim\limits_{x\to0}\dfrac{\int_{x^2}^{0}(\mathrm{e}^{-t}-1)\,\mathrm{d}t}{x^3\sin x}$.

解 易知，这是一个$\frac{0}{0}$型的不定式，利用洛必达法则，有

$$\lim_{x\to0}\frac{\int_{x^2}^{0}(\mathrm{e}^{-t}-1)\,\mathrm{d}t}{x^3\sin x}=\lim_{x\to0}\frac{-\int_0^{x^2}(\mathrm{e}^{-t}-1)\,\mathrm{d}t}{x^4}=\lim_{x\to0}\frac{-2x(\mathrm{e}^{-x^2}-1)}{4x^3}=\lim_{x\to0}\frac{2x^3}{4x^3}=\frac{1}{2}.$$

例 5.2.4 设函数 $f(x)$ 在区间 $[a,b]$ 上连续，在 (a,b) 内可导，且 $f'(x)\leqslant0$,

$$F(x)=\frac{1}{x-a}\int_a^x f(t)\,\mathrm{d}t,$$

证明：在 (a,b) 内有 $F'(x)\leqslant0$.

证
$$F'(x)=\frac{(x-a)f(x)-\int_a^x f(t)\,\mathrm{d}t}{(x-a)^2}$$

$$=\frac{\int_a^x f(x)\,\mathrm{d}t-\int_a^x f(t)\,\mathrm{d}t}{(x-a)^2}=\frac{\int_a^x [f(x)-f(t)]\,\mathrm{d}t}{(x-a)^2}.$$

因在 (a,b) 内 $f'(x)\leqslant0$，故 $f(x)$ 在区间 $[a,b]$ 上单调减少，从而当 $t\in[a,x]$ 时，$f(x)\leqslant f(t)$，$f(x)-f(t)\leqslant0$，故 $\int_a^x[f(x)-f(t)]\,\mathrm{d}t\leqslant0$，又 $(x-a)^2\geqslant0$，所以，在 (a,b) 内有 $F'(x)\leqslant0$.

5.2.2 牛顿-莱布尼茨公式

由定理 5.2.2 容易证明下面一个重要定理，它给出了利用原函数计算定积分的公式.

定理 5.2.3 若函数 $F(x)$ 是连续函数 $f(x)$ 在区间 $[a,b]$ 上的一个原函数，则有

$$\int_a^b f(x)\,\mathrm{d}x=F(b)-F(a). \tag{5.2.4}$$

证 因为 $f(x)$ 在区间 $[a,b]$ 上连续，由定理 5.2.2 知积分上限函数

$$\Phi(x)=\int_a^x f(t)\,\mathrm{d}t$$

是$f(x)$的一个原函数，又已知$F(x)$也是$f(x)$的一个原函数，于是这两个原函数的差$F(x)-\Phi(x)$在$[a,b]$上必定是一个常数C，即

$$F(x)-\Phi(x)=C\quad(a\leqslant x\leqslant b). \tag{5.2.5}$$

在上式中令$x=a$，得$F(a)-\Phi(a)=C$. 又由$\Phi(a)=0$，得$C=F(a)$. 将之代入式(5.2.5)可得

$$\int_a^x f(t)\,\mathrm{d}t=F(x)-F(a).$$

在上式中令$x=b$，就得到所要证明的公式.

公式(5.2.4)对$a>b$的情形同样成立. 为了方便起见，我们把$F(b)-F(a)$记成$[F(x)]_a^b$或$F(x)\big|_a^b$，于是式(5.2.4)又可写成

$$\int_a^b f(x)\,\mathrm{d}x=[F(x)]_a^b.$$

公式(5.2.4)称为**牛顿-莱布尼茨公式**，也称为**微积分基本公式**. 这个公式进一步揭示了积分学的两个基本概念——定积分与不定积分之间的内在联系，同时，也给出了求连续函数的定积分的一个有效而简便的方法，即把求$f(x)$在$[a,b]$上的定积分问题转化为求它的原函数在$[a,b]$上的增量问题，从而大大简化了定积分的计算过程.

例 5.2.5　计算$\int_0^1 \mathrm{e}^x\mathrm{d}x$.

解　由于e^x是e^x的一个原函数，故由牛顿-莱布尼茨公式，有

$$\int_0^1 \mathrm{e}^x\mathrm{d}x=[\mathrm{e}^x]_0^1=\mathrm{e}-1.$$

例 5.2.6　计算$\int_1^3 \frac{1}{x}\mathrm{d}x$.

解　由于$\ln x$是$\frac{1}{x}$的一个原函数，故有

$$\int_1^3 \frac{1}{x}\mathrm{d}x=[\ln x]_1^3=\ln 3-\ln 1=\ln 3.$$

例 5.2.7　计算$\int_0^{\frac{\sqrt{2}}{2}} \frac{2x-1}{\sqrt{1-x^2}}\mathrm{d}x$.

解　由定积分的性质及牛顿-莱布尼茨公式，有

$$\begin{aligned}\int_0^{\frac{\sqrt{2}}{2}} \frac{2x-1}{\sqrt{1-x^2}}\mathrm{d}x&=\int_0^{\frac{\sqrt{2}}{2}} \frac{2x}{\sqrt{1-x^2}}\mathrm{d}x-\int_0^{\frac{\sqrt{2}}{2}} \frac{1}{\sqrt{1-x^2}}\mathrm{d}x\\&=\left[-2\sqrt{1-x^2}\right]_0^{\frac{\sqrt{2}}{2}}-[\arcsin x]_0^{\frac{\sqrt{2}}{2}}=2-\sqrt{2}-\frac{\pi}{4}.\end{aligned}$$

例 5.2.8 计算 $\int_0^2 f(x)\,\mathrm{d}x$，其中 $f(x)=\begin{cases}2x-1, & x\leqslant 1,\\ 4, & x>1.\end{cases}$

解 由定积分的可加性，有

$$\int_0^2 f(x)\,\mathrm{d}x=\int_0^1(2x-1)\,\mathrm{d}x+\int_1^2 4\mathrm{d}x=[x^2-x]_0^1+[4x]_1^2=4.$$

例 5.2.9 求曲线 $y=\sin x$ 和 x 轴在区间 $[0,\pi]$ 上所围成图形的面积 A（见图 5.8）.

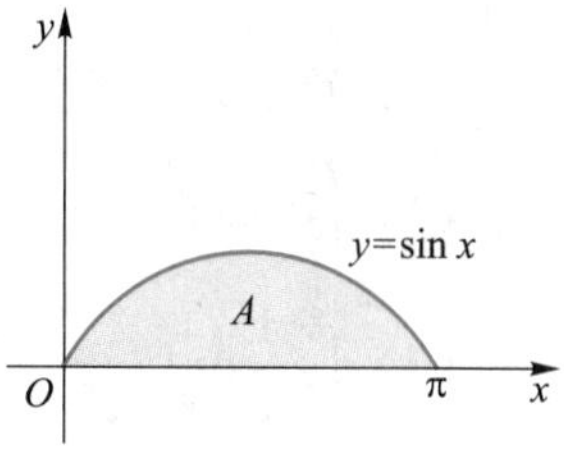

解 由定积分的几何意义知，所求平面图形的面积为

$$A=\int_0^{\pi}\sin x\mathrm{d}x=[-\cos x]_0^{\pi}=2.$$

图 5.8

例 5.2.10 证明积分中值定理：若函数 $f(x)$ 在闭区间 $[a,b]$ 上连续，则在开区间 (a,b) 内至少存在一点 ξ，使

$$\int_a^b f(x)\,\mathrm{d}x=f(\xi)(b-a)\ (a<\xi<b).$$

证 因 $f(x)$ 连续，故它的原函数存在，设为 $F(x)$. 由牛顿-莱布尼茨公式，有

$$\int_a^b f(x)\,\mathrm{d}x=F(b)-F(a).$$

显然函数 $F(x)$ 在区间 $[a,b]$ 上满足微分中值定理的条件，因此在开区间 (a,b) 内至少存在一点 ξ，使

$$F(b)-F(a)=F'(\xi)(b-a),\quad \xi\in(a,b),$$

故

$$\int_a^b f(x)\,\mathrm{d}x=f(\xi)(b-a)\ (a<\xi<b).$$

本例的结论是 5.1 节中定积分中值定理的改进. 从本例的证明中不难看出积分中值定理与微分中值定理的关系.

习题 5.2

1. 求函数 $\Phi(x)=\int_0^x t\cos t\mathrm{d}t$ 在点 $x=1, x=\dfrac{\pi}{2}$ 及 $x=\pi$ 处的导数.

2. 计算下列导数：

(1) $\dfrac{\mathrm{d}}{\mathrm{d}x}\int_0^{x^3}\sqrt{1+t^2}\,\mathrm{d}t$；　　(2) $\dfrac{\mathrm{d}}{\mathrm{d}x}\int_{x^2}^{0}\mathrm{e}^{-t^2}\mathrm{d}t$；

(3) $\dfrac{\mathrm{d}}{\mathrm{d}x}\int_{x^2}^{x^3}\dfrac{1}{\sqrt{1+\cos^2 t}}\mathrm{d}t$；　　(4) $\dfrac{\mathrm{d}}{\mathrm{d}x}\int_{\cos x}^{\sin x}\cos(\pi t^2)\,\mathrm{d}t$.

3. 设 $g(x)=\int_0^{x^2}\dfrac{1}{1+t^4}\mathrm{d}t$，求 $g''(1)$.

4. 求由参数表达式 $x=\int_0^t e^{-u^2}du, y=\int_0^t u^2e^{-u^2}du$ 所确定的函数 $y=y(x)$ 的导数$\frac{dy}{dx}$.

5. 求由方程 $\int_0^y t^2\sin t dt+\int_0^x t^2\cos t dt=0$ 所确定的隐函数 $y=y(x)$ 的导数$\frac{dy}{dx}$.

6. 求函数 $f(x)=\int_0^x te^t dt$ 的极值和其图形的拐点.

7. 计算下列定积分：

(1) $\int_1^3 x^2 dx$；　　(2) $\int_0^2 (x^2+2x-1)dx$；

(3) $\int_1^9 \frac{1}{\sqrt{x}}dx$；　　(4) $\int_0^{\pi}\sin x dx$；

(5) $\int_1^{\sqrt{3}}\frac{1}{1+x^2}dx$；　　(6) $\int_{\frac{1}{2}}^{\frac{\sqrt{3}}{2}}\frac{1}{\sqrt{1-x^2}}dx$；

(7) $\int_{-2}^0 \frac{x^2}{x-1}dx$；　　(8) $\int_0^{\sqrt{2}}\frac{1}{\sqrt{4-x^2}}dx$；

(9) $\int_0^{\frac{\pi}{4}}\frac{1}{\cos^2 x}dx$；　　(10) $\int_{-e-1}^{-2}\frac{1}{1+x}dx$；

(11) $\int_1^2\left(x+\frac{1}{x}\right)^2 dx$；　　(12) $\int_{\frac{\pi}{4}}^{\frac{\pi}{2}}\cot^2 x dx$；

(13) $\int_1^{\sqrt{3}}\frac{1+2x^2}{x^2(1+x^2)}dx$；　　(14) $\int_{-2}^0\sqrt{(x+1)^2}dx$；

(15) $\int_0^{2\pi}|\cos x|dx$.

8. 设 $f(x)=\begin{cases}3x^2, & x\leqslant 1,\\ 2x+1, & x>1,\end{cases}$ 计算 $\int_0^2 f(x)dx$.

9. 求下列函数在所给区间上的平均值：

(1) $f(x)=\sqrt{x}$ 在 $[0,36]$ 上；

(2) $f(x)=10+2\sin x+3\cos x$ 在 $[0,2\pi]$ 上.

10. 设 k 为正整数，证明下列各题：

(1) $\int_{-\pi}^{\pi}\cos kx dx=0$；　　(2) $\int_{-\pi}^{\pi}\sin kx dx=0$；

(3) $\int_{-\pi}^{\pi}\cos^2 kx dx=\pi$；　　(4) $\int_{-\pi}^{\pi}\sin^2 kx dx=\pi$.

11. 设 m,n 为正整数，且 $m\neq n$，证明：

(1) $\int_{-\pi}^{\pi}\cos mx\sin nx dx=0$；　　(2) $\int_{-\pi}^{\pi}\cos mx\cos nx dx=0$；

(3) $\int_{-\pi}^{\pi}\sin mx\sin nx\mathrm{d}x=0$.

12. 求下列极限：

(1) $\lim\limits_{x\to 0}\dfrac{\int_0^x t^2\cos^2 t\mathrm{d}t}{x^3}$；　　(2) $\lim\limits_{x\to 0}\dfrac{\int_0^{x^2}\sqrt{1+t^4}\,\mathrm{d}t}{x^2}$；

(3) $\lim\limits_{x\to 0}\dfrac{\int_0^{x^2} t\sin t\mathrm{d}t}{x^6}$；　　(4) $\lim\limits_{x\to 0}\dfrac{\int_0^{x^2} t^{\frac{3}{2}}\mathrm{d}t}{\int_0^x t^3\sin t\mathrm{d}t}$.

13. 设$f(x)=\begin{cases}x^2, & 0\leqslant x<1,\\ x, & 1\leqslant x\leqslant 2.\end{cases}$求 $\Phi(x)=\int_0^x f(t)\mathrm{d}t$ 在$[0,2]$上的表达式，并讨论$\Phi(x)$在$(0,2)$内的连续性.

14. 设$f(x)=\begin{cases}x, & 0\leqslant x<1,\\ 2-x, & 1\leqslant x<2,\\ 0, & \text{其他}.\end{cases}$求 $\Phi(x)=\int_0^x f(t)\mathrm{d}t$ 在$(-\infty,+\infty)$内的表达式.

15. 设 $F(x)=\int_0^x\dfrac{\ln(1+t)}{t}\mathrm{d}t$，求 $F'(0)$.

16. 设$f(x)$在$[0,+\infty)$上连续，且$f(x)>0$，证明函数

$$F(x)=\frac{\int_0^x tf(t)\mathrm{d}t}{\int_0^x f(t)\mathrm{d}t}$$

在$(0,+\infty)$内单调增加.

5.3 定积分的换元积分法与分部积分法

通过本节的学习，应掌握定积分的换元积分法和分部积分法，会用这些方法计算定积分.

5.2 节中的牛顿-莱布尼茨公式建立了定积分与不定积分的重要联系，这一联系可将计算定积分转化成求不定积分. 在上一章中我们已经介绍过不少求不定积分的方法，似乎有关定积分的计算问题已经圆满解决了，但是在许多情况下这样计算比较复杂，而且有时原函数根本不能用积分法的一般法则求出，也就无法直接引用牛顿-莱布尼茨公式. 为了进一步解决定积分的计算问题，下面我们介绍定积分的换元积分法与分部积分法.

5.3.1　定积分的换元积分法

定理 5.3.1　设函数$f(x)$在区间$[a,b]$上连续,函数$x=\varphi(t)$满足条件:

(1) $\varphi(\alpha)=a,\varphi(\beta)=b$;

(2) $\varphi(t)$在$[\alpha,\beta]$(或$[\beta,\alpha]$)上具有连续导数,且其值域$R_\varphi=[a,b]$,则有

$$\int_a^b f(x)\,\mathrm{d}x=\int_\alpha^\beta f[\varphi(t)]\varphi'(t)\,\mathrm{d}t. \tag{5.3.1}$$

公式(5.3.1)称为定积分的换元积分公式.

证　由假设可知,式(5.3.1)两边的被积函数都是连续的,因此两边的定积分都存在,且被积函数的原函数也都存在,所以,式(5.3.1)两边的定积分都可应用牛顿-莱布尼茨公式.设$F(x)$是$f(x)$的一个原函数,则

$$\int_a^b f(x)\,\mathrm{d}x=F(b)-F(a).$$

又由复合函数求导法则知$\{F[\varphi(t)]\}'=f[\varphi(t)]\varphi'(t)$,即$F[\varphi(t)]$是$f[\varphi(t)]\varphi'(t)$的一个原函数,因此有

$$\int_\alpha^\beta f[\varphi(t)]\varphi'(t)\,\mathrm{d}t=F[\varphi(\beta)]-F[\varphi(\alpha)].$$

由$\varphi(\alpha)=a,\varphi(\beta)=b$得

$$\int_a^b f(x)\,\mathrm{d}x=F(b)-F(a)=F[\varphi(\beta)]-F[\varphi(\alpha)]=\int_\alpha^\beta f[\varphi(t)]\varphi'(t)\,\mathrm{d}t.$$

这就证明了换元积分公式.

注意:当$\varphi(t)$的值域R_φ超出$[a,b]$,但$\varphi(t)$满足其余条件时,只要$f(x)$在R_φ上连续,则定理的结论仍然成立.

应用换元积分公式时应注意:

(1) 用$x=\varphi(t)$把原来的变量x代换成新变量t时,积分限也要换成相应于新变量t的积分限,即“换元必换限”;

(2) 求出$f[\varphi(t)]\varphi'(t)$的一个原函数$F[\varphi(t)]$后,不必像求不定积分那样把$F[\varphi(t)]$变换成原来变量x的函数,而只要把新变量t的上、下限分别代入$F[\varphi(t)]$中然后相减即可.

例 5.3.1　计算$\int_0^a\sqrt{a^2-x^2}\,\mathrm{d}x\ (a>0)$.

解　设$x=a\sin t$,则$\mathrm{d}x=a\cos t\mathrm{d}t$,且当$x=0$时,$t=0$;当$x=a$时,$t=\frac{\pi}{2}$.于是

$$\int_0^a\sqrt{a^2-x^2}\,\mathrm{d}x=a^2\int_0^{\frac{\pi}{2}}\cos^2t\mathrm{d}t=\frac{a^2}{2}\int_0^{\frac{\pi}{2}}(1+\cos 2t)\,\mathrm{d}t=\frac{a^2}{2}\left[t+\frac{1}{2}\sin 2t\right]_0^{\frac{\pi}{2}}=\frac{\pi a^2}{4}.$$

例 5.3.2　计算$\int_{-1}^2\frac{x}{\sqrt{2+x}}\mathrm{d}x$.

解　设$\sqrt{2+x}=t$，则 $x=t^2-2$，$\mathrm{d}x=2t\mathrm{d}t$，且当 $x=-1$ 时，$t=1$；当 $x=2$ 时，$t=2$. 于是

$$\int_{-1}^{2}\frac{x}{\sqrt{2+x}}\mathrm{d}x=\int_{1}^{2}\frac{t^2-2}{t}\cdot 2t\mathrm{d}t=2\int_{1}^{2}(t^2-2)\mathrm{d}t=2\left[\frac{t^3}{3}-2t\right]_1^2=\frac{2}{3}.$$

虽然定积分的换元法只有一个，但在使用上却有"从左到右"及"从右到左"两种途径，即在公式(5.3.1)中，当它的右端比左端容易计算时，我们就利用右端来求出它左端的定积分，而当它的左端比右端容易计算时，我们就利用左端来求出它右端的定积分.

例 5.3.3　计算 $\int_0^{\frac{\pi}{2}}\frac{\cos x}{1+\sin^2 x}\mathrm{d}x$.

解　设 $t=\sin x$，则 $\mathrm{d}t=\cos x\mathrm{d}x$，且当 $x=0$ 时，$t=0$；当 $x=\frac{\pi}{2}$时，$t=1$. 于是

$$\int_0^{\frac{\pi}{2}}\frac{\cos x}{1+\sin^2 x}\mathrm{d}x=\int_0^1\frac{\mathrm{d}t}{1+t^2}=[\arctan t]_0^1=\frac{\pi}{4}.$$

在例 5.3.3 中，如果我们不明显地写出新变量 t，那么定积分的上、下限就不要变. 如

$$\int_0^{\frac{\pi}{2}}\frac{\cos x}{1+\sin^2 x}\mathrm{d}x=\int_0^{\frac{\pi}{2}}\frac{\mathrm{d}(\sin x)}{1+\sin^2 x}=[\arctan(\sin x)]_0^{\frac{\pi}{2}}=\frac{\pi}{4}.$$

例 5.3.4　计算 $\int_0^{\pi}\sqrt{\sin x-\sin^3 x}\,\mathrm{d}x$.

解　由于$\sqrt{\sin x-\sin^3 x}=\sqrt{\sin x(1-\sin^2 x)}=\sqrt{\sin x}\cdot|\cos x|$，在$\left[0,\frac{\pi}{2}\right]$上$\cos x\geqslant 0$；在$\left[\frac{\pi}{2},\pi\right]$上 $\cos x\leqslant 0$. 所以

$$\begin{aligned}\int_0^{\pi}\sqrt{\sin x-\sin^3 x}\,\mathrm{d}x&=\int_0^{\frac{\pi}{2}}\sqrt{\sin x}\cdot\cos x\mathrm{d}x-\int_{\frac{\pi}{2}}^{\pi}\sqrt{\sin x}\cdot\cos x\mathrm{d}x\\&=\int_0^{\frac{\pi}{2}}\sqrt{\sin x}\,\mathrm{d}(\sin x)-\int_{\frac{\pi}{2}}^{\pi}\sqrt{\sin x}\,\mathrm{d}(\sin x)\\&=\left[\frac{2}{3}\sin^{\frac{3}{2}}x\right]_0^{\frac{\pi}{2}}-\left[\frac{2}{3}\sin^{\frac{3}{2}}x\right]_{\frac{\pi}{2}}^{\pi}=\frac{4}{3}.\end{aligned}$$

例 5.3.5　计算 $\int_{\ln 2}^{\ln 3}\sqrt{\mathrm{e}^x+1}\,\mathrm{d}x$.

解　设$\sqrt{\mathrm{e}^x+1}=t$，则 $x=\ln(t^2-1)$，$\mathrm{d}x=\frac{2t}{t^2-1}\mathrm{d}t$，且当 $x=\ln 2$ 时，$t=\sqrt{3}$；当 $x=\ln 3$ 时，$t=2$. 于是

$$\int_{\ln 2}^{\ln 3}\sqrt{e^x+1}\,dx = 2\int_{\sqrt{3}}^{2}\frac{t^2}{t^2-1}dt = 2\int_{\sqrt{3}}^{2}\left(1+\frac{1}{t^2-1}\right)dt$$

$$= 2\left[t+\frac{1}{2}\ln\left|\frac{t-1}{t+1}\right|\right]_{\sqrt{3}}^{2} = 4-2\sqrt{3}+\ln\left(\frac{2}{3}+\frac{1}{\sqrt{3}}\right).$$

例 5.3.6　证明：

(1) 若 $f(x)$ 在 $[-a,a]$ 上连续且为偶函数，则 $\int_{-a}^{a}f(x)\,dx = 2\int_{0}^{a}f(x)\,dx$；

(2) 若 $f(x)$ 在 $[-a,a]$ 上连续且为奇函数，则 $\int_{-a}^{a}f(x)\,dx = 0$.

证　因为 $\int_{-a}^{a}f(x)\,dx = \int_{-a}^{0}f(x)\,dx + \int_{0}^{a}f(x)\,dx$.

对积分 $\int_{-a}^{0}f(x)\,dx$ 作代换 $x=-t$，则

$$\int_{-a}^{0}f(x)\,dx = -\int_{a}^{0}f(-t)\,dt = \int_{0}^{a}f(-t)\,dt = \int_{0}^{a}f(-x)\,dx,$$

于是

$$\int_{-a}^{a}f(x)\,dx = \int_{0}^{a}f(-x)\,dx + \int_{0}^{a}f(x)\,dx = \int_{0}^{a}[f(-x)+f(x)]\,dx.$$

(1) 若 $f(x)$ 为偶函数，则 $f(-x)+f(x)=2f(x)$，从而 $\int_{-a}^{a}f(x)\,dx = 2\int_{0}^{a}f(x)\,dx$.

(2) 若 $f(x)$ 为奇函数，则 $f(-x)+f(x)=0$，从而 $\int_{-a}^{a}f(x)\,dx = 0$.

本例的结论显示了奇偶函数在关于原点对称的区间上的定积分的一个重要性质.利用它们可以简化这类积分的计算，今后经常用到，希望读者记住.例如 $\int_{-1}^{1}x^2\tan^3x\,dx$ 的被积函数 $x^2\tan^3x$ 是奇函数，积分区间又关于原点对称，故由此性质可知 $\int_{-1}^{1}x^2\tan^3x\,dx = 0$.

例 5.3.7　设 $f(x)$ 是以 T 为周期的连续函数，证明：对任意常数 a，有

$$\int_{a}^{a+T}f(x)\,dx = \int_{0}^{T}f(x)\,dx.$$

证　记 $F(a) = \int_{a}^{a+T}f(x)\,dx$，则 $F'(a)=f(a+T)-f(a)=0$，从而 $F(a)$ 与 a 无关，因此 $F(a)=F(0)$，即

$$\int_{a}^{a+T}f(x)\,dx = \int_{0}^{T}f(x)\,dx.$$

这是周期函数积分的一个重要性质，利用它可以简化计算.例如

$$\int_0^{2\pi}\sin^{99}x\mathrm{d}x=\int_{-\pi}^{\pi}\sin^{99}x\mathrm{d}x=0.$$

例 5.3.8 设函数$f(x)$在$[0,1]$上连续,证明:

$$\int_0^{\pi}f(\sin x)\mathrm{d}x=2\int_0^{\frac{\pi}{2}}f(\cos x)\mathrm{d}x.$$

证 因为$\int_0^{\pi}f(\sin x)\mathrm{d}x=\int_0^{\frac{\pi}{2}}f(\sin x)\mathrm{d}x+\int_{\frac{\pi}{2}}^{\pi}f(\sin x)\mathrm{d}x$.

对积分$\int_0^{\frac{\pi}{2}}f(\sin x)\mathrm{d}x$,作代换$x=\frac{\pi}{2}-t$,则

$$\int_0^{\frac{\pi}{2}}f(\sin x)\mathrm{d}x=-\int_{\frac{\pi}{2}}^{0}f\left[\sin\left(\frac{\pi}{2}-t\right)\right]\mathrm{d}t=\int_0^{\frac{\pi}{2}}f(\cos t)\mathrm{d}t=\int_0^{\frac{\pi}{2}}f(\cos x)\mathrm{d}x.$$

对积分$\int_{\frac{\pi}{2}}^{\pi}f(\sin x)\mathrm{d}x$,作代换$x=\frac{\pi}{2}+t$,则

$$\int_{\frac{\pi}{2}}^{\pi}f(\sin x)\mathrm{d}x=\int_0^{\frac{\pi}{2}}f\left[\sin\left(\frac{\pi}{2}+t\right)\right]\mathrm{d}t=\int_0^{\frac{\pi}{2}}f(\cos t)\mathrm{d}t=\int_0^{\frac{\pi}{2}}f(\cos x)\mathrm{d}x.$$

于是

$$\int_0^{\pi}f(\sin x)\mathrm{d}x=2\int_0^{\frac{\pi}{2}}f(\cos x)\mathrm{d}x.$$

例 5.3.9 设函数$f(x)=\begin{cases}\dfrac{x}{1+x^2}, & x\geqslant 0,\\ \dfrac{\cos x}{1+\sin^2 x}, & x<0,\end{cases}$ 试计算$\int_{2-\frac{\pi}{2}}^{3}f(x-2)\mathrm{d}x$.

解 设$x-2=t$,则$\mathrm{d}x=\mathrm{d}t$,且当$x=2-\frac{\pi}{2}$时,$t=-\frac{\pi}{2}$;当$x=3$时,$t=1$.于是

$$\begin{aligned}\int_{2-\frac{\pi}{2}}^{3}f(x-2)\mathrm{d}x&=\int_{-\frac{\pi}{2}}^{1}f(t)\mathrm{d}t=\int_{-\frac{\pi}{2}}^{0}\frac{\cos t}{1+\sin^2 t}\mathrm{d}t+\int_0^1\frac{t}{1+t^2}\mathrm{d}t\\&=[\arctan(\sin t)]_{-\frac{\pi}{2}}^{0}+\frac{1}{2}[\ln(1+t^2)]_0^1\\&=\frac{\pi}{4}+\frac{1}{2}\ln 2.\end{aligned}$$

5.3.2 定积分的分部积分法

与不定积分类似,计算定积分也有分部积分法.设函数$u=u(x)$,$v=v(x)$在区间$[a,b]$上具有连续导数,则有

$$\int_a^b u(x)v'(x)\mathrm{d}x=\left[\int u(x)v'(x)\mathrm{d}x\right]_a^b=\left[u(x)v(x)-\int v(x)u'(x)\mathrm{d}x\right]_a^b$$

$$=[u(x)v(x)]_a^b-\int_a^b v(x)u'(x)\mathrm{d}x,$$

简记为

$$\int_a^b uv'\mathrm{d}x=[uv]_a^b-\int_a^b vu'\mathrm{d}x,$$

或

$$\int_a^b u\mathrm{d}v=[uv]_a^b-\int_a^b v\mathrm{d}u. \tag{5.3.2}$$

这就是定积分的分部积分公式.

例 5.3.10　计算 $\int_0^1 x\mathrm{e}^x\mathrm{d}x$.

解　$\int_0^1 x\mathrm{e}^x\mathrm{d}x=[x\mathrm{e}^x]_0^1-\int_0^1\mathrm{e}^x\mathrm{d}x=\mathrm{e}-[\mathrm{e}^x]_0^1=1.$

例 5.3.11　计算 $\int_1^{\mathrm{e}} x^2\ln x\mathrm{d}x$.

解　$\int_1^{\mathrm{e}} x^2\ln x\mathrm{d}x=\frac{1}{3}\int_1^{\mathrm{e}}\ln x\mathrm{d}(x^3)$

$$=\left[\frac{1}{3}x^3\ln x\right]_1^{\mathrm{e}}-\frac{1}{3}\int_1^{\mathrm{e}}x^3\frac{1}{x}\mathrm{d}x=\frac{1}{3}\mathrm{e}^3-\frac{1}{3}\int_1^{\mathrm{e}}x^2\mathrm{d}x$$

$$=\frac{1}{3}\mathrm{e}^3-\left[\frac{1}{9}x^3\right]_1^{\mathrm{e}}=\frac{1}{3}\mathrm{e}^3-\left(\frac{1}{9}\mathrm{e}^3-\frac{1}{9}\right)=\frac{1}{9}(2\mathrm{e}^3+1).$$

例 5.3.12　设 $f(x)=\int_1^x\mathrm{e}^{-t^2}\mathrm{d}t$，求 $\int_0^1 f(x)\mathrm{d}x$.

解　$\int_0^1 f(x)\mathrm{d}x=[xf(x)]_0^1-\int_0^1 xf'(x)\mathrm{d}x=f(1)-\int_0^1 x\mathrm{e}^{-x^2}\mathrm{d}x$

$$=\left[\frac{1}{2}\mathrm{e}^{-x^2}\right]_0^1=\frac{1}{2}(\mathrm{e}^{-1}-1).$$

例 5.3.13　导出定积分 $I_n=\int_0^{\frac{\pi}{2}}\sin^n x\mathrm{d}x$ 的递推公式(其中 n 是非负整数).

解　$I_0=\int_0^{\frac{\pi}{2}}\mathrm{d}x=\frac{\pi}{2}$，$I_1=\int_0^{\frac{\pi}{2}}\sin x\mathrm{d}x=[-\cos x]_0^{\frac{\pi}{2}}=1$. 当 $n\geqslant 2$ 时，

$$I_n=\int_0^{\frac{\pi}{2}}\sin^n x\mathrm{d}x=\int_0^{\frac{\pi}{2}}(\sin^{n-1}x\cdot\sin x)\mathrm{d}x=-\int_0^{\frac{\pi}{2}}\sin^{n-1}x\mathrm{d}\cos x$$

$$=[-\sin^{n-1}x\cos x]_0^{\frac{\pi}{2}}+\int_0^{\frac{\pi}{2}}\cos x\mathrm{d}(\sin^{n-1}x)$$

$$=(n-1)\int_0^{\frac{\pi}{2}}(\sin^{n-2}x\cdot\cos^2 x)\mathrm{d}x=(n-1)\int_0^{\frac{\pi}{2}}\sin^{n-2}x\cdot(1-\sin^2 x)\mathrm{d}x$$

$$=(n-1)\int_0^{\frac{\pi}{2}}\sin^{n-2}x\mathrm{d}x-(n-1)\int_0^{\frac{\pi}{2}}\sin^n x\mathrm{d}x,$$

即

$$I_n=(n-1)I_{n-2}-(n-1)I_n,$$

由此得

$$I_n=\frac{n-1}{n}I_{n-2}.$$

(1) 当 n 为偶数时,设 $n=2k$,则

$$\begin{aligned}I_{2k}&=\frac{2k-1}{2k}I_{2k-2}=\frac{(2k-1)(2k-3)}{2k(2k-2)}I_{2k-4}=\cdots\\&=\frac{(2k-1)(2k-3)\cdots3\cdot1}{2k(2k-2)\cdots4\cdot2}I_0=\frac{(2k-1)(2k-3)\cdots3\cdot1}{2k(2k-2)\cdots4\cdot2}\cdot\frac{\pi}{2}.\end{aligned}$$

(2) 当 n 为奇数时,设 $n=2k+1$,则

$$\begin{aligned}I_{2k+1}&=\frac{2k}{2k+1}I_{2k-1}=\frac{2k(2k-2)}{(2k+1)(2k-1)}I_{2k-3}=\cdots\\&=\frac{2k(2k-2)\cdots4\cdot2}{(2k+1)(2k-1)\cdots5\cdot3}I_1=\frac{2k(2k-2)\cdots4\cdot2}{(2k+1)(2k-1)\cdots5\cdot3}.\end{aligned}$$

习题 5.3

1. 计算下列定积分:

(1) $\int_{\frac{\pi}{3}}^{\pi}\cos\left(x+\frac{\pi}{6}\right)\mathrm{d}x$;　　(2) $\int_0^1 x(1-2x^2)^3\mathrm{d}x$;

(3) $\int_{-1}^{3}\frac{\mathrm{d}x}{(7+3x)^3}$;　　(4) $\int_0^{\frac{\pi}{2}}\cos x\sin^2x\mathrm{d}x$;

(5) $\int_0^{\pi}(1+\sin^3\theta)\mathrm{d}\theta$;　　(6) $\int_{\frac{\pi}{6}}^{\frac{\pi}{2}}\sin^2x\mathrm{d}x$;

(7) $\int_0^3\sqrt{9-x^2}\,\mathrm{d}x$;　　(8) $\int_0^2\sqrt{8-y^2}\,\mathrm{d}y$;

(9) $\int_1^{\mathrm{e}}\frac{1-\ln x}{x}\mathrm{d}x$;　　(10) $\int_{\frac{1}{\sqrt{2}}}^{1}\frac{\sqrt{1-x^2}}{x^2}\mathrm{d}x$;

(11) $\int_{-2}^{2}\frac{x}{\sqrt{5-2x}}\mathrm{d}x$;　　(12) $\int_1^8\frac{1}{1+\sqrt[3]{x}}\mathrm{d}x$;

(13) $\int_{\frac{7}{4}}^{2}\frac{\mathrm{d}x}{\sqrt{2-x}-1}$;　　(14) $\int_0^{\frac{1}{2}\ln 3}\frac{\mathrm{d}x}{\mathrm{e}^x+\mathrm{e}^{-x}}$;

(15) $\int_0^{\sqrt{3}+1}\frac{x\mathrm{d}x}{x^2-2x+2}$;　　(16) $\int_2^3\frac{\mathrm{d}x}{x^2+2x-3}$;

(17) $\int_1^3 \frac{e^{\frac{1}{x}}}{x^2}dx$;　　(18) $\int_1^e \frac{dx}{x\sqrt{4-3\ln^2 x}}$;

(19) $\int_0^1 x^2\sqrt{1-x^2}\,dx$;　　(20) $\int_1^2 \frac{dx}{x(1+x^4)}$;

(21) $\int_0^2 \sqrt{(4-x^2)^3}\,dx$;　　(22) $\int_0^{\frac{\pi}{2}} \cos x\cos 2x dx$;

(23) $\int_0^1 \frac{dx}{(1+x^2)^2}$;　　(24) $\int_0^{\pi} \sqrt{1+\cos 4x}\,dx$.

2. 利用函数的奇偶性计算下列定积分:

(1) $\int_{-\pi}^{\pi} x^4\sin^3 x dx$;　　(2) $\int_{-\frac{\pi}{2}}^{\frac{\pi}{2}} 4\sin^4 x dx$;

(3) $\int_{-5}^{5} \frac{x^2\tan^3 x}{1+x^2+x^4}dx$;　　(4) $\int_{-\frac{1}{2}}^{\frac{1}{2}} \cos^2 x\ln\frac{1+x}{1-x}dx$;

(5) $\int_{-\frac{\pi}{2}}^{\frac{\pi}{2}} \sqrt{\cos^3 x-\cos^5 x}\,dx$;　　(6) $\int_{-\frac{1}{2}}^{\frac{1}{2}} \frac{(\arcsin x)^2}{\sqrt{1-x^2}}dx$.

3. 设$f(x)$在$[a,b]$上连续,证明:

$$\int_a^b f(x)\,dx=\int_a^b f(a+b-x)\,dx.$$

4. 设m,n为非负整数,证明:

$$\int_0^1 x^m(1-x)^n dx=\int_0^1 x^n(1-x)^m dx.$$

5. 证明:(1) $\int_0^{\pi}\sin^n x dx=2\int_0^{\frac{\pi}{2}}\sin^n x dx$;

(2) $\int_0^{2\pi}\sin^{2n} x dx=4\int_0^{\frac{\pi}{2}}\sin^{2n} x dx$.

6. 若$f(t)$是连续的奇函数,证明$\int_0^x f(t)\,dt$是偶函数;若$f(t)$是连续的偶函数,证明$\int_0^x f(t)\,dt$是奇函数.

7. 设$f(x)$是连续的周期函数,周期为T,证明:

$$\int_a^{a+nT} f(x)\,dx=n\int_0^T f(x)\,dx,\quad n\in\mathbf{N}.$$

并由此计算$\int_0^{n\pi}\sqrt{1+\sin 2x}\,dx$.

8. 设$f(x)$在$[0,1]$上连续,证明:

$$\int_0^{\pi} x f(\sin x)\mathrm{d}x = \frac{\pi}{2}\int_0^{\pi} f(\sin x)\mathrm{d}x.$$

并由此计算 $I = \int_0^{\pi} \frac{x\sin^{2n}x}{\sin^{2n}x + \cos^{2n}x}\mathrm{d}x$.

9. 计算下列定积分：

(1) $\int_{-1}^{0} x\mathrm{e}^{2x}\mathrm{d}x$；　(2) $\int_1^{\mathrm{e}} t\ln t\mathrm{d}t$；

(3) $\int_0^{\frac{\pi}{2}} x\cos x\mathrm{d}x$；　(4) $\int_{\frac{\pi}{4}}^{\frac{\pi}{3}} \frac{x}{1+\cos 2x}\mathrm{d}x$；

(5) $\int_0^1 x\operatorname{arccot} x\mathrm{d}x$；　(6) $\int_1^3 x\log_3 x\mathrm{d}x$；

(7) $\int_1^4 \frac{\ln x}{\sqrt{x}}\mathrm{d}x$；　(8) $\int_0^{2\pi} x\cos^2 x\mathrm{d}x$；

(9) $\int_0^{\frac{\pi}{2}} \mathrm{e}^{2x}\sin x\mathrm{d}x$；　(10) $\int_0^{\pi} x\sin^2 x\mathrm{d}x$；

(11) $\int_1^{\mathrm{e}} \sin(\ln x)\mathrm{d}x$；　(12) $\int_0^1 \ln(x+\sqrt{x^2+1})\mathrm{d}x$.

10. 设函数 $f(x)=\begin{cases} x\mathrm{e}^{-x^2}, & x\geqslant 0, \\ \dfrac{1}{1+\cos x}, & -\pi<x<0, \end{cases}$ 计算 $\int_1^4 f(x-2)\mathrm{d}x$.

11. 证明：若 $f(x)$ 连续，则 $\int_0^x\left[\int_0^t f(x)\mathrm{d}x\right]\mathrm{d}t = \int_0^x f(x)(x-t)\mathrm{d}t$.

12. 导出计算积分 $I_n = \int_1^{\mathrm{e}} (\ln x)^n \mathrm{d}x$（其中 n 为正整数）的递推公式，并由此计算 $\int_1^{\mathrm{e}} \ln^3 x\mathrm{d}x$ 的值.

5.4 反常积分

通过本节的学习，应了解反常积分的概念，会计算反常积分.

前面我们讨论的定积分概念是对有限区间上的有界函数建立的，对积分区间为无穷区间或在积分区间上的无界函数，定积分是没有意义的，因为它不存在.但是在一些实际问题中，常会遇到积分区间为无穷区间，或被积函数在积分区间上为无界函数的积分的情况.因此，本节我们将再一次运用极限思想对定积分的概念加以推广，从而得到所谓“反常积分”的概念.

5.4.1　无穷限的反常积分

先看下面一个实例.

例 5.4.1　求由曲线 $y=\frac{1}{x^2}$,直线 $x=1$ 以及 x 轴所围成的位于直线 $x=1$ 右侧的平面图形的面积(见图 5.9).

解　这个例子所讨论的是一个新课题,它是计算曲边梯形面积的一种自然推广.由于这个平面图形向右无限延伸,故必须回答两个问题.首先,它是否有面积? 其次,如果有面积,如何计算它的面积?

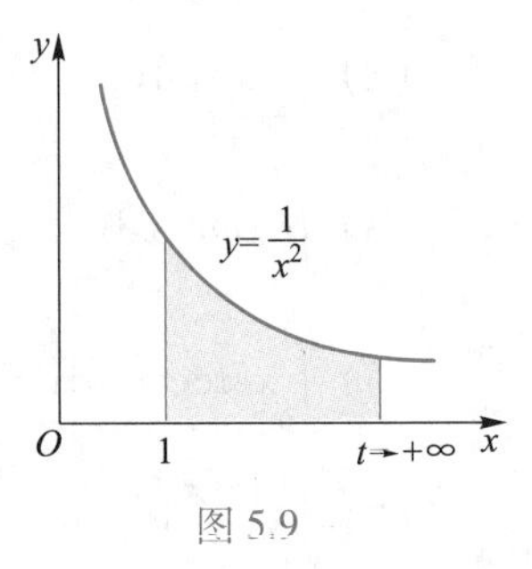

图 5.9

现在用下面的方法来同时回答这两个问题.如图 5.9 所示,任取数 $t>1$,计算由曲线 $y=\frac{1}{x^2}$,直线 $x=1$,$x=t$ 以及 x 轴所围成的曲边梯形的面积(见图 5.9 中阴影部分).我们用 $A(t)$ 来表示这个面积,则有

$$A(t)=\int_1^t \frac{1}{x^2}\mathrm{d}x=\left[-\frac{1}{x}\right]_1^t=1-\frac{1}{t}.$$

令 $t\to+\infty$,得

$$\lim_{t\to+\infty}A(t)=\lim_{t\to+\infty}\int_1^t \frac{1}{x^2}\mathrm{d}x=\lim_{t\to+\infty}\left(1-\frac{1}{t}\right)=1.$$

这就是所要求的面积.

因此我们不但求出了面积,而且还为求这一面积找到了一种方法.这一方法的特点是先在有限区间上计算定积分,然后令其上限趋于正无穷大,如果极限存在,就得到所要求的面积.这一方法具有普遍意义,并启发我们引入如下的定义.

定义 5.4.1　设函数 $f(x)$ 在区间 $[a,+\infty)$ 上连续,取 $t>a$,如果极限 $\lim\limits_{t\to+\infty}\int_a^t f(x)\mathrm{d}x$ 存在,那么称此极限为**函数 $f(x)$ 在无穷区间 $[a,+\infty)$ 上的反常积分**,记为 $\int_a^{+\infty}f(x)\mathrm{d}x$,即

$$\int_a^{+\infty}f(x)\mathrm{d}x=\lim_{t\to+\infty}\int_a^t f(x)\mathrm{d}x, \tag{5.4.1}$$

这时也称反常积分 $\int_a^{+\infty}f(x)\mathrm{d}x$ 收敛;如果上述极限不存在,那么函数 $f(x)$ 在无穷区间 $[a,+\infty)$ 上的反常积分 $\int_a^{+\infty}f(x)\mathrm{d}x$ 就没有意义,习惯上称反常积分 $\int_a^{+\infty}f(x)\mathrm{d}x$ 发散,这时记号 $\int_a^{+\infty}f(x)\mathrm{d}x$ 就不再表示任何数值了.

类似地,设函数$f(x)$在区间$(-\infty,b]$上连续,取$t<b$,如果极限$\lim\limits_{t\to-\infty}\int_t^b f(x)\mathrm{d}x$存在,那么称此极限为函数$f(x)$在无穷区间$(-\infty,b]$上的反常积分,记为$\int_{-\infty}^b f(x)\mathrm{d}x$,即

$$\int_{-\infty}^b f(x)\mathrm{d}x=\lim_{t\to-\infty}\int_t^b f(x)\mathrm{d}x, \tag{5.4.2}$$

这时也称反常积分$\int_{-\infty}^b f(x)\mathrm{d}x$收敛;如果上述极限不存在,那么称反常积分$\int_{-\infty}^b f(x)\mathrm{d}x$发散.

设函数$f(x)$在区间$(-\infty,+\infty)$上连续,如果反常积分$\int_{-\infty}^0 f(x)\mathrm{d}x$和$\int_0^{+\infty} f(x)\mathrm{d}x$都收敛,则称上述两反常积分之和为函数$f(x)$在无穷区间$(-\infty,+\infty)$上的反常积分,记为$\int_{-\infty}^{+\infty} f(x)\mathrm{d}x$,即

$$\int_{-\infty}^{+\infty} f(x)\mathrm{d}x=\int_{-\infty}^0 f(x)\mathrm{d}x+\int_0^{+\infty} f(x)\mathrm{d}x=\lim_{t\to-\infty}\int_t^0 f(x)\mathrm{d}x+\lim_{t\to+\infty}\int_0^t f(x)\mathrm{d}x, \tag{5.4.3}$$

这时也称反常积分$\int_{-\infty}^{+\infty} f(x)\mathrm{d}x$收敛;否则称反常积分$\int_{-\infty}^{+\infty} f(x)\mathrm{d}x$发散.

上述反常积分统称为无穷限的反常积分,简称为无穷积分.

例 5.4.2 计算反常积分$\int_0^{+\infty}\mathrm{e}^{-x}\mathrm{d}x$.

解 $\int_0^{+\infty}\mathrm{e}^{-x}\mathrm{d}x=\lim\limits_{t\to+\infty}\int_0^t\mathrm{e}^{-x}\mathrm{d}x=\lim\limits_{t\to+\infty}[-\mathrm{e}^{-x}]_0^t=\lim\limits_{t\to+\infty}(1-\mathrm{e}^{-t})=1.$

为了书写方便,由反常积分的定义及牛顿-莱布尼茨公式,我们有如下结果.

设$F(x)$为$f(x)$在$[a,+\infty)$上的一个原函数,若$\lim\limits_{x\to+\infty}F(x)$存在,则反常积分

$$\int_a^{+\infty} f(x)\mathrm{d}x=\lim_{x\to+\infty}F(x)-F(a);$$

若$\lim\limits_{x\to+\infty}F(x)$不存在,则反常积分$\int_a^{+\infty} f(x)\mathrm{d}x$发散.

若记$F(+\infty)=\lim\limits_{x\to+\infty}F(x)$,$[F(x)]_a^{+\infty}=F(+\infty)-F(a)$,则当$F(+\infty)$存在时,

$$\int_a^{+\infty} f(x)\mathrm{d}x=[F(x)]_a^{+\infty};$$

当$F(+\infty)$不存在时,反常积分$\int_a^{+\infty} f(x)\mathrm{d}x$发散.

例 5.4.2 如采用上述记号可写成

$$\int_0^{+\infty} \mathrm{e}^{-x}\mathrm{d}x = \left[-\mathrm{e}^{-x}\right]_0^{+\infty} = 1 - \lim_{x\to+\infty}\mathrm{e}^{-x} = 1.$$

类似地,若在$(-\infty,b]$上,$F'(x)=f(x)$,则当$F(-\infty)=\lim\limits_{x\to-\infty}F(x)$存在时,

$$\int_{-\infty}^{b} f(x)\mathrm{d}x = \left[F(x)\right]_{-\infty}^{b};$$

当$F(-\infty)$不存在时,反常积分$\int_{-\infty}^{b} f(x)\mathrm{d}x$发散.

若在$(-\infty,+\infty)$上,$F'(x)=f(x)$,则当$F(-\infty)$和$F(+\infty)$都存在时,

$$\int_{-\infty}^{+\infty} f(x)\mathrm{d}x = \left[F(x)\right]_{-\infty}^{+\infty};$$

当$F(-\infty)$和$F(+\infty)$中有一个不存在时,反常积分$\int_{-\infty}^{+\infty} f(x)\mathrm{d}x$发散.

例 5.4.3　计算反常积分$\int_{-\infty}^{-\frac{2}{\pi}} \frac{1}{x^2}\cos\frac{1}{x}\mathrm{d}x$.

解　$\int_{-\infty}^{-\frac{2}{\pi}} \frac{1}{x^2}\cos\frac{1}{x}\mathrm{d}x = \left[-\sin\frac{1}{x}\right]_{-\infty}^{-\frac{2}{\pi}} = \lim\limits_{x\to-\infty}\left(\sin\frac{\pi}{2}+\sin\frac{1}{x}\right) = 1.$

例 5.4.4　计算反常积分$\int_{-\infty}^{+\infty} \frac{1}{4+x^2}\mathrm{d}x$.

解　
$$\int_{-\infty}^{+\infty} \frac{1}{4+x^2}\mathrm{d}x = \left[\frac{1}{2}\arctan\frac{x}{2}\right]_{-\infty}^{+\infty}$$
$$= \lim_{x\to+\infty}\frac{1}{2}\arctan\frac{x}{2} - \lim_{x\to-\infty}\frac{1}{2}\arctan\frac{x}{2} = \frac{\pi}{2}.$$

例 5.4.5　证明反常积分$\int_a^{+\infty}\frac{\mathrm{d}x}{x^p}(a>0)$当$p>1$时收敛,当$p\leqslant 1$时发散.

证　当$p=1$时,

$$\int_a^{+\infty}\frac{\mathrm{d}x}{x^p} = \int_a^{+\infty}\frac{\mathrm{d}x}{x} = \left[\ln x\right]_a^{+\infty} = +\infty,$$

当$p\neq 1$时,

$$\int_a^{+\infty}\frac{\mathrm{d}x}{x^p} = \left[\frac{x^{1-p}}{1-p}\right]_a^{+\infty} = \begin{cases} +\infty, & p<1, \\ \dfrac{a^{1-p}}{p-1}, & p>1. \end{cases}$$

因此,当$p>1$时$\int_a^{+\infty}\frac{\mathrm{d}x}{x^p}$收敛,其值为$\frac{a^{1-p}}{p-1}$;当$p\leqslant 1$时$\int_a^{+\infty}\frac{\mathrm{d}x}{x^p}$发散.

5.4.2　无界函数的反常积分

与上一小节类似,我们先观察下面的实例.

例 5.4.6 求由曲线 $y=\frac{1}{\sqrt{x}}(x>0)$，直线 $x=1$ 以及 x 轴，y 轴所围成的平面图形的面积(见图 5.10).

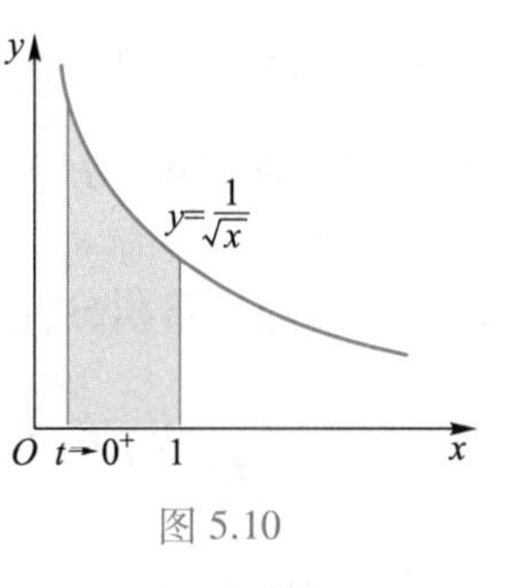

图 5.10

解 这个例子所提出的也是一个新课题，它同样是求曲边梯形面积的推广. 如图 5.10所示，任取常数 t，满足 $0<t<1$. 计算由曲线 $y=\frac{1}{\sqrt{x}}$，直线 $x=1$，$x=t$ 以及 x 轴所围成的平面图形的面积(见图 5.10 中阴影部分). 我们用$A(t)$表示这个曲边梯形的面积，于是有

$$A(t)=\lim_{t\to 0^+}\int_t^1\frac{\mathrm{d}x}{\sqrt{x}}=\lim_{t\to 0^+}2(1-\sqrt{t})=2.$$

这就是所要求的面积.

这个例子启发我们将定积分推广到被积函数在积分区间上无界的情形.

设函数$f(x)$在点 $x=a$ 的任一邻域内都无界，则点 $x=a$ 称为函数$f(x)$的**瑕点**(也称为**无界间断点**). 例如，$x=0$ 是函数$f(x)=\frac{1}{x}\cos\frac{1}{x}$的瑕点. 无界函数的反常积分又称为**瑕积分**.

定义 5.4.2 设函数$f(x)$在$(a,b]$上连续，点 a 为$f(x)$的瑕点. 取 $t>a$，如果极限 $\lim\limits_{t\to a^+}\int_t^b f(x)\,\mathrm{d}x$ 存在，那么称此极限为**函数 $f(x)$ 在 $(a,b]$ 上的反常积分**，仍记为 $\int_a^b f(x)\,\mathrm{d}x$，即

$$\int_a^b f(x)\,\mathrm{d}x=\lim_{t\to a^+}\int_t^b f(x)\,\mathrm{d}x, \tag{5.4.4}$$

这时也称反常积分 $\int_a^b f(x)\,\mathrm{d}x$ 收敛；如果上述极限不存在，那么称反常积分 $\int_a^b f(x)\,\mathrm{d}x$ 发散.

类似地，设函数 $f(x)$ 在$[a,b)$上连续，点 b 为$f(x)$的瑕点. 取 $t<b$，如果极限 $\lim\limits_{t\to b^-}\int_a^t f(x)\,\mathrm{d}x$ 存在，那么称此极限为**函数 $f(x)$ 在$[a,b)$上的反常积分**，记为 $\int_a^b f(x)\,\mathrm{d}x$，即

$$\int_a^b f(x)\,\mathrm{d}x=\lim_{t\to b^-}\int_a^t f(x)\,\mathrm{d}x, \tag{5.4.5}$$

这时也称反常积分 $\int_a^b f(x)\,\mathrm{d}x$ 收敛；否则称反常积分 $\int_a^b f(x)\,\mathrm{d}x$ 发散.

设函数$f(x)$在$[a,b]$上除点$c(a<c<b)$外连续，点c为$f(x)$的瑕点. 如果两个反常积分$\int_a^c f(x)\,\mathrm{d}x$与$\int_c^b f(x)\,\mathrm{d}x$都收敛，那么上述两个反常积分之和称为**函数$f(x)$在$[a,b]$上的反常积分**，记为$\int_a^b f(x)\,\mathrm{d}x$，即

$$\int_a^b f(x)\,\mathrm{d}x=\int_a^c f(x)\,\mathrm{d}x+\int_c^b f(x)\,\mathrm{d}x=\lim_{t\to c^-}\int_a^t f(x)\,\mathrm{d}x+\lim_{t\to c^+}\int_t^b f(x)\,\mathrm{d}x, \quad (5.4.6)$$

这时也称反常积分$\int_a^b f(x)\,\mathrm{d}x$收敛；否则就称反常积分$\int_a^b f(x)\,\mathrm{d}x$发散.

与无穷区间上的反常积分一样，计算无界函数的反常积分，也可借助于牛顿-莱布尼茨公式.

设$x=a$为函数$f(x)$的瑕点，在$(a,b]$上有$F'(x)=f(x)$，如果极限$\lim\limits_{x\to a^+}F(x)$存在，那么有

$$\int_a^b f(x)\,\mathrm{d}x=F(b)-\lim_{x\to a^+}F(x)=F(b)-F(a^+);$$

如果$\lim\limits_{x\to a^+}F(x)$不存在，那么反常积分$\int_a^b f(x)\,\mathrm{d}x$发散.

若还用记号$[F(x)]_a^b$表示$F(b)-F(a^+)$，从而形式上我们仍有

$$\int_a^b f(x)\,\mathrm{d}x=[F(x)]_a^b.$$

对于$f(x)$在$[a,b)$上连续，点b为$f(x)$的瑕点的反常积分，也有类似的计算公式.

例 5.4.7　计算反常积分$\int_0^2 \frac{1}{\sqrt{4-x^2}}\mathrm{d}x$.

解　$x=2$是瑕点，故

$$\int_0^2 \frac{1}{\sqrt{4-x^2}}\mathrm{d}x=\left[\arcsin\frac{x}{2}\right]_0^2=\frac{\pi}{2}.$$

例 5.4.8　计算反常积分$\int_0^1 \frac{\ln x}{\sqrt{x}}\mathrm{d}x$.

解　$x=0$是瑕点，故

$$\begin{aligned}\int_0^1 \frac{\ln x}{\sqrt{x}}\mathrm{d}x&=\left[\int\frac{\ln x}{\sqrt{x}}\mathrm{d}x\right]_0^1=2\left[\sqrt{x}\ln x-\int\sqrt{x}\cdot\frac{1}{x}\mathrm{d}x\right]_0^1\\&=2[\sqrt{x}\ln x]_0^1-2[2\sqrt{x}]_0^1=-2\lim_{x\to 0^+}\sqrt{x}\ln x-4=-4.\end{aligned}$$

例 5.4.9　讨论反常积分$\int_0^2 \frac{1}{(x-1)^2}\mathrm{d}x$的收敛性.

解　被积函数$f(x)=\dfrac{1}{(x-1)^2}$在积分区间$[0,2]$上除$x=1$外连续,$x=1$是瑕点.由于

$$\int_0^1 \frac{1}{(x-1)^2}\mathrm{d}x=\left[-\frac{1}{x-1}\right]_0^1=\lim_{x\to1^-}\left(-\frac{1}{x-1}\right)-1=+\infty,$$

即反常积分$\int_0^1\frac{1}{(x-1)^2}\mathrm{d}x$发散,故反常积分$\int_0^2\frac{1}{(x-1)^2}\mathrm{d}x$也发散.

注意,如果忽略了$x=1$是被积函数的瑕点,就会得到以下错误的结果:

$$\int_0^2 \frac{1}{(x-1)^2}\mathrm{d}x=\left[-\frac{1}{x-1}\right]_0^2=-1-1=-2.$$

例 5.4.10　证明反常积分$\int_0^b\frac{1}{x^q}\mathrm{d}x\,(b>0)$当$0<q<1$时收敛,当$q\geqslant1$时发散.

证　当$q=1$时,

$$\int_0^b\frac{1}{x^q}\mathrm{d}x=\int_0^b\frac{1}{x}\mathrm{d}x=[\ln x]_0^b=\ln b-\lim_{x\to0^+}\ln x=+\infty.$$

当$q\neq1$时,

$$\int_0^b\frac{1}{x^q}\mathrm{d}x=\left[\frac{x^{1-q}}{1-q}\right]_0^b=\begin{cases}\dfrac{b^{1-q}}{1-q}, & 0<q<1,\\ +\infty, & q>1.\end{cases}$$

因此,当$0<q<1$时反常积分$\int_0^b\frac{1}{x^q}\mathrm{d}x$收敛,其值为$\dfrac{b^{1-q}}{1-q}$;当$q\geqslant1$时反常积分$\int_0^b\frac{1}{x^q}\mathrm{d}x$发散.

设$f(x)$在开区间(a,b)内连续,a可以是$-\infty$,b可以是$+\infty$,a,b也可以是$f(x)$的瑕点,则反常积分$\int_a^b f(x)\mathrm{d}x$在另加换元函数单调的条件下,可以像定积分一样作换元.另外,在满足相应的条件下也可以分部积分.

例 5.4.11　计算反常积分$\int_1^2\frac{x}{\sqrt{x-1}}\mathrm{d}x$.

解　$x=1$是瑕点,令$\sqrt{x-1}=t$,则$x=t^2+1$,$\mathrm{d}x=2t\mathrm{d}t$,且当$x\to1^+$时,$t\to0$;当$x=2$时,$t=1$.于是

$$\int_1^2\frac{x}{\sqrt{x-1}}\mathrm{d}x=\int_0^1\frac{t^2+1}{t}2t\mathrm{d}t=2\int_0^1(t^2+1)\mathrm{d}t=2\left[\frac{t^3}{3}+t\right]_0^1=\frac{8}{3}.$$

例 5.4.12　计算反常积分$\int_2^{+\infty}\frac{x\ln x}{(1-x^2)^2}\mathrm{d}x$.

解　$\int_{2}^{+\infty}\frac{x\ln x}{(1-x^2)^2}\mathrm{d}x=\frac{1}{2}\int_{2}^{+\infty}\ln x\mathrm{d}\left(\frac{1}{1-x^2}\right)$

$$=\frac{1}{2}\left[\frac{\ln x}{1-x^2}\right]_2^{+\infty}-\frac{1}{2}\int_2^{+\infty}\frac{1}{x}\cdot\frac{1}{1-x^2}\mathrm{d}x$$

$$=\frac{\ln 2}{6}-\frac{1}{2}\int_2^{+\infty}\left[\frac{1}{x}+\frac{x}{1-x^2}\right]\mathrm{d}x$$

$$=\frac{\ln 2}{6}-\frac{1}{2}\left[\ln\frac{x}{\sqrt{x^2-1}}\right]_2^{+\infty}$$

$$=\frac{\ln 2}{6}+\frac{1}{2}\ln\frac{2}{\sqrt{3}}=\frac{2}{3}\ln 2-\frac{1}{4}\ln 3.$$

习题 5.4

1. 判定下列各反常积分的收敛性，如果收敛，计算反常积分的值：

(1) $\int_1^{+\infty}\frac{\mathrm{d}x}{x^3}$；　　(2) $\int_0^{+\infty}\mathrm{e}^{-3x}\mathrm{d}x$；

(3) $\int_{-\infty}^{+\infty}\frac{1}{\mathrm{e}^{-x}+\mathrm{e}^{x}}\mathrm{d}x$；　　(4) $\int_0^{+\infty}x^2\mathrm{e}^{-x^3}\mathrm{d}x$；

(5) $\int_0^{+\infty}\frac{\mathrm{d}x}{(1+x)(1+x^2)}$；　　(6) $\int_{-\infty}^{+\infty}\frac{\mathrm{d}x}{x^2+2x+2}$；

(7) $\int_{\frac{2}{\pi}}^{+\infty}\frac{1}{x^2}\sin\frac{1}{x}\mathrm{d}x$；　　(8) $\int_0^{+\infty}\frac{\mathrm{d}x}{\sqrt{(1+x^2)^3}}$；

(9) $\int_0^{+\infty}\mathrm{e}^{-2x}\sin x\mathrm{d}x$；　　(10) $\int_0^{+\infty}\mathrm{e}^{-\sqrt{x}}\mathrm{d}x$.

2. 当 k 为何值时，反常积分 $\int_2^{+\infty}\frac{\mathrm{d}x}{x(\ln x)^k}$ 收敛？当 k 为何值时，该反常积分发散？又当 k 为何值时，该反常积分取得最小值？

3. 判定下列各反常积分的收敛性，如果收敛，计算反常积分的值：

(1) $\int_0^1\frac{3x^2-2}{\sqrt[3]{x^2}}\mathrm{d}x$；　　(2) $\int_{-1}^0\frac{x}{\sqrt{1-x^2}}\mathrm{d}x$；

(3) $\int_1^2\frac{x}{\sqrt{x-1}}\mathrm{d}x$；　　(4) $\int_0^1\frac{\mathrm{d}x}{(2-x)\sqrt{1-x}}$；

(5) $\int_0^2\frac{\mathrm{d}x}{x^4}$；　　(6) $\int_1^{\mathrm{e}}\frac{\mathrm{d}x}{x\sqrt{1-(\ln x)^2}}$.

*5.5 反常积分的审敛法 Γ 函数

通过本节的学习，会应用反常积分的审敛法来判别反常积分的收敛性，知道 Γ 函数.

前面我们讨论反常积分的收敛性时，主要是通过求被积函数的原函数，然后按定义取极限，根据极限的存在与否来判定.这样做具有一定的局限性，一方面当原函数不能用初等函数表示时这种方法就失效了；另一方面对反常积分我们往往只需要知道它的收敛性，并不需要知道它收敛时的值.因此有必要介绍一些简单的由被积函数本身来判别反常积分收敛性的方法.

5.5.1 无穷限反常积分的审敛法

我们先介绍一个与数列极限的存在性相似的结论.

引理 若函数 $f(x)$ 在区间 $[a,+\infty)$ 上单调增加（减少），且有上（下）界，则极限 $\lim\limits_{x\to+\infty}f(x)$ 一定存在.

证明略.

定理 5.5.1 设函数 $f(x)$ 在区间 $[a,+\infty)$ 上连续，且 $f(x)\geqslant 0$，若函数 $F(x)=\int_a^x f(t)\,\mathrm{d}t$ 在 $[a,+\infty)$ 上有上界，则反常积分 $\int_a^{+\infty}f(x)\,\mathrm{d}x$ 收敛.

证 因为 $f(x)\geqslant 0$，所以 $F(x)$ 在 $[a,+\infty)$ 上单调增加.又 $F(x)$ 在 $[a,+\infty)$ 上有上界，故由引理知 $\lim\limits_{x\to+\infty}F(x)=\lim\limits_{x\to+\infty}\int_a^x f(t)\,\mathrm{d}t$ 存在，即反常积分 $\int_a^{+\infty}f(x)\,\mathrm{d}x$ 收敛.

根据定理 5.5.1，对非负函数的无穷限的反常积分，有以下的比较审敛原理.

定理 5.5.2（比较审敛原理 1） 设函数 $f(x)$，$g(x)$ 在区间 $[a,+\infty)$ 上连续，如果 $0\leqslant f(x)\leqslant g(x)\ (a\leqslant x<+\infty)$，并且 $\int_a^{+\infty}g(x)\,\mathrm{d}x$ 收敛，那么 $\int_a^{+\infty}f(x)\,\mathrm{d}x$ 也收敛；如果 $\int_a^{+\infty}f(x)\,\mathrm{d}x$ 发散，那么 $\int_a^{+\infty}g(x)\,\mathrm{d}x$ 也发散.

证 设 $a\leqslant t<+\infty$，由 $0\leqslant f(x)\leqslant g(x)$ 及 $\int_a^{+\infty}g(x)\,\mathrm{d}x$ 收敛，得

$$\int_a^t f(x)\,\mathrm{d}x\leqslant\int_a^t g(x)\,\mathrm{d}x\leqslant\int_a^{+\infty}g(x)\,\mathrm{d}x.$$

这表明函数 $F(t)=\int_a^t f(x)\,\mathrm{d}x$ 在 $[a,+\infty)$ 上有上界，由定理 5.5.1 知反常积分 $\int_a^{+\infty}f(x)\,\mathrm{d}x$ 收敛.

用反证法，定理的第二部分由第一部分即可推得.

例 5.5.1 判定反常积分 $\int_0^{+\infty} e^{-x^2} dx$ 的收敛性.

解 由于 $\int_0^{+\infty} e^{-x^2} dx$ 与 $\int_1^{+\infty} e^{-x^2} dx$ 具有相同的收敛性，且当 $x \geqslant 1$ 时，$x^2 > x$，从而 $e^{-x^2} \leqslant e^{-x}$，而

$$\int_1^{+\infty} e^{-x} dx = [-e^{-x}]_1^{+\infty} = \frac{1}{e},$$

故由定理 5.5.2 知 $\int_1^{+\infty} e^{-x^2} dx$ 收敛，因此 $\int_0^{+\infty} e^{-x^2} dx$ 收敛.

我们知道，反常积分 $\int_a^{+\infty} \frac{dx}{x^p} (a>0)$ 当 $p>1$ 时收敛，当 $p \leqslant 1$ 时发散. 因此，只要取 $g(x) = \frac{A}{x^p} (A>0)$，即得到下面的无穷限反常积分的比较审敛法.

定理 5.5.3（比较审敛法 1） 设函数 $f(x)$ 在区间 $[a, +\infty)(a>0)$ 上连续，且 $f(x) \geqslant 0$. 如果存在常数 $M>0$ 及 $p>1$，使得 $f(x) \leqslant \frac{M}{x^p} (a \leqslant x < +\infty)$，那么反常积分 $\int_a^{+\infty} f(x) dx$ 收敛；如果存在常数 $N>0$，使得 $f(x) \geqslant \frac{N}{x} (a \leqslant x < +\infty)$，那么反常积分 $\int_a^{+\infty} f(x) dx$ 发散.

例 5.5.2 判定反常积分 $\int_1^{+\infty} \frac{1}{\sqrt{x^3+1}} dx$ 的收敛性.

解 由于 $0 < \frac{1}{\sqrt{x^3+1}} < \frac{1}{\sqrt{x^3}} = \frac{1}{x^{\frac{3}{2}}}$，故由定理 5.5.3 知该反常积分收敛.

在比较审敛法 1 的基础上，我们可以得到在应用上较为方便的极限审敛法.

定理 5.5.4（极限审敛法 1） 设函数 $f(x)$，$g(x)$ 在区间 $[a, +\infty)$ 上非负、连续，如果极限 $\lim\limits_{x \to +\infty} \frac{f(x)}{g(x)} = l$，那么

（1）当 $0 < l < +\infty$ 时，反常积分 $\int_a^{+\infty} f(x) dx$ 与 $\int_a^{+\infty} g(x) dx$ 有相同的收敛性；

（2）当 $l = 0$ 时，若 $\int_a^{+\infty} g(x) dx$ 收敛，则 $\int_a^{+\infty} f(x) dx$ 也收敛；

（3）当 $l = +\infty$ 时，若 $\int_a^{+\infty} g(x) dx$ 发散，则 $\int_a^{+\infty} f(x) dx$ 也发散.

证明略.

特别地,取 $g(x)=\dfrac{1}{x^p}$时,有下面的审敛法.

定理 5.5.5 (极限审敛法 1′) 设函数$f(x)$在区间$[a,+\infty)$上连续,且$f(x)\geqslant 0$. 如果存在常数$p>1$,使得极限$\lim\limits_{x\to+\infty}x^pf(x)$存在,那么反常积分$\int_a^{+\infty}f(x)\mathrm{d}x$收敛;如果极限$\lim\limits_{x\to+\infty}xf(x)=d>0$(或$\lim\limits_{x\to+\infty}xf(x)=+\infty$),那么反常积分$\int_a^{+\infty}f(x)\mathrm{d}x$发散.

定理 5.5.5 也称为**柯西审敛法**.

例 5.5.3 判定反常积分$\int_1^{+\infty}\dfrac{1}{x\sqrt[3]{x+1}}\mathrm{d}x$的收敛性.

解 由于$\lim\limits_{x\to+\infty}x^{\frac{4}{3}}\cdot\dfrac{1}{x\sqrt[3]{x+1}}=\lim\limits_{x\to+\infty}\dfrac{1}{\sqrt[3]{1+\dfrac{1}{x}}}=1$,故由定理 5.5.5 知该反常积分收敛.

例 5.5.4 判定反常积分$\int_1^{+\infty}\dfrac{(1+x)\arctan x}{x^2+1}\mathrm{d}x$的收敛性.

解 由于$\lim\limits_{x\to+\infty}x\cdot\dfrac{(1+x)\arctan x}{x^2+1}=\lim\limits_{x\to+\infty}\dfrac{x^2+x}{x^2+1}\arctan x=\lim\limits_{x\to+\infty}\dfrac{x^2+x}{x^2+1}\cdot\lim\limits_{x\to+\infty}\arctan x=\dfrac{\pi}{2}$,故由定理 5.5.5 知该反常积分发散.

若反常积分的被积函数在所讨论的区间上可取正值也可取负值,对于这类反常积分的收敛性,我们有如下结果.

定理 5.5.6 设函数$f(x)$在区间$[a,+\infty)$上连续,如果反常积分$\int_a^{+\infty}|f(x)|\mathrm{d}x$收敛,那么反常积分$\int_a^{+\infty}f(x)\mathrm{d}x$也收敛.

证 令$g(x)=\dfrac{1}{2}[|f(x)|-f(x)]$,则$g(x)\geqslant 0$,且$g(x)\leqslant|f(x)|$. 由$\int_a^{+\infty}|f(x)|\mathrm{d}x$收敛知$\int_a^{+\infty}g(x)\mathrm{d}x$也收敛,但$f(x)=|f(x)|-2g(x)$,因此

$$\int_a^{+\infty}f(x)\mathrm{d}x=\int_a^{+\infty}|f(x)|\mathrm{d}x-2\int_a^{+\infty}g(x)\mathrm{d}x.$$

即反常积分$\int_a^{+\infty}f(x)\mathrm{d}x$是两个收敛的反常积分的差,所以它也是收敛的.

定义 5.5.1 设函数$f(x)$在区间$[a,+\infty)$上连续,若反常积分$\int_a^{+\infty}|f(x)|\mathrm{d}x$收敛,则称反常积分$\int_a^{+\infty}f(x)\mathrm{d}x$**绝对收敛**.

因此,根据此定义由定理5.5.6知:绝对收敛的反常积分一定收敛.

例5.5.5　判定反常积分$\int_1^{+\infty} x^p e^{-\alpha x}\sin\beta x dx(\alpha>0)$的收敛性.

解　由于$|x^p e^{-\alpha x}\sin\beta x|\leqslant x^p e^{-\alpha x}$,$\lim\limits_{x\to+\infty}\dfrac{x^p}{e^{\frac{1}{2}\alpha x}}=0$,从而当$x\to+\infty$时,有$x^p e^{-\frac{1}{2}\alpha x}\leqslant 1$,$x^p e^{-\alpha x}\leqslant e^{-\frac{1}{2}\alpha x}$.由$\int_1^{+\infty} e^{-\frac{1}{2}\alpha x}dx$收敛知$\int_1^{+\infty}|x^p e^{-\alpha x}\sin\beta x|dx$收敛,即$\int_1^{+\infty} x^p e^{-\alpha x}\cdot\sin\beta x dx$绝对收敛.

5.5.2　无界函数的反常积分的审敛法

与无穷限反常积分类似,无界函数的反常积分也有相应的审敛法.

定理5.5.7(比较审敛原理2)　设函数$f(x)$,$g(x)$在区间$(a,b]$上连续,$x=a$为函数$f(x)$,$g(x)$的瑕点,且$0\leqslant f(x)\leqslant g(x)(a<x\leqslant b)$.若$\int_a^b g(x)dx$收敛,则$\int_a^b f(x)dx$也收敛;若$\int_a^b f(x)dx$发散,则$\int_a^b g(x)dx$也发散.

其证明与定理5.5.2的证明类似,这里从略.

我们知道,反常积分$\int_a^b\dfrac{dx}{(x-a)^q}$当$q<1$时收敛,当$q\geqslant1$时发散.因此,只要取$g(x)=\dfrac{A}{(x-a)^q}(A>0)$,即得到下面的无界函数的反常积分的比较审敛法.

定理5.5.8(比较审敛法2)　设函数$f(x)$在区间$(a,b]$上连续,且$f(x)\geqslant0$,$x=a$为$f(x)$的瑕点.如果存在常数$M>0$及$q<1$,使得

$$f(x)\leqslant\frac{M}{(x-a)^q}(a<x\leqslant b),$$

那么反常积分$\int_a^b f(x)dx$收敛;如果存在常数$N>0$,使得

$$f(x)\geqslant\frac{N}{x-a}(a<x\leqslant b).$$

那么反常积分$\int_a^b f(x)dx$发散.

定理5.5.9(极限审敛法2)　设函数$f(x)$,$g(x)$在区间$(a,b]$上非负、连续,$x=a$为函数$f(x)$,$g(x)$的瑕点.如果极限$\lim\limits_{x\to a^+}\dfrac{f(x)}{g(x)}=l$,那么

(1) 当$0<l<+\infty$时,反常积分$\int_a^b f(x)dx$与$\int_a^b g(x)dx$有相同的收敛性;

(2) 当$l=0$时,若$\int_a^b g(x)dx$收敛,则$\int_a^b f(x)dx$也收敛;

(3) 当 $l=+\infty$ 时,若 $\int_a^b g(x)\mathrm{d}x$ 发散,则 $\int_a^b f(x)\mathrm{d}x$ 也发散.

当取 $g(x)=\dfrac{1}{(x-a)^q}$时,有下面的审敛法.

定理 5.5.10 (极限审敛法 2′) 设函数 $f(x)$ 在区间 $(a,b]$ 上连续,且 $f(x)\geqslant 0$,$x=a$为函数 $f(x)$ 的瑕点.如果存在常数 $q(0<q<1)$,使得

$$\lim_{x\to a^+}(x-a)^q f(x)$$

存在,那么反常积分 $\int_a^b f(x)\mathrm{d}x$ 收敛;如果

$$\lim_{x\to a^+}(x-a)f(x)=d>0\left(\text{或}\lim_{x\to a^+}(x-a)f(x)=+\infty\right),$$

那么反常积分 $\int_a^b f(x)\mathrm{d}x$ 发散.

例 5.5.6 判定反常积分 $\int_0^1 \dfrac{\ln(1+x)}{x^p}\mathrm{d}x\,(p>0)$ 的收敛性.

解 这里 $x=0$ 是被积函数的瑕点.注意到 $\lim\limits_{x\to 0^+}\dfrac{\dfrac{\ln(1+x)}{x^p}}{\dfrac{1}{x^{p-1}}}=1$,由 $\int_0^1\dfrac{1}{x^{p-1}}\mathrm{d}x$ 当 $p-1\geqslant 1$ 时发散,当 $p-1<1$ 时收敛,可知 $\int_0^1\dfrac{\ln(1+x)}{x^p}\mathrm{d}x$ 当 $p\geqslant 2$ 时发散,当 $p<2$ 时收敛.

例 5.5.7 判定椭圆积分 $\int_0^1\dfrac{\mathrm{d}x}{\sqrt{(1-x^2)(1-k^2x^2)}}\,(k^2<1)$ 的收敛性.

解 这里 $x=1$ 是被积函数的瑕点.由于

$$\lim_{x\to 1^-}(1-x)^{\frac{1}{2}}\frac{1}{\sqrt{(1-x^2)(1-k^2x^2)}}=\lim_{x\to 1^-}\frac{1}{\sqrt{(1+x)(1-k^2x^2)}}=\frac{1}{\sqrt{2(1-k^2)}},$$

由定理 5.5.10 知,椭圆积分 $\int_0^1\dfrac{\mathrm{d}x}{\sqrt{(1-x^2)(1-k^2x^2)}}$收敛.

对于无界函数的反常积分,当被积函数在所讨论的区间上可取正值也可取负值时,也有与定理 5.5.6 类似的结论.

例 5.5.8 判定反常积分 $\int_0^1\dfrac{1}{\sqrt{x}}\sin\dfrac{1}{x}\mathrm{d}x$ 的收敛性.

解 因为 $\left|\dfrac{1}{\sqrt{x}}\sin\dfrac{1}{x}\right|\leqslant\dfrac{1}{\sqrt{x}}$,而 $\int_0^1\dfrac{1}{\sqrt{x}}\mathrm{d}x$ 收敛,根据比较审敛法 2,反常积分 $\int_0^1\left|\dfrac{1}{\sqrt{x}}\sin\dfrac{1}{x}\right|\mathrm{d}x$ 收敛,从而,反常积分 $\int_0^1\dfrac{1}{\sqrt{x}}\sin\dfrac{1}{x}\mathrm{d}x$ 也收敛.

5.5.3　Γ 函数

反常积分 $\int_0^{+\infty} e^{-x}x^{s-1}dx\,(s>0)$ 作为参变量 s 的函数称为 Γ 函数，记为

$$\Gamma(s)=\int_0^{+\infty} e^{-x}x^{s-1}dx. \tag{5.5.1}$$

首先我们来讨论式(5.5.1)右端积分的收敛性问题.这个积分的积分区间为无穷区间，又当 $s-1<0$ 时 $x=0$ 是被积函数的瑕点.为此，分别讨论下列两个积分

$$I_1=\int_0^1 e^{-x}x^{s-1}dx,\quad I_2=\int_1^{+\infty} e^{-x}x^{s-1}dx$$

的收敛性.

先讨论 I_1.当 $s\geqslant 1$ 时，I_1 是定积分；当 $0<s<1$ 时，因为

$$e^{-x}\cdot x^{s-1}=\frac{1}{x^{1-s}}\cdot\frac{1}{e^x}<\frac{1}{x^{1-s}},$$

而 $1-s<1$，根据比较审敛法 2 知，反常积分 I_1 收敛.

再讨论 I_2.因为 $\lim\limits_{x\to+\infty}x^2\cdot(e^{-x}x^{s-1})=\lim\limits_{x\to+\infty}\dfrac{x^{s+1}}{e^x}=0$，根据定理 5.5.5 知，$I_2$ 也收敛.

由以上讨论知反常积分 $\int_0^{+\infty} e^{-x}x^{s-1}dx$ 当 $s>0$ 时均收敛.Γ 函数的图形如图 5.11 所示.

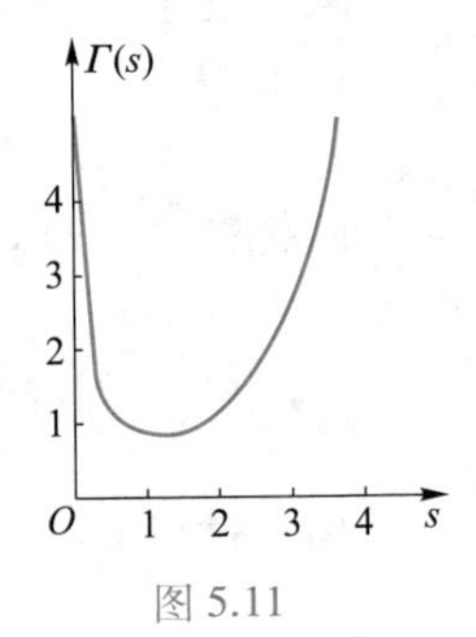

图 5.11

可以证明，在 $s>0$ 时，Γ 函数是连续函数.

Γ 函数是一个在理论和应用上都有重要意义的函数，下面我们来讨论 Γ 函数的几个重要性质.

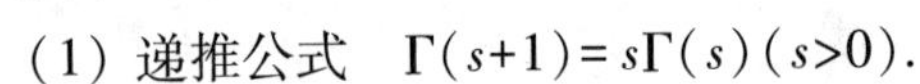
(1) 递推公式　$\Gamma(s+1)=s\Gamma(s)\,(s>0)$.

证　应用分部积分法，有

$$\Gamma(s+1)=\int_0^{+\infty} e^{-x}x^s dx=-\int_0^{+\infty} x^s d(e^{-x})$$
$$=[-x^s e^{-x}]_0^{+\infty}+s\int_0^{+\infty} e^{-x}x^{s-1}dx=s\Gamma(s).$$

显然，$\Gamma(1)=\int_0^{+\infty} e^{-x}dx=1$.反复运用递推公式，便有

$$\Gamma(2)=1\cdot\Gamma(1)=1,\ \Gamma(3)=2\cdot\Gamma(2)=2!,\ \Gamma(4)=3\cdot\Gamma(3)=3!,\cdots.$$

一般地，对任何正整数 n，有 $\Gamma(n+1)=n!$.

(2) 当 $s\to0^+$ 时，$\Gamma(s)\to+\infty$.

证　因为 $\Gamma(s)=\dfrac{\Gamma(s+1)}{s}$，$\Gamma(1)=1$，所以当 $s\to0^+$ 时，$\Gamma(s)\to+\infty$.

(3) $\Gamma(s)\Gamma(1-s)=\dfrac{\pi}{\sin \pi s}(0<s<1)$.

这个公式称为余元公式,其证明略.

当 $s=\dfrac{1}{2}$ 时,由余元公式可得 $\Gamma\left(\dfrac{1}{2}\right)=\sqrt{\pi}$.

(4) 在 $\Gamma(s)=\int_0^{+\infty} \mathrm{e}^{-x}x^{s-1}\mathrm{d}x$ 中,作代换 $x=u^2$,有

$$\Gamma(s)=2\int_0^{+\infty} \mathrm{e}^{-u^2}u^{2s-1}\mathrm{d}u. \tag{5.5.2}$$

再令 $2s-1=t$,即有

$$\int_0^{+\infty} \mathrm{e}^{-u^2}u^t\mathrm{d}u=\frac{1}{2}\Gamma\left(\frac{1+t}{2}\right)\ (t>-1).$$

上式左端是应用上常见的积分,它的值可以通过上式用 Γ 函数计算出来.

在式(5.5.2)中,令 $s=\dfrac{1}{2}$,得

$$2\int_0^{+\infty} \mathrm{e}^{-u^2}\mathrm{d}u=\Gamma\left(\frac{1}{2}\right)=\sqrt{\pi},$$

从而

$$\int_0^{+\infty} \mathrm{e}^{-u^2}\mathrm{d}u=\frac{\sqrt{\pi}}{2}.$$

这是在概率论中常用的积分,读者要熟记.

*习题 5.5

1. 判定下列各反常积分的收敛性:

(1) $\int_0^{+\infty} \dfrac{x^2}{x^4+x^3+1}\mathrm{d}x$;　(2) $\int_1^{+\infty} \dfrac{\mathrm{d}x}{x\sqrt[4]{x^2+1}}$;

(3) $\int_1^{+\infty} \cos\dfrac{1}{x^2}\mathrm{d}x$;　(4) $\int_0^{+\infty} \dfrac{\mathrm{d}x}{\sqrt[3]{2x^4-2x+3}}$;

(5) $\int_0^1 \dfrac{x^4}{\sqrt{1-x^4}}\mathrm{d}x$;　(6) $\int_0^{\frac{\pi}{2}} \ln\sin x\mathrm{d}x$;

(7) $\int_1^2 \dfrac{\mathrm{d}x}{(\ln x)^3}$;　(8) $\int_1^2 \dfrac{\mathrm{d}x}{\sqrt[3]{x^2-4x+3}}$.

2. 判定反常积分 $\int_0^{+\infty} \dfrac{\mathrm{d}x}{x^p+x^q}(p>q>0)$ 的收敛性.

3. 判定反常积分 $\int_0^1 x^{p-1}(1-x)^{q-1}\mathrm{d}x$ 的收敛性.

4. 设反常积分 $\int_1^{+\infty} f^2(x)\,\mathrm{d}x$ 收敛,证明反常积分 $\int_1^{+\infty} \frac{f(x)}{x}\mathrm{d}x$ 绝对收敛.

5. 用 Γ 函数表示下列积分,并指出这些积分的收敛范围:

(1) $\int_0^{+\infty} \mathrm{e}^{-x^n}\mathrm{d}x\,(n>0)$;　　(2) $\int_0^1 \left(\ln\frac{1}{x}\right)^p \mathrm{d}x$;

(3) $\int_0^{+\infty} x^m \mathrm{e}^{-x^n}\mathrm{d}x\,(n\neq 0)$.

本章小结

第5章知识和方法总结

本章主要介绍了定积分的概念和性质、计算方法以及反常积分这三方面的内容.

1. 定积分的概念

本章通过求曲边梯形的面积、变速直线运动的路程等不均匀量的求和问题引出定积分的概念.对定积分概念的正确理解是一个难点.定积分是一类特殊的极限,在定积分的定义中,应注意积分区间的分法和各小区间上点的取法都是任意的,因此,定积分 $\int_a^b f(x)\,\mathrm{d}x$ 只与被积函数 $f(x)$ 以及积分区间 $[a,b]$ 有关,而与积分变量无关,即 $\int_a^b f(x)\,\mathrm{d}x=\int_a^b f(u)\,\mathrm{d}u=\int_a^b f(t)\,\mathrm{d}t$.

如果对由曲线 $y=f(x)$,直线 $x=a,x=b$ 及 x 轴所围成的图形,规定在 x 轴上方图形的面积为正,在 x 轴下方图形的面积为负,则定积分 $\int_a^b f(x)\,\mathrm{d}x$ 就是这些带符号的面积的代数和.

根据定积分的定义,若数列的通项是 n 项的和,则可利用定积分来计算这种数列的极限.

2. 微积分基本公式

积分上限函数与牛顿-莱布尼茨公式是本章的重点.特别要注意积分上限函数的求导、求极限甚至积分等基本运算,因为既然积分上限函数是一个新的函数,就可考虑这一函数的极限、导数、积分三大基本运算及该函数的最大(小)值、单调性、凹凸性、零点等性质.另外,牛顿-莱布尼茨公式中 $f(x)$ 在闭区间 $[a,b]$ 上连续,$F'(x)=f(x)$,$x\in[a,b]$ 这两个条件若不满足,则结论可能不成立.

微分中值定理、定积分中值定理与牛顿-莱布尼茨公式之间有如下的关系:

$$\int_a^b F'(x)\,\mathrm{d}x = F(b) - F(a) = F'(\xi)(b-a),\quad \xi\in(a,b).$$

注意积分上限函数 $\int_a^x f(t)\mathrm{d}t(a\leqslant x\leqslant b)$ 中 x 与 t 所表示的含义:x 表示积分上限变量,在区间$[a,b]$上变化;t 表示积分变量,在区间$[a,x]$上变化.

搞清 $\int f(x)\,\mathrm{d}x$, $\int_a^x f(t)\mathrm{d}t$, $\int_a^b f(x)\mathrm{d}x$ 三者的区别和联系.设$f(x)$的一个原函数为 $F(x)$,则 $\int f(x)\mathrm{d}x=F(x)+C$, $\int_a^x f(t)\mathrm{d}t=F(x)-F(a)$, $\int_a^b f(x)\mathrm{d}x=F(b)-F(a)$. 也就是说, $\int f(x)\mathrm{d}x$ 是函数族 $F(x)+C$, $\int_a^x f(t)\mathrm{d}t$ 是函数族 $F(x)+C$ 中当 $C=-F(a)$时的一个确定的函数, $\int_a^b f(x)\mathrm{d}x$ 是函数族 $F(x)+C$ 中任意一个函数在区间$[a,b]$上的增量,也是函数 $\int_a^x f(t)\mathrm{d}t$ 在 $x=b$ 处的函数值.

3. 定积分的基本积分法

关于定积分的换元法应注意两点:(1) 在作变量替换的同时,一定要更换积分的上、下限;(2) 用 $t=\varphi^{-1}(x)$ 引入新变量 t 时,一定要注意反函数 $x=\varphi(t)$ 的单值、可微等条件.

充分利用被积函数的奇偶性和周期性可大大简化定积分的计算.

利用定积分的换元法常可证明一些积分等式.

分部积分法的难点是 $u(x)$ 和 $v(x)$ 的选取,与不定积分的分部积分法相同,一般应掌握这样两条原则:(1) 要从 $\mathrm{d}v$ 中容易求出 $v(x)$;(2) 要使 $v(x)u'(x)$ 比 $u(x)v'(x)$ 的原函数或定积分更容易求.

对积分中有自然数 n 的某些情况,可以利用分部积分法获得递推公式.

某些变上限的积分常可用分部积分法来求.

4. 反常积分

无界函数的反常积分是难点.因为这一类反常积分很容易被当成定积分来计算而导致错误.

反常积分收敛时,具有定积分的那些性质与积分方法.如换元积分法、分部积分法以及牛顿-莱布尼茨公式,注意对反常积分利用牛顿-莱布尼茨公式时,无穷远点或无界点处原函数应取极限.

反常积分 $\int_a^{+\infty}\frac{\mathrm{d}x}{x^p}(a>0)$ 当 $p>1$ 时收敛,当 $p\leqslant 1$ 时发散.而反常积分 $\int_a^b \frac{\mathrm{d}x}{(x-a)^q}$ 当 $q<1$ 时收敛,当 $q\geqslant 1$ 时发散.

5. 反常积分的审敛法　Γ 函数

反常积分的审敛法与本书第 7 章中将讨论的常数项级数,特别是正项级数的审敛法完全类似.

在 $\Gamma(s)=\int_0^{+\infty}e^{-x}x^{s-1}dx$ 中,作 $x=u^2$ 的代换可得 $\Gamma(s)=2\int_0^{+\infty}e^{-u^2}u^{2s-1}du$,再令 $t=2s-1$,即有$\int_0^{+\infty}e^{-u^2}u^t du=\frac{1}{2}\Gamma\left(\frac{1+t}{2}\right)$,$t>1$. 左端是应用上常见的积分,它的值可以通过 Γ 函数计算出来.特别地,令 $s=\frac{1}{2}$,可得在概率论中常用的积分

$$\int_0^{+\infty}e^{-x^2}dx=\frac{\sqrt{\pi}}{2}.$$

总 习 题 5

A 组

1. 选择题:

(1) 设 $I=\int_0^{\frac{\pi}{4}}\ln\sin x dx$, $J=\int_0^{\frac{\pi}{4}}\ln\cot x dx$, $K=\int_0^{\frac{\pi}{4}}\ln\cos x dx$,则 I,J,K 的大小关系为(　　).

(A) $I<J<K$　　(B) $I<K<J$　　(C) $J<I<K$　　(D) $K<J<I$

(2) 设函数 $f(x)$ 连续,$F(x)=\int_0^{x^2}f(t^2)dt$,则 $F'(x)=$(　　).

(A) $f(x^4)$　　(B) $x^2f(x^4)$　　(C) $2xf(x^4)$　　(D) $2xf(x^2)$

(3) 下列积分中不能直接使用牛顿-莱布尼茨公式的是(　　).

(A) $\int_0^1\frac{dx}{1+e^x}$　　(B) $\int_0^{\frac{\pi}{4}}\tan x dx$　　(C) $\int_0^1\frac{x}{1+x^2}dx$　　(D) $\int_0^{\frac{\pi}{4}}\cot x dx$

(4) $\int_0^1\cos\left(\frac{\pi}{2}x\right)dx=$(　　).

(A) $\frac{2}{\pi}$　　(B) $-\frac{2}{\pi}$　　(C) $\frac{\pi}{2}$　　(D) $-\frac{\pi}{2}$

(5) 设 $a>0$,则 $\int_a^{2a}f(2a-x)dx=$(　　).

(A) $\int_0^a f(t)dt$　　(B) $-\int_0^a f(t)dt$　　(C) $2\int_0^a f(t)dt$　　(D) $-2\int_0^a f(t)dt$

(6) 下列反常积分中收敛的是(　　).

(A) $\int_0^{+\infty}\sin x dx$　　(B) $\int_{-1}^1\frac{1}{x}dx$　　(C) $\int_{-1}^0\frac{1}{\sqrt{1-x^2}}dx$　　(D) $\int_{-\infty}^0 e^{-x}dx$

2. 填空题：

(1) $\int_0^1 \sqrt{2x-x^2}\,\mathrm{d}x=$________.

(2) 设$f(x)$连续，$\varphi(x)=\int_0^{x^2} xf(t)\,\mathrm{d}t$，若$\varphi(1)=1$，$\varphi'(1)=5$，则$f(1)=$________.

(3) 设$f(x)$连续，且$f(x)=x+2\int_0^1 f(x)\,\mathrm{d}x$，则$f(x)=$________.

(4) $\int_{-2}^2 \sqrt{x^2-2x+1}\,\mathrm{d}x=$________.

(5) $\int_{-1}^1 \frac{x^2(\tan x+1)}{1+x^2}\mathrm{d}x=$________.

(6) $\int_{\mathrm{e}}^{+\infty} \frac{\mathrm{d}x}{x(\ln x)^2}=$________.

3. 利用定积分的定义计算下列极限：

(1) $\lim\limits_{n\to\infty}\left[\frac{n}{(n+1)^2}+\frac{n}{(n+2)^2}+\cdots+\frac{n}{(n+n)^2}\right]$；

(2) $\lim\limits_{n\to\infty}\frac{1}{n^2}(\sqrt{n}+\sqrt{2n}+\cdots+\sqrt{n^2})$.

4. 求由方程$\int_0^{y^2}\frac{\sin t}{t}\mathrm{d}t+\int_0^x 2^{-t^2}\mathrm{d}t=0$所确定的隐函数$y=y(x)$的导数$\frac{\mathrm{d}y}{\mathrm{d}x}$.

5. 求函数$f(x)=\int_1^{x^2}(x^2-t)\mathrm{e}^{-t^2}\mathrm{d}t$的单调区间与极值.

6. 设函数$f(x)$在$[0,+\infty)$上可导，$f(0)=0$，且其反函数为$g(x)$，若$\int_0^{f(x)} g(t)\,\mathrm{d}t=x^2\mathrm{e}^x$，求$f(x)$.

7. 计算下列积分：

(1) $\int_{-1}^1 (2x+|x|+1)^2\mathrm{d}x$；

(2) $\int_0^{\frac{\pi}{4}}\tan^2 x\mathrm{d}x$；

(3) $\int_0^{\frac{\pi}{2}}\sqrt{1-\sin 2x}\,\mathrm{d}x$；

(4) $\int_0^1 x(1-x^2)^{\frac{3}{2}}\mathrm{d}x$；

(5) $\int_0^1 \mathrm{e}^{\sqrt{x}}\mathrm{d}x$；

(6) $\int_3^8 \frac{\mathrm{d}x}{\sqrt{x+1}-\sqrt{(x+1)^3}}$；

(7) $\int_1^{\sqrt{3}}\frac{\mathrm{d}x}{x^2\sqrt{1+x^2}}$；

(8) $\int_0^a x^2\sqrt{a^2-x^2}\,\mathrm{d}x\ (a>0)$；

(9) $\int_{\frac{\pi}{4}}^{\frac{\pi}{3}} \frac{x}{\sin^2 x} dx$；　　(10) $\int_0^1 \frac{\ln(1+x)}{(2-x)^2} dx$；

(11) $\int_0^{\pi} x\sin^2 x dx$；　　(12) $\int_0^1 (\arcsin x)^2 dx$；

(13) $\int_0^{2\pi} e^{2x}\cos x dx$；　　(14) $\int_1^5 \frac{x dx}{\sqrt{5-x}}$.

8. 设$f(x)=\begin{cases}1+x^2, & x\leqslant 0\\ e^{-x}, & x>0,\end{cases}$计算$\int_1^3 f(x-2)dx$.

9. 已知函数$f(x)$在$[0,2]$上二阶可导，且$f(2)=1, f'(2)=0$，及$\int_0^2 f(x)dx=4$，计算$\int_0^1 x^2 f''(2x)dx$.

10. 设函数$f(x)$在$(-\infty,+\infty)$内连续，且满足$\int_0^x tf(x-t)dt=e^x-x-1$，求$f(x)$.

11. 设函数$f(x)$在$[0,1]$上连续，在$(0,1)$内可导，且$3\int_{\frac{2}{3}}^1 f(x)dx=f(0)$. 证明：在$(0,1)$内至少存在一点$\xi$，使$f'(\xi)=0$.

12. 设函数$f(x)$在$[a,b]$上连续，函数$g(x)$在$[a,b]$上连续且不变号，证明：在$[a,b]$上至少存在一点ξ，使得

$$\int_a^b f(x)g(x)dx=f(\xi)\int_a^b g(x)dx.$$

B 组

1. 选择题：

(1) 设函数$f(x)$连续，则下列函数中必为偶函数的是(　　).

(A) $\int_0^x f(t^2)dt$　　(B) $\int_0^x f^2(t)dt$

(C) $\int_0^x t[f(t)-f(-t)]dt$　　(D) $\int_0^x t[f(t)+f(-t)]dt$

(2) 设$f(x)$连续，$I=t\int_0^{\frac{s}{t}} f(tx)dx$，其中$t>0, s>0$，则$I$的值(　　).

(A) 依赖于s，不依赖于t　　(B) 依赖于s和t

(C) 依赖于s,t,x　　(D) 依赖于t和x，不依赖于s

(3) 设$a_n=\frac{3}{2}\int_0^{\frac{n}{n+1}} x^{n-1}\sqrt{1+x^n}dx$，则极限$\lim\limits_{n\to\infty} na_n=$(　　).

(A) $(1+e)^{\frac{3}{2}}-1$　　(B) $(1+e^{-1})^{\frac{3}{2}}-1$

(C) $(1+e^{-1})^{\frac{2}{3}}-1$　　(D) $(1+e)^{\frac{2}{3}}-1$

(4) 设 $I_k=\int_0^{k\pi} e^{x^2}\sin x\mathrm{d}x(k=1,2,3)$，则有（　　）.

(A) $I_1<I_2<I_3$　　(B) $I_3<I_2<I_1$

(C) $I_2<I_1<I_3$　　(D) $I_2<I_3<I_1$

(5) 设 $f(x)=\begin{cases}\sin x, & 0\leqslant x<\pi,\\ 2, & \pi\leqslant x\leqslant 2\pi,\end{cases}$ $F(x)=\int_0^x f(t)\mathrm{d}t$，则（　　）.

(A) $x=\pi$ 是 $f(x)$ 的跳跃间断点　　(B) $x=\pi$ 是 $f(x)$ 的可去间断点

(C) $F(x)$ 在 $x=\pi$ 处连续但不可导　　(D) $F(x)$ 在 $x=\pi$ 处可导

2. 填空题：

(1) $\dfrac{\mathrm{d}}{\mathrm{d}x}\int_0^x \sin(x-t)^2\mathrm{d}t=$________.

(2) 曲线 $\begin{cases}x=\int_0^{1-t} e^{-u^2}\mathrm{d}u,\\ y=t^2\ln(2-t^2)\end{cases}$ 在点(0,0)处的切线方程为________.

(3) 设 $f(x)=\int_{-1}^x \sqrt{1-e^t}\,\mathrm{d}t$，则 $y=f(x)$ 的反函数 $x=f^{-1}(y)$ 在 $y=0$ 处的导数 $\left.\dfrac{\mathrm{d}x}{\mathrm{d}y}\right|_{y=0}=$________.

(4) $\int_{-1}^1 (|x|+x)e^{-|x|}\mathrm{d}x=$________.

(5) $\int_1^{+\infty}\dfrac{\mathrm{d}x}{e^x+e^{2-x}}=$________.

3. 利用定积分的定义计算下列极限：

(1) $\lim\limits_{n\to\infty}\dfrac{1}{n}\sqrt[n]{(n+1)(n+2)\cdots(n+n)}$；

(2) $\lim\limits_{n\to\infty}\left(\dfrac{\sin\frac{\pi}{n}}{n+1}+\dfrac{\sin\frac{2}{n}\pi}{n+\frac{1}{2}}+\cdots+\dfrac{\sin\pi}{n+\frac{1}{n}}\right)$.

4. 证明不等式：$\dfrac{1}{2}<\int_0^1\dfrac{\mathrm{d}x}{\sqrt{4-x^2+x^3}}<\dfrac{\pi}{6}$.

5. 设 $\lim\limits_{x\to 2}f(x)=2$，求 $\lim\limits_{x\to 2}\dfrac{\int_2^x\left(\int_t^2 f(u)\mathrm{d}u\right)\mathrm{d}t}{(x-2)^2}$.

6. 确定常数 a,b,c 的值,使 $\lim\limits_{x\to 0}\dfrac{ax-\sin x}{\int_b^x \frac{\ln(1+t^3)}{t}\mathrm{d}t}=c(c\neq 0)$.

7. 已知函数 $F(x)=\dfrac{\int_0^x \ln(1+t^2)\,\mathrm{d}t}{x^{\alpha}}$,若 $\lim\limits_{x\to+\infty}F(x)=\lim\limits_{x\to 0^+}F(x)=0$,试求 α 的取值范围.

8. 已知函数 $f(x)=\int_x^1\sqrt{1+t^2}\,\mathrm{d}t+\int_1^{x^2}\sqrt{1+t}\,\mathrm{d}t$,求 $f(x)$ 的零点的个数.

9. 设 $f(x)=x^2-x\int_0^2 f(x)\,\mathrm{d}x+2\int_0^1 f(x)\,\mathrm{d}x$,求 $f(x)$.

10. 设当 $x>0$ 时,函数 $f(x)$ 连续,且满足 $f(x)=1+\dfrac{1}{x}\int_1^x f(t)\,\mathrm{d}t$,求 $f(x)$.

11. 计算下列积分:

(1) $\int_0^{\ln 2}\sqrt{1-\mathrm{e}^{-2x}}\,\mathrm{d}x$.

(2) $\int_0^{\frac{\pi}{4}}\ln(1+\tan x)\,\mathrm{d}x$;

(3) $\int_{-\frac{\pi}{4}}^{\frac{\pi}{4}}\dfrac{\cos^2 x}{1+\mathrm{e}^x}\mathrm{d}x$;

(4) $\int_0^1\dfrac{\mathrm{d}x}{x+\sqrt{1-x^2}}$;

(5) $\int_0^1\dfrac{x\,\mathrm{d}x}{\mathrm{e}^x+\mathrm{e}^{1-x}}$;

(6) $\int_{\frac{\pi}{4}}^{\frac{\pi}{4}+25\pi}|\sin 2x|\,\mathrm{d}x$;

(7) $\int_0^{\pi}\sin^{n-1}x\cos(n+1)x\,\mathrm{d}x$;

(8) $\int_{\frac{1}{3}}^{3}\left(1+x-\dfrac{1}{x}\right)\mathrm{e}^{x+\frac{1}{x}}\mathrm{d}x$;

(9) $\int_{\frac{1}{2}}^{\frac{3}{2}}\dfrac{\mathrm{d}x}{\sqrt{|x-x^2|}}$;

(10) $\int_1^2\left[\dfrac{1}{x\ln^2 x}-\dfrac{1}{(x-1)^2}\right]\mathrm{d}x$;

(11) $\int_0^{\frac{\pi}{2}}\ln\sin x\,\mathrm{d}x$;

(12) $\int_0^{+\infty}\dfrac{\mathrm{d}x}{(1+x^2)(1+x^{\alpha})}(\alpha\geqslant 0)$.

12. 设 $f(x)=\int_0^x\dfrac{\sin t}{\pi-t}\mathrm{d}t$,求 $\int_0^{\pi}f(x)\,\mathrm{d}x$.

13. 已知 $\lim\limits_{x\to\infty}\left(\dfrac{x-a}{x+a}\right)^x=\int_a^{+\infty}4x^2\mathrm{e}^{-2x}\mathrm{d}x$,求常数 a 的值.

14. 设函数 $s(x)=\int_0^x|\cos t|\,\mathrm{d}t$.

(1) 当 n 为正整数且 $n\pi\leqslant x\leqslant(n+1)\pi$ 时,证明:$2n\leqslant s(x)\leqslant 2(n+1)$;

(2) 求 $\lim\limits_{x\to+\infty}\dfrac{s(x)}{x}$.

15. 设 $p>0$,证明:$\dfrac{p}{p+1}<\int_0^1 \dfrac{dx}{1+x^p}<1$.

16. 若函数 $f(x)$ 具有二阶导数,且满足 $f(2)>f(1)$,$f(2)>\int_2^3 f(x)dx$,证明至少存在一点 $\xi\in(1,3)$,使得 $f''(\xi)<0$.

17. 设函数 $f(x)$ 在 $[a,b]$ 上连续,且严格单调增加,证明:

$$(a+b)\int_a^b f(x)dx<2\int_a^b xf(x)dx.$$

18. 设函数 $f(x)$ 连续,常数 $a>0$,证明:

$$\int_1^a f\left(x^2+\frac{a^2}{x^2}\right)\frac{dx}{x}=\int_1^a f\left(x+\frac{a^2}{x}\right)\frac{dx}{x}.$$

19. 设函数 $f(x)$ 可导,且 $f(0)=0$,$F(x)=\int_0^x t^{n-1}f(x^n-t^n)dt$,证明:

$$\lim_{x\to 0}\frac{F(x)}{x^{2n}}=\frac{1}{2n}f'(0).$$

20. 设函数 $f(x)$,$g(x)$ 在 $[a,b]$ 上连续,证明:

(1) $\left[\int_a^b f(x)g(x)dx\right]^2\leqslant\int_a^b f^2(x)dx\cdot\int_a^b g^2(x)dx$(柯西-施瓦茨(Cauchy-Schwarz)不等式);

(2) $\left(\int_a^b [f(x)+g(x)]^2dx\right)^{\frac{1}{2}}\leqslant\left(\int_a^b f^2(x)dx\right)^{\frac{1}{2}}+\left(\int_a^b g^2(x)dx\right)^{\frac{1}{2}}$(闵可夫斯基(Minkowski)不等式).

21. 设函数 $f(x)$ 在 $[a,b]$ 上连续,且 $f(x)>0$,证明:

$$\int_a^b f(x)dx\cdot\int_a^b\frac{1}{f(x)}dx\geqslant(b-a)^2.$$

*22. 判定下列反常积分的收敛性:

(1) $\int_0^{+\infty}\dfrac{x^2\ln x}{x^4-x^3+1}dx$;　　(2) $\int_1^{+\infty}\dfrac{\arctan x}{x\sqrt{x^2-1}}dx$;

(3) $\int_0^{\frac{\pi}{2}}\dfrac{dx}{\sqrt{\sin x}}$;　　(4) $\int_0^2\dfrac{e^{-2x}}{(2-x)^2}dx$.

第 6 章　定积分的应用

第 5 章我们讨论了定积分的概念与计算，本章将进一步讨论定积分的几何应用和物理应用，几何应用包括求平面图形的面积、立体体积、平面曲线的弧长等；物理应用包括求变力沿直线所做的功、水压力、引力等. 通过这些问题，不仅要掌握计算这些几何、物理量的公式，而且要学会运用定积分去解决实际问题的分析方法——元素法.

6.1　定积分的元素法

通过本节的学习，应该理解元素法的思想，掌握运用元素法将一个量表示为定积分的分析方法.

我们先回顾一下第 5 章中讨论过的曲边梯形的面积问题.

设函数 $f(x)$ 在区间 $[a,b]$ 上非负、连续，则以曲线 $y=f(x)$ 为曲边、$[a,b]$ 为底的曲边梯形的面积 A 为定积分 $A=\int_a^b f(x)\,\mathrm{d}x$. 其具体步骤为：

（1）分割：用任意一组分点把区间 $[a,b]$ 分成 n 个小区间，第 i 个小区间 $[x_{i-1},x_i]$ 的长度为 $\Delta x_i(i=1,2,\cdots,n)$，相应地把曲边梯形分成 n 个小曲边梯形，第 i 个小曲边梯形的面积设为 ΔA_i，于是有

$$A=\sum_{i=1}^{n}\Delta A_i.$$

（2）近似：求出 ΔA_i 的近似值

$$\Delta A_i\approx f(\xi_i)\Delta x_i(x_{i-1}\leqslant\xi_i\leqslant x_i).$$

（3）求和：求出和 $\sum\limits_{i=1}^{n}f(\xi_i)\Delta x_i$，并把它作为 A 的近似值

$$A\approx\sum_{i=1}^{n}f(\xi_i)\Delta x_i.$$

（4）取极限：记 $\lambda=\max\{\Delta x_1,\Delta x_2,\cdots,\Delta x_n\}$，令 $\lambda\to 0$，得

$$A=\lim_{\lambda\to 0}\sum_{i=1}^{n}f(\xi_i)\Delta x_i=\int_a^b f(x)\,\mathrm{d}x.$$

在上述问题中我们看到，所求量（即面积 A）与区间 $[a,b]$ 有关. 如果把区间 $[a,b]$ 分成若干部分区间，则所求量相应地分成若干部分量（即 ΔA_i），而所求量等于所有部分量之和（即 $A=\sum\limits_{i=1}^{n}\Delta A_i$），这一性质称为所求量对于区间 $[a,b]$ 具有**可加性**. 另外，以 $f(\xi_i)\Delta x_i$ 近似代替部分量 ΔA_i 时，要求它们只相差一个比 Δx_i 高阶的无穷小，以使和式 $\sum\limits_{i=1}^{n}f(\xi_i)\Delta x_i$ 的极限是 A 的精确值，从而 A 可以表示为定积分

$$A=\int_a^b f(x)\,\mathrm{d}x.$$

上述求面积 A 的方法可概括成“分割求近似，求和取极限”，而其关键是分割后求出 ΔA_i 的近似值 $f(\xi_i)\Delta x_i$，使得

$$A=\lim_{\lambda\to 0}\sum_{i=1}^{n}f(\xi_i)\Delta x_i=\int_a^b f(x)\,\mathrm{d}x.$$

为了阐明近似代替的本质，我们在区间 $[a,b]$ 上任取一个小区间 $[x,x+\mathrm{d}x]$，将这个小区间上对应的小曲边梯形的面积用 ΔA 表示，这样，$A=\sum\Delta A$. 取小区间 $[x,x+\mathrm{d}x]$ 的左端点 x 为 ξ，以点 x 的函数值 $f(x)$ 为高、$\mathrm{d}x$ 为底的矩形的面积 $f(x)\,\mathrm{d}x$ 为 ΔA 的近似值（如图 6.1 阴影部分所示），即

$$\Delta A=f(x)\,\mathrm{d}x.$$

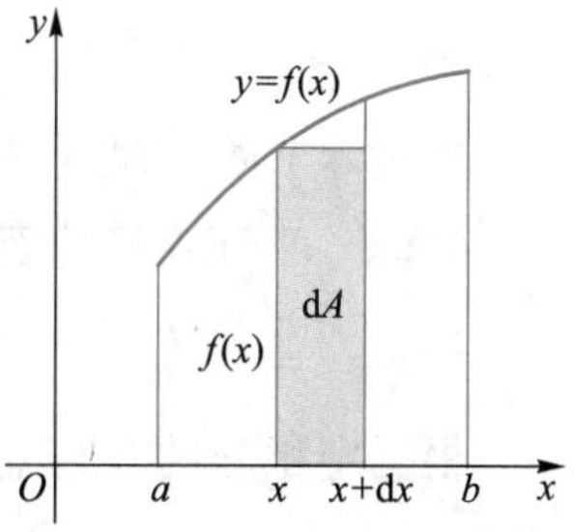

图 6.1

上式右端的 $f(x)\,\mathrm{d}x$ 称为**面积元素**，记为 $\mathrm{d}A=f(x)\,\mathrm{d}x$. 于是

$$A\approx\sum f(x)\,\mathrm{d}x,$$

因此

$$A=\lim\sum f(x)\,\mathrm{d}x=\int_a^b f(x)\,\mathrm{d}x.$$

一般地，如果某一实际问题中的所求量 U 能够用定积分来计算，必须符合下列条件：

（1）U 是与一个变量 x 的变化区间 $[a,b]$ 有关的量；

（2）U 对于区间 $[a,b]$ 具有可加性，即如果把区间 $[a,b]$ 分成若干部分区间，则 U 相应地分成若干部分量，而 U 等于所有部分量之和；

（3）部分量 ΔU 的近似值可表示为 $f(\xi_i)\Delta x_i$，这里要求 $f(x)$ 为连续函数，且 $f(\xi_i)\Delta x_i$ 与 ΔU 相差一个比 Δx_i 高阶的无穷小.

另外,写出这个量 U 的积分表达式的步骤大致为:

(1) 根据问题的具体情况,选取一个变量如 x 为积分变量,并确定它的变化区间$[a,b]$;

(2) 设想把区间$[a,b]$分成若干小区间,取其中任一小区间$[x,x+\mathrm{d}x]$,求出相应于这个小区间的部分量 ΔU 的近似值 $f(x)\mathrm{d}x$,其中 $f(x)$ 为连续函数,把 $f(x)\mathrm{d}x$ 称为量 U 的元素或微元,并记为 $\mathrm{d}U$,即

$$\mathrm{d}U=f(x)\mathrm{d}x;$$

(3) 以所求量 U 的元素为被积表达式,在区间$[a,b]$上作定积分,得

$$U=\int_a^b f(x)\mathrm{d}x,$$

这就是所求量 U 的积分表达式.

这个方法通常称为元素法或微元法.

6.2 定积分在几何上的应用

通过本节的学习,能够用元素法求面积、体积、弧长等几何问题.

6.2.1 平面图形的面积

1. 直角坐标情形

根据定积分的几何意义,对于非负函数 $f(x)$,定积分 $\int_a^b f(x)\mathrm{d}x$ 表示由曲线 $y=f(x)$,直线 $x=a,x=b$ 及 x 轴所围成的平面图形的面积 A.被积表达式 $f(x)\mathrm{d}x$ 就是面积的元素 $\mathrm{d}A$,如图 6.1 所示.若 $f(x)$不是非负的,则所围的面积应为

$$A=\int_a^b |f(x)|\mathrm{d}x. \tag{6.2.1}$$

例 6.2.1 求余弦曲线 $y=\cos x$ 与 x 轴上的直线段$\left[-\frac{\pi}{2},\pi\right]$和直线 $x=\pi$ 所围成的平面图形的面积.

解 由式(6.2.1)得所求面积为

$$A=\int_{-\frac{\pi}{2}}^{\pi}|\cos x|\mathrm{d}x=\int_{-\frac{\pi}{2}}^{\frac{\pi}{2}}\cos x\mathrm{d}x-\int_{\frac{\pi}{2}}^{\pi}\cos x\mathrm{d}x=3.$$

此题也可根据图形(见图 6.2)的对称性,有

$$A=3\int_0^{\frac{\pi}{2}}\cos x\mathrm{d}x=3.$$

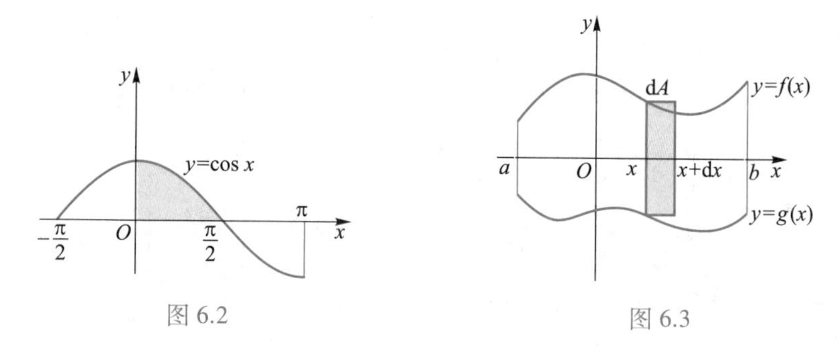

图 6.2　　图 6.3

设$f(x) \geqslant g(x)$，对于由两条曲线$y=f(x)$，$y=g(x)$，直线$x=a$，$x=b$所围成的平面图形的面积，应用元素法.取横坐标x为积分变量，它的变化区间为$[a,b]$，相应于$[a,b]$上任一个小区间$[x,x+\mathrm{d}x]$的小窄条的面积近似于高为$f(x)-g(x)$、底为$\mathrm{d}x$的窄矩形的面积，如图 6.3 所示，从而得到面积元素

$$\mathrm{d}A = [f(x) - g(x)]\mathrm{d}x.$$

以$[f(x)-g(x)]\mathrm{d}x$为积分表达式，在闭区间$[a,b]$上作定积分，便得所求面积为

$$A = \int_a^b [f(x) - g(x)]\mathrm{d}x. \tag{6.2.2}$$

若$f(x)-g(x)$在$[a,b]$上不是非负的，则所围的面积应为

$$A = \int_a^b |f(x) - g(x)|\mathrm{d}x. \tag{6.2.3}$$

例 6.2.2　计算由曲线$y=x^2$与$x=y^3$所围成的图形的面积.

解　所给两条曲线围成的图形如图 6.4 所示，为了定出图形所在的范围，先求出两条曲线的交点，解方程组$\begin{cases} y=x^2, \\ x=y^3 \end{cases}$得$x_1=0, y_1=0, x_2=1, y_2=1$，故两交点为$(0,0)$及$(1,1)$，从而知图形在直线$x=0$与$x=1$之间，于是所求面积为

$$A = \int_0^1 (\sqrt[3]{x} - x^2)\mathrm{d}x = \left[\frac{3}{4}x^{\frac{4}{3}} - \frac{1}{3}x^3\right]_0^1 = \frac{5}{12}.$$

例 6.2.3　计算由抛物线$y=x^2$与直线$y=2x+3$所围成的图形的面积.

解　这个图形如图 6.5 所示.先求出抛物线与直线的交点以定出图形所在的范围.解方程组$\begin{cases} y=x^2, \\ y=2x+3 \end{cases}$得交点为$(-1,1)$及$(3,9)$，从而知图形在直线$x=-1$与$x=3$之间，于是所求面积为

$$A = \int_{-1}^3 (2x + 3 - x^2)\mathrm{d}x = \left[x^2 + 3x - \frac{1}{3}x^3\right]_{-1}^3 = \frac{32}{3}.$$

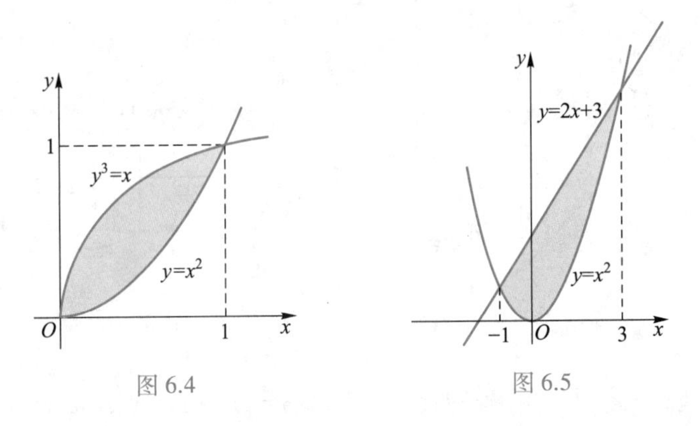

图 6.4　　图 6.5

例 6.2.4　求曲线 $y=\sin x, y=\cos x$ 与直线 $x=0, x=\dfrac{\pi}{2}$ 所围成的图形的面积.

解　这个图形如图 6.6 所示.此两条曲线交点的横坐标为 $x=\dfrac{\pi}{4}$,于是所求面积为

$$A=\int_0^{\frac{\pi}{2}}|\sin x-\cos x|\mathrm{d}x=\int_0^{\frac{\pi}{4}}(\cos x-\sin x)\mathrm{d}x+\int_{\frac{\pi}{4}}^{\frac{\pi}{2}}(\sin x-\cos x)\mathrm{d}x$$

$$=\Big[\sin x+\cos x\Big]_0^{\frac{\pi}{4}}+\Big[-\cos x-\sin x\Big]_{\frac{\pi}{4}}^{\frac{\pi}{2}}=2(\sqrt{2}-1).$$

类似地,设函数 $x=\varphi(y)$ 在区间 $[c,d]$ 上连续,且 $\varphi(y)\geqslant 0$,则利用元素法,选取纵坐标 y 为积分变量,易得由曲线 $x=\varphi(y)$,直线 $y=c, y=d$ 和 y 轴所围成的曲边梯形(见图 6.7)的面积是

$$A=\int_c^d\varphi(y)\mathrm{d}y. \tag{6.2.4}$$

若 $\varphi(y)$ 不是非负的,则所围的面积应为

$$A=\int_c^d|\varphi(y)|\mathrm{d}y. \tag{6.2.5}$$

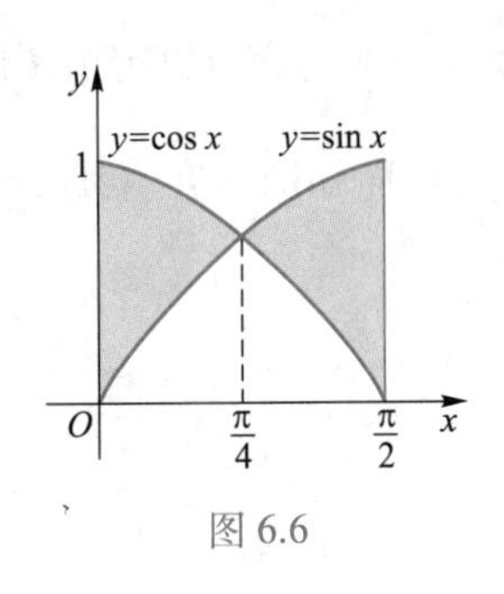

图 6.6

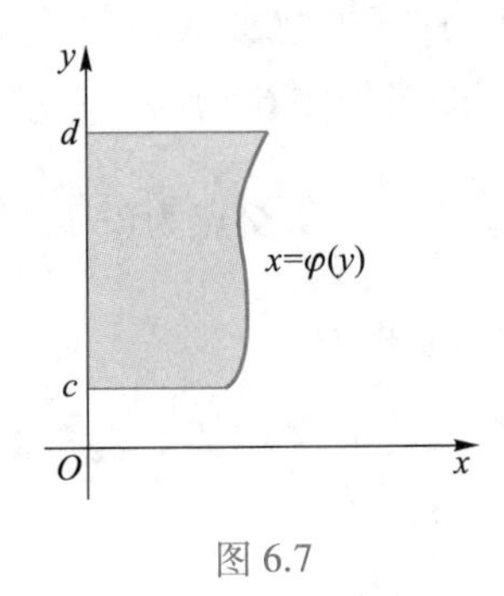

图 6.7

设函数 $x=\varphi(y)$,$x=\psi(y)$ 在区间 $[c,d]$ 上连续,且 $\varphi(y)\geqslant\psi(y)$,则由曲线 $x=\varphi(y)$,$x=\psi(y)$ 和直线 $y=c$,$y=d$ 所围成的平面图形(见图 6.8)的面积为

$$A=\int_c^d[\varphi(y)-\psi(y)]\mathrm{d}y. \tag{6.2.6}$$

若 $\varphi(y)-\psi(y)$ 不是非负的,则所围的面积应为

$$A=\int_c^d|\varphi(y)-\psi(y)|\mathrm{d}y. \tag{6.2.7}$$

例 6.2.5 计算由抛物线 $y^2=2x$ 与直线 $2x+y-2=0$ 所围成的图形的面积.

解 这个图形如图 6.9 所示.抛物线与直线的交点为 $(2,-2)$ 和 $\left(\frac{1}{2},1\right)$,于是所求面积为

$$A=\int_{-2}^{1}\left(1-\frac{1}{2}y-\frac{1}{2}y^2\right)\mathrm{d}y=\left[y-\frac{1}{4}y^2-\frac{1}{6}y^3\right]_{-2}^{1}=\frac{9}{4}.$$

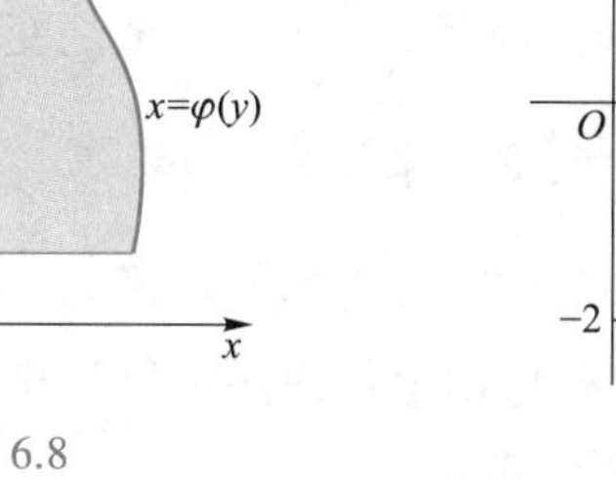

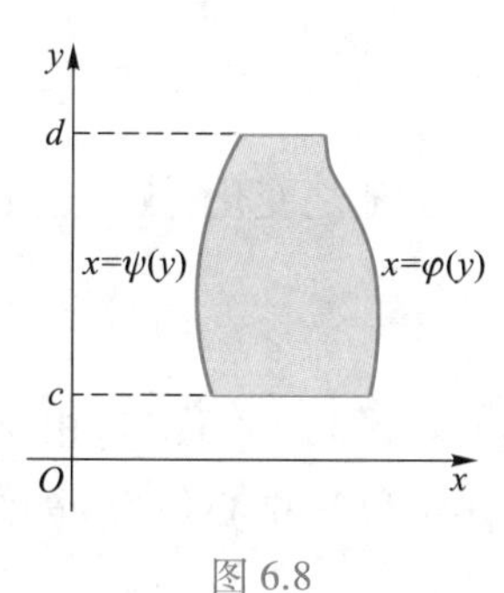

图 6.8

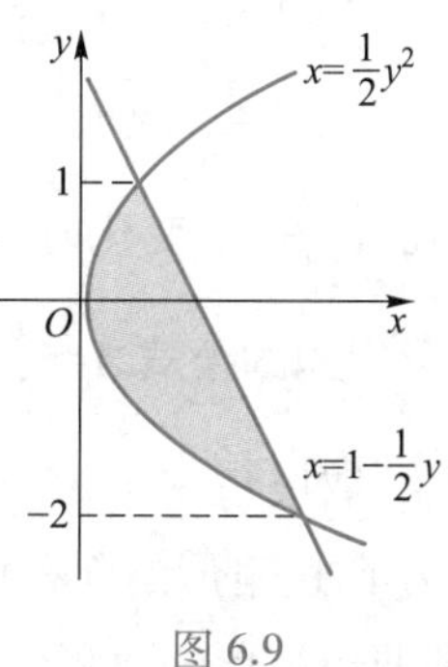

图 6.9

从前面的例子可以看出,取 x 还是取 y 为积分变量,要视具体情况而定,方便而行.

当曲边梯形的曲边 $y=f(x)$ $(f(x)\geqslant 0,x\in[a,b])$ 由参数方程 $x=\varphi(t)$,$y=\psi(t)$ 给出时,如果 $x=\varphi(t)$ 满足:$\varphi(\alpha)=a$,$\varphi(\beta)=b$,$\varphi(t)$ 在 $[\alpha,\beta]$(或 $[\beta,\alpha]$)上具有连续导数,函数 $y=\psi(t)$ 连续,则由曲边梯形的面积公式及定积分的换元积分公式得曲边梯形的面积为

$$A=\int_a^b f(x)\mathrm{d}x=\int_\alpha^\beta\psi(t)\varphi'(t)\mathrm{d}t. \tag{6.2.8}$$

例 6.2.6 求摆线一拱 $\begin{cases}x=a(t-\sin t),\\ y=a(1-\cos t)\end{cases}$ $(0\leqslant t\leqslant 2\pi)$ 与 x 轴所围成的图形的面积(见图 6.10).

解 取 x 为积分变量,当 $t=0$ 时,$x=0$;当 $t=2\pi$ 时,$x=2\pi a$.于是所求面积为

$$A=\int_0^{2\pi a}y\mathrm{d}x=\int_0^{2\pi}a(1-\cos t)\mathrm{d}[a(t-\sin t)]=\int_0^{2\pi}a^2(1-\cos t)^2\mathrm{d}t$$

$$= a^2\int_0^{2\pi}\left(1 - 2\cos t + \frac{1 + \cos 2t}{2}\right) \mathrm{d}t = a^2\left[\frac{3}{2}t - 2\sin t + \frac{\sin 2t}{4}\right]_0^{2\pi} = 3\pi a^2.$$

2. 极坐标情形

对于某些平面图形,用极坐标来计算它们的面积比较方便.

设曲线的方程由极坐标给出:$\rho=\varphi(\theta)$,$\alpha\leqslant\theta\leqslant\beta$,我们要求由曲线 $\rho=\varphi(\theta)$,射线 $\theta=\alpha$,$\theta=\beta$ 所围成的曲边扇形(见图 6.11)的面积.这里,$\varphi(\theta)$ 在$[\alpha,\beta]$上连续,且 $\varphi(\theta)\geqslant 0$.

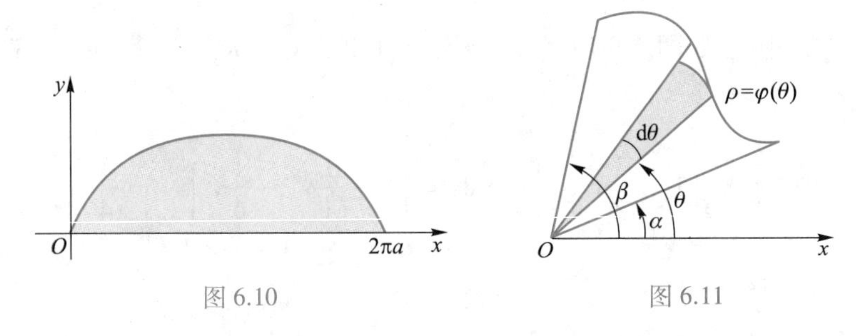

图 6.10　　图 6.11

由于当 θ 在$[\alpha,\beta]$上变化时,极径 $\rho=\varphi(\theta)$ 也随之变化,故曲边扇形的面积不能直接利用扇形面积的公式 $A=\frac{1}{2}R^2\theta$ 来计算.

利用元素法,取极角 θ 为积分变量,它的变化区间为$[\alpha,\beta]$,相应于任一小区间$[\theta,\theta+\mathrm{d}\theta]$的小曲边扇形的面积可用半径为 $\rho=\varphi(\theta)$、中心角为 $\mathrm{d}\theta$ 的扇形的面积来近似代替,即曲边扇形的面积元素为

$$\mathrm{d}A = \frac{1}{2}[\varphi(\theta)]^2\mathrm{d}\theta,$$

因此,所求曲边扇形的面积为

$$A = \int_\alpha^\beta \frac{1}{2}[\varphi(\theta)]^2\mathrm{d}\theta. \tag{6.2.9}$$

例 6.2.7 计算阿基米德螺线 $\rho=a\theta(a>0)$ 上相应于 θ 从 0 变到 2π 的一段弧与极轴所围成的图形的面积(见图 6.12).

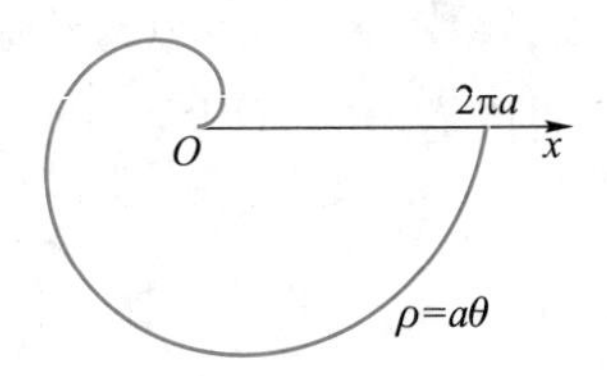

图 6.12

解 由式(6.2.9),所求面积为

$$A = \int_0^{2\pi} \frac{1}{2}(a\theta)^2\mathrm{d}\theta = \frac{a^2}{2}\left[\frac{1}{3}\theta^3\right]_0^{2\pi} = \frac{4}{3}a^2\pi^3.$$

例 6.2.8 求双纽线 $\rho^2=a^2\cos 2\theta$ 所围成的图形的面积.

解 因 $\rho^2>0$,故 θ 的变化范围是$\left[-\frac{\pi}{4},\frac{\pi}{4}\right]$与$\left[\frac{3\pi}{4},\frac{5\pi}{4}\right]$.如图 6.13 所示,图形

关于极轴和极点都对称,由式(6.2.9),所求面积为

$$A=4\int_0^{\frac{\pi}{4}}\frac{1}{2}a^2\cos 2\theta\mathrm{d}\theta=a^2\int_0^{\frac{\pi}{4}}\cos 2\theta\mathrm{d}(2\theta)=a^2[\sin 2\theta]_0^{\frac{\pi}{4}}=a^2.$$

例 6.2.9 求由两曲线 $\rho=3\cos\theta,\rho=1+\cos\theta$ 所围成的图形的公共部分的面积(图 6.14 中的阴影部分).

解 先求两曲线的交点.解方程组 $\begin{cases}\rho=3\cos\theta,\\ \rho=1+\cos\theta.\end{cases}$ 由 $3\cos\theta=1+\cos\theta$ 得 $\cos\theta=\frac{1}{2}$,故 $\theta=\pm\frac{\pi}{3}$,对应的 $\rho=3\cos\left(\pm\frac{\pi}{3}\right)=\frac{3}{2}$.所以两曲线的交点为 $\left(\frac{3}{2},\frac{\pi}{3}\right)$ 及 $\left(\frac{3}{2},-\frac{\pi}{3}\right)$,考虑到图形的对称性,所求面积为

$$\begin{aligned}A&=2\int_0^{\frac{\pi}{3}}\frac{1}{2}(1+\cos\theta)^2\mathrm{d}\theta+2\int_{\frac{\pi}{3}}^{\frac{\pi}{2}}\frac{1}{2}(3\cos\theta)^2\mathrm{d}\theta\\&=\int_0^{\frac{\pi}{3}}\left(1+2\cos\theta+\frac{1+\cos 2\theta}{2}\right)\mathrm{d}\theta+\frac{9}{2}\int_{\frac{\pi}{3}}^{\frac{\pi}{2}}(1+\cos 2\theta)\mathrm{d}\theta\\&=\left[\frac{3}{2}\theta+2\sin\theta+\frac{1}{4}\sin 2\theta\right]_0^{\frac{\pi}{3}}+\frac{9}{2}\left[\theta+\frac{1}{2}\sin 2\theta\right]_{\frac{\pi}{3}}^{\frac{\pi}{2}}=\frac{5}{4}\pi.\end{aligned}$$

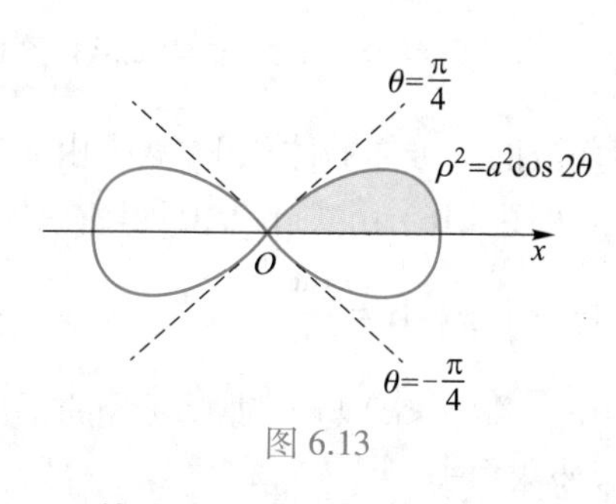

图 6.13

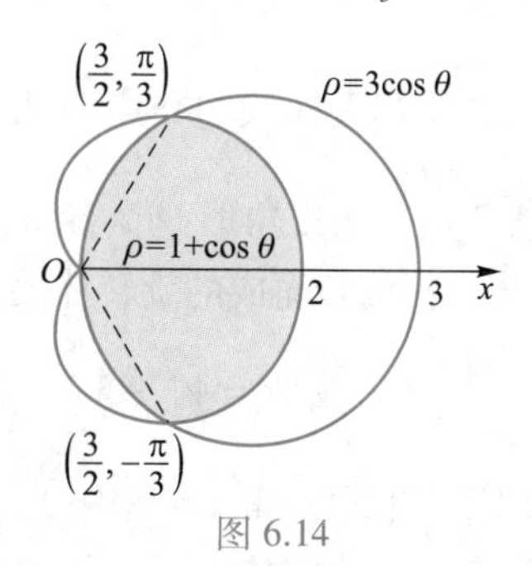

图 6.14

6.2.2 体积

1. 旋转体的体积

一个平面图形绕该平面内一直线旋转一周所成的立体称为**旋转体**,直线称为**旋转轴**.例如,矩形绕它的一边旋转得到圆柱体,直角三角形绕它的一直角边旋转得到圆锥体,圆绕它的直径旋转得到球体等.

下面我们来介绍旋转体体积的求法.

设函数 $f(x)$ 在区间 $[a,b]$ 上连续,且 $f(x)\geqslant 0$.由曲线 $y=f(x)$,直线 $x=a,x=b$ 及 x 轴所围成的曲边梯形绕 x 轴旋转,得到一个旋转体(见图 6.15).现在我们用定积分来计算这种旋转体的体积.

取横坐标 x 为积分变量，它的变化区间为 $[a,b]$. 相应于 $[a,b]$ 上任一小区间 $[x,x+\mathrm{d}x]$ 的小曲边梯形绕 x 轴旋转所得的薄片的体积近似等于以 $f(x)$ 为底半径、$\mathrm{d}x$ 为高的薄圆柱体的体积，即体积元素 $\mathrm{d}V=\pi[f(x)]^2\mathrm{d}x$. 以 $\pi[f(x)]^2\mathrm{d}x$ 为被积表达式，在区间 $[a,b]$ 上作定积分，即得所求旋转体的体积为

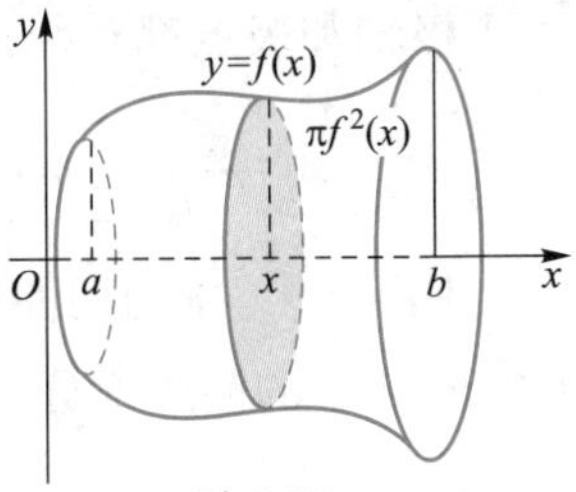

图 6.15

$$V=\int_a^b \pi[f(x)]^2\mathrm{d}x. \tag{6.2.10}$$

例 6.2.10　计算由椭圆 $\dfrac{x^2}{a^2}+\dfrac{y^2}{b^2}=1$ 所围成的图形绕 x 轴旋转一周而成的旋转体（称为旋转椭球体）的体积.

解　由式(6.2.10)及图形的对称性，得所求体积为

$$V=2\int_0^a \pi\left(\frac{b}{a}\sqrt{a^2-x^2}\right)^2\mathrm{d}x=2\pi\frac{b^2}{a^2}\left[a^2x-\frac{1}{3}x^3\right]_0^a=\frac{4}{3}\pi ab^2.$$

当 $a=b$ 时，旋转椭球体就成为半径为 a 的球体，它的体积为 $\dfrac{4}{3}\pi a^3$.

例 6.2.11　计算由抛物线 $y=x^2$ 与直线 $y=2x$ 所围成的平面图形绕 x 轴旋转一周而成的旋转体的体积.

解　先求出两曲线的交点. 解方程组 $\begin{cases}y=x^2,\\ y=2x\end{cases}$ 得交点 $O(0,0)$ 和 $P(2,4)$. 该旋转体的体积等于由直角三角形 OPA 绕 x 轴旋转而成的圆锥体的体积 V_1 减去由曲边三角形 OPA 绕 x 轴旋转而成的旋转体的体积 V_2（见图 6.16）. 由式(6.2.10)得所求体积为

$$V=V_1-V_2=4\int_0^2 \pi x^2\mathrm{d}x-\int_0^2 \pi x^4\mathrm{d}x=\frac{64}{15}\pi.$$

类似地，由连续曲线 $x=\varphi(y)$，直线 $y=c$，$y=d(c<d)$ 与 y 轴所围成的平面图形（见图 6.17）绕 y 轴旋转一周而成的旋转体的体积为

$$V=\int_c^d \pi[\varphi(y)]^2\mathrm{d}y. \tag{6.2.11}$$

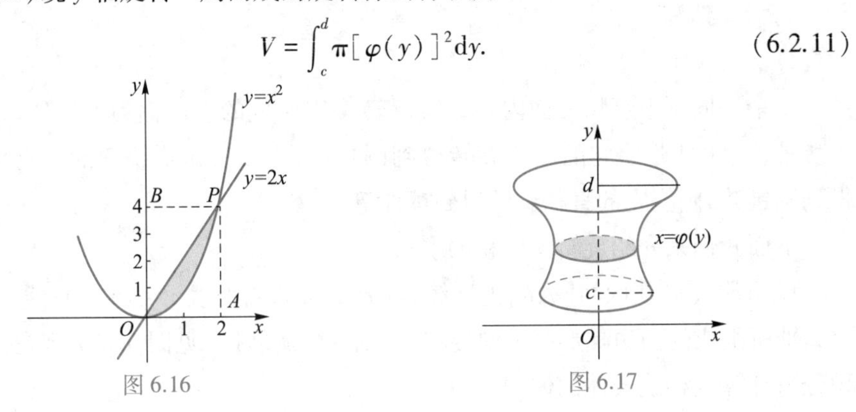

图 6.16　　图 6.17

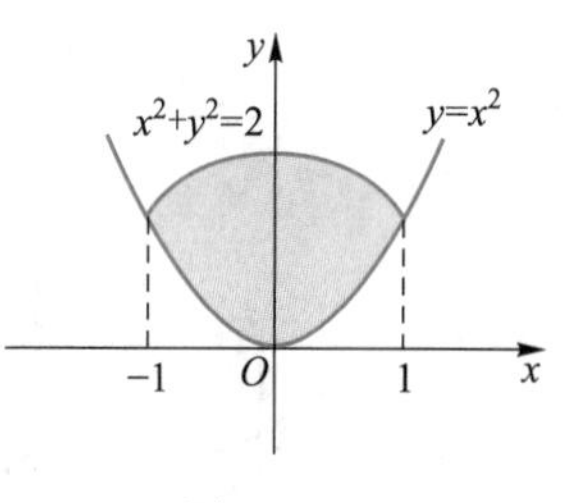

图 6.18

例 6.2.12 计算由两条曲线 $x^2+y^2=2$ 和 $y=x^2$ 所围成的平面图形分别绕 x 轴和 y 轴旋转一周而成的旋转体的体积.

解 先求出两曲线的交点.解方程组$\begin{cases}x^2+y^2=2,\\ y=x^2\end{cases}$得交点(1,1)和(−1,1)(见图 6.18).由式(6.2.10)得绕 x 轴旋转一周而成的旋转体的体积为

$$V_x=\int_{-1}^{1}\pi(2-x^2-x^4)\,\mathrm{d}x=\frac{44}{15}\pi.$$

由式(6.2.11)得绕 y 轴旋转一周而成的旋转体的体积为

$$V_y=\int_0^1\pi y\,\mathrm{d}y+\int_1^{\sqrt{2}}\pi(2-y^2)\,\mathrm{d}y=\frac{1}{6}(8\sqrt{2}-7)\pi.$$

例 6.2.13 计算由摆线一拱$\begin{cases}x=a(t-\sin t),\\ y=a(1-\cos t)\end{cases}$$(0\leqslant t\leqslant 2\pi)$与 x 轴所围成的图形绕 x 轴旋转一周而成的旋转体的体积.

解 由式(6.2.10)得所求体积为

$$V=\int_0^{2\pi a}\pi y^2(x)\,\mathrm{d}x=\pi\int_0^{2\pi}a^2(1-\cos t)^2\cdot a(1-\cos t)\,\mathrm{d}t=5\pi^2a^3.$$

上面介绍的求旋转体体积的方法称为**切片法**.下面我们再介绍一种求旋转体体积的方法——**薄壳法**.

设函数 $f(x)$ 在区间 $[a,b]$ 上连续,且 $f(x)\geqslant 0$.由曲线 $y=f(x)$,直线 $x=a$,$x=b$ 及 x 轴所围成的曲边梯形绕 y 轴旋转,得到一个旋转体,现在求该旋转体的体积.

取 x 为积分变量,而把在区间 $[a,b]$ 中的任意小区间 $[x,x+\mathrm{d}x]$ 上所对应的小曲边梯形绕 y 轴旋转所生成的薄壳近似看作一个中空圆柱体(见图 6.19).沿着中空圆柱体的高剪开展平,它近似是一块长方体形的薄片(见图 6.20),于是薄壳的体积近似等于以 $f(x)$ 为高、$2\pi x$ 为长、$\mathrm{d}x$ 为厚的长方体薄片的体积,即旋转体体积元素为 $\mathrm{d}V=2\pi xf(x)\,\mathrm{d}x$.所以

$$V=\int_a^b 2\pi xf(x)\,\mathrm{d}x. \tag{6.2.12}$$

用同样的方法可得,由曲线 $x=\varphi(y)$ $(\varphi(y)\geqslant 0)$ 与直线 $y=c$,$y=d$ 及 y 轴围成的曲边梯形绕 x 轴旋转所生成的旋转体的体积 V 为

$$V=\int_c^d 2\pi y\varphi(y)\,\mathrm{d}y. \tag{6.2.13}$$

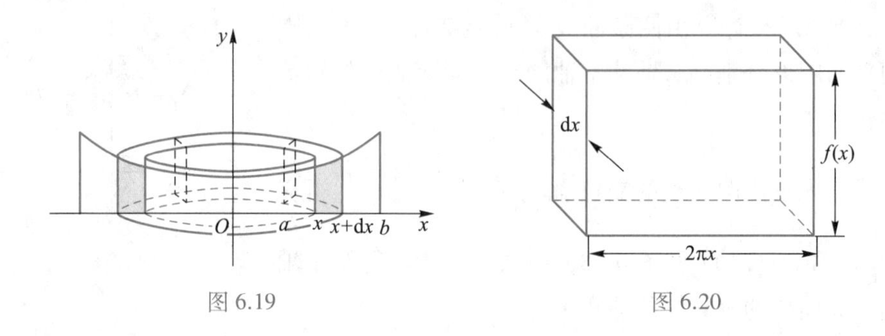

图 6.19　　　　图 6.20

例 6.2.14　计算由曲线 $y=\sin x(0\leqslant x\leqslant \pi)$ 和 x 轴所围成的图形绕 y 轴旋转所得旋转体的体积.

解　由式(6.2.12)得所求体积为

$$V=\int_0^{\pi}2\pi x\sin x\mathrm{d}x=\left[-2\pi x\cos x\right]_0^{\pi}+\int_0^{\pi}2\pi\cos x\mathrm{d}x$$
$$=2\pi^2+\left[2\pi\sin x\right]_0^{\pi}=2\pi^2.$$

2. 平行截面面积为已知的立体的体积

从计算旋转体体积的过程中可以看出:如果一个立体不是旋转体,但却知道该立体上垂直于一定轴的各个截面的面积,则该立体的体积也可以用定积分来计算.

设一立体介于过点 $x=a,x=b$ 且垂直于 x 轴的两平面之间,如果过 $x\in[a,b]$ 且垂直于 x 轴的截面面积 $A(x)$ 为 x 的已知函数,我们要求该立体的体积(见图 6.21).

取 x 为积分变量,它的变化区间为$[a,b]$,立体中相应于$[a,b]$上任一小区间$[x,x+\mathrm{d}x]$的薄片的体积近似等于底面积为 $A(x)$、高为 $\mathrm{d}x$ 的柱体的体积,即体积元素为 $\mathrm{d}V=A(x)\mathrm{d}x$,以 $A(x)\mathrm{d}x$ 为被积表达式,在$[a,b]$上积分,便得所求立体的体积为

$$V=\int_a^b A(x)\mathrm{d}x.$$

例 6.2.15　一平面经过半径为 R 的圆柱体的底圆中心、并与底面交成角 α(见图 6.22),计算这平面截圆柱体所得立体的体积.

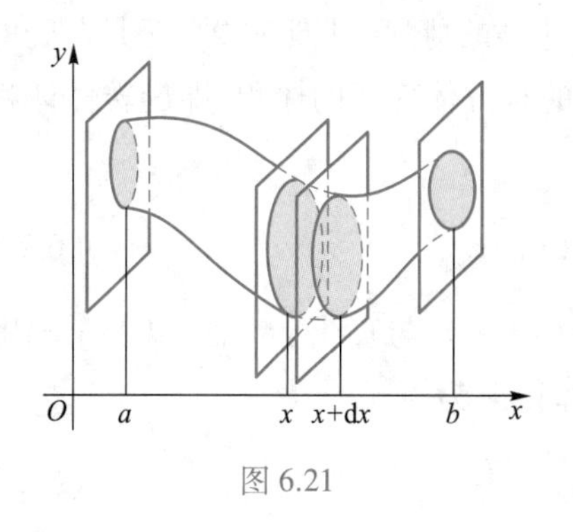

图 6.21

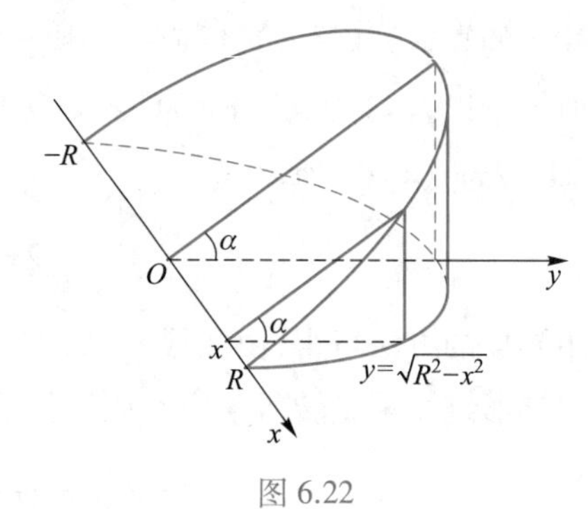

图 6.22

解 取这平面与圆柱体的底面的交线为 x 轴，底面上过圆中心且垂直于 x 轴的直线为 y 轴.于是，底圆的方程为 $x^2+y^2=R^2$.立体中过点 x 且垂直于 x 轴的截面是一个直角三角形，它的两条直角边的边长分别是

$$y=\sqrt{R^2-x^2} \text{ 和 } y\tan\alpha=\sqrt{R^2-x^2}\tan\alpha,$$

因而截面面积为

$$A(x)=\frac{1}{2}(R^2-x^2)\tan\alpha,$$

于是所求立体的体积为

$$V=\int_{-R}^{R}\frac{1}{2}(R^2-x^2)\tan\alpha\mathrm{d}x=\frac{1}{2}\tan\alpha\left[R^2x-\frac{1}{3}x^3\right]_{-R}^{R}=\frac{2}{3}R^3\tan\alpha.$$

6.2.3 平面曲线的弧长

我们知道，圆的周长可以利用圆内接正多边形的周长当边数无限增多时的极限来确定.类似地，我们可建立平面上的连续曲线弧长的概念，从而应用定积分来计算弧长.

设 A,B 是曲线弧的两个端点.在弧 $\widehat{AB}$ 上依次任取分点 $A=M_0,M_1,M_2,\cdots,M_{i-1},M_i,\cdots,M_{n-1},M_n=B$，并依次连接相邻的分点得一折线（见图6.23），它的长度是

$$s_n=|M_0M_1|+|M_1M_2|+\cdots+|M_{n-1}M_n|=\sum_{i=1}^{n}|M_{i-1}M_i|.$$

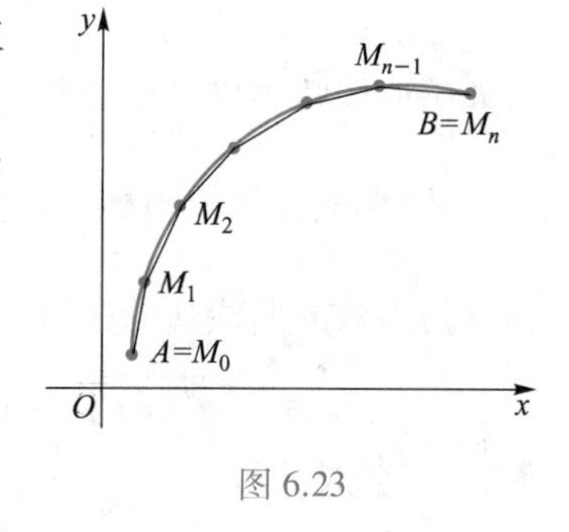

图 6.23

当分点的数目无限增加且每个小段 $M_{i-1}M_i$ 都缩向一点，即 $\max\limits_{1\leqslant i\leqslant n}|M_{i-1}M_i|\to 0$ 时，s_n 的极限存在，则称此极限为**曲线弧** $\widehat{AB}$ **的弧长**，并称此曲线弧 $\widehat{AB}$ 是**可求长**的.

对光滑曲线弧，我们有

定理 6.2.1 光滑曲线弧是可求长的.

这个定理我们不加证明.由于光滑曲线弧是可求长的，故可应用定积分的元素法来计算弧长.

设函数 $f(x)$ 在区间 $[a,b]$ 上有一阶连续导数，即曲线 $y=f(x)$ 为区间 $[a,b]$ 上的光滑曲线弧，下面我们来计算该曲线弧的长度.

如图 6.24 所示，取 x 为积分变量，它的变化区间为 $[a,b]$，曲线 $y=f(x)$ 上相应于 $[a,b]$ 上任一小区间 $[x,x+\mathrm{d}x]$ 的一段弧的长度可以用该曲线在点 $(x,f(x))$ 处的

切线上相应的一小段的长度来近似代替,而切线上这相应的长度为

$$\sqrt{(\mathrm{d}x)^2+(\mathrm{d}y)^2}=\sqrt{1+(y')^2}\,\mathrm{d}x,$$

从而得到弧长元素(即弧微分)为

$$\mathrm{d}s=\sqrt{1+(y')^2}\,\mathrm{d}x,$$

因此,所求光滑曲线的弧长为

$$s=\int_a^b\sqrt{1+(y')^2}\,\mathrm{d}x.$$

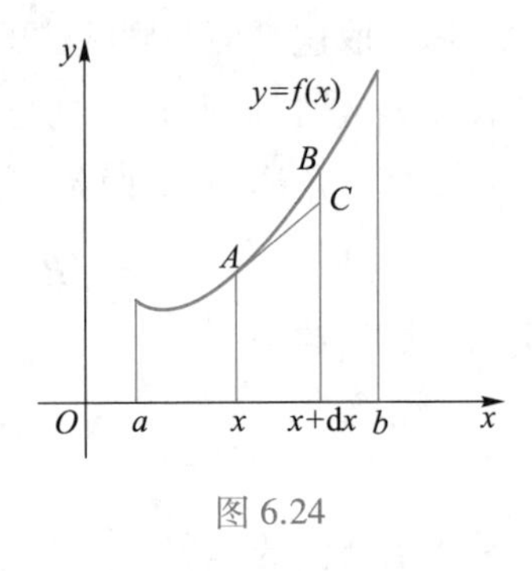

图 6.24

如果曲线弧由参数方程$\begin{cases}x=\varphi(t),\\ y=\psi(t)\end{cases}$$(\alpha\leqslant t\leqslant\beta)$给出,其中$\varphi(t)$与$\psi(t)$在$[\alpha,\beta]$上具有连续导数,且$[\varphi'(t)]^2+[\psi'(t)]^2\neq0$,那么弧长元素为

$$\mathrm{d}s=\sqrt{(\mathrm{d}x)^2+(\mathrm{d}y)^2}=\sqrt{[\varphi'(t)]^2+[\psi'(t)]^2}\,\mathrm{d}t,$$

于是,所求弧长为

$$s=\int_\alpha^\beta\sqrt{[\varphi'(t)]^2+[\psi'(t)]^2}\,\mathrm{d}t.$$

如果曲线弧由极坐标方程$\rho=\rho(\theta)(\alpha\leqslant\theta\leqslant\beta)$给出,其中$\rho(\theta)$在$[\alpha,\beta]$上具有连续导数,那么由直角坐标与极坐标的关系可得$\begin{cases}x=\rho(\theta)\cos\theta,\\ y=\rho(\theta)\sin\theta\end{cases}$$(\alpha\leqslant\theta\leqslant\beta)$.这是以极角$\theta$为参数的曲线弧的参数方程.于是,弧长元素为

$$\mathrm{d}s=\sqrt{[x'(\theta)]^2+[y'(\theta)]^2}\,\mathrm{d}\theta=\sqrt{\rho^2(\theta)+[\rho'(\theta)]^2}\,\mathrm{d}\theta,$$

从而,所求弧长为

$$s=\int_\alpha^\beta\sqrt{\rho^2(\theta)+[\rho'(\theta)]^2}\,\mathrm{d}\theta.$$

例 6.2.16　求悬链线$y=a\operatorname{ch}\dfrac{x}{a}=\dfrac{a}{2}(\mathrm{e}^{\frac{x}{a}}+\mathrm{e}^{-\frac{x}{a}})$由$x=-a$到$x=a$一段弧的长度.

解　因$y'=\operatorname{sh}\dfrac{x}{a}=\dfrac{1}{2}(\mathrm{e}^{\frac{x}{a}}-\mathrm{e}^{-\frac{x}{a}})$,$\mathrm{d}s=\sqrt{1+\operatorname{sh}^2\dfrac{x}{a}}\,\mathrm{d}x=\operatorname{ch}\dfrac{x}{a}\mathrm{d}x$,故所求弧长为

$$s=\int_{-a}^{a}\operatorname{ch}\frac{x}{a}\mathrm{d}x=2\int_0^a\operatorname{ch}\frac{x}{a}\mathrm{d}x=2a\operatorname{sh}\frac{x}{a}\Big|_0^a=2a\operatorname{sh}1=a\left(\mathrm{e}-\frac{1}{\mathrm{e}}\right).$$

例 6.2.17　求摆线$\begin{cases}x=a(t-\sin t),\\ y=a(1-\cos t)\end{cases}$的第一拱$(0\leqslant t\leqslant2\pi)$的弧长.

解　因$x'(t)=a(1-\cos t)$,$y'(t)=a\sin t$,故弧长元素为

$$\mathrm{d}s=\sqrt{a^2(1-\cos t)^2+a^2\sin^2t}\,\mathrm{d}t$$

$$=a\sqrt{2(1-\cos t)}\,\mathrm{d}t=2a\sin\frac{t}{2}\mathrm{d}t.$$

从而,所求弧长为

$$s=\int_0^{2\pi}2a\sin\frac{t}{2}\mathrm{d}t=2a\left[-2\cos\frac{t}{2}\right]_0^{2\pi}=8a.$$

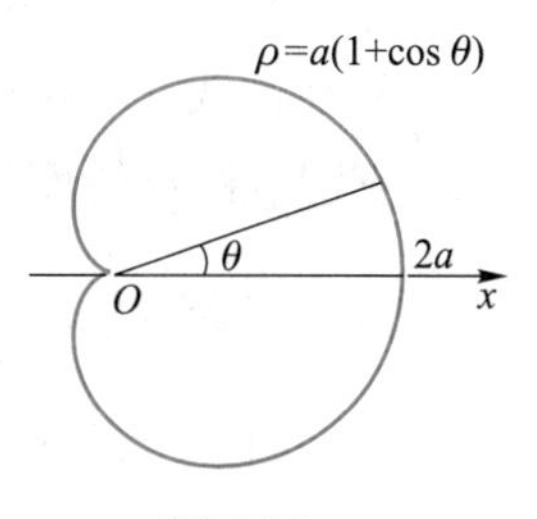

图 6.25

例 6.2.18　求心形线 $\rho=a(1+\cos\theta)(a>0)$ 的周长(见图 6.25).

解　因 $\rho'=-a\sin\theta$,故弧长元素为

$$\mathrm{d}s=a\sqrt{(1+\cos\theta)^2+(-\sin\theta)^2}\,\mathrm{d}\theta$$

$$=a\sqrt{2(1+\cos\theta)}\,\mathrm{d}\theta=2a\left|\cos\frac{\theta}{2}\right|\mathrm{d}\theta.$$

利用图形的对称性,可取积分区间为$[0,\pi]$,这时 $\cos\dfrac{\theta}{2}\geqslant 0$,故所求周长为

$$s=2\int_0^{\pi}2a\cos\frac{\theta}{2}\mathrm{d}\theta=8a\left[\sin\frac{\theta}{2}\right]_0^{\pi}=8a.$$

习题 6.2

1. 求由曲线 $y=2+x-x^2$,直线 $x=1,x=3$ 与 x 轴所围成的平面图形的面积.

2. 求由下列各组曲线所围成的平面图形的面积:

(1) $y=\dfrac{1}{2}x^2$ 与 $y=\sqrt{8-x^2}$;　　(2) $y=\dfrac{4}{x}$与直线 $y=x$ 及 $x=4$;

(3) $y=\mathrm{e}^x,y=\mathrm{e}^{-x}$与直线 $x=-1$;

(4) $y=\ln x,y$ 轴与直线 $y=\ln 2,y=\ln 3$;

(5) $y^2=x$ 与直线 $x=2-y$;　　(6) $y=x^2-25$ 与直线 $y=x-13$.

3. 求抛物线 $y=-x^2+4x-3$ 及其在点$(0,-3)$和$(3,0)$处的切线所围成的平面图形的面积.

4. 设曲线 $y=x-x^2$ 与直线 $y=ax$,求参数 a,使该直线与曲线所围成图形的面积为$\dfrac{9}{2}$.

5. 求椭圆$\dfrac{x^2}{a^2}+\dfrac{y^2}{b^2}=1$ 所围成的面积.

6. 求由下列各曲线所围成的图形的面积(其中 $a>0$):

(1) $\rho=1+\sin\theta,\rho=1$;　　(2) $\rho=8\sin 3\theta$;

(3) $\rho=3(1-\cos\theta)$;　　(4) $x=a\cos^3 t,y=a\sin^3 t$.

7. 求对数螺线 $\rho=a\mathrm{e}^{\theta}(a>0,-\pi\leqslant\theta\leqslant\pi)$及射线 $\theta=\pi$ 所围成图形的面积.

8. 求由下列各曲线所围成图形的公共部分的面积：

(1) $\rho=-3\cos\theta$ 及 $\rho=1-\cos\theta$；　(2) $\rho=\sqrt{2}\sin\theta$ 及 $\rho^2=\cos 2\theta$.

9. 在曲线 $\rho^2=4\cos 2\theta$ 上求一点 M，使极点 O 到 M 的直线分曲线在第一象限与极轴所围成图形的面积为相等的两部分.

10. 求双纽线 $\rho^2=a^2\cos 2\theta$ 和直线 $\theta=0$ 及 $\theta=\dfrac{\pi}{6}$ 所围成图形的面积.

11. 设由 $y=x^3$，$x=2$ 及 x 轴所围成的图形分别绕 x 轴和 y 轴旋转，计算所得两个旋转体的体积.

12. 求下列曲线所围成的图形绕指定轴旋转所得旋转体的体积：

(1) $y=x^2$，$x=2$ 及 x 轴，分别绕 x 轴和 y 轴；

(2) $y=x^2$ 与 $y^2=8x$，分别绕 x 轴和 y 轴；

(3) $x^2+(y-5)^2=16$，绕 x 轴；

(4) $x^{\frac{2}{3}}+y^{\frac{2}{3}}=a^{\frac{2}{3}}(a>0)$，绕 x 轴.

13. 求心形线 $\rho=4(1+\cos\theta)$ 和直线 $\theta=0$，$\theta=\dfrac{\pi}{2}$ 所围成的图形绕极轴旋转所得旋转体的体积.

14. 求由曲线 $y=x^2$，直线 $x=2$ 和 x 轴所围成的图形绕直线 $y=-1$ 旋转所得旋转体的体积.

15. 有一立体，以长半轴 $a=10$，短半轴 $b=5$ 的椭圆为底，而垂直于长轴的截面都是等边三角形，试求其体积.

16. 两个半径均为 a 的圆柱体垂直相交，求它们公共部分的体积.

17. 计算抛物线 $y=x^2$ 在 $x=-\sqrt{2}$ 至 $x=\sqrt{2}$ 之间的弧长.

18. 计算曲线 $y=\ln(1-x^2)$ 上相应于 $0\leqslant x\leqslant\dfrac{1}{2}$ 的一段弧长.

19. 计算半立方抛物线 $y^2=\dfrac{2}{3}(x-1)^3$ 被抛物线 $y^2=\dfrac{x}{3}$ 截得的一段弧的长度.

20. 计算星形线 $x=a\cos^3 t$，$y=a\sin^3 t$ 的全长.

21. 计算阿基米德螺线 $\rho=a\theta$ 上从 $\theta=0$ 到 $\theta=2\pi$ 这一段的弧长.

22. 计算对数螺线 $\rho=a\mathrm{e}^{\lambda\theta}(a>0,\lambda>0)$ 上从 $\theta=0$ 到 $\theta=a$ 这一段的弧长.

23. 在摆线 $x=a(t-\sin t)$，$y=a(1-\cos t)(a>0)$ 上求分摆线第一拱成 1∶3 的点的坐标.

6.3 定积分在物理学上的应用

通过本节的学习,能够利用元素法求功、水压力、引力等物理问题.

6.3.1 变力沿直线所做的功

如果一个物体在恒力 F 的作用下做直线运动,且力的方向与物体的运动方向一致,那么由物理学知道,当物体移动一段距离 s 时,力 F 对物体所做的功是

$$W=F\cdot s.$$

但如果一个物体在变力 $F(x)$(大小变化,方向不变且方向与物体的运动方向一致)的作用下沿直线运动,则将与上述情况不同.不难利用元素法得出:若物体在变力 $F(x)$ 的作用下沿 x 轴运动,则当物体由 x 轴上 a 点移动到 b 点时,变力 $F(x)$(设 $F(x)$ 连续)对物体所做的功是

$$W=\int_a^b F(x)\,\mathrm{d}x.$$

下面通过具体例子说明如何计算变力所做的功.

例 6.3.1 把一个带电荷量 $+q$ 的点电荷放在 r 轴上坐标原点 O 处,它产生一个电场.这个电场对周围的电荷有作用力.由物理学知道,如果有一个单位正电荷放在这个电场中距离原点 O 为 r 的地方,那么电场对它的作用力的大小为

$$F=k\frac{q}{r^2}(k\text{ 是常数}).$$

见图 6.26,当这个单位正电荷在电场中从 $r=a$ 处沿 r 轴移动到 $r=b(a<b)$ 处时,计算电场力 F 对它所做的功.

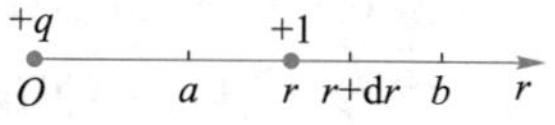

图 6.26

解 注意到将单位正电荷在 r 轴上从 a 点移动到 b 点的过程中,电场对该单位正电荷的作用力是变化的,问题归结为变力沿直线做功的情形来处理.

取 r 为积分变量,其变化区间为 $[a,b]$.设 $[r,r+\mathrm{d}r]$ 为 $[a,b]$ 上的任一小区间.当单位正电荷从 r 移动到 $r+\mathrm{d}r$ 时,电场力对它所做的功近似等于 $\frac{kq}{r^2}\mathrm{d}r$,即功元素为 $\mathrm{d}W=\frac{kq}{r^2}\mathrm{d}r$.于是所求的功为

$$W=\int_a^b\frac{kq}{r^2}\mathrm{d}r=kq\left[-\frac{1}{r}\right]_a^b=kq\left(\frac{1}{a}-\frac{1}{b}\right).$$

在计算静电场中某点的电位时,要考虑将单位正电荷从该点处 $(r=a)$ 移到无穷远处时电场力所做的功 W.此时,电场力对单位正电荷所做的功就是反常积分

$$W=\int_a^{+\infty}\frac{kq}{r^2}\mathrm{d}r=kq\left[-\frac{1}{r}\right]_a^{+\infty}=\frac{kq}{a}.$$

例 6.3.2　一圆台形容器高为 5 m,上底圆半径为 3 m,下底圆半径为 2 m.试问将容器内盛满的水全部吸出需做多少功?

解　这是一个克服重力做功的问题.思考的方法是:将吸水过程看作是从水的表面到容器底部一层一层地吸出,那么提取每薄层水的力的大小就是薄层水的重力.但是每层水的深度不同,所以提取每层水至容器外的位移量是不同的.具体算法如下:

选取坐标系如图 6.27 所示,水的深度为积分变量 $y,y\in[0,5]$.考察将$[0,5]$中相应于任意小区间$[y,y+\mathrm{d}y]$上的这层水提出容器外所做的功.因为直线 AB 的方程为 $y=-5(x-3)$,所以该水层的重力近似为(重力加速度 g 取 9.8 m/s²)

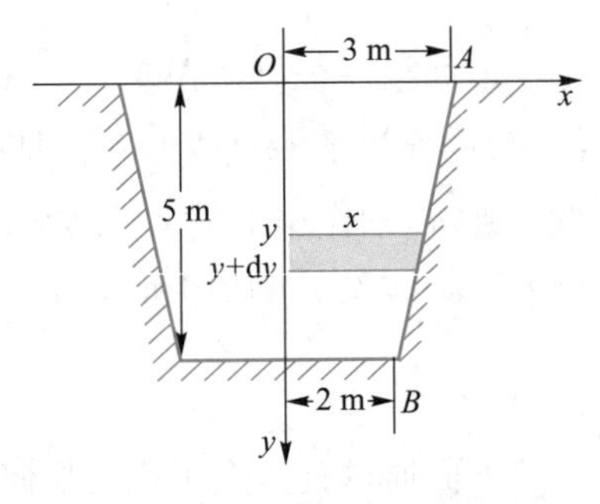

图 6.27

$$9\,800\pi x^2\mathrm{d}y=9\,800\pi\left(3-\frac{y}{5}\right)^2\mathrm{d}y(\mathrm{N}).$$

该水层提出容器外的位移为 y,于是将它吸出容器外需做功的近似值即功的元素为 $\mathrm{d}W=9\,800\pi\left(3-\frac{y}{5}\right)^2y\mathrm{d}y$,于是所求的功为

$$W=\int_0^5 9\,800\pi\left(3-\frac{y}{5}\right)^2y\mathrm{d}y\approx 2.116\,7\times10^6(\mathrm{J}).$$

例 6.3.3　建筑工程打地基,用汽锤打桩.汽锤每次打击时要克服土层对桩的阻力做功.设土层对桩的阻力的大小与桩被打进地下的深度成正比(比例系数为 $k,k>0$).汽锤第一次将桩打进地下 a m,设计方案要求汽锤每次打桩时所做的功与前一次击打做的功之比为常数 $r(0<r<1)$.试问:

(1) 汽锤击打 3 次后,可以将桩打进地下多深?

(2) 若击打次数不限,汽锤至多能打多深?

解　设汽锤第 n 次击打后,桩被打进的深度为 x_n(x_n 为累计深度),且第 n 次击打时,汽锤所做的功为 $W_n(n=1,2,\cdots)$.依题意,$x_1=a$,桩被打进深度 x 时,土层阻力为 kx,$W_n=rW_{n-1}$,

$$W_1=\int_0^a kx\mathrm{d}x=\frac{1}{2}ka^2,W_2=\int_{x_1}^{x_2}kx\mathrm{d}x,\cdots,W_n=\int_{x_{n-1}}^{x_n}kx\mathrm{d}x,$$

相加得

$$W_1+W_2+\cdots+W_n=\int_0^{x_n}kx\mathrm{d}x=\frac{1}{2}kx_n^2.$$

又 $W_n = rW_{n-1} = r^2 W_{n-2} = \cdots = r^{n-1} W_1$，将 $W_1 = \frac{1}{2}ka^2$ 代入上式，得

$$(1 + r + r^2 + \cdots + r^{n-1}) W_1 = (1 + r + r^2 + \cdots + r^{n-1}) \cdot \frac{1}{2}ka^2 = \frac{1}{2}kx_n^2.$$

故

$$x_n = a\sqrt{1 + r + r^2 + \cdots + r^{n-1}} = a\sqrt{\frac{1 - r^n}{1 - r}}.$$

（1）汽锤击打 3 次后，可以将桩打进地下的深度为

$$x_3 = a\sqrt{1 + r + r^2}\ (\mathrm{m}).$$

（2）汽锤至多能打进地下的深度为

$$\lim_{n\to\infty} x_n = \frac{a}{\sqrt{1 - r}}\ (\mathrm{m}).$$

6.3.2 水压力

由物理学知道，在水深为 h 处的压强为 $p=\rho gh$，这里 ρ 是水的密度，g 是重力加速度.如果有一面积为 A 的平板水平放置在水深为 h 处，那么，平板一侧所受的水压力为 $P=p \cdot A$.

若平板铅直放置在水中，由于水深不同，压强也不同，因此平板一侧所受的压力就不能用上述方法计算，而需要应用定积分.

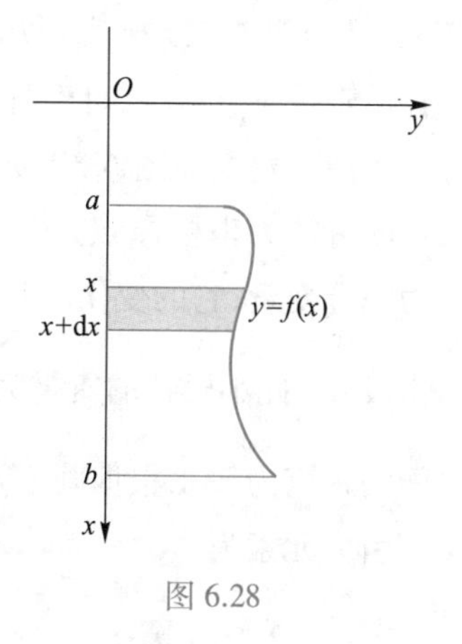

图 6.28

取直角坐标系如图 6.28 所示，y 轴沿水面，x 轴铅直向下，并设平板的曲边方程为

$$y = f(x)\ (a \leqslant x \leqslant b),$$

其中 $f(x)$ 为连续函数.取 x 为积分变量，它的变化区间为 $[a,b]$.设 $[x,x+\mathrm{d}x]$ 为 $[a,b]$ 上的任一小区间，平板上相应于 $[x,x+\mathrm{d}x]$ 的窄条上各点处的压强近似等于 ρgx，这窄条的面积近似等于 $f(x)\,\mathrm{d}x$.因此，这窄条一侧所受水压力的近似值即压力元素为 $\mathrm{d}P=\rho gxf(x)\,\mathrm{d}x$.从而平板所受的压力为

$$P = \rho g\int_a^b xf(x)\,\mathrm{d}x.$$

下面我们来举例说明.

例 6.3.4 设有一等腰梯形闸门，上、下底边各长 10 m、6 m，高 20 m，上底与水面相齐，求闸门一侧的水压力.

解 建立如图 6.29 所示的坐标系，过闸门上底边的直线为 y 轴，上底边中点为

坐标原点 O,过点 O 与上底边垂直的直线为 x 轴.于是,有 $A(20,3)$,$B(0,5)$,直线 AB 的方程为 $y=5-\frac{x}{10}$,因此所求水压力为

$$P=2\rho g\int_0^{20}x\left(5-\frac{x}{10}\right)\mathrm{d}x=2\rho g\left[\frac{5}{2}x^2-\frac{x^3}{30}\right]_0^{20}$$

$$=14\ 373\ (\mathrm{kN}).$$

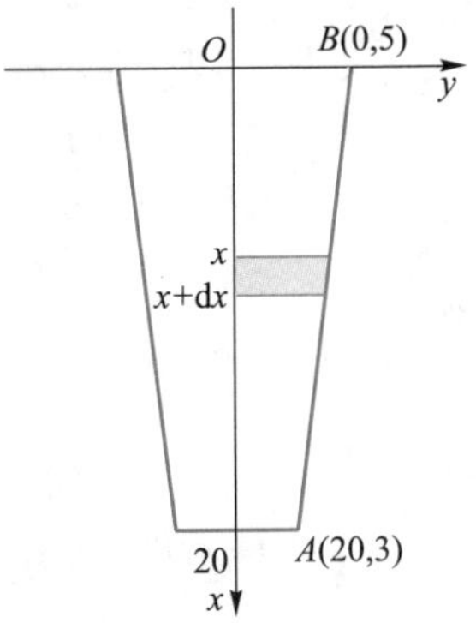

图 6.29

6.3.3　引力

由物理学知道,质量分别为 m_1,m_2,相距为 r 的两质点间的引力的大小为

$$F=G\frac{m_1m_2}{r^2},$$

其中 G 为引力系数,引力的方向沿着两质点的连线方向.

如果要计算一根细棒对一个质点的引力,由于细棒上各点与该质点的距离是变化的,且各点对该质点的引力的方向也是变化的,因此就不能用上述公式来计算.下面我们举例说明可以用定积分来计算某些特殊情况下的引力问题.

例 6.3.5　设有质量为 M,长度为 l 的均匀细杆,另有一质量为 m 的质点 P 和杆位于一条直线上,且到杆的近端的距离为 a,计算杆对质点的引力.

解　建立如图 6.30 所示的坐标系,使杆到质点的近端为坐标原点,另一端为 x 轴的方向.以 x 为积分变量,它的变化区间为 $[0,l]$.在杆上任取一小段 $\mathrm{d}x$,此小段杆的质量为 $\frac{M}{l}\mathrm{d}x$,由于 $\mathrm{d}x$ 很小,可以近似地看作一质点,它与质点间的距离为 $x+a$.根据两质点间的引力计算公式,这小段细杆对质点引力的近似值即引力元素为

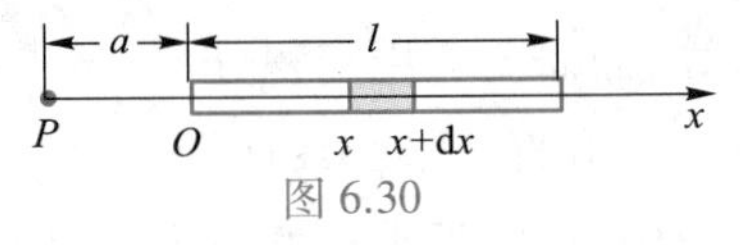

图 6.30

$$\mathrm{d}F=G\frac{m\cdot\frac{M}{l}\mathrm{d}x}{(x+a)^2}=G\frac{m\cdot M\mathrm{d}x}{l(x+a)^2},$$

从 0 到 l 积分,就得到细杆对质点的引力

$$F=\int_0^l G\frac{m\cdot M\mathrm{d}x}{l(x+a)^2}=\frac{GmM}{l}\int_0^l\frac{\mathrm{d}x}{(x+a)^2}=\frac{GmM}{l}\left[-\frac{1}{x+a}\right]_0^l=\frac{GmM}{a(a+l)}.$$

习题 6.3

1. 已知弹簧每拉长 0.02 m 要用 9.8 N 的力,求把弹簧拉长 0.1 m 所做的功.
2. 直径为 20 cm、高为 80 cm 的圆筒内充满压强为 10 $\mathrm{N/cm^2}$ 的蒸汽.设温度保

持不变,要使蒸汽体积缩小一半,问需要做多少功?

3. 半径为 r 的半球形水池中灌满水,要把池内的水全部吸尽,需要做多少功?

4. 有一横截面积为 $S=20\ \text{m}^2$、深为 5 m 的水池装满了水,要把池中的水全部抽到高为 10 m 的水塔顶上去,需要做多少功?

5. 一物体按规律 $x=ct^3(c>0)$ 做直线运动,设介质的阻力与速度的平方成正比,求物体从 $x=0$ 到 $x=a$ 时,阻力所做的功.

6. 用铁锤将一铁钉击入木板,设木板对铁钉的阻力与铁钉击入木板的深度成正比,在击第一次时,将铁钉击入木板 1 cm. 如果铁锤每次锤击铁钉所做的功相等,问锤击第二次时,铁钉又击入多少?

7. 水闸的门为矩形,宽 20 m,高 16 m,垂直立于水中,它的上沿与水平面相齐,求水对闸门的压力.

8. 垂直闸门的形状为等腰梯形,上底为 2 m,下底为 1 m,高 3 m,露出水面 1 m,求水对闸门的压力.

9. 等腰三角形薄板铅直地沉没在水中,它的底与水面相齐,薄板的底为 a,高为 h.

(1) 计算在薄板上每侧所受的压力.

(2) 如果倒转薄板使顶点与水面相齐,而底平行于水面,则水对薄板的压力增大几倍?

(3) 若三角形薄板沉入水中一部分,顶点朝下,底平行于水面,且在水面之下 $\dfrac{h}{2}$,求其每侧所受的压力.

10. 设有一长度为 l、线密度为 μ 的均匀细直棒,在其中垂线上距棒 a 单位处有一质量为 m 的质点 M. 试计算该棒对质点 M 的引力.

11. 设有半径为 R、总质量为 M 的均匀半圆环,其圆心处有一质量为 m 的质点,求半圆环对质点的引力.

6.4　定积分在经济学中的简单应用

通过本节的学习,能够利用定积分求总成本、总收益等经济问题.

6.4.1　由边际函数求总函数

已知总成本函数 $C=C(Q)$,总收益函数 $R=R(Q)$,由微分学可得

边际成本函数 $C'(Q)=\dfrac{\mathrm{d}C}{\mathrm{d}Q}$;

边际收益函数 $R'(Q)=\frac{\mathrm{d}R}{\mathrm{d}Q}$.

因此,总成本函数可表示为

$$C(Q)=\int_0^Q C'(Q)\mathrm{d}Q+C_0,$$

总收益函数可表示为

$$R(Q)=\int_0^Q R'(Q)\mathrm{d}Q,$$

总利润函数可表示为

$$L(Q)=\int_0^Q [R'(Q)-C'(Q)]\mathrm{d}Q-C_0,$$

其中 C_0 为固定成本.

例 6.4.1　生产某产品的固定成本为 40 万元,边际成本与边际收益(单位均为:万元/件)分别为

$$C'(Q)=Q^2-13Q+110, R'(Q)=100-2Q,$$

试确定厂商的最大利润.

解　先确定获得最大利润的产出水平 Q_0.

由极值存在的必要条件 $C'(Q)=R'(Q)$,即

$$Q^2-13Q+110=100-2Q,$$

解方程得 $Q_1=1, Q_2=10$.

由极值存在的充分条件

$$\frac{\mathrm{d}[R'(Q)-C'(Q)]}{\mathrm{d}Q}<0,$$

即

$$\frac{\mathrm{d}[R'(Q)]}{\mathrm{d}Q}-\frac{\mathrm{d}[C'(Q)]}{\mathrm{d}Q}=-2-2Q+13<0,$$

显然 $Q_2=10$ 满足充分条件,即获得最大利润的产出水平是 $Q_0=10$.

最大利润为

$$L=\int_0^{Q_0}[R'(Q)-C'(Q)]\mathrm{d}Q-C_0=\int_0^{10}[(100-2Q)-(Q^2-13Q+110)]\mathrm{d}Q-40$$

$$=\frac{230}{3}(\text{万元}).$$

例 6.4.1 是利润关于产出水平的最大化问题,还有与此类似的利润关于时间的最大化问题,它是具有特殊性质的开发模型,如石油勘探、矿物开采等具有耗竭性的开发.收益率一般是时间的单调减少函数,即开始时收益率较高,过一段时间就

会降低.另一方面,成本率随时间逐渐上升,它是时间的单调增加函数(图 6.31).

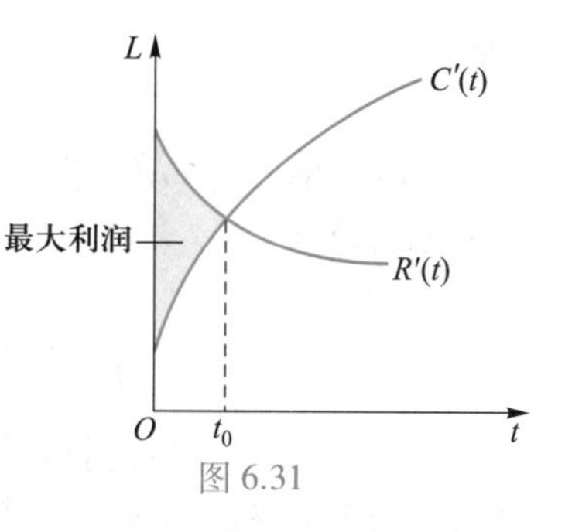

图 6.31

作为开发者,面临的问题是如何定出 t_0,使利润 $L(t)$ 最大.

由于

$$L(t)=R(t)-C(t),$$

当 $L'(t)=R'(t)-C'(t)=0$ 时,L 取最大值,故有 t_0 满足

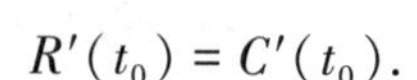

$$R'(t_0)=C'(t_0).$$

而利润

$$L(t)=\int_0^t[R'(t)-C'(t)]\,\mathrm{d}t-C_0,$$

当 $t=t_0$ 时,$L(t)$ 最大.

例 6.4.2 某煤矿投资 2 000 万元建成,在时刻 t 的追加成本和增加收益(单位均为:百万元/年)分别为

$$C'(t)=6+2t^{\frac{2}{3}},R'(t)=18-t^{\frac{2}{3}}.$$

试确定该矿在何时停止生产方可获得最大利润?最大利润是多少?

解 由极值存在的必要条件 $R'(t)-C'(t)=0$,即

$$18-t^{\frac{2}{3}}-(6+2t^{\frac{2}{3}})=0,$$

可解得 $t=8$.又

$$R''(t)-C''(t)=-\frac{2}{3}t^{-\frac{1}{3}}-\frac{4}{3}t^{-\frac{1}{3}},\quad R''(8)-C''(8)<0,$$

故 $t_0=8$ 是最佳终止时间.此时的利润为

$$L=\int_0^8[R'(t)-C'(t)]\,\mathrm{d}t-20=\int_0^8[(18-t^{\frac{2}{3}})-(6+2t^{\frac{2}{3}})]\,\mathrm{d}t-20$$

$$=\left(12t-\frac{9}{5}t^{\frac{5}{3}}\right)\Big|_0^8-20=38.4-20=18.4(\text{百万元}).$$

6.4.2 资本现值和投资问题

现有 a 元货币,若按年利率 r 进行连续复利计算,则 t 年后的价值为 $a\mathrm{e}^{rt}$ 元;反之,若 t 年后要有货币 a 元,则按连续复利计算,现在应有 $a\mathrm{e}^{-rt}$ 元,称此为**资本现值**.

我们设在时间区间 $[0,T]$ 内时刻 t 的单位时间收入为 $f(t)$,称此为**收入率**.若按年利率为 r 的连续复利计算,则在时间区间 $[t,t+\mathrm{d}t]$ 内的收入现值为 $f(t)\mathrm{e}^{-rt}\mathrm{d}t$.按照定积分的元素法,则在 $[0,T]$ 内得到的总收入现值为

$$y=\int_0^T f(t)\mathrm{e}^{-rt}\mathrm{d}t.$$

若收入率 $f(t)=a$（a 为常数），称此为均匀收入率，如果年利率 r 也为常数，则总收入的现值为

$$y=\int_0^T a\mathrm{e}^{-rt}\mathrm{d}t=a\left[-\frac{1}{r}\mathrm{e}^{-rt}\right]_0^T=\frac{a}{r}(1-\mathrm{e}^{-rT}).$$

例 6.4.3 现对某企业给予一笔投资 A，经测算，该企业在 T 年中可以按每年 a 元的均匀收入率获得收入.若年利率为 r，试求：

（1）该投资的纯收入的现值（或称为投资的资本价值）；

（2）收回该笔投资的时间为多少？

解 （1）因收入率为 a，年利率为 r，故投资后的 T 年中获总收入的现值为

$$y=\int_0^T a\mathrm{e}^{-rt}\mathrm{d}t=a\left[-\frac{1}{r}\mathrm{e}^{-rt}\right]_0^T=\frac{a}{r}(1-\mathrm{e}^{-rT}),$$

从而投资所获得的纯收入的现值为

$$R=y-A=\frac{a}{r}(1-\mathrm{e}^{-rT})-A.$$

（2）收回投资，即总收入的现值等于投资，故有 $\frac{a}{r}(1-\mathrm{e}^{-rT})=A$.由此解得 $T=\frac{1}{r}\ln\frac{a}{a-Ar}$，即收回投资的时间为 $T=\frac{1}{r}\ln\frac{a}{a-Ar}$.

例如，若对某企业投资 $A=800$（万元），年利率为 5%，设在 20 年中的均匀收入率为 $a=200$（万元/年），则有总收入的现值为

$$y=\frac{200}{0.05}(1-\mathrm{e}^{-0.05\times 20})=4\ 000(1-\mathrm{e}^{-1})\approx 2\ 528.5(\text{万元}).$$

从而投资所得纯收入为

$$R=y-A=2\ 528.5-800=1\ 728.5(\text{万元}).$$

投资收回期为

$$T=\frac{1}{0.05}\ln\frac{200}{200-800\times 0.05}=20\ln 1.25\approx 4.46(\text{年}).$$

由此可知，该投资在 20 年中可得纯利润为 1 728.5 万元，投资收回期约为 4.46 年.

例 6.4.4 有一个大型投资项目，投资成本为 $A=10\ 000$（万元），投资年利率为 5%，每年的均匀收入率为 $a=2\ 000$（万元），求该投资为无限期时的纯收入的现值.

解 由已知条件，收入率为 $a=2\ 000$（万元），年利率 $r=5\%$，故无限期的投资的总收入的现值为

$$y=\int_0^{+\infty} a\mathrm{e}^{-rt}\mathrm{d}t=\int_0^{+\infty} 2\ 000\mathrm{e}^{-0.05t}\mathrm{d}t=-\frac{2\ 000}{0.05}\left[\mathrm{e}^{-0.05t}\right]_0^{+\infty}=40\ 000(\text{万元}).$$

从而投资为无限期时的纯收入现值为

$$R=y-A=40\ 000-10\ 000=30\ 000(\text{万元})=3(\text{亿元}).$$

即投资为无限期时的纯收入的现值为 3 亿元.

6.4.3 消费者剩余和生产者剩余

在市场经济中,生产并销售某一商品的数量可由这一商品的供给曲线与需求曲线来描述.供给曲线描述的是生产者根据不同的价格水平提供的商品数量,一般假定价格上涨时,供应量将会增加;因此,把数量看成价格的函数,这是一个单调增加函数,即供给曲线是单调递增的.

需求曲线则反映了顾客的购买行为,通常假定价格上涨,购买的数量下降,即需求曲线随价格的上升而单调递减.

需求量与供给量都是价格的函数,但经济学家习惯用纵坐标表示价格,横坐标表示需求量或供给量.在市场经济下,价格和数量在不断调整,最后趋向于均衡价格和均衡数量,分别用 P^* 和 Q^* 表示,即供给曲线与需求曲线的交点 E.

在图 6.32 中,P_0 是供给曲线在价格坐标轴上的截距,也就是当价格为 P_0 时,供应量是零,只有价格高于 P_0 时,才有供应量.而 P_1 是需求曲线的截距,当价格为 P_1 时,需求量是零,只有价格低于 P_1 时,才有需求.Q_1 则表示当商品免费赠送时的最大需求量.

在市场经济中,有时一些消费者愿意对某种商品付出比他们实际所付出的市场价格 P^* 更高的价格,由此他们所得到的好处称为消费者剩余(CS),由图 6.32 可看出:

$$\mathrm{CS}=\int_0^{Q^*} D(Q)\mathrm{d}Q-P^*Q^*,$$

其中 $\int_0^{Q^*} D(Q)\mathrm{d}Q$ 表示一些愿意付出比 P^* 更高价格的消费者的总消费量,而 P^*Q^* 表示实际的消费额,两者之差为消费者省下来的钱,即消费者剩余.

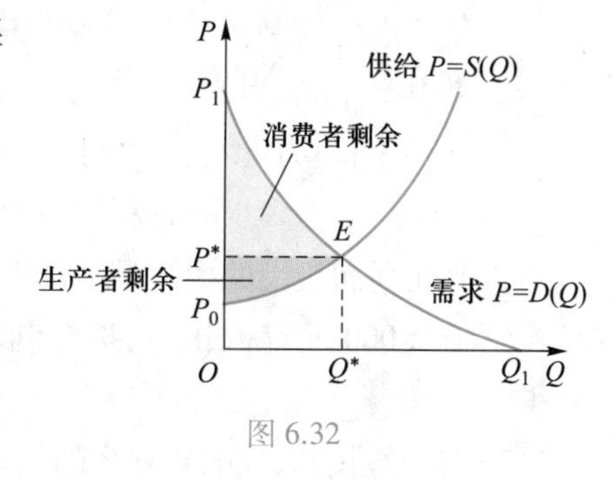

图 6.32

同理,对生产者来说,有时也有一些生产者愿意以比市场价格 P^* 低的价格出售他们的商品,由此他们所得到的好处称为生产者剩余(PS),如图 6.32 所示,有

$$\mathrm{PS}=P^*Q^*-\int_0^{Q^*} S(Q)\mathrm{d}Q.$$

例 6.4.5 设需求函数 $D(Q)=24-3Q$,供给函数 $S(Q)=2Q+9$,求消费者剩余

和生产者剩余.

解 首先求均衡价格与均衡数量.由 $24-3Q=2Q+9$ 得 $Q^*=3, P^*=15$.因此,

$$CS=\int_0^3(24-3Q)\,dQ-15\times 3=\left(24Q-\frac{3}{2}Q^2\right)\Big|_0^3-45=\frac{27}{2},$$

$$PS=15\times 3-\int_0^3(2Q+9)\,dQ=45-(Q^2+9Q)\big|_0^3=9.$$

习题 6.4

1. 已知某产品产量的变化率:$f(t)=at-b$,其中 t 为时间,a 和 b 为常数,试求在时间区间[2,4]内该产品的产量.

2. 已知某产品总产量的变化率是时间(单位:年)t 的函数:$f(t)=2t+6\geqslant 0$.求第一个5年和第二个5年的总产量各为多少?

3. 已知某产品生产 Q 个单位时,边际收益为 $R'(Q)=200-\frac{Q}{100}, Q\geqslant 0$.

(1) 求生产了50个单位时的总收益 $R(Q)$;

(2) 如果已经生产了100个单位,求再生产100个单位,总收益将增加多少?

4. 设某商店售出 x 台某电器时的边际利润为 $ML=12.5-\frac{x}{80}(x\geqslant 0)$(其中 ML 的单位为百元/台),且已知 $L(0)=0$.试求:

(1) 售出40台时的总利润 $L(Q)$;

(2) 售出60台时,前30台的平均利润和后30台的平均利润.

5. 某工厂生产某产品 Q 百台的总成本 $C(Q)$(单位:万元/百台)的边际成本为 $MC=2$(设固定成本为零,单位:万元/百台),总收入(单位:万元)的边际收入为 $MR=7-2Q$(单位:万元/百台),求:

(1) 生产量为多少时总利润最大?

(2) 在利润最大的生产量基础上又生产了50台,总利润减少了多少?

6. 有2 000元存入银行,按年利率6%进行复利计算,问20年后的本利和为多少?

7. 有一笔按6.5%的年利率的投资,在16年后得到1 200元,问当初的投资额应为多少?

本章小结

1. 定积分的元素法

定积分的元素法是本章的重点与难点.应用定积分的元素法,关键是根据题中

的具体条件,利用几何或物理知识,求出所求量的元素.元素法的解题步骤为:

第6章知识和方法总结

(1) 选取一个变量(如 x)并确定其变化区间$[a,b]$;

(2) 取一个小区间$[x,x+\mathrm{d}x]\subset[a,b]$,计算在这个小区间上部分量 ΔU 的近似值:$\mathrm{d}U=f(x)\mathrm{d}x$,它是量 U 的元素;

(3) 以$f(x)\mathrm{d}x$ 为被积式,即得 $U=\int_a^b f(x)\mathrm{d}x$.

一般地,若量 U 在$[a,b]$上具有可加性,且 $\Delta U=f(x)\mathrm{d}x+o(\mathrm{d}x)$,则可用上述元素法计算量 U.

2. 定积分在几何学上的应用

求平面图形的面积,一般应先画出平面区域的图形,特别是找出曲线与坐标轴或曲线之间的交点,根据条件选择用直角坐标系还是极坐标系.在直角坐标系下,还需根据图形的特征,选择相应的积分变量及积分区域,然后写出面积的积分表达式进行计算.对某些图形,用极坐标来计算可能更简单.

求由曲线 $y=f(x)$, $f(x)\geqslant 0,x=a,x=b$ 所围成的曲边梯形绕 x 轴旋转一周而成的旋转体的体积时,利用切片法,即把旋转体看成是由一系列与 x 轴垂直的圆形薄片所组成的,以此薄片的体积为体积元素.难点在于当旋转轴是与 x 轴平行的直线或是由 $y=f(x)$, $y=g(x)$, $x=a$, $x=b$ 所围成的图形旋转时,这时只需作平移或看成是两个曲边梯形面积之差即可.

求由曲线 $y=f(x)$, $f(x)\geqslant 0,x=a,x=b$ 所围成的曲边梯形绕 y 轴旋转一周而成的旋转体的体积时,利用薄壳法,即把旋转体看成是由一系列圆柱形薄壳组成,以此柱壳的体积为体积元素.难点也在于当旋转轴是与 y 轴平行的直线或由 $y=f(x)$, $y=g(x)$, $x=a$, $x=b$ 所围成的图形旋转时,同样只需作平移或看成是两个曲边梯形面积之差即可.

在求平行截面面积为已知的这一类立体的体积时,重点是找出 x 点处截面面积函数 $A(x)$.

求平面曲线的弧长时,重点应掌握参数方程所表示的曲线弧的弧长公式.

3. 定积分在物理学上的应用

定积分在物理学上的应用除了前面提到的求解功、压力、引力等问题,还包括求解质量、质心、转动惯量等问题,解这类问题时首先把实际问题化为数学问题,根据相应的物理原理通过元素法写出积分形式.要注意的是引力、电磁场等量是向量,只有确定其坐标,并把合力投影到沿坐标轴的分力后才能分别进行积分计算.

另外,在寻求积分元素建立积分公式时,坐标系的选取是任意的.但是选取的好坏常会影响求解的难易程度,甚至无法求解.坐标系的选取不同,积分元素与积分区间也因之而异,这是应该注意的.

再次指出,本章导出的一些公式,它们固然为计算有关问题提供了方便,然而更为重要的是通过这些公式的导出来掌握解决有关问题的方法.所以,建议读者多做练习,这是培养和提高分析问题和解决问题能力的有效途径.

总 习 题 6

A 组

1. 选择题:

(1) 曲线 $y=\dfrac{1}{x}$,直线 $y=x,x=2$ 所围成的图形面积为 A,则 $A=($　　$)$.

(A) $\int_1^2\left(\dfrac{1}{x}-x\right)\mathrm{d}x$　　(B) $\int_1^2\left(x-\dfrac{1}{x}\right)\mathrm{d}x$

(C) $\int_1^2\left(2-\dfrac{1}{y}\right)\mathrm{d}y+\int_0^1(2-y)\mathrm{d}y$　　(D) $\int_1^2\left(2-\dfrac{1}{x}\right)\mathrm{d}x+\int_1^2(2-x)\mathrm{d}x$

(2) 设在区间 $[a,b]$ 上,$f(x)>0,f'(x)<0,f''(x)>0$,令 $s_1=\int_a^b f(x)\mathrm{d}x,s_2=f(b)(b-a),s_3=\dfrac{1}{2}[f(b)+f(a)](b-a)$,则(　　).

(A) $s_1<s_2<s_3$　　(B) $s_3<s_1<s_2$　　(C) $s_2<s_1<s_3$　　(D) $s_2<s_3<s_1$

(3) 设 $f(x),g(x)$ 在区间 $[a,b]$ 上连续,且 $g(x)<f(x)<m$(m 为常数),则曲线 $y=g(x),y=f(x)$,直线 $x=a$ 及 $x=b$ 所围平面图形绕直线 $y=m$ 旋转一周而成的旋转体体积为(　　).

(A) $\int_a^b\pi[m-f(x)+g(x)][f(x)-g(x)]\mathrm{d}x$

(B) $\int_a^b\pi[m-f(x)-g(x)][f(x)-g(x)]\mathrm{d}x$

(C) $\int_a^b\pi[2m-f(x)+g(x)][f(x)-g(x)]\mathrm{d}x$

(D) $\int_a^b\pi[2m-f(x)-g(x)][f(x)-g(x)]\mathrm{d}x$

(4) 曲线 $y=(\sin x)^{\frac{3}{2}}(0\leqslant x\leqslant\pi)$ 与 x 轴围成的图形绕 x 轴旋转所成的旋转体的体积为(　　).

(A) $\dfrac{2}{3}\pi$　　(B) $\dfrac{2}{3}\pi^2$　　(C) $\dfrac{4}{3}\pi$　　(D) $\dfrac{4}{3}$

(5) 横断面积为 S,深为 h 的水池中装满水,把池中的水全部抽到距地面高为 H 的水塔中所做的功 W=(　　).

(A) $\int_0^h S(H+h+y)\,\mathrm{d}y$　　(B) $\int_0^H S(H+h-y)\,\mathrm{d}y$

(C) $\int_0^{h+H} S(H+h-y)\,\mathrm{d}y$　　(D) $\int_0^h S(H+y)\,\mathrm{d}y$

2. 填空题:

(1) 由曲线 $y=x+\dfrac{1}{x}$,直线 $x=2$ 及 $y=2$ 所围图形的面积 A=________.

(2) 由曲线 $y=x\mathrm{e}^x$ 与直线 $y=\mathrm{e}x$ 所围图形的面积 A=________.

(3) 已知 $f(x)=\int_{-1}^{x}(1-|t|)\,\mathrm{d}t\,(x\geqslant-1)$,则曲线 $y=f(x)$ 与 x 轴所围图形的面积为________.

(4) 曲线 $\begin{cases}x=a(\cos t+t\sin t),\\ y=a(\sin t-t\cos t)\end{cases}$ 从 $t=0$ 到 $t=\pi$ 的一段弧长 s=________.

(5) 设 $V(a)$ 是由曲线 $y=x\mathrm{e}^{-x}$,直线 $x=0,y=0,x=a$ 所围图形绕 x 轴旋转一周的立体体积,则 $\lim\limits_{a\to+\infty}V(a)$=________.

3. 求由抛物线 $y=x^2$ 与直线 $y=2x+8$ 所围平面图形的面积.

4. 求由抛物线 $y^2=2x$ 与直线 $y=x-4$ 所围平面图形的面积.

5. 求由曲线 $y=\dfrac{x^2}{2}$ 和 $y=\dfrac{1}{1+x^2}$ 所围平面图形的面积.

6. 求由曲线 $\rho=2\cos\theta$ 所围平面图形的面积.

7. 求由曲线 $\rho=\sqrt{2}\sin\theta$ 与 $\rho^2=\cos 2\theta$ 所围平面图形的公共部分的面积.

8. 在区间[0,1]上给定函数 $y=x^2$,问当 t 为何值时,图6.33中阴影部分 s_1 与 s_2 面积之和最小?最小值是多少?

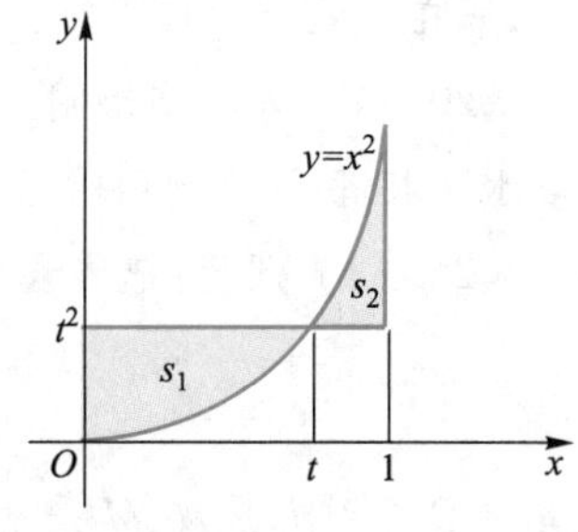

图6.33

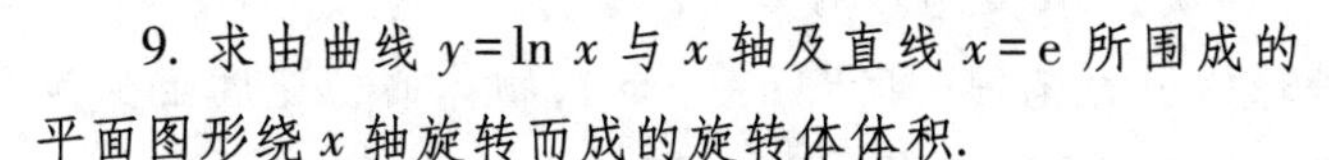

9. 求由曲线 $y=\ln x$ 与 x 轴及直线 $x=\mathrm{e}$ 所围成的平面图形绕 x 轴旋转而成的旋转体体积.

10. 求由 $y=x^2$ 和 $y^2=8x$ 所围成图形分别绕 x 轴和 y 轴旋转所得旋转体的体积.

11. 求由曲线 $y=\sin x$ 和 $y=\cos x$ 与 x 轴在区间 $\left[0,\dfrac{\pi}{2}\right]$ 上所围平面图形的面积 A,以及该平面图形绕 x 轴一周所得旋转体体积 V_x.

12. 求由曲线 $y=x^2$，$y=\dfrac{x^2}{4}$ 及直线 $y=1$ 所围平面图形的面积 A，以及其绕 y 轴旋转所产生的旋转体的体积 V_y.

13. 求由抛物线 $y^2=4x$ 与直线 $x=1$ 所围成的平面图形分别绕 x 轴和 y 轴旋转一周所得旋转体的体积 V_x 和 V_y.

14. 设 D 是 xOy 平面上由曲线 $y=\dfrac{1}{x}$，直线 $x=-\mathrm{e}$，$x=-1$ 和 x 轴所围成的区域，试求：

(1) D 的面积；

(2) D 绕 x 轴旋转所成的旋转体的体积.

15. 求由曲线 $y=\mathrm{e}^x$，$y=\mathrm{e}^{-x}$ 和直线 $x=1$ 所围成平面图形的面积 A 以及其绕 x 轴旋转而成的旋转体的体积 V_x.

16. 求曲线 $x=\dfrac{1}{4}y^2-\dfrac{1}{2}\ln y$ 在 $1\leqslant y\leqslant \mathrm{e}$ 内的一段弧的长度.

17. 在高为 5 cm，底半径为 3 cm 的圆柱形水池中盛满了水，现将水从池顶全部抽出，问需做多少功？

18. 有一长为 1 m 的木桩埋在泥土中，它的上端刚巧与地面相齐. 为了要把木桩拔出，必须沿木桩方向使力. 已知所使的力(单位：N) $F(x)=50(1-x)$，其中 x 为木桩已拔出部分的长，求把木桩全部拔出所做的功.

19. 一底为 8 cm、高为 6 cm 的等腰三角形薄片铅直地沉没在水中，其顶在上，底在下且与水面平行，而顶离水面 3 cm. 试求它每面所受的压力.

20. 有一等腰梯形闸门，它的两条底边各长 6 m 和 4 m，高为 6 m. 较长的底边与水面相齐. 计算闸门的一侧所受的水压力.

21. (1) 证明：把质量为 m 的物体从地球表面升高到 h 处所做的功为

$$W=G\frac{mMh}{R(R+h)},$$

其中 G 是引力系数，M 是地球的质量，R 是地球的半径；

(2) 如果要物体飞离地球的引力范围(即 $R+h\to+\infty$)，物体的初速度至少为多少($G=6.67\times10^{-11}\mathrm{N}\cdot\mathrm{m}^2/\mathrm{kg}^2$，$M=5.98\times10^{24}\mathrm{kg}$，$R=6.37\times10^{6}\mathrm{m}$)？

22. 生产某产品的边际费用(单位：元/件) $F'(x)=x^2-4x+50$，其中 x 为产量. 已知生产 3 件时，总费用为 181 元，试写出总费用 $F(x)$ 的表达式.

23. 设某商品的需求函数是 $D=\dfrac{1}{5}(28-P)$，其中 D 是需求量，P 是价格，总成本函数是

$$C(D)=D^2+4D.$$

问生产多少单位的产品时利润最大？（设产量即为销量.）

24. 某投资项目的成本为100万元，在10年中每年可收益25万元，投资年利率为5%，试求这10年中该投资的纯收入的现值.

B 组

1. 求曲线 $y=-x^3+x^2+2x$ 与 x 轴所围成图形的面积.

2. 设抛物线 $y=ax^2+bx+c$ 通过点$(0,0)$，且当 $x\in[0,1]$ 时，$y\geqslant 0$. 试确定 a,b,c 的值，使得抛物线 $y=ax^2+bx+c$ 与直线 $x=1,y=0$ 所围成图形的面积为$\dfrac{4}{9}$，且使该图形绕 x 轴旋转而成的旋转体的体积最小.

3. 在曲线 $y=x^2(x\geqslant 0)$ 上一点 M 处作切线，使得由该切线、曲线及 x 轴所围成图形的面积为$\dfrac{2}{3}$. 求：

(1) M 的坐标；

(2) 过 M 的切线方程；

(3) 上述平面图形绕 x 轴旋转一周所得到的旋转体的体积.

4. 过抛物线 $y=x^2$ 上一点 $P(a,a^2)$ 作切线，问 a 为何值时所作切线与抛物线 $y=-x^2+4x-1$ 所围图形的面积最小？

5. 求由曲线 $y=x^3-2x$ 与 $y=x^2$ 所围图形绕 y 轴旋转所成的旋转体的体积.

6. 已知 a,b 满足$\displaystyle\int_a^b|x|\,\mathrm{d}x=\frac{1}{2}(a\leqslant 0\leqslant b)$，求曲线 $y=x^2+ax$ 与直线 $y=bx$ 所围图形面积的最大值与最小值.

7. 试问 λ 为何值时，才能使曲线 $y=x(x-1)$ 与 x 轴围成的平面图形的面积等于 $y=x(x-1)$ 与 $x=\lambda$、x 轴围成的平面图形的面积.

8. 设 P 为 $x=\cos t,y=2\sin^2 t\left(0\leqslant t\leqslant\dfrac{\pi}{2}\right)$ 上的一点，过原点及点 P 的直线与 x 轴和此曲线所围成的面积为 S，求$\dfrac{\mathrm{d}S}{\mathrm{d}t}$取得最大值时点 P 的坐标.

9. 求由曲线 $y=4-x^2$ 及 $y=0$ 所围成的平面图形绕直线 $x=3$ 旋转一周所得旋转体的体积.

10. 求由摆线一拱$\begin{cases}x=a(t-\sin t),\\y=a(1-\cos t)\end{cases}(0\leqslant t\leqslant 2\pi)$与 x 轴所围成的平面图形绕直线 $y=2a$ 旋转一周所得旋转体的体积$(a>0)$.

11. 设函数$f(x)$在$[0,1]$上连续，在$(0,1)$内大于零，并满足$xf'(x)=f(x)+\frac{3a}{2}x^2$($a$为常数)．又曲线$y=f(x)$与$x=1$,$y=0$所围成的平面图形$S$的面积值为2．求函数$f(x)$，并问$a$为何值时，图形$S$绕$x$轴旋转一周所得旋转体的体积最小．

12. 求曲线$y=\int_0^x\sqrt{\sin t}\,dt(0\leqslant t\leqslant\pi)$的弧长．

13. 求曲线$\theta=\frac{1}{2}\left(r+\frac{1}{r}\right)(1\leqslant r\leqslant 3)$的弧长．

14. 半径为r的球沉入水中，球的上部与水面相切，球的密度与水相同．现将球从水中取出，需做多少功？

15. 边长为a和b的矩形薄板与液面成α角斜放于液体内，长边平行于液面而位于深h处．设$a>b$，液体的密度为ρ，试求薄板每面所受的压力．

16. 设AB,CD为共线的两细棒，其长分别为2、1，两棒的密度分别为1、2，两棒最近两点B和C间距离为3．设有一质量为m的质点P位于B,C之间，问质点在何处时，两棒对它的引力相等？

第 7 章　无穷级数

级数无论对数学理论本身还是在科学技术的应用中都是一种强有力的工具.它在函数表示、研究函数性质及进行数值计算等方面都具有重要作用.无穷级数包括常数项级数和函数项级数两部分.在本章中,先讨论常数项级数的概念、性质及审敛法,然后讨论函数项级数的基本概念及两类重要的函数项级数:幂级数及傅里叶(Fourier)级数,重点讨论如何将函数展开成幂级数与三角级数的问题.

7.1　常数项级数的概念和性质

通过本节学习应理解级数收敛与发散的概念;掌握等比级数、p 级数收敛性的结论以及收敛级数的性质;掌握级数收敛的必要条件.

7.1.1　常数项级数的概念

在一些实际问题中,经常会需要计算无穷多个数的和,比如:

例 7.1.1　某项投资每年可获 A 元,假设年利率为 r,那么在计算该项投资回报的现值时,理论上应为以下的无穷多个数之和:

$$\frac{A}{1+r},\frac{A}{(1+r)^{2}},\frac{A}{(1+r)^{3}},\cdots,\frac{A}{(1+r)^{n}},\cdots.$$

对无穷多个数的求和这一无穷过程困惑了数学家长达几个世纪.有的无穷多个数之和是一个数,比如

$$\frac{1}{2}+\frac{1}{4}+\frac{1}{8}+\frac{1}{16}+\cdots=1.$$

这一结果可通过图 7.1 中的单位正方形被无数次平分后所得的面积得出;而有的无穷多个数之和是无穷大,比如

$$1+\frac{1}{2}+\frac{1}{3}+\frac{1}{4}+\cdots=\infty$$

(这一结果我们马上就可以证明).

类似这样的数学问题有许多方面可以研究,如:这样的和存在吗?若存在,则和是多少?若不存在,则满足什么条件时才存在?对于这类无穷多个数的求和问题,我们给出下面的定义:

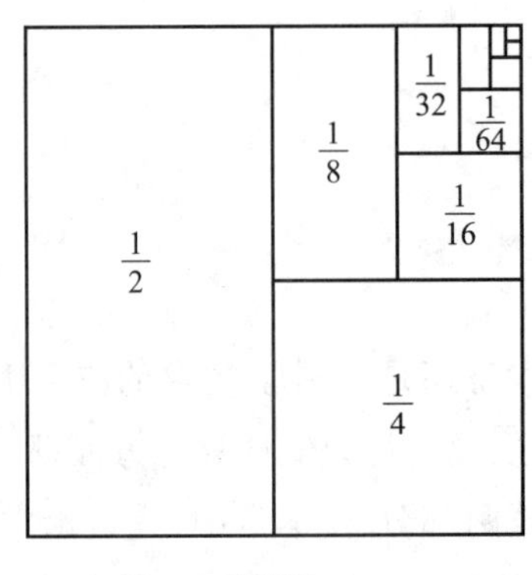

图 7.1

定义 7.1.1　设给定一个数列

$$u_1, u_2, \cdots, u_n, \cdots,$$

则表达式

$$u_1 + u_2 + \cdots + u_n + \cdots \tag{7.1.1}$$

称为(常数项)无穷级数,简称(常数项)级数,记作$\sum\limits_{n=1}^{\infty} u_n$.即

$$\sum_{n=1}^{\infty} u_n = u_1 + u_2 + \cdots + u_n + \cdots,$$

其中第 n 项 u_n 称为级数的通项或一般项.

例如

$$\sum_{n=1}^{\infty} \frac{1}{2^n} = \frac{1}{2} + \frac{1}{2^2} + \cdots + \frac{1}{2^n} + \cdots$$

是一个常数项级数,其一般项为$\dfrac{1}{2^n}$;

$$\sum_{n=1}^{\infty} \frac{1}{n(n+1)} = \frac{1}{1 \cdot 2} + \frac{1}{2 \cdot 3} + \cdots + \frac{1}{n(n+1)} + \cdots$$

是一个常数项级数,其一般项为$\dfrac{1}{n(n+1)}$.

上述的级数定义纯粹是形式上的定义,它只指明级数是由无穷多项累加而得,但并没有明确的定义.为赋予它明确的定义,联系例 7.1.1,我们可以从有限项的和出发,运用极限的方法来讨论无穷多项的数量相加.

用 s_n 表示级数(7.1.1)的前 n 项的和,即

$$s_n = u_1 + u_2 + \cdots + u_n = \sum_{k=1}^{n} u_k, \tag{7.1.2}$$

称 s_n 为级数(7.1.1)的部分和,并称数列 $\{s_n\}$ 为级数(7.1.1)的部分和数列.这样,就可以把无穷多项求和的问题归结为相应的部分和数列的极限问题.

定义 7.1.2 若级数 $\sum\limits_{n=1}^{\infty} u_n$ 的部分和数列 $\{s_n\}$ 有极限 s,即 $\lim\limits_{n\to\infty} s_n = s$,则称级数 $\sum\limits_{n=1}^{\infty} u_n$ 收敛,并称极限 s 为该级数的和,写成

$$s = u_1 + u_2 + \cdots + u_n + \cdots,$$

或记为 $\sum\limits_{n=1}^{\infty} u_n = s$.如果部分和数列 $\{s_n\}$ 的极限不存在,则称级数 $\sum\limits_{n=1}^{\infty} u_n$ 发散.

由定义 7.1.2 可知,当级数 $\sum\limits_{n=1}^{\infty} u_n$ 收敛时,其部分和 s_n 可作为级数和 s 的近似值,它们之间的差值

$$r_n = s - s_n = u_{n+1} + u_{n+2} + \cdots$$

称为级数的余项.如果用 s_n 作为 s 的近似值,其误差可由 $|r_n|$ 去衡量,由于 $\lim\limits_{n\to\infty} s_n = s$,故 $\lim\limits_{n\to\infty} |r_n| = 0$,表明 n 越大误差越小.

例 7.1.2 判定等比级数(又称为几何级数) $\sum\limits_{n=1}^{\infty} a_1 q^{n-1}$ 的收敛性($a_1 \neq 0$).

解 当 $|q| \neq 1$ 时,

$$s_n = a_1 + a_1 q + a_1 q^2 + \cdots + a_1 q^{n-1} = \frac{a_1}{1-q}(1-q^n).$$

若 $|q| < 1$,则有 $\lim\limits_{n\to+\infty} s_n = \dfrac{a_1}{1-q}$,即当 $|q| < 1$ 时,级数 $\sum\limits_{n=1}^{\infty} a_1 q^{n-1}$ 收敛,其和为 $\dfrac{a_1}{1-q}$;

若 $|q| > 1$,则有 $\lim\limits_{n\to+\infty} s_n = \infty$,即当 $|q| > 1$ 时,级数 $\sum\limits_{n=1}^{\infty} a_1 q^{n-1}$ 发散;

当 $q = 1$ 时,由于 $s_n = a_1 + a_1 + \cdots + a_1 = na_1$,则有 $\lim\limits_{n\to+\infty} s_n = \infty$,所以级数 $\sum\limits_{n=1}^{\infty} a_1 q^{n-1}$ 发散;

当 $q = -1$ 时,由于

$$s_n = a_1 - a_1 + a_1 - \cdots = \begin{cases} a_1, & n \text{ 为奇数}, \\ 0, & n \text{ 为偶数}. \end{cases}$$

则 $\lim\limits_{n\to+\infty} s_n$ 不存在,所以级数 $\sum\limits_{n=1}^{\infty} a_1 q^{n-1}$ 发散.

综上所述,我们有:等比级数 $\sum_{n=1}^{\infty} a_1 q^{n-1}$ 当 $|q| < 1$ 时收敛,其和为 $\frac{a_1}{1-q}$;当 $|q| \geqslant 1$ 时发散.

例 7.1.3　判定级数 $\sum_{n=1}^{\infty} \frac{1}{(3n-2)(3n+1)}$ 的收敛性.

解

$$\frac{1}{1\times4}+\frac{1}{4\times7}+\frac{1}{7\times10}+\cdots+\frac{1}{(3n-2)(3n+1)}$$

$$=\frac{1}{3}\left[\left(1-\frac{1}{4}\right)+\left(\frac{1}{4}-\frac{1}{7}\right)+\left(\frac{1}{7}-\frac{1}{10}\right)+\cdots+\left(\frac{1}{3n-2}-\frac{1}{3n+1}\right)\right]$$

$$=\frac{1}{3}\left(1-\frac{1}{3n+1}\right),$$

所以

$$s = \lim_{n\to\infty} s_n = \lim_{n\to\infty} \frac{1}{3}\left(1 - \frac{1}{3n+1}\right) = \frac{1}{3},$$

即原级数收敛,其和为 $\frac{1}{3}$.

例 7.1.4　讨论调和级数 $\sum_{n=1}^{\infty} \frac{1}{n}$ 的收敛性.

解　由不等式

$$x > \ln(1+x)\ (x > 0)$$

得级数 $\sum_{n=1}^{\infty} \frac{1}{n}$ 的前 n 项的部分和

$$s_n = 1 + \frac{1}{2} + \frac{1}{3} + \cdots + \frac{1}{n}$$

$$> \ln(1+1) + \ln\left(1+\frac{1}{2}\right) + \ln\left(1+\frac{1}{3}\right) + \cdots + \ln\left(1+\frac{1}{n}\right)$$

$$= \ln 2 + \ln\frac{3}{2} + \ln\frac{4}{3} + \cdots + \ln\frac{n+1}{n}$$

$$= \ln\left(2\cdot\frac{3}{2}\cdot\frac{4}{3}\cdots\frac{n+1}{n}\right) = \ln(n+1),$$

即

$$s_n > \ln(n+1).$$

因为 $\lim_{n\to\infty}\ln(n+1) = +\infty$,所以调和级数 $\sum_{n=1}^{\infty} \frac{1}{n}$ 发散.

7.1.2 收敛级数的基本性质

由于级数$\sum_{n=1}^{\infty} u_n$的收敛性取决于相应的部分和数列$\{s_n\}$的收敛性,所以根据数列极限的运算性质,可得收敛级数有下列基本性质.

性质 7.1.1 若级数$\sum_{n=1}^{\infty} u_n$收敛,k是任一常数,则级数$\sum_{n=1}^{\infty} ku_n$也收敛,且$\sum_{n=1}^{\infty} ku_n = k\sum_{n=1}^{\infty} u_n$.

证 设级数$\sum_{n=1}^{\infty} u_n = s$,其部分和为$s_n$,则$\sum_{n=1}^{\infty} ku_n$的部分和为$ks_n$.由于$\lim\limits_{n\to\infty} s_n = s$,故

$$\lim_{n\to\infty} ks_n = k\lim_{n\to\infty} s_n = ks,$$

即

$$\sum_{n=1}^{\infty} ku_n = ks.$$

所以级数$\sum_{n=1}^{\infty} ku_n$收敛,且$\sum_{n=1}^{\infty} ku_n = k\sum_{n=1}^{\infty} u_n$.

由极限的性质可知,当$k\neq 0$时,极限$\lim\limits_{n\to\infty} ks_n$与$\lim\limits_{n\to\infty} s_n$同时存在或不存在,因此我们可得如下结论:当$k\neq 0$时,$\sum_{n=1}^{\infty} u_n$与$\sum_{n=1}^{\infty} ku_n$有相同的收敛性.即级数的每一项同乘一个非零常数后,其收敛性不变.

性质 7.1.2 若级数$\sum_{n=1}^{\infty} u_n$与$\sum_{n=1}^{\infty} v_n$都收敛,其和分别为s与σ,则级数$\sum_{n=1}^{\infty}(u_n\pm v_n)$也收敛,且其和为$s\pm\sigma$.

证 设级数$\sum_{n=1}^{\infty} u_n$的部分和为s_n,级数$\sum_{n=1}^{\infty} v_n$的部分和为σ_n,则$\sum_{n=1}^{\infty}(u_n\pm v_n)$的部分和为$s_n\pm\sigma_n$.由于$\lim\limits_{n\to\infty} s_n = s$,$\lim\limits_{n\to\infty}\sigma_n=\sigma$,故

$$\lim_{n\to\infty}(s_n\pm\sigma_n)=\lim_{n\to\infty} s_n\pm\lim_{n\to\infty}\sigma_n = s\pm\sigma,$$

即

$$\sum_{n=1}^{\infty}(u_n\pm v_n) = s\pm\sigma.$$

所以$\sum_{n=1}^{\infty}(u_n\pm v_n)$也收敛,且

$$\sum_{n=1}^{\infty}(u_n\pm v_n) = \sum_{n=1}^{\infty} u_n \pm \sum_{n=1}^{\infty} v_n.$$

性质 7.1.2 也表明,两个收敛级数可以逐项相加或相减.

性质 7.1.3 在级数中任意去掉或增加有限项后,级数的收敛性不改变.

证略.

当级数收敛时,增加或减少有限项后仍然是收敛的,但级数的和却会改变.

例如,级数 $1+\frac{1}{2}+\frac{1}{4}+\frac{1}{8}+\frac{1}{16}+\cdots=\sum_{n=1}^{\infty}\frac{1}{2^{n-1}}=\frac{1}{1-\frac{1}{2}}=2$, 删去其前三项,即有

$$\frac{1}{8}+\frac{1}{16}+\frac{1}{32}+\cdots=\sum_{n=1}^{\infty}\frac{1}{2^{n+2}}=\frac{\frac{1}{8}}{1-\frac{1}{2}}=\frac{1}{4}.$$

性质 7.1.4　设级数 $\sum_{n=1}^{\infty}u_n$ 收敛,若不改变它各项的次序,则对这个级数的项任意添加括号后所得到的新级数仍收敛且其和不变.

证　设级数 $\sum_{n=1}^{\infty}u_n=s$,部分和数列为 $\{s_n\}$,在级数中任意加入括号,所得新级数为

$$(u_1+u_2+\cdots+u_{n_1})+(u_{n_1+1}+u_{n_1+2}+\cdots+u_{n_2})+\cdots+$$
$$(u_{n_{k-1}+1}+u_{n_{k-1}+2}+\cdots+u_{n_k})+\cdots.$$

记它的部分和数列为 $\{\sigma_k\}$,则

$$\sigma_1=s_{n_1},\sigma_2=s_{n_2},\cdots,\sigma_k=s_{n_k},\cdots.$$

因此 $\{\sigma_k\}$ 为原级数部分和数列 $\{s_n\}$ 的一个子列 $\{s_{n_k}\}$,由数列 $\{s_n\}$ 的收敛性及收敛数列与其子数列的关系可知

$$\lim_{k\to\infty}\sigma_k=\lim_{n\to\infty}s_n=s,$$

即加括号后所得级数仍收敛,且其和不变.

但应注意,一个带括号的收敛级数在去掉括号后所得的级数不一定收敛.例如,级数

$$\sum_{n=1}^{\infty}(a-a)=(a-a)+(a-a)+\cdots(a\neq 0,a\text{ 为常数})$$

是收敛的,去掉括号后,级数化为 $a-a+a-a+\cdots$,它却是发散的.

性质 7.1.5(级数收敛的必要条件)　若级数 $\sum_{n=1}^{\infty}u_n$ 收敛,则 $\lim_{n\to\infty}u_n=0$.

证　设级数 $\sum_{n=1}^{\infty}u_n=s$,其部分和数列为 $\{s_n\}$,则

$$\lim_{n\to\infty}s_n=\lim_{n\to\infty}s_{n-1}=s,$$

从而

$$\lim_{n\to\infty}u_n=\lim_{n\to\infty}(s_n-s_{n-1})=\lim_{n\to\infty}s_n-\lim_{n\to\infty}s_{n-1}=s-s=0.$$

由性质 7.1.5 可知,若通项不趋于零,则级数一定发散.这个结论提供了判别级数发散的一种方法.例如对于级数 $\sum_{n=1}^{\infty}(-1)^n$,因为 $\lim_{n\to\infty}(-1)^n\neq 0$,所以 $\sum_{n=1}^{\infty}(-1)^n$ 发散.又如级数 $\sum_{n=1}^{\infty}\frac{1}{\sqrt[n]{3}}$,因为 $\lim_{n\to\infty}u_n=\lim_{n\to\infty}\frac{1}{\sqrt[n]{3}}=\lim_{n\to\infty}3^{-\frac{1}{n}}=1\neq 0$,所以该级数是发散的.

应当注意的是,$\lim_{n\to\infty}u_n=0$ 仅仅是级数收敛的必要条件,而不是充分条件,也就是说,虽然有些级数通项的极限为零,但它们是发散的.例如,对于例 7.1.4 中的调和级数 $\sum_{n=1}^{\infty}\frac{1}{n}$,其通项的极限为

$$\lim_{n\to\infty}u_n=\lim_{n\to\infty}\frac{1}{n}=0,$$

但它是发散的.

*7.1.3 柯西审敛原理

将判断数列收敛性的柯西收敛准则转化到级数中来,就得到判断级数收敛性的一个基本定理.

定理 7.1.1(柯西审敛原理) 级数 $\sum_{n=1}^{\infty}u_n$ 收敛的充分必要条件是:对于任意给定的 $\varepsilon>0$,存在自然数 N,使得当 $n>N$ 时,对于任意的正整数 p,总有

$$\left|\sum_{k=n+1}^{n+p}u_k\right|=|u_{n+1}+u_{n+2}+\cdots+u_{n+p}|<\varepsilon.$$

例 7.1.5 判别级数 $\sum_{n=1}^{\infty}\frac{1}{n^2}$ 的收敛性.

解 因为对任何正整数 p,

$$\begin{aligned}|u_{n+1}+u_{n+2}+\cdots+u_{n+p}|&=\frac{1}{(n+1)^2}+\frac{1}{(n+2)^2}+\cdots+\frac{1}{(n+p)^2}\\&\leqslant\frac{1}{n(n+1)}+\frac{1}{(n+1)(n+2)}+\cdots+\frac{1}{(n+p-1)(n+p)}\\&=\left(\frac{1}{n}-\frac{1}{n+1}\right)+\left(\frac{1}{n+1}-\frac{1}{n+2}\right)+\cdots+\\&\quad\left(\frac{1}{n+p-1}-\frac{1}{n+p}\right)=\frac{1}{n}-\frac{1}{n+p}<\frac{1}{n},\end{aligned}$$

所以,对任意给定的 $\varepsilon>0$,取正整数 $N\geqslant\frac{1}{\varepsilon}$,当 $n>N$ 时,对任何正整数 p,有

$$|u_{n+1}+u_{n+2}+\cdots+u_{n+p}|<\varepsilon$$

成立.由柯西审敛原理,级数$\sum\limits_{n=1}^{\infty}\dfrac{1}{n^2}$收敛.

习题 7.1

1. 写出下列级数的一般项：

(1) $2+\dfrac{1}{2}+\dfrac{4}{3}+\dfrac{3}{4}+\dfrac{6}{5}+\cdots$;

(2) $\dfrac{1}{1\cdot 3}+\dfrac{1}{3\cdot 5}+\dfrac{1}{5\cdot 7}+\dfrac{1}{7\cdot 9}+\cdots$;

(3) $-\dfrac{1}{2}+0+\dfrac{1}{4}+\dfrac{2}{5}+\dfrac{3}{6}+\cdots$;

(4) $\dfrac{1}{3}-\dfrac{4}{9}+\dfrac{9}{27}-\dfrac{16}{81}+\cdots$;

(5) $\dfrac{a^2}{3}-\dfrac{a^3}{5}+\dfrac{a^4}{7}-\dfrac{a^5}{9}+\cdots$.

2. 根据级数收敛与发散的定义判别下列级数的收敛性,并求出收敛级数的和：

(1) $\sum\limits_{n=1}^{\infty}\dfrac{1}{(5n-4)(5n+1)}$;　(2) $\sum\limits_{n=1}^{\infty}\ln\dfrac{n+1}{n}$;

(3) $\sum\limits_{n=1}^{\infty}\dfrac{1}{\sqrt{n+1}+\sqrt{n}}$;　(4) $\sum\limits_{n=1}^{\infty}\dfrac{1}{n(n+1)(n+2)}$;

(5) $\sum\limits_{n=2}^{\infty}\ln\left(1-\dfrac{1}{n^2}\right)$;　(6) $\sum\limits_{n=1}^{\infty}(\sqrt{n+2}-2\sqrt{n+1}+\sqrt{n})$.

3. 判别下列级数的收敛性：

(1) $\sum\limits_{n=1}^{\infty}\left(2^n-\dfrac{1}{3^n}\right)$;　(2) $\sum\limits_{n=1}^{\infty}\left(\dfrac{1}{n^2}-\dfrac{1}{5^n}\right)$;

(3) $\sum\limits_{n=1}^{\infty}\cos\dfrac{\pi}{n}$;　(4) $\sum\limits_{n=1}^{\infty}\dfrac{n-1}{3n+1}$.

4. 证明:收敛级数任意去掉或增加有限项后,级数仍收敛.

5. 设级数$\sum\limits_{n=1}^{\infty}u_n$发散,$\sum\limits_{n=1}^{\infty}v_n$收敛,证明级数$\sum\limits_{n=1}^{\infty}(u_n\pm v_n)$必发散.若这两个级数都发散,上述结论是否成立?

*6. 利用柯西审敛原理判别下列级数的收敛性：

(1) $\sum\limits_{n=1}^{\infty}\dfrac{1}{2n-1}$;　(2) $\sum\limits_{n=1}^{\infty}\dfrac{\cos n}{2^n}$;

(3) $\sum\limits_{n=1}^{\infty}\dfrac{(-1)^{n+1}}{n}$;　(4) $\sum\limits_{n=0}^{\infty}\left(\dfrac{1}{3n+1}+\dfrac{1}{3n+2}-\dfrac{1}{3n+3}\right)$.

7.2 常数项级数的审敛法

通过本节学习应掌握正项级数的比较判别法,会用比较判别法和比值判别法判断级数的收敛性;了解根值审敛法;掌握交错级数的莱布尼茨审敛法;会判别级数的绝对收敛与条件收敛.

7.2.1 正项级数的审敛法

考察一类特殊的级数,若级数的每一项都非负,即 $u_n \geqslant 0(n=1,2,\cdots)$,则称级数 $\sum\limits_{n=1}^{\infty} u_n$ 为正项级数.

显然正项级数的部分和 $s_n=u_1+u_2+\cdots+u_n$ 是一个单调增加的数列:

$$s_1 \leqslant s_2 \leqslant \cdots \leqslant s_n \leqslant \cdots.$$

因此根据单调数列极限的存在准则以及级数收敛的定义,我们就有

定理 7.2.1 正项级数 $\sum\limits_{n=1}^{\infty} u_n$ 收敛的充分必要条件是:它的部分和数列 $\{s_n\}$ 有界.

由定理 7.2.1 可知,如果正项级数 $\sum\limits_{n=1}^{\infty} u_n$ 发散,那么它的部分和数列 $s_n \to +\infty(n\to\infty)$,即 $\sum\limits_{n=1}^{\infty} u_n=+\infty$.

在实际判别级数的收敛性时,使用定理 7.2.1 并不方便,但以定理 7.2.1 为基础可以得到其他一些方便实用的判别方法.

定理 7.2.2(比较审敛法) 设 $\sum\limits_{n=1}^{\infty} u_n$ 与 $\sum\limits_{n=1}^{\infty} v_n$ 均为正项级数,且满足条件 $u_n \leqslant v_n(n=1,2,\cdots)$,有

(1) 若 $\sum\limits_{n=1}^{\infty} v_n$ 收敛,则 $\sum\limits_{n=1}^{\infty} u_n$ 也收敛;

(2) 若 $\sum\limits_{n=1}^{\infty} u_n$ 发散,则 $\sum\limits_{n=1}^{\infty} v_n$ 也发散.

证 (1) 设 $\sum\limits_{n=1}^{\infty} u_n$, $\sum\limits_{n=1}^{\infty} v_n$ 的部分和分别为 $s_n=u_1+u_2+\cdots+u_n$, $\sigma_n=v_1+v_2+\cdots+v_n$,由于 $u_n \leqslant v_n$,故 $s_n \leqslant \sigma_n(n=1,2,\cdots)$.因为 $\sum\limits_{n=1}^{\infty} v_n$ 收敛,所以部分和数列 $\{\sigma_n\}$ 有界,从而部分和数列 $\{s_n\}$ 有界,由定理 7.2.1 知,级数 $\sum\limits_{n=1}^{\infty} u_n$ 收敛.

（2）用反证法即可证得.

通俗地说，若一个正项级数收敛，那么每项都比它小的那个正项级数肯定也收敛；若一个正项级数发散，那么每项都比它大的那个正项级数肯定也发散.

注　由7.1节收敛级数性质7.1.1、性质7.1.3可知，级数每一项乘一个不为零的常数或去掉级数的有限项不会影响级数的收敛性. 因此，比较审敛法的条件 $u_n \leqslant v_n(n=1,2,\cdots)$ 可改为 $u_n \leqslant kv_n(n>N,k>0$，其中 N 为某一正整数)，即

推论　设级数 $\sum_{n=1}^{\infty} u_n$，$\sum_{n=1}^{\infty} v_n$ 都是正项级数.

（1）若 $u_n \leqslant kv_n(k>0,n>N$，其中 N 为某一正整数) 且 $\sum_{n=1}^{\infty} v_n$ 收敛，则 $\sum_{n=1}^{\infty} u_n$ 收敛；

（2）若 $u_n \geqslant kv_n(k>0,n>N$，其中 N 为某一正整数) 且 $\sum_{n=1}^{\infty} v_n$ 发散，则 $\sum_{n=1}^{\infty} u_n$ 发散.

例 7.2.1　证明 p 级数

$$\sum_{n=1}^{\infty} \frac{1}{n^p} = 1 + \frac{1}{2^p} + \frac{1}{3^p} + \frac{1}{4^p} + \cdots + \frac{1}{n^p} + \cdots$$

当 $p \leqslant 1$ 时发散，当 $p>1$ 时收敛.

证　当 $p \leqslant 1$ 时，

$$\frac{1}{n^p} \geqslant \frac{1}{n}(n=1,2,\cdots),$$

而调和级数 $\sum_{n=1}^{\infty} \frac{1}{n}$ 发散，由比较审敛法知，当 $p \leqslant 1$ 时，级数 $\sum_{n=1}^{\infty} \frac{1}{n^p}$ 发散.

当 $p>1$ 时，对于 $k-1 \leqslant x \leqslant k$（$k$ 为大于1的自然数），有 $\frac{1}{k^p} \leqslant \frac{1}{x^p}$，所以

$$\frac{1}{k^p} = \int_{k-1}^{k} \frac{1}{k^p} \mathrm{d}x \leqslant \int_{k-1}^{k} \frac{1}{x^p} \mathrm{d}x,$$

因此

$$\begin{aligned} s_n &= 1 + \frac{1}{2^p} + \frac{1}{3^p} + \cdots + \frac{1}{k^p} + \cdots + \frac{1}{n^p} \\ &\leqslant 1 + \int_1^2 \frac{1}{x^p}\mathrm{d}x + \int_2^3 \frac{1}{x^p}\mathrm{d}x + \cdots + \int_{k-1}^{k} \frac{1}{x^p}\mathrm{d}x + \cdots + \int_{n-1}^{n} \frac{1}{x^p}\mathrm{d}x \\ &= 1 + \int_1^n \frac{1}{x^p}\mathrm{d}x \end{aligned}$$

$$=1+\frac{1}{p-1}\left(1-\frac{1}{n^{p-1}}\right)<1+\frac{1}{p-1}(n=2,3,\cdots),$$

即部分和 s_n 有界,故 $\sum\limits_{n=1}^{\infty}\frac{1}{n^p}$ 收敛.

综上所述,p 级数 $\sum\limits_{n=1}^{\infty}\frac{1}{n^p}$ 当 $p>1$ 时收敛,当 $p\leqslant 1$ 时发散.

例 7.2.2 用比较审敛法判别下列级数的收敛性:

(1) $\sum\limits_{n=1}^{\infty}\frac{1}{\sqrt[3]{n^2(n+2)}}$; (2) $\sum\limits_{n=1}^{\infty}\frac{2+(-1)^n}{2^n}$.

解 (1) 因为

$$\frac{1}{\sqrt[3]{n^2(n+2)}}>\frac{1}{\sqrt[3]{(n+2)^3}}=\frac{1}{n+2}.$$

而级数

$$\sum_{n=1}^{\infty}\frac{1}{n+2}=\frac{1}{3}+\frac{1}{4}+\cdots+\frac{1}{n+2}+\cdots$$

是发散的,根据比较审敛法可知所给级数也是发散的.

(2) 因为

$$0<\frac{2+(-1)^n}{2^n}<\frac{3}{2^n}\quad(n=1,2,\cdots),$$

并且级数 $\sum\limits_{n=1}^{\infty}\frac{1}{2^n}$ 收敛,从而级数 $\sum\limits_{n=1}^{\infty}\frac{2+(-1)^n}{2^n}$ 收敛.

定理 7.2.3(比较审敛法的极限形式) 设 $\sum\limits_{n=1}^{\infty}u_n$ 和 $\sum\limits_{n=1}^{\infty}v_n$ 均为正项级数,且 $\lim\limits_{n\to\infty}\frac{u_n}{v_n}=l$,则

(1) 当 $0<l<+\infty$ 时,级数 $\sum\limits_{n=1}^{\infty}u_n$ 与 $\sum\limits_{n=1}^{\infty}v_n$ 同时收敛或同时发散;

(2) 当 $l=0$,且级数 $\sum\limits_{n=1}^{\infty}v_n$ 收敛时,级数 $\sum\limits_{n=1}^{\infty}u_n$ 也收敛;

(3) 当 $l=+\infty$,且级数 $\sum\limits_{n=1}^{\infty}v_n$ 发散时,级数 $\sum\limits_{n=1}^{\infty}u_n$ 也发散.

证 (1) 由于 $\lim\limits_{n\to\infty}\frac{u_n}{v_n}=l$,取 $\varepsilon=\frac{l}{2}$,存在正整数 N,当 $n>N$ 时,有不等式

$$\left|\frac{u_n}{v_n}-l\right|<\frac{l}{2},$$

即

$$\frac{l}{2} < \frac{u_n}{v_n} < \frac{3}{2}l.$$

从而

$$\frac{l}{2}v_n < u_n < \frac{3}{2}lv_n.$$

再根据比较审敛法,即得所要证的结论.

(2) 当 $l=0$ 时,取 $\varepsilon=1$,存在正整数 N,当 $n>N$ 时,有不等式

$$\left|\frac{u_n}{v_n}-0\right| < 1,$$

即

$$0 < u_n < v_n.$$

当 $\sum\limits_{n=1}^{\infty} v_n$ 收敛时,则 $\sum\limits_{n=1}^{\infty} u_n$ 也收敛.

(3) 当 $l=+\infty$ 时,$\lim\limits_{n\to\infty}\frac{v_n}{u_n}=0$,由反证法及(2)知结论成立.

例 7.2.3 用比较审敛法的极限形式判别下列级数的收敛性:

(1) $\sum\limits_{n=1}^{\infty} \frac{n}{n^2+3n+2}$; (2) $\sum\limits_{n=1}^{\infty} \frac{1}{3^n-2^n}$.

解 (1) 因为 $\lim\limits_{n\to\infty}\dfrac{\frac{n}{n^2+3n+2}}{\frac{1}{n}}=1$,而级数 $\sum\limits_{n=1}^{\infty}\frac{1}{n}$ 发散,由比较审敛法的极限形式知,级数 $\sum\limits_{n=1}^{\infty}\frac{n}{n^2+3n+2}$ 发散.

(2) 由于一般项 $u_n=\frac{1}{3^n-2^n}=\frac{1}{3^n}\cdot\frac{1}{1-\left(\frac{2}{3}\right)^n}\sim\frac{1}{3^n}(n\to\infty)$,即 u_n 与 $\frac{1}{3^n}$ 是等价无穷小,因此取 $v_n=\frac{1}{3^n}$,则有

$$\lim_{n\to\infty}\frac{u_n}{v_n}=\lim_{n\to\infty}\frac{\frac{1}{3^n-2^n}}{\frac{1}{3^n}}=\lim_{n\to\infty}\frac{1}{1-\left(\frac{2}{3}\right)^n}=1.$$

而级数 $\sum\limits_{n=1}^{\infty}\frac{1}{3^n}$ 收敛,由定理 7.2.3 知,级数 $\sum\limits_{n=1}^{\infty}\frac{1}{3^n-2^n}$ 收敛.

由例 7.2.3 可知,利用比较审敛法或比较审敛法的极限形式判断级数的收敛性,关键在于选择一个收敛性已知的级数作为比较时的参照级数.常用来作比较的级数有等比级数与 p 级数.在比较审敛法的基础上,以等比级数为参照级数还可以推得使用上也很方便的比值审敛法和根值审敛法.

定理 7.2.4(比值审敛法) 设 $\sum_{n=1}^{\infty} u_n$ 为正项级数,且

$$\lim_{n\to\infty} \frac{u_{n+1}}{u_n} = \rho, \tag{7.2.1}$$

则

(1) 当 $\rho < 1$ 时,级数 $\sum_{n=1}^{\infty} u_n$ 收敛;

(2) 当 $\rho > 1$(或 $\rho = +\infty$)时,级数 $\sum_{n=1}^{\infty} u_n$ 发散;

(3) 当 $\rho = 1$ 时,级数 $\sum_{n=1}^{\infty} u_n$ 可能收敛,也可能发散.

证 (1) 当 $\rho<1$ 时,选取适当小的正数 ε,使 $\rho+\varepsilon=r<1$,因(7.2.1)式成立,根据极限定义,必存在正整数 N,当 $n>N$ 时,有

$$\left| \frac{u_{n+1}}{u_n} - \rho \right| < \varepsilon,$$

从而

$$\frac{u_{n+1}}{u_n} < \rho + \varepsilon = r \quad (n = N+1, N+2, \cdots),$$

即

$$u_{N+2} < r u_{N+1}, u_{N+3} < r u_{N+2} < r^2 u_{N+1}, \cdots, u_{N+k} < r^{k-1} u_{N+1}, \cdots.$$

因为等比级数 $\sum_{k=1}^{\infty} r^{k-1} u_{N+1}$ 的公比 $0 < r < 1$,所以该级数是收敛的,故由比较审敛法的推论知,级数 $\sum_{n=1}^{\infty} u_n$ 收敛.

(2) 当 $\rho>1$ 时,选取适当小的正数 ε,使 $\rho-\varepsilon>1$,由(7.2.1)式,必存在正整数 N,当 $n>N$ 时,有

$$\left| \frac{u_{n+1}}{u_n} - \rho \right| < \varepsilon,$$

从而

$$\frac{u_{n+1}}{u_n} > \rho - \varepsilon > 1 \quad (n = N+1, N+2, \cdots),$$

即

$$u_{n+1} > u_n \quad (n = N + 1, N + 2, \cdots),$$

于是,当 $n \to \infty$ 时,u_n 不趋于零,由级数收敛的必要条件可知级数 $\sum_{n=1}^{\infty} u_n$ 发散.

同理可证,当 $\rho = +\infty$ 时,级数 $\sum_{n=1}^{\infty} u_n$ 也发散.

(3) 当 $\rho = 1$ 时,级数可能收敛,也可能发散.例如,对于 p 级数 $\sum_{n=1}^{\infty} \frac{1}{n^p}$,有

$$\rho = \lim_{n\to\infty} \frac{u_{n+1}}{u_n} = \lim_{n\to\infty}\left(\frac{n}{n+1}\right)^p = 1.$$

但 p 级数 $\sum_{n=1}^{\infty} \frac{1}{n^p}$ 当 $p > 1$ 时收敛,当 $p \leqslant 1$ 时发散.

比值审敛法又称为**达朗贝尔(d'Alembert)判别法**.

例 7.2.4　判别下列级数的收敛性:

(1) $\sum_{n=1}^{\infty} \frac{n+1}{3^{n-1}}$;　　　　(2) $\sum_{n=1}^{\infty} \frac{3^n \cdot n!}{n^n}$.

解　(1) 因为

$$\lim_{n\to\infty} \frac{u_{n+1}}{u_n} = \lim_{n\to\infty} \frac{\dfrac{n+2}{3^n}}{\dfrac{n+1}{3^{n-1}}} = \lim_{n\to\infty} \frac{n+2}{3(n+1)} = \frac{1}{3} < 1,$$

由比值审敛法知,级数 $\sum_{n=1}^{\infty} \frac{n+1}{3^{n-1}}$ 收敛.

(2) 因为

$$\lim_{n\to\infty} \frac{u_{n+1}}{u_n} = \lim_{n\to\infty} \frac{\dfrac{3^{n+1} \cdot (n+1)!}{(n+1)^{n+1}}}{\dfrac{3^n \cdot n!}{n^n}} = \lim_{n\to\infty} \frac{3}{\left(1 + \dfrac{1}{n}\right)^n} = \frac{3}{\mathrm{e}} > 1,$$

由比值审敛法知,级数 $\sum_{n=1}^{\infty} \frac{3^n \cdot n!}{n^n}$ 发散.

例 7.2.5　证明级数

$$1 + \frac{1}{1} + \frac{1}{1 \cdot 2} + \frac{1}{1 \cdot 2 \cdot 3} + \cdots + \frac{1}{1 \cdot 2 \cdots (n-1)} + \cdots$$

收敛,并估计以级数的部分和 s_n 近似代替和 s 所产生的误差.

证　因为

$$\lim_{n\to\infty}\frac{u_{n+1}}{u_n}=\lim_{n\to\infty}\frac{\dfrac{1}{n!}}{\dfrac{1}{(n-1)!}}=\lim_{n\to\infty}\frac{1}{n}=0<1,$$

根据比值审敛法可知所给级数收敛.

用该级数的部分和 s_n 近似代替和 s 时,所产生的误差为

$$\begin{aligned}|r_n|&=\frac{1}{n!}+\frac{1}{(n+1)!}+\frac{1}{(n+2)!}+\cdots\\&=\frac{1}{n!}\left[1+\frac{1}{n+1}+\frac{1}{(n+1)(n+2)}+\cdots\right]\\&\leqslant\frac{1}{n!}\left(1+\frac{1}{n}+\frac{1}{n^2}+\cdots\right)=\frac{1}{n!}\frac{1}{1-\dfrac{1}{n}}=\frac{1}{(n-1)(n-1)!}.\end{aligned}$$

*定理 7.2.5(根值审敛法) 设 $\sum_{n=1}^{\infty}u_n$ 为正项级数,且

$$\lim_{n\to\infty}\sqrt[n]{u_n}=\rho, \tag{7.2.2}$$

则

(1) 当 $\rho<1$ 时,级数 $\sum_{n=1}^{\infty}u_n$ 收敛;

(2) 当 $\rho>1$(或 $\rho=+\infty$)时,级数 $\sum_{n=1}^{\infty}u_n$ 发散;

(3) 当 $\rho=1$ 时,级数 $\sum_{n=1}^{\infty}u_n$ 可能收敛,也可能发散.

定理 7.2.5 的证明与定理 7.2.4 的证明类似,留给读者自己完成.

根值审敛法又称**柯西判别法**.

例 7.2.6 判别下列级数的收敛性:

(1) $\sum_{n=2}^{\infty}\left(\dfrac{3n}{n+1}\right)^n$;　　(2) $\sum_{n=1}^{\infty}\dfrac{2+(-1)^n}{3^n}$.

解 (1) 因为

$$\lim_{n\to\infty}\sqrt[n]{\left(\frac{3n}{n+1}\right)^n}=\lim_{n\to\infty}\frac{3n}{n+1}=3>1,$$

由根值审敛法知,所给级数发散.

(2) 因为

$$\lim_{n\to\infty}\sqrt[n]{u_n}=\lim_{n\to\infty}\frac{1}{3}\sqrt[n]{2+(-1)^n}=\frac{1}{3}<1,$$

由根值审敛法知,所给级数收敛.

7.2.2　交错级数及其审敛法

若级数的各项是正负相间的,即可写成

$$\sum_{n=1}^{\infty}(-1)^{n-1}u_n=u_1-u_2+u_3-u_4+\cdots+(-1)^{n-1}u_n+\cdots \tag{7.2.3}$$

或

$$\sum_{n=1}^{\infty}(-1)^{n}u_n=-u_1+u_2-u_3+u_4-\cdots+(-1)^{n}u_n+\cdots, \tag{7.2.4}$$

其中 $u_n>0(n=1,2,\cdots)$,则称这样的级数为**交错级数**.

由于级数 $\sum\limits_{n=1}^{\infty}(-1)^{n-1}u_n$ 和 $\sum\limits_{n=1}^{\infty}(-1)^{n}u_n$ 的收敛性相同,下面仅讨论 $\sum\limits_{n=1}^{\infty}(-1)^{n-1}\cdot u_n$ 的情况.

定理 7.2.6（莱布尼茨审敛法）　若交错级数 $\sum\limits_{n=1}^{\infty}(-1)^{n-1}u_n$ 满足条件:

(1) $u_n\geqslant u_{n+1}(n=1,2,\cdots)$;

(2) $\lim\limits_{n\to\infty}u_n=0$,

则级数 $\sum\limits_{n=1}^{\infty}(-1)^{n-1}u_n$ 收敛,且其和 $s\leqslant u_1$,其余项 r_n 的绝对值 $|r_n|\leqslant u_{n+1}$.

证　由于

$$\begin{aligned}s_{2n}&=(u_1-u_2)+(u_3-u_4)+\cdots+(u_{2n-1}-u_{2n})\\&=u_1-(u_2-u_3)-\cdots-(u_{2n-2}-u_{2n-1})-u_{2n}\leqslant u_1,\end{aligned}$$

根据题设条件(1)可知,前 $2n$ 项和的序列 $\{s_{2n}\}$ 递增且有上界,因而必有极限,设为 s.由于

$$s_{2n+1}=s_{2n}+u_{2n+1},$$

再根据条件(2),$u_{2n+1}\to 0(n\to\infty)$,故有

$$\lim_{n\to\infty}s_{2n+1}=\lim_{n\to\infty}s_{2n}=s,$$

从而得 $\lim\limits_{n\to\infty}s_n=s$,且其和 $s\leqslant u_1$.

其余项 r_n 可以写成

$$r_n=(-1)^n u_{n+1}+(-1)^{n+1}u_{n+2}+\cdots=(-1)^n(u_{n+1}-u_{n+2}+\cdots).$$

级数 $u_{n+1}-u_{n+2}+\cdots$ 仍是满足定理条件的交错级数,由上面已证得的结论可知

$$|r_n|=|s-s_n|=u_{n+1}-u_{n+2}+\cdots\leqslant u_{n+1}.$$

例 7.2.7　判别下列级数的收敛性:

(1) $\sum\limits_{n=1}^{\infty}(-1)^{n-1}\dfrac{1}{n}$;　　　　(2) $\sum\limits_{n=1}^{\infty}(-1)^{n}\dfrac{1}{n-\ln n}$.

解 (1) 所给级数为交错级数,且满足

$$u_n = \frac{1}{n} > \frac{1}{n+1} = u_{n+1}(n=1,2,\cdots),$$

$$\lim_{n\to\infty} u_n = \lim_{n\to\infty}\frac{1}{n} = 0,$$

由莱布尼茨审敛法可知级数 $\sum_{n=1}^{\infty}(-1)^{n-1}\frac{1}{n}$ 收敛,且其和 $s \leqslant u_1 = 1$,余项

$$|r_n| \leqslant u_{n+1} = \frac{1}{n+1}.$$

(2) 设 $u_n = \frac{1}{n-\ln n}$,记 $f(x)=x-\ln x$, $f'(x)=1-\frac{1}{x}>0(x>1)$,从而当$x>1$时,$f(x)$单调增加.故数列$\{u_n\}$单调递减,而

$$\lim_{x\to+\infty}\frac{1}{x-\ln x} = \lim_{x\to+\infty}\frac{\frac{1}{x}}{1-\frac{\ln x}{x}} = 0,$$

所以

$$\lim_{n\to\infty} u_n = 0.$$

由莱布尼茨审敛法知级数 $\sum_{n=1}^{\infty}(-1)^{n}\frac{1}{n-\ln n}$ 收敛.

7.2.3 绝对收敛与条件收敛

若 $u_n(n=1,2,\cdots)$ 为任意实数,则称 $\sum_{n=1}^{\infty} u_n$ 为**任意项级数**.对该级数每项 $u_n(n=1,2,\cdots)$ 取绝对值构成一个正项级数 $\sum_{n=1}^{\infty}|u_n|$,若级数 $\sum_{n=1}^{\infty}|u_n|$收敛,则称级数 $\sum_{n=1}^{\infty} u_n$ **绝对收敛**;若级数 $\sum_{n=1}^{\infty}|u_n|$发散,而 $\sum_{n=1}^{\infty} u_n$ 收敛,则称级数 $\sum_{n=1}^{\infty} u_n$ **条件收敛**.

容易看出,级数 $\sum_{n=1}^{\infty}(-1)^{n-1}\frac{1}{n^2}$ 是绝对收敛的,而级数 $\sum_{n=1}^{\infty}(-1)^{n-1}\frac{1}{n}$ 是条件收敛的.

绝对收敛与条件收敛之间有下列重要关系:

定理 7.2.7 若级数 $\sum_{n=1}^{\infty}|u_n|$收敛,则级数 $\sum_{n=1}^{\infty} u_n$ 收敛.

证 因为 $0 \leqslant u_n+|u_n| \leqslant 2|u_n|$,且由题设可知级数 $\sum_{n=1}^{\infty} 2|u_n|$收敛,根据比较审

敛法可知,级数 $\sum\limits_{n=1}^{\infty}(u_n+|u_n|)$ 收敛.又因为

$$u_n=(u_n+|u_n|)-|u_n|,$$

所以级数 $\sum\limits_{n=1}^{\infty}u_n$ 收敛.

注　定理7.2.7的逆命题不成立,即当级数 $\sum\limits_{n=1}^{\infty}u_n$ 收敛时,级数 $\sum\limits_{n=1}^{\infty}|u_n|$ 未必收敛,例如 $\sum\limits_{n=1}^{\infty}(-1)^{n-1}\dfrac{1}{n}$.

由定理7.2.7我们可将许多任意项级数的收敛性问题转化为正项级数的收敛性问题.一般情况下,如果级数 $\sum\limits_{n=1}^{\infty}|u_n|$ 发散,我们不能断定级数 $\sum\limits_{n=1}^{\infty}u_n$ 也发散.但是,若我们用比值审敛法或根值审敛法判定级数 $\sum\limits_{n=1}^{\infty}|u_n|$ 发散,则可以断定级数 $\sum\limits_{n=1}^{\infty}u_n$ 必定发散.这是因为从这两个审敛法的证明可知,判别级数 $\sum\limits_{n=1}^{\infty}|u_n|$ 发散的依据是 $|u_n|$ 不趋向于零,从而 u_n 也不趋向于零,因此级数 $\sum\limits_{n=1}^{\infty}u_n$ 也是发散的.

例 7.2.8　判别下列级数的收敛性.若收敛,是绝对收敛还是条件收敛?

(1) $\sum\limits_{n=1}^{\infty}(-1)^{n-1}\dfrac{1}{n^p}$;　　　(2) $\sum\limits_{n=1}^{\infty}\dfrac{2n-(-1)^n}{n^3}$.

解　(1) $\sum\limits_{n=1}^{\infty}\left|(-1)^{n-1}\dfrac{1}{n^p}\right|=\sum\limits_{n=1}^{\infty}\dfrac{1}{n^p}$,当 $p>1$ 时级数 $\sum\limits_{n=1}^{\infty}\dfrac{1}{n^p}$ 收敛,因此当 $p>1$ 时所给级数绝对收敛.

当 $0<p\leqslant 1$ 时, $\sum\limits_{n=1}^{\infty}\left|(-1)^{n-1}\dfrac{1}{n^p}\right|=\sum\limits_{n=1}^{\infty}\dfrac{1}{n^p}$ 是发散的,但 $\dfrac{1}{n^p}$ 随 n 增大而单调递减,且 $\lim\limits_{n\to\infty}\dfrac{1}{n^p}=0$,由莱布尼茨审敛法可知级数 $\sum\limits_{n=1}^{\infty}(-1)^{n-1}\dfrac{1}{n^p}$ 收敛,因此 $\sum\limits_{n=1}^{\infty}(-1)^{n-1}\cdot\dfrac{1}{n^p}$ 条件收敛.

当 $p\leqslant 0$ 时,显然 $\lim\limits_{n\to\infty}(-1)^{n-1}\dfrac{1}{n^p}\neq 0$,故原级数发散.

综上所述, $\sum\limits_{n=1}^{\infty}(-1)^{n-1}\dfrac{1}{n^p}$ 当 $p>1$ 时绝对收敛,当 $0<p\leqslant 1$ 时条件收敛,当 $p\leqslant 0$ 时发散.

(2) 因为 $\left|\dfrac{2n-(-1)^n}{n^3}\right| \leqslant \dfrac{3}{n^2}$，而级数 $\sum\limits_{n=1}^{\infty}\dfrac{3}{n^2}$ 是收敛的，所以级数 $\sum\limits_{n=1}^{\infty}\left|\dfrac{2n-(-1)^n}{n^3}\right|$ 也收敛，从而级数 $\sum\limits_{n=1}^{\infty}\dfrac{2n-(-1)^n}{n^3}$ 绝对收敛.

绝对收敛级数有很多性质是条件收敛级数所没有的，下面给出关于绝对收敛级数的两个性质.

*7.2.4 绝对收敛级数的性质

***定理 7.2.8** 绝对收敛级数经改变项的位置后构成的级数也收敛，且与原级数有相同的和(即绝对收敛级数具有可交换性).

***定理 7.2.9 (绝对收敛级数的乘法)** 设级数 $\sum\limits_{n=1}^{\infty}u_n$ 和 $\sum\limits_{n=1}^{\infty}v_n$ 都绝对收敛，其和分别为 s 和 σ，则它们的柯西乘积

$$u_1v_1+(u_1v_2+u_2v_1)+\cdots+(u_1v_n+u_2v_{n-1}+\cdots+u_nv_1)+\cdots$$

也是绝对收敛的，且其和为 $s\cdot\sigma$.

这两定理的证明略.

习题 7.2

1. 用比较审敛法或其极限形式判定下列级数的收敛性：

(1) $1+\dfrac{1}{3}+\dfrac{1}{5}+\cdots+\dfrac{1}{2n-1}+\cdots$； (2) $\dfrac{1}{2\cdot 5}+\dfrac{1}{3\cdot 6}+\cdots+\dfrac{1}{(n+1)(n+4)}+\cdots$；

(3) $\sum\limits_{n=1}^{\infty}\dfrac{1}{(n+1)\sqrt{n}}$； (4) $\sum\limits_{n=1}^{\infty}\dfrac{1}{1+a^n}(a>0)$；

(5) $\sum\limits_{n=1}^{\infty}\dfrac{1}{n}\sin\dfrac{1}{\sqrt[3]{n}}$； (6) $\sum\limits_{n=1}^{\infty}(\sqrt{n^3+1}-\sqrt{n^3})$.

2. 用比值审敛法判定下列级数的收敛性：

(1) $\sum\limits_{n=1}^{\infty}\dfrac{n+1}{2^{n-1}}$； (2) $\sum\limits_{n=1}^{\infty}\dfrac{n^n}{n!}$；

(3) $\sum\limits_{n=1}^{\infty}\dfrac{4^n\cdot n!}{n^n}$； (4) $\sum\limits_{n=1}^{\infty}n\sin\dfrac{\pi}{3^{n+1}}$.

*3. 用根值审敛法判定下列级数的收敛性：

(1) $\sum\limits_{n=1}^{\infty}\left(\dfrac{7n}{n+1}\right)^n$； (2) $\sum\limits_{n=1}^{\infty}(\sqrt[n]{n}+2)^n$；

(3) $\sum\limits_{n=1}^{\infty}\dfrac{3^n}{n^{\frac{n}{3}}}$； (4) $\sum\limits_{n=1}^{\infty}\left(a+\dfrac{1}{n}\right)^n(a\geqslant 0)$.

4. 用适当的方法判别下列级数的收敛性：

(1) $\sum_{n=1}^{\infty}\frac{1}{\sqrt{n}}\ln\frac{n+2}{n+1}$;　　(2) $\sum_{n=1}^{\infty}\frac{1}{n}(\sqrt{n+1}-\sqrt{n})$;

(3) $\sum_{n=1}^{\infty}\frac{1}{n\sqrt[n]{n}}$;　　(4) $\sum_{n=1}^{\infty}\frac{\sqrt{n}}{n^{2}-\ln n}$.

5. 判别下列级数的收敛性.若收敛,是绝对收敛还是条件收敛?

(1) $\sum_{n=1}^{\infty}(-1)^{n-1}\frac{n^{2}}{2^{n-1}}$;　　(2) $\sum_{n=1}^{\infty}\frac{(-1)^{n-1}}{\ln(n+2)}$;

(3) $\sum_{n=1}^{\infty}(-1)^{n+1}\frac{2^{n^{2}}}{n!}$;　　(4) $\sum_{n=1}^{\infty}(-1)^{n+1}(\sqrt{n+2}-\sqrt{n+1})$;

(5) $\sum_{n=1}^{\infty}\frac{\sin n}{n^{4}}$;　　(6) $\sum_{n=1}^{\infty}(-1)^{n+1}\frac{a^{n}}{n}$.

6. 已知级数$\sum_{n=1}^{\infty}u_n$,$\sum_{n=1}^{\infty}v_n$都收敛,且对任意的n都有$u_n\leqslant w_n\leqslant v_n$,证明级数$\sum_{n=1}^{\infty}w_n$收敛.

7. 利用收敛级数的性质证明:

(1) $\lim\limits_{n\to\infty}\frac{n^{n}}{(2n)!}=0$;(2) $\lim\limits_{n\to\infty}\frac{a^{n}}{n!}=0$(常数$a>1$).

7.3　幂　级　数

通过本节学习应理解幂级数的有关概念,会求幂级数的收敛半径和收敛区间,理解幂级数的性质并会用性质求和函数.

7.3.1　函数项级数的概念

定义 7.3.1　设$u_1(x),u_2(x),\cdots,u_n(x),\cdots$是定义在区间$I$上的函数列,称表达式

$$u_1(x)+u_2(x)+\cdots+u_n(x)+\cdots$$

为定义在区间I上的函数项无穷级数,简称函数项级数,记为$\sum_{n=1}^{\infty}u_n(x)$.$u_n(x)$称为它的通项,即

$$\sum_{n=1}^{\infty}u_n(x)=u_1(x)+u_2(x)+\cdots+u_n(x)+\cdots.\tag{7.3.1}$$

在区间I上任取一点x_0,则函数项级数$\sum_{n=1}^{\infty}u_n(x)$就成为常数项级数

$$\sum_{n=1}^{\infty} u_n(x_0) = u_1(x_0) + u_2(x_0) + \cdots + u_n(x_0) + \cdots.$$

定义 7.3.2 若对于 $x_0 \in I$，常数项级数 $\sum_{n=1}^{\infty} u_n(x_0)$ 收敛，则称 x_0 为函数项级数 $\sum_{n=1}^{\infty} u_n(x)$ 的**收敛点**；若对于 $x_0 \in I$，$\sum_{n=1}^{\infty} u_n(x_0)$ 发散，则称 x_0 为函数项级数 $\sum_{n=1}^{\infty} u_n(x)$ 的**发散点**. 由收敛点的全体所构成的集合称为级数 $\sum_{n=1}^{\infty} u_n(x)$ 的**收敛域**，由发散点的全体所构成的集合称为其**发散域**.

在收敛域上，对于任意一个 x，函数项级数 $\sum_{n=1}^{\infty} u_n(x)$ 就成为常数项级数，因而有一确定的和 s. 这样，在收敛域上，函数项级数 $\sum_{n=1}^{\infty} u_n(x)$ 的和是 x 的函数 $s(x)$，称 $s(x)$ 为函数项级数 $\sum_{n=1}^{\infty} u_n(x)$ 的**和函数**，并写成

$$s(x) = u_1(x) + u_2(x) + \cdots + u_n(x) + \cdots. \tag{7.3.2}$$

用 $s_n(x)$ 表示函数项级数前 n 项的部分和：

$$s_n(x) = u_1(x) + u_2(x) + \cdots + u_n(x),$$

则在收敛域内，有

$$\lim_{n\to\infty} s_n(x) = s(x).$$

若用 $r_n(x)$ 表示函数项级数 $\sum_{n=1}^{\infty} u_n(x)$ 的余项，即 $r_n(x) = s(x) - s_n(x) = \sum_{k=n+1}^{\infty} u_k(x)$，则在收敛域内，有

$$\lim_{n\to\infty} r_n(x) = 0.$$

应注意，只有在收敛域内式(7.3.2)才成立. 例如级数

$$\sum_{n=0}^{\infty} (-1)^n x^n = 1 - x + x^2 - x^3 + \cdots + (-1)^n x^n + \cdots$$

是以 $-x$ 为公比的等比级数，当 $|-x|<1$ 时级数收敛，其和为 $\frac{1}{1+x}$，即

$$\frac{1}{1+x} = 1 - x + x^2 - x^3 + \cdots + (-1)^n x^n + \cdots. \tag{7.3.3}$$

显然函数 $\frac{1}{1+x}$ 对 $x \neq -1$ 的点处处有定义，但仅在级数的收敛域内它才是级数的和函数，即当 $x \in (-1,1)$ 时等式才成立.

7.3.2　幂级数及其收敛性

幂级数是函数项级数中结构最简单、应用很广泛的一种级数.

定义 7.3.3　形如

$$\sum_{n=0}^{\infty} a_n(x-x_0)^n = a_0 + a_1(x-x_0) + a_2(x-x_0)^2 + \cdots + a_n(x-x_0)^n + \cdots \tag{7.3.4}$$

的函数项级数称为$(x-x_0)$的**幂级数**,其中$a_0,a_1,\cdots,a_n,\cdots$称为幂级数的系数.特别地,当$x_0=0$时,幂级数(7.3.4)变为

$$\sum_{n=0}^{\infty} a_n x^n = a_0 + a_1 x + a_2 x^2 + \cdots + a_n x^n + \cdots. \tag{7.3.5}$$

因为通过变换$t=x-x_0$可将幂级数(7.3.4)化为幂级数(7.3.5)的形式,所以本节只讨论幂级数(7.3.5).

首先讨论幂级数(7.3.5)的收敛域.

定理 7.3.1（阿贝尔(Abel)定理）　对于幂级数$\sum\limits_{n=0}^{\infty} a_n x^n$,下列命题成立:

(1) 若幂级数$\sum\limits_{n=0}^{\infty} a_n x^n$在$x=x_0(x_0\neq 0)$处收敛,则满足不等式$|x|<|x_0|$的一切$x$使该级数绝对收敛;

(2) 若幂级数$\sum\limits_{n=0}^{\infty} a_n x^n$在$x=x_0(x_0\neq 0)$处发散,则满足不等式$|x|>|x_0|$的所有$x$使该级数发散.

证　(1) 设$\sum\limits_{n=0}^{\infty} a_n x_0^n$收敛,根据级数收敛的必要条件,有$\lim\limits_{n\to\infty} a_n x_0^n=0$,则存在正常数$M$,使得$|a_n x_0^n|\leqslant M(n=0,1,2,\cdots)$,于是有

$$|a_n x^n| = \left|a_n x_0^n \cdot \frac{x^n}{x_0^n}\right| = |a_n x_0^n| \cdot \left|\frac{x}{x_0}\right|^n \leqslant M\cdot\left|\frac{x}{x_0}\right|^n.$$

因为当$|x|<|x_0|$时,等比级数$\sum\limits_{n=0}^{\infty} M\cdot\left|\dfrac{x}{x_0}\right|^n$收敛,所以级数$\sum\limits_{n=0}^{\infty}|a_n x^n|$收敛,也就是级数$\sum\limits_{n=0}^{\infty} a_n x^n$绝对收敛.

(2) 用反证法.若幂级数当$x=x_0$时发散,且有一点x_1满足$|x_1|>|x_0|$使级数收敛,则由(1),级数当$x=x_0$时必收敛,这与假设矛盾.定理得证.

由定理 7.3.1 可以看出,对于幂级数$\sum\limits_{n=0}^{\infty} a_n x^n$,它的收敛性有以下三种情形:

(1) 当且仅当$x=0$时收敛,即对任意$x\neq 0$,级数$\sum\limits_{n=0}^{\infty} a_n x^n$都不收敛,这时该级

数的收敛域只有一个点 $x=0$.

(2) 对所有 $x\in(-\infty,+\infty)$,级数 $\sum\limits_{n=0}^{\infty}a_nx^n$ 都收敛,这时该级数的收敛域是 $(-\infty,+\infty)$.

(3) 幂级数 $\sum\limits_{n=0}^{\infty}a_nx^n$ 的收敛域既不是仅含一点 $x=0$,也不是无穷区间 $(-\infty,+\infty)$,则必存在一个确定的正数 R,使得当 $|x|<R$ 时该幂级数绝对收敛;当 $|x|>R$ 时幂级数发散.在 $x=\pm R$ 处,该幂级数可能收敛也可能发散.此时的正数 R 称为幂级数 $\sum\limits_{n=0}^{\infty}a_nx^n$ 的**收敛半径**.对于情形(1),(2),可以规定幂级数的收敛半径分别是 $R=0$ 和 $R=+\infty$.开区间 $(-R,R)$ 又称为幂级数 $\sum\limits_{n=0}^{\infty}a_nx^n$ 的**收敛区间**.

由以上分析可知,对于幂级数 $\sum\limits_{n=0}^{\infty}a_nx^n$,只要知道了它的收敛半径 R,也就知道了它的收敛区间 $(-R,R)$,再加上对其端点 $x=\pm R$ 处收敛性的判别,就确定了幂级数的收敛域.那么,如何求幂级数 $\sum\limits_{n=0}^{\infty}a_nx^n$ 的收敛半径呢?我们有下述定理.

定理 7.3.2 对于幂级数 $\sum\limits_{n=0}^{\infty}a_nx^n$,如果 $\lim\limits_{n\to\infty}\left|\dfrac{a_{n+1}}{a_n}\right|=\rho$,其中 a_n,a_{n+1} 是幂级数的相邻两项的系数,则

(1) 当 $0<\rho<+\infty$ 时,收敛半径 $R=\dfrac{1}{\rho}$;

(2) 当 $\rho=0$ 时,收敛半径 $R=+\infty$;

(3) 当 $\rho=+\infty$ 时,收敛半径 $R=0$.

证 考察幂级数 $\sum\limits_{n=0}^{\infty}a_nx^n$,有

$$\lim_{n\to\infty}\left|\frac{a_{n+1}x^{n+1}}{a_nx^n}\right|=\lim_{n\to\infty}\left|\frac{a_{n+1}}{a_n}\right|\cdot|x|=\rho|x|.$$

(1) 当 $0<\rho<+\infty$ 时,根据比值审敛法,如果 $|x|<\dfrac{1}{\rho}$,即 $\rho|x|<1$,则 $\sum\limits_{n=0}^{\infty}a_nx^n$ 绝对收敛;若 $|x|>\dfrac{1}{\rho}$,即 $\rho|x|>1$,则级数 $\sum\limits_{n=0}^{\infty}|a_nx^n|$ 发散,并且从某一个 n 开始,

$$|a_{n+1}x^{n+1}|>|a_nx^n|.$$

因此当 $n\to\infty$ 时,$|a_nx^n|$ 不趋于零,所以 a_nx^n 也不趋于零,从而级数 $\sum\limits_{n=0}^{\infty}a_nx^n$ 发

散，于是收敛半径为 $R=\dfrac{1}{\rho}$.

（2）当 $\rho=0$ 时，对任意 $x\in(-\infty,+\infty)$ 都有 $\rho|x|=0<1$，则级数 $\sum\limits_{n=0}^{\infty}a_nx^n$ 绝对收敛，因此收敛半径 $R=+\infty$.

（3）当 $\rho=+\infty$ 时，对所有 $x\neq 0$，级数 $\sum\limits_{n=0}^{\infty}a_nx^n$ 的一般项 a_nx^n 趋向无穷，因而发散，所以收敛半径 $R=0$.

例 7.3.1　求幂级数

$$1+x+\frac{x^2}{2!}+\cdots+\frac{x^n}{n!}+\cdots$$

的收敛半径和收敛域.

解　由于

$$\rho=\lim_{n\to\infty}\left|\frac{a_{n+1}}{a_n}\right|=\lim_{n\to\infty}\frac{\dfrac{1}{(n+1)!}}{\dfrac{1}{n!}}=\lim_{n\to\infty}\frac{n!}{(n+1)!}=0,$$

所以收敛半径为 $R=+\infty$，从而收敛域为 $(-\infty,+\infty)$.

例 7.3.2　求幂级数 $\sum\limits_{n=0}^{\infty}n!x^n$ 的收敛半径.

解　由于

$$\rho=\lim_{n\to\infty}\left|\frac{a_{n+1}}{a_n}\right|=\lim_{n\to\infty}\frac{(n+1)!}{n!}=+\infty,$$

故收敛半径为 $R=0$，即级数仅在 $x=0$ 处收敛.

由定理 7.3.2 知，求收敛半径可直接用公式 $R=\lim\limits_{n\to\infty}\left|\dfrac{a_n}{a_{n+1}}\right|$.

例 7.3.3　求幂级数 $\sum\limits_{n=2}^{\infty}(-1)^{n-1}\dfrac{x^n}{\ln n}$ 的收敛半径和收敛域.

解　因为

$$R=\lim_{n\to\infty}\left|\frac{a_n}{a_{n+1}}\right|=\lim_{n\to\infty}\left|\frac{(-1)^{n-1}\dfrac{1}{\ln n}}{(-1)^n\dfrac{1}{\ln(n+1)}}\right|=\lim_{n\to\infty}\frac{\ln(n+1)}{\ln n}=1,$$

又当 $x=-1$ 时，级数 $-\sum\limits_{n=2}^{\infty}\dfrac{1}{\ln n}$ 是发散的，当 $x=1$ 时，级数 $\sum\limits_{n=2}^{\infty}(-1)^{n-1}\dfrac{1}{\ln n}$ 是收敛的，所以该级数的收敛域为 $(-1,1]$.

例 7.3.4 求幂级数 $\sum\limits_{n=0}^{\infty}\frac{2^n}{n+1}x^{2n+1}$ 的收敛域.

解 这是缺项幂级数.由于

$$\lim_{n\to\infty}\left|\frac{\frac{2^{n+1}}{(n+1)+1}x^{2n+3}}{\frac{2^n}{n+1}x^{2n+1}}\right|=x^2\lim_{n\to\infty}\frac{2(n+1)}{n+2}=2x^2,$$

根据比值审敛法,当 $2x^2<1$,即 $|x|<\frac{1}{\sqrt{2}}$ 时,级数收敛;当 $|x|>\frac{1}{\sqrt{2}}$ 时,级数发散.而当 $x=\pm\frac{1}{\sqrt{2}}$ 时,级数成为 $\pm\frac{1}{\sqrt{2}}\sum\limits_{n=0}^{\infty}\frac{1}{n+1}$,也都发散,所以级数的收敛域为 $\left(-\frac{1}{\sqrt{2}},\frac{1}{\sqrt{2}}\right)$.

例 7.3.5 求幂级数 $\sum\limits_{n=1}^{\infty}\frac{3^n(x-1)^n}{n^2}$ 的收敛域.

解 令 $t=x-1$,上述级数变为 $\sum\limits_{n=1}^{\infty}\frac{3^nt^n}{n^2}$,有

$$R=\lim_{n\to\infty}\left|\frac{a_n}{a_{n+1}}\right|=\lim_{n\to\infty}\frac{3^n}{n^2}\cdot\frac{(n+1)^2}{3^{n+1}}=\frac{1}{3}.$$

当 $t=\frac{1}{3}$ 时,级数成为 $\sum\limits_{n=1}^{\infty}\frac{1}{n^2}$,此级数收敛;当 $t=-\frac{1}{3}$ 时,级数成为 $\sum\limits_{n=1}^{\infty}\frac{(-1)^n}{n^2}$,此级数收敛.因此级数 $\sum\limits_{n=1}^{\infty}\frac{3^nt^n}{n^2}$ 的收敛域为 $\left[-\frac{1}{3},\frac{1}{3}\right]$,即当 $-\frac{1}{3}\leqslant x-1\leqslant\frac{1}{3}$ 时,级数 $\sum\limits_{n=1}^{\infty}\frac{3^n(x-1)^n}{n^2}$ 收敛,所以原幂级数的收敛域为 $\left[\frac{2}{3},\frac{4}{3}\right]$.

7.3.3 幂级数的运算

定理 7.3.3 设幂级数 $\sum\limits_{n=0}^{\infty}a_nx^n$ 与 $\sum\limits_{n=0}^{\infty}b_nx^n$ 的收敛半径分别为 R_1 与 R_2,令 $R=\min\{R_1,R_2\}$,则在它们公共的收敛区间 $|x|<R$ 内,有

(1) 它们相加后的幂级数收敛,并且

$$\sum_{n=0}^{\infty}a_nx^n+\sum_{n=0}^{\infty}b_nx^n=\sum_{n=0}^{\infty}(a_n+b_n)x^n;$$

*(2) 它们的柯西乘积的幂级数收敛,并且

$$\left(\sum_{n=0}^{\infty}a_nx^n\right)\cdot\left(\sum_{n=0}^{\infty}b_nx^n\right)=\sum_{n=0}^{\infty}(a_0b_n+a_1b_{n-1}+\cdots+a_nb_0)x^n.$$

(1) 的证明可直接从常数项级数的收敛性质 7.1.2 得到.(2) 的证明从略.

定理 7.3.4　设幂级数 $\sum_{n=0}^{\infty} a_n x^n$ 的和函数为 $s(x)$，收敛半径 $R>0$，收敛域为 I，则

(1) $s(x)$ 在收敛域 I 上连续；

(2) $s(x)$ 在收敛区间 $(-R,R)$ 内可导，且有逐项求导公式

$$s'(x)=\left(\sum_{n=0}^{\infty} a_n x^n\right)'=\sum_{n=0}^{\infty}(a_n x^n)'=\sum_{n=1}^{\infty} n a_n x^{n-1};$$

(3) $s(x)$ 在收敛域 I 上可积，且有逐项积分公式

$$\int_0^x s(x)\mathrm{d}x=\int_0^x\left(\sum_{n=0}^{\infty} a_n x^n\right)\mathrm{d}x=\sum_{n=0}^{\infty}\int_0^x a_n x^n \mathrm{d}x=\sum_{n=0}^{\infty}\frac{a_n}{n+1}x^{n+1}.$$

并且逐项求导和逐项求积分后所得的幂级数的收敛半径仍为 R，但在收敛区间端点的收敛性有可能改变.

反复应用逐项求导结论可得：幂级数的和函数 $s(x)$ 在其收敛区间 $(-R,R)$ 内有任意阶导数.

例 7.3.6　求幂级数 $\sum_{n=0}^{\infty}\frac{(-1)^n}{2n+1}x^{2n+1}$ 的和函数.

解　先求收敛域. 由于

$$\lim_{n\to\infty}\left|\frac{u_{n+1}(x)}{u_n(x)}\right|=\lim_{n\to\infty}\frac{\dfrac{x^{2n+3}}{2n+3}}{\dfrac{x^{2n+1}}{2n+1}}=x^2.$$

当 $|x|<1$ 时，原级数收敛，当 $|x|>1$ 时，原级数发散. 故收敛半径 $R=1$.

当 $x=1$ 时，级数为 $\sum_{n=1}^{\infty}\frac{(-1)^n}{2n+1}$，它是收敛的；当 $x=-1$ 时，级数为 $\sum_{n=1}^{\infty}\frac{(-1)^{n+1}}{2n+1}$，它是收敛的. 因此该级数的收敛域为 $I=[-1,1]$.

设和函数为 $s(x)$，即

$$s(x)=\sum_{n=0}^{\infty}\frac{(-1)^n}{2n+1}x^{2n+1},\quad x\in[-1,1].$$

于是

$$s(x)=\sum_{n=0}^{\infty}(-1)^n\int_0^x t^{2n}\mathrm{d}t=\int_0^x\sum_{n=0}^{\infty}(-1)^n t^{2n}\mathrm{d}t$$

$$=\int_0^x\frac{1}{1+t^2}\mathrm{d}t=\arctan x.$$

例 7.3.7　求幂级数 $\sum_{n=1}^{\infty}(-1)^{n-1}nx^{n-1}$ 的和函数，并求级数 $\sum_{n=1}^{\infty}\frac{n}{2^n}$ 的和.

解 由于

$$\rho=\lim_{n\to\infty}\left|\frac{a_{n+1}}{a_n}\right|=\lim_{n\to\infty}\frac{n+1}{n}=1,$$

故收敛半径为 $R=1$. 容易看出幂级数的收敛域为 $I=(-1,1)$.

设和函数为 $s(x),x\in(-1,1)$,即

$$s(x)=\sum_{n=1}^{\infty}(-1)^{n-1}nx^{n-1}=\sum_{n=1}^{\infty}[(-1)^{n-1}x^n]'=\left[x\sum_{n=1}^{\infty}(-1)^{n-1}x^{n-1}\right]'$$
$$=\left(\frac{x}{1+x}\right)'=\frac{1}{(1+x)^2}.$$

在幂级数中令 $x=-\dfrac{1}{2}$,即得

$$\sum_{n=1}^{\infty}\frac{n}{2^n}=\frac{1}{2}s\left(-\frac{1}{2}\right)=2.$$

习题 7.3

1. 求下列幂级数的收敛半径和收敛域:

(1) $1-x+\dfrac{x^2}{2^2}+\cdots+(-1)^n\dfrac{x^n}{n^2}+\cdots$;

(2) $\displaystyle\sum_{n=1}^{\infty}\frac{x^n}{3^n+n}$;

(3) $\dfrac{x}{1}+\dfrac{x^2}{1\cdot3}+\dfrac{x^3}{1\cdot3\cdot5}+\cdots+\dfrac{x^n}{1\cdot3\cdot\cdots\cdot(2n-1)}+\cdots$;

(4) $\displaystyle\sum_{n=1}^{\infty}\frac{\ln n}{n}x^n$;

(5) $\dfrac{2^2}{2}x+\dfrac{2^3}{5}x^2+\dfrac{2^4}{10}x^3+\cdots+\dfrac{2^{n+1}}{n^2+1}x^n+\cdots$;

(6) $\displaystyle\sum_{n=0}^{\infty}\frac{(-1)^n x^{2n+1}}{(2n)!}$;

(7) $\displaystyle\sum_{n=1}^{\infty}\frac{x^{2n}}{3^n(n+1)^2}$;

(8) $\displaystyle\sum_{n=1}^{\infty}\frac{(x-1)^n}{n\cdot3^n}$;

(9) $\displaystyle\sum_{n=1}^{\infty}\frac{2^n+3^n}{n}x^n$.

2. 求下列幂级数在收敛域内的和函数:

(1) $\sum_{n=1}^{\infty} nx^n$;　　　　(2) $\sum_{n=1}^{\infty} \frac{x^{4n+1}}{4n+1}$;

(3) $\sum_{n=1}^{\infty} \frac{n(n+1)}{2} x^{n-1}$;　　　　(4) $\sum_{n=2}^{\infty} \frac{x^n}{n(n-1)}$.

3. 求幂级数 $\sum_{n=1}^{\infty} \frac{2n-1}{2^n} x^{2n-2}$ 的和函数,并求常数项级数 $\sum_{n=1}^{\infty} \frac{2n-1}{2^n}$ 的和.

4. 设幂级数 $\sum_{n=0}^{\infty} a_n x^n$ 在 $x=-5$ 处条件收敛,求该级数的收敛半径.

7.4　函数展开成幂级数

通过本节学习应理解泰勒级数、麦克劳林级数;能用间接法把函数展开成幂级数.

前面我们讨论了幂级数在收敛域内求和函数的问题,在实际应用中常常遇到与之相反的问题,就是对一个给定的函数,能否在一个区间内展开成幂级数? 如果可以,又如何将其展开成幂级数? 其收敛情况如何? 本节就来解决这些问题.

7.4.1　泰勒级数

对于给定的函数 $f(x)$,如果存在一个幂级数,它在某区间内收敛,且其和函数就是 $f(x)$,则称函数 $f(x)$ 在该区间能展开成幂级数.

如果函数 $f(x)$ 在点 x_0 的某一邻域 $U(x_0)$ 内能展开成幂级数,即有

$$f(x)=a_0+a_1(x-x_0)+a_2(x-x_0)^2+\cdots+a_n(x-x_0)^n+\cdots, x\in U(x_0), \tag{7.4.1}$$

那么,根据和函数的性质,可知 $f(x)$ 在 $U(x_0)$ 内应具有任意阶导数,且

$$f^{(n)}(x)=n!a_n+(n+1)n(n-1)\cdots 2a_{n+1}(x-x_0)+\cdots,$$

由此可得

$$f^{(n)}(x_0)=n!a_n,$$

于是

$$a_n=\frac{1}{n!}f^{(n)}(x_0)\quad (n=0,1,2,\cdots). \tag{7.4.2}$$

这就表明,如果 $f(x)$ 有幂级数展开式(7.4.1),那么该幂级数的系数 a_n 由公式(7.4.2)确定,即该幂级数必为

$$f(x_0)+f'(x_0)(x-x_0)+\frac{f''(x_0)}{2!}(x-x_0)^2+\cdots+\frac{f^{(n)}(x_0)}{n!}(x-x_0)^n+\cdots$$

$$= \sum_{n=0}^{\infty} \frac{f^{(n)}(x_0)}{n!}(x-x_0)^n, \tag{7.4.3}$$

而展开式必为

$$f(x)=f(x_0)+f'(x_0)(x-x_0)+\frac{f''(x_0)}{2!}(x-x_0)^2+\cdots+$$

$$\frac{f^{(n)}(x_0)}{n!}(x-x_0)^n+\cdots$$

$$= \sum_{n=0}^{\infty} \frac{f^{(n)}(x_0)}{n!}(x-x_0)^n, \quad x \in U(x_0). \tag{7.4.4}$$

幂级数(7.4.3)称为函数$f(x)$在点x_0处的**泰勒级数**.展开式(7.4.4)称为函数$f(x)$在点x_0处的**泰勒展开式**.

显然,当$x=x_0$时,$f(x)$的泰勒级数收敛于$f(x_0)$.除了$x=x_0$外,$f(x)$的泰勒级数是否收敛?如果收敛,它是否一定收敛于$f(x)$?关于这些问题,我们有下面的定理.

定理 7.4.1　设函数$f(x)$点x_0的某一邻域$U(x_0)$内具有任意阶的导数,则$f(x)$在该邻域内能展开成泰勒级数的充分必要条件是$f(x)$的泰勒公式中的余项$R_n(x)$当$n\to\infty$时的极限为零,即

$$\lim_{n\to\infty} R_n(x)=0 \quad (x \in U(x_0)).$$

证　先证必要性.设$f(x)$在$U(x_0)$内能展开为泰勒级数,即

$$f(x)=f(x_0)+f'(x_0)(x-x_0)+\frac{f''(x_0)}{2!}(x-x_0)^2+\cdots+$$

$$\frac{f^{(n)}(x_0)}{n!}(x-x_0)^n+\cdots$$

对一切$x\in U(x_0)$成立.

又设$s_{n+1}(x)$是$f(x)$的泰勒级数的前$n+1$项的和,则在$U(x_0)$内

$$\lim_{n\to\infty} s_{n+1}(x)=f(x).$$

而$f(x)$的n阶泰勒公式可写成

$$f(x)=s_{n+1}(x)+R_n(x),$$

于是

$$\lim_{n\to\infty} R_n(x)=\lim_{n\to\infty}[f(x)-s_{n+1}(x)]=f(x)-f(x)=0.$$

所以定理 7.4.1 的必要性得证.

再证充分性.设$\lim\limits_{n\to\infty} R_n(x)=0$对一切$x\in U(x_0)$成立.由$f(x)$的$n$阶泰勒公式可得

$$s_{n+1}(x)=f(x)-R_n(x),$$

对上式取极限,得

$$\lim_{n\to\infty}s_{n+1}(x)=\lim_{n\to\infty}[f(x)-R_n(x)]=f(x),$$

则函数$f(x)$的泰勒级数(7.4.3)在$U(x_0)$内收敛,并且收敛于$f(x)$.因此定理7.4.1的充分性得证.

在实际应用中,通常考虑的是$x_0=0$的特殊情况,此时的泰勒级数为

$$f(0)+f'(0)x+\frac{f''(0)}{2!}x^2+\cdots+\frac{f^{(n)}(0)}{n!}x^n+\cdots, \tag{7.4.5}$$

称式(7.4.5)为$f(x)$的**麦克劳林级数**.

7.4.2 函数展开为幂级数

1. 直接展开法

将函数$f(x)$展开成为麦克劳林级数,可按下面的步骤进行:

(1) 求出$f(x)$的各阶导数$f'(x)$, $f''(x)$, $\cdots$, $f^{(n)}(x)$, $\cdots$,并求出函数在$x=0$的函数值与各阶导数值:$f(0)$, $f'(0)$, $f''(0)$, $\cdots$, $f^{(n)}(0)$, $\cdots$,如果在$x=0$处的某阶导数不存在,就停止进行,它就不可能展开为x的幂级数.

(2) 写出幂级数

$$f(0)+f'(0)x+\frac{f''(0)}{2!}x^2+\cdots+\frac{f^{(n)}(0)}{n!}x^n+\cdots,$$

并求出其收敛半径R.

(3) 考察当$x\in(-R,R)$时,极限

$$\lim_{n\to\infty}R_n(x)=\lim_{n\to\infty}\frac{f^{(n+1)}(\xi)}{(n+1)!}x^{n+1}=0 \quad (\xi\text{ 在 }0\text{ 与 }x\text{ 之间})$$

是否成立.如果成立,则$f(x)$在$(-R,R)$内有展开式

$$f(x)=f(0)+f'(0)x+\frac{f''(0)}{2!}x^2+\cdots+\frac{f^{(n)}(0)}{n!}x^n+\cdots(-R<x<R).$$

例 7.4.1 将函数$f(x)=\mathrm{e}^x$展开成x的幂级数.

解 所给函数的各阶导数为

$$f^{(n)}(x)=\mathrm{e}^x(n=0,1,2,\cdots),$$

因此$f^{(n)}(0)=1(n=0,1,2,\cdots)$,于是得到函数的麦克劳林级数

$$1+x+\frac{1}{2!}x^2+\cdots+\frac{1}{n!}x^n+\cdots,$$

它的收敛半径$R=+\infty$.

对于任何有限的数x,ξ(ξ在0与x之间),余项的绝对值为

$$|R_n(x)| = \left|\frac{e^{\xi}}{(n+1)!}x^{n+1}\right| < e^{|x|} \cdot \frac{|x|^{n+1}}{(n+1)!}.$$

因 $e^{|x|}$ 有限，而级数 $\sum_{n=1}^{\infty} \frac{|x|^{n+1}}{(n+1)!}$ 是收敛级数，它的一般项 $\frac{|x|^{n+1}}{(n+1)!} \to 0(n \to \infty)$，所以 $\lim_{n\to\infty} |R_n(x)| = 0$，从而有展开式

$$e^x = 1 + x + \frac{1}{2!}x^2 + \cdots + \frac{1}{n!}x^n + \cdots(-\infty < x < +\infty).$$

例 7.4.2 将函数 $f(x)=\cos x$ 展开成 x 的幂级数.

解 由于所给函数的各阶导数为

$$f^{(n)}(x) = \cos\left(x + n \cdot \frac{\pi}{2}\right) (n = 0,1,2,\cdots),$$

所以

$$f(0) = 1, \quad f'(0) = 0, \quad f''(0) = -1, \quad f'''(0) = 0, \quad f^{(4)}(0) = 1, \cdots,$$
$$f^{(2n-1)}(0) = 0, \quad f^{(2n)}(0) = (-1)^n, \cdots.$$

于是得级数

$$1 - \frac{x^2}{2!} + \frac{x^4}{4!} - \cdots + (-1)^n \frac{x^{2n}}{(2n)!} + \cdots,$$

它的收敛半径为 $R=+\infty$.

对于任何有限的数 x，ξ（ξ 在 0 与 x 之间），

$$|R_n(x)| = \left|\frac{\cos\left[\xi + \frac{(n+1)\pi}{2}\right]}{(n+1)!}x^{n+1}\right| \leqslant \frac{|x|^{n+1}}{(n+1)!} \to 0(n \to \infty).$$

因此得展开式

$$\cos x = 1 - \frac{x^2}{2!} + \frac{x^4}{4!} - \cdots + (-1)^n \frac{x^{2n}}{(2n)!} + \cdots$$
$$= \sum_{n=0}^{\infty} (-1)^n \frac{x^{2n}}{(2n)!}, \ x \in (-\infty, +\infty).$$

从以上例子可看出，直接按公式 $a_n = \frac{f^{(n)}(0)}{n!}$ 计算幂级数的系数，最后考察余项 $R_n(x)$ 是否趋于零.这种直接展开的方法只有对比较简单的函数才能做到，而多数情况会遇到求 n 阶导数、研究余项的极限等困难.因此下面我们讨论用间接展开的方法.

2. 间接展开法

根据函数展开为幂级数的唯一性，从某些已知的函数的幂级数展开式，利用幂

级数的四则运算,逐项求导、逐项求积分及变量代换等,将所给函数展开成幂级数.称这种方法为间接展开法,它是求函数的幂级数展开式的常用方法.该方法不仅计算简单,而且可避免讨论余项.下面由几个例子说明间接展开法.

例 7.4.3　将函数 $f(x)=\sin x$ 展开成 x 的幂级数.

解　由例 7.4.2 知

$$\cos x = 1 - \frac{x^2}{2!} + \frac{x^4}{4!} - \cdots + (-1)^n \frac{x^{2n}}{(2n)!} + \cdots (-\infty < x < +\infty).$$

对上式两边求导得

$$-\sin x = -x + \frac{x^3}{3!} - \frac{x^5}{5!} + \cdots + (-1)^n \frac{x^{2n-1}}{(2n-1)!} + \cdots,$$

即

$$\sin x = \sum_{n=1}^{\infty} (-1)^{n-1} \frac{x^{2n-1}}{(2n-1)!}, x \in (-\infty, +\infty).$$

例 7.4.4　将函数 $f(x)=\ln(1+x)$ 展开成 x 的幂级数.

解　因为 $f'(x)=\dfrac{1}{1+x}$,而且当 $-1<x<1$ 时,

$$\frac{1}{1+x} = 1 - x + x^2 - \cdots + (-1)^n x^n + \cdots.$$

上式两端积分,得

$$\int_0^x \frac{1}{1+t} \mathrm{d}t = \int_0^x [1 - t + t^2 - \cdots + (-1)^n t^n + \cdots] \mathrm{d}t,$$

即

$$\begin{aligned} \ln(1+x) &= x - \frac{x^2}{2} + \frac{x^3}{3} - \cdots + (-1)^n \frac{x^{n+1}}{n+1} + \cdots \\ &= \sum_{n=1}^{\infty} (-1)^{n-1} \frac{x^n}{n} \quad (-1 < x \leqslant 1). \end{aligned}$$

上面的展开式当 $x=1$ 时也成立,这是因为上式右端的幂级数当 $x=1$ 时收敛,而 $\ln(1+x)$ 在 $x=1$ 处有定义且连续.

例 7.4.5　将函数 $f(x)=(1+x)^{\alpha}$ 展开成 x 的幂级数,其中 α 为任意常数.

解　为了避免讨论余项 $R_n(x)$,我们采用以下的步骤进行:先求出 $(1+x)^{\alpha}$ 的麦克劳林级数,并求出收敛区间,再设在收敛区间上该麦克劳林级数的和函数为 $\varphi(x)$,然后再证明 $\varphi(x)=(1+x)^{\alpha}$.由于 $f(x)=(1+x)^{\alpha}$ 的各阶导数为

$$f'(x) = \alpha(1+x)^{\alpha-1}, \cdots, f^{(n)}(x) = \alpha(\alpha-1)\cdots(\alpha-n+1)(1+x)^{\alpha-n}, \cdots,$$

所以

$$f(0)=1,\ f'(0)=\alpha,\ f''(0)=\alpha(\alpha-1),\cdots,$$
$$f^{(n)}(0)=\alpha(\alpha-1)\cdots(\alpha-n+1),\cdots,$$

于是得麦克劳林级数

$$1+\alpha x+\frac{\alpha(\alpha-1)}{2!}x^2+\cdots+\frac{\alpha(\alpha-1)\cdots(\alpha-n+1)}{n!}x^n+\cdots.$$

不难求出它的收敛半径 $R=1$,收敛区间为$(-1,1)$.假设在$(-1,1)$内它的和函数为$\varphi(x)$,即

$$\varphi(x)=1+\alpha x+\frac{\alpha(\alpha-1)}{2!}x^2+\cdots+\frac{\alpha(\alpha-1)\cdots(\alpha-n+1)}{n!}x^n+\cdots,\ x\in(-1,1),$$

则

$$\begin{aligned}\varphi'(x)&=\alpha+\frac{\alpha(\alpha-1)}{1}x+\cdots+\frac{\alpha(\alpha-1)\cdots(\alpha-n+1)}{(n-1)!}x^{n-1}+\cdots\\&=\alpha\left[1+\frac{\alpha-1}{1}x+\cdots+\frac{(\alpha-1)\cdots(\alpha-n+1)}{(n-1)!}x^{n-1}+\cdots\right],\end{aligned}$$

从而

$$\begin{aligned}(1+x)\varphi'(x)&=\alpha\left\{1+[(\alpha-1)+1]x+\cdots+\left[\frac{(\alpha-1)\cdots(\alpha-n+1)}{(n-1)!}+\frac{(\alpha-1)\cdots(\alpha-n)}{n!}\right]x^n+\cdots\right\}\\&=\alpha\left[1+\alpha x+\cdots+\frac{\alpha(\alpha-1)\cdots(\alpha-n+1)}{n!}x^n+\cdots\right]\\&=\alpha\varphi(x),\ -1<x<1,\end{aligned}$$

所以 $\varphi(x)$满足一阶微分方程

$$\frac{\varphi'(x)}{\varphi(x)}=\frac{\alpha}{1+x}$$

及初值条件 $\varphi(0)=1$.解得

$$\varphi(x)=(1+x)^{\alpha}.$$

所以

$$(1+x)^{\alpha}=1+\alpha x+\frac{\alpha(\alpha-1)}{2!}x^2+\cdots+\frac{\alpha(\alpha-1)\cdots(\alpha-n+1)}{n!}x^n+\cdots(-1<x<1).$$

上式右端的级数称为二项式级数,当 α 是正整数时,它就是通常的二项式公

式.在区间$(-1,1)$的端点处,展开式是否收敛需要视α的值而定,情况较复杂,这里不讨论.

在二项式展开式中,取α为不同的实数值,可得到不同的幂函数展开式,例如取$\alpha=\frac{1}{2},\alpha=-\frac{1}{2}$,分别得

$$\sqrt{1+x}=1+\frac{1}{2}x-\frac{1}{2\cdot 4}x^2+\frac{1\cdot 3}{2\cdot 4\cdot 6}x^3-\frac{1\cdot 3\cdot 5}{2\cdot 4\cdot 6\cdot 8}x^4+\cdots(-1\leqslant x\leqslant 1),$$

$$\frac{1}{\sqrt{1+x}}=1-\frac{1}{2}x+\frac{1\cdot 3}{2\cdot 4}x^2-\frac{1\cdot 3\cdot 5}{2\cdot 4\cdot 6}x^3+\frac{1\cdot 3\cdot 5\cdot 7}{2\cdot 4\cdot 6\cdot 8}x^4-\cdots(-1<x\leqslant 1).$$

关于函数$\frac{1}{1-x}$,e^x,$\sin x$,$\cos x$,$\ln(1+x)$及$(1+x)^\alpha$的幂级数展开式,以后可以直接引用,读者要熟记.

例 7.4.6　将函数$\frac{x^2}{2-x-x^2}$展开成x的幂级数.

解　因为

$$\frac{x^2}{2-x-x^2}=\frac{x^2}{(1-x)(2+x)}=\frac{x^2}{3}\left(\frac{1}{1-x}+\frac{1}{2+x}\right),$$

而

$$\frac{1}{1-x}=\sum_{n=0}^{\infty}x^n\quad(-1<x<1),$$

$$\frac{1}{2+x}=\frac{1}{2}\frac{1}{1+\frac{x}{2}}=\frac{1}{2}\sum_{n=0}^{\infty}(-1)^n\left(\frac{x}{2}\right)^n\quad(-2<x<2),$$

所以有

$$\frac{x^2}{2-x-x^2}=\frac{x^2}{3}\left[\sum_{n=0}^{\infty}x^n+\frac{1}{2}\sum_{n=0}^{\infty}(-1)^n\left(\frac{x}{2}\right)^n\right]$$

$$=\frac{1}{3}\sum_{n=0}^{\infty}\left[1+\frac{(-1)^n}{2^{n+1}}\right]x^{n+2}\quad(-1<x<1).$$

例 7.4.7　将函数$f(x)=\arctan x$展开成x的幂级数.

解　因为

$$f'(x)=\frac{1}{1+x^2}=\sum_{n=0}^{\infty}(-1)^n x^{2n}\quad(-1<x<1),$$

两边积分,得

$$f(x)=\arctan x=\int_0^x\sum_{n=0}^{\infty}(-1)^n t^{2n}\,dt$$

$$=\sum_{n=0}^{\infty}(-1)^n\int_0^x t^{2n}\mathrm{d}t=\sum_{n=0}^{\infty}(-1)^n\frac{1}{2n+1}x^{2n+1}\quad(-1\leqslant x\leqslant 1).$$

例 7.4.8 将函数 $\ln x$ 展开成 $(x-2)$ 的幂级数.

解 由于

$$\ln x=\ln[2+(x-2)]=\ln 2+\ln\left(1+\frac{x-2}{2}\right),$$

当 $-1<x\leqslant 1$ 时,有

$$\ln(1+x)=\sum_{n=1}^{\infty}(-1)^{n-1}\frac{x^n}{n},$$

故,当 $-1<\frac{x-2}{2}\leqslant 1$,即 $0<x\leqslant 4$ 时,有

$$\ln x=\ln 2+\sum_{n=1}^{\infty}\frac{(-1)^{n-1}}{2^n n}(x-2)^n\quad(0<x\leqslant 4).$$

例 7.4.9 将函数 $f(x)=\frac{1}{x^2+3x+2}$ 在 $x=-4$ 处展开成泰勒级数(即展开成 $(x+4)$ 的幂级数).

解 由于

$$\begin{aligned}f(x)&=\frac{1}{x^2+3x+2}=\frac{1}{(x+1)(x+2)}=\frac{1}{x+1}-\frac{1}{x+2}\\&=\frac{1}{-3+(x+4)}-\frac{1}{-2+(x+4)}\\&=-\frac{1}{3\left(1-\frac{x+4}{3}\right)}+\frac{1}{2\left(1-\frac{x+4}{2}\right)},\end{aligned}$$

利用变量代换 $\frac{x+4}{3}=t\left(\text{或}\frac{x+4}{2}=t\right)$ 及 $\frac{1}{1-t}$ 的展开式,便得

$$\frac{1}{3\left(1-\frac{x+4}{3}\right)}=\frac{1}{3}\sum_{n=0}^{\infty}\left(\frac{x+4}{3}\right)^n\quad(-7<x<-1),$$

$$\frac{1}{2\left(1-\frac{x+4}{2}\right)}=\frac{1}{2}\sum_{n=0}^{\infty}\left(\frac{x+4}{2}\right)^n\quad(-6<x<-2),$$

故

$$f(x)=\frac{1}{x^2+3x+2}=\sum_{n=0}^{\infty}\left(\frac{1}{2^{n+1}}-\frac{1}{3^{n+1}}\right)(x+4)^n\quad(-6<x<-2).$$

从函数逼近的角度看,当$f(x)$在邻域$U(x_0,r)$内可展开成幂级数时,不但可以用$f(x)$的泰勒多项式近似$f(x)$,而且可以通过不断提高多项式的幂次,无限地逼近$f(x)$.但是另一方面,这种逼近方法对函数$f(x)$的要求相当苛刻:$f(x)$既要具有各阶导数,并且其泰勒公式的余项还要收敛于零.不仅如此,在许多情形中,函数$f(x)$的泰勒级数的收敛域还相当小,即这种逼近局部性较强.究其原因主要是在一般项$a_n(x-x_0)^n$中,当$|x-x_0|\geqslant 1$时,随着n无限增大,$|x-x_0|^n$迅速增大.为保证幂级数的收敛性,要求系数$a_n=\dfrac{1}{n!}f^{(n)}(x_0)$趋于零更快.为了避免这种逼近的局部性,函数项级数的项$u_n(x)$可取为有界性更好的函数.例如正弦或余弦类函数.下一节讨论以正弦函数或余弦函数为一般项的三角级数.

习题 7.4

1. 将下列函数展开成x的幂级数,并求出其收敛域.

(1) xe^{-2x}; (2) $\cos^2 2x$;

(3) 3^x; (4) $\operatorname{sh} x$;

(5) $\ln(3+x)$; (6) $\dfrac{1}{x^2-3x+2}$;

(7) $\arctan\dfrac{2x}{1-x^2}$; (8) $\displaystyle\int_0^x \frac{\sin t}{t}\mathrm{d}t$.

2. 将函数$f(x)=\sin x$展开成$\left(x-\dfrac{\pi}{4}\right)$的幂级数.

3. 将函数$f(x)=\dfrac{x}{x^2-2x-3}$展开成$(x-1)$的幂级数.

4. 将函数$f(x)=\dfrac{1}{x^2}$展开成$(x-1)$的幂级数.

* 7.5 函数的幂级数展开式的应用

通过本节学习应掌握用函数幂级数展开式进行近似计算,会用幂级数展开式解一些特殊的微分方程.

7.5.1 近似计算

有了函数的幂级数展开式,就可用它来进行近似计算,即在展开式有效的区间上,函数值可近似地利用这个级数按精确度要求计算出来.

例 7.5.1 计算 ln 2 的近似值,使误差不超过10^{-4}.

解 由于对数函数 $\ln(1+x)$ 的展开式在 $x=1$ 也成立,故有

$$\ln 2 = 1 - \frac{1}{2} + \frac{1}{3} - \frac{1}{4} + \cdots + (-1)^{n-1}\frac{1}{n} + \cdots.$$

如果用右端级数的前 n 项之和作为 $\ln 2$ 的近似值,根据交错级数理论,为使绝对误差小于 10^{-4},需要计算前 10 000 项,计算量太大.这是由于这个级数的收敛速度太慢,利用 $\ln\frac{1+x}{1-x}$ 的展开式计算可以加快收敛速度.

$$\ln\frac{1+x}{1-x} = \ln(1+x) - \ln(1-x) = \sum_{n=1}^{\infty}(-1)^{n-1}\frac{x^n}{n} + \sum_{n=1}^{\infty}\frac{x^n}{n}$$

$$= 2\sum_{n=1}^{\infty}\frac{x^{2n-1}}{2n-1} \quad (-1 < x < 1).$$

令 $\frac{1+x}{1-x}=2$,则 $x=\frac{1}{3}$,代入上式得

$$\ln 2 = 2\left[\frac{1}{3} + \frac{1}{3}\left(\frac{1}{3}\right)^3 + \frac{1}{5}\left(\frac{1}{3}\right)^5 + \cdots + \frac{1}{2n-1}\left(\frac{1}{3}\right)^{2n-1} + \cdots\right].$$

由于

$$|R_n| = \sum_{k=n+1}^{\infty}\frac{2}{2k-1}\left(\frac{1}{3}\right)^{2k-1} = \frac{2}{3}\sum_{k=n+1}^{\infty}\frac{1}{2k-1}\left(\frac{1}{9}\right)^{k-1} < \frac{1}{3n}\sum_{k=n+1}^{\infty}\left(\frac{1}{9}\right)^{k-1} < \frac{1}{n\cdot 9^n},$$

只要取 $n=4$,就有 $|R_n|<10^{-4}$,即达到所要求的精度,并且由此求得

$$\ln 2 \approx 0.693\ 1.$$

例 7.5.2 求 e 的近似值,使误差不超过 10^{-4}.

解 $e^x = 1+x+\cdots+\frac{x^n}{n!}+\cdots \quad (-\infty<x<+\infty).$

取 $x=1$ 时,

$$e = 1 + 1 + \frac{1}{2!} + \cdots + \frac{1}{n!} + \cdots.$$

若取前 $n+1$ 项的和来近似计算 e,估计误差有两种方法.

方法一:

$$|R_{n+1}| = \frac{1}{(n+1)!} + \frac{1}{(n+2)!} + \cdots = \frac{1}{(n+1)!}\left[1+\frac{1}{n+2}+\frac{1}{(n+3)(n+2)}+\cdots\right]$$

$$< \frac{1}{(n+1)!}\left[1+\frac{1}{n+1}+\left(\frac{1}{n+1}\right)^2+\cdots\right] = \frac{1}{(n+1)!}\frac{1}{1-\frac{1}{n+1}} = \frac{1}{n!n},$$

即只要 $\frac{1}{n!n}<0.000\ 1$.当 $n=7$ 时,$\frac{1}{7!7}\approx 2.83\times10^{-5}<0.000\ 1$,所以

$$e \approx 2+\frac{1}{2!}+\cdots+\frac{1}{7!}\approx 2.718\ 3 \quad (\text{即前 8 项之和}).$$

方法二：$R_n(x)=\dfrac{f^{(n+1)}(\xi)}{(n+1)!}x^{n+1}$，$\xi$ 在 0 到 x 之间.

$$|r_n|=|R_n(1)|=\frac{e^{\xi}}{(n+1)!}<\frac{e^1}{(n+1)!}<\frac{3}{(n+1)!}\ (0<\xi<1),$$

即只要$\dfrac{3}{(n+1)!}<0.000\ 1$. 当 $n=7$ 时，$\dfrac{3}{8!}\approx 7.44\times 10^{-5}<0.000\ 1$，所以

$$e \approx 2+\frac{1}{2!}+\cdots+\frac{1}{7!}\approx 2.718\ 3.$$

例 7.5.3 求$\displaystyle\int_0^1 \frac{\sin x}{x}dx$ 的近似值，使误差不超过 10^{-4}.

解 因$\displaystyle\lim_{x\to 0}\frac{\sin x}{x}=1$，故所给积分不是反常积分. 定义被积函数在 $x=0$ 处的值为 1，则它在[0,1]上连续.

$$\frac{\sin x}{x}=1-\frac{x^2}{3!}+\frac{x^4}{5!}-\cdots(-\infty<x<+\infty),$$

$$\int_0^1 \frac{\sin x}{x}dx=1-\frac{1}{3\cdot 3!}+\frac{1}{5\cdot 5!}-\frac{1}{7\cdot 7!}+\cdots(\text{交错级数}).$$

由于

$$|R_n|<u_{n+1}=\frac{1}{(2n+1)(2n+1)!}<0.000\ 1,$$

可知

$$\frac{1}{7\cdot 7!}\approx 2.83\times 10^{-5}<0.000\ 1.$$

取前 3 项之和得

$$\int_0^1 \frac{\sin x}{x}dx\approx 1-\frac{1}{3\cdot 3!}+\frac{1}{5\cdot 5!}\approx 0.946\ 1.$$

例 7.5.4 计算定积分$\dfrac{1}{\sqrt{2\pi}}\displaystyle\int_0^{\frac{1}{2}} e^{-\frac{x^2}{2}}dx$ 的近似值，并使其误差不超过 10^{-4}.

解 利用

$$e^x=1+x+\frac{x^2}{2!}+\frac{x^3}{3!}+\cdots+\frac{x^n}{n!}+\cdots,\ x\in(-\infty,+\infty),$$

得被积函数 $e^{-\frac{x^2}{2}}$的展开式

$$e^{-\frac{x^2}{2}}=1-\frac{x^2}{2}+\frac{x^4}{2!\cdot 2^2}-\frac{x^6}{3!\cdot 2^3}+\cdots+(-1)^n\frac{x^{2n}}{n!\cdot 2^n}+\cdots,\ x\in(-\infty,+\infty).$$

于是有

$$\begin{aligned}\frac{1}{\sqrt{2\pi}}\int_0^{\frac{1}{2}}e^{-\frac{x^2}{2}}dx&=\frac{1}{\sqrt{2\pi}}\int_0^{\frac{1}{2}}\left(1-\frac{x^2}{2}+\frac{x^4}{2!\cdot 2^2}-\frac{x^6}{3!\cdot 2^3}+\cdots\right)dx\\&=\frac{1}{\sqrt{2\pi}}\left(x-\frac{x^3}{2\cdot 3}+\frac{x^5}{2!\cdot 2^2\cdot 5}-\frac{x^7}{3!\cdot 2^3\cdot 7}+\cdots\right)\Bigg|_0^{\frac{1}{2}}\\&=\frac{1}{\sqrt{2\pi}}\left(\frac{1}{2}-\frac{1}{2^4\cdot 3}+\frac{1}{2!\cdot 2^7\cdot 5}-\frac{1}{3!\cdot 2^{10}\cdot 7}+\cdots\right).\end{aligned}$$

若取交错级数的前 3 项之和作为定积分的近似值,其误差

$$|R_3|\leqslant\frac{1}{\sqrt{2\pi}}\cdot\frac{1}{3!\cdot 2^{10}\cdot 7}\approx 9.3\times 10^{-6}<10^{-4}.$$

所以

$$\frac{1}{\sqrt{2\pi}}\int_0^{\frac{1}{2}}e^{-\frac{x^2}{2}}dx\approx\frac{1}{\sqrt{2\pi}}\left(\frac{1}{2}-\frac{1}{2^4\cdot 3}+\frac{1}{2!\cdot 2^7\cdot 5}\right)\approx 0.191\ 5.$$

7.5.2 欧拉公式

类似于实数项级数的收敛性,我们可定义复数项级数

$$\sum_{n=1}^{\infty}(u_n+iv_n)=(u_1+iv_1)+(u_2+iv_2)+\cdots+(u_n+iv_n)+\cdots$$

的收敛性,其中 $u_n,v_n(n=1,2,\cdots)$ 为实数或实函数.若实部构成的级数 $\sum_{n=1}^{\infty}u_n$ 收敛于和 u,且虚部构成的级数 $\sum_{n=1}^{\infty}v_n$ 收敛于和 v,则称**复数项级数 $\sum_{n=1}^{\infty}(u_n+iv_n)$ 收敛于和 $u+iv$.**

若由复数项级数 $\sum_{n=1}^{\infty}(u_n+iv_n)$ 各项的模所构成的级数 $\sum_{n=1}^{\infty}\sqrt{u_n^2+v_n^2}$ 收敛,则称级数 $\sum_{n=1}^{\infty}(u_n+iv_n)$ 绝对收敛.

考察复数项级数

$$1+z+\frac{1}{2!}z^2+\cdots+\frac{1}{n!}z^n+\cdots.$$

可以证明此级数在复平面上是绝对收敛的,在 x 轴上它表示指数函数 e^x,在复平面上我们用它来定义复变量指数函数,记为 e^z,即

$$e^z=1+z+\frac{1}{2!}z^2+\cdots+\frac{1}{n!}z^n+\cdots.$$

现利用 e^z, $\sin x$ 及 $\cos x$ 的幂级数展开式,可得

$$
\begin{aligned}
e^{ix} &= 1 + ix + \frac{1}{2!}(ix)^2 + \cdots + \frac{1}{n!}(ix)^n + \cdots \\
&= 1 + ix - \frac{1}{2!}x^2 - i\frac{1}{3!}x^3 + \frac{1}{4!}x^4 + i\frac{1}{5!}x^5 - \cdots \\
&= \left(1 - \frac{1}{2!}x^2 + \frac{1}{4!}x^4 - \cdots\right) + i\left(x - \frac{1}{3!}x^3 + \frac{1}{5!}x^5 - \cdots\right) \\
&= \cos x + i\sin x.
\end{aligned}
$$

我们称公式

$$e^{ix} = \cos x + i\sin x \tag{7.5.1}$$

为欧拉(**Euler**)公式.

在欧拉公式中,以 $-x$ 代 x,得

$$e^{-ix} = \cos x - i\sin x,$$

由此得

$$\cos x = \frac{1}{2}(e^{ix} + e^{-ix}),$$

$$\sin x = \frac{1}{2i}(e^{ix} - e^{-ix}).$$

它们也称为欧拉公式,并揭示了三角函数与复变量指数函数之间的一种联系.

习题 7.5

利用函数的幂级数展开式求下列各数的近似值(误差不超过 10^{-4}):

(1) $\sqrt[5]{245}$;　　(2) $\cos 2°$;

(3) $\ln 3$;　　(4) $\sqrt{e}$.

* 7.6 函数项级数的一致收敛性

通过本节学习应理解函数项级数的一致收敛性的概念,掌握魏尔斯特拉斯(Weierstrass)判别法;掌握一致收敛级数的基本性质;了解幂级数在其收敛区间内的和函数的连续性、逐项可导、逐项积分结论的证明.

7.6.1 函数项级数的一致收敛性

我们知道,有限多个连续函数之和仍为连续函数,有限多个可导(可积)函数之和仍为可导(可积)函数,且和函数的导数(积分)等于各个函数的导数(积分)之和,即有限多个函数的和函数仍保持着各相加函数原有的分析性质.那么,无限多

个函数的和函数是否也同样具有这样的特性呢？我们曾经指出，对幂级数来说，回答是肯定的.但是，对一般的函数项级数是否如此呢？下面来看一个例子.

例 7.6.1　研究级数

$$x+(x^2-x)+(x^3-x^2)+\cdots+(x^n-x^{n-1})+\cdots$$

的收敛性，并求其和函数.

解　由于 $s_n(x)=x^n$，故和函数为

$$s(x)=\begin{cases}0, & |x|<1,\\ 1, & x=1.\end{cases}$$

$s(x)$ 在 $x=1$ 处间断.

由此可见，函数项级数的每一项在 $[a,b]$ 上连续，并且级数在 $[a,b]$ 上收敛，其和函数不一定在 $[a,b]$ 上连续.也可以举出这样的例子，函数项级数的每一项的导数及积分所构成的级数的和并不等于它们的和函数的导数及积分.这就提出一个问题：对什么级数，能够从级数每一项的连续性得出它的和函数的连续性，从级数每一项的导数及积分所构成的级数之和得出原来级数的和函数的导数及积分呢？要回答这个问题，就需要引入函数项级数的一致收敛性概念.

函数项级数在收敛域 I 上收敛于和 $s(x)$，指的是它在 I 上的每一点都收敛，即对任意给定的 $\varepsilon>0$ 及收敛域上的每一点 x，总相应地存在正整数 $N(\varepsilon,x)$，使得当 $n>N$ 时，恒有

$$|s(x)-s_n(x)|<\varepsilon.$$

一般来说，这里的 N 不仅与 ε 有关，也与 x 有关.如果对某个函数项级数能够找到这样的一个只与 ε 有关而不依赖于 x 的正整数 N，那么当 $n>N$ 时，不等式 $|s(x)-s_n(x)|<\varepsilon$ 对于区间 I 上每一点都成立，对这类函数项级数我们给出如下定义：

定义 7.6.1　设函数项级数 $\sum\limits_{n=1}^{\infty}u_n(x)$ 在区间 I 上收敛于和函数 $s(x)$，如果对任意给定的 $\varepsilon>0$，都存在一个与 x 无关的正整数 N，使得当 $n>N$ 时，对区间 I 上的一切 x 恒有

$$|R_n(x)|=|s(x)-s_n(x)|<\varepsilon,$$

则称该函数项级数在区间 I 上**一致收敛**于和 $s(x)$，此时也称函数序列 $\{s_n(x)\}$ 在区间 I 上一致收敛于 $s(x)$.

以上函数项级数一致收敛于 $s(x)$ 的定义有明确的几何意义：对于任给的 $\varepsilon>0$，可找到一个仅与 ε 有关的下标 N，所有下标 $n>N$ 的函数 $s_n(x)$ 的图像完全落在关于函数 $s(x)$ 的图像对称的宽为 2ε 的带形域之中（见图 7.2）.

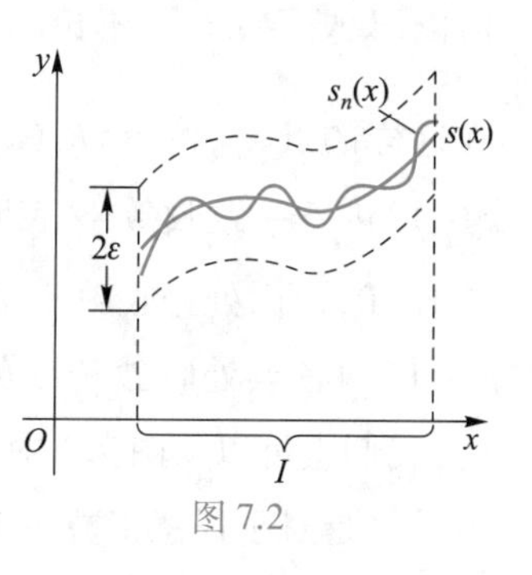

图 7.2

例 7.6.2　研究级数

$$\frac{1}{x+1}+\left(\frac{1}{x+2}-\frac{1}{x+1}\right)+\cdots+\left(\frac{1}{x+n}-\frac{1}{x+n-1}\right)+\cdots$$

在区间$[0,+\infty)$上的一致收敛性.

解　级数的前 n 项之和 $s_n(x)=\dfrac{1}{x+n}$,因此级数的和

$$s(x)=\lim_{n\to\infty}s_n(x)=\lim_{n\to\infty}\frac{1}{x+n}=0\quad(0\leqslant x<+\infty).$$

于是,余项的绝对值

$$|R_n(x)|=|s(x)-s_n(x)|=\frac{1}{x+n}\leqslant\frac{1}{n}\quad(0\leqslant x<+\infty).$$

对于任给 $\varepsilon>0$,取正整数 $N\geqslant\dfrac{1}{\varepsilon}$,则当 $n>N$ 时,对于区间$[0,+\infty)$上的一切 x 有

$$|R_n(x)|<\varepsilon.$$

根据定义,所给级数在区间$[0,+\infty)$上一致收敛于 $s(x)\equiv 0$.

例 7.6.3　研究例 7.6.1 中的级数

$$x+(x^2-x)+(x^3-x^2)+\cdots+(x^n-x^{n-1})+\cdots$$

在区间$(0,1)$内的一致收敛性.

解　该级数在区间$(0,1)$内处处收敛于和 $s(x)\equiv 0$,但并不一致收敛.事实上,这个级数的部分和 $s_n(x)=x^n$,对于任意一个正整数 n,取 $x_n=\dfrac{1}{\sqrt[n]{2}}$,于是

$$s_n(x_n)=x_n^n=\frac{1}{2},$$

但 $s(x_n)=0$,从而

$$|R_n(x_n)|=|s(x_n)-s_n(x_n)|=\frac{1}{2}.$$

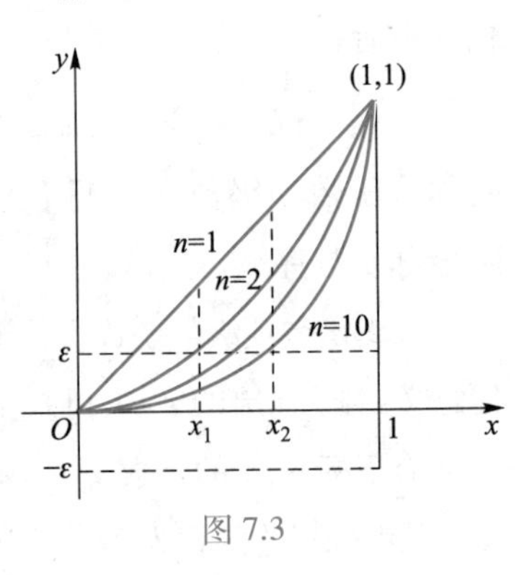

图 7.3

所以,只要取 $\varepsilon<\dfrac{1}{2}$,不论 n 多么大,在$(0,1)$内总存在这样的点 x_n,使得 $|R_n(x_n)|>\varepsilon$,因此所给级数在$(0,1)$内不一致收敛.这表明虽然函数序列 $s_n(x)=x^n$ 在$(0,1)$内处处收敛于 $s(x)\equiv 0$,但 $s_n(x)=x^n$ 在$(0,1)$内各点处收敛于零的"快慢"程度是不一致的,我们也可以从图 7.3 中看出这一情形.

可是对于任意正数 $r<1$,该级数在$[0,r]$上一致

收敛.这是因为当 $x=0$ 时,显然

$$|R_n(x)|=x^n<\varepsilon.$$

当 $0<x\leqslant r$ 时,要使 $x^n<\varepsilon$(不妨设 $\varepsilon<1$),只需

$$n\ln x<\ln\varepsilon \text{ 或 } n>\frac{\ln\varepsilon}{\ln x},$$

而$\dfrac{\ln\varepsilon}{\ln x}$在$(0,r]$上的最大值为$\dfrac{\ln\varepsilon}{\ln r}$,故取正整数 $N\geqslant\dfrac{\ln\varepsilon}{\ln r}$,则当 $n>N$ 时,对$[0,r]$上的一切 x 都有 $x^n<\varepsilon$.

用定义直接判断函数项级数的一致收敛性往往比较困难,下面给出较方便的判别法.

定理 7.6.1(魏尔斯特拉斯判别法)　若函数项级数 $\sum\limits_{n=1}^{\infty}u_n(x)$ 在区间 I 上满足条件:

(1) $|u_n(x)|\leqslant a_n(n=1,2,3,\cdots)$;

(2) 正项级数 $\sum\limits_{n=1}^{\infty}a_n$ 收敛,

则该函数项级数在区间 I 上一致收敛.

证　由于正项级数 $\sum\limits_{n=1}^{\infty}a_n$ 收敛,根据常数项级数的柯西收敛准则,$\forall\varepsilon>0$,存在正整数 $N(\varepsilon)$,当 $n>N(\varepsilon)$ 时,$\forall p\in\mathbf{N}_+$,恒有

$$a_{n+1}+a_{n+2}+\cdots+a_{n+p}<\frac{\varepsilon}{2}.$$

又已知 $\forall n\in\mathbf{N}_+$, $\forall x\in I$,恒有

$$\begin{aligned}&|u_{n+1}(x)+u_{n+2}(x)+\cdots+u_{n+p}(x)|\\ \leqslant&|u_{n+1}(x)|+|u_{n+2}(x)|+\cdots+|u_{n+p}(x)|\\ \leqslant&a_{n+1}+a_{n+2}+\cdots+a_{n+p}<\frac{\varepsilon}{2},\end{aligned}$$

令 $p\to\infty$,则由上式得

$$|R_{n+1}(x)|\leqslant\frac{\varepsilon}{2}<\varepsilon.$$

因此函数项级数 $\sum\limits_{n=1}^{\infty}u_n(x)$ 在区间 I 上一致收敛.

例 7.6.4　证明级数

$$\frac{\sin x}{1^2}+\frac{\sin 2^2x}{2^2}+\cdots+\frac{\sin n^2x}{n^2}+\cdots$$

在$(-\infty,+\infty)$内一致收敛.

证　因为在$(-\infty,+\infty)$内

$$\left|\frac{\sin n^2x}{n^2}\right| \leqslant \frac{1}{n^2} \quad (n=1,2,3,\cdots),$$

而级数$\sum_{n=1}^{\infty}\frac{1}{n^2}$收敛,故由魏尔斯特拉斯判别法,所给级数在$(-\infty,+\infty)$内一致收敛.

7.6.2　一致收敛级数的基本性质

定理 7.6.2　若级数$\sum_{n=1}^{\infty}u_n(x)$的各项$u_n(x)$在区间$[a,b]$上都连续,且级数$\sum_{n=1}^{\infty}u_n(x)$在区间$[a,b]$上一致收敛于$s(x)$,则$s(x)$在$[a,b]$上也连续.

证　设x_0,x为$[a,b]$上任意两点,由等式

$$s(x)=s_n(x)+R_n(x),\quad s(x_0)=s_n(x_0)+R_n(x_0),$$

得

$$\begin{aligned}|s(x)-s(x_0)| &= |s_n(x)-s_n(x_0)+R_n(x)-R_n(x_0)| \\ &\leqslant |s_n(x)-s_n(x_0)|+|R_n(x)|+|R_n(x_0)|.\end{aligned} \tag{7.6.1}$$

因为级数$\sum_{n=1}^{\infty}u_n(x)$在区间$[a,b]$上一致收敛于$s(x)$,所以对任意给定的正数$\varepsilon$,必存在正整数$N=N(\varepsilon)$,使得当$n>N$时,对区间$[a,b]$上的一切$x$,都有

$$|R_n(x)|<\frac{\varepsilon}{3}, \tag{7.6.2}$$

当然,也有$|R_n(x_0)|<\frac{\varepsilon}{3}$.选定满足大于$N$的$n$之后,$s_n(x)$是有限项连续函数之和,故$s_n(x)$在点$x_0$连续,从而必存在$\delta>0$,当$|x-x_0|<\delta$时,总有

$$|s_n(x)-s_n(x_0)|<\frac{\varepsilon}{3}. \tag{7.6.3}$$

由式(7.6.1),(7.6.2),(7.6.3)可见,对任给$\varepsilon>0$,必有$\delta>0$,当$|x-x_0|<\delta$时,有

$$|s(x)-s(x_0)|<\varepsilon.$$

所以$s(x)$在点x_0处连续,而x_0在区间$[a,b]$上是任意的,因此$s(x)$在$[a,b]$上也连续.

定理 7.6.3　设$u_n(x)(n=1,2,3,\cdots)$在$[a,b]$上连续,且级数$\sum_{n=1}^{\infty}u_n(x)$在区间$[a,b]$上一致收敛于$s(x)$,则$\int_{x_0}^{x}s(x)\mathrm{d}x$存在,且级数$\sum_{n=1}^{\infty}u_n(x)$在$[a,b]$上可以逐项

积分,即

$$\int_{x_0}^{x} s(x)\,\mathrm{d}x = \int_{x_0}^{x}\left[\sum_{n=1}^{\infty} u_n(x)\right]\mathrm{d}x = \sum_{n=1}^{\infty}\left[\int_{x_0}^{x} u_n(x)\,\mathrm{d}x\right], \tag{7.6.4}$$

其中 $a \leqslant x_0 < x \leqslant b$,且上式右端的级数在$[a,b]$上也一致收敛.

证 因为级数 $\sum\limits_{n=1}^{\infty} u_n(x)$ 在区间$[a,b]$上一致收敛,由定理 7.6.2,$s(x)$,$R_n(x)$ 都在区间$[a,b]$上连续,所以积分$\int_{x_0}^{x} s(x)\,\mathrm{d}x$,$\int_{x_0}^{x} R_n(x)\,\mathrm{d}x$ 存在,从而有

$$\left|\int_{x_0}^{x} s(x)\,\mathrm{d}x - \int_{x_0}^{x} s_n(x)\,\mathrm{d}x\right| = \left|\int_{x_0}^{x} R_n(x)\,\mathrm{d}x\right| \leqslant \int_{x_0}^{x} |R_n(x)|\,\mathrm{d}x.$$

又由级数的一致收敛性,对任意给定的正数 ε,必存在正整数 $N=N(\varepsilon)$,使得当 $n>N$ 时,对区间$[a,b]$上的一切 x,都有

$$|R_n(x)| < \frac{\varepsilon}{b-a}.$$

于是,当 $n>N$ 时有

$$\left|\int_{x_0}^{x} s(x)\,\mathrm{d}x - \int_{x_0}^{x} s_n(x)\,\mathrm{d}x\right| \leqslant \int_{x_0}^{x} |R_n(x)|\,\mathrm{d}x < \frac{\varepsilon}{b-a}\cdot(x-x_0) \leqslant \varepsilon.$$

根据极限的定义,有

$$\int_{x_0}^{x} s(x)\,\mathrm{d}x = \lim_{n\to\infty}\int_{x_0}^{x} s_n(x)\,\mathrm{d}x = \lim_{n\to\infty}\sum_{i=1}^{n}\int_{x_0}^{x} u_i(x)\,\mathrm{d}x,$$

即

$$\int_{x_0}^{x} s(x)\,\mathrm{d}x = \int_{x_0}^{x}\left[\sum_{n=1}^{\infty} u_n(x)\right]\mathrm{d}x = \sum_{n=1}^{\infty}\left[\int_{x_0}^{x} u_n(x)\,\mathrm{d}x\right].$$

由于 N 只依赖于 ε 而与 x_0,x 无关,所以级数 $\sum\limits_{n=1}^{\infty}\int_{x_0}^{x} u_n(x)\mathrm{d}x$ 在区间$[a,b]$上一致收敛.

定理 7.6.4 若级数 $\sum\limits_{n=1}^{\infty} u_n(x)$ 在区间$[a,b]$上收敛于和 $s(x)$,它的各项 $u_n(x)$ 都有连续导数 $u_n'(x)$,并且级数$\sum\limits_{n=1}^{\infty} u_n'(x)$ 在$[a,b]$上一致收敛,则级数$\sum\limits_{n=1}^{\infty} u_n(x)$ 在$[a,b]$上也一致收敛,且可逐项求导,即有

$$s'(x) = \left[\sum_{n=1}^{\infty} u_n(x)\right]' = \sum_{n=1}^{\infty} u_n'(x). \tag{7.6.5}$$

证 先证式(7.6.5).由于级数 $\sum\limits_{n=1}^{\infty} u'_n(x)$ 在$[a,b]$上一致收敛,设其和为 $\varphi(x)$,即$\sum\limits_{n=1}^{\infty} u_n'(x) = \varphi(x)$,欲证(7.6.5),只需证 $\varphi(x) = s'(x)$ 就可以了.

根据定理 7.6.2 知，$\varphi(x)$在$[a,b]$上连续.根据定理 7.6.3，级数 $\sum\limits_{n=1}^{\infty} u_n'(x)$ 可逐项积分，故有

$$\int_{x_0}^{x} \varphi(x)\mathrm{d}x = \sum_{n=1}^{\infty}\int_{x_0}^{x} u_n'(x)\mathrm{d}x = \sum_{n=1}^{\infty}[u_n(x) - u_n(x_0)]$$
$$= s(x) - s(x_0),$$

其中 $a \leqslant x_0 < x \leqslant b$. 上式两边求导得

$$\varphi(x) = s'(x).$$

再证级数 $\sum\limits_{n=1}^{\infty} u_n(x)$ 在$[a,b]$上也一致收敛.根据定理 7.6.3，级数$\sum\limits_{n=1}^{\infty} u_n'(x)$ 在$[a,b]$上一致收敛，而

$$\sum_{n=1}^{\infty}\int_{x_0}^{x} u_n'(x)\mathrm{d}x = \sum_{n=1}^{\infty} u_n(x) - \sum_{n=1}^{\infty} u_n(x_0),$$

所以

$$\sum_{n=1}^{\infty} u_n(x) = \sum_{n=1}^{\infty} u_n(x_0) + \sum_{n=1}^{\infty}\int_{x_0}^{x} u_n'(x)\mathrm{d}x.$$

由此即得所要证的结论.

必须注意，级数一致收敛并不能保证可以逐项求导.例如，在例 7.6.4 中我们已证明了级数

$$\frac{\sin x}{1^2} + \frac{\sin 2^2 x}{2^2} + \cdots + \frac{\sin n^2 x}{n^2} + \cdots$$

在任何区间$[a,b]$上都是一致收敛的，但逐项求导后的级数

$$\cos x + \cos 2^2 x + \cdots + \cos n^2 x + \cdots,$$

其一般项不趋于零，所以对任意 x 都是发散的，因此原级数不可逐项求导.

下面讨论幂级数的一致收敛性.

定理 7.6.5　若幂级数 $\sum\limits_{n=0}^{\infty} a_n x^n$ 的收敛半径为 $R > 0$，则此级数在$(-R,R)$内的任一闭区间$[a,b]$上一致收敛.

证　记 $r=\max\{|a|,|b|\}$，则对$[a,b]$上一切 x，都有

$$|a_n x^n| \leqslant |a_n r^n| \quad (n = 0,1,2,\cdots).$$

而 $0 < r < R$，根据定理 7.3.1，级数$\sum\limits_{n=0}^{\infty} a_n r^n$ 绝对收敛，由魏尔斯特拉斯判别法即得所要的结论.

进一步还可证明，若幂级数 $\sum\limits_{n=0}^{\infty} a_n x^n$ 在收敛区间的端点收敛，则一致收敛的区间可扩大到包含端点.

下面我们来证明在7.3节中指出的关于幂级数在其收敛区间内的和函数的连续性、逐项可导、逐项可积的结论.

关于和函数的连续性及逐项可积的结论,由定理7.6.5和定理7.6.2、定理7.6.3立即可得.关于逐项可导的结论,有如下定理:

定理7.6.6 若幂级数 $\sum\limits_{n=0}^{\infty} a_n x^n$ 的收敛半径为 $R>0$,则其和函数 $s(x)$ 在 $(-R,R)$ 内可导,且有逐项求导公式

$$s'(x)=\left(\sum_{n=0}^{\infty} a_n x^n\right)'=\sum_{n=1}^{\infty} n a_n x^{n-1},$$

逐项求导后所得到的幂级数与原级数有相同的收敛半径.

证 先证级数 $\sum\limits_{n=1}^{\infty} n a_n x^{n-1}$ 在 $(-R,R)$ 内收敛.

在 $(-R,R)$ 内任意取定 x,再选定 x_1,使得 $|x|<x_1<R$.记 $q=\dfrac{|x|}{x_1}<1$,则

$$|n a_n x^{n-1}|=n\left|\frac{x}{x_1}\right|^{n-1}\cdot\frac{1}{x_1}|a_n x_1^n|=n q^{n-1}\cdot\frac{1}{x_1}|a_n x_1^n|,$$

由比值审敛法可知级数 $\sum\limits_{n=1}^{\infty} n q^{n-1}$ 收敛,于是

$$n q^{n-1}\to 0(n\to\infty),$$

故数列 $\{n q^{n-1}\}$ 有界,必有 $M>0$,使得

$$n q^{n-1}\cdot\frac{1}{x_1}\leqslant M(n=1,2,\cdots).$$

又 $0<x_1<R$,级数 $\sum\limits_{n=1}^{\infty}|a_n x_1^n|$ 收敛,由比较审敛法的推论可知级数 $\sum\limits_{n=1}^{\infty} n a_n x^{n-1}$ 收敛.

由定理7.6.5,级数 $\sum\limits_{n=1}^{\infty} n a_n x^{n-1}$ 在 $(-R,R)$ 内的任一闭区间 $[a,b]$ 上一致收敛.故幂级数 $\sum\limits_{n=0}^{\infty} a_n x^n$ 在 $[a,b]$ 上满足定理7.6.4的条件,从而可逐项求导.再由 $[a,b]$ 在 $(-R,R)$ 内的任意性,即得幂级数 $\sum\limits_{n=0}^{\infty} a_n x^n$ 在 $(-R,R)$ 内可逐项求导.

设幂级数 $\sum\limits_{n=1}^{\infty} n a_n x^{n-1}$ 的收敛半径为 R'.上面已证 $R\leqslant R'$.将此幂级数在 $[0,x]$($|x|<R'$)上逐项积分得 $\sum\limits_{n=0}^{\infty} a_n x^n$,因此逐项积分所得级数的收敛半径不会缩小,所以 $R'\leqslant R$,于是 $R'=R$.证毕.

习题 7.6

1. 已知级数 $x^2+\frac{x^2}{1+x^2}+\frac{x^2}{(1+x^2)^2}+\cdots$ 在 $(-\infty,+\infty)$ 内收敛.

(1) 求出该级数的和;

(2) 问 $N(\varepsilon,x)$ 取多大时,能使当 $n>N$ 时,级数的余项 R_n 的绝对值小于正数 ε;

(3) 分别讨论级数在区间 $[0,1]$, $\left[\frac{1}{2},1\right]$ 上的一致收敛性.

2. 按定义讨论下列级数在所给区间上的一致收敛性:

(1) $\sum\limits_{n=1}^{\infty}(-1)^{n-1}\frac{x^2}{(1+x^2)^n}, -\infty<x<+\infty$; (2) $\sum\limits_{n=0}^{\infty}(1-x)x^n, 0<x<1$.

3. 利用魏尔斯特拉斯判别法证明下列级数在所给区间上的一致收敛性:

(1) $\sum\limits_{n=1}^{\infty}\frac{\cos nx}{2^n}, -\infty<x<+\infty$;　　(2) $\sum\limits_{n=1}^{\infty}\frac{\sin nx}{\sqrt[3]{n^4+x^4}}, -\infty<x<+\infty$;

(3) $\sum\limits_{n=1}^{\infty}x^2\mathrm{e}^{-nx}, 0\leqslant x<+\infty$;　　(4) $\sum\limits_{n=1}^{\infty}\frac{\mathrm{e}^{-nx}}{n!}, |x|<10$;

(5) $\sum\limits_{n=1}^{\infty}\frac{(-1)^n(1-\mathrm{e}^{-nx})}{n^2+x^2}, 0\leqslant x<+\infty$;　(6) $\sum\limits_{n=1}^{\infty}\frac{\sin nx}{n^3}, -\infty<x<+\infty$.

7.7　傅里叶级数

通过本节的学习应掌握三角函数系的正交性,理解傅里叶(Fourier)级数的概念;掌握狄利克雷(Dirichlet)定理,会将简单的周期为 2π 的函数展开成傅里叶级数;了解正弦级数和余弦级数的概念.

本节我们要讨论另一类在数学与工程技术中都有着广泛应用的函数项级数,即由三角函数列构成的所谓三角级数.

7.7.1　三角级数的概念

我们知道,单摆的摆动、弹簧的振动、交流电的电压和电流强度的变化都是周而复始的运动.这种周期现象可用周期函数来描述.在所有周期现象中最简单的是简谐振动.简谐振动可以用一个正弦函数

$$y=A\sin(\omega t+\varphi)$$

来表示,其中 A 称为振幅,ω 称为角频率,φ 称为初相.它的周期是 $T=\frac{2\pi}{\omega}$.

在实际问题中,除了正弦函数外,还会遇到非正弦的周期函数.它们反映了较复杂的周期运动.例如电子技术中常用的周期为 2π 的矩形波(见图7.4)就是一个非正弦周期函数.

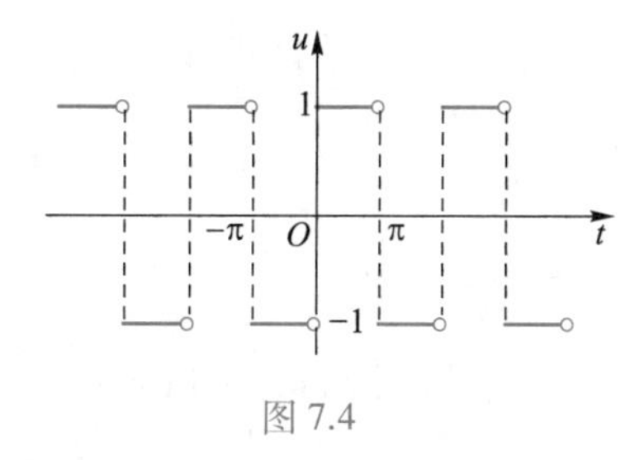

图 7.4

对于非正弦周期函数,我们像前面讨论将函数展开为幂级数一样,也将非正弦周期函数展开成由简单的周期函数如三角函数构成的级数.具体地说,将一个周期为 $T\left(=\dfrac{2\pi}{\omega}\right)$ 的函数 $f(t)$ 展开为一系列以 T 为周期的正弦函数 $A_n\sin(n\omega t+\varphi_n)(n=1,2,\cdots)$ 的和:

$$f(t)=A_0+\sum_{n=1}^{\infty}A_n\sin(n\omega t+\varphi_n), \tag{7.7.1}$$

其中 $A_0,A_n,\varphi_n(n=1,2,\cdots)$ 都是常数.

将周期函数 $f(t)$ 按式(7.7.1)展开,在工程技术中,称为谐波分析.为了讨论方便,将 $A_n\sin(n\omega t+\varphi_n)(n=1,2,\cdots)$ 变形为

$$A_n\sin(n\omega t+\varphi_n)=A_n\cos n\omega t\cdot\sin\varphi_n+A_n\sin n\omega t\cdot\cos\varphi_n,$$

并且令 $A_0=\dfrac{a_0}{2},A_n\sin\varphi_n=a_n,A_n\cos\varphi_n=b_n,\omega t=x$,则式(7.7.1)右端的级数变为

$$\frac{a_0}{2}+\sum_{n=1}^{\infty}(a_n\cos nx+b_n\sin nx). \tag{7.7.2}$$

形如式(7.7.2)的级数称为三角级数.显然三角级数(7.7.2)是由函数系

$$\{1,\cos x,\sin x,\cos 2x,\sin 2x,\cdots,\cos nx,\sin nx,\cdots\}$$

构成的,该函数系通常称为三角函数系.下面先讨论三角函数系的正交性.

三角函数系的正交是指:三角函数系中任何两个不同的函数的乘积在区间 $[-\pi,\pi]$ 上的积分等于零,即

$$\int_{-\pi}^{\pi}\cos nx\mathrm{d}x=0\quad(n=1,2,\cdots),$$

$$\int_{-\pi}^{\pi}\sin nx\mathrm{d}x=0\quad(n=1,2,\cdots),$$

$$\int_{-\pi}^{\pi}\sin kx\cos nx\mathrm{d}x=0\quad(n,k=1,2,\cdots),$$

$$\int_{-\pi}^{\pi}\cos kx\cos nx\mathrm{d}x=0\quad(n,k=1,2,\cdots,k\neq n),$$

$$\int_{-\pi}^{\pi}\sin kx\sin nx\mathrm{d}x=0\quad(n,k=1,2,\cdots,k\neq n).$$

对于以上等式,可以通过计算直接验证.例如验证第五式:

由积化和差公式，得

$$\sin kx\sin nx=\frac{1}{2}[\cos(k-n)x-\cos(k+n)x].$$

当 $k\neq n$ 时，有

$$\begin{aligned}\int_{-\pi}^{\pi}\sin kx\sin nx\mathrm{d}x&=\frac{1}{2}\int_{-\pi}^{\pi}[\cos(k-n)x-\cos(k+n)x]\mathrm{d}x\\&=\frac{1}{2}\left[\frac{\sin(k-n)x}{k-n}-\frac{\sin(k+n)x}{k+n}\right]_{-\pi}^{\pi}\\&=0\quad(n,k=1,2,\cdots,k\neq n).\end{aligned}$$

其余等式请读者自证.

三角函数系中任一个函数的平方在 $[-\pi,\pi]$ 上的积分都不等于零，有

$$\int_{-\pi}^{\pi}1^2\mathrm{d}x=2\pi,$$

$$\int_{-\pi}^{\pi}\cos^2nx\mathrm{d}x=\int_{-\pi}^{\pi}\sin^2nx\mathrm{d}x=\pi\quad(n=1,2,\cdots).$$

7.7.2　函数展开成傅里叶级数

设 $f(x)$ 是周期为 2π 的周期函数，且能展开成三角级数

$$f(x)=\frac{a_0}{2}+\sum_{k=1}^{\infty}(a_k\cos kx+b_k\sin kx).\tag{7.7.3}$$

那么需要解决下面两个问题：

第一，展开式(7.7.3)中的系数如何确定？

第二，$f(x)$ 满足什么条件时，才能展开成三角级数(7.7.3)？

下面首先讨论第一个问题.

假设式(7.7.3)右端级数在 $[-\pi,\pi]$ 上可逐项积分.由于 $f(x)$ 是以 2π 为周期的周期函数，只需在 $[-\pi,\pi]$ 上讨论就可以了.左端函数 $f(x)$ 在 $[-\pi,\pi]$ 上可积，对式(7.7.3)两端同乘 $\cos nx(n=1,2,\cdots)$ 后在 $[-\pi,\pi]$ 上积分，并利用逐项积分，得

$$\int_{-\pi}^{\pi}f(x)\cos nx\mathrm{d}x=\int_{-\pi}^{\pi}\frac{a_0}{2}\cos nx\mathrm{d}x+\sum_{k=1}^{\infty}\left(a_k\int_{-\pi}^{\pi}\cos kx\cos nx\mathrm{d}x+b_k\int_{-\pi}^{\pi}\sin kx\cos nx\mathrm{d}x\right).$$

根据正交性，当 $n=0$ 时，

$$\int_{-\pi}^{\pi}f(x)\mathrm{d}x=\frac{a_0}{2}\cdot2\pi=a_0\pi,$$

从而

$$a_0=\frac{1}{\pi}\int_{-\pi}^{\pi}f(x)\mathrm{d}x.$$

当 $n\neq 0$ 时，$\int_{-\pi}^{\pi} f(x)\cos nx\mathrm{d}x = a_n\int_{-\pi}^{\pi}\cos^2 nx\mathrm{d}x = a_n\pi$，从而

$$a_n = \frac{1}{\pi}\int_{-\pi}^{\pi} f(x)\cos nx\mathrm{d}x \quad (n = 1,2,\cdots).$$

类似地,用 $\sin nx$ 同乘式(7.7.3)两端,并在$[-\pi,\pi]$上逐项积分可得

$$b_n = \frac{1}{\pi}\int_{-\pi}^{\pi} f(x)\sin nx\mathrm{d}x \quad (n = 1,2,\cdots).$$

上述结果可合并写成

$$\begin{cases} a_n = \dfrac{1}{\pi}\displaystyle\int_{-\pi}^{\pi} f(x)\cos nx\mathrm{d}x \quad (n = 0,1,2,\cdots), \\ b_n = \dfrac{1}{\pi}\displaystyle\int_{-\pi}^{\pi} f(x)\sin nx\mathrm{d}x \quad (n = 1,2,\cdots). \end{cases} \tag{7.7.4}$$

公式(7.7.4)称为**欧拉-傅里叶公式**.由此公式算出的系数 $a_0,a_1,b_1,\cdots$称为函数$f(x)$的**傅里叶系数**.将这些系数代入式(7.7.3)右端,所得的三角级数

$$\frac{a_0}{2} + \sum_{n=1}^{\infty}(a_n\cos nx + b_n\sin nx)$$

称为$f(x)$的**傅里叶级数**.

从公式(7.7.4)可知,如果函数$f(x)$在$[-\pi,\pi]$上可积,就可以按公式(7.7.4)计算出系数 $a_0,a_1,b_1,\cdots$,然后得到$f(x)$的傅里叶级数.但是这个级数是否收敛?若收敛,它是否收敛于$f(x)$? 因此,还需要讨论第二个问题,即$f(x)$满足什么条件就可以展开为傅里叶级数.函数的傅里叶级数的收敛性问题是一个相当复杂的理论问题,下面不加证明地给出一个应用比较广泛的充分条件.

定理 7.7.1 (收敛定理,狄利克雷充分条件) 设$f(x)$是以 2π 为周期的函数,若它满足:

(1) 在一个周期内连续或只有有限个第一类间断点;

(2) 在一个周期内至多只有有限个极值点,

则$f(x)$的傅里叶级数收敛,并且

当 x 是$f(x)$的连续点时,级数收敛于$f(x)$.

当 x 是$f(x)$的间断点时,级数收敛于$\frac{1}{2}[f(x^-)+f(x^+)]$.在$\pm\pi$ 处,级数收敛于$\frac{1}{2}[f(-\pi^+)+f(\pi^-)]$.

定理中的条件通常称为**狄利克雷条件**,它是判别收敛性的一个充分条件.

例 7.7.1 设$f(x)$是周期为 2π 的周期函数,它在$[-\pi,\pi)$上的表达式为

$$f(x)=\begin{cases}-1, & -\pi\leqslant x<0,\\ 1, & 0\leqslant x<\pi.\end{cases}$$

将 $f(x)$ 展开成傅里叶级数.

解　所给函数 $f(x)$ 满足收敛定理的条件，它在点 $x=k\pi(k=0,\pm1,\pm2,\cdots)$ 处不连续，在其他点处连续. 由欧拉-傅里叶公式(7.7.4)得

$$a_n=\frac{1}{\pi}\int_{-\pi}^{\pi}f(x)\cos nx\mathrm{d}x=\frac{1}{\pi}\int_{-\pi}^{0}(-1)\cos nx\mathrm{d}x+\frac{1}{\pi}\int_{0}^{\pi}(1\cdot\cos nx)\mathrm{d}x$$

$$=0\ (n=0,1,2,\cdots),$$

$$b_n=\frac{1}{\pi}\int_{-\pi}^{\pi}f(x)\sin nx\mathrm{d}x=\frac{1}{\pi}\int_{-\pi}^{0}(-1)\sin nx\mathrm{d}x+\frac{1}{\pi}\int_{0}^{\pi}(1\cdot\sin nx)\mathrm{d}x$$

$$=\frac{1}{\pi}\left[\frac{\cos nx}{n}\right]_{-\pi}^{0}+\frac{1}{\pi}\left[-\frac{\cos nx}{n}\right]_{0}^{\pi}=\frac{1}{n\pi}[1-\cos n\pi-\cos n\pi+1]$$

$$=\frac{2}{n\pi}[1-(-1)^n]=\begin{cases}\dfrac{4}{n\pi}, & n=1,3,5,\cdots,\\ 0, & n=2,4,6,\cdots.\end{cases}$$

于是得函数 $f(x)$ 的傅里叶级数为

$$\frac{4}{\pi}\left[\sin x+\frac{1}{3}\sin 3x+\cdots+\frac{1}{2n-1}\sin(2n-1)x+\cdots\right].$$

从而 $f(x)$ 的傅里叶级数展开式为

$$f(x)=\frac{4}{\pi}\left[\sin x+\frac{1}{3}\sin 3x+\cdots+\frac{1}{2n-1}\sin(2n-1)x+\cdots\right]$$

$$(-\infty<x<+\infty,x\neq 0,\ \pm\pi,\ \pm 2\pi,\cdots).$$

并且当 $x=k\pi$ 时级数收敛于

$$\frac{1}{2}[f(x^-)+f(x^+)]=\frac{1}{2}(-1+1)=0.$$

该级数的和函数的图形如图 7.5 所示.

例 7.7.2　设 $f(x)$ 是以 2π 为周期的周期函数，它在 $(-\pi,\pi]$ 上的表达式为

$$f(x)=\begin{cases}0, & -\pi<x<0,\\ x, & 0\leqslant x\leqslant\pi.\end{cases}$$

将 $f(x)$ 展开成傅里叶级数.

解　所给函数 $f(x)$ 满足收敛定理的条件，函数 $f(x)$ 的图像如图 7.6 所示. 先计算傅里叶系数如下：

$$a_0=\frac{1}{\pi}\int_{-\pi}^{\pi}f(x)\mathrm{d}x=\frac{1}{\pi}\int_{0}^{\pi}x\mathrm{d}x=\frac{\pi}{2},$$

$$a_n=\frac{1}{\pi}\int_{-\pi}^{\pi}f(x)\cos nx\mathrm{d}x=\frac{1}{\pi}\int_0^{\pi}x\cos nx\mathrm{d}x=\frac{1}{\pi}\left[\frac{x\sin nx}{n}+\frac{\cos nx}{n^2}\right]_0^{\pi}$$

$$=\frac{1}{n^2\pi}(\cos n\pi-1)=\begin{cases}-\dfrac{2}{n^2\pi}, & n=1,3,5,\cdots,\\ 0, & n=2,4,6,\cdots,\end{cases}$$

$$b_n=\frac{1}{\pi}\int_{-\pi}^{\pi}f(x)\sin nx\mathrm{d}x=\frac{1}{\pi}\int_0^{\pi}x\sin nx\mathrm{d}x=\frac{1}{\pi}\left[-\frac{x\cos nx}{n}+\frac{\sin nx}{n^2}\right]_0^{\pi}$$

$$=-\frac{\cos n\pi}{n}=\frac{(-1)^{n+1}}{n}.$$

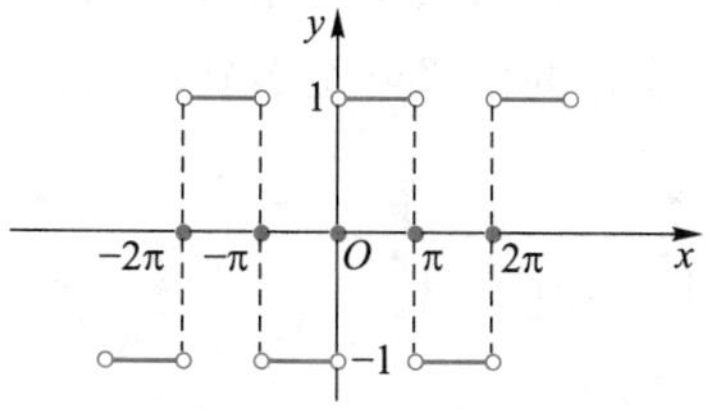

图 7.5

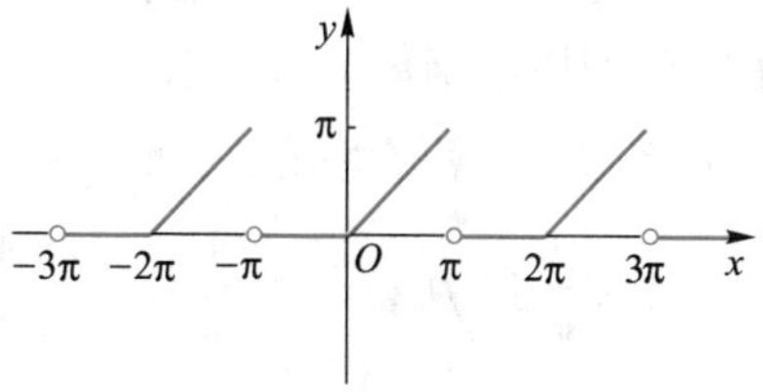

图 7.6

于是得$f(x)$的傅里叶级数

$$\frac{\pi}{4}-\frac{2}{\pi}\sum_{n=1}^{\infty}\frac{1}{(2n-1)^2}\cos(2n-1)x+\sum_{n=1}^{\infty}\frac{(-1)^{n+1}}{n}\sin nx.$$

从而得到$f(x)$的傅里叶级数展开式为

$$f(x)=\frac{\pi}{4}-\frac{2}{\pi}\sum_{n=1}^{\infty}\frac{1}{(2n-1)^2}\cos(2n-1)x+\sum_{n=1}^{\infty}\frac{(-1)^{n+1}}{n}\sin nx$$

$$(-\infty<x<+\infty,x\neq\pm\pi,\ \pm3\pi,\cdots).$$

在间断点 $x=(2k+1)\pi(k=0,\pm1,\pm2,\cdots)$处,级数收敛于

$$\frac{1}{2}[f(x^-)+f(x^+)]=\frac{1}{2}(\pi+0)=\frac{\pi}{2}.$$

上面讨论的函数都是以 2π 为周期的周期函数,如果函数$f(x)$只在$[-\pi,\pi]$上有定义,且满足收敛定理的条件,则我们可以在$(-\pi,\pi]$或$[-\pi,\pi)$外补充函数$f(x)$的定义,使它拓广成周期为 2π 的周期函数 $F(x)$,在$(-\pi,\pi)$内,$F(x)=f(x)$. 通常把按这种方式拓广函数的定义域的过程称为**周期延拓**. 由于在$(-\pi,\pi)$内$f(x)\equiv F(x)$,因此将 $F(x)$展开为傅里叶级数后,其傅里叶系数为

$$a_n=\frac{1}{\pi}\int_{-\pi}^{\pi}F(x)\cos nx\mathrm{d}x=\frac{1}{\pi}\int_{-\pi}^{\pi}f(x)\cos nx\mathrm{d}x(n=0,1,2,\cdots),$$

$$b_n=\frac{1}{\pi}\int_{-\pi}^{\pi}F(x)\sin nx\mathrm{d}x=\frac{1}{\pi}\int_{-\pi}^{\pi}f(x)\sin nx\mathrm{d}x(n=1,2,\cdots).$$

当 $F(x)$ 展开成傅里叶级数后，将 $F(x)$ 的傅里叶展开式限制在 $(-\pi,\pi)$ 上，即得函数 $f(x)$ 的傅里叶级数展开式. 由收敛定理，在区间端点 $x=\pm\pi$ 处此级数收敛于 $\frac{1}{2}[f(\pi^-)+f(-\pi^+)]$.

例 7.7.3 将函数 $f(x)=\begin{cases}-\frac{A}{\pi}x, & -\pi\leqslant x<0,\\ \frac{A}{\pi}x, & 0\leqslant x\leqslant\pi\end{cases}$ 展开成傅里叶级数，其中 $A>0$ 为常数.

解 将 $f(x)$ 在 $(-\infty,+\infty)$ 内以 2π 为周期作周期延拓，其函数图形如图 7.7. 因此拓广后的周期函数 $F(x)$ 在 $(-\infty,+\infty)$ 内连续，故它的傅里叶级数在 $[-\pi,\pi]$ 上收敛于 $f(x)$，计算傅里叶系数如下：

$$a_0=\frac{1}{\pi}\int_{-\pi}^{\pi}f(x)\,\mathrm{d}x=\frac{1}{\pi}\int_{-\pi}^{0}\left(-\frac{A}{\pi}x\right)\mathrm{d}x+\frac{1}{\pi}\int_{0}^{\pi}\frac{A}{\pi}x\,\mathrm{d}x=A,$$

$$\begin{aligned}a_n&=\frac{1}{\pi}\int_{-\pi}^{\pi}f(x)\cos nx\,\mathrm{d}x=\frac{1}{\pi}\int_{-\pi}^{0}\left(-\frac{A}{\pi}x\right)\cos nx\,\mathrm{d}x+\frac{1}{\pi}\int_{0}^{\pi}\frac{A}{\pi}x\cos nx\,\mathrm{d}x\\&=\frac{2A}{n^2\pi^2}(\cos n\pi-1)=\frac{2A}{n^2\pi^2}[(-1)^n-1]\\&=\begin{cases}-\frac{4A}{n^2\pi^2}, & n=1,3,5,\cdots,\\ 0, & n=2,4,6,\cdots,\end{cases}\end{aligned}$$

$$\begin{aligned}b_n&=\frac{1}{\pi}\int_{-\pi}^{\pi}f(x)\sin nx\,\mathrm{d}x=\frac{1}{\pi}\int_{-\pi}^{0}\left(-\frac{A}{\pi}x\right)\sin nx\,\mathrm{d}x+\frac{1}{\pi}\int_{0}^{\pi}\frac{A}{\pi}x\sin nx\,\mathrm{d}x\\&=0\ (n=1,2,3,\cdots).\end{aligned}$$

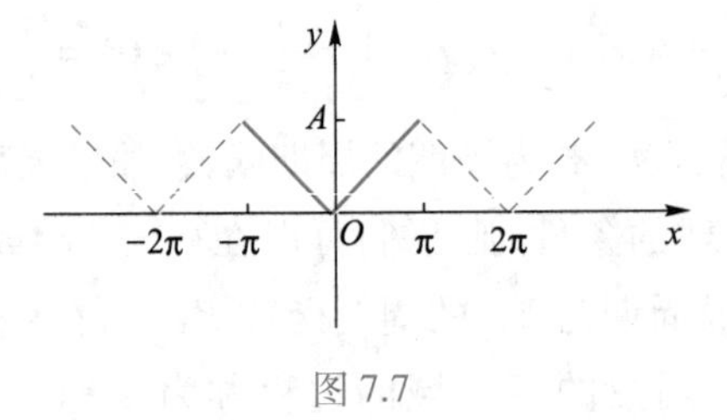

图 7.7

故 $f(x)$ 的傅里叶级数展开式为

$$f(x)=\frac{A}{2}-\frac{4A}{\pi^2}\left(\cos x+\frac{1}{3^2}\cos 3x+\frac{1}{5^2}\cos 5x+\cdots\right)\quad(-\pi\leqslant x\leqslant\pi).$$

7.7.3 正弦级数和余弦级数

1. 奇函数和偶函数的傅里叶级数

设$f(x)$为奇函数,则$f(x)\cos nx$是奇函数,$f(x)\sin nx$是偶函数.根据奇、偶函数在关于原点对称的区间上的积分性质,它的傅里叶系数为

$$a_n=0\quad(n=0,1,2,\cdots),$$

$$b_n=\frac{2}{\pi}\int_0^{\pi}f(x)\sin nx\mathrm{d}x\quad(n=1,2,\cdots).$$

所以,奇函数的傅里叶级数是只含有正弦项的正弦级数

$$\sum_{n=1}^{\infty}b_n\sin nx.$$

设$f(x)$为偶函数,则$f(x)\cos nx$是偶函数,$f(x)\sin nx$是奇函数,故它的傅里叶系数为

$$a_n=\frac{2}{\pi}\int_0^{\pi}f(x)\cos nx\mathrm{d}x\quad(n=0,1,2,\cdots),$$

$$b_n=0\quad(n=1,2,\cdots).$$

所以,偶函数的傅里叶级数是只含有常数项和余弦项的余弦级数

$$\frac{a_0}{2}+\sum_{n=1}^{\infty}a_n\cos nx.$$

例 7.7.4 设$f(x)$是周期为2π的周期函数,它在$[-\pi,\pi)$上的表达式为$f(x)=x$,将$f(x)$展开成傅里叶级数.

解 显然所给函数$f(x)$满足收敛定理的条件.

若不考虑点$x=(2k+1)\pi(k=0,\pm1,\pm2,\cdots)$,则$f(x)$是周期为$2\pi$的奇函数.故

$$a_n=0\quad(n=0,1,2,\cdots),$$

$$\begin{aligned}b_n&=\frac{2}{\pi}\int_0^{\pi}f(x)\sin nx\mathrm{d}x=\frac{2}{\pi}\int_0^{\pi}x\sin nx\mathrm{d}x\\&=\frac{2}{\pi}\left[-\frac{x\cos nx}{n}+\frac{\sin nx}{n^2}\right]_0^{\pi}\\&=-\frac{2}{n}\cos n\pi=\frac{2}{n}(-1)^{n+1}\quad(n=1,2,\cdots).\end{aligned}$$

于是得函数$f(x)$的傅里叶级数

$$2\left[\sin x-\frac{1}{2}\sin 2x+\frac{1}{3}\sin 3x-\cdots+(-1)^{n+1}\frac{1}{n}\sin nx+\cdots\right].$$

因此,根据收敛定理,在间断点$x=(2k+1)\pi(k=0,\pm1,\pm2,\cdots)$处,级数收敛于

$$\frac{1}{2}[f(x^-)+f(x^+)]=\frac{\pi+(-\pi)}{2}=0,$$

而在连续点 $x\neq(2k+1)\pi(k=0,\pm1,\pm2,\cdots)$ 处,级数收敛于 $f(x)$,即有 $f(x)$ 的傅里叶级数展开式

$$f(x)=2\left[\sin x-\frac{1}{2}\sin 2x+\frac{1}{3}\sin 3x-\cdots+(-1)^{n+1}\frac{1}{n}\sin nx+\cdots\right]$$

$$(-\infty<x<+\infty;x\neq\pm\pi,\ \pm3\pi,\cdots).$$

该级数的和函数的图形如图 7.8 所示.

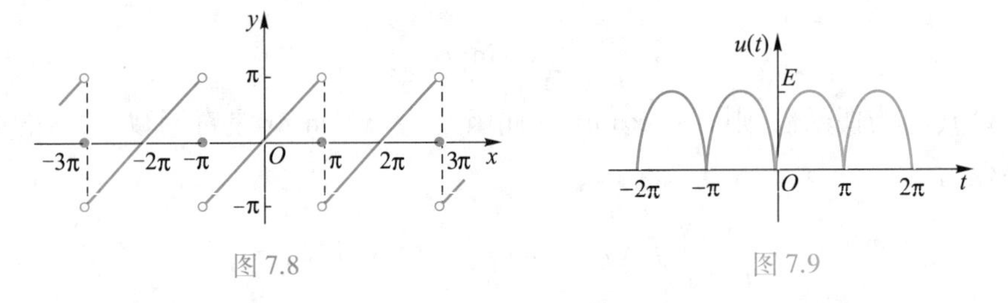

图 7.8　　图 7.9

例 7.7.5　将周期函数 $u(t)=|E\sin t|$ 展开成傅里叶级数(见图 7.9),其中 E 是正的常数.

解　显然所给函数 $u(x)$ 满足收敛定理的条件.因 $u(t)$ 为偶函数,故

$$b_n=0\quad(n=1,2,\cdots),$$

$$a_0=\frac{2}{\pi}\int_0^{\pi}u(t)\mathrm{d}t=\frac{2}{\pi}\int_0^{\pi}E\sin t\mathrm{d}t=\frac{4E}{\pi},$$

$$\begin{aligned}a_n&=\frac{2}{\pi}\int_0^{\pi}u(t)\cos nt\mathrm{d}t=\frac{2}{\pi}\int_0^{\pi}E\sin t\cos nt\mathrm{d}t\\&=\frac{E}{\pi}\int_0^{\pi}[\sin(n+1)t-\sin(n-1)t]\mathrm{d}t\\&=\frac{E}{\pi}\left[-\frac{\cos(n+1)t}{n+1}+\frac{\cos(n-1)t}{n-1}\right]_0^{\pi}\quad(n\neq1)\\&=\begin{cases}-\dfrac{4E}{[(2k)^2-1]\pi}, & 当\ n=2k,\\ 0, & 当\ n=2k+1\end{cases}\quad(k=1,2,\cdots).\end{aligned}$$

再计算 a_1,

$$a_1=\frac{2}{\pi}\int_0^{\pi}u(t)\cos t\mathrm{d}t=\frac{2}{\pi}\int_0^{\pi}E\sin t\cos t\mathrm{d}t=0.$$

由于函数在整个数轴上连续,故根据收敛定理得

$$u(t)=\frac{4E}{\pi}\left(\frac{1}{2}-\frac{1}{3}\cos 2t-\frac{1}{15}\cos 4t-\frac{1}{35}\cos 6t-\cdots-\frac{1}{4k^2-1}\cos 2kt-\cdots\right)$$

$$(-\infty<t<+\infty).$$

2. 函数展开成正弦级数或余弦级数

在实际应用中,有时也需要把定义在$[0,\pi]$上满足收敛定理条件的$f(x)$展开成正弦级数或余弦级数.为此,首先要在$[-\pi,0)$上补充定义,得到一个定义在$[-\pi,\pi]$上的函数$F(x)$,使得$F(x)$在$[-\pi,\pi]$上是奇函数或偶函数,在$[0,\pi]$上等于$f(x)$,且满足狄利克雷条件.采用这种方式拓广函数定义域的过程称为**奇延拓**或**偶延拓**.如果我们将奇延拓或偶延拓后的函数$F(x)$在$[-\pi,\pi]$上展开为傅里叶级数,再将其限制在$[0,\pi]$上,那么就得到$f(x)$在$[0,\pi]$上的正弦级数或余弦级数.而此时的傅里叶系数只需在$[0,\pi]$上求积分便得,无须在$[-\pi,\pi]$上进行积分.因此,在计算展开式的系数时,只用到$f(x)$在$[0,\pi]$上的值,不需要具体作出辅助函数$F(x)$,只要指明采用哪一种延拓方式即可.

例 7.7.6 将函数$f(x)=x+1(0\leqslant x\leqslant\pi)$分别展开成正弦级数和余弦级数.

解 先求正弦级数.为此对函数$f(x)$进行奇延拓(见图7.10),有

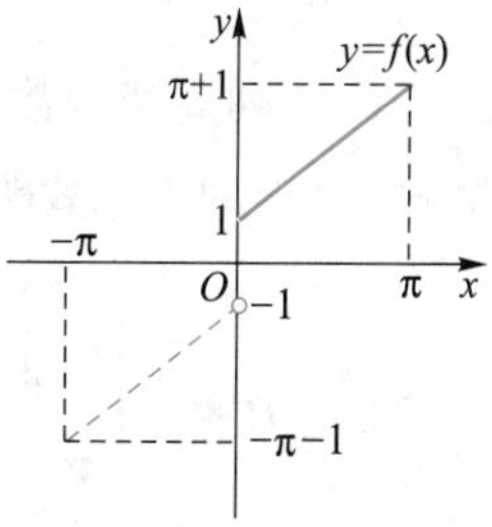

图 7.10

$$\begin{aligned}b_n&=\frac{2}{\pi}\int_0^{\pi}f(x)\sin nx\mathrm{d}x\\&=\frac{2}{\pi}\int_0^{\pi}(x+1)\sin nx\mathrm{d}x\\&=\frac{2}{\pi}\left[-\frac{x\cos nx}{n}+\frac{\sin nx}{n^2}-\frac{\cos nx}{n}\right]_0^{\pi}\\&=\frac{2}{n\pi}(1-\pi\cos n\pi-\cos n\pi)=\begin{cases}\dfrac{2}{\pi}\cdot\dfrac{\pi+2}{n}, & n=1,3,5,\cdots,\\-\dfrac{2}{n}, & n=2,4,6,\cdots.\end{cases}\end{aligned}$$

于是函数的正弦级数展开式为

$$x+1=\frac{2}{\pi}\left[(\pi+2)\sin x-\frac{\pi}{2}\sin 2x+\frac{1}{3}(\pi+2)\sin 3x-\frac{\pi}{4}\sin 4x+\cdots\right]$$

$$(0<x<\pi).$$

在端点$x=0$及$x=\pi$处,级数的和显然为零,它不代表原来函数$f(x)$的值.

再求余弦级数.为此对$f(x)$进行偶延拓(见图7.11),有

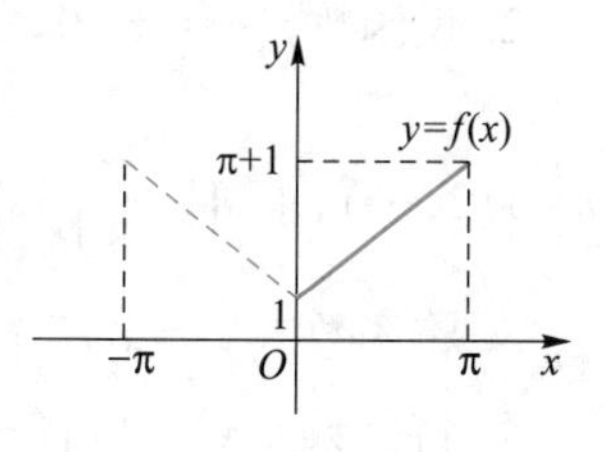

图 7.11

$$a_0=\frac{2}{\pi}\int_0^{\pi}(x+1)\,\mathrm{d}x=\frac{2}{\pi}\left[\frac{x^2}{2}+x\right]_0^{\pi}=\pi+2,$$

$$\begin{aligned}a_n&=\frac{2}{\pi}\int_0^{\pi}f(x)\cos nx\,\mathrm{d}x\\&=\frac{2}{\pi}\int_0^{\pi}(x+1)\cos nx\,\mathrm{d}x\\&=\frac{2}{\pi}\left[\frac{x\sin nx}{n}+\frac{\cos nx}{n^2}+\frac{\sin nx}{n}\right]_0^{\pi}\\&=\frac{2}{n^2\pi}(\cos n\pi-1)=\begin{cases}0, & n=2,4,6,\cdots,\\-\dfrac{4}{n^2\pi}, & n=1,3,5,\cdots.\end{cases}\end{aligned}$$

于是函数的余弦级数展开式为

$$x+1=\frac{\pi}{2}+1-\frac{4}{\pi}\left(\cos x+\frac{1}{3^2}\cos 3x+\frac{1}{5^2}\cos 5x+\cdots\right)\quad(0\leqslant x\leqslant\pi).$$

习题 7.7

1. 下列周期函数 $f(x)$ 的周期为 2π，试将 $f(x)$ 展开成傅里叶级数，如果 $f(x)$ 在 $[-\pi,\pi)$ 上的表达式为：

(1) $f(x)=\begin{cases}-\dfrac{\pi}{2}, & -\pi\leqslant x<0,\\ \dfrac{\pi}{2}, & 0\leqslant x<\pi;\end{cases}$　　(2) $f(x)=\begin{cases}x, & -\pi\leqslant x<0,\\ x+1, & 0\leqslant x<\pi;\end{cases}$

(3) $f(x)=\cos\dfrac{x}{2}\ (-\pi\leqslant x<\pi)$；　　(4) $f(x)=\begin{cases}\mathrm{e}^x, & -\pi\leqslant x<0,\\ 1, & 0\leqslant x<\pi;\end{cases}$

(5) $f(x)=\begin{cases}\dfrac{2x}{\pi}+1, & -\pi<x\leqslant 0,\\ -\dfrac{2x}{\pi}+1, & 0<x\leqslant\pi.\end{cases}$

2. 设函数 $f(x)=x^2,0\leqslant x\leqslant\pi$，若 $s(x)=\displaystyle\sum_{n=1}^{\infty}b_n\sin nx$，其中 $b_n=\dfrac{2}{\pi}\displaystyle\int_0^{\pi}f(x)\sin nx\,\mathrm{d}x$ $(n=1,2,\cdots)$，求 $s\left(-\dfrac{\pi}{3}\right)+s\left(\dfrac{5}{3}\pi\right)$ 的值.

3. 将函数 $f(x)=x\cos x\ (-\pi<x<\pi)$ 展开成周期为 2π 的傅里叶级数.

4. 将函数 $f(x)=|x|\ (-\pi<x\leqslant\pi)$ 展开成周期为 2π 的傅里叶级数.

5. 设函数 $f(x)=\pi^2-x^2\ (-\pi<x<\pi)$，将函数 $f(x)$ 展开成傅里叶级数.

6. 将函数 $f(x)=\frac{\pi}{4}-\frac{x}{2}(0<x<\pi)$ 展开成正弦级数.

7. 将函数 $f(x)=2x+3(0\leqslant x\leqslant \pi)$ 展开成余弦级数.

8. 将函数 $f(x)=\begin{cases} x, & 0\leqslant x<\frac{\pi}{2}, \\ \pi-x, & \frac{\pi}{2}\leqslant x\leqslant \pi \end{cases}$ 展开成正弦级数.

7.8　一般周期函数的傅里叶级数

通过本节的学习应掌握一般周期函数展开成傅里叶级数的基本方法，了解傅里叶级数的复数形式.

7.8.1　周期为 $2l$ 的函数展开为傅里叶级数

在上一节中，所讨论的周期函数都是以 2π 为周期的.在实际应用中，还经常会遇到周期不是 2π 的周期函数要展开成傅里叶级数的问题.下面就来讨论怎样把周期为 $2l$ 的周期函数展开成傅里叶级数.

定理 7.8.1　设周期为 $2l$ 的周期函数 $f(x)$ 满足收敛定理的条件，则它的傅里叶级数为

$$\frac{a_0}{2}+\sum_{n=1}^{\infty}\left(a_n\cos\frac{n\pi x}{l}+b_n\sin\frac{n\pi x}{l}\right), \tag{7.8.1}$$

其中

$$a_n=\frac{1}{l}\int_{-l}^{l}f(x)\cos\frac{n\pi x}{l}dx \quad (n=0,1,2,3,\cdots),$$

$$b_n=\frac{1}{l}\int_{-l}^{l}f(x)\sin\frac{n\pi x}{l}dx \quad (n=1,2,3,\cdots).$$

在 $f(x)$ 的连续点处，级数(7.8.1)收敛于 $f(x)$；在 $f(x)$ 的间断点处，级数(7.8.1)收敛于 $f(x)$ 在该点的左极限与右极限的算术平均值 $\frac{1}{2}[f(x^-)+f(x^+)]$.

如果 $f(x)$ 为奇函数，那么它的傅里叶级数是正弦级数.因此，若 x 为函数 $f(x)$ 的连续点，有

$$f(x)=\sum_{n=1}^{\infty}b_n\sin\frac{n\pi x}{l},$$

其中

$$b_n=\frac{2}{l}\int_{0}^{l}f(x)\sin\frac{n\pi x}{l}dx \quad (n=1,2,3,\cdots).$$

如果$f(x)$为偶函数,那么它的傅里叶级数是余弦级数.因此,若x为函数$f(x)$的连续点,有

$$f(x)=\frac{a_0}{2}+\sum_{n=1}^{\infty}a_n\cos\frac{n\pi x}{l},$$

其中

$$a_n=\frac{2}{l}\int_0^l f(x)\cos\frac{n\pi x}{l}\mathrm{d}x\quad(n=0,1,2,\cdots).$$

证 作变量代换$x=\frac{l}{\pi}t$,于是区间$-l\leqslant x\leqslant l$就变换成$-\pi\leqslant t\leqslant\pi$,则$f(x)=f\left(\frac{l}{\pi}t\right)$.若记$F(t)=f\left(\frac{l}{\pi}t\right)$,则$F(t)$是一个周期为$2\pi$的函数,且在$[-\pi,\pi]$上满足狄利克雷条件.从而得到$F(t)$的傅里叶级数为

$$\frac{a_0}{2}+\sum_{n=1}^{\infty}(a_n\cos nt+b_n\sin nt),$$

其中

$$a_n=\frac{1}{\pi}\int_{-\pi}^{\pi}F(t)\cos nt\mathrm{d}t\quad(n=0,1,2,\cdots),$$

$$b_n=\frac{1}{\pi}\int_{-\pi}^{\pi}F(t)\sin nt\mathrm{d}t\quad(n=1,2,\cdots).$$

再在上式中令$t=\frac{\pi x}{l}$,得$f(x)$的傅里叶级数

$$\frac{a_0}{2}+\sum_{n=1}^{\infty}\left(a_n\cos\frac{n\pi x}{l}+b_n\sin\frac{n\pi x}{l}\right),$$

其中

$$a_n=\frac{1}{\pi}\int_{-\pi}^{\pi}F(t)\cos nt\mathrm{d}t=\frac{1}{l}\int_{-l}^{l}f(x)\cos\frac{n\pi x}{l}\mathrm{d}x\quad(n=0,1,2,\cdots),$$

$$b_n=\frac{1}{\pi}\int_{-\pi}^{\pi}F(t)\sin nt\mathrm{d}t=\frac{1}{l}\int_{-l}^{l}f(x)\sin\frac{n\pi x}{l}\mathrm{d}x\quad(n=1,2,\cdots).$$

同样,只需对函数$f(x)$进行相应的周期延拓或奇偶延拓,定义在$[-l,l]$上的函数$f(x)$也可以展开成傅里叶级数,定义在$[0,l]$上的函数$f(x)$也可以展开成正弦级数或余弦级数.

例 7.8.1 设$f(x)$是周期为4的周期函数,它在$[-2,2)$上的表达式为

$$f(x)=\begin{cases}0, & -2\leqslant x<0,\\2, & 0\leqslant x<2.\end{cases}$$

将$f(x)$展开成傅里叶级数.

解　这里 $l=2$.

$$a_0=\frac{1}{2}\int_{-2}^{2}f(x)\,\mathrm{d}x=\frac{1}{2}\int_{0}^{2}2\mathrm{d}x=2,$$

$$a_n=\frac{1}{2}\int_{-2}^{2}f(x)\cos\frac{n\pi x}{2}\mathrm{d}x=\frac{1}{2}\int_{0}^{2}2\cos\frac{n\pi x}{2}\mathrm{d}x=0\quad(n=1,2,\cdots),$$

$$b_n=\frac{1}{2}\int_{-2}^{2}f(x)\sin\frac{n\pi x}{2}\mathrm{d}x=\frac{1}{2}\int_{0}^{2}2\sin\frac{n\pi x}{2}\mathrm{d}x$$

$$=\frac{2}{n\pi}[1-(-1)^n]=\begin{cases}\dfrac{4}{n\pi}, & n=1,3,5,\cdots,\\ 0, & n=2,4,6,\cdots.\end{cases}$$

于是，$f(x)$的傅里叶级数为

$$1+\frac{4}{\pi}\sum_{n=1}^{\infty}\frac{1}{2n-1}\sin\frac{(2n-1)\pi x}{2}\quad(x\neq 2k,k\in\mathbf{Z}).$$

函数$f(x)$满足收敛定理的条件，它在点 $x=2k(k=0,\pm1,\pm2,\cdots)$处不连续，在其他点处连续，

例 7.8.2　将函数$f(x)=x^2$ 在区间$[-1,1]$上展开成傅里叶级数.

解　将$f(x)$周期延拓为以 2 为周期的函数 $F(x)$，则 $F(x)$连续且为偶函数.

$$a_0=\frac{2}{l}\int_{0}^{l}f(x)\,\mathrm{d}x=2\int_{0}^{1}x^2\mathrm{d}x=\frac{2}{3},$$

$$a_n=\frac{2}{l}\int_{0}^{l}f(x)\cos\frac{n\pi x}{l}\mathrm{d}x=2\int_{0}^{1}x^2\cos n\pi x\mathrm{d}x=(-1)^n\frac{4}{n^2\pi^2},$$

故

$$x^2=\frac{1}{3}+\frac{4}{\pi^2}\sum_{n=1}^{\infty}(-1)^n\frac{\cos n\pi x}{n^2},\ x\in[-1,1].$$

例 7.8.3　将函数$f(x)=x$ 在区间$[0,3]$上展开成余弦级数.

解　将$f(x)$偶延拓为$(-3,3)$上的偶函数 $F(x)$，则 $F(x)$连续.

$$a_0=\frac{2}{l}\int_{0}^{l}f(x)\,\mathrm{d}x=\frac{2}{3}\int_{0}^{3}x\mathrm{d}x=3,$$

$$a_n=\frac{2}{l}\int_{0}^{l}f(x)\cos\frac{n\pi x}{l}\mathrm{d}x=\frac{2}{3}\int_{0}^{3}x\cos\frac{n\pi x}{3}\mathrm{d}x$$

$$=\frac{6}{n^2\pi^2}[(-1)^n-1]=\begin{cases}-\dfrac{12}{n^2\pi^2}, & \text{当 } n \text{ 为奇数},\\ 0, & \text{当 } n \text{ 为偶数}.\end{cases}$$

故

$$x=\frac{3}{2}-\frac{12}{\pi^2}\sum_{n=1}^{\infty}\frac{1}{(2n-1)^2}\cos\frac{(2n-1)\pi x}{3},\quad x\in[0,3].$$

*7.8.2　傅里叶级数的复数形式

在讨论交流电和频谱分析等问题时，为了方便分析、计算，经常采用复数形式的傅里叶级数.

设$f(x)$是周期为$2l$的周期函数，它的傅里叶级数为

$$\frac{a_0}{2}+\sum_{n=1}^{\infty}\left(a_n\cos\frac{n\pi x}{l}+b_n\sin\frac{n\pi x}{l}\right),\tag{7.8.2}$$

其中

$$a_n=\frac{1}{l}\int_{-l}^{l}f(x)\cos\frac{n\pi x}{l}\mathrm{d}x\quad(n=0,1,2,3,\cdots),\tag{7.8.3}$$

$$b_n=\frac{1}{l}\int_{-l}^{l}f(x)\sin\frac{n\pi x}{l}\mathrm{d}x\quad(n=1,2,3,\cdots).\tag{7.8.4}$$

利用欧拉公式

$$\cos x=\frac{1}{2}(\mathrm{e}^{\mathrm{i}x}+\mathrm{e}^{-\mathrm{i}x}),\quad \sin x=\frac{1}{2\mathrm{i}}(\mathrm{e}^{\mathrm{i}x}-\mathrm{e}^{-\mathrm{i}x}),$$

把式(7.8.2)化为

$$\begin{aligned}&\frac{a_0}{2}+\sum_{n=1}^{\infty}\left[\frac{a_n}{2}\left(\mathrm{e}^{\mathrm{i}\frac{n\pi x}{l}}+\mathrm{e}^{-\mathrm{i}\frac{n\pi x}{l}}\right)+\frac{b_n}{2\mathrm{i}}\left(\mathrm{e}^{\mathrm{i}\frac{n\pi x}{l}}-\mathrm{e}^{-\mathrm{i}\frac{n\pi x}{l}}\right)\right]\\&=\frac{a_0}{2}+\sum_{n=1}^{\infty}\left(\frac{a_n-\mathrm{i}b_n}{2}\mathrm{e}^{\mathrm{i}\frac{n\pi x}{l}}+\frac{a_n+\mathrm{i}b_n}{2}\mathrm{e}^{-\mathrm{i}\frac{n\pi x}{l}}\right).\end{aligned}\tag{7.8.5}$$

若设

$$\frac{a_0}{2}=c_0,\quad \frac{a_n-\mathrm{i}b_n}{2}=c_n,\quad \frac{a_n+\mathrm{i}b_n}{2}=c_{-n}\quad(n=1,2,\cdots),\tag{7.8.6}$$

则式(7.8.5)可表示为

$$c_0+\sum_{n=1}^{\infty}\left(c_n\mathrm{e}^{\mathrm{i}\frac{n\pi x}{l}}+c_{-n}\mathrm{e}^{-\mathrm{i}\frac{n\pi x}{l}}\right)=\sum_{n=-\infty}^{+\infty}c_n\mathrm{e}^{\mathrm{i}\frac{n\pi x}{l}},\tag{7.8.7}$$

称式(7.8.7)为$f(x)$的**傅里叶级数的复数形式**.

为求出系数c_n的表达式，把式(7.8.3)，(7.8.4)代入式(7.8.6)，得

$$c_0=\frac{a_0}{2}=\frac{1}{2l}\int_{-l}^{l}f(x)\mathrm{d}x,$$

$$c_n=\frac{a_n-\mathrm{i}b_n}{2}=\frac{1}{2}\left(\frac{1}{l}\int_{-l}^{l}f(x)\cos\frac{n\pi x}{l}\mathrm{d}x-\frac{\mathrm{i}}{l}\int_{-l}^{l}f(x)\sin\frac{n\pi x}{l}\mathrm{d}x\right)$$

$$= \frac{1}{2l}\int_{-l}^{l} f(x)\left(\cos\frac{n\pi x}{l} - \mathrm{i}\sin\frac{n\pi x}{l}\right)\mathrm{d}x$$

$$= \frac{1}{2l}\int_{-l}^{l} f(x)\mathrm{e}^{-\mathrm{i}\frac{n\pi x}{l}}\mathrm{d}x \quad (n=1,2,\cdots),$$

同理可得

$$c_{-n} = \frac{a_n + \mathrm{i}b_n}{2} = \frac{1}{2l}\int_{-l}^{l} f(x)\mathrm{e}^{\mathrm{i}\frac{n\pi x}{l}}\mathrm{d}x \quad (n=1,2,\cdots).$$

将上面的结果合并为

$$c_n = \frac{1}{2l}\int_{-l}^{l} f(x)\mathrm{e}^{-\mathrm{i}\frac{n\pi x}{l}}\mathrm{d}x \quad (n=0,\ \pm1,\ \pm2,\cdots). \tag{7.8.8}$$

称式(7.8.8)为 $f(x)$ 的**傅里叶系数的复数形式**.

傅里叶级数的两种形式没有本质上的差异,但由于复数形式比较简洁,且只用一个公式计算系数,在应用上更为方便.

例 7.8.4 设 $f(x)$ 是周期为 $2l$ 的周期函数,它在 $[-l,l)$ 上的表达式为

$$f(x)=\begin{cases}0, & -l\leqslant x<-\dfrac{\tau}{2},\\ h, & -\dfrac{\tau}{2}\leqslant x<\dfrac{\tau}{2},\\ 0, & \dfrac{\tau}{2}\leqslant x<l.\end{cases}$$

将 $f(x)$ 展开成复数形式的傅里叶级数.

解 先计算系数如下:

$$c_n = \frac{1}{2l}\int_{-l}^{l} f(x)\mathrm{e}^{-\mathrm{i}\frac{n\pi x}{l}}\mathrm{d}x = \frac{1}{2l}\int_{-\frac{\tau}{2}}^{\frac{\tau}{2}} h\mathrm{e}^{-\mathrm{i}\frac{n\pi x}{l}}\mathrm{d}x$$

$$= -\frac{h}{2l}\left[\frac{l}{\mathrm{i}n\pi}\mathrm{e}^{-\mathrm{i}\frac{n\pi x}{l}}\right]_{-\frac{\tau}{2}}^{\frac{\tau}{2}} = \frac{h}{n\pi}\sin\frac{n\tau\pi}{2l} \quad (n=\pm1,\ \pm2,\cdots),$$

$$c_0 = \frac{1}{2l}\int_{-l}^{l} f(x)\mathrm{d}x = \frac{1}{2l}\int_{-\frac{\tau}{2}}^{\frac{\tau}{2}} h\mathrm{d}x = \frac{h\tau}{2l},$$

因此,有

$$f(x) = \frac{h\tau}{2l} + \frac{h}{\pi}\sum_{\substack{n=-\infty\\ n\neq 0}}^{+\infty}\frac{1}{n}\sin\frac{n\tau\pi}{2l}\mathrm{e}^{\mathrm{i}\frac{n\pi x}{l}} \quad \left(-\infty<x<+\infty, x\neq 2kl\pm\frac{\tau}{2}, k\text{ 为整数}\right).$$

习题 7.8

1. 将下列周期函数展开成傅里叶级数,函数在一个周期内的表达式分别为:

(1) $f(x)=\begin{cases}2x+1, & -3\leqslant x<0,\\ 1, & 0\leqslant x<3;\end{cases}$　　(2) $f(x)=\begin{cases}x, & -1\leqslant x<0,\\ 1, & 0\leqslant x<\dfrac{1}{2},\\ -1, & \dfrac{1}{2}\leqslant x<1.\end{cases}$

2. 将下列函数分别展开成正弦级数和余弦级数：

(1) $f(x)=x-1\quad(0\leqslant x\leqslant 2)$；　　(2) $f(x)=\begin{cases}x, & 0\leqslant x<\dfrac{1}{2},\\ 1-x, & \dfrac{1}{2}\leqslant x\leqslant 1.\end{cases}$

3. 将函数 $f(x)=\cos x\left(0\leqslant x<\dfrac{\pi}{2}\right)$ 展开成周期为 π 的正弦级数.

*4. 设 $f(x)$ 是周期为 2 的周期函数,它在 $[-1,1)$ 上的表达式为 $f(x)=e^{-x}$,将其展开成复数形式的傅里叶级数.

本 章 小 结

第7章知识和方法总结

级数是数与函数的一种重要表达形式,是数值计算和函数逼近的重要工具,它在微积分学中占有重要地位.级数与数列有密切关系,数列极限是建立级数理论的基础.级数的基本问题是收敛问题,重点是把函数展开成幂级数与傅里叶级数.

本章主要内容及基本要求：

(1) 理解常数项级数收敛、发散以及收敛级数和的概念,掌握级数收敛的必要条件和基本性质.

(2) 掌握等比级数和 p 级数的收敛与发散的条件.

(3) 掌握正项级数收敛性的比较判别法与比值判别法,会用根式判别法.

(4) 了解任意项级数绝对收敛和条件收敛的概念,以及绝对收敛与条件收敛的关系.掌握交错级数的判别法.

(5) 会求幂级数的收敛半径、收敛区间及收敛域.

(6) 了解幂级数在其收敛区间的基本性质,会求简单幂级数在其收敛区间内的和函数.

(7) 了解函数展开成泰勒级数的充分必要条件.掌握 e^x, $\sin x$, $\cos x$, $\ln(1+x)$, $(1+x)^{\alpha}$ 的麦克劳林展开式,会用它们将简单函数间接展开成幂级数.

(8) 了解傅里叶级数的概念和狄利克雷收敛定理,会将定义在 $[-\pi,\pi]$ 和

$[-l,l]$上的函数展开成傅里叶级数.会将定义在$[0,\pi]$和$[0,l]$上的函数展开正弦级数和余弦级数,会写出傅里叶级数的和的表达式.

总 习 题 7

A 组

1. 选择题:

(1) 下列结论正确的是(　　).

(A) 若级数 $\sum_{n=1}^{\infty} u_n$ 与 $\sum_{n=1}^{\infty} v_n$ 的一般项有 $u_n < v_n(n=1,2,\cdots)$，则有 $\sum_{n=1}^{\infty} u_n < \sum_{n=1}^{\infty} v_n$

(B) 若正项级数 $\sum_{n=1}^{\infty} u_n$ 满足 $\frac{u_{n+1}}{u_n} \geqslant 1(n=1,2,\cdots)$,则 $\sum_{n=1}^{\infty} u_n$ 发散

(C) 若正项级数 $\sum_{n=1}^{\infty} u_n$ 收敛,则 $\lim\limits_{n\to\infty} \frac{u_{n+1}}{u_n} < 1$

(D) 若幂级数 $\sum_{n=1}^{\infty} a_n x^n$ 的收敛半径为 $R(0 < R < \infty)$,则 $\lim\limits_{n\to\infty}\left|\frac{a_n}{a_{n+1}}\right| = R$

(2) 设常数 $a>0$,则级数 $\sum_{n=1}^{\infty}(-1)^n\left(1-\cos\frac{a}{n}\right)$ (　　).

(A)绝对收敛　　(B)条件收敛

(C)发散　　(D)收敛性与 a 有关

(3) 若 $\sum_{n=1}^{\infty} a_n(x-1)^n$ 在 $x=-1$ 处收敛,则此幂级数在 $x=2$ 处(　　).

(A)条件收敛　　(B)绝对收敛

(C)发散　　(D)收敛性不能确定

(4) 若级数 $\sum_{n=1}^{\infty} a_n$ 收敛,则下列级数中必收敛的是(　　).

(A) $\sum_{n=1}^{\infty} a_{2n}$　　(B) $\sum_{n=1}^{\infty}(a_n + a_{n+1})$

(C) $\sum_{n=1}^{\infty} a_n^2$　　(D) $\sum_{n=1}^{\infty} na_n$

2. 填空题:

(1) 对级数 $\sum_{n=1}^{\infty} u_n$，$\lim\limits_{n\to\infty} u_n = 0$ 是它收敛的________条件，不是它收敛的

________条件.

(2) 若级数 $\sum_{n=1}^{\infty} u_n$ 收敛，$\sum_{n=1}^{\infty} v_n$ 发散，则级数 $\sum_{n=1}^{\infty}(u_n + v_n)$ 的收敛性为________.

(3) 部分和数列 $\{s_n\}$ 有界是正项级数 $\sum_{n=1}^{\infty} u_n$ 收敛的________条件.

(4) 若级数 $\sum_{n=1}^{\infty} u_n$ 绝对收敛，则级数 $\sum_{n=1}^{\infty} u_n$ 必定________，若级数 $\sum_{n=1}^{\infty} u_n$ 条件收敛，则级数 $\sum_{n=1}^{\infty} |u_n|$ 必定________.

(5) 若 $\sum_{n=0}^{\infty} a_n x^n$ 在 $x = 2$ 处条件收敛，则该幂级数的收敛半径 $R =$ ________.

3. 判定下列级数的收敛性：

(1) $\sum_{n=1}^{\infty} \frac{\ln^2 n}{n+1}$;　　(2) $\sum_{n=1}^{\infty} \frac{(n!)^2}{2n^2}$;

(3) $\sum_{n=1}^{\infty} 2^n \sin \frac{\pi}{3^n}$;　　(4) $\sum_{n=1}^{\infty} (-1)^{n-1} \frac{2n+1}{2^n}$;

(5) $\sum_{n=1}^{\infty} \frac{n^{n+1}}{(n+1)^{n+2}}$.

4. 设正项级数 $\sum_{n=1}^{\infty} u_n$ 和 $\sum_{n=1}^{\infty} v_n$ 都收敛，证明级数 $\sum_{n=1}^{\infty} (u_n + v_n)^2$ 也收敛.

5. 讨论下列级数的绝对收敛性与条件收敛性：

(1) $\sum_{n=1}^{\infty} (-1)^n \frac{\ln n}{\sqrt[3]{n}}$;　　(2) $\sum_{n=1}^{\infty} \frac{1}{n^{\frac{3}{2}}} \sin \frac{n\pi}{3}$;

(3) $\sum_{n=1}^{\infty} \frac{n \sin\left(n\pi + \frac{\pi}{2}\right)}{n^2 + 1}$;　　(4) $\sum_{n=1}^{\infty} \left[(-1)^n \frac{n}{n^2+1} + \frac{n}{3^n}\right]$;

(5) $\sum_{n=1}^{\infty} \frac{(-1)^n a^n}{n} (a > 0)$.

6. 设 $\sum_{n=1}^{\infty} u_n$ 收敛，$u_n \geqslant 0 (n = 1, 2, \cdots)$，证明：

(1) $\sum_{n=1}^{\infty} u_n^4$ 收敛；

(2) $\sum_{n=1}^{\infty} \frac{\sqrt{u_n}}{n^{\frac{3}{2}}}$ 收敛.

7. 求下列幂级数的收敛域：

(1) $\sum_{n=1}^{\infty}\frac{2^n+4^n}{n}x^n$;　(2) $\sum_{n=1}^{\infty}\left(1+\frac{1}{n}\right)^n x^n$;

(3) $\sum_{n=2}^{\infty}\left(1+\frac{1}{2}+\cdots+\frac{1}{n}\right)(x+2)^n$;　(4) $\sum_{n=1}^{\infty}\frac{(x-2)^n}{\sqrt{n}}$.

8. 求下列幂级数的和函数:

(1) $\sum_{n=1}^{\infty}\frac{(-1)^{n-1}}{2n-1}x^{2n-1}$;　(2) $\sum_{n=1}^{\infty}\frac{n^2-1}{n}x^n$;

(3) $\sum_{n=1}^{\infty}n(x-1)^n$;　(4) $\sum_{n=1}^{\infty}\frac{1}{n(n+1)}(x-1)^n$.

9. 将下列函数展开成 x 的幂级数:

(1) $f(x)=\frac{x}{9+x^2}$;　(2) $f(x)=\ln(x+\sqrt{x^2+1})$;

(3) $f(x)=\frac{x}{2+x-x^2}$;　(4) $f(x)=x\sin x\cos x$.

10. 设 $f(x)$ 是周期为 2π 的函数,它在 $[-\pi,\pi)$ 上的表达式为

$$f(x)=\begin{cases}0, & x\in[-\pi,0),\\ e^x, & x\in[0,\pi).\end{cases}$$

将 $f(x)$ 展开成傅里叶级数.

11. 将函数 $f(x)=x-1(0\leqslant x\leqslant 2)$ 展开成周期为 4 的余弦级数.

B 组

1. 判定下列级数的收敛性:

(1) $\sum_{n=1}^{\infty}\int_0^{\frac{1}{n}}\frac{\sqrt{x}}{1+x^2}dx$;　(2) $\sum_{n=1}^{\infty}\frac{\ln n}{n^{\frac{5}{3}}}$;

(3) $\sum_{n=1}^{\infty}\frac{n^{n+\frac{1}{n}}}{(n+1)^n}$;　(4) $\sum_{n=1}^{\infty}\frac{a^n}{n^s}\quad(a>0,s>0)$.

2. 讨论下列级数的绝对收敛性与条件收敛性:

(1) $\sum_{n=1}^{\infty}(-1)^n\frac{3\cdot 5\cdot 7\cdots(2n+1)}{2\cdot 5\cdot 8\cdots(3n-1)}$;

(2) $\sum_{n=1}^{\infty}\sin\left(n\pi+\frac{\pi}{n}\right)$;

(3) $\sum_{n=1}^{\infty}(-1)^{n-1}\frac{1}{n+\ln n}$;

(4) $\sum_{n=1}^{\infty}(-1)^n\frac{|a_n|}{\sqrt{n^2+\lambda}}$,其中常数 $\lambda>0$,级数 $\sum_{n=1}^{\infty}a_n^2$ 收敛.

3. 求下列极限：

(1) $\lim\limits_{n\to\infty}\dfrac{n!}{n^n}$；　(2) $\lim\limits_{n\to\infty}\dfrac{(n!)^2}{(2n)!}$；

(3) $\lim\limits_{n\to\infty}\dfrac{1}{n}\sum\limits_{k=1}^{n}\dfrac{1}{3^k}\left(1+\dfrac{1}{k}\right)^{k^2}$；　(4) $\lim\limits_{n\to\infty}[2^{\frac{1}{2}}\cdot 4^{\frac{1}{4}}\cdot 8^{\frac{1}{8}}\cdot\cdots\cdot(2^n)^{\frac{1}{2^n}}]$.

4. 设$\lim\limits_{n\to\infty}nu_n=0$，且级数$\sum\limits_{n=2}^{\infty}n(u_n-u_{n-1})$收敛，证明级数$\sum\limits_{n=1}^{\infty}u_n$也收敛.

5. 试判断级数$\sum\limits_{n=1}^{\infty}\dfrac{(-1)^n\arctan an}{n}$（常数$a>0$）是条件收敛还是绝对收敛，或者发散.

6. 求下列幂级数的收敛域：

(1) $\sum\limits_{n=1}^{\infty}\dfrac{(-1)^{n+1}}{n(2n+1)}(3x)^{2n}$；　(2) $\sum\limits_{n=1}^{\infty}(\sqrt{n+1}-\sqrt{n})2^nx^{2n}$.

7. 求下列幂级数的和函数：

(1) $\sum\limits_{n=0}^{\infty}\dfrac{n^2+1}{3^nn!}x^n$；　(2) $\sum\limits_{n=1}^{\infty}(-1)^{n-1}\left[1+\dfrac{1}{n(2n-1)}\right]x^{2n}$.

8. 把函数$f(x)=\dfrac{1}{x^2+3x+2}$展开成$(x+4)$的幂级数.

9. 把函数$\ln x$展开成$(x-1)$的幂级数，并确定其收敛区间，再由此求出常数项级数$\sum\limits_{n=1}^{\infty}(-1)^n\dfrac{1}{n}$的和.

10. 将函数$f(x)=\arctan\dfrac{1-2x}{1+2x}$展开成$x$的幂级数，并求级数$\sum\limits_{n=1}^{\infty}\dfrac{(-1)^n}{2n+1}$的和.

11. 求下列常数项级数的和：

(1) $\sum\limits_{n=0}^{\infty}\dfrac{(-1)^n}{n+1}$；　(2) $\sum\limits_{n=2}^{\infty}\dfrac{1}{(n^2-1)2^n}$.

12. 求幂级数$\sum\limits_{n=1}^{\infty}(-1)^{n+1}n(n+1)x^n$的和函数$s(x)$，并求常数项级数$\sum\limits_{n=1}^{\infty}(-1)^{n+1}\dfrac{n(n+1)}{2^n}$的和.

13. 证明$\dfrac{\pi}{4}=1-\dfrac{1}{3}+\dfrac{1}{5}-\cdots+(-1)^{n+1}\dfrac{1}{2n-1}+\cdots$.

部分习题参考答案

第 1 章

习题 1.1

1. (1) $[-3,3]$; (2) $(-\infty,-1)\cup(-1,1)\cup(1,+\infty)$;
   (3) $[-1,0)\cup(0,1]$; (4) $(2,+\infty)$;
   (5) $\mathbf{R}-\left\{\left(k+\frac{1}{2}\right)\pi-1 \,\middle|\, k\in\mathbf{Z}\right\}$; (6) $[1,5]$;
   (7) $(-1,+\infty)$; (8) $(-\infty,0)\cup(0,3]$;
   (9) $[-2,1)$; (10) $(-\infty,0)\cup(0,+\infty)$.
2. (1) 不同(定义域不同); (2) 不同(定义域不同);
   (3) 相同; (4) 不同(对应法则不同).
3. $\varphi\left(\frac{\pi}{6}\right)=\frac{1}{2},\varphi\left(\frac{\pi}{4}\right)=\frac{\sqrt{2}}{2},\varphi\left(-\frac{\pi}{4}\right)=\frac{\sqrt{2}}{2},\varphi(-2)=0$.
4. (1) 单调增加; (2) 单调增加.
6. (1) 偶函数; (2) 既非奇函数又非偶函数;
   (3) 既非奇函数又非偶函数; (4) 奇函数;
   (5) 偶函数; (6) 偶函数.
7. (1) 是周期函数,周期 $l=2\pi$; (2) 是周期函数,周期 $l=\pi$;
   (3) 是周期函数,周期 $l=4$; (4) 不是周期函数.
8. (1) $y=-\sqrt{x}$; (2) $y=\frac{1-x}{1+x}$;
   (3) $y=x^3-1$; (4) $y=\frac{-dx+b}{cx-a}$;
   (5) $y=\mathrm{e}^{x-1}-2$; (6) $y=\begin{cases}x, & -\infty<x<1,\\ \sqrt{x}, & 1\leqslant x\leqslant 16,\\ \log_2 x, & 16<x<+\infty.\end{cases}$
10. (1) $y=\sin^2 x, y_1=\frac{1}{4}, y_2=\frac{3}{4}$;

（2）$y=\sin 2x, y_1=\frac{\sqrt{2}}{2}, y_2=1$；

（3）$y=\sqrt{1+x^2}, y_1=\sqrt{2}, y_2=\sqrt{5}$；

（4）$y=\mathrm{e}^{x^2}, y_1=1, y_2=\mathrm{e}$；

（5）$y=\mathrm{e}^{2x}, y_1=\mathrm{e}^2, y_2=\mathrm{e}^{-2}$.

11.（1）$[-1,1]$；　　（2）$\bigcup\limits_{n\in\mathbf{Z}}[2n\pi,(2n+1)\pi]$；　　（3）$[-a,1-a]$；

（4）若 $a\in\left(0,\frac{1}{2}\right]$，则 $D=[a,1-a]$；若 $a>\frac{1}{2}$，则非函数.

12. $f[g(x)]=\begin{cases}1, & x<0,\\ 0, & x=0,\\ -1, & x>0.\end{cases}$　　$g[f(x)]=\begin{cases}\mathrm{e}, & |x|<1,\\ 1, & |x|=1,\\ \mathrm{e}^{-1}, & |x|>1.\end{cases}$

13.（1）$p=\begin{cases}1\ 290, & 0\leqslant x\leqslant 1\ 000,\\ 1\ 290-(x-1\ 000)\cdot 0.1, & 1\ 000<x<3\ 150,\\ 1\ 075, & x\geqslant 3\ 150;\end{cases}$

（2）$P=(p-860)x=\begin{cases}430x, & 0\leqslant x\leqslant 1\ 000,\\ 530x-0.1x^2, & 1\ 000<x<3\ 150,\\ 215x, & x\geqslant 3\ 150;\end{cases}$

（3）$P=690\ 000$ 元.

14. $C(Q)=100+10Q$，　$\overline{C}(Q)=\frac{100}{Q}+10$.

习题 1.2

1.（1）收敛，0；（2）收敛，0；（3）发散；（4）收敛，1；（5）发散；（6）发散.

2. $\lim\limits_{n\to\infty}x_n=0, N=\left[\frac{1}{\varepsilon}\right]$.

习题 1.3

1.（1）1，-1；　　（2）1，1.

3.（1）2；　　（2）5；　　（3）0.

4. $\lim\limits_{x\to 0}f(x)=\frac{1}{2}$，$\lim\limits_{x\to 3}f(x)$ 不存在.

5. $X\geqslant\sqrt{397}$.

习题 1.4

1.（1）无穷小，无穷大；（2）无穷小；（3）无穷大，无穷小；（4）无穷大，无穷小.

2.（1）2；（2）1.

4.（1）-9；（2）0；（3）$2x$；（4）$\frac{1}{2}$；（5）0；（6）$\frac{2}{3}$；（7）2；（8）$\frac{1}{2}$；（9）-1；（10）$\frac{1}{5}$；（11）0；

（12）0；（13）0.

5. $a=2,b=-8$.

6. $a=1,b=-1$.

7. (1) 对;(2) 错;(3) 错.

习题 1.5

1. (1) 2;(2) 3;(3) $\frac{2}{5}$;(4) 2;(5) $\frac{1}{\mathrm{e}}$;(6) e^2;(7) e^2;(8) e^{-k};(9) 1;(10) $\frac{1}{3}$.

习题 1.6

2. (1) $\frac{3}{2}$;(2) $0(m<n)$,$1(m=n)$,$\infty(m>n)$;(3) $\frac{1}{2}$;(4) -3;

3. $\frac{2}{3}$阶.

习题 1.7

1. (1) $f(x)$在$[0,2]$上连续;

   (2) $f(x)$在$(-\infty,-1)$与$(-1,+\infty)$内连续,$x=-1$为跳跃间断点.

2. (1) $x=1$为可去间断点,$x=2$为第二类间断点;

   (2) $x=0$和$x=k\pi+\frac{\pi}{2}$为可去间断点,$x=k\pi(k\neq 0)$为第二类间断点;

   (3) $x=1$为跳跃间断点.

3. $f(x)=\begin{cases} x, & |x|<1, \\ 0, & |x|=1, \\ -x, & |x|>1. \end{cases}$ $x=1$和$x=-1$为跳跃间断点.

4. $(-\infty,-3)$,$(-3,2)$,$(2,+\infty)$.

5. $[0,1]$,$(1,3]$.

6. $a=1$.

7. (1) $-\sin 2a$;(2) $\frac{2}{5}$;(3) $\frac{1}{2}$;(4) $\frac{1}{4}$;(5) 1;(6) $\mathrm{e}^{\frac{\pi}{2}}$;(7) 1;(8) $\frac{1}{2}$;(9) e^{-2};(10) $\mathrm{e}^{-\frac{1}{2}}$.

8. $a=\frac{\sqrt{2}}{2},b=-1$.

12. 提示:$m\leqslant\frac{f(x_1)+f(x_2)+\cdots+f(x_n)}{n}\leqslant M$,其中$m,M$分别为$f(x)$在$[x_1,x_n]$上的最小值及最大值.

总习题 1

A 组

1. (1) D;(2) D;(3) C;(4) A;(5) C.

2. (1) $1-\cos x$;(2) $\frac{6}{5}$;(3) -1;(4) >0;(5) 1;(6) 2.

3. (1) $2x$;(2) $\frac{1}{2}$;(3) $-\frac{1}{2}$;(4) e^3;(5) $\begin{cases} a, & a>b, \\ 0, & a=b, \\ -b, & a<b; \end{cases}$

(6) 50;(7) $-\frac{\pi^2}{8}$;(8) $\frac{3}{2}$;(9) 3;(10) $\sqrt{ab}$.

4. $a=-1, b=\frac{1}{2}$.

5. (1) $\frac{1}{2}$;(2) 1.

6. (1) $a=0, b=1, c$ 为任意常数;(2) $a\neq 0, b, c$ 为任意常数.

7. $x=0$ 为第二类(无穷)间断点,$x=1$ 为第一类(跳跃)间断点.

9. $C(x)=\begin{cases} 10x, & 0\leqslant x\leqslant 20; \\ 200+7(x-20), & 20<x\leqslant 200; \\ 1\,460+5(x-200), & x>200. \end{cases}$

B 组

1. (1) A;(2) D;(3) A;(4) D;(5) A.

2. (1) e^{a-b};(2) $\frac{3}{4}$;(3) xe^{2x};(4) -1;(5) e.

3. $f[g(x)]=\begin{cases} e^{2x-1}, & x<1, \\ (x^2-1)^2-1, & x\geqslant 1; \end{cases}$ $g[f(x)]=\begin{cases} e^{x+2}, & x<-1, \\ (x+2)^2-1, & -1\leqslant x<0, \\ e^{x^2-1}, & 0\leqslant x<\sqrt{2}, \\ (x^2-1)^2-1, & x\geqslant\sqrt{2}. \end{cases}$

5. (1) 20;(2) $\frac{1}{a}$;(3) $\max\left\{1, x, \frac{x^2}{2}\right\}=\begin{cases} 1, & 0\leqslant x<1, \\ x, & 1\leqslant x<2, \\ \frac{x^2}{2}, & x\geqslant 2. \end{cases}$

6. (1) $\frac{3}{2}$;(2) $1+\sqrt{2}$.

7. (1) $\frac{3}{2}$;(2) 1;(3) $\frac{1}{2}$;(4) 1;(5) 1;(6) $\frac{1}{e}$;(7) $\begin{cases} \frac{1}{1-x}, & |x|<1, \\ \infty, & |x|>1 \text{ 或 } x=1, \\ 0, & x=-1; \end{cases}$

(8) $e^{\frac{1}{2}(n+1)}$.

8. $a=100, b=\frac{1}{100}$.

第 2 章

习题 2.1

1. (1) $-f'(x_0)$;(2) $f'(0)$;(3) $3f'(x_0)$.

2. $k=2,m=3$.

3. $M_1(1,1),M_2(-1,-1)$；过点$M_1(1,1)$的切线方程为$y=3x-2$，法线方程为$y=-\frac{1}{3}x+\frac{4}{3}$；过点$M_2(-1,-1)$的切线方程为$y=3x+2$，法线方程为$y=-\frac{1}{3}x-\frac{4}{3}$.

5. (1) $4x^3$；(2) $\frac{2}{3}x^{-\frac{1}{3}}$；(3) $-\frac{1}{2}x^{-\frac{3}{2}}$；(4) $-\frac{2}{x^3}$；(5) $\frac{16}{5}x^{\frac{11}{5}}$；(6) $\frac{1}{6}x^{-\frac{5}{6}}$.

6. (1) 在$x=0$处连续，不可导；

(2) 在$x=0$处连续且可导.

7. $f'(x)=\begin{cases}\cos x, & x>0,\\ 1, & x\leqslant 0.\end{cases}$

习题 2.2

1. (1) $\frac{\sqrt{3}+1}{2}$；　(2) $0,\frac{3}{25},\frac{17}{15}$.

2. (1) $15x^2-2^x\ln 2+3e^x$；　(2) $\frac{1-\ln x}{x^2}$；

(3) $\frac{1+\cos t+\sin t}{(1+\cos t)^2}$；　(4) $e^{x+2}2^{x-3}(1+\ln 2)$；

(5) $3\sin(1-3x)$；　(6) $2x\sec^2x^2$；

(7) $-\frac{|x|}{x^2\sqrt{x^2-1}}$；　(8) $\frac{e^x}{1+e^{2x}}$；

(9) $\frac{x}{\sqrt{x^2+1}}$；　(10) $\tan x$.

3. (1) $y=-\frac{3}{2}\cos^2\frac{x}{2}\sin\frac{x}{2}$；　(2) $\frac{1}{1+x^2}$；

(3) $y=e^{-\frac{x}{2}}\left(-\frac{1}{2}\sec 3x+3\sec 3x\tan 3x\right)$；　(4) $\frac{2x\cos 2x-2\sin 2x}{x^3}$；

(5) $\frac{1}{\sqrt{a^2+x^2}}$；　(6) $\frac{2x}{(x^2+1)\ln\ln(x^2+1)\ln(x^2+1)}$；

(7) $-\frac{1}{(1+x)\sqrt{2x(1-x)}}$；　(8) $\frac{1}{2\sqrt{x+\sqrt{x+\sqrt{x}}}}\left[1+\frac{1}{2\sqrt{x+\sqrt{x}}}\left(1+\frac{1}{2\sqrt{x}}\right)\right]$；

(9) $\arcsin\frac{x}{2}$；　(10) $-\frac{\sqrt{1-x^2}+1}{x^2\sqrt{1-x^2}}$；

(11) $x^{\sin x}\left(\cos x\ln x+\frac{\sin x}{x}\right)$；　(12) $x^{a^x}a^x\left(\ln a\ln x+\frac{1}{x}\right)$.

4. (1) $e^{f(x)}[e^xf'(e^x)+f(e^x)f'(x)]$；　(2) $\sin 2x[f'(\sin^2x)-f'(\cos^2x)]$.

习题 2.3

1. (1) $2x+C$；　(2) $\ln|1+x|+C$；　(3) $2\sqrt{x}+C$

(4) $-\frac{1}{2}e^{-2x}+C$; (5) $-\frac{1}{\omega}\cos\omega x+C$; (6) $\frac{1}{3}\tan 3x+C$.

2. (1) $\left(-\frac{1}{x^2}+\frac{\sqrt{x}}{x}\right)dx$; (2) $\frac{2\ln(1-x)}{x-1}dx$;

(3) $e^{-x}[\sin(3-x)-\cos(3-x)]dx$; (4) $dy=\begin{cases}\frac{dx}{\sqrt{1-x^2}}, & -1<x<0,\\ -\frac{dx}{\sqrt{1-x^2}}, & 0<x<1;\end{cases}$

(5) $\frac{-2\arccos x}{\sqrt{1-x^2}}dx$; (6) $\frac{1}{2x\sqrt{x}}(2-\ln x)dx$;

(7) $(a^3\sin 2ax-b^3\sin 2bx)dx$; (8) $2xe^{2x}(1+x)dx$.

3. (1) $43°31'52''$; (2) 0.874 76.

习题 2.4

1. (1) $30x-\frac{1}{x^2}$; (2) $4e^{2x-1}$; (3) $2\cos x-x\sin x$;

(4) $2e^{-t}\sin t$; (5) $-\frac{a^2}{(a^2-x^2)^{3/2}}$; (6) $-\frac{2(1+x^2)}{(1-x^2)^2}$;

(7) $2\sec^2x\tan x$; (8) $\frac{6x(2x^3-1)}{(x^3+1)^3}$; (9) $2\arctan x+\frac{2x}{1+x^2}$;

(10) $\frac{e^x(x^2-2x+2)}{x^3}$.

2. $f'''(2)=207\ 360$.

3. $\frac{f''(x)f(x)-[f'(x)]^2}{[f(x)]^2}$.

4. (1) $n!$; (2) $2^{n-1}\sin\left[2x+(n-1)\frac{\pi}{2}\right]$;

(3) $(-1)^n\frac{(n-2)!}{x^{n-1}}(n\geqslant 2)$; (4) $e^x(x+n)$.

5. (1) $-4e^x\cos x$; (2) $x\,\mathrm{sh}\,x+100\,\mathrm{ch}\,x$;

(3) $2^{50}\left(-x^2\sin 2x+50x\cos 2x+\frac{1\ 225}{2}\sin 2x\right)$.

6. $a=\frac{1}{2}, b=1, c=1$.

习题 2.5

1. (1) $\frac{y}{y-x}$; (2) $\frac{ay-x^2}{y^2-ax}$; (3) $\frac{e^{x+y}-y}{x-e^{x+y}}$; (4) $\frac{y[\sin x\ln y+\cos(x+y)]}{\cos x-y\cos(x+y)}$.

2. (1) $\frac{dy}{dx}=\frac{e^y}{y-2}, \frac{d^2y}{dx^2}=\frac{e^{2y}(y-3)}{(y-2)^3}$; (2) $\frac{dy}{dx}=-\frac{1}{y^2}-1, \frac{d^2y}{dx^2}=-\frac{2}{y^3}\left(\frac{1}{y^2}+1\right)$.

3. $y'(0)=-e^2, y''(0)=3e^3$.

4. $x+y=3$ 或 $x-5y=9$.

5. (1) $\left(\frac{x}{1+x}\right)^x\left(\ln\frac{x}{1+x}+\frac{1}{1+x}\right)$;　　(2) $\frac{\sqrt{x+2}(3-x)^4}{(x+1)^5}\left[\frac{1}{2(x+2)}-\frac{4}{3-x}-\frac{5}{x+1}\right]$;

(3) $(\sin x)^{\tan x}(\sec^2 x\ln\sin x+1)$;

(4) $(\sin x)^x(\ln\sin x+x\cot x)+x^{\tan x}\left(\ln x\sec^2 x+\frac{\tan x}{x}\right)$.

6. (1) $\frac{3b}{2a}t$;　　(2) $-\tan t$.

7. (1) $\frac{t}{2}, \frac{1}{4}\left(t+\frac{1}{t}\right)$;　　(2) $t, \frac{1}{f''(t)}$.

8. (1) 切线方程为 $y+x-\sqrt{2}=0$,法线方程为 $y=x$;

(2) 切线方程为 $4x+3y-12a=0$,法线方程为 $3x-4y+6a=0$.

9. $\frac{16}{25\pi}\approx 0.204(\text{m/min})$.

总习题 2

A 组

1. (1) A;(2) A;(3) B;(4) D;(5) B.

2. (1) ①-1;②$0,3$.(2) ①$af(ax+b), f(ax+b)$;②$\frac{3\pi}{4}$;③$4x^2f''(1+x^2)+2f'(1+x^2)$.

(3) ①$-2x\sin(x^2)\sin^2\frac{1}{x}-\frac{1}{x^2}\cos(x^2)\sin\frac{2}{x}$;②$\frac{e-1}{e^2+1}$;③$(x+1)e^x$.

(4) ①$-\frac{\ln 3}{3^x+1}dx$;②$-\pi dx$.(5) ①$(\ln(e-1), e-1)$;②$2e$.

3. (1) $2010!$;　　(2) 1;　　(3) $\varphi(a), 2\varphi'(a)$.

4. (1) $a=0, k>0$;　　(2) $a=0, k>1$;　　(3) $a=0, k>2$.

5. (1) $\sin x\ln\tan x$;　　(2) $\frac{e^x}{\sqrt{e^{2x}+1}}$;　　(3) $-\frac{2}{x^3}-\frac{2}{x^3\sqrt{1-x^4}}$;

(4) $\frac{1}{\sqrt{a^2-x^2}}$;　　(5) $\frac{1}{x}f'(\ln x)e^{g(x)}+f(\ln x)e^{g(x)}g'(x)$;

(6) $\frac{f(x)f'(x)+g(x)g'(x)}{\sqrt{f^2(x)+g^2(x)}}$;　　(7) $\left(\frac{b}{a}\right)^x\cdot\left(\frac{b}{x}\right)^a\cdot\left(\frac{x}{a}\right)^b\left[\ln b-\ln a+\frac{b-a}{x}\right]$;

(8) $(1+x)^{\frac{1}{x}}\left[\frac{1}{x(1+x)}-\frac{\ln(1+x)}{x^2}\right]$.

7. (1) $y^{(n)}=\frac{1}{2}\left(\frac{1}{2}-1\right)\left(\frac{1}{2}-2\right)\left(\frac{1}{2}-n+1\right)a^n(ax+b)^{\frac{1}{2}-n}$;

（2）$y'=1-\frac{1}{(1+x)^2},y^{(n)}=\frac{(-1)^n n!}{(1+x)^{n+1}}(n\geqslant 2)$.

8.（1）$dy=\frac{x+y}{x-y}dx,\frac{d^2y}{dx^2}=\frac{2(x^2+y^2)}{(x-y)^3}$;

（2）$\frac{dy}{dx}=4t(1+e^t),\frac{d^2y}{dx^2}=8(1+e^t+te^t)(1+e^t)$.

10. -2.8 km/h.

B 组

1.（1）D;（2）B;（3）D;（4）D;（5）B.

2.（1）①$x=0$ 和 $x=1$;②2;③$\frac{1}{x-1}$.　（2）①0,$-a$;②0.　（3）①$\frac{1+y^2}{2+y^2}dx$;②$-\frac{e^x}{(e^x+1)^3}$.

（4）①$\frac{99!}{5\ 050}$;②$(n+1)!n2^{n-1}$.　（5）①$4a^6$;②$-1,-1$.

4. $a=2,b=1$.

5.（1）$f'(0)=2$;　（2）不可导;　（3）不一定可导;

（4）$f'(0)=2$;　（5）$f'(0)=0$.

6. $F'(x)=f'\left(x^3\sin\frac{1}{x}\right)\left(3x^2\sin\frac{1}{x}-x\cos\frac{1}{x}\right)(x\neq 0),F'(0)=0$.

7.（1）$\frac{1}{2\sqrt{a^2-x^2}}$;　（2）$x^x(\ln x+1)+ax^{a-1}+a^x\ln a$;

（3）$\frac{y(y-x\ln y)}{x(x-y\ln x)}$;　（4）$\frac{(1+t^2)(y^2-e^t)}{2(1-ty)}$.

8.（1）$y=x+1,y=1-x$;　（2）2.

9. $y=2(x-6)$.

12. $T(x)=\begin{cases}\frac{1-(n+1)x^n+nx^{n+1}}{(1-x)^2}, & x\neq 1,\\ \frac{n(n+1)}{2}, & x=1.\end{cases}$

13. $f^{(n)}(0)=\begin{cases}0, & n=2k,\\ 1, & n=1,\\ [1\cdot 3\cdots(2k-1)]^2, & n=2k+1.\end{cases}$

$g^{(n)}(0)=\begin{cases}0, & n=2k,\\ 2^{2k-2}[(k-1)!]^2, & n=2k-1.\end{cases}$

第　3　章

习题 3.1

1. $\xi=\frac{\pi}{2}$.

2. $\xi=1$.

3. $\xi=\frac{14}{9}$.

6. 提示:使用两次罗尔定理.

9. 提示:令 $\varphi(x)=e^{-x}f(x)$,$\varphi(x)$满足罗尔定理的条件.

10. 提示:取 $g(x)=\ln x, f(x)$,$g(x)$满足柯西中值定理的条件.

11. 提示:对$f(x)$在$[a,c]$,$[c,b]$上分别应用中值定理.

12. 提示:令 $\varphi(x)=\frac{g(x)}{f(x)}$,证明 $\varphi(x)$为常数.

习题 3.2

1. (1) 1;(2) 2;(3) $\frac{3}{5}$;(4) $\frac{m}{n}a^{m-n}$;(5) 1;(6) $\frac{9}{2}$;(7) 1;(8) 1;

(9) 1;(10) $\frac{2}{\pi}$;(11) 0;(12) $-\frac{1}{2}$;(13) $e^{-\frac{1}{2}}$;(14) e;(15) 1;(16) e.

2. (1) 0;(2) 1.

3. 1.

4. $a=-3$;$b=\frac{9}{2}$.

习题 3.3

1. $f(x)=5-13(x+1)+11(x+1)^2-2(x+1)^3$.

2. $\sqrt{x}=1+\frac{1}{2}(x-1)-\frac{1}{8}(x-1)^2+\frac{1}{16}(x-1)^3-\frac{5}{128\sqrt{\xi^7}}(x-1)^4$.

3. $\frac{1}{x}=-\frac{1}{3}-\frac{x+3}{3^2}-\frac{(x+3)^2}{3^3}-\cdots-\frac{(x+3)^n}{3^{n+1}}+o[(x-3)^n]$.

4. $\sin 2x=2x-\frac{1}{3!}(2x)^3+o(x^3)$.

5. $\ln(1-x)=-\left(x+\frac{x^2}{2}+\cdots+\frac{x^n}{n}\right)+o(x^n)$.

6. $xe^x=x+x^2+\frac{x^3}{2!}+\cdots+\frac{x^n}{(n-1)!}+o(x^n)$.

7. (1) 3.017 1;(2) 0.182 3.

8. (1) $-\frac{1}{4}$;(2) $\frac{1}{6}$;(3) $\frac{1}{6}$;(4) $\frac{1}{2}$.

9. $P(x)=1+x+\frac{x^2}{2}$.

10. 提示:利用$f(x)$带拉格朗日型余项的 1 阶麦克劳林公式.

习题 3.4

1. (1) 单调增加;(2) 单调减少.

2. (1) 在$(-\infty,-2]$,$[1,+\infty)$内单调增加,在$[-2,-1]$上单调减少;

(2) 在$(-\infty,0]$内单调增加,在$[0,+\infty)$内单调减少;

(3) 在$(-\infty,0]$,$[1,+\infty)$内单调增加,在$[0,1]$上单调减少;

(4) 在$\left[\sqrt{\frac{7}{2}},+\infty\right)$内单调增加,在$\left(0,\sqrt{\frac{7}{2}}\right]$内单调减少;

(5) 在$(0,e]$内单调增加,在$[e,+\infty)$内单调减少;

(6) 在$(-\infty,0]$,$\left[\frac{1}{2},+\infty\right)$内单调增加,在$\left[0,\frac{1}{2}\right]$上单调减少;

(7) 在$(-\infty,+\infty)$内单调增加;

(8) 在$[0,n]$上单调增加,在$[n,+\infty)$内单调减少.

5. 当$a>\frac{1}{e}$时没有实根,当$0<a<\frac{1}{e}$时有两个实根,当$a=\frac{1}{e}$时只有$x=e$一个实根.

6. (1) 是凸的;(2) 是凹的;(3) 是凸的;(4) 是凹的.

7. (1) 在$(-\infty,2]$内是凸的,在$[2,+\infty)$内是凹的;拐点$(2,11)$.

(2) 在$(-\infty,-1]$,$[1,+\infty)$内是凸的,在$[-1,1]$上是凹的;拐点$(-1,\ln 2)$,$(1,\ln 2)$.

(3) 在$(-\infty,-1)$,$[0,1)$内是凸的,在$(-1,0]$,$(1,+\infty)$内是凹的;拐点$(0,0)$.

(4) 在$\left(-\infty,-\frac{1}{2}\right]$内是凸的,在$\left[-\frac{1}{2},+\infty\right)$内是凹的;拐点$\left(-\frac{1}{2},-\frac{6}{\sqrt[3]{4}}\right)$.

8. $a=-\frac{3}{2}$,$b=\frac{9}{2}$.

9. $a=1$,$b=-3$,$c=-24$,$d=16$.

10. $k=\pm\frac{\sqrt{2}}{8}$.

习题 3.5

1. (1) 极大值$y(-1)=6$,极小值$y(3)=-26$;

(2) 极大值$y(e^2)=\frac{4}{e^2}$,极小值$y(1)=0$;

(3) 极小值$y(0)=0$;

(4) 极大值$y\left(\frac{3}{4}\right)=\frac{5}{4}$;

(5) 极大值$y\left(\frac{2}{3}\right)=\sqrt[3]{\frac{4}{9}}e^{-\frac{2}{3}}$,极小值$y(0)=0$.

(6) 极大值$y(0)=4$,极小值$y(-2)=\frac{8}{3}$;

(7) 极小值$y(0)=0$;

(8) 极大值$y(e)=e^{\frac{1}{e}}$;

(9) 极大值$y(-1)=0$,极小值$y(1)=-3\sqrt[3]{4}$;

（10）没有极值.

2. 有极大值.

3. $a=-2, b=-\frac{1}{2}$.

4. $l=1, m=-8, n=6$.

5.（1）最大值 $y(3)=11$，最小值 $y(2)=-14$；

（2）最大值 $y\left(\frac{\pi}{4}\right)=\sqrt{2}$，最小值 $y\left(\frac{5\pi}{4}\right)=-\sqrt{2}$；

（3）最大值 $y(3)=e^3$，最小值 $y(2)=0$；

（4）无最大值，最小值 $y(1)=\ln 2+1$.

6. 当 $x=-3$ 时有最小值 27.

7. 当 $n=7$ 时取得最大项 $\frac{7^5}{2^7}$.

8. 长为 10 m，宽为 5 m.

9. $r=\sqrt[3]{\frac{V}{2\pi}}, h=2\sqrt[3]{\frac{V}{2\pi}}, d:h=1:1$.

10. 2h.

11. 距 A $\frac{10}{3}$km 时，污染最小.

12. $\varphi=\frac{2\sqrt{6}}{3}\pi$.

13. 杆长为 1.4 m.

14. 1 800 元.

15. $\frac{\pi}{4+\pi}a, \frac{4}{4+\pi}a$.

习题 3.7

1.（1）$K=\frac{\sqrt{2}}{2}, \rho=\sqrt{2}$；（2）$K=\frac{\sqrt{2}}{4}, \rho=2\sqrt{2}$；

（3）$K=\frac{1}{2a}, \rho=2a$；（4）$K=\frac{4\sqrt{5}}{25}, \rho=\frac{5\sqrt{5}}{4}$.

2. $\left(\frac{\sqrt{2}}{2}, -\frac{\ln 2}{2}\right)$ 处曲率半径有最小值 $\frac{3\sqrt{3}}{2}$.

3. 约 1 171 N.

4. $\rho=1.25$，直径不超过 2.5 个单位长.

5. $\rho=\frac{5\sqrt{5}}{2}$，曲率中心为 $\left(\frac{7}{2}, -4\right)$，曲率圆方程为 $\left(x-\frac{7}{2}\right)^2+(y+4)^2=\frac{125}{4}$.

习题 3.8

1. (1) $\frac{e^x}{x}\left(1-\frac{1}{x}\right)$, $x-1$; (2) $\mu x^{\mu-1}$, μ; (3) $x^{a-1}e^{-b(x+c)}(a-bx)$, $a-bx$.

2. (1) $2x+16$; (2) $x+16+\frac{81}{x}$; (3) $x=9$.

3. 9 975, 199.5, 199.

4. 200.

5. (1) 120, 6, 2; 120, 4, -2; (2) 25.

6. 15.

7. $\eta(P)=P\ln 4$.

8. $\eta(P)=\frac{P}{4}$; $\frac{3}{4}$, 1, $\frac{5}{4}$.

9. (1) -8; (2) -0.54; (3) 0.46%; (4) -0.85%; (5) 5.

总习题 3

A 组

1. (1) B; (2) A; (3) C; (4) A; (5) C.

2. (1) >; (2) -29; (3) $\left(-\frac{1}{2}, 20\frac{1}{2}\right)$; (4) $\frac{1}{2}$; (5) 2.

4. $0<k<1$.

7. (1) 1; (2) $-\frac{1}{2}$; (3) $-\frac{e}{2}$; (4) e^2;

(5) $a_1a_2\cdots a_n$; (6) $e^{\frac{1}{3}}$.

8. $-\frac{1}{12}$.

9. 可微.

10. $21x-y-19=0$.

11. 在$(-\infty,-5]$, $(-1,+\infty)$内单调增加,在$[-5,-1)$内单调减少;在$(-\infty,-1)$, $(-1,1]$内是凸的,在$[1,+\infty)$内是凹的;有极大值$f(-5)=-\frac{27}{2}$.

12. 极大值$f(0)=1$,极小值$f(e^{-1})=e^{-\frac{2}{e}}$.

14. $n=10\ 000$.

15. $\left(\frac{\pi}{2},1\right)$处曲率半径有最小值 1.

B 组

1. (1) A; (2) C; (3) C; (4) C; (5) B.

2. (1) 3;(2) 2;(3) $\frac{1}{2}$;(4) $\left[0,\frac{2}{\ln 2}\right]$;(5)$\left(\frac{1}{\mathrm{e}}\right)^{\frac{2}{\mathrm{e}}}$.

6. 0,0,4,e^2.

8. 提示:取$f(x)=\mathrm{e}^x f(x)$,$g(x)=\mathrm{e}^x$,分别在$[a,b]$上应用拉格朗日中值定理.

10. 提示:将$f(1)$,$f(0)$分别在C点展开成带有拉格朗日型余项的1阶泰勒公式,然后两式相减.

11. 当$q=30$时,取得最大利润442万元.

第 4 章

习题 4.1

1. (1) 成立;(2) 不成立.

2. (1) $2x-\frac{x^6}{6}-\frac{2}{3}x^{-\frac{3}{2}}+C$;　(2) $\frac{8}{7}x^7+\frac{12}{5}x^5+2x^3+x+C$;

(3) $\frac{4^x}{\ln 4}+\frac{x^5}{5}+C$;　(4) $\frac{8}{15}x^{\frac{15}{8}}+C$;

(5) $\sqrt{\frac{2h}{g}}+C$;　(6) $\frac{(a\mathrm{e})^x}{\ln a+1}+C$;

(7) $\frac{x^2}{6}-\ln|x|+\frac{x}{3}+\frac{1}{x}+C$;　(8) $\frac{(9\mathrm{e})^x}{1+2\ln 3}+\arctan x+C$;

(9) $\frac{4}{5}x^{\frac{5}{4}}-\frac{24}{17}x^{\frac{17}{12}}+\frac{4}{3}x^{\frac{3}{4}}+C$;　(10) $x+4\ln|x|-\frac{4}{x}+C$;

(11) $\frac{1}{2}x^2+3x+C$;　(12) $x-\arctan x+C$;

(13) $2\arctan x+\ln|x|+C$;　(14) $\frac{1}{\ln 90}90^x+C$;

(15) $\frac{1}{2}\mathrm{e}^{2x}-\mathrm{e}^x+x+C$;　(16) $2x-\frac{5}{\ln 2-\ln 3}\left(\frac{2}{3}\right)^x+C$;

(17) $\tan x-\sec x+C$;　(18) $\frac{1}{2}x-\frac{1}{2}\sin x+C$;

(19) $\frac{1}{2}\tan x+C$;　(20) $-\cot x-\tan x+C$.

3. $-\sin x+C_1x+C_2$.

4. $y=x^2+1$.

5. (1) 6 m;(2) 21 s.

6. $f(x)=6x$.

7. $f(x)=x-\frac{x^2}{2}+C$.

习题 4.2

1. (1) $\frac{1}{3}\ln|3x-5|+C$;　(2) $-\frac{1}{22}(1-2x)^{11}+C$;　(3) $-\frac{5^{-3x+2}}{3\ln 5}+C$;

(4) $-\frac{1}{8}\cot 8x+C$;　(5) $\sqrt{x^2-2}+C$;　(6) $\frac{1}{\cos x}+C$;

(7) $\frac{2}{3}(2+e^x)^{\frac{3}{2}}+C$;　(8) $-\frac{1}{2\ln^2 x}+C$;　(9) $2\sin\sqrt{x}+C$;

(10) $e^x+e^{-x}+C$;　(11) $\frac{1}{2}\arctan(x^2)+C$;　(12) $-\frac{1}{9}\cos(3x^3)+C$;

(13) $2\sqrt{1+\tan x}+C$;　(14) $-\arcsin\left(\frac{\cos x}{\sqrt{2}}\right)+C$;　(15) $\frac{1}{2}\arctan(2x-3)+C$;

(16) $\frac{1}{2}(\ln\ln x)^2+C$;　(17) $-\frac{1}{\arcsin x}+C$;　(18) $\frac{1}{2}x+\frac{1}{12}\sin 6x+C$;

(19) $\sin x-\frac{2}{3}\sin^3 x+\frac{1}{5}\sin^5 x+C$;　(20) $\frac{x}{8}-\frac{\sin 4x}{32}+C$;　(21) $-\frac{1}{16}\cos 8x-\frac{1}{4}\cos 2x+C$;

(22) $\frac{\sin^3 x}{3}-\frac{\sin^5 x}{5}+C$;　(23) $-\frac{1}{2x}-\frac{1}{4}\sin\frac{2}{x}+C$;　(24) $\ln|\cos x+\sin x|+C$;

(25) $-\cos\left(x+\frac{1}{x}\right)+C$;　(26) $x-\arctan x+C$;　(27) $\arctan e^x+C$;

(28) $\frac{1}{2}(\ln\tan x)^2+C$;　(29) $\frac{1}{3}\tan^3 x+C$;　(30) $\frac{1}{5}\arctan\frac{x+2}{5}+C$;

(31) $\arcsin\frac{x-1}{2}+C$;　(32) $\frac{\sqrt{3}}{6}\ln\left|\frac{\sqrt{3}x-1}{\sqrt{3}x+1}\right|+C$;　(33) $\frac{1}{3}\ln\left|\frac{x-1}{x+2}\right|+C$;

(34) $2\ln(x^2+x+1)+C$;　(35) $-\frac{1}{99(x-1)^{99}}-\frac{1}{97(x-1)^{97}}-\frac{1}{49(x-1)^{98}}+C$;

(36) $\frac{1}{12}(2x+3)^{\frac{3}{2}}-\frac{1}{12}(2x-1)^{\frac{3}{2}}+C$.

2. (1) $\frac{9}{2}\arcsin\frac{x+2}{3}+\frac{x+2}{2}\sqrt{5-4x-x^2}+C$;

(2) $\ln\left|x-\frac{1}{2}+\sqrt{x^2-x}\right|+C$;　(3) $\frac{1}{4}\ln\left|\frac{\sqrt{4-x^2}-2}{\sqrt{4-x^2}+2}\right|+C$;

(4) $\frac{x}{\sqrt{1+x^2}}+C$;　(5) $\frac{9}{2}\left(\arctan\frac{x}{3}-\frac{x}{9}\sqrt{9-x^2}\right)+C$;

(6) $\pm\frac{1}{2}\ln\left|\frac{\sqrt{1-x^2}-1}{\sqrt{1-x^2}+1}\right|-2\sqrt{\frac{1-x^2}{x}}+C$;

(7) $-\frac{1}{7}x^{-7}-\frac{1}{5}x^{-5}-\frac{1}{3}x^{-3}-x^{-1}-\frac{1}{2}\ln\left|\frac{1-x}{1+x}\right|+C$;

(8) $-\frac{1}{2}\arcsin\frac{1}{x^2}+C$.

3. $-\frac{1}{2}(1-x^2)^2+C.$

4. $\frac{1}{4}\tan^4 x-\frac{1}{2}\tan^2 x-\ln|\cos x|+C.$

习题 4.3

1. (1) $x\sin x+\cos x+C$;

(2) $-\frac{1}{2}xe^{-2x}-\frac{1}{4}e^{-2x}+C$;

(3) $x\ln x-x+C$;

(4) $x\arccos x-\sqrt{1-x^2}+C$;

(5) $\frac{1}{2}x^2\arcsin x+\frac{x}{4}\sqrt{1-x^2}-\frac{1}{4}\arcsin x+C$;

(6) $\frac{1}{2}x^2\ln|x-1|-\frac{1}{4}(x+1)^2-\frac{1}{2}\ln|x-1|+C$;

(7) $x\tan x+\ln|\cos x|-\frac{1}{2}x^2+C$;

(8) $x\ln(x+\sqrt{x^2+1})-\sqrt{x^2+1}+C$;

(9) $\ln x(\ln\ln x-1)+C$;

(10) $-\frac{1}{5}e^{2x}\cos x+\frac{2}{5}e^{2x}\sin x+C$;

(11) $\frac{1}{2}e^x-\frac{1}{10}e^x(\cos 2x+2\sin 2x)+C$;

(12) $\frac{1}{3}x^3\arctan x-\frac{1}{6}x^2+\frac{1}{6}\ln(1+x^2)+C$;

(13) $-x^2\cos x+2x\sin x+2\cos x+C$;

(14) $x\ln^2 x-2x\ln x+2x+C$;

(15) $\frac{x}{2}[\sin(\ln x)-\cos(\ln x)]+C$;

(16) $\frac{1}{2}\ln^2 x-\frac{1}{x}(1+\ln x)+C$;

(17) $2e^{\sqrt{x}}(\sqrt{x}-1)+C$;

(18) $2\sqrt{x}\arcsin\sqrt{x}+\sqrt{1-x}+C$;

(19) $\frac{2}{3}(\sqrt{3x-1}\sin\sqrt{3x-1}+\cos\sqrt{3x-1})+C$;

(20) $e^x\ln x+C$;

(21) $x(\arcsin x)^2+2\sqrt{1-x^2}\arcsin x-2x+C$;

(22) $-\frac{1}{x}(\ln^3 x+3\ln^2 x+6\ln x+6)+C.$

2. $\cos x-\dfrac{2\sin x}{x}+C$.

3. $-\left(1+\dfrac{2}{x}\right)e^{-x}+C$.

4. $x-(e^{-x}+1)\ln(1+e^{x})+C$;

5. (1) $I_n=x(\ln x)^n-nI_{n-1}$;

(2) $I_n=\dfrac{1}{2a^2(n-1)}\left[\dfrac{x}{(x^2+a^2)^{n-1}}+(2n-3)I_{n-1}\right]$.

习题 4.4

1. (1) $\dfrac{1}{3}x^3-\dfrac{3}{2}x^2+9x-27\ln|x+3|+C$;

(2) $\ln\left|\dfrac{x}{x+1}\right|+C$;

(3) $\ln|x-2|+\ln|x+5|+C$;

(4) $\dfrac{4}{7}\ln|x-1|+\dfrac{3}{7}\ln|x+6|+C$;

(5) $\dfrac{1}{4}\ln|x+1|+\dfrac{3}{4}\ln|x-3|+C$;

(6) $\dfrac{1}{4}\ln\dfrac{(x+1)^2}{x^2+1}+\dfrac{1}{2}\arctan x+C$;

(7) $\dfrac{1}{6}\ln\dfrac{(x-1)^2}{x^2+x+1}+\dfrac{1}{\sqrt{3}}\arctan\dfrac{2x+1}{\sqrt{3}}+C$;

(8) $2\ln|x+2|-\dfrac{1}{2}\ln|x+1|-\dfrac{3}{2}\ln|x+3|+C$;

(9) $\dfrac{1}{2\sqrt{2}}\arctan\dfrac{x}{\sqrt{2}}-\dfrac{1}{4}\arctan\dfrac{x}{2}+C$;

(10) $9x+2\ln|x|+7\ln|x-1|+\dfrac{1}{x}+C$.

2. (1) $\dfrac{1}{\sqrt{2}}\arctan\dfrac{\tan\dfrac{x}{2}}{\sqrt{2}}+C$;

(2) $\ln\left|1+\tan\dfrac{x}{2}\right|+C$;

(3) $2(\tan x+\sec x)-x+C$;

(4) $\dfrac{1}{2}\ln\left|\tan\dfrac{x}{2}\right|-\dfrac{1}{4}\tan^2\dfrac{x}{2}+C$;

(5) $3\cos^{-\frac{1}{3}}x+\dfrac{3}{5}\cos^{\frac{5}{3}}x+C$;

(6) $\dfrac{1}{2}\ln|\csc 2x-\cot 2x|+\dfrac{1}{2}\tan x+C$.

3. (1) $\frac{3}{2}x^{\frac{2}{3}}-3x^{\frac{1}{3}}+3\ln|1+x^{\frac{1}{3}}|+C$;

(2) $\ln\left|\frac{\sqrt{x+1}+1}{\sqrt{x+1}-1}\right|+C$;

(3) $\frac{6}{7}x^{\frac{7}{6}}-\frac{6}{5}x^{\frac{5}{6}}-\frac{3}{2}x^{\frac{2}{3}}+2x^{\frac{1}{2}}+3x^{\frac{1}{3}}-6x^{\frac{1}{6}}+\arctan x^{\frac{1}{6}}-\frac{1}{2}\ln|1+x^{\frac{1}{3}}|+C$;

(4) $2\sqrt{x}-4\sqrt[4]{x}+4\ln(\sqrt[4]{x}+1)+C$;

(5) $\frac{1}{2}\ln\left|\frac{\sqrt{x+1}-2}{\sqrt{x+1}+2}\right|+C$;

(6) $\frac{3}{2}\sqrt[3]{(1+x)^2}-3\sqrt[3]{1+x}+3\ln|1+\sqrt[3]{1+x}|+C$;

(7) $a\cdot\arcsin\frac{x}{a}-\sqrt{a^2-x^2}+C$;

(8) $-\frac{3}{2}\sqrt[3]{\frac{x+1}{x-1}}+C$.

总习题 4

A 组

1. (1) C; (2) C; (3) D; (4) B.

2. (1) $-\frac{1}{3}\sqrt{(1-x^2)^3}+C$; (2) $\frac{1}{2\ 022}F(x^{2\ 022})+C$; (3) $\frac{1}{x}+C$;

(4) $-\frac{1}{x}+\arctan x+C$; (5) $\frac{f^2(x^2)}{4}+C$.

3. (1) $\frac{1}{2}\sin(x^2+2)+C$; (2) $-\frac{18x+8}{135}(2-3x)^{\frac{3}{2}}+C$; (3) $2\ln(\sqrt{x}+\sqrt{1+x})+C$;

(4) $\ln|x+\sin x|+C$; (5) $-\sqrt{a^2-x^2}+C$; (6) $\arcsin\frac{x-2}{2}+C$;

(7) $\arcsin(e^x)-\sqrt{1-e^{2x}}+C$; (8) $\frac{1}{\sin x+\cos x}+C$; (9) $-\frac{1}{2}\ln(1+\cos^2x)+C$;

(10) $\frac{x}{2}(\cos\ln x+\sin\ln x)+C$; (11) $\frac{1}{4}\arctan\frac{x^2+1}{2}+C$; (12) $x\arctan\sqrt{x}+\arctan\sqrt{x}-\sqrt{x}+C$;

(13) $2\sqrt{x}\ln(1+x)-4\sqrt{x}+4\arctan\sqrt{x}+C$; (14) $\frac{\sin x}{2\cos^2x}-\frac{1}{2}\ln|\sec x+\tan x|+C$;

(15) $e^x\tan\frac{x}{2}+C$. (16) $x-4\sqrt{x+1}+4\ln(\sqrt{x+1}+1)+C$;

(17) $\ln x-6\ln(\sqrt[6]{x}+1)+C$; (18) $\frac{1}{1+e^x}+x-\ln(1+e^x)+C$;

(19) $\frac{1}{4}x^4+\frac{1}{4}\ln(x^4+1)-\ln(x^4+2)+C$; (20) $\frac{1}{32}\ln\left|\frac{2+x}{2-x}\right|+\frac{1}{16}\arctan\frac{x}{2}+C$;

(21) $-\frac{1}{2}\ln\frac{x^2+1}{x^2+x+1}+\frac{\sqrt{3}}{3}\arctan\frac{2x+1}{\sqrt{3}}+C$;　(22) $\frac{x^4}{8(1+x^8)}+\frac{1}{8}\arctan x^4+C$.

B 组

1. (1) A;(2) B;(3) B;(4) D.

2. (1) $\frac{1}{2}(\ln x)^2$;　(2) $x+2\ln|x-1|+C$;　(3) $2\sqrt{f(\ln x)}+C$;

(4) $-\arctan\sqrt{1-x}+C$;　(5) $\frac{1}{a}\arctan\frac{x}{a}+C$.

3. (1) $2\sqrt{\tan x}\left(1+\frac{1}{5}\tan^2 x\right)+C$;　(2) $x+\ln|5\cos x+2\sin x|+C$;

(3) $\frac{1}{\sqrt{a^2-b^2}}\sqrt{a^2\sin^2 x+b^2\cos^2 x}+C$;　(4) $e^{\sin x}(x-\sec x)+C$;

(5) $\frac{x}{x-\ln x}+C$;　(6) x^x+C;

(7) $-\frac{\arcsin e^x}{e^x}-\frac{1}{2}\ln\frac{1+\sqrt{1-e^{2x}}}{1-\sqrt{1-e^{2x}}}+C$;　(8) $\begin{cases}\frac{1}{2}x^2+C, & 0\leqslant x\leqslant 1,\\ \frac{1}{2}x^2+C, & -1\leqslant x<0,\\ \frac{1}{3}x^3+C, & \text{其他};\end{cases}$

(9) $\frac{1}{7}\ln\frac{|x|^7}{(1+x^7)^2}+C$;　(10) $\arctan(e^x-e^{-x})+C$;

(11) $\frac{xe^x}{1+e^x}-\ln(1+e^x)+C$;　(12) $e^{2x}\tan x+C$;

(13) $\frac{x\ln x}{\sqrt{1+x^2}}-\ln(x+\sqrt{1+x^2})+C$;　(14) $\arctan\frac{x}{\sqrt{1+x^2}}+C$;

(15) $(x+a)\arcsin\sqrt{\frac{x}{x+a}}-\sqrt{ax}+C$;　(16) $\frac{(x-1)e^{\arctan x}}{2\sqrt{1+x^2}}+C$;

(17) $-\ln|\csc x+1|+C$;　(18) $\ln|\tan x|-\frac{1}{2\sin^2 x}+C$;

(19) $\frac{1}{3}\ln(2+\cos x)-\frac{1}{2}\ln(1+\cos x)+\frac{1}{6}\ln(1-\cos x)+C$;

(20) $\frac{1}{2}(\sin x-\cos x)-\frac{1}{2\sqrt{2}}\ln\left|\frac{\tan\frac{x}{2}-1+\sqrt{2}}{\tan\frac{x}{2}-1-\sqrt{2}}\right|+C$.

5. $I=\frac{1}{2}\left[\frac{f(x)}{f'(x)}\right]^2+C$.

6. $f(x)=x^3-\frac{3}{2}x^2-6x+2$,极小值 $f(2)=-8$.

8. $-2\sqrt{1-x}\arcsin\sqrt{x}+2\sqrt{x}+C$.

9. $f(x)=\dfrac{1-\cos 4x}{2\sqrt{x-\dfrac{1}{4}\sin 4x+1}}$.

10. $f(x)=\dfrac{1}{2}\ln(1+x^2)+x-\arctan x+C$.

第 5 章

习题 5.1

1. $\dfrac{7}{3}$.　　2. (1) 4; (2) 1.　　3. $m=\int_0^l \rho(x)\mathrm{d}x$.　　4. $s=\int_0^3\left(\dfrac{t}{2}+1\right)\mathrm{d}t, \dfrac{21}{4}$.

6. (1) $\dfrac{1}{2}(b^2-a^2)$; (2) 6; (3) $\dfrac{13}{2}$; (4) $\dfrac{\pi}{2}$.　　8. 0.785 40, 3.141 59.　　9. 1.089.

11. (1) $\int_0^1 \sqrt[3]{x}\,\mathrm{d}x \geqslant \int_0^1 x^3\mathrm{d}x$;　　(2) $\int_0^1 x\mathrm{d}x \geqslant \int_0^1 \ln(1+x)\mathrm{d}x$;

(3) $\int_1^2 \ln x\mathrm{d}x > \int_1^2 \ln^2 x\mathrm{d}x$;　　(4) $\int_0^1 \mathrm{e}^x\mathrm{d}x > \int_0^1 (1+x)\mathrm{d}x$.

12. (1) $-\dfrac{1}{2} \leqslant \int_1^3 (x^2-3x+2)\mathrm{d}x \leqslant 4$;　　(2) $\dfrac{1}{2} \leqslant \int_{\frac{\pi}{4}}^{\frac{\pi}{2}} \dfrac{\sin x}{x}\mathrm{d}x \leqslant \dfrac{\sqrt{2}}{2}$;

(3) $\dfrac{\pi}{9} \leqslant \int_{\frac{\sqrt{3}}{3}}^{\sqrt{3}} x\arctan x\mathrm{d}x \leqslant \dfrac{2}{3}\pi$;　　(4) $-2\mathrm{e}^2 \leqslant \int_2^0 \mathrm{e}^{x^2-x}\mathrm{d}x \leqslant -2\mathrm{e}^{-\frac{1}{4}}$.

习题 5.2

1. $\Phi'(x)=x\cos x, \Phi'(1)=\cos 1, \Phi'\left(\dfrac{\pi}{2}\right)=0, \Phi'(\pi)=-\pi$.

2. (1) $3x^2\sqrt{1+x^6}$; (2) $-2x\mathrm{e}^{-x^4}$;　　(3) $\dfrac{3x^2}{\sqrt{1+(\cos x^3)^2}}-\dfrac{2x}{\sqrt{1+(\cos x^2)^2}}$;

(4) $(\cos x-\sin x)\cos(\pi\sin^2 x)$.

3. -3.　　4. t^2.　　5. $\dfrac{\mathrm{d}y}{\mathrm{d}x}=-\dfrac{x^2\cos x}{y^2\sin y}$.　　6. 极小值$f(0)=0$，拐点$\left(-1,1-\dfrac{2}{\mathrm{e}}\right)$.

7. (1) $\dfrac{26}{3}$;　(2) $\dfrac{14}{3}$;　(3) 4;　(4) 2;　(5) $\dfrac{\pi}{12}$;　(6) $\dfrac{\pi}{6}$;

(7) $-\ln 3$;　(8) $\dfrac{\pi}{4}$;　(9) 1;　(10) -1;　(11) $\dfrac{29}{6}$;　(12) $1-\dfrac{\pi}{4}$;

(13) $\dfrac{1}{3}\left(3-\sqrt{3}+\dfrac{\pi}{4}\right)$;　(14) 1;　(15) 4.

8. 5.　　9. (1) 4;　(2) 10.　　12. (1) $\dfrac{1}{3}$;　(2) 1;　(3) $\dfrac{1}{3}$;　(4) 2.

13. $\Phi(x)=\begin{cases}\dfrac{1}{3}x^3, & 0\leqslant x<1,\\ \dfrac{1}{2}x^2-\dfrac{1}{6}, & 1\leqslant x\leqslant 2.\end{cases}$　$\Phi(x)$在$(0,2)$内连续.

14. $\Phi(x)=\begin{cases}0, & x<0,\\ \dfrac{1}{2}x^2, & 0\leqslant x<1,\\ -\dfrac{1}{2}x^2+2x-1, & 1\leqslant x<2,\\ 1, & x\geqslant 2.\end{cases}$

15. 1.

习题 5.3

1. (1) $-\dfrac{3}{2}$; (2) 0; (3) $\dfrac{5}{512}$; (4) $\dfrac{1}{3}$; (5) $\pi+\dfrac{4}{3}$;

(6) $\dfrac{\pi}{6}+\dfrac{\sqrt{3}}{8}$; (7) $\dfrac{9}{4}\pi$; (8) $\pi+2$; (9) $\dfrac{1}{2}$; (10) $1-\dfrac{\pi}{4}$;

(11) $\dfrac{2}{3}$; (12) $\dfrac{3}{2}+3\ln\dfrac{3}{2}$; (13) $1-2\ln 2$; (14) $\dfrac{\pi}{12}$; (15) $\dfrac{1}{2}\ln 2+\dfrac{7\pi}{12}$;

(16) $\dfrac{1}{4}\ln\dfrac{5}{3}$; (17) $\mathrm{e}-\sqrt[3]{\mathrm{e}}$; (18) $\dfrac{\sqrt{3}}{9}\pi$; (19) $\dfrac{\pi}{16}$; (20) $\dfrac{1}{4}\ln\dfrac{32}{17}$;

(21) 3π; (22) $\dfrac{1}{3}$; (23) $\dfrac{1}{8}(\pi+2)$; (24) $\sqrt{2}$.

2. (1) 0; (2) $\dfrac{3}{2}\pi$; (3) 0; (4) 0; (5) $\dfrac{4}{5}$; (6) $\dfrac{\pi^3}{324}$.

7. $2\sqrt{2}n$. 8. $\dfrac{\pi^2}{4}$.

9. (1) $\dfrac{1}{4}(3\mathrm{e}^{-2}-1)$; (2) $\dfrac{1}{4}(\mathrm{e}^2+1)$; (3) $\dfrac{\pi}{2}-1$; (4) $\left(\dfrac{\sqrt{3}}{6}-\dfrac{1}{8}\right)\pi-\dfrac{1}{4}\ln 2$;

(5) $\dfrac{1}{2}$; (6) $\dfrac{9}{2}-\dfrac{2}{\ln 3}$; (7) $4(2\ln 2-1)$; (8) π^2;

(9) $\dfrac{1}{5}(1+2\mathrm{e}^{\pi})$; (10) $\dfrac{\pi^2}{4}$; (11) $\dfrac{1}{2}(\mathrm{e}\sin 1-\mathrm{e}\cos 1+1)$;

(12) $\ln(1+\sqrt{2})+1-\sqrt{2}$.

10. $\tan\dfrac{1}{2}-\dfrac{1}{2}\mathrm{e}^{-4}+\dfrac{1}{2}$.

12. $I_n=\mathrm{e}-n\mathrm{e}+n(n-1)\mathrm{e}-\cdots+(-1)^n n!(\mathrm{e}-1)$, $6-2\mathrm{e}$.

习题 5.4

1. (1) $\dfrac{1}{2}$; (2) $\dfrac{1}{3}$; (3) $\dfrac{\pi}{2}$; (4) $\dfrac{1}{3}$; (5) $\dfrac{\pi}{4}$;

(6) π; (7) 1; (8) 1; (9) $\dfrac{1}{5}$; (10) 2.

2. 当 $k>1$ 时收敛于$\dfrac{1}{(k-1)(\ln 2)^{k-1}}$,当 $k\leqslant 1$ 时发散,当 $k=1-\dfrac{1}{\ln\ln 2}$时取得最小值.

3. (1) $-\frac{33}{7}$;　(2) -1;　(3) $\frac{8}{3}$;　(4) $\frac{\pi}{2}$;　(5) 发散;　(6) $\frac{\pi}{2}$.

***习题 5.5**

1. (1) 收敛;　(2) 收敛;　(3) 收敛;　(4) 收敛;
(5) 收敛;　(6) 收敛;　(7) 发散;　(8) 收敛.

2. 当 $p>1$ 且 $q<1$ 时收敛,其余情形发散.

3. 当 $p>0$ 且 $q>0$ 时收敛,其余情形发散.

5. (1) $\frac{1}{n}\Gamma\left(\frac{1}{n}\right), n>0$;　(2) $\Gamma(p+1), p>-1$;　(3) $\frac{1}{|n|}\Gamma\left(\frac{m+1}{n}\right), \frac{m+1}{n}>0$.

总习题 5

A 组

1. (1) B;(2) C;(3) D;(4) A;(5) A;(6) C.

2. (1) $\frac{\pi}{4}$;　(2) 2;　(3) $x-1$;　(4) 5;　(5) $2-\frac{\pi}{2}$;　(6) 1.

3. (1) $\frac{1}{2}$;　(2) $\frac{2}{3}$.

4. $\frac{dy}{dx}=-\frac{y^{2-x^2}}{2\sin y^2}$.

5. 单调增加区间为$[-1,0]$和$[1,+\infty)$,单调减少区间为$(-\infty,-1]$和$[0,1]$,极大值为$f(0)=\frac{1}{2}(1-e^{-1})$,极小值为$f(\pm1)=0$.

6. $f(x)=(x+1)e^x-1$.

7. (1) $\frac{22}{3}$;　(2) $1-\frac{\pi}{4}$;　(3) $2(\sqrt{2}-1)$;　(4) $\frac{3}{32}\pi$;　(5) 2;
(6) $\ln\frac{3}{2}$;　(7) $\sqrt{2}-\frac{2}{3}\sqrt{3}$;　(8) $\frac{\pi}{16}a^4$;　(9) $\frac{\pi}{4}-\frac{\sqrt{3}}{9}\pi+\frac{1}{2}\ln\frac{3}{2}$;
(10) $\frac{2}{3}\ln 2$;　(11) $\frac{\pi^2}{4}$;　(12) $\frac{\pi^2}{4}-2$;　(13) $\frac{2}{5}(e^{4\pi}-1)$;
(14) $\frac{44}{3}$.

8. $\frac{7}{3}-\frac{1}{e}$.

9. 0.

10. e^x.

B 组

1. (1) D;(2) A;(3) B;(4) C;(5) C.

2. (1) $\sin x^2$;　(2) $y=2x$;　(3) $\dfrac{1}{\sqrt{1-e^{-1}}}$;　(4) $2-\dfrac{4}{e}$;

(5) $\dfrac{\pi}{4}-\dfrac{1}{2}\arctan\dfrac{e}{2}$.

3. (1) $\dfrac{4}{e}$;　(2) $\dfrac{2}{\pi}$.

5. -1.

6. $a=1, b=0, c=\dfrac{1}{2}$.

7. $1<\alpha<3$.

8. 2 个.

9. $f(x)=x^2-\dfrac{4}{3}x+\dfrac{2}{3}$.

10. $f(x)=\ln x+1$.

11. (1) $-\dfrac{\sqrt{3}}{2}+\ln(2+\sqrt{3})$;　(2) $\dfrac{\pi}{8}\ln 2$;　(3) $\dfrac{\pi}{8}$;　(4) $\dfrac{\pi}{4}$.

(5) $\dfrac{1}{2\sqrt{e}}\left(\arctan\sqrt{e}-\arctan\dfrac{1}{\sqrt{e}}\right)$;　(6) 50;　(7) 0;　(8) $\dfrac{8}{3}e^{\frac{10}{3}}$.

(9) $\dfrac{\pi}{2}+\ln(2+\sqrt{3})$;　(10) $\dfrac{3}{2}-\dfrac{1}{\ln 2}$;　(11) $-\dfrac{\pi}{2}\ln 2$;　(12) $\dfrac{\pi}{4}$.

12. 2.

13. $a=0$ 或 $a=-1$.

14. (2) $\dfrac{2}{\pi}$.

*22. (1) 收敛;(2) 收敛;(3) 收敛;(4) 发散.

第 6 章

习题 6.2

1. 3.

2. (1) $\dfrac{4}{3}+2\pi$;　(2) $6-4\ln 2$;　(3) $e+\dfrac{1}{e}-2$;　(4) 1;　(5) $\dfrac{9}{2}$;　(6) $\dfrac{343}{6}$.

3. $\dfrac{9}{4}$.

4. $a=-2, a=4$.

5. πab.

6. (1) $\dfrac{5}{4}\pi-2$ 或 $2-\dfrac{\pi}{4}$;　(2) 16π;　(3) $\dfrac{27}{2}\pi$;　(4) $\dfrac{3}{8}\pi a^2$.

7. $\dfrac{a^2}{4}(e^{2\pi}-e^{-2\pi})$.

8. (1) $\dfrac{5}{4}\pi$;　(2) $\dfrac{\pi}{6}+\dfrac{1-\sqrt{3}}{2}$.

9. $M\left(\sqrt[4]{12},\dfrac{\pi}{12}\right)$.

10. $\dfrac{\sqrt{3}}{8}a^2$.

11. $\dfrac{128}{7}\pi,\dfrac{64}{5}\pi$.

12. (1) $\dfrac{32}{5}\pi,8\pi$; (2) $\dfrac{48}{5}\pi,\dfrac{24}{5}\pi$; (3) $160\pi^2$; (4) $\dfrac{32}{105}\pi a^3$.

13. 160π.

14. $\dfrac{176}{15}\pi$.

15. $\dfrac{1\,000}{3}\sqrt{3}$.

16. $\dfrac{16}{3}a^3$.

17. $3\sqrt{2}+\dfrac{1}{2}\ln(3+2\sqrt{2})$.

18. $\ln 3-\dfrac{1}{2}$.

19. $\dfrac{2}{9}(5\sqrt{10}-4)$.

20. $6a$.

21. $\pi a\sqrt{1+4\pi^2}+\dfrac{a}{2}\ln(2\pi+\sqrt{1+4\pi^2})$.

22. $\dfrac{a\sqrt{1+\lambda^2}}{\lambda}(e^{\lambda a}-1)$.

23. $x=a\left(\dfrac{2}{3}\pi-\dfrac{\sqrt{3}}{2}\right),y=\dfrac{3}{2}a$.

习题 6.3

1. 2.45 J.　　2. $800\pi\ln 2$ J.　　3. $\dfrac{\pi}{4}r^4$.　　4. 12 250 kN.

5. $\dfrac{27}{7}kc^{\frac{2}{3}}a^{\frac{7}{3}}$(其中 k 为比例常数).　6. $(\sqrt{2}-1)$ cm.　7. 25 088 kN.　8. 23.96 kN.

9. (1) $\dfrac{a}{6}h^2$;(2) $\dfrac{a}{3}h^2$,(2) 的压力比(1)的压力增大一倍;(3) $\dfrac{5}{12}ah^2$.

11. 引力的大小为$\dfrac{2GmM}{\pi R^2}$,方向为从质点指向圆环的中点.

习题 6.4

1. $2(3a-b)$.　　2. 55,105.　　3. (1) 9 987.5;(2) 19 850.

4. (1) 490 百元;(2) 12.31 百元,11.94 百元 .

5. (1) 2.5 百台,6.25 万元;(2) 减少 0.25 万元.

6. 约为 6 640 元. 7. 约 746 元.

总习题 6

A 组

1. (1) B;(2) C;(3) D;(4) C;(5) D.

2. (1) $\ln 2-\frac{1}{2}$; (2) $\frac{e}{2}-1$; (3) $1+\frac{2}{3}\sqrt{2}$; (4) $\frac{a}{2}\pi^2$; (5) $\frac{\pi}{4}$.

3. 36. 4. 18. 5. $\frac{\pi}{2}-\frac{1}{3}$. 6. π. 7. $\frac{1}{2}+\frac{\pi}{6}-\frac{\sqrt{3}}{2}$.

8. $t=\frac{1}{2}$,最小值为$\frac{1}{4}$. 9. $\pi(e-2)$. 10. $V_x=\frac{48}{5}\pi, V_y=\frac{24}{5}\pi$.

11. $A=2-\sqrt{2}, V_x=\frac{\pi^2}{4}-\frac{\pi}{2}$. 12. $A=\frac{2}{3}, V_y=\frac{3}{2}\pi$.

13. $V_x=2\pi, V_y=\frac{16}{5}\pi$. 14. (1) 1;(2) $\pi(1-e^{-1})$.

15. $e+e^{-1}-2, \frac{\pi}{2}(e^2+e^{-2}-2)$. 16. $\frac{1}{4}(e^2+1)$.

17. 11.025πJ. 18. 25 J. 19. 0.058 8 N. 20. 823 kN.

21. (2) 11.2 km/s. 22. $\frac{1}{3}x^3-2x^2+50x+40$.

23. 生产 2 个单位产品时,最大利润为 24.

24. 约 196.75 万元.

B 组

1. $\frac{37}{12}$. 2. $a=-\frac{5}{3}, b=2, c=0$. 3. (1) $M(2,4)$;(2) $y=4(x-1)$;(3) $\frac{16}{15}\pi$.

4. $a=1$. 5. $\frac{63}{10}\pi$. 6. $\frac{\sqrt{2}}{3},\frac{1}{6}$. 7. $-\frac{1}{2},0,1,\frac{3}{2}$.

8. $\left(\frac{\sqrt{3}}{3},\frac{4}{3}\right)$. 9. 64π. 10. $7a^3\pi^2$. 11. $a=-5$. 12. 4. 13. $2+\frac{1}{2}\ln 3$.

14. $\frac{4}{3}\pi r^4 g$. 15. $\rho gab\left(h+\frac{1}{2}b\sin\alpha\right)$. 16. 离点 B 的距离为$\frac{4}{3}$.

第 7 章

习题 7.1

1. (1) $\frac{n+(-1)^{n+1}}{n}$;(2) $\frac{1}{(2n-1)(2n+1)}$;(3) $\frac{n-2}{n+1}$;(4) $\frac{(-1)^{n+1}}{3^n}n^2$;

(5) $(-1)^{n-1}\frac{a^{n+1}}{2n+1}$.

2. (1) 收敛, $\frac{1}{5}$; (2) 发散; (3) 发散; (4) 收敛, $\frac{1}{6}$;

(5) 收敛, $-\ln 2$; (6) 收敛, $1-\sqrt{2}$.

3. (1) 发散; (2) 收敛; (3) 发散; (4) 发散.

*6. (1) 发散; (2) 收敛; (3) 收敛; (4) 发散.

习题 7.2

1. (1) 发散; (2) 收敛; (3) 收敛; (4) 当 $a>1$ 时收敛, 当 $0<a\leqslant 1$ 时发散;

(5) 收敛; (6) 收敛.

2. (1) 收敛; (2) 发散; (3) 发散; (4) 收敛.

*3. (1) 发散; (2) 发散; (3) 收敛; (4) 当 $0\leqslant a<1$ 时收敛, 当 $a\geqslant 1$ 时发散.

4. (1) 收敛; (2) 收敛; (3) 发散; (4) 收敛.

5. (1) 绝对收敛; (2) 条件收敛; (3) 发散; (4) 条件收敛; (5) 绝对收敛;

(6) 当 $|a|<1$ 时绝对收敛, 当 $|a|>1$ 时发散, 当 $a=1$ 时条件收敛, 当 $a=-1$ 时发散.

习题 7.3

1. (1) $1,[-1,1]$; (2) $3,(-3,3)$; (3) $+\infty,(-\infty,+\infty)$; (4) $1,[-1,1)$;

(5) $\frac{1}{2},\left[-\frac{1}{2},\frac{1}{2}\right]$; (6) $+\infty,(-\infty,+\infty)$; (7) $\sqrt{3},(-\sqrt{3},\sqrt{3})$;

(8) $3,[-2,4)$; (9) $\frac{1}{3},\left[-\frac{1}{3},\frac{1}{3}\right)$.

2. (1) $\frac{x}{(1-x)^2}(-1<x<1)$; (2) $\frac{1}{4}\ln\frac{1+x}{1-x}+\frac{1}{2}\arctan x-x(-1<x<1)$;

(3) $\frac{x}{(1-x)^3}(-1<x<1)$; (4) $\begin{cases}x+(1-x)\ln(1-x), & -1\leqslant x<1,\\ 1, & x=1.\end{cases}$

3. $\frac{2+x^2}{(2-x^2)^2}, x\in(-\sqrt{2},\sqrt{2})$, 3.　4. 5.

习题 7.4

1. (1) $\sum\limits_{n=0}^{\infty}\frac{(-1)^n 2^n}{n!}x^{n+1},(-\infty,+\infty)$; (2) $\frac{1}{2}+\frac{1}{2}\sum\limits_{n=0}^{\infty}(-1)^n\frac{4^{2n}\cdot x^{2n}}{(2n)!},(-\infty,+\infty)$;

(3) $\sum\limits_{n=0}^{\infty}\frac{(\ln 3)^n}{n!}x^n,(-\infty,+\infty)$; (4) $\sum\limits_{n=0}^{\infty}\frac{x^{2n+1}}{(2n+1)!},(-\infty,+\infty)$;

(5) $\ln 3+\sum\limits_{n=1}^{\infty}\frac{(-1)^{n-1}}{3^n n}x^n,(-3,3]$; (6) $\sum\limits_{n=0}^{\infty}\left(1-\frac{1}{2^{n+1}}\right)x^n,(-1,1)$;

(7) $2\sum\limits_{n=0}^{\infty}\frac{(-1)^n x^{2n+1}}{2n+1},(-1,1)$; (8) $\sum\limits_{n=0}^{\infty}\frac{(-1)^n}{(2n+1)!(2n+1)}x^{2n+1},(-\infty,+\infty)$.

2. $\frac{\sqrt{2}}{2}\left[1+\left(x-\frac{\pi}{4}\right)-\frac{1}{2!}\left(x-\frac{\pi}{4}\right)^2-\frac{1}{3!}\left(x-\frac{\pi}{4}\right)^3+\cdots\right]$,　$(-\infty,+\infty)$.

3. $\frac{1}{8}\sum\limits_{n=0}^{\infty}\frac{-3+(-1)^n}{2^n}(x-1)^n$,　$(-1,3)$.

4. $\sum_{n=1}^{\infty}(-1)^{n-1}n(x-1)^{n-1}$,(0,2).

习题 7.5

(1) 3.004 9;(2) 0.999 4;(3) 1.098 6;(4) 1.648 7.

习题 7.6

1. (1) $s(x)=\begin{cases}0, & x=0,\\ 1+x^2, & x\neq 0;\end{cases}$ (2) 当 $x\neq 0$ 时,取正整数 $N\geqslant\dfrac{\ln\dfrac{1}{\varepsilon}}{\ln(1+x^2)}$,当 $x=0$ 时,取正整数 $N=1$;(3) 在[0,1]上不一致收敛,在$\left[\dfrac{1}{2},1\right]$上一致收敛.

2. (1) 一致收敛;(2) 不一致收敛.

习题 7.7

1. (1) $f(x)=\sum_{n=1}^{\infty}\dfrac{2}{2n-1}\sin(2n-1)x\ (-\infty<x<+\infty, x\neq 0, \pm\pi, \pm 2\pi,\cdots)$;

(2) $f(x)=\dfrac{1}{2}+\dfrac{2(\pi+1)}{\pi}\sin x-\dfrac{2}{2}\sin 2x+\dfrac{2(\pi+1)}{3\pi}\sin 3x-\cdots\ (-\infty<x<+\infty, x\neq 0,\pm\pi,\pm 2\pi,\cdots)$;

(3) $f(x)=\dfrac{4}{\pi}\left[1+\sum_{n=1}^{\infty}\dfrac{(-1)^{n-1}}{4n^2-1}\cos nx\right]\ (-\infty<x<+\infty)$;

(4) $f(x)=\dfrac{1+\pi-e^{-\pi}}{2\pi}+\dfrac{1}{\pi}\sum_{n=1}^{\infty}\left\{\dfrac{1-(-1)^n e^{-\pi}}{1+n^2}\cos nx+\left[\dfrac{-n+(-1)^n ne^{-\pi}}{1+n^2}+\dfrac{1}{n}(1-(-1)^n)\right]\sin nx\right\}\quad (x\neq(2n+1)\pi, n=0, \pm 1, \pm 2,\cdots)$;

(5) $f(x)=\dfrac{8}{\pi^2}\sum_{n=1}^{\infty}\dfrac{1}{(2k-1)^2}\cos(2k-1)x\ (-\infty<x<+\infty)$.

2. $-\dfrac{2}{9}\pi^2$.

3. $f(x)=-\dfrac{1}{2}\sin x+2\sum_{n=1}^{\infty}\dfrac{(-1)^n n}{n^2-1}\sin nx\ (-\pi<x<\pi)$.

4. $f(x)=\dfrac{\pi}{2}-\sum_{n=1}^{\infty}\dfrac{4\cos(2n-1)x}{(2n-1)^2\pi}\quad(-\pi<x<\pi)$.

5. $f(x)=\dfrac{2}{3}\pi^2-4\sum_{n=1}^{\infty}\dfrac{(-1)^n}{n^2}\cos nx\ (-\pi<x<\pi)$.

6. $f(x)=\sum_{n=1}^{\infty}\dfrac{\sin 2nx}{2n}\ (0<x<\pi)$.

7. $f(x)=\pi+3-\dfrac{8}{\pi}\sum_{n=1}^{\infty}\dfrac{1}{(2n-1)^2}\cos(2n-1)x\ (0\leqslant x\leqslant\pi)$.

8. $f(x)=\dfrac{4}{\pi}\sum_{n=1}^{\infty}\dfrac{(-1)^{n-1}}{(2n-1)^2}\sin(2n-1)x\ (0<x<\pi)$.

习题 7.8

1. (1) $f(x)=-\frac{1}{2}+\frac{12}{\pi^2}\sum_{n=1}^{\infty}\frac{1}{(2n-1)^2}\cos\frac{(2n-1)\pi x}{3}+\frac{6}{\pi}\sum_{n=1}^{\infty}\frac{(-1)^{n+1}}{n}\sin\frac{n\pi x}{3}$

$(-\infty<x<+\infty, x\neq 3(2k+1), k$ 为整数);

(2) $f(x)=-\frac{1}{4}+\sum_{n=1}^{\infty}\left\{\left[\frac{1-(-1)^n}{n^2\pi^2}+\frac{2\sin\frac{n\pi}{2}}{n\pi}\right]\cos n\pi x+\frac{1-2\cos\frac{n\pi}{2}}{n\pi}\sin n\pi x\right\}$

$(-\infty<x<+\infty, x\neq 2k, x\neq 2k+\frac{1}{2}, k$ 为整数).

2. (1) $f(x)=\frac{2}{\pi}\sum_{n=1}^{\infty}\frac{1-(-1)^n}{n}\sin\frac{n\pi}{2}x\,(0<x<2)$,

$f(x)=-\frac{8}{\pi^2}\sum_{n=1}^{\infty}\frac{1}{(2n-1)^2}\cos\frac{2n-1}{2}\pi x\,(0\leqslant x\leqslant 2)$;

(2) $f(x)=\frac{4}{\pi^2}\sum_{n=1}^{\infty}\frac{1}{n^2}\sin\frac{n\pi}{2}\sin n\pi x, x\in[0,1]$,

$f(x)=\frac{1}{4}+\frac{2}{\pi^2}\sum_{n=1}^{\infty}\frac{1}{n^2}\left[2\cos\frac{n\pi}{2}-1-(-1)^n\right]\cos n\pi x, x\in[0,1]$.

3. $f(x)=\frac{8}{\pi}\sum_{n=1}^{\infty}\frac{n}{(2n-1)(2n+1)}\sin 2nx\left(-\frac{\pi}{2}<x<\frac{\pi}{2}\right)$.

*4. $f(x)=\sum_{n=-\infty}^{+\infty}(-1)^n\frac{1-\mathrm{i}n\pi}{1+n^2\pi^2}\mathrm{sh}\,1\cdot \mathrm{e}^{\mathrm{i}n\pi x}(x\neq 2k+1, k=0,\pm1,\pm2,\cdots)$.

总习题 7

A 组

1. (1) B;(2) A;(3) B;(4) B.

2. (1) 必要,充分;(2) 发散;(3) 充分必要;(4) 收敛,发散;(5) 2.

3. (1) 发散;(2) 发散;(3) 收敛;(4) 收敛;(5) 发散.

5. (1) 条件收敛;(2) 绝对收敛;(3) 条件收敛;(4) 条件收敛;(5) 当 $0\leqslant a<1$ 时绝对收敛,当 $a=1$ 时条件收敛,当 $a>1$ 时发散.

7. (1) $\left[-\frac{1}{4},\frac{1}{4}\right)$;(2) $(-1,1)$;(3) $(-3,-1)$;(4) $[1,3)$.

8. (1) $s(x)=\arctan x\,(-1\leqslant x\leqslant 1)$;

(2) $s(x)=\frac{x}{(1-x)^2}+\ln(1-x)\,(-1<x<1)$;

(3) $s(x)=\frac{x-1}{(2-x)^2}\,(0<x<2)$;

(4) $s(x)=\begin{cases}0, & x=1,\\ \frac{2-x}{x-1}\ln(2-x)+1, & x\in(0,1)\cup(1,2).\end{cases}$

9. (1) $\sum_{n=1}^{\infty}(-1)^{n-1}\frac{x^{2n-1}}{3^{2n}}\quad(-3<x<3)$;

(2) $x+\sum_{n=1}^{\infty}(-1)^{n}\frac{(2n-1)!!}{(2n)!!(2n+1)}x^{2n+1}\quad(-1\leqslant x\leqslant 1)$;

(3) $\frac{1}{3}\sum_{n=0}^{\infty}\left[\frac{1}{2^{n}}-(-1)^{n}\right]x^{n}\quad(-1<x<1)$;

(4) $\sum_{n=0}^{\infty}\frac{(-1)^{n}}{(2n+1)!}4^{n}x^{2n+2}\quad(-\infty<x<+\infty)$.

10. $f(x)=\frac{e^{\pi}-1}{2\pi}+\sum_{n=1}^{\infty}\left\{\frac{(-1)^{n}e^{\pi}-1}{(n^{2}+1)\pi}\cos nx+\frac{n[(-1)^{n+1}e^{\pi}+1]}{(n^{2}+1)\pi}\sin nx\right\}$ $(-\infty<x<+\infty, x\neq k\pi, k=0,\pm1,\pm2,\cdots)$.

11. $f(x)=\frac{4}{\pi^{2}}\sum_{n=1}^{\infty}\frac{(-1)^{n}-1}{n^{2}}\cos\frac{n\pi}{2}x\ (0\leqslant x\leqslant 2)$.

B 组

1. (1) 收敛;(2) 收敛;(3) 发散;(4) 当 $a<1$ 时收敛,当 $a>1$ 时发散;当 $a=1$ 时,当 $s>1$ 时收敛,当 $s\leqslant 1$ 时发散.

2. (1) 绝对收敛;(2) 条件收敛;(3) 条件收敛;(4) 绝对收敛.

3. (1) 0;(2) 0;(3) 0;(4) 4.

5. 条件收敛.

6. (1) $\left[-\frac{1}{3},\frac{1}{3}\right]$;(2) $\left(-\frac{1}{\sqrt{2}},\frac{1}{\sqrt{2}}\right)$.

7. (1) $\left(\frac{x^{2}}{3^{2}}+\frac{x}{3}+1\right)e^{\frac{x}{3}}, x\in(-\infty,+\infty)$;

(2) $\frac{x^{2}}{1+x^{2}}+2x\arctan x-\ln(1+x^{2}), x\in(-1,1)$.

8. $\sum_{n=0}^{\infty}\left(\frac{1}{2^{n+1}}-\frac{1}{3^{n+1}}\right)(x+4)^{n}, x\in(-6,-2)$.

9. $\sum_{n=1}^{\infty}\frac{(-1)^{n-1}}{n}(x-1)^{n}, (0,2], -\ln 2$.

10. $\frac{\pi}{4}-2\sum_{n=0}^{\infty}\frac{(-1)^{n}4^{n}}{2n+1}x^{2n+1}\left(-\frac{1}{2}<x<\frac{1}{2}\right), \frac{\pi}{4}$.

11. (1) $\ln 2$;(2) $\frac{3}{4}(1-\ln 2)$.

12. $s(x)=\frac{2x}{(1+x)^{3}}(-1<x<1), \frac{8}{27}$.

附　　录

附录 1　常用三角函数公式

（一）两角和公式

$\sin(A+B)=\sin A\cos B+\cos A\sin B$ $\sin(A-B)=\sin A\cos B-\cos A\sin B$ $\cos(A+B)=\cos A\cos B-\sin A\sin B$ $\cos(A-B)=\cos A\cos B+\sin A\sin B$	$\tan(A+B)=\dfrac{\tan A+\tan B}{1-\tan A\tan B}$ $\tan(A-B)=\dfrac{\tan A-\tan B}{1+\tan A\tan B}$ $\cot(A+B)=\dfrac{\cot A\cot B-1}{\cot A+\cot B}$ $\cot(A-B)=\dfrac{\cot A\cot B+1}{\cot B-\cot A}$

（二）倍角公式

$\sin 2A=2\sin A\cos A$ $1+\sin 2A=(\sin A+\cos A)^2$ $1-\sin 2A=(\sin A-\cos A)^2$	$\cos 2A=\cos^2 A-\sin^2 A$ $=2\cos^2 A-1$ $=1-2\sin^2 A$	$\tan 2A=\dfrac{2\tan A}{1-\tan^2 A}$

（三）半角公式

$\sin\dfrac{A}{2}=\pm\sqrt{\dfrac{1-\cos A}{2}}$ $\cos\dfrac{A}{2}=\pm\sqrt{\dfrac{1+\cos A}{2}}$	$\tan\dfrac{A}{2}=\pm\sqrt{\dfrac{1-\cos A}{1+\cos A}}=\dfrac{1-\cos A}{\sin A}=\dfrac{\sin A}{1+\cos A}$ $\cot\dfrac{A}{2}=\pm\sqrt{\dfrac{1+\cos A}{1-\cos A}}=\dfrac{\sin A}{1-\cos A}=\dfrac{1+\cos A}{\sin A}$

（四）诱导公式

$\sin(-A)=-\sin A$ $\cos(-A)=\cos A$	$\sin\left(\frac{\pi}{2}-A\right)=\cos A$ $\cos\left(\frac{\pi}{2}-A\right)=\sin A$ $\sin\left(\frac{\pi}{2}+A\right)=\cos A$ $\cos\left(\frac{\pi}{2}+A\right)=-\sin A$	$\sin(\pi-A)=\sin A$ $\cos(\pi-A)=-\cos A$ $\sin(\pi+A)=-\sin A$ $\cos(\pi+A)=-\cos A$

（五）万能公式

$\sin A=\dfrac{2\tan\frac{A}{2}}{1+\tan^2\frac{A}{2}}$	$\cos A=\dfrac{1-\tan^2\frac{A}{2}}{1+\tan^2\frac{A}{2}}$	$\tan A=\dfrac{2\tan\frac{A}{2}}{1-\tan^2\frac{A}{2}}$

（六）和差化积公式

$\sin A+\sin B=2\sin\frac{A+B}{2}\cos\frac{A-B}{2}$	$\tan A+\tan B=\frac{\sin(A+B)}{\cos A\cos B}$
$\sin A-\sin B=2\cos\frac{A+B}{2}\sin\frac{A-B}{2}$	$\tan A-\tan B=\frac{\sin(A-B)}{\cos A\cos B}$
$\cos A+\cos B=2\cos\frac{A+B}{2}\cos\frac{A-B}{2}$	$\cot A+\cot B=\frac{\sin(A+B)}{\sin A\sin B}$
$\cos A-\cos B=-2\sin\frac{A+B}{2}\sin\frac{A-B}{2}$	$\cot A-\cot B=-\frac{\sin(A-B)}{\sin A\sin B}$

（七）积化和差公式

$$\sin A\sin B=-\frac{1}{2}[\cos(A+B)-\cos(A-B)]$$

$$\cos A\cos B=\frac{1}{2}[\cos(A+B)+\cos(A-B)]$$

$$\sin A\cos B=\frac{1}{2}[\sin(A+B)+\sin(A-B)]$$

$$\cos A\sin B=\frac{1}{2}[\sin(A+B)-\sin(A-B)]$$

（八）常用三角函数的基本关系式

$\tan A=\dfrac{\sin A}{\cos A}$ $\cot A=\dfrac{\cos A}{\sin A}$	$\sec A=\dfrac{1}{\cos A}$ $\csc A=\dfrac{1}{\sin A}$	$\tan A\cdot\cot A=1$ $\sin^2A+\cos^2A=1$ $1+\tan^2A=\sec^2A$ $1+\cot^2A=\csc^2A$

（九）反三角函数公式

$\arcsin(-x)=-\arcsin x$ $\arccos(-x)=\pi-\arccos x$ $\arctan(-x)=-\arctan x$ $\text{arccot}(-x)=\pi-\text{arccot}\, x$	$\arcsin x+\arccos x=\dfrac{\pi}{2}$ $\arctan x+\text{arccot}\, x=\dfrac{\pi}{2}$ $\sin(\arcsin x)=x=\cos(\arccos x)$ $\tan(\arctan x)=x=\cot(\text{arccot}\, x)$

附录 2　基本初等函数

名称	定义式及性质	图例
常数函数	$y(x)=c(-\infty<x<+\infty)$，平行于 x 轴，过点 $(0,c)$ 的直线	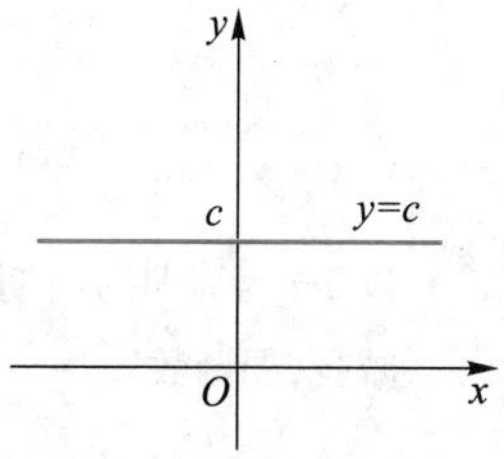 y　c　$y=c$　O　x
幂函数	$y=x^a(0<x<+\infty,a\neq0)$ 当 $a>0$ 时，函数 x^a 在 $(0,+\infty)$ 内单调增加； 当 $a<0$ 时，函数 x^a 在 $(0,+\infty)$ 内单调减少； $y=x^a$ 与 $y=x^{\frac{1}{a}}$ 互为反函数	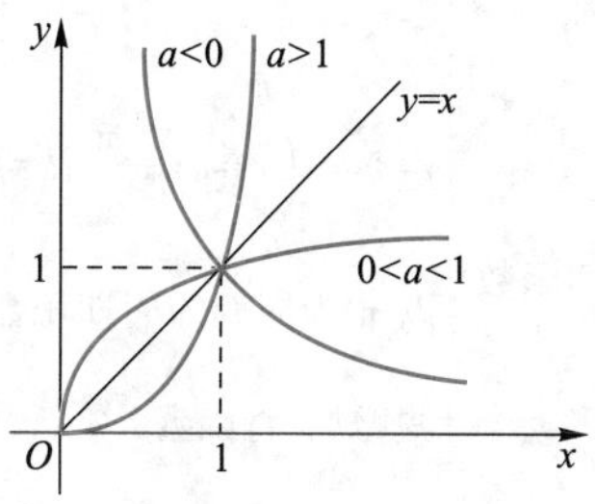 y　$a<0$　$a>1$　$y=x$　1　$0<a<1$　O　1　x

续表

名称	定义式及性质	图例
指数函数	$y=a^x(a>0,a\neq 1)$ 当 $a>1$ 时，函数 $y=a^x$ 在 $(-\infty,+\infty)$ 内单调增加； 当 $a<1$ 时，函数 $y=a^x$ 在 $(-\infty,+\infty)$ 内单调减少	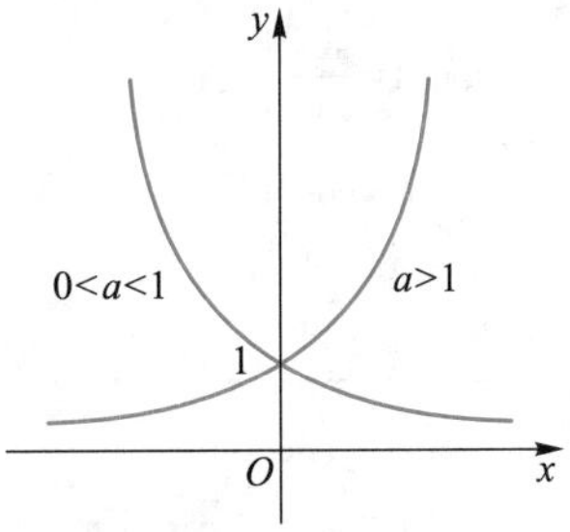
对数函数	$y=\log_a x(a>0,a\neq 0,0<x<+\infty)$ 当 $a>1$ 时，函数 $y=\log_a x$ 在 $(0,+\infty)$ 内单调增加； 当 $a<1$ 时，函数 $y=\log_a x$ 在 $(0,+\infty)$ 内单调减少． $y=a^x$ 与 $y=\log_a x$ 互为反函数（若 $a=\mathrm{e}$，则记 $y=\log_{\mathrm{e}} x$ 为 $y=\ln x$）	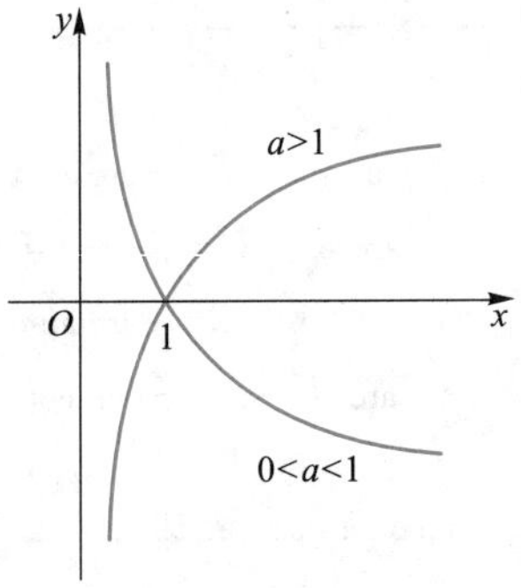
正弦函数	$y=\sin x(-\infty<x<+\infty)$ 以 2π 为周期的周期函数，在 $\left[-\frac{\pi}{2},\frac{\pi}{2}\right]$ 上单调增加，奇函数	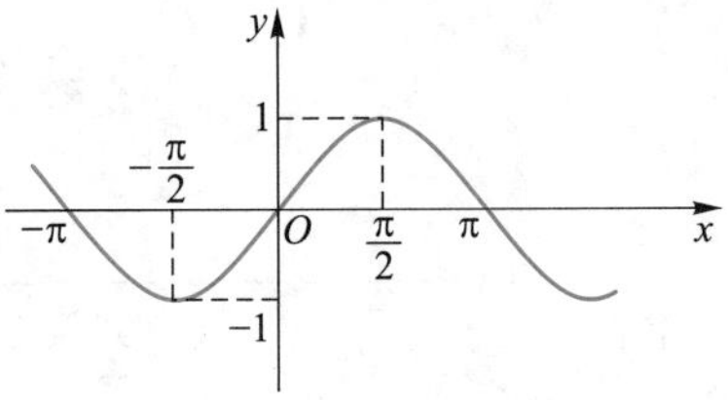
余弦函数	$y=\cos x=\sin\left(\frac{\pi}{2}-x\right)(-\infty<x<+\infty)$ 以 2π 为周期的周期函数，在 $[0,\pi]$ 上单调减少，偶函数	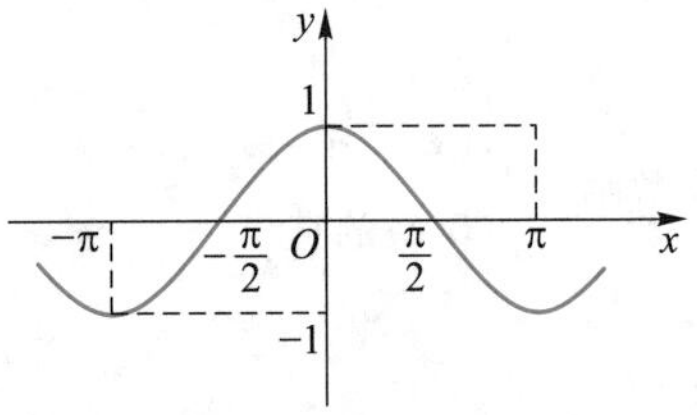
正切函数	$y=\tan x\left(x\neq k\pi+\frac{\pi}{2},k=0,\pm 1,\pm 2,\cdots\right)$ 以 π 为周期的周期函数，在 $\left(-\frac{\pi}{2},\frac{\pi}{2}\right)$ 内单调增加，奇函数	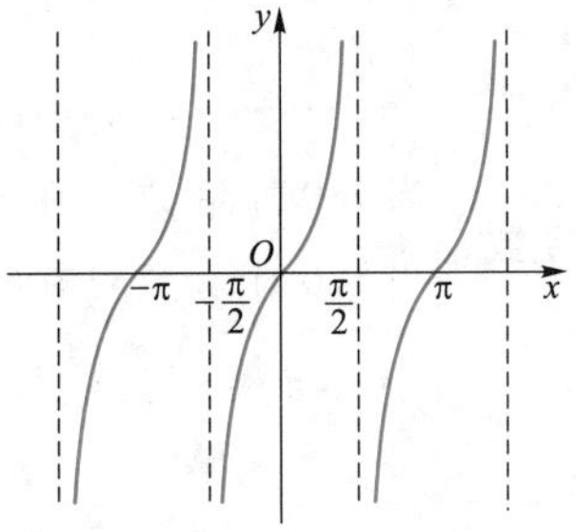

续表

名称	定义式及性质	图例
余切函数	$y=\cot x\,(x\neq k\pi,k=0,\pm1,\pm2,\cdots)$ 以 π 为周期的周期函数,在$(0,\pi)$内单调减少,奇函数	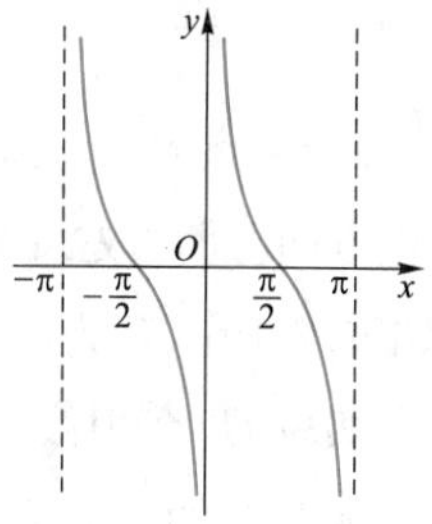
反正弦函数	$y=\arcsin x\left(-1\leqslant x\leqslant 1,-\dfrac{\pi}{2}\leqslant y\leqslant\dfrac{\pi}{2}\right)$ 单调增加,奇函数	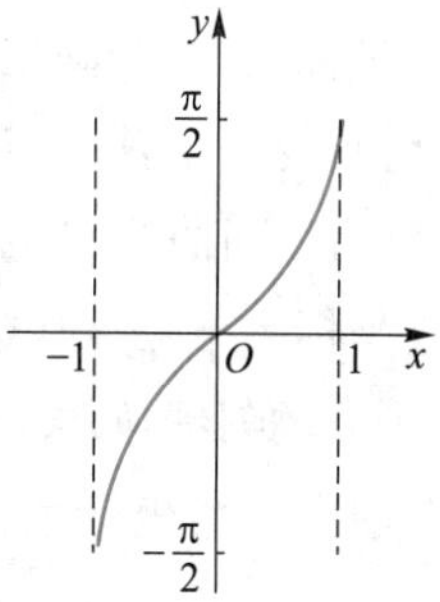
反余弦函数	$y=\arccos x\,(-1\leqslant x\leqslant 1,0\leqslant y\leqslant\pi)$ 单调减少	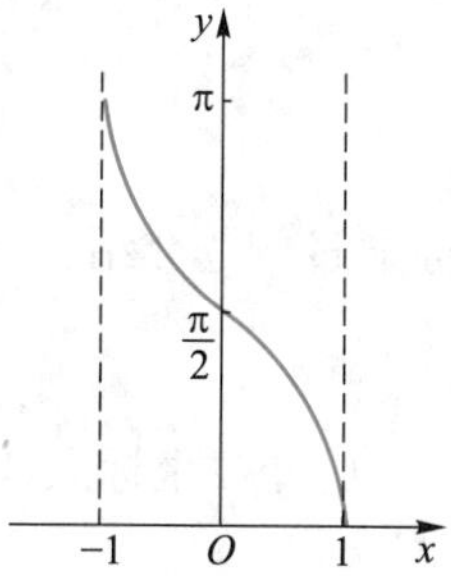
反正切函数	$y=\arctan x\left(-\infty<x<+\infty,-\dfrac{\pi}{2}<y<\dfrac{\pi}{2}\right)$ 单调增加,奇函数	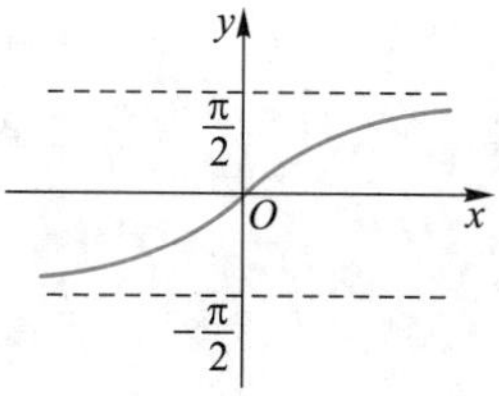
反余切函数	$y=\operatorname{arccot} x\,(-\infty<x<+\infty,0<y<\pi)$ 单调减少	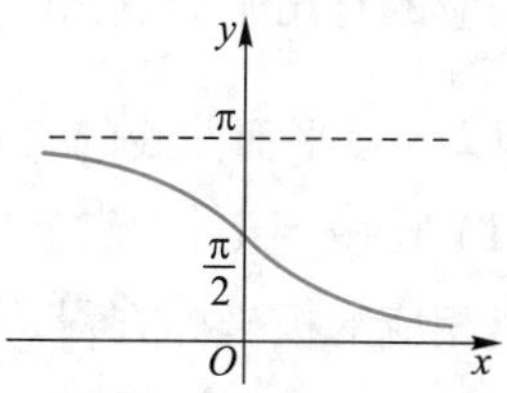

附录 3 极坐标简介

从平面上一点 O 引一条带有长度单位的射线 Ox，并选定一个角度单位(通常取弧度)及其正方向(通常取逆时针)，这样就在该平面内建立了极坐标系，称 O 为极点，Ox 为极轴．如下图所示，P 为平面内一点，线段 OP 的长度称为极径，记为 ρ，极轴 Ox 到射线 OP 的转角称为极角，记为 θ，称有序数组(ρ,θ)为点 P 的极坐标，显然，点 P 的极坐标不唯一．

在极坐标系下，若满足方程 $\rho=\rho(\theta)$ 的点都在平面曲线 C 上，并且曲线 C 上任一点的所有极坐标中至少有一个满足方程 $\rho=\rho(\theta)$，则方程 $\rho=\rho(\theta)$ 称为平面曲线 C 的极坐标方程．

在极坐标系下，$\rho=$常数表示圆心在 O，半径为 ρ 的圆，$\theta=$常数表示从极点出发，转角为 θ 的射线．如果以 O 为原点，Ox 所在直线为 x 轴，射线 Ox 的方向为 x 轴的正方向建立直角坐标系，则点 P 的直角坐标(x,y)与极坐标(ρ,θ)有如下关系：

$$\begin{cases}x=\rho\cos\theta,\\y=\rho\sin\theta,\end{cases}\quad\begin{cases}\rho=\sqrt{x^2+y^2},\\\tan\theta=\dfrac{y}{x}.\end{cases}$$

下面通过例题介绍在直角坐标系和极坐标系下，平面上点的坐标以及曲线方程的转化．

例 1 已知极坐标点 $A\left(a,\dfrac{\pi}{6}\right)$，求相应的直角坐标点．

解

$$x=a\cos\frac{\pi}{6}=a\cdot\frac{\sqrt{3}}{2}=\frac{\sqrt{3}}{2}a,$$

$$y=a\sin\frac{\pi}{6}=a\cdot\frac{1}{2}=\frac{1}{2}a,$$

所以相应的直角坐标点为$\left(\dfrac{\sqrt{3}}{2}a,\dfrac{1}{2}a\right)$．

例 2 设平面曲线的直角坐标方程分别为

(1) $x^2+y^2=R^2$； (2) $(x-R)^2+y^2=R^2$； (3) $x^2+(y-R)^2=R^2$.

试写出相应的极坐标方程．

解 利用直角坐标与极坐标的关系

$$x^2+y^2=\rho^2,x=\rho\cos\theta,y=\rho\sin\theta.$$

(1) 曲线 $x^2+y^2=R^2$ 的极坐标方程为 $\rho=R$.

（2）曲线$(x-R)^2+y^2=R^2$，即$x^2+y^2=2Rx$的极坐标方程为$\rho=2R\cos\theta$.

（3）曲线$x^2+(y-R)^2=R^2$，即$x^2+y^2=2Ry$的极坐标方程为$\rho=2R\sin\theta$.

另外，直线$y=3$的极坐标方程为$\rho=\dfrac{3}{\sin\theta}$，直线$y=3x$的极坐标方程为$\tan\theta=3$.

附录 4　几种常见的曲线

（1）三次抛物线

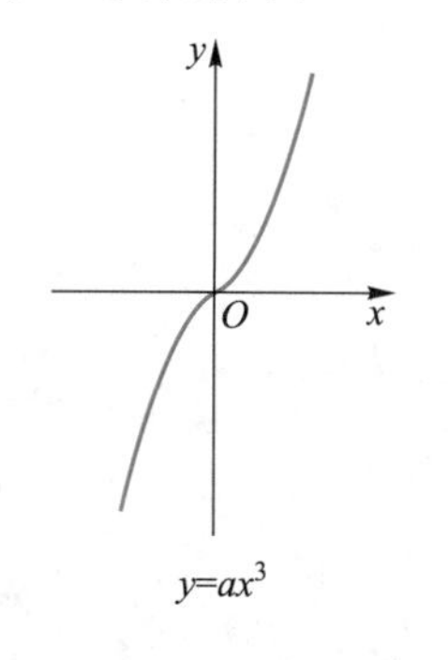

$y=ax^3$

（2）半立方抛物线

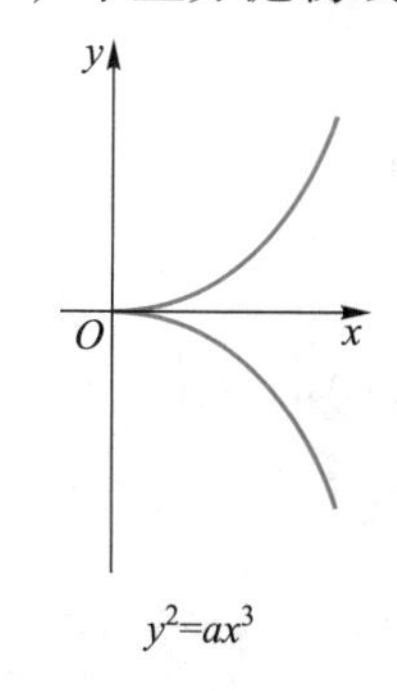

$y^2=ax^3$

（3）概率曲线

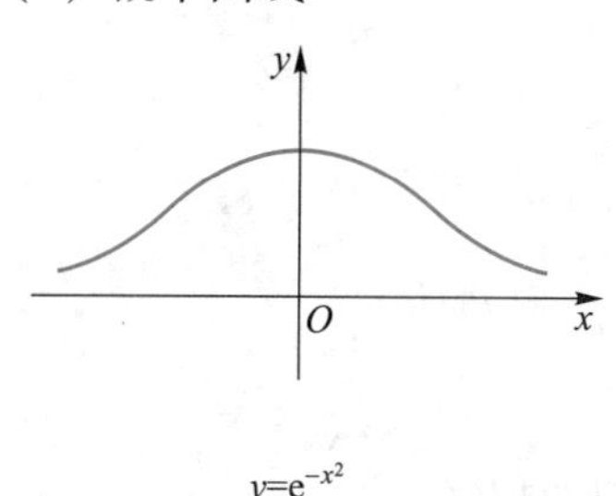

$y=\mathrm{e}^{-x^2}$

（4）箕舌线

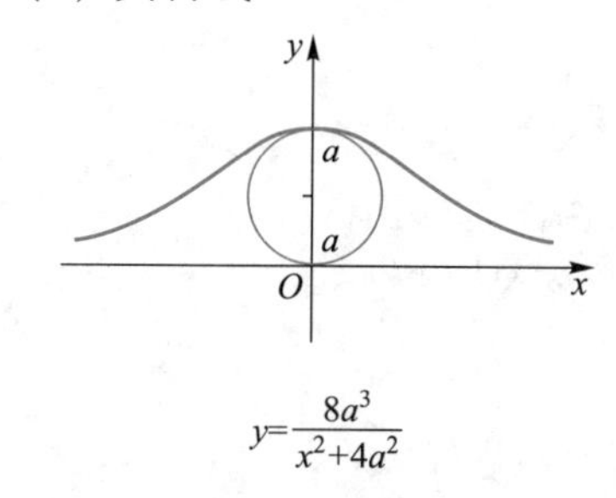

$y=\dfrac{8a^3}{x^2+4a^2}$

（5）蔓叶线

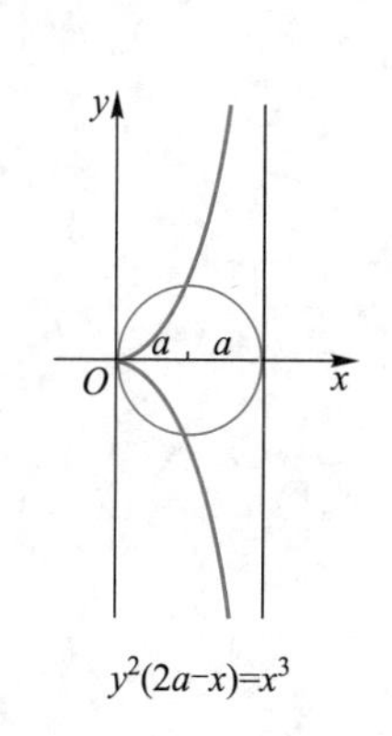

$y^2(2a-x)=x^3$

（6）笛卡儿叶形线

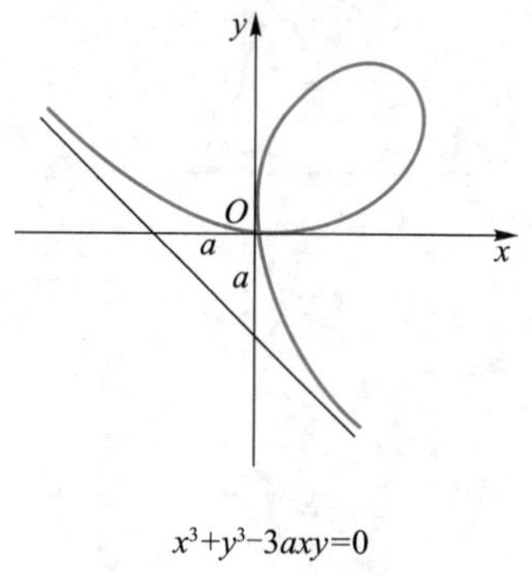

$x^3+y^3-3axy=0$

$x=\dfrac{3at}{1+t^3}$，$y=\dfrac{3at^2}{1+t^3}$

（7）星形线（内摆线的一种）

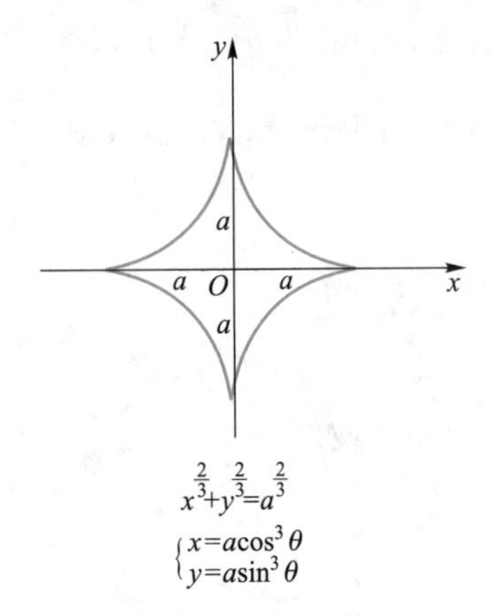

$x^{\frac{2}{3}}+y^{\frac{2}{3}}=a^{\frac{2}{3}}$

$\begin{cases} x=a\cos^3\theta \\ y=a\sin^3\theta \end{cases}$

（8）摆线

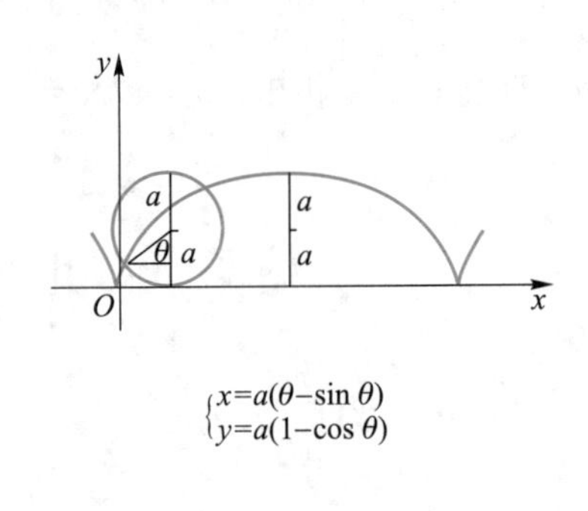

$\begin{cases} x=a(\theta-\sin\theta) \\ y=a(1-\cos\theta) \end{cases}$

（9）心形线（外摆线的一种）

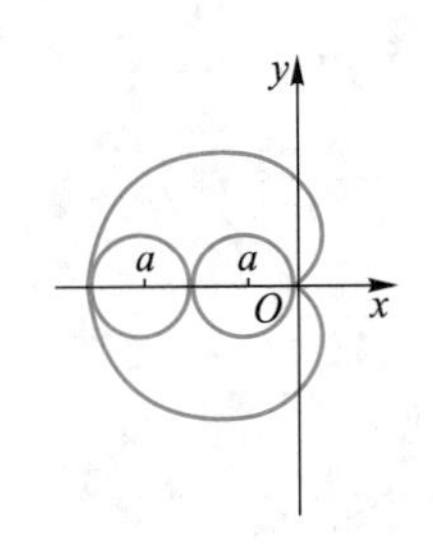

$x^2+y^2+ax=a\sqrt{x^2+y^2}$

$\rho=a(1-\cos\theta)$

（10）阿基米德螺线

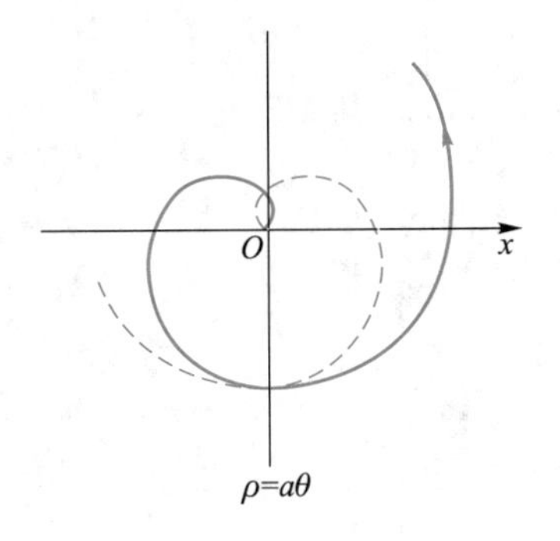

$\rho=a\theta$

（11）对数螺线

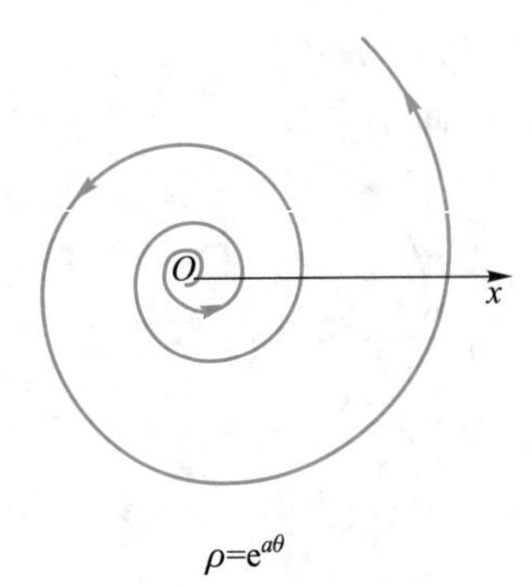

$\rho=\mathrm{e}^{a\theta}$

（12）双曲螺线

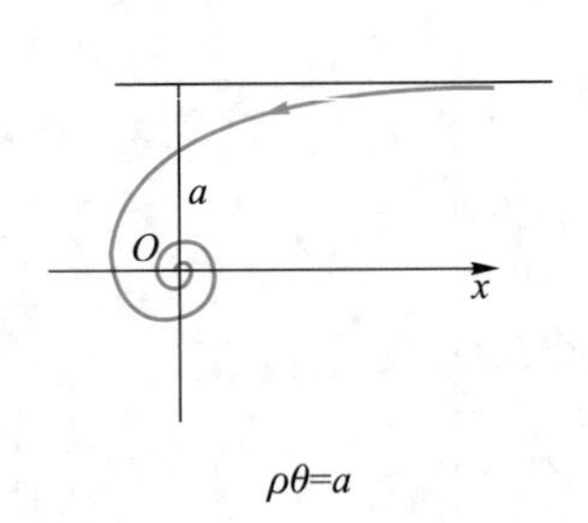

$\rho\theta=a$

（13）伯努利双纽线

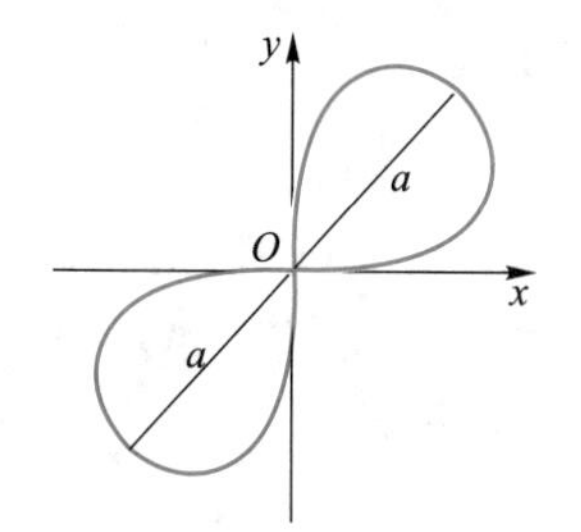

$(x^2+y^2)^2=2a^2xy$

$\rho^2=a^2\sin 2\theta$

（14）伯努利双纽线

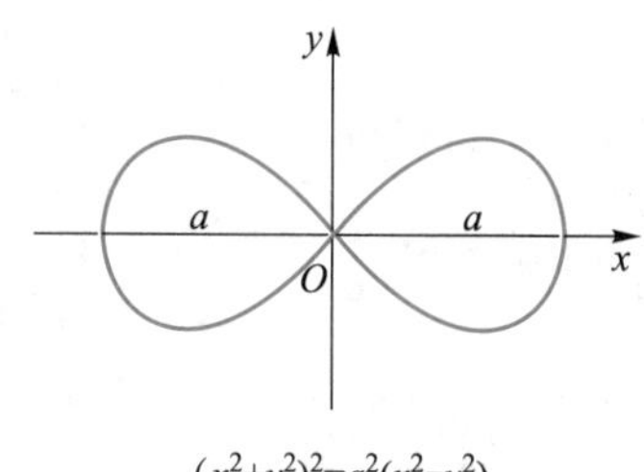

$(x^2+y^2)^2=a^2(x^2-y^2)$

$\rho^2=a^2\cos 2\theta$

（15）三叶玫瑰线

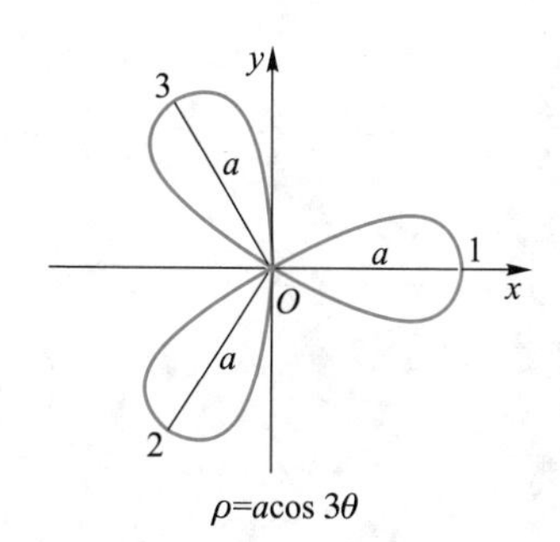

$\rho=a\cos 3\theta$

（16）三叶玫瑰线

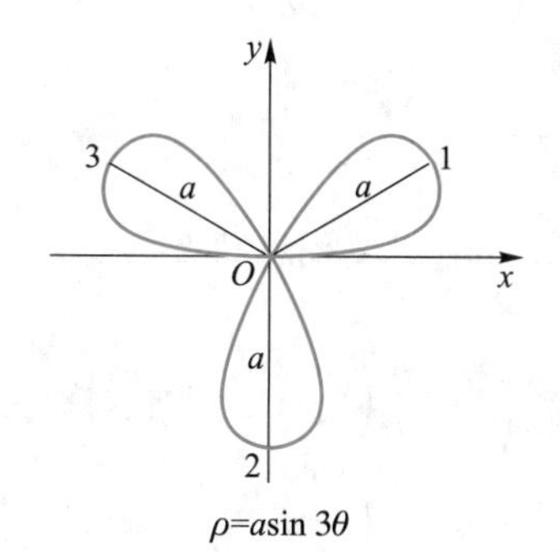

$\rho=a\sin 3\theta$

（17）四叶玫瑰线

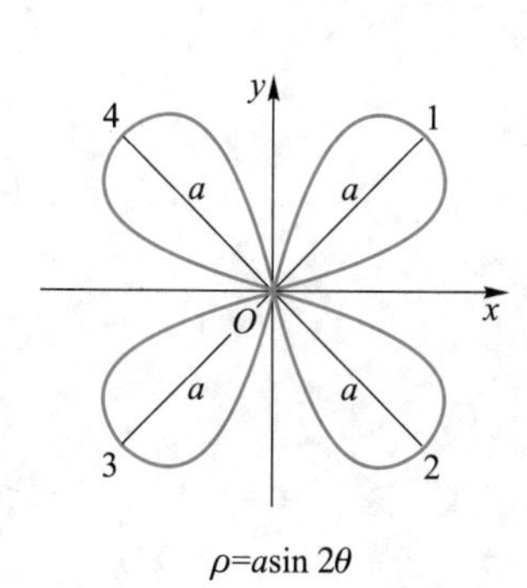

$\rho=a\sin 2\theta$

（18）四叶玫瑰线

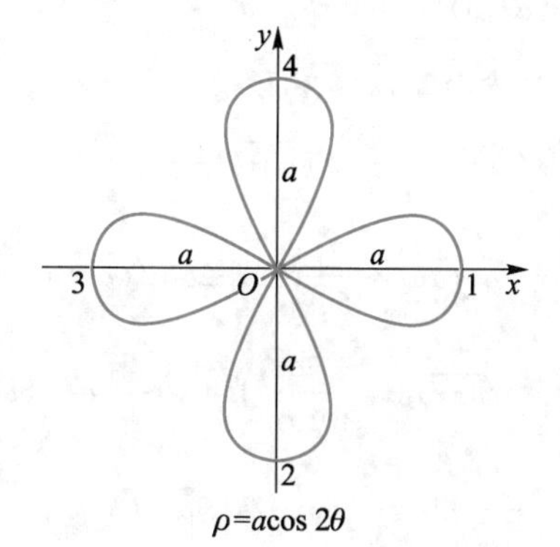

$\rho=a\cos 2\theta$

附录 5 积　分　表

（一）含有 $ax+b$ 的积分

1. $\int \frac{\mathrm{d}x}{ax+b}=\frac{1}{a}\ln|ax+b|+C$;

2. $\int (ax+b)^{\mu}\mathrm{d}x=\frac{1}{a(\mu+1)}(ax+b)^{\mu+1}+C(\mu\neq -1)$;

3. $\int \frac{x}{ax+b}\mathrm{d}x=\frac{1}{a^2}(ax+b-b\ln|ax+b|)+C$;

4. $\int \frac{x^2}{ax+b}\mathrm{d}x=\frac{1}{a^3}\left[\frac{1}{2}(ax+b)^2-2b(ax+b)+b^2\ln|ax+b|\right]+C$;

5. $\int \frac{\mathrm{d}x}{x(ax+b)}=-\frac{1}{b}\ln\left|\frac{ax+b}{x}\right|+C$;

6. $\int \frac{\mathrm{d}x}{x^2(ax+b)}=-\frac{1}{bx}+\frac{a}{b^2}\ln\left|\frac{ax+b}{x}\right|+C$;

7. $\int \frac{x}{(ax+b)^2}\mathrm{d}x=\frac{1}{a^2}\left(\ln|ax+b|+\frac{b}{ax+b}\right)+C$;

8. $\int \frac{x^2}{(ax+b)^2}\mathrm{d}x=\frac{1}{a^3}\left(ax+b-2b\ln|ax+b|-\frac{b^2}{ax+b}\right)+C$;

9. $\int \frac{\mathrm{d}x}{x(ax+b)^2}=\frac{1}{b(ax+b)}-\frac{1}{b^2}\ln\left|\frac{ax+b}{x}\right|+C$.

（二）含有 $\sqrt{ax+b}$ 的积分

10. $\int \sqrt{ax+b}\,\mathrm{d}x=\frac{2}{3a}\sqrt{(ax+b)^3}+C$;

11. $\int x\sqrt{ax+b}\,\mathrm{d}x=\frac{2}{15a^2}(3ax-2b)\sqrt{(ax+b)^3}+C$;

12. $\int x^2\sqrt{ax+b}\,\mathrm{d}x=\frac{2}{105a^3}(15a^2x^2-12abx+8b^2)\sqrt{(ax+b)^3}+C$;

13. $\int \frac{x}{\sqrt{ax+b}}\mathrm{d}x=\frac{2}{3a^2}(ax-2b)\sqrt{ax+b}+C$;

14. $\int \frac{x^2}{\sqrt{ax+b}}\mathrm{d}x=\frac{2}{15a^3}(3a^2x^2-4abx+8b^2)\sqrt{ax+b}+C$;

15. $\int \frac{\mathrm{d}x}{x\sqrt{ax+b}}=\begin{cases}\frac{1}{\sqrt{b}}\ln\left|\frac{\sqrt{ax+b}-\sqrt{b}}{\sqrt{ax+b}+\sqrt{b}}\right|+C, & b>0,\\ \frac{2}{\sqrt{-b}}\arctan\sqrt{\frac{ax+b}{-b}}+C, & b<0;\end{cases}$

16. $\int \frac{dx}{x^2\sqrt{ax+b}}=-\frac{\sqrt{ax+b}}{bx}-\frac{a}{2b}\int \frac{dx}{x\sqrt{ax+b}}$;

17. $\int \frac{\sqrt{ax+b}}{x}dx=2\sqrt{ax+b}+b\int \frac{dx}{x\sqrt{ax+b}}$;

18. $\int \frac{\sqrt{ax+b}}{x^2}dx=-\frac{\sqrt{ax+b}}{x}+\frac{a}{2}\int \frac{dx}{x\sqrt{ax+b}}$.

（三）含有 $x^2\pm a^2$ 的积分

19. $\int \frac{dx}{x^2+a^2}=\frac{1}{a}\arctan \frac{x}{a}+C$;

20. $\int \frac{dx}{(x^2+a^2)^n}=\frac{x}{2(n-1)a^2(x^2+a^2)^{n-1}}+\frac{2n-3}{2(n-1)a^2}\int \frac{dx}{(x^2+a^2)^{n-1}}$;

21. $\int \frac{dx}{x^2-a^2}=\frac{1}{2a}\ln \left|\frac{x-a}{x+a}\right|+C$.

（四）含有 $ax^2+b(a>0)$ 的积分

22. $\int \frac{dx}{ax^2+b}=\begin{cases}\frac{1}{\sqrt{ab}}\arctan\sqrt{\frac{a}{b}}x+C, & b>0,\\ \frac{1}{2\sqrt{-ab}}\ln\left|\frac{\sqrt{a}x-\sqrt{-b}}{\sqrt{a}x+\sqrt{-b}}\right|+C, & b<0;\end{cases}$

23. $\int \frac{x}{ax^2+b}dx=\frac{1}{2a}\ln|ax^2+b|+C$;

24. $\int \frac{x^2}{ax^2+b}dx=\frac{x}{a}-\frac{b}{a}\int \frac{dx}{ax^2+b}$;

25. $\int \frac{dx}{x(ax^2+b)}=\frac{1}{2b}\ln \frac{x^2}{|ax^2+b|}+C$;

26. $\int \frac{dx}{x^2(ax^2+b)}=-\frac{1}{bx}-\frac{a}{b}\int \frac{dx}{ax^2+b}$;

27. $\int \frac{dx}{x^3(ax^2+b)}=\frac{a}{2b^2}\ln \frac{|ax^2+b|}{x^2}-\frac{1}{2bx^2}+C$;

28. $\int \frac{dx}{(ax^2+b)^2}=\frac{x}{2b(ax^2+b)}+\frac{1}{2b}\int \frac{dx}{ax^2+b}$.

（五）含有 $ax^2+bx+c(a>0)$ 的积分

29. $\int \frac{dx}{ax^2+bx+c}=\begin{cases}\frac{2}{\sqrt{4ac-b^2}}\arctan\frac{2ax+b}{\sqrt{4ac-b^2}}+C, & b^2<4ac,\\ \frac{1}{\sqrt{b^2-4ac}}\ln\left|\frac{2ax+b-\sqrt{b^2-4ac}}{2ax+b+\sqrt{b^2-4ac}}\right|+C, & b^2>4ac;\end{cases}$

30. $\int \frac{x}{ax^2+bx+c}dx=\frac{1}{2a}\ln|ax^2+bx+c|-\frac{b}{2a}\int \frac{dx}{ax^2+bx+c}$.

（六）含有$\sqrt{x^2+a^2}\ (a>0)$的积分

31. $\int \frac{\mathrm{d}x}{\sqrt{x^2+a^2}}=\operatorname{arsh}\frac{x}{a}+C_1=\ln(x+\sqrt{x^2+a^2})+C$；

32. $\int \frac{\mathrm{d}x}{\sqrt{(x^2+a^2)^3}}=\frac{x}{a^2\sqrt{x^2+a^2}}+C$；

33. $\int \frac{x}{\sqrt{x^2+a^2}}\mathrm{d}x=\sqrt{x^2+a^2}+C$；

34. $\int \frac{x}{\sqrt{(x^2+a^2)^3}}\mathrm{d}x=-\frac{1}{\sqrt{x^2+a^2}}+C$；

35. $\int \frac{x^2}{\sqrt{x^2+a^2}}\mathrm{d}x=\frac{x}{2}\sqrt{x^2+a^2}-\frac{a^2}{2}\ln(x+\sqrt{x^2+a^2})+C$；

36. $\int \frac{x^2}{\sqrt{(x^2+a^2)^3}}\mathrm{d}x=-\frac{x}{\sqrt{x^2+a^2}}+\ln(x+\sqrt{x^2+a^2})+C$；

37. $\int \frac{\mathrm{d}x}{x\sqrt{x^2+a^2}}=\frac{1}{a}\ln\frac{\sqrt{x^2+a^2}-a}{|x|}+C$；

38. $\int \frac{\mathrm{d}x}{x^2\sqrt{x^2+a^2}}=-\frac{\sqrt{x^2+a^2}}{a^2x}+C$；

39. $\int \sqrt{x^2+a^2}\,\mathrm{d}x=\frac{x}{2}\sqrt{x^2+a^2}+\frac{a^2}{2}\ln(x+\sqrt{x^2+a^2})+C$；

40. $\int \sqrt{(x^2+a^2)^3}\,\mathrm{d}x=\frac{x}{8}(2x^2+5a^2)\sqrt{x^2+a^2}+\frac{3}{8}a^4\ln(x+\sqrt{x^2+a^2})+C$；

41. $\int x\sqrt{(x^2+a^2)}\,\mathrm{d}x=\frac{1}{3}\sqrt{(x^2+a^2)^3}+C$；

42. $\int x^2\sqrt{x^2+a^2}\,\mathrm{d}x=\frac{x}{8}(2x^2+a^2)\sqrt{x^2+a^2}-\frac{a^4}{8}\ln(x+\sqrt{x^2+a^2})+C$；

43. $\int \frac{\sqrt{x^2+a^2}}{x}\mathrm{d}x=\sqrt{x^2+a^2}+a\ln\frac{\sqrt{x^2+a^2}-a}{|x|}+C$；

44. $\int \frac{\sqrt{x^2+a^2}}{x^2}\mathrm{d}x=-\frac{\sqrt{x^2+a^2}}{x}+\ln(x+\sqrt{x^2+a^2})+C$.

（七）含有$\sqrt{x^2-a^2}\ (a>0)$的积分

45. $\int \frac{\mathrm{d}x}{\sqrt{x^2-a^2}}=\frac{x}{|x|}\operatorname{arch}\frac{|x|}{a}+C_1=\ln\left|x+\sqrt{x^2+a^2}\right|+C$；

46. $\int \frac{\mathrm{d}x}{\sqrt{(x^2-a^2)^3}}=-\frac{x}{a^2\sqrt{x^2-a^2}}+C$；

47. $\int \frac{x}{\sqrt{x^2-a^2}}\mathrm{d}x=\sqrt{x^2-a^2}+C$；

48. $\int \frac{x}{\sqrt{(x^2-a^2)^3}}dx=-\frac{1}{\sqrt{x^2-a^2}}+C$;

49. $\int \frac{x^2}{\sqrt{x^2-a^2}}dx=\frac{x}{2}\sqrt{x^2-a^2}+\frac{a^2}{2}\ln\left|x+\sqrt{x^2-a^2}\right|+C$;

50. $\int \frac{x^2}{\sqrt{(x^2-a^2)^3}}dx=-\frac{x}{\sqrt{x^2-a^2}}+\ln\left|x+\sqrt{x^2-a^2}\right|+C$;

51. $\int \frac{dx}{x\sqrt{x^2-a^2}}=\frac{1}{a}\arccos\frac{a}{|x|}+C$;

52. $\int \frac{dx}{x^2\sqrt{x^2-a^2}}=\frac{\sqrt{x^2-a^2}}{a^2x}+C$;

53. $\int \sqrt{x^2-a^2}\,dx=\frac{x}{2}\sqrt{x^2-a^2}-\frac{a^2}{2}\ln\left|x+\sqrt{x^2-a^2}\right|+C$;

54. $\int \sqrt{(x^2-a^2)^3}\,dx=\frac{x}{8}(2x^2-5a^2)\sqrt{x^2-a^2}+\frac{3}{8}a^4\ln\left|x+\sqrt{x^2-a^2}\right|+C$;

55. $\int x\sqrt{x^2-a^2}\,dx=\frac{1}{3}\sqrt{(x^2-a^2)^3}+C$;

56. $\int x^2\sqrt{x^2-a^2}\,dx=\frac{x}{8}(2x^2-a^2)\sqrt{x^2-a^2}-\frac{a^4}{8}\ln\left|x+\sqrt{x^2-a^2}\right|+C$;

57. $\int \frac{\sqrt{x^2-a^2}}{x}dx=\sqrt{x^2-a^2}-a\arccos\frac{a}{|x|}+C$;

58. $\int \frac{\sqrt{x^2-a^2}}{x^2}dx=-\frac{\sqrt{x^2-a^2}}{x}+\ln\left|x+\sqrt{x^2-a^2}\right|+C$.

（八）含有$\sqrt{a^2-x^2}$（$a>0$）的积分

59. $\int \frac{dx}{\sqrt{a^2-x^2}}=\arcsin\frac{x}{a}+C$;

60. $\int \frac{dx}{\sqrt{(a^2-x^2)^3}}=\frac{x}{a^2\sqrt{a^2-x^2}}+C$;

61. $\int \frac{x}{\sqrt{a^2-x^2}}dx=-\sqrt{a^2-x^2}+C$;

62. $\int \frac{x}{\sqrt{(a^2-x^2)^3}}dx=\frac{1}{\sqrt{a^2-x^2}}+C$;

63. $\int \frac{x^2}{\sqrt{a^2-x^2}}dx=-\frac{x}{2}\sqrt{a^2-x^2}+\frac{a^2}{2}\arcsin\frac{x}{a}+C$;

64. $\int \frac{x^2}{\sqrt{(a^2-x^2)^3}}dx=\frac{x}{\sqrt{a^2-x^2}}-\arcsin\frac{x}{a}+C$;

65. $\int \frac{dx}{x\sqrt{a^2-x^2}}=\frac{1}{a}\ln\frac{a-\sqrt{a^2-x^2}}{|x|}+C$;

66. $\int \frac{dx}{x^2\sqrt{a^2-x^2}}=-\frac{\sqrt{a^2-x^2}}{a^2x}+C$;

67. $\int \sqrt{a^2-x^2}\,dx=\frac{x}{2}\sqrt{a^2-x^2}+\frac{a^2}{2}\arcsin\frac{x}{a}+C$;

68. $\int \sqrt{(a^2-x^2)^3}\,dx=\frac{x}{8}(5a^2-2x^2)\sqrt{a^2-x^2}+\frac{3}{8}a^4\arcsin\frac{x}{a}+C$;

69. $\int x\sqrt{a^2-x^2}\,dx=-\frac{1}{3}\sqrt{(a^2-x^2)^3}+C$;

70. $\int x^2\sqrt{a^2-x^2}\,dx=\frac{x}{8}(2x^2-a^2)\sqrt{a^2-x^2}+\frac{a^4}{8}\arcsin\frac{x}{a}+C$;

71. $\int \frac{\sqrt{a^2-x^2}}{x}dx=\sqrt{a^2-x^2}+a\ln\frac{a-\sqrt{a^2-x^2}}{|x|}+C$;

72. $\int \frac{\sqrt{a^2-x^2}}{x^2}dx=-\frac{\sqrt{a^2-x^2}}{x}-\arcsin\frac{x}{a}+C$.

（九）含有$\sqrt{\pm ax^2+bx+c}$（$a>0$）的积分

73. $\int \frac{dx}{\sqrt{ax^2+bx+c}}=\frac{1}{\sqrt{a}}\ln\left|2ax+b+2\sqrt{a}\sqrt{ax^2+bx+c}\right|+C$;

74. $\int \sqrt{ax^2+bx+c}\,dx=\frac{2ax+b}{4a}\sqrt{ax^2+bx+c}+\frac{4ac-b^2}{8\sqrt{a^3}}\ln\left|2ax+b+2\sqrt{a}\sqrt{ax^2+bx+c}\right|+C$;

75. $\int \frac{x}{\sqrt{ax^2+bx+c}}dx=\frac{1}{a}\sqrt{ax^2+bx+c}-\frac{b}{2\sqrt{a^3}}\ln\left|2ax+b+2\sqrt{a}\sqrt{ax^2+bx+c}\right|+C$;

76. $\int \frac{dx}{\sqrt{c+bx-ax^2}}=-\frac{1}{\sqrt{a}}\arcsin\frac{2ax-b}{\sqrt{b^2+4ac}}+C$;

77. $\int \sqrt{c+bx-ax^2}\,dx=\frac{2ax-b}{4a}\sqrt{c+bx-ax^2}+\frac{b^2+4ac}{8\sqrt{a^3}}\arcsin\frac{2ax-b}{\sqrt{b^2+4ac}}+C$;

78. $\int \frac{x}{\sqrt{c+bx-ax^2}}dx=-\frac{1}{a}\sqrt{c+bx-ax^2}+\frac{b}{2\sqrt{a^3}}\arcsin\frac{2ax-b}{\sqrt{b^2+4ac}}+C$.

（十）含有$\sqrt{\pm\frac{x-a}{x-b}}$或$\sqrt{(x-a)(b-x)}$的积分

79. $\int \sqrt{\frac{x-a}{x-b}}dx=(x-b)\sqrt{\frac{x-a}{x-b}}+(b-a)\ln(\sqrt{|x-a|}+\sqrt{|x-b|})+C$;

80. $\int \sqrt{\frac{x-a}{b-x}}dx=(x-b)\sqrt{\frac{x-a}{b-x}}+(b-a)\arcsin\sqrt{\frac{x-a}{b-a}}+C$;

81. $\int \frac{dx}{\sqrt{(x-a)(b-x)}}=2\arcsin\sqrt{\frac{x-a}{b-a}}+C\,(a<b)$;

82. $\int \sqrt{(x-a)(b-x)}\,dx=\frac{2x-a-b}{4}\sqrt{(x-a)(b-x)}+\frac{(b-a)^2}{4}\arcsin\sqrt{\frac{x-a}{b-a}}+C\,(a<b)$

（十一）含有三角函数的积分

83. $\int \sin x\mathrm{d}x=-\cos x+C$;

84. $\int \cos x\mathrm{d}x=\sin x+C$;

85. $\int \tan x\mathrm{d}x=-\ln|\cos x|+C$;

86. $\int \cot x\mathrm{d}x=\ln|\sin x|+C$;

87. $\int \sec x\mathrm{d}x=\ln\left|\tan\left(\frac{\pi}{4}+\frac{x}{2}\right)\right|+C=\ln|\sec x+\tan x|+C$;

88. $\int \csc x\mathrm{d}x=\ln\left|\tan\frac{x}{2}\right|+C=\ln|\csc x-\cot x|+C$;

89. $\int \sec^2 x\mathrm{d}x=\tan x+C$;

90. $\int \csc^2 x\mathrm{d}x=-\cot x+C$;

91. $\int \sec x\tan x\mathrm{d}x=\sec x+C$;

92. $\int \csc x\cot x\mathrm{d}x=-\csc x+C$;

93. $\int \sin^2 x\mathrm{d}x=\frac{x}{2}-\frac{1}{4}\sin 2x+C$;

94. $\int \cos^2 x\mathrm{d}x=\frac{x}{2}+\frac{1}{4}\sin 2x+C$;

95. $\int \sin^n x\mathrm{d}x=-\frac{1}{n}\sin^{n-1}x\cos x+\frac{n-1}{n}\int \sin^{n-2}x\mathrm{d}x$;

96. $\int \cos^n x\mathrm{d}x=\frac{1}{n}\cos^{n-1}x\sin x+\frac{n-1}{n}\int \cos^{n-2}x\mathrm{d}x$;

97. $\int \frac{\mathrm{d}x}{\sin^n x}=-\frac{1}{n-1}\cdot\frac{\cos x}{\sin^{n-1}x}+\frac{n-2}{n-1}\int\frac{\mathrm{d}x}{\sin^{n-2}x}$;

98. $\int \frac{\mathrm{d}x}{\cos^n x}=\frac{1}{n-1}\cdot\frac{\sin x}{\cos^{n-1}x}+\frac{n-2}{n-1}\int\frac{\mathrm{d}x}{\cos^{n-2}x}$;

99. $$\begin{aligned}\int \cos^m x\sin^n x\mathrm{d}x&=\frac{1}{m+n}\cos^{m-1}x\sin^{n+1}x+\frac{m-1}{m+n}\int\cos^{m-2}x\sin^n x\mathrm{d}x\\&=-\frac{1}{m+n}\cos^{m+1}x\sin^{n-1}x+\frac{n-1}{m+n}\int\cos^m x\sin^{n-2}x\mathrm{d}x;\end{aligned}$$

100. $\int \sin ax\cos bx\mathrm{d}x=-\frac{1}{2(a+b)}\cos(a+b)x-\frac{1}{2(a-b)}\cos(a-b)x+C$;

101. $\int \sin ax\sin bx\mathrm{d}x=-\frac{1}{2(a+b)}\sin(a+b)x+\frac{1}{2(a-b)}\sin(a-b)x+C$;

102. $\int \cos ax\cos bx\mathrm{d}x=\frac{1}{2(a+b)}\sin(a+b)x+\frac{1}{2(a-b)}\sin(a-b)x+C$;

103. $\int \frac{dx}{a+b\sin x}=\frac{2}{\sqrt{a^2-b^2}}\arctan \frac{a\tan \frac{x}{2}+b}{\sqrt{a^2-b^2}}+C(a^2>b^2)$;

104. $\int \frac{dx}{a+b\sin x}=\frac{1}{\sqrt{b^2-a^2}}\ln \left|\frac{a\tan \frac{x}{2}+b-\sqrt{b^2-a^2}}{a\tan \frac{x}{2}+b+\sqrt{b^2-a^2}}\right|+C(a^2<b^2)$;

105. $\int \frac{dx}{a+b\cos x}=\frac{2}{a+b}\sqrt{\frac{a+b}{a-b}}\arctan\left(\sqrt{\frac{a-b}{a+b}}\tan \frac{x}{2}\right)+C(a^2>b^2)$;

106. $\int \frac{dx}{a+b\cos x}=\frac{1}{a+b}\sqrt{\frac{a+b}{b-a}}\ln \left|\frac{\tan \frac{x}{2}+\sqrt{\frac{a+b}{b-a}}}{\tan \frac{x}{2}-\sqrt{\frac{a+b}{b-a}}}\right|+C(a^2<b^2)$;

107. $\int \frac{dx}{a^2\cos^2 x+b^2\sin^2 x}=\frac{1}{ab}\arctan\left(\frac{b}{a}\tan x\right)+C$;

108. $\int \frac{dx}{a^2\cos^2 x-b^2\sin^2 x}=\frac{1}{2ab}\ln \left|\frac{b\tan x+a}{b\tan x-a}\right|+C$;

109. $\int x\sin ax dx=\frac{1}{a^2}\sin ax-\frac{1}{a}x\cos ax+C$;

110. $\int x^2\sin ax dx=-\frac{1}{a}x^2\cos ax+\frac{2}{a^2}x\sin ax+\frac{2}{a^3}\cos ax+C$;

111. $\int x\cos ax dx=\frac{1}{a^2}\cos ax+\frac{1}{a}x\sin ax+C$;

112. $\int x^2\cos ax dx=\frac{1}{a}x^2\sin ax+\frac{2}{a^2}x\cos ax-\frac{2}{a^3}\sin ax+C$.

(十二) 含有反三角函数的积分(其中 $a>0$)

113. $\int \arcsin \frac{x}{a}dx=x\arcsin \frac{x}{a}+\sqrt{a^2-x^2}+C$;

114. $\int x\arcsin \frac{x}{a}dx=\left(\frac{x^2}{2}-\frac{a^2}{4}\right)\arcsin \frac{x}{a}+\frac{x}{4}\sqrt{a^2-x^2}+C$;

115. $\int x^2\arcsin \frac{x}{a}dx=\frac{x^3}{3}\arcsin \frac{x}{a}+\frac{1}{9}(x^2+2a^2)\sqrt{a^2-x^2}+C$;

116. $\int \arccos \frac{x}{a}dx=x\arccos \frac{x}{a}-\sqrt{a^2-x^2}+C$;

117. $\int x\arccos \frac{x}{a}dx=\left(\frac{x^2}{2}-\frac{a^2}{4}\right)\arccos \frac{x}{a}-\frac{x}{4}\sqrt{a^2-x^2}+C$;

118. $\int x^2\arccos \frac{x}{a}dx=\frac{x^3}{3}\arccos \frac{x}{a}-\frac{1}{9}(x^2+2a^2)\sqrt{a^2-x^2}+C$;

119. $\int \arctan \frac{x}{a}dx=x\arctan \frac{x}{a}-\frac{a}{2}\ln(a^2+x^2)+C$;

120. $\int x\arctan\frac{x}{a}dx=\frac{1}{2}(a^2+x^2)\arctan\frac{x}{a}-\frac{a}{2}x+C$;

121. $\int x^2\arctan\frac{x}{a}dx=\frac{x^3}{3}\arctan\frac{x}{a}-\frac{a}{6}x^2+\frac{a^3}{6}\ln(a^2+x^2)+C$.

（十三）含有指数函数的积分

122. $\int a^x dx=\frac{1}{\ln a}a^x+C$;

123. $\int e^{ax}dx=\frac{1}{a}e^{ax}+C$;

124. $\int xe^{ax}dx=\frac{1}{a^2}(ax-1)e^{ax}+C$;

125. $\int x^n e^{ax}dx=\frac{1}{a}x^n e^{ax}-\frac{n}{a}\int x^{n-1}e^{ax}dx$;

126. $\int xa^x dx=\frac{x}{\ln a}a^x-\frac{1}{(\ln a)^2}a^x+C$;

127. $\int x^n a^x dx=\frac{1}{\ln a}x^n a^x-\frac{n}{\ln a}\int x^{n-1}a^2 dx$;

128. $\int e^{ax}\sin bxdx=\frac{1}{a^2+b^2}e^{ax}(a\sin bx-b\cos bx)+C$;

129. $\int e^{ax}\cos bxdx=\frac{1}{a^2+b^2}e^{ax}(b\sin bx+a\cos bx)+C$;

130. $\int e^{ax}\sin^n bxdx=\frac{1}{a^2+b^2n^2}e^{ax}\sin^{n-1}bx(a\sin bx-nb\cos bx)+\frac{n(n-1)b^2}{a^2+b^2n^2}\int e^{ax}\sin^{n-2}bxdx$;

131. $\int e^{ax}\cos^n bxdx=\frac{1}{a^2+b^2n^2}e^{ax}\cos^{n-1}bx(a\cos bx+nb\sin bx)+\frac{n(n-1)b^2}{a^2+b^2n^2}\int e^{ax}\cos^{n-2}bxdx$.

（十四）含有对数函数的积分

132. $\int \ln xdx=x\ln x-x+C$;

133. $\int\frac{dx}{x\ln x}=\ln|\ln x|+C$;

134. $\int x^n\ln xdx=\frac{1}{n+1}x^{n+1}\left(\ln x-\frac{1}{n+1}\right)+C$;

135. $\int(\ln x)^n dx=x(\ln x)^n-n\int(\ln x)^{n-1}dx$;

136. $\int x^m(\ln x)^n dx=\frac{1}{m+1}x^{m+1}(\ln x)^n-\frac{n}{m+1}\int x^m(\ln x)^{n-1}dx$.

（十五）含有双曲函数的积分

137. $\int \text{sh}\, xdx=\text{ch}\, x+C$;

138. $\int \text{ch}\, xdx=\text{sh}\, x+C$;

139. $\int \operatorname{th} x\mathrm{d}x=\ln(\operatorname{ch} x)+C$;

140. $\int \operatorname{sh}^2 x\mathrm{d}x=-\frac{x}{2}+\frac{1}{4}\operatorname{sh} 2x+C$;

141. $\int \operatorname{ch}^2 x\mathrm{d}x=\frac{x}{2}+\frac{1}{4}\operatorname{sh} 2x+C$.

（十六）定积分

142. $\int_{-\pi}^{\pi} \cos nx\mathrm{d}x=\int_{-\pi}^{\pi} \sin nx\mathrm{d}x=0$;

143. $\int_{-\pi}^{\pi} \cos mx\sin nx\mathrm{d}x=0$;

144. $\int_{-\pi}^{\pi} \cos mx\cos nx\mathrm{d}x=\begin{cases}0, & m\neq n,\\ \pi, & m=n;\end{cases}$

145. $\int_{-\pi}^{\pi} \sin mx\sin nx\mathrm{d}x=\begin{cases}0, & m\neq n,\\ \pi, & m=n;\end{cases}$

146. $\int_{0}^{\pi} \sin mx\sin nx\mathrm{d}x=\int_{0}^{\pi} \cos mx\cos nx\mathrm{d}x=\begin{cases}0, & m\neq n,\\ \frac{\pi}{2}, & m=n;\end{cases}$

147. $I_n=\int_0^{\frac{\pi}{2}} \sin^n x\mathrm{d}x=\int_0^{\frac{\pi}{2}} \cos^n x\mathrm{d}x$;

$$I_n=\frac{n-1}{n}I_{n-2}$$

$$=\begin{cases}\frac{n-1}{n}\cdot\frac{n-3}{n-2}\cdots\frac{4}{5}\cdot\frac{2}{3}, & n\text{ 为大于 1 的正奇数}, I_1=1,\\ \frac{n-1}{n}\cdot\frac{n-3}{n-2}\cdots\frac{3}{4}\cdot\frac{1}{2}\cdot\frac{\pi}{2}, & n\text{ 为正偶数}, I_0=\frac{\pi}{2}.\end{cases}$$

参 考 文 献

[1] 同济大学数学系．高等数学:上、下册．7 版．北京:高等教育出版社,2014.

[2] 李连富,白同亮．高等数学:上．北京:北京邮电大学出版社,2007.

[3] 李连富,白同亮．高等数学:下.北京:北京邮电大学出版社,2008.

[4] 胡端平,熊德之．高等数学及其应用:上册．北京:科学出版社,2007.

[5] 吴赣昌．高等数学(理工类):上、下册．2 版.北京:中国人民大学出版社,2007.

[6] 熊德之,胡端平．高等数学及其应用:下册.北京:科学出版社,2007.

[7] 上海交通大学,集美大学．高等数学——及其教学软件:上、下册．2 版．北京:科学出版社,2005.

[8] 欧阳隆．高等数学．武汉:武汉大学出版社,2008.

郑重声明

高等教育出版社依法对本书享有专有出版权。任何未经许可的复制、销售行为均违反《中华人民共和国著作权法》，其行为人将承担相应的民事责任和行政责任；构成犯罪的，将被依法追究刑事责任。为了维护市场秩序，保护读者的合法权益，避免读者误用盗版书造成不良后果，我社将配合行政执法部门和司法机关对违法犯罪的单位和个人进行严厉打击。社会各界人士如发现上述侵权行为，希望及时举报，本社将奖励举报有功人员。

反盗版举报电话 （010）58581999　58582371　58582488

反盗版举报传真 （010）82086060

反盗版举报邮箱 dd@hep.com.cn

通信地址 北京市西城区德外大街4号

高等教育出版社法律事务与版权管理部

邮政编码 100120

防伪查询说明

用户购书后刮开封底防伪涂层，利用手机微信等软件扫描二维码，会跳转至防伪查询网页，获得所购图书详细信息。用户也可将防伪二维码下的20位密码按从左到右、从上到下的顺序发送短信至106695881280，免费查询所购图书真伪。

反盗版短信举报

编辑短信“JB，图书名称，出版社，购买地点”发送至10669588128

防伪客服电话

（010）58582300